Carsten Rathgeber
Mathematik

Mathematik

- für die technische Welt -

(5. Auflage – korrigiert und erweitert)

Dipl.-Ing. Carsten Rathgeber

Bibliografische Information der Deutschen Nationalbibliothek: Die Deutsche Nationalbibliothek verzeichnet diese Publikation in der Deutschen Nationalbibliografie; detaillierte bibliografische Daten sind im Internet über http://dnb.dnb.de abrufbar.

Verlag: BoD · Books on Demand GmbH, Überseering 33, 22297 Hamburg, bod@bod.de

Druck: Libri Plureos GmbH, Friedensallee 273, 22763 Hamburg

ISBN: 978-3-7693-0418-3

Vorwort

Mathematik ist in unserer Welt besonders bedeutsam für wissenschaftliche und technische Gestaltungen. Sie bemüht sich um Gleichungen und deren Auflösbarkeit, um Zahlen und formale Möglichkeiten und um geometrische und dynamische Zusammenhänge. Dies muss bezogen auf die jeweiligen Realitätsaspekte (Körper, Kräfte, Bewegungen, Felder …) geleistet (und interpretiert) werden. Die formalen Beschreibungsrealitäten und die tatsächliche (physikalische, chemische, technische, soziale …) Welt sind abzugleichen.

Mit diesem Buch werden Grundlagen und Vertiefungsaspekte dargestellt, die aus dem Bereich der mittleren Ausbildungsjahre (Sekundarstufe I) bis zu den ersten Studienjahren reichen.

Die Inhalte werden knapp dargelegt und sind auch für die modernen Berufsausbildungen und weitere Qualifizierungen geeignet.

Dabei eignet sich das Buch auch für Seiten- und Quereinsteiger der beruflichen und dualen Ausbildungen bzw. für entsprechende Studiengänge.

Es werden Aufgaben, Lösungshinweise, Musterlösungen und ergänzende Informationen vorgestellt, die selbstständige Lern- und Arbeitsprozesse unterstützen. Hierbei werden auch weiterführende und übergreifende Aspekte thematisiert.

Hinweise, die zur Verbesserung beitragen, nehmen Autor und Verlag jederzeit gerne auf.

Inhaltsverzeichnis

Werte

n	$n^{0,5}$	$n^{1/3}$	lg(n)	n!	n^2	n^3	1/n	$\exp(n) = e^n$
1	± 1	1	0	1	1	1	1	$e \cong 2,71828$
2	± 1,41421	1,259921	0,3010299	2	4	8	0,5	7,389056
3	± 1,73205	1,442249	0,47712122	6	9	27	0,3333	20,0855
4	± 2	1,58740	0,60206	24	16	64	0,25	54,598
5	± 2,23606	1,709975	0,698970	120	25	125	0,2	148,413
6	± 2,44948	1,81712	0,77815	720	36	216	0,1666	403,428
7	± 2,64575	1,91293	0,845098	5040	49	343	0,14285	1096,633
8	± 2,828427	2	0,903089	40320	64	512	0,125	2980,957
9	± 3	2,08008	0,954242	362880	81	729	0,111	8103,08
10	± 3,162277	2,154435	1	3628800	100	1000	0,1	22026,26
11	± 3,316624	2,223980	1,0413926	39916800	121	1331	0,0909	59874,14
12	± 3,46410	2,289428	1,0791812	479001600	144	1728	0,0833	162754,8
20	± 4,472135	2,7144176	1,3010299	$2,43290 \cdot 10^{18}$	400	8000	0,05	$4,8516 \cdot 10^{8}$
30	± 5,477225	3,1072325	1,47712125	$2,65252 \cdot 10^{32}$	900	27000	0,0333	$1,0686 \cdot 10^{13}$
50	± 7,07106	3,6840315	1,698970	$3,04140 \cdot 10^{64}$	2500	125000	0,02	$5,1847 \cdot 10^{21}$
100	± 10	4,6415888	2	$9,33262 \cdot 10^{157}$	10000	1000000	0,01	$2,6881 \cdot 10^{43}$
500	± 22,3606	7,937005	2,69897	$1,2201 \cdot 10^{1134}$	250000	$1,25 \cdot 10^{8}$	0,002	$1,4035 \cdot 10^{217}$

Elementare Winkelwerte

φ in deg	φ in rad	$\sin(\varphi)$	$\cos(\varphi)$	$\tan(\varphi)$	φ in deg	φ in rad	$\sin(\varphi)$	$\cos(\varphi)$	$\tan(\varphi)$
0,1°	0,001745	0,00174532	0,99999847	0,00174533	50°	0,872664	0,76604444	0,64278760	1,19175359
1°	0,017453	0,01745240	0,99984769	0,01745506	60°	1,047197	0,86602540	0,5	1,73205080
2°	0,034906	0,03489949	0,99939082	0,03492076	70°	1,221730	0,93969262	0,34202014	2,74747741
5°	0,087266	0,08715574	0,99619469	0,08748866	80°	1,396263	0,98480775	0,17364817	5,67128181
10°	0,174532	0,17364817	0,98480775	0,17632698	90°	1,570796	1	0	∞
20°	0,349065	0,34202014	0,93969262	0,36397023	135°	2,356194	0,70710678	-0,70710678	-1
22,5°	0,392699	0,38268343	0,92387953	0,41421356	180°	3,141592	0	-1	0
25°	0,436332	0,42261826	0,90630778	0,46630765	270°	4,712388	-1	0	∞
30°	0,523598	0,5	0,86602540	0,57735026	360°	6,28318	0	1	0
40°	0,698131	0,64278760	0,76604444	0,83909963	720°	12,5663	0	1	0
45°	0,785398	0,70710678	0,70710678	1	57,295°	1	0,8414709	0,54030230	1,55740772

Zufallsziffern

Listen von Zufallsziffern wurden unter Beachtung von sinnvollen Verteilungen zusammengestellt. Sie stehen für viele Alltagsaufgaben - auch auf Schiffen und U-Booten – als einfaches Hilfsmittel zur Verfügung. Der Umfang kann beliebig groß gestaltet sein.

Zufallslisten können auch unter Verwendung von Telefonbüchern und ähnlichen Verzeichnissen von Nummern erstellt werden. So werden nach definierten Kriterien Nummern bzw. deren Anteile auf den einzelnen Seiten genutzt.

Zeilen-Nr.	1 ... 5	6 ... 10	11 ... 15	16 ... 20	21 ... 25	26 ... 30	31 ... 35	36 ... 40	41 ... 45	46 ... 50
1	97842	69095	25982	03484	25173	05982	14624	31653	17170	92785
	53047	13486	69712	33567	82313	87631	03197	02438	12374	40329
	40770	47013	63306	48154	80970	87976	04939	21233	20572	31013
	52733	66251	69661	58387	72096	21355	51659	19003	75556	33095
5	41749	46502	18378	83141	63920	85516	75743	66317	45428	45940
6	87569	22661	55970	52623	35419	76660	42394	63210	62626	00581
	22896	62237	39635	63725	10463	87944	92075	90914	30599	35671
	02697	33230	64527	97210	41359	79399	13941	88378	68503	33609
	20080	15652	37216	00679	02088	34138	13953	68939	05630	27653
10	20550	95151	60557	57449	77115	87372	02574	07851	22428	39189
11	47360	03571	95657	85065	80919	14890	97623	57375	77855	15735
	48481	98262	50414	41929	05977	78903	47602	52154	47901	84523
	48097	56362	16342	75261	27751	28715	21871	37943	17850	90999
	20648	30751	96515	51581	43877	94494	80164	02115	09738	51938
15	60704	10107	59220	64220	23944	34684	83696	82344	19020	84834

Zeichen, Symbole, Guillemets ... (WIN-System: <ALT> (+) Nr. → S. → Symbol/Zeichen)
(Aufruf unter win mit: Taste (Windows) + R → Menü charmap aktivieren)

Nr.	S.	Nr.	S.	Nr.	S.	Nr.	S.	Nr.	S.	Nr.	S.	Nr.	S.	Nr.	S.	Nr.	S.
		Guillemets				0187	»	0171	«	0155	›	0139	‹				
1	☺	36	$	96	`	0166	¦	0386	Б	0421	Ҏ	0463	Ǐ	0499	dz	05001	⚕
2	☻	37	%	97	a	0167	§	0387	Ђ	0422	Ҡ	0464	Dž	0500	Ǵ	05002	⚘
3	♥	38	&	98	b	0168	¨	0388	Ѕ	0423	Ƨ	0465	Ǒ	0501	ǵ	1000	Ƨ
4	♦	39	,	99	c	0169	©	0389	b	0424	ƨ	0466	Ǒ	0502	Ƕ	2000	♀
5	♣	40	(	100	D	0171	ª	0390	Ɔ	0425	Σ	0467	Ǔ	0503	Ƿ	2001	ʻ
6	♠	41	)	0132	„	0172	¬	0391	Č	0426	ɭ	0468	Ǔ	0504	Ń	2003	Ⅎ
7	•	42	*	0133	…	0173	-	0392	ć	0427	ʈ	0469	Ǚ	0505	ǹ	2004	Ⅎ
8	◘	43	+	0134	†	0174	®	0393	Đ	0428	Т	0470	ǚ	0506	Å	2005	Ƅ

Symbole

Alpha	A, α	Epsilon	E, ε	Iota	I, ι	Nü	N, ν	Rho	P, ρ	Phi	Φ, ϕ, φ
Beta	B, β	Zeta	Z, ζ	Kappa	K, κ	Xi	Ξ, ξ	Sigma	Σ, σ	Chi	X, χ
Gamma	Γ, γ	Eta	H, η	Lambda	Λ, λ	Omicron	O, o	Tau	T, τ	Psi	Ψ, ψ
Delta	Δ, δ	Theta	Θ, η	Mü	M, μ	Pi	Π, π	Üpsilon	Y, υ	Omega	Ω, ω

SI-Präfixe (Festlegung gemäß DIN 1301)

Symbol	Name	Größe	Benennung
Y	Yotta	$(10^3)^8 = 10^{24}$	Quadrillion
Z	Zetta	$(10^3)^7 = 10^{21}$	Trilliarde
E	Exa	$(10^3)^6 = 10^{18}$	Trillion
P	Peta	$(10^3)^5 = 10^{15}$	Billiarde
T	Tera	$(10^3)^4 = 10^{12}$	Billion
G	Giga	$(10^3)^3 = 10^9$	Milliarde
M	Mega	$(10^3)^2 = 10^6$	Million
k	Kilo	$(10^3)^1 = 10^3$	Tausend
h	Hekto	10^2	Hundert
da	Deka	10^1	Zehn
d	Dezi	10^{-1}	Zehntel
c	Zenti	10^{-2}	Hundertstel
m	Milli	$(10^{-3})^1 = 10^{-3}$	Tausendstel
μ	Mikro	$(10^{-3})^2 = 10^{-6}$	Millionstel
n	Nano	$(10^{-3})^3 = 10^{-9}$	Milliardstel
p	Piko	$(10^{-3})^4 = 10^{-12}$	Billionstel
f	Femto	$(10^{-3})^5 = 10^{-15}$	Billiardstel
a	Atto	$(10^{-3})^6 = 10^{-18}$	Trillionstel
z	Zepto	$(10^{-3})^7 = 10^{-21}$	Trilliardstel
y	Yokto	$(10^{-3})^8 = 10^{-24}$	Quadrillionstel

Binärpräfixe (IEC-Präfixe zur Basis 2)

IEC: International Electrotechnical Commission

Symbol	Name	Größe
Ki	kibi	$2^{10} = 1024^1 = 1.024$
Mi	mebi	$2^{20} = 1024^2 = 1.048.576$
Gi	gibi	$2^{30} = 1024^3 = 1.073.741.824$
Ti	tebi	$2^{40} = 1024^4 = 1.099.511.627.776$
Pi	pebi	$2^{50} = 1024^5 = 1.125.899.906.842.624$
Z	exbi	$2^{60} = 1024^6 = 1.152.921.504.606.846.976$
Zi	zebi	$2^{70} = 1024^7 = 1.180.591.620.717.411.303.424$
Yi	yobi	$2^{80} = 1024^8 = 1.208.925.819.614.629.174.706.176$

Informationseinheiten

- 1 Byte = 8 bit (1 Byte entspricht einem Oktett)
- B: Byte
- b: bit
- $[I(a_i)] = [- \log_2(p(a_i))] = [- \mathrm{ld}(p(a_i))] = \text{bit}$
- $[I(a_i)] = [- \log_e(p(a_i))] = [- \ln(p(a_i))] = \text{nat}$
- $[I(a_i)] = [- \log_{10}(p(a_i))] = [- \lg(p(a_i))] = \text{Hartley}$

Umrechnungen

1 Ki $\equiv$ 1024

1 Mi $\equiv$ 1048576

1 k $\equiv$ 1024; 1 M $\equiv$ 1000000

Symbol	Erläuterung / Hinweis	Symbol	Erläuterung / Hinweis
=	gleich	$\in$	Element von; ist Element von
$\neq$	nicht gleich; ungleich	$\notin$	kein Element von; ist nicht Element von
:=	gleich gemäß Definiton	{ }	Menge
$\approx$	in etwa	$\{\, \xi \mid \xi = \dots \,\}$	Menge aller x, für die gilt
$\cong$	gleich bzw. fast; nahezu gleich; ungefähr	$\varnothing$	leere Menge
$\equiv$	entspricht	$\subset$	ist Teilmenge von
$\sim$	proportional zu	$\not\subset$	ist nicht Teilmenge von
<	kleiner als	$\subseteq$	Teilmenge bzw. unechte Teilmenge von
>	größer als	$\cap$	Durchschnitt; geschnitten mit
>>	sehr viel größer	$\cup$	Vereinigung; vereinigt mit
<<	sehr viel kleiner	$\setminus$	ohne
$\geq$	kleiner als oder gleich	/	Differenzmenge
$\leq$	größer als oder gleich	$\wedge$	und; Element von a und von b
+	und, plus	$\vee$	oder; Element von a oder von b
$-$	weniger, minus	$\rightarrow$	daraus folgt; aus … folgt; folglich ist
$\cdot$	mal, multipliziert	$\forall$	für alle
/	geteilt durch, dividiert	$\exists$	es existiert genau
!	Fakultätszeichen (z. B.: 3! = 1 · 2 · 3 = 6)	$\neg$	Negation
%	Prozentzeichen	$\sum$	Summe
∞	Unendlich	$'$	Ableitung
$\aleph$; $\aleph_0$	Aleph; Aleph-Null	∂	Differenzial
		$\int$	Integral

Konstanten …

$$\lim_{n \to \infty} \left(1 + \frac{1}{2} + \frac{1}{3} + \dots + \frac{1}{n} - ln(n + 1) \right) = 0{,}5772\ 15664\ 90153\ 28606\ 06512\ 00082\ 40243\ 10421\ 59335\ 93992 \dots = C \text{ (Eulersche Konstante)}$$

$$\sum_{n=0}^{\infty} \frac{1}{n!} = e = 2{,}71828\ 18284\ 59045\ 23536\ 02874\ 71352\ 66249\ 77572\ 47093\ 69995 \text{ (Eulersche Zahl)}$$

Feigenbaum Konstante $\delta = 4{,}66920 \dots$ Goldener Schnitt $\tau = 1{,}61803 \dots$

$$\exp(x) = \sum_{n=0}^{\infty} \frac{x^n}{n!} \qquad \exp(bx) = \sum_{n=0}^{\infty} \frac{(bx)^n}{n!}$$

$$\binom{r}{1} = \frac{r}{1}; \binom{r}{2} = \frac{r \cdot (r-1)}{1 \cdot 2}; \binom{r}{3} = \frac{r \cdot (r-1) \cdot (r-2)}{1 \cdot 2 \cdot 3}; \dots r \in |\mathrm{R}$$

Binomische Reihe: $(1 + x)^r = \sum_{n=0}^{\infty} \binom{r}{n} \cdot x^n; r \in |\mathrm{N}$

$$\sum_{k=1}^{n} k = \frac{n \cdot (n+1)}{2} \qquad \sum_{k=1}^{n} (2k) = n \cdot (n+1) \qquad \sum_{n=0}^{\infty} x^n = \frac{1}{1-x} \text{ für } |x| < 1$$

Grundbegriffe der Mathematik

Gleichungen, Benennungen, Bezeichnungen

$a = b$	a ist gleich b	$\sim$	ist proportional, bzw. steht für Gleichmächtigkeit
$a \neq b$	a ist ungleich b	$\neg$	Negation
$a := b$	a wird durch b definiert	$\geq$	ist größer oder gleich
$a =: b$	definitionsgemäß ist a gleich b	$\leq$	ist kleiner oder gleich
$\equiv$	… ist identisch gleich …	$\forall$	Allquantor (für alle)
$\cong$	ist gleich (angenähert)	$\exists$	Existenzquantor
$\approx$	ist ungefähr gleich	$\rightarrow$	strebt gegen

Gleichung, Regel, Schreibweisen	Bezeichnung; Erklärung; Hinweise
$a; b; \ldots;$	Variable $\equiv$ Platzhalter; Terme $\rightarrow$ mit Rechenoperationen verknüpfte Zahlen bzw. Variable
$a + b = c$	a: Summand; b: Summand; a + b: Summenterm; c: Summenterm
$a - b = c$	a: Minuend; b: Subtrahend; a - b: Differenzterm; c: Differenzterm
$a \cdot b = c$	a: Faktor; b: Faktor; a $\cdot$ b: Produktterm; c: Produktterm
$a/b = \frac{a}{b} = a : b = c$	a: Zähler b: Nenner; a / b: Bruchterm; c: Bruchterm
x	x: Variable
Funktionsbegriff	$f : A \rightarrow B$: f heißt Funktion, wenn $f \subseteq A \times B$ [A: Definitionsbereich; B: Wertebereich; f: Graph der Funktion]
$f(x)$	Funktion f in Abhängigkeit von der Variable x
$t(n)$	Funktion t in Abhängigkeit von n
$2 \cdot a = a \cdot 2 = a + a$	A: Variable; 2: Koeffizient (Faktor)
$a \cdot 1 = a = 1 \cdot a$	Einselement
$a \cdot 0 = 0 = 0 \cdot a$	Nullelement
$a + b = b + a$	Die Addition ist kommutativ für $a, b \in \mathbb{R}$
$a \cdot b = b \cdot a$	Die Multiplikation ist kommutativ für $a, b \in \mathbb{R}$
$a + b + c = a + (b + c) = (a + b) + c$	Die Addition ist assoziativ für $a, b, c \in \mathbb{R}$
$a \cdot b \cdot c = a \cdot (b \cdot c) = (a \cdot b) \cdot c$	Die Multiplikation ist assoziativ für $a, b, c \in \mathbb{R}$
$(a + b) \cdot c = a \cdot c + b \cdot c$	Die Addition und Multiplikation sind distributiv a, b, c $\in \mathbb{R}$
$(a + b) \cdot (c + d) = ac + ad + bc + bd$	$(a + b) \cdot (c + d) = (a + b) \cdot c + (a + b) \cdot d$ $(a + b) \cdot (c + d) = (c + d) \cdot a + (c + d) \cdot b$

Exponenten und Wurzeln

$a \cdot a = a^2$	a: Basis; a^2: Potenzterm; 2 [^2 $\rightarrow$ ( )^2]: $\rightarrow$ Exponent
$a^0 = a^{1-1} = a^1 \cdot a^{-1} = a/a = 1$ (für $a \neq 0$)	
$a^{-b} = 1/a^b$	$(a^{1/m})^n = a^{n\backslash m} = \sqrt[m]{a^n}$
$b \cdot a^n + c \cdot a^n = (b + c) \cdot a^n$	$(a^n)^m = a^{nm} = a^{n \cdot m}$
$a^n \cdot a^m = a^{n+m}$	$a^{1/m} \cdot b^{1/m} = (ab)^{1/m}$
$a^n \cdot b^n = (ab)^n$	$a^{1/m} \backslash b^{1/m} = (a/b)^{1/m}$
$a^n / b^n = (a/b)^n$	$(a^{1/m})^{1/n} = a^{1/m \cdot n} = \sqrt[n \cdot m]{a}$

Logarithmen

$\log_a b = c$	Log: Logarithmus; a: Basis; b: Numerus; n: Logarithmus	$\log_a$
$\log_a b^n = n \cdot \log_a b$	Definition	n = 2: log dualis
$\log_a(ef) = \log_a e + \log_a f$	Logarithmus von einem Produkt	n = e: log naturalis
$\log_a(e/f) = \log_a e - \log_a f$	Logarithmus von einem Quotienten	n = 10: log dekadischer
$\log_a b^n = n \cdot \log_a b$	Logarithmus einer Potenzfunktion	$\log_n b = \log_m b / \log_m n$
$\log_a b^{1/n} = (1/n) \cdot \log_a b$	Logarithmus einer Wurzelfunktion	

Rechengesetze		Elementare Beziehungen	
Kommutativgesetz	$a + b = b + a;\ a \cdot b = b \cdot a$	$A = A$	**Reflexivität**
Assoziativgesetz	$a + (b + c) = (a + b) + c$	$A = B \rightarrow B = A$	**Symmetrie**
	$a \cdot (b \cdot c) = (a \cdot b) \cdot c$	$A = B \wedge B = X \rightarrow A = X$	**Transitivität**
Distributivgesetz	$a \cdot (b + c) = a \cdot b + a \cdot c$		

Mengenlehre

$A = A; A \subset A$	Offenes Intervall: $]a, b[= \{x \mid x \in \mathbb{R}, a < x < b\}$
$A = B$: A und B sind gleich und besitzen die gleichen Elemente	Abgeschlossenen Intervall: $[a, b] = \{x \mid x \in \mathbb{R}, a \leq x < b\}$
$A = \{n \mid n \in \mathbb{N}, n^2 \leq 200\} \rightarrow n = \{0, 1, 2, 3, 4, 5, 6, 7, 8, 9, {}^\wedge 0, 11, 12, 13\ 14\}$	Halboffenes Intervall: $[a, b[= \{x \mid x \in \mathbb{R}, a \leq x < b\}$
Leere Menge $A = \{\} = \varnothing; \varnothing \subset A$	Halboffenes Intervall: $]a, b] = \{x \mid x \in \mathbb{R}, a < x \leq b\}$
$A \subset B$ und $B \subset C \rightarrow A \subset C$	Unendliches Intervall (rechts): $]a, \infty] = \{x \mid x \in \mathbb{R}, a < x\}$
$A \subset B$ und $B \subset A \rightarrow A = B$	Unendliches Intervall (links): $]\infty, a] = \{x \mid x \in \mathbb{R}, x < a\}$

Operationen …

Zuordnungsvorschrift: $a \mapsto f(a)$	**Operation**: $a(b + c) = ab + ac$	**Summenzeichen**: $\sum_{i=1}^{m} a_i = a_1 + \ldots + a_m$	**Produktzeichen**: $\prod_{a=1}^{m} a_i = a_1 \cdot \ldots \cdot a_m$
Polynomfunktion: $f(x) = \sum_{i=0}^{m} a_i \cdot x^i = a_0 + a_1 \cdot x + a_2 \cdot x^2 + \ldots + a_m x^m$		**Zeilenvektor**: $\boldsymbol{x} = (x_1, \ldots, x_n) \in K^n$	
Summe e. geometrischen Reihe: $\sum_{v=0}^{n} q^v = \dfrac{1 - q^{n+1}}{1 - q}$; $n \in \mathbb{N}$; $q \neq 1$		**Teleskop-Σ**: $\sum_{i=1}^{m-1}(a_{i+1} - a_i) = a_m - a_1$	**Spaltenvektor**: $\boldsymbol{x} = \begin{pmatrix} x_1 \\ \cdot \\ \cdot \\ x_n \end{pmatrix} \in K^n$

Monom: $m_v : x \mapsto x^v$; $v = 0, 1, 2, \ldots$

Impressionen / Anregungen / Impulse

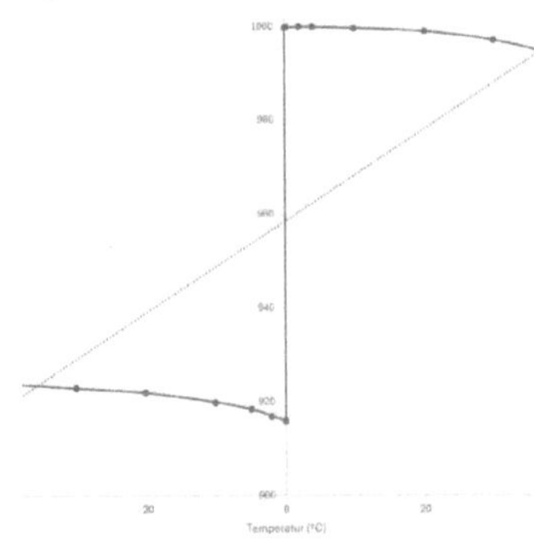

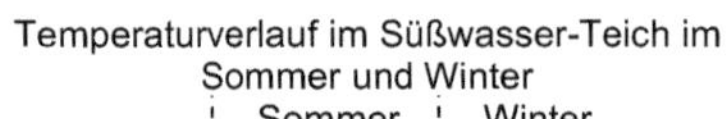
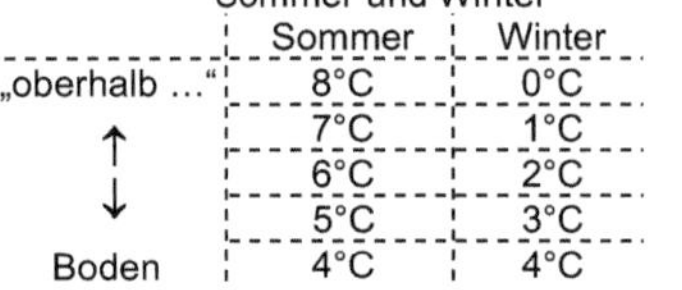

Temperaturverlauf im Süßwasser-Teich im Sommer und Winter

	Sommer	Winter
„oberhalb …"	8°C	0°C
↑	7°C	1°C
	6°C	2°C
↓	5°C	3°C
Boden	4°C	4°C

Links: Wasser-Eis: Temperatur zur Dichte
Dichte-Anomalie bei 4°C (genähert)
gestrichelte Linie: Trendlinie

Rechts: Bessel-Funktion: Zylinderfunktion

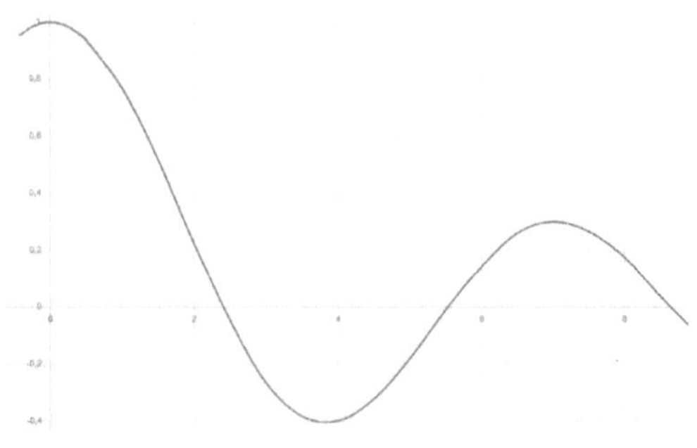

$x^2 = 2^x$

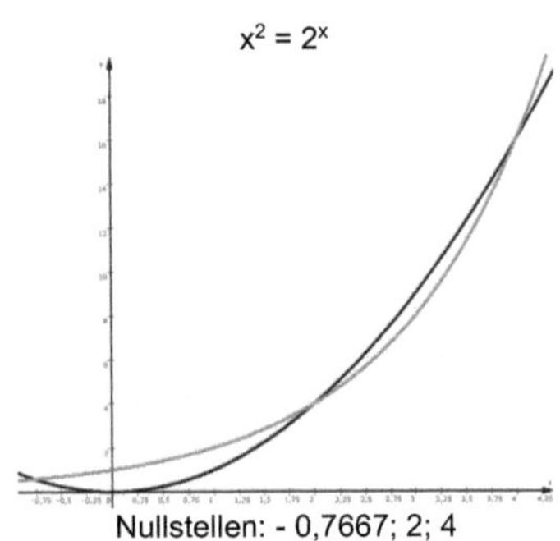

Nullstellen: - 0,7667; 2; 4

Funktionsgraph im $\mathbb{R}^3$

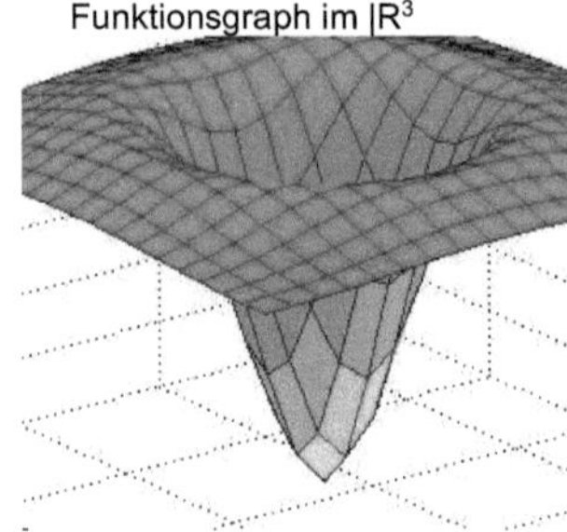

Suche nach Extrema …

$\exp(x) - x^{\exp(1)} = e^x - x^e$

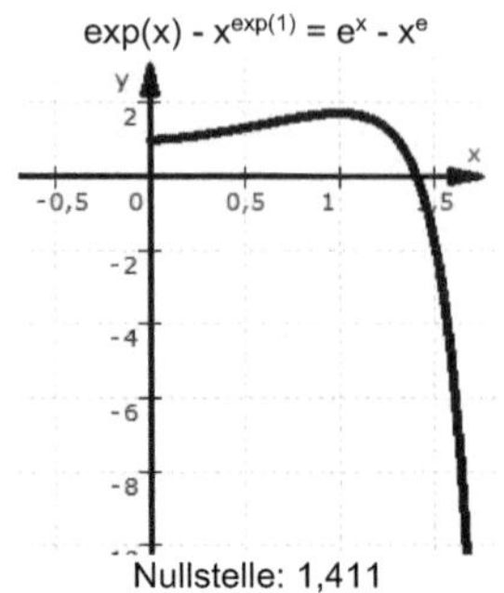

Nullstelle: 1,411

Die Wissenschaft beschreibt mit Modellen die Realität. Der Kern der Modelle wird mathematisch formuliert. Die Beziehung der Modelle zur Welt ist selbst klärungsbedürftig. (Siehe zum Beispiel Adorno (1982), S. 209-400 („Dritter Teil: Modelle").) In zunehmender Art werden in Wissenschaft und Technik stochastische Beschreibungen eingesetzt. Dies gilt besonders für die Physik (Quantenphänomene), die Biologie (Evolution, Mutation, Selektion, …) und die Nachrichten- und Informationstechnik (Information als Ausdruck von Entropiebetrachtungen (→ Shannon)). Weiterhin zeigt sich, dass vielfältige Realitätsaspekte durch Methoden der KI aufgeklärt werden können. Auch bleibt die Rückfrage zur „Kausalität" und zum „Wesensgehalt" der Daten erhalten.

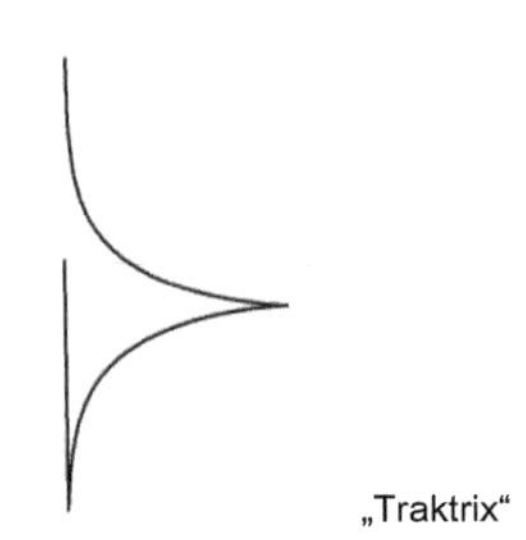

„Traktrix"

Nachweis mittels vollständiger Induktion für:

$$\prod_0^{n-1} F_k = F_n - 2 \text{ (für } n \geq 1); F_n: \text{Fermat-Zahlen}$$

$$F_n = 2^{2^n} + 1; F_0 = 3; F_1 = 5; F_2 = 17; F_3 = 257; F_4 = 65537; \ldots$$

n	$\prod_0^{n-1} F_k$	$F_n - 2$
1	3	$5 - 2 = 3$
2	$3 \cdot 5 = 15$	$17 - 2 = 15$
3	$3 \cdot 5 \cdot 17 = 255$	$257 - 2 = 255$
4	$3 \cdot 5 \cdot 17 \cdot 257 = 65535$	$65537 - 2 = 65535$

(Hinweis: Bisher sind nur die Fermat-Zahlen 3, 5, 17, 257, 65537 als Primzahlen bekannt.)

Nachweis: Induktionsanfang: z. B. n = 1 → ist erfüllt

Induktionsvoraussetzung: $\prod_0^{n-1} F_k = F_n - 2$ für $n \geq 1$ → ist gegeben

Induktionsschluss: Schluss von n auf n + 1: $\prod_0^n F_k = F_{(n+1)} - 2$

$$\prod_0^n F_k = \left(\prod_0^{n-1} F_k\right) \cdot F_n = (F_n - 2) \cdot (2^{2^n} + 1) = ((2^{2^n} + 1) - 2) \cdot (2^{2^n} + 1) = (2^{2^n} - 1) \cdot (2^{2^n} + 1) =$$

$$= (2^{2^n} \cdot 2^{2^n} + 2^{2^n} - 2^{2^n} - 1) = (2^{2^{n+1}} - 1) = (2^{2^{n+1}} + 1 - 2) = F_{(n+1)} - 2$$

π: Kreiszahl, auch Archimedes-Konstant bzw. auch Ludolphsche Zahl

Kreiszahl: $\pi = U/d = \text{Kreis}_\text{Umfang}$ geteilt durch den Durchmesser d; $U = d \cdot \pi = 2\pi r$; $A = \text{Kreisfläche} = \pi \cdot r^2$

π = 3,14159 26535 89793 23846 26433 83279 50288 41971 69399 37510 58209 74944 59230 78164 06286 20899 86280
34825 34211 70679 82148 08651 32823 06647 09384 46095 50582 23172 53594 08128 48111 74502 84102 70193
85211 05559 64462 29489 54930 38196 44288 10975 66593 34461 28475 64823 37867 83165 27120 19091 45648
56692 34603 48610 45432 66482 13393 60726 02491 41273 72458 70066 06315 58817 48815 20920 96282 92540
91715 36436 78925 90360 01133 05305 48820 46652 13841 46951 94151 16094 33057 27036 57595 91953 09218
61173 81932 61179 31051 18548 07446 23799 62749 56735 18857 52724 89122 79381 83011 94912 …

Näherungen: (22/7); (223/71); (355/113 → Kettenbruch: [3;7;15;1])

$355/113 = 3,1415926 \ldots = \pi + 0,00000026 \ldots = 3 + \cfrac{1}{7 + \cfrac{1}{15 + \cfrac{1}{1}}} = [3;7;15;1]$

$\pi = 4 (1 - 1/3 + 1/5 - 1/7 + 1/9 \ldots)$

$\pi = \sum_{k=0}^{\infty} \frac{1}{16^k} \left(\frac{4}{8k+1} - \frac{2}{8k+4} - \frac{1}{8k+5} - \frac{1}{8k+6} \right)$

→ BBP-Formel (BBP: Bailey; Borwein; Plouffe)

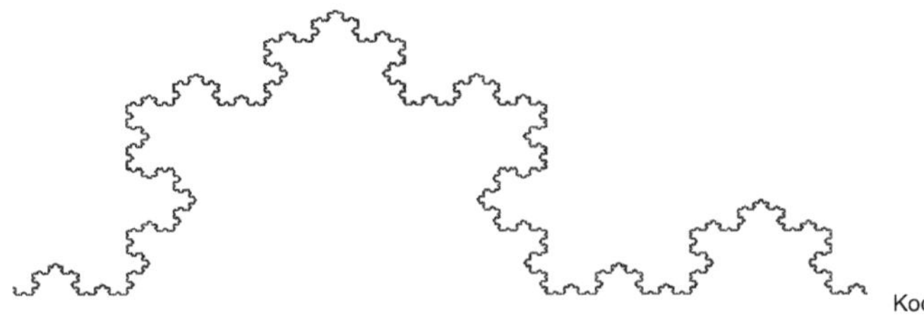

Koch-Kurve (Fraktal)

Zahlen

Definition der Zahl

(nach Peano: eine axiomatische Begründung)
1. Null ist eine Zahl.
2. Der Nachfolger irgendeiner Zahl eine Zahl.
3. Es gibt nicht zwei Zahlen mit demselben Nachfolger.
4. Null ist nicht der Nachfolger irgendeiner Zahl.
5. Jede Eigenschaft der Null, die auch der Nachfolger jeder
   Zahl mit dieser Eigenschaft besitzt, kommt allen Zahlen zu.

Gemäß der axiomatische Begründung der natürlichen Zahlen zählt das Prinzip der vollständigen Induktion zu den Axiomen.

Zahlmengen

- $\mathbb{N}$: Menge der natürlichen Zahlen
  $|N = \mathbf{N} = \{0; 1; 2; 3; 4; 5; ...\}$
- In der DIN 5473 (92-07) aus dem Jahr 1992 wurde festgelegt,
  dass auch die Null zur Menge $|N$ gehört.
- $|Z$: Menge der ganzen Zahlen $|Z = \mathbf{Z} = \{0; \pm 1; \pm 2; \pm 3; \pm 4; ...\}$
- $|Q$: Menge der rationalen Zahlen
  $|Q = \mathbf{Q} = \{p/q \mid p \in |Z; q \in \mathbf{N} \setminus \{0\}\}$
- $|R$: Menge reelle Zahlen; $|R = \mathbf{R}$
- $|C$: Menge der komplexen Zahlen: $|C = \mathbf{C}$
  $z \in \mathbf{C}$ mit $z = x + i \cdot y$; $x \in \mathbf{R}$; $y \in \mathbf{R}$ und $i^2 = -1$

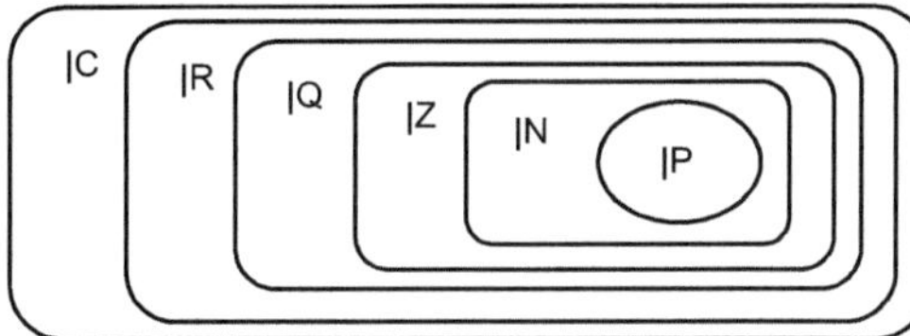

- Die Elemente der Primzahlmenge ($|P$) sind natürliche Zahlen.
- Mengenbeziehungen: $|P \subset |N \subset |Z \subset |Q \subset |R \subset |C$

Reelle Zahlen - Einteilungen

1. **Rationale** Zahl $\rightarrow$ algebraische Zahl

2. **Irrationale** Zahl $\rightarrow$ algebraische bzw. transzendente Zahl
Irrationale Zahlen: Keine Periodik in der Dezimalbruchentwicklung:
unendliche Kettenbruchentwicklung

Algebraische Zahl: Lösung für $\sum_{i=0}^{n} c_i \cdot x^i = 0$

$\sqrt{2}$ ist irrational; π und e sind transzendental;
Menge der algebraische Zahlen ist abzählbar.
Menge der reellen Zahlen ist nichtabzählbar.

Mächtigkeit der Menge der rationalen Zahlen gleich $\aleph_0$ (Aleph-Null).
Mächtigkeit der reellen Zahlen ($|R$) gleich $\aleph_1 = 2^{\aleph_0}$.
Es gilt gemäß Cichon-Diagramm: $\aleph_0 < \aleph_1 \leq \text{add}(L) \leq \text{cov}(L) \leq \text{non}(B) \leq \text{cof}(B) \leq \text{non}(L) \leq \text{cof}(L) \leq c = 2^{\aleph_0}$.

Komplexe Zahlen: Basisdefinitionen

- **Kartesische Form**: für $z \in |C$ gilt: $z = x + i \cdot y$
  mit $x \in R$, $y \in R$ und $i^2 = -1$, also $\sqrt{-1} = \pm\, i$
  z - komplexe Zahl
  x - Realteil von z: $x = \text{Re}\{z\}$; y – Imaginärteil von z: $y = \text{Im}\{z\}$
- $\bar{z}$ - konjugiert komplexe Zahl zu z
  $\bar{z} = x - i \cdot y$ zu $z = x + i \cdot y$
- Betrag („Länge") von z: $|z| = (x^2 + y^2)^{0,5}$
  $|z| = r$: Abstand vom Nullpunkt
- **Trigonometrische Form**:
  $z = r \cdot (\cos(\varphi) + i \cdot \sin(\varphi)) = r \cdot \exp(i \cdot \varphi)$
  $\varphi = \arg(z)$; $|z| = \sqrt{a^2 + b^2} = r$; $\cos(\varphi) = a/r$; $\sin(\varphi) = b/r$
- **Eulersche Formel**: $\exp(i\varphi) = \cos(\varphi) + i \cdot \sin(\varphi)$

Quersumme

Die einzelnen Zahlziffern werden addiert.
Die Summe der Ziffern ist die Quersumme.

Division

- a teilt b: $a \mid b$ (Somit gilt: $a \cdot x = b$ mit a, b, $x \in |Z$)
- a teilt nicht b: $a \nmid b$

Teilbarkeitsregeln

1. $a \mid b$ und $b \mid c \rightarrow a \mid c$
2. $a \mid b$ und $a \mid c \rightarrow a \mid (b + c)$
3. $a \mid b \rightarrow a \mid b \cdot c$
4. $a \mid b_1, ... a \mid b_n \rightarrow a \mid (b_1 + ... + b_n)$
5. $a \cdot b = a \cdot c \rightarrow b = c$

Teilbarkeit

- Teilbarkeit einer Zahl a durch eine Zahl b ist dann gegeben,
  wenn die Zahl a ohne Rest durch die Zahl b teilbar ist.
- $b \mid a$: a ist teilbar durch b. b ist der Teiler von a.

Größter gemeinsamer Teiler (ggT)

- d ist gemeinsamer Teiler von a und b, wenn gilt: $d \mid a$ und $d \mid b$
- $\text{ggT}(a, b) = 1 \rightarrow$ a und b sind teilerfremd

Teilbarkeit mit Rest

$a = q \cdot b + r\ (a \neq 0; b \neq 0) \rightarrow \text{ggT}(a, b) = \text{ggT}(b, r)$

Teilbarkeit mit Rest

$a = q \cdot b + r\ (a \neq 0; b \neq 0) \rightarrow \text{ggT}(a, b) = \text{ggT}(b, r)$

Kleinste gemeinsame Vielfache (kgV)

- $a \in |Z; b \in |Z, a \neq 0; b \neq 0$
- $\text{kgV}(a,b)$ ist das kleinste gemeinsame Vielfache von a und b
- $\text{kgv}(m \cdot a, m \cdot b) = m \cdot \text{kgv}(a, b)$
- **ggT** und **kgV**: $\text{ggT}(|a|, |b|) \cdot \text{kgV}(a, b) = |a| \cdot |b|$

Rechenregeln

1. $\text{ggT}(a, b) = \text{ggT}(b, a)$
2. $\text{ggT}(a, b) = \text{ggT}(-a, b)$
3. $\text{ggT}(a, b) = \text{ggT}(a - b, b)$
4. $d = \text{ggT}(a, b) \rightarrow \text{ggT}(a/d, b/d) = 1$
5. $\text{ggT}(a, b) \rightarrow \text{ggT}(a \bmod b, b)$

Teilbarkeitsregeln

Teiler	Regel
1	Jede Zahl ist durch 1 teilbar.
2	Jede gerade Zahl ist durch 2 teilbar.
3	Die Quersumme der Zahl muss durch 3 teilbar sein.
	$9234 \rightarrow 18 \rightarrow 9$: teilbar durch 3
4	Die Zahl aus den beiden kleinsten Zahlstellen (10^1 und 10^0) muss durch 4 teilbar sein.
	$38924 \rightarrow 24$ ist durch 4 teilbar: 38924 ist teilbar.
5	Die letzte Zahl ist eine 0 oder 5.
6	Die Quersumme muss durch 3 teilbar sein. Und die Zahl muss gerade sein.
	$379752 \rightarrow$ Quersumme: $33 \rightarrow$ ist durch 3 teilbar; da die Zahl gerade ist, ist sie durch 6 teilbar.
7	Wenn das Doppelte der letzten Ziffer einer Zahl, subtrahiert vom Rest der Zahl, einen durch 7 teilbaren Wert ergibt, dann ist die ursprüngliche Zahl durch 7 teilbar. Diese Prozedur kann wiederholt zur Anwendung gebracht werden.
	$\rightarrow 9240 \rightarrow 924 - 0 = 924 \rightarrow 92 - 8 = 84;\ 84 = 7 \cdot 12$
	Weiterhin gilt: Die Summe der alternierenden 3er-Blöcke muss durch 7 teilbar sein.
	$9240 \rightarrow 009 - 240 = -231; -231 = -33 \cdot 7$
8	Eine Zahl ist durch 8 teilbar, wenn die aus ihren letzten 3 Ziffern gebildete Zahl durch 8 teilbar ist.
	$123456 \rightarrow 456$ ist durch 8 teilbar.
9	Die Quersumme der Zahl muss durch 9 teilbar sein.

Euklidischer Algorithmus zur ggt-Bestimung

Eingabe: a und b $(a \in |N; b \in |N)$
(1) $x = a$ und $y = b$
(2) $y = 0$, dann ist das Ergebnis: $\text{ggT}(a, b) = x$
(3) $y \neq 0$, dann sei
   $r = x \bmod y$; $x = y$; $y = r$; Rückkehr zur Position (2).
[$\rightarrow$ Basis für die Bestimmung von Kettenbrüchen.]

Erweiterter Euklidischer Algorithmus

$a \in |Z; b \in |Z; a \neq 0; b \neq 0; \text{ggT}(a, b) = s \cdot a + t \cdot b$

Zahlen

Primzahlen

- Definition: Eine ganze Zahl, die nur durch sich selbst und durch eins ohne Rest teilbar ist, ist eine Primzahl (p).

  $|P$: Menge der Primzahlen; $p \in |P$
- Alle natürlichen Zahlen besitzen eine eindeutige Primfaktorzerlegung:

  $n = \prod_{p \in |P} p^{VT(n;p)}$, wobei VT angibt, wie oft p Teiler von n ist.
- Z. B.: $72 = 2^3 \cdot 3^2 \cdot 3$; $74 = 2 \cdot 37$; $78 = 2 \cdot 3 \cdot 13$

2, **3**, **5**, **7**, **11**, **13**, **17**, **19**, 23, **29**, **31**, 37, 41, 43, 47, 53, **59**, **61**, 67
71, **73**, 79, 83, 89, 97, **101**, **103**, **107**, **109**, 113, 127, 131, 139, 149
151, 157, 163, 167, 173, **179**, **181**, **191**, **193**, **197**, **199**, 211, 223
227, **229**, 233, **239**, **241**, 251, 257, 263, 269, 271, 277, **281**, **283**
293, 307, **311**, **313**, 317, 331, 337, **347**, **349**, 353, 359, 367, 373
379, 383, 397, 401, 409, **419**, **421**, **431**, **433**, 439, 443, 449, 457
461, **463**, 467, 479, 487, 491, 499, 503, 509, **521**, **523**, 541, 547
557, 563, **569**, **571**, 577, 587, 593, **599**, **601**, 607, 613, **617**, **619**
631, **641**, **643**, 647, 653, **659**, **661**, 673, 677, 683, 691, 701, 709
719, 727, 733, 739, 743, 751, 761, 769, 773, 787, 797, **809**, **811**, **821**
823, **827**, **829**, 839, 853, **857**, **859**, 863, 877, **881**, **883**, 887, 907, 911
919, 929, 937, 941, 947, 953, 967, 971, 977, 983, 991, 997, 1009

Primteiler

$n \in |Z$. p ist eine Primzahl. Es sei: $p \mid n$. Dann ist p ein Primteiler von n.

Zahl – Primzahlpotenzdarstellung

Zahl	Prim-Potenz		Zahl	Prim-Potenz
$4 = 2^2$	2		$14 = 2^1 \cdot 7^1$	2
$5 = 5^1$	1		$15 = 3^1 \cdot 5^1$	2
$6 = 2^1 \cdot 3^1$	2		$16 = 2^4$	4
$7 = 7^1$	1		$17 = 17^1$	1
$8 = 2^3$	3		$8 = 2^1 \cdot 3^2$	3
$9 = 3^2$	2		$19 = 19^1$	1
$10 = 2^1 \cdot 5^1$	2		$20 = 2^2 \cdot 5^1$	3
$11 = 11^1$	1		$21 = 3^1 \cdot 7^1$	2
$12 = 2^2 \cdot 3^1$	3		$22 = 2^1 \cdot 11^1$	2
$13 = 13^1$	1		$23 = 23^1$	1

Primzahlen - Kurvenverlauf

Primzahlen bis 100:

2, 3, 5, 7,
11, 13, 17, 19,
23, 29,
31, 37,
41, 43, 47,
53, 59,
61, 67,
71, 73, 79,
83,
91, 97

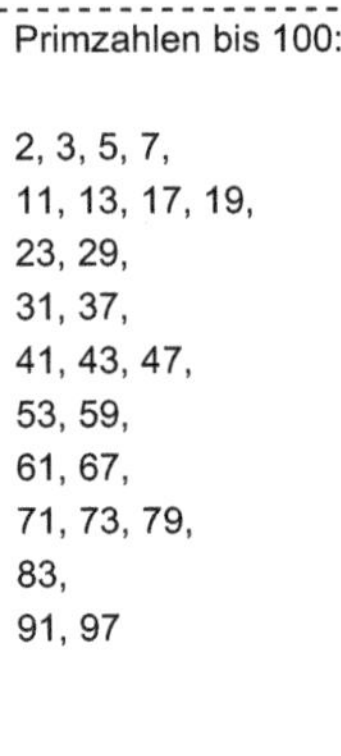
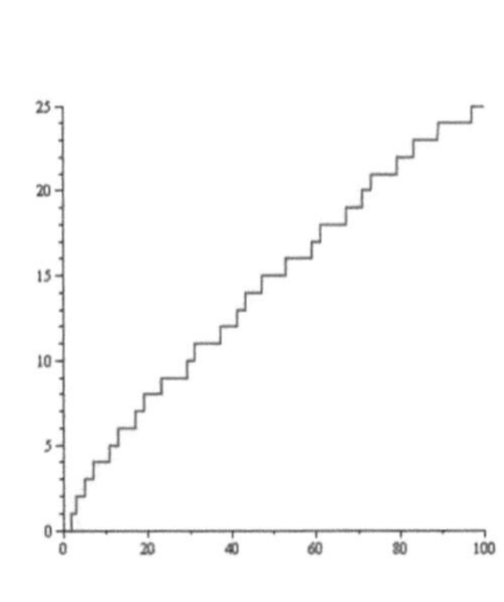

Primzahlbeziehungen

- Wenn $2^n - 1$ prim ist, dann ist n prim.
- $p \equiv 1 \pmod 4 \rightarrow (p-1)/2$ ist gerade
- $p \equiv 3 \pmod 4 \rightarrow (p-1)/2$ ist ungerade

Postulat von **Joseph Bertrand**

Für jedes $n \geq 1$ gibt es eine Primzahl p mit $n < p \leq 2n$

Siebe

- Vorgehensweisen verstanden, durch die systematisch Zahlen als Nicht-Primzahlen erkannt werden können. Von Bedeutung sind nur Zahlen mit ungeraden Endungen.
- Auch sind Zahlen mit den Endungen 0, 2, 4, 5, 6, 8 keine Primzahl. Dabei sind 2 und 5 aber prim.
- Vielfache von Primzahlen – wie $n \cdot 3$ (3; 6; 9; 12; ...) oder $n \cdot 13$ (= 13; 26; 39; 52; 65; ...) sind ebenfalls nicht prim.

Sieb des Eratosthenes

Idee: Alle Primzahlen und echten Vielfachen der Primzahlen werden gestrichen. Es bleiben die unbekannten Primzahlen erhalten.

Algorithmus (Sei $n \in |N$):
1. $P = \{2; 3; \dots ; n\}$

   $i = 1$ {p_i ist das i-te Element von P}
2. p_i existiert nicht. Oder aber $p_i > n^{0,5}$: gehe zu Pos (4.)
3. Entferne alle Vielfache von p_i aus P.

   (Entferne: $k \cdot p_i$ aus P; $k \in |N$ und $2 \leq k \leq n / p_i$.

   Setze: $i = i + 1$. - Gehe zu 2.
4. Ausgabe von P und Abschluss.

Primzahlzwillinge; Primzahldrillinge

- p: Primzahl
- $(p, p + 2)$ ist ein Primzahlzwilling, wenn $p + 2$ auch prim ist.
- $(p, p + 2, p + 4)$ ist ein Primzahldrilling, $p + 2$ und $p + 4$ auch Primzahlen sind.
- Es gibt mit (3, 5, 7) nur einen Primzahldrilling

Zusammengesetzte Zahl

- Jede Zahl $n > 1$, die nicht prim ist, ist zusammengesetzt.
- 1 ist dabei keine Primzahl.
- Jede zusammengesetzte Zahl n hat zumindest einen Primteiler p mit $1 < p \leq n^{0,5}$

Primfaktorzerlegung

- Jede Zahl $n \in |Z$ ist ein Produkt von Primzahlen.
- Die Primzahlen sind eindeutig bestimmt.

Mersenne'sche Primzahlen

- $M_n = 2^n - 1$; bekannt sind (Jahr 2010) 47 Zahlen.
- Vermutlich gibt es unendlich viele Mersenne'sche Primzahlen.
- Z. B.: 3 (p=2); 7 (p=3); 31 (p=5); 127 (p=7); 8191 (p=13); 131071 (p=17); 524287 (p=19); 2147483647 (p=31); ... $2^{136279841} - 1$ (entdeckt im Oktober 2024)
- Eine vollkommene Zahl korrespondiert jeweils mit M_n.

Teiler einer Primzahl

Teiler von p: 1 und p; $\tau(p) = 2$

Teiler von p^n: $1, p, p^2, p^3, \dots , p^n$; $\tau(p^n) = n + 1$

Kanonische Primfaktorzerlegung

Für $n \in |Z$ mit $n \notin \{-1, 0, 1\}$ gilt:

$n = \pm p_1^{e_1} \cdot p_2^{e_2} \cdots p_r^{e_r}$ ($\rightarrow$ kanonische Primfaktorzerlegung)

$p_1, p_2, \dots, p_r$: Primzahlen

$e_1, e_2, \dots, e_r$: Exponenten (ganzzahlig mit $e_i \geq 1$)

Größte bekannte Primzahlen

Dies verändert sich durch Computeranalysen immer wieder:

$2^{521} - 1$; $2^{607} - 1$; $2^{2281} - 1$; $2^{1257787} - 1$; $2^{6972593} - 1$;
$2^{13466917} - 1$; $2^{24036583} - 1$; $2^{25964951} - 1$; $2^{136279841} - 1$

Zahlen

Teilerfremde Zahlen

- Zahlen, die keine gemeinsamen Teiler haben, sind teilerfremd.

  Beispiele: $\varphi(6) = 2$ (teilerfremde Zahlen zur 6 sind: 1; 5)

  $\qquad\qquad \varphi(8) = 4$ (teilerfremd zur 8 sind: 1; 3; 5; 7)

- Primzahlen haben nur teilerfremde Zahlen; $\varphi(p) = p - 1$.

- **Teilerfremde Zahlen:** Für die Anzahl $\varphi(n)$ der teilerfremden

  Zahlen zur Zahl n gilt:

n	1	2	3	4	5	6	7	8	9
$\varphi(n)$	1	1	2	2	4	2	6	4	6
n	10	11	12	13	14	15	16	17	18
$\varphi(n)$	4	10	4	12	6	8	8	16	6

Teiler einer Zahl

p, q sind Primzahlen. $n \in |N$. $d \mid n$ mit $d > 0$.

$\tau(n)$: Teileranzahlfunktion

$\tau: |N \to |N$; $\tau(n) = \sum 1$ (1 jeweils für $d \mid n$)

$\tau(1) = 1$ (und dies ist auch nur bei $n = 1$ gegeben.)

$\tau(n) = 2$ (dies ist nur für Primzahlen $(n = p)$ gegeben.)

n	$\tau(n)$	n	$\tau(n)$	n	$\tau(n)$
1	1	6	4	11	2
2	2	7	2	12	6
3	2	8	4	13	2
4	3	9	3	14	4
5	2	10	4	15	4

Kongruenzen

$a, b \in |Z$; $m \in |N$; $m > 1$

a ist kongruent zu b modulo m, wenn $m \mid (a - b)$

$m \mid (a - b) \Leftrightarrow a \equiv b(\mathrm{mod}\ m)$; $\quad m \nmid (a - b) \Leftrightarrow a \neq b(\mathrm{mod}\ m)$

Mod-Einsichten

$\forall\ p > 5$ gilt: $p \equiv 1(\mathrm{mod}\ 6)$ oder aber $p \equiv 5(\mathrm{mod}\ 6)$

$a \equiv b(\mathrm{mod}\ m) \Leftrightarrow a\ \mathrm{mod}\ m = b\ \mathrm{mod}\ m$

Rechenregeln (modulo)

$a, b, c \in |Z$ und $m \in |N$, $m > 1$

- $(a + b)\ \mathrm{mod}\ m = ((a\ \mathrm{mod}\ m) + (b\ \mathrm{mod}\ m))\ \mathrm{mod}\ m$
- $(a \cdot b)\ \mathrm{mod}\ m = ((a\ \mathrm{mod}\ m) \cdot (b\ \mathrm{mod}\ m))\ \mathrm{mod}\ m$
- $a \equiv a\ (\mathrm{mod}\ m)$
- Ist $a \equiv (b\ \mathrm{mod}\ m)$ und $b \equiv c\ (\mathrm{mod}\ m)$, dann gilt: $a \equiv c\ (\mathrm{mod}\ m)$
- $a \equiv b\ (\mathrm{mod}\ m)$, so gilt: $a + c \equiv b + c\ (\mathrm{mod}\ m)$
- $a \equiv b\ (\mathrm{mod}\ m)$, so gilt $ac \equiv bc\ (\mathrm{mod}\ m)$
- $ac \equiv bc\ (\mathrm{mod}\ m)$ und gilt $\mathrm{ggT}(c, m) = 1$, so folgt: $a \equiv b\ (\mathrm{mod}\ m)$
- $ac \equiv bc\ (\mathrm{mod}\ m)$ und gilt $\mathrm{ggT}(c, m) = d$, so folgt: $a \equiv b\ (\mathrm{mod}\ m/d)$
- $a \equiv b\ (\mathrm{mod}\ m)$, so gilt $a^n \equiv b^n\ (\mathrm{mod}\ m)\ \forall\ n \in |N$

Lineare Diophantische Gleichungen

- $a \cdot X + b \cdot Y = c$ mit $a, b, c \in |Z$
- **Lösungen** (Es sei $d = \mathrm{ggT}(a, b)$)

  1. $d \mid c \to$ es existiert eine Lsg.; 2. $d \nmid c \to$ es existiert keine Lsg.

Reduzierte lineare Diophantische Gleichungen

Es sei mit $a, b, c \in |Z$

$a \cdot X + b \cdot Y = c$ eine lineare Diophantische Gleichung

Nun sei: $d = \mathrm{ggT}(a, b)$: $a^* = a/d$; $b^* = b/d$; $c^* = c/d$

Dann gilt: $a^* \cdot X + b^* \cdot Y = c^*$ ist die zu $a \cdot X + b \cdot Y = c$

reduzierte lineare Diophantische Gleichung.

Lineare Kongruenz

$a, b \in |Z$ und $m \in |N$, $m > 1$; $aX \equiv b\ (\mathrm{mod}\ m)$

Es gilt hierfür:

$ax \equiv b\ (\mathrm{mod}\ m)$ für ein $x \in |Z$, so folgt: $a(x\ \mathrm{mod}\ m) \equiv b\ (\mathrm{mod}\ m)$

$ax \equiv b\ (\mathrm{mod}\ m)$ für ein $x \in |Z$, so folgt:

$\qquad a(x + km) \equiv b\ (\mathrm{mod}\ m)\ \forall\ k \in |Z$

Chinesischer Restsatz

$m_1, m_2, ..., m_r$ sind natürliche Zahlen ($|N$), die paarweise teilerfremd sind. Weiterhin sind $a_1, a_2, ..., a_r$ ganze Zahlen ($|Z$).

Es sei $M = m_1 \cdot m_2 \cdots m_r$

Nun gibt es ein $x_{Ergebnis} \in |Z$, mit dem sich ergibt:

(1) $x_{Ergebnis} \equiv a_1\ (\mathrm{mod}\ m_1)$

(2) $x_{Ergebnis} \equiv a_2\ (\mathrm{mod}\ m_2)$

(3) $x_{Ergebnis} \equiv a_3\ (\mathrm{mod}\ m_3)$

etc.

Algorithmus (zur Lösung simultaner linearer Kongruenzen)

(1) Eingabe: r lineare Kongruenzen

$\qquad X \equiv a_i\ (\mathrm{mod}\ m_i)$; $1 \leq i \leq r$

(2) $M = m_1 \cdot m_2 \cdots m_r$

(3) Bestimmung von $M_i = M / m_i\ \forall\ i$ mit $1 \leq i \leq r$

(4) Bestimmung von x_i für jedes M_i bezüglich $M_i \cdot X \equiv 1\ (\mathrm{mod}\ m_i)$

$\qquad$ unter Nutzung de erweiterten Euklidischen Algorithmus

(5) $x_{Ergebnis} = a_1 \cdot M_1 \cdot x_1 + ... + a_r \cdot M_r \cdot x_r\ (\mathrm{mod}\ M)$

Primzahl-Anzahl

n	$\pi(n)$
10	4
100	25
1.000	168
10.000	1229
100.000	9592
1.000.000	78498
10.000.000	664579
100.000.000	5761455
1.000.000.000	50847534
10.000.000.000	455052511
100.000.000.000	4118054813
1.000.000.000.000	37607912018

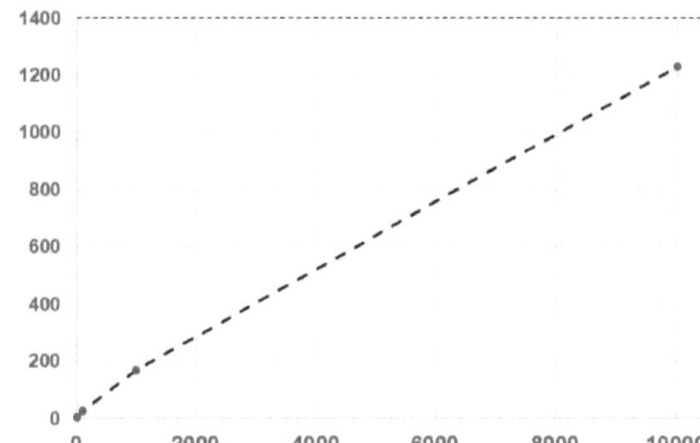

Anzahl der Primzahlen (Näherung)

Komplexe Zahlen

Geschichte

- Erste Darstellung zu komplexen Zahlen durch Cardano (1501 - 1576) um 1545
- 1572 erste Angabe zu imaginären Zahlen mit $(-1)^{0,5} \cdot (-1)^{0,5} = -1$ bei Bombelli (1526 – 1573)
- Descartes (1596-1650) erkannte komplexe Nullstellen
- Giraud (1595-1632) beschrieb imaginäre Nullstellen
- Euler (1707-1783): korrekte Berechnung komplexer Zahlen

Zahlenebene

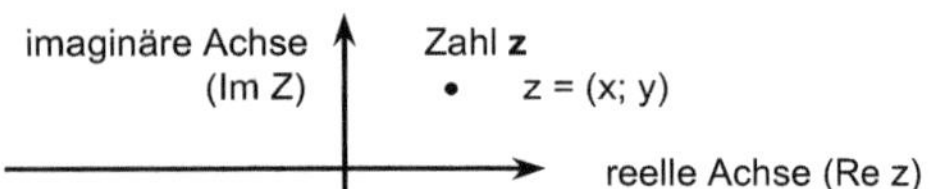

Basisdefinitionen

- **Kartesische Form**: für $z \in \mathbb{C}$ gilt: $z = x + i \cdot y$
  mit $x \in R$, $y \in R$ und $i^2 = -1$, also $\sqrt{-1} = \pm i$
  $$\sqrt{-1} = i \cdot (-1)^n \text{ mit } n \in \{0,1\}$$
  z - komplexe Zahl
  x - Realteil von z: $x = Re\{z\}$
  y – Imaginärteil von z: $y = Im\{z\}$
- $\bar{z}$ - konjugiert komplexe Zahl zu z
  $\bar{z} = x - i \cdot y$ zu $z = x + i \cdot y$
- Betrag („Länge") von z: $|z| = (x^2 + y^2)^{0,5}$
  $|z| = r$: Abstand vom Nullpunkt
- **Trigonometrische Form**: $z = r \cdot (\cos(\varphi) + i \cdot \sin(\varphi)) = r \cdot \exp(i \cdot \varphi)$
  $\varphi = \arg(z)$; $|z| = \sqrt{a^2 + b^2} = r$; $\cos(\varphi) = a/r$; $\sin(\varphi) = b/r$
- **Eulersche Formel**: $\exp(i \cdot \varphi) = \cos(\varphi) + i \cdot \sin(\varphi)$

Rechenregeln

- $z_1 = x_1 + i \cdot y_1$; $z_2 = x_2 + i \cdot y_2$
- $z_1 + z_2 = (x_1 + i \cdot y_1) + (x_2 + i \cdot y_2) = x_1 + x_2 + i \cdot (y_1 + y_2)$
- $Re\{z_1 + z_2\} = x_1 + x_2$; $Im\{z_1 + z_2\} = y_1 + y_2$
- $|z_1 \cdot z_2| = |z_1| \cdot |z_2|$
- $|z_1/z_2| = |z_1|/|z_2|$
- $z_1/z_2 = (r_1/r_2) \cdot \exp(i \cdot (\varphi_1 - \varphi_2))$

Dreiecksgleichung

- $||z_1| - |z_2|| \leq |z_1 + z_2| \leq$
  $\leq |z_1| + |z_2|$
- $|z| = |\bar{z}|$
- $z \cdot \bar{z} = |z|^2$
- $\overline{z_1 + z_2} = \bar{z_1} + \bar{z_1}$
- $\overline{z_1 \cdot z_2} = \bar{z_1} \cdot \bar{z_1}$
- $\dfrac{1}{z} = \dfrac{1}{\bar{z}}$

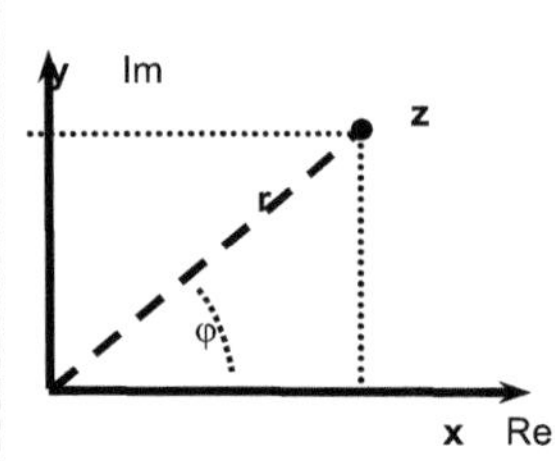

- $x = r \cdot \cos(\varphi)$; $y = r \cdot \sin(\varphi)$; $z = r \cdot (\cos(\varphi) + i \cdot \sin(\varphi))$
- $\dfrac{1}{z} = \dfrac{1}{r} \cdot (\cos(\varphi) - i \cdot \sin(\varphi))$
- φ - Argument von z: $\arg(z) = \varphi$; $\tan(\varphi) = \frac{y}{x}$
- φ ist der Winkel zwischen der x₊-Achse und der gedachten Verbindungslinie vom Nullpunkt zu z; $\arg(z) = -\arg(\bar{z})$

Verwendbarkeiten

$\cos(3x) = Re(\exp(i3x)) = Re((\exp(ix))^3) = Re(\cos(3x) + i \cdot \sin(3x))^3$
$= (\cos(3x))^3 - 3 \cdot \cos(3x) \cdot (\sin(3x))^2 = 4 \cdot (\cos(3x))^4 - 3 \cdot \cos(3x)$

Hinweis

$\sqrt{-1} = 1 \cdot (-1)^n$ mit $n \in \{0,1\}$

Moivresche Formeln

- $\cos(x) = 0,5 \cdot (e^{+ix} + e^{-ix})$
- $\sin(x) = (1/(2 \cdot i)) \cdot (e^{+ix} - e^{-ix})$
- $\log(i) = (i \cdot \pi)/2$
- $z^n = r^n \cdot (\cos(n \cdot \varphi) + i \cdot \sin(n \cdot \varphi))$ da gilt:
  $(r \cdot (\cos(\varphi) + i \cdot \sin(\varphi))^n = r^n \cdot (\cos(n \cdot \varphi) + i \cdot \sin(n \cdot \varphi))$
- $z^n = w = |w| \cdot (\cos(\alpha) + i \cdot \sin(\alpha))$
- Für w können n Lösungswerte ermittelt werden.
- Jede Wurzel ist eine Lösung:
  $z_k = (|w|)^{1/n} \cdot (\cos(\alpha/n + (2 k \pi/n)) + i \cdot \sin(\alpha/n + (2 k \pi/n)))$
  mit $k = 0; 1; 2; ...; n-1$
- Die z_k-Werte liegen auf einem Kreis in gleichmäßiger Anordnung. Der Radius beträgt $(|w|)^{1/n}$.

Nullstellenlage: $\omega_n = \exp(2 \cdot \pi \cdot i/n)$

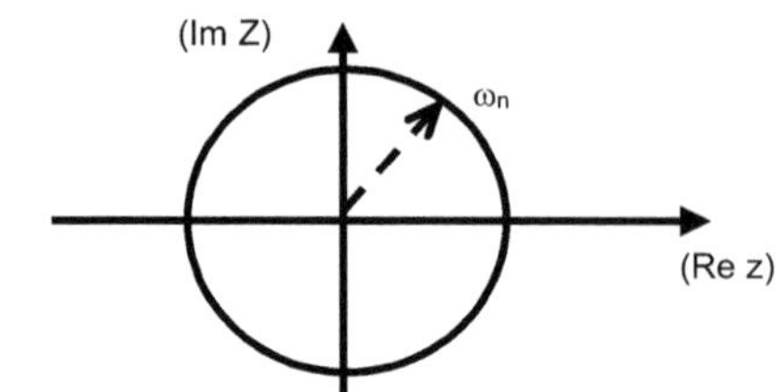

Logarithmen

- $w = \log z$ mit $z \in \mathbb{C} \setminus \{0\}$
  $\rightarrow \exp(w) = \exp(\log z)$
  $\rightarrow e^w = e^{\log z} = z$
- $w = \ln|z| + i \cdot (\arg z + 2k\pi)$; mit $k \in \mathbb{Z}$

Exponentialfunktion ($\rightarrow$ exp)

- $e^z = \exp(z) = \sum_{n=0}^{\infty} \dfrac{z^n}{n!}$ mit $z \in \mathbb{C}$
- $\exp(z) \cdot \exp(w) = \exp(z + w)$
- $\exp(z + i2\pi) = \exp(z)$
- $(\exp(z))' = \exp(z)$
- $\exp(0) = \exp(i2\pi) = 1$
- $\exp(x + iy) = \exp(x) \cdot \exp(i \cdot y) = \exp(x) \cdot (\cos y + i \cdot \sin y)$
- $|\exp(z)| = \exp(Re(z))$
- $\arg(\exp(z)) = Im(z)$
- $\exp(z) = \sinh(z) + \cosh(z)$
- $\sin(z) = -i/2 \, (\exp(iz) - \exp(-iz))$
- $\cos(z) = \frac{1}{2} (\exp(iz) + \exp(-iz))$
- $\sinh(z) = \frac{1}{2} (\exp(z) - \exp(-z))$
- $\cosh(z) = \frac{1}{2} (\exp(z) + \exp(-z))$
- Matrix-Exponentialfunktion (**A**: Matrix; $\mathbf{A} \rightarrow \exp(\mathbf{A})$)
  $$\exp(\mathbf{A}) = e^{\mathbf{A}} := \lim_{k \to \infty} \left(\sum_{m=0}^{k} \mathbf{E} + \mathbf{A} + \frac{\mathbf{A}}{2!} + ... + \frac{1}{k!}\mathbf{A}^k \right)$$
  $\exp(i \cdot 0) = 1$ $\exp(\pm \pi/2) = \pm i$
  $\exp(i \cdot \pi) = -1$ $\exp(\pm i \cdot \pi/4) = 0,5 \cdot \sqrt{2} \cdot (1 \pm i)$

Möbius-Transformation

$$\alpha(z) = w = \frac{a \cdot z + b}{c \cdot z + d} = \frac{a}{c} - \frac{a \cdot d - b \cdot c}{c \cdot (c \cdot z + d)}$$

mit $a, b, c, d \in \mathbb{C}$ und $A = \begin{bmatrix} a & b \\ c & d \end{bmatrix} = (a \cdot d - b \cdot c) \neq 0$

Die Transformation überführt Kreise u. Geraden in Kreise u. Geraden.

Gerade durch Null $\leftrightarrow$ Gerade durch Null.

Gerade nicht durch Null $\leftrightarrow$ Kreis durch Null.

Kreis nicht durch Null $\leftrightarrow$ Kreis nicht durch Null.

Reelle Achse $\leftrightarrow$ reelle Achse.

Imaginäre Achse $\leftrightarrow$ imaginäre Achse.

Obere Halbebene $\leftrightarrow$ untere Halbebene.

Recjte Halbebene $\leftrightarrow$ recht Halbebene.

Linke Halbebene $\leftrightarrow$ linke Halbebene.

Einheitsperipherie $\leftrightarrow$ Einheitsperipherie.

Zahlen: Quaternionen etc.

Quaternionen

- Erste Annäherung durch Euler um 1748 und Bezüge zu Quaternionen durch Gauss um 1819
- Entdeckung durch Hamilton um 1830 (Veröffentlichung 1843)
- Begriffsdeutung - Quaternionen: „Menge der Vier"
- Definition durch Hamilton: $q = a + b\mathbf{i} + c\mathbf{j} + d\mathbf{k}$
  mit: $a, b, c, d \in |R$ und $\mathbf{i}^2 = \mathbf{j}^2 = \mathbf{k}^2 = ijk = -1$
- $|H$: Menge der geordneten Quadrupel reeler Zahlen
- Quadrupel: $x = (x_0, x_1, x_2, x_3)$; x_0, x_1, x_2, x_3: Koordinaten von x
  Rechenregeln: x und y seien Quadrupel, dann gilt
  $x + y := (x_0 + y_0, x_1 + y_1, x_2 + y_2, x_3 + y_3)$
  $\lambda \cdot x = \lambda \cdot x_0 + \lambda \cdot x_1 + \lambda \cdot x_2 + \lambda \cdot x_3$
  Es gilt: $e_0 = (1,0,0,0)$; $e_1 = (0,1,0,0)$; $e_2 = (0,0,1,0)$; $e_3 = (0,0,0,1)$
  Mit e_0 Einselement der Multiplikation; weiterhin gilt:
  $e_i \cdot e_j + e_j \cdot e_i = -2 \cdot \delta_{ij}$, mit $i, j = 1, 2, 3$ und δ: Kronekersymbol
  Es gilt $e_1 \cdot e_2 = e_3$; $e_1^2 = e_2^2 = e_3^2 = -1$; $e_ie_j = -e_je_i$ mit $i \neq j$;
  $e_{i+1}e_{i+2} = e_{i+2}$ $(i = 0; 1; 2)$
  Neutrales Element: $(0,0,0,0)$
- $|H$ und $|C$ werden als Vektorräume verstanden
- $x = x_0 + x_1 e_1 + x_2 e_2 + x_3 e_3$
  Skalarteil (Sc(x)): x_0; Vektorteil (Vec(x)): $\mathbf{x} = x_1 e_1 + x_2 e_2 + x_3 e_3$
  $\rightarrow x = x_0 + \mathbf{x}$
  $\rightarrow \mathrm{Sc}(|H) = |R$ und $\rightarrow \mathrm{Vec}(|H) = |R^3$
- **Cayley-Tafel** zur Beschreibung der Quarternionen-Multiplikationen

	1	e_1	e_2	e_3
1	1	e_1	e_2	e_3
e_1	e_1	- 1	e_3	- e_2
e_2	e_2	- e_3	- 1	e_1
e_3	e_3	e_2	- e_1	- 1

- **Regeln**

$\mathrm{Sc}(x) = (x + \bar{x})/2$	$\mathrm{Vec}(x) = (x - \bar{x})/2$
$x\bar{x} = \bar{x}\,x = \|x\|^2$	$\overline{x + y} = \bar{x} + \bar{y}$
$\overline{x\,y} = \bar{y}\,\bar{x}$	$\|x \cdot y\| = \|x\| \cdot \|y\|$
$\|x \cdot y\| = \|x\| \cdot \|y\|$	$\|x\| = \|-x\| = \|\bar{x}\|$
$\bar{\bar{x}} = \|x\|$	$x^{-1} = \bar{x} / (\|x\|^2)$

Bernoulli-Zahlen

- Symbol: B_n (rekursive Definition mit $B_0 = 1$): $\sum_{k=0}^{n-1} \binom{n}{k} B_k = 0$; $n \geq 2$
- $n = 2$: $\sum_{k=0}^{n-1} \binom{n}{k} B_k = \sum_{k=0}^{1} \binom{n}{k} B_k = \binom{2}{0} B_0 + \binom{2}{1} B_1 = 0$
  mit $\binom{n}{k} = \frac{n!}{k! \cdot (n-k)!}$ folgt: $B_0 + 2 \cdot B_1 = 0 \rightarrow 1 + 2 \cdot B_1 = 0 \rightarrow B_1 = -\tfrac{1}{2}$
- $B_3 = B_5 = B_7 = B_9 = B_{11} = \ldots = 0$

n	0	1	2	4	6	8	10	12	14
B_n	1	- 1/2	1/6	- 1/30	1/42	- 1/30	5/66	- 691/2730	7/6

- Hinweise: Die Indizierung erfolgt in der Literatur unterschiedlich.
  Eine direkte Definition kann mit einer erzeugenden Funktion G(z)
  vorgenommen werden. Z. B.: $G(z) = z/2 \cdot \coth(z/2) - z/2$
  Weiterhin gilt (siehe DIN 13 301): $\dfrac{x}{\exp(x) - 1} = \sum_{k=0}^{\infty} \dfrac{x^k}{k!} B_k$
  Bernoulli-Zahlen sind bedeutsam u. a. in der Wahrscheinlichkeitsrechnung (Kombinatorik).
- **Bernoullische Polynome** $B_n(x) = \sum_{k=0}^{\infty} \binom{n}{k} \cdot B_k \cdot x^{n-k}$
- Clifford hat die Quarternionen um 1876 auf $|R^n$ erweitert. Dies führte zur Entdeckung der **Clifford-Zahlen**. Für diese Zahlen gilt z. B.: $e_i \cdot e_j = -e_j \cdot e_i$ für $i \neq j$ und $i, j = 1, 2, \ldots, n$. Es gilt dabei: $e_i^2 = e_j^2 = 1$ etc.

Stirling-Zahlen

- 0. Art: $(z)_l = \sum_{j=1}^{l} s(l, j) \cdot z^j = \sum_{j=0}^{\infty} s(l, j) \cdot z^j$ mit (untere Faktorielle als erzeugende Funktion): $(z)_k = z(z-1)(z-2)\ldots(z-k+1)$
- 2. Art: $(z)^l = \sum_{j=1}^{l} S(l, j) \cdot z_j = \sum_{j=0}^{\infty} S(l, j) \cdot z_j$ mit (obere Faktorielle als erzeugende Funktion): $(z)^k = z(z+1)(z+2)\ldots(z+k-1))$
- **Stirling-Inversionsformel**
  $\sum_{j=k}^{l} s(l, j) \cdot S(j, k) = \sum_{j=0}^{l} s(l, j) \cdot S(j, k)$
  Es gilt auch: $S_{n, k} = S_{n-1, k-1} + k \cdot S_{n-1, k}$ mit n, k > 0
  mit $S_{0,0} = 1$; $S_{0,k} = 0$ für k > 0, $S_{n,0} = 0$ für n > 0
- Formel von **Stirling**
  $\log(n!) = \log(2) + \log(3) + \ldots + \log(n) = \sum_{k=2}^{n} \log(k)$

Abfolge der Primzahlen

- Endungen der Primzahlen: ungerade, keine 5, z. B.: 11, 13, 17, 19
- Empirisch zeigt sich, dass auf eine Primzahl mit einer Endung „1"
  in etwa 19 % der Fälle wieder eine „1",
  in etwa 30 % der Fälle eine „3" oder eine „7" und
  in etwa 22 % der Fälle eine „9" folgt.
- Insofern liegt keine Normalverteilung vor.

Großer Satz von Fermat

- $x^n + y^n = z^n$
  $n = 1$: immer erfüllt, z. B.: $3 + 6 = 9$
  $n = 2$: erfüllt z. B. für $3^2 + 4^2 = 9 + 16 = 25 = 5^2$
  Für $n > 2$ gibt es keine Lösung, was Fermat vermutet hat – und nach eigener Bekundung auch bewiesen hat. (Er konnte wohl, so wird heutzutage vermutet, für $n \in \{3, 4\}$ einen Beweis finden.
- Der allgemeine Beweis dafür wurde dann erst nach langen Vorarbeiten von Wiles 1994 erbracht.
- Mit dem Satz von Fermat verbinden sich Überlegungen zu elliptischen Kurve und zu Modulformen.
  (Jede elliptische Kurve besitzt eine Modulform.)
- Der Satz von Fermat ist ein Spezialfall der ABC-Vermutung.
- Mit der verallgemeinerten ABC-Vermutung kann eine konstruktive Lösungsannäherung mit Blick auf das großen Satz von Fermat gefunden werden.

ABC-Vermutung der Zahlentheorie

- Sie wurde 1985 von Joseph Oesterlé and David Masser entdeckt.
- ABC sei ein Tripel von natürlichen Zahlen (n) (größer Null), wobei A und B teilerfremd sind. C ist die Summe von A und B.
  C ist teilerfremd zu A und zu B.
- Ein Radikal rad(n) ist ein Produkt der Primfaktoren der Zahl n, wobei jeder Primfaktor nur einmal auftritt.
  [Z. B.: $\mathrm{rad}(2^3 \cdot 13^2) = \mathrm{rad}(1352) = 2 \cdot 13 = 26$.]
- Ein ABC-Treffer liegt vor, wenn $\mathrm{rad}(ABC) \leq C$ gilt.
- Beispiele
  Bspl. 1: $A = 5^1$; $B = 27 = 3^3$; $C = A + B = C = 32 = 2^5$
  $\rightarrow \mathrm{rad}(ABC) = \mathrm{rad}(5 \cdot 27 \cdot 32) = \mathrm{rad}(4320) = 5 \cdot 3 \cdot 2 = 30$
  $\rightarrow \mathrm{rad}(ABC) = 30 < C = 32$.
  $\rightarrow$ Es liegt **ein ABC-Treffer** vor.
  Bspl 2: $A = 3^4 \cdot 5^1 = 405$; $B = 2^4 \cdot 7^1 = 112$;
  $A + B = C = 517 = 11 \cdot 47$
  $\rightarrow \mathrm{rad}(3^4 \cdot 5^1) = 15$; $\mathrm{rad}(2^4 \cdot 7^1) = 14$; $\mathrm{rad}(11 \cdot 47) = 517$
  $\rightarrow \mathrm{rad}(A \cdot B \cdot C) = \mathrm{rad}(405 \cdot 81 \cdot 517) = 15 \cdot 14 \cdot 517 = 108570$
  $\rightarrow \mathrm{rad}(ABC) > C$.
  $\rightarrow$ Es liegt **kein ABC-Treffer** vor.
  Die Frage ist, wieviel Treffer es insgesamt gibt.
  Vermutet wird, dass es nur eine endliche Anzahl gibt.
- Verallgemeinert gilt für drei teilerfremde Zahlen (A, B, C = A + B):
  $\max\{|a|, |b|, |c|\} \leq C(\varepsilon) \left(\prod_{p \,|\, ABC} p\right)^{1 + \varepsilon}$. A, B, C sollen prim sein.
  $\prod$ wird über das Produkt aller p bestimmt, die Primteiler von ABC sind. Wobei jeder Primteiler nur einmal eingesetzt wird. Der Exponent $1 + \varepsilon$ soll größer als 1 sein und gegen 1 konvergieren. Ein allgemein anerkannter Beweis für die Vermutung liegt bisher nicht vor. Ein Beweis (Inter-universal Teichmüller theory: IUT-Theorie) wurde im Jahr 2012 von Shinichi Mochizuki vorgelegt, der von Peter Scholze (Fields-Preisträger) und Jakob Stix bestritten wird.

Stirling-Zahlen erster Ordnung

j = \ i =	0	1	2	3	4	5	6	7	8
0	1	0	0	0	0	0	0	0	0
1	0	1	-1	2	-6	24	-120	720	-5040
2	0	0	1	-3	11	-50	274	-1764	13068
3	0	0	0	1	-6	35	-225	1624	-13132
4	0	0	0	0	1	-10	85	-735	6769
5	0	0	0	0	0	1	-15	175	-1960
6	0	0	0	0	0	0	1	-21	322
7	0	0	0	0	0	0	0	1	-28
8	0	0	0	0	0	0	0	0	1

Rechnen im Dualraum

Es muss prinzipiell geklärt sein, in welchem Zahlraum gerechnet wird. Die Angabe erfolgt – sofern sie nicht selbstverständlich vorausgesetzt werden kann – durch die Bezeichnung $\vert_a$.   Das a verweist auf den Zahlraum mit der Basis a.   Es gilt: bcd $\vert_a$ würde stehen für: $b \cdot a^2 + c \cdot a^1 + d \cdot a^0$ Dabei steht a^0 für: $a^0 = a^{1-1} = a/a = 1$ (für $a \neq 0$).   z. Bspl.: 10001 $\vert_2$ steht für: $1 \cdot 2^4 + 0 \cdot 2^3 + 0 \cdot 2^2 + 0 \cdot 2^1 + 1 \cdot 2^0 = 17 \vert_{10}$

Rechenregeln im dualen Raum

(+)	(-)	(·)	(: bzw. /)
$0 + 0 = 0$	$0 - 0 = 0$	$0 \cdot 0 = 0$	0 / 0: nicht erlaubt
$0 + 1 = 1$	$1 - 0 = 1$	$0 \cdot 1 = 0$	1 / 0: nicht erlaubt
$1 + 0 = 1$	$0 - 1 = - (1)$	$1 \cdot 0 = 0$	$0 / 1 = 0$
$1 + 1 = 10$	$1 - 1 = 0$	$1 \cdot 1 = 1$	$1 / 1 = 1$

Zahlumrechnungen

$19\vert_{10} \rightarrow ?\vert_2$	$0,7\vert_{10} \rightarrow ?\vert_2$	$19,7\vert_{10}$	$0,101\vert_2 \rightarrow ?\vert_{10}$
$19/2 = 9 + R1$	$0,7 \cdot 2 = 1,4 = 0,4 + R1$	$\rightarrow 10011,1011001100 \ldots\vert_2$	$\rightarrow 0,5 + 0 + 0,125 = 0,625\vert_{10}$
$9/2 = 4 + R1$	$0,4 \cdot 2 = 0,8 = 0,8 + R0$		
$4/2 = 2 + R0$	$0,8 \cdot 2 = 1,6 = 0,6 + R1$		
$2/2 = 1 + R0$	$0,6 \cdot 2 = 1,2 = 0,2 + R1$		$10010\vert_2 \rightarrow ?\vert_{10}$
$\frac{1}{2} = 0 + R1$	$0,2 \cdot 2 = 0,4 = 0,4 + R0$		$\rightarrow 16 + 0 + 0 + 2 = 18\vert_{10}$
$\rightarrow 10011\vert_2$	$\rightarrow 0,1011001100 \ldots\vert_2$		

Hexadezimale Zahlen

$n = \sum_{j=0}^{m} a_j \cdot 16^j$ mit $m \in \vert N$ (inkl. 0), nj $\in \{0, 1, \ldots, 15\}$; $j = 0, 1, 2, \ldots, m$

g-adische Zahlen

$n = \sum_{j=0}^{m} a_j \cdot g^j$ mit $m \in \vert N$ (inkl. 0), nj $\in \{0, 1, \ldots, 15\}$; $j = 0, 1, 2, \ldots, m$

Es gilt: $0 \leq a_j < g$

Aussagenlogik

Elementare Einsicht: $\wedge$: UND-Beziehung; $\vee$: ODER- Beziehung; $\neg$; Negation

Gleichungen der Ausagenlogik können in algebraische Gleichungen umgeformt werden. Hierfür wird gesetzt: $\wedge \rightarrow \cdot$ und $\vee \rightarrow +$

Beispiel: $(A \wedge B) \vee (C \wedge D) \rightarrow A \cdot B + C \cdot D = AB + CD$

$0 \wedge 0 = 0$	$0 \wedge 1 = 0$	$0 \vee 0 = 0$	$0 \vee 1 = 1$
$A \wedge 0 = 0$	$A \wedge A = A$	$A \vee 0 = A$	$A \vee A = A$
$0 \wedge A = 0$	$1 \wedge A = A$	$0 \vee A = A$	$1 \vee A = 1$
$1 \wedge 0 = 0$	$1 \wedge 1 = 1$	$1 \vee 0 = 1$	$1 \vee 1 = 1$

Logik

- Logik von (griech.) logos: Wort, Vernunft, Lehre vom folgerichtigen Reden bzw. Denken
- Wesentliche Einsicht von Aristoteles:
  Transitive Relation: Wenn $(A = B)$ und $(B = C)$ folgt zwingend $(A = C)$
  [Aus A folgt B und aus B folgt C, so folgt C aus A]
- Frege (1879) erarbeitete vertiefte Zugänge zur inneren Struktur von logischen Urteilen unter Beachtung sprachanalytischer Einsichten
- Syllogismen: Schlussweisen
- Modalitäten: notwendig $\square$; möglich $\Diamond$
- es existiert genau einer: $\exists$ für alle: $\forall$
- Implikation („wenn … so"): $\rightarrow$; $=>$; $\supset$
- Grundideen
  Identitätssatz: A ist A
  Satz vom Widerspruch: A ist nicht nicht-A
    ($\rightarrow$ Ein Satz ist nicht zugleich wahr und nicht wahr)
  Satz vom ausgeschlossenen Dritten: A ist entweder B oder nicht-B
    ($\rightarrow$ Ein Satz ist wahr oder falsch)
  Bedingtes Urteil: Alle A sind C (Wenn A folgt immer auch C)
- Schlusssätze
  universell bejahend (A): Alle A sind P
  universell verneinend (E): Kein P ist S
  partikular bejahend (I): Einige S sind P
  partikular verneinend (O): Einige S sind nicht P
- Unterscheidungen
  Logik der Zweiwertigkeit (aristotelische Logik)
  Mehrwertige Logiken (z. B. nach G. Günther)
  Brasilianische Logik
  Dialektische Logik
  Materiale Logik
  Prädikatenlogik
  Aussagenlogik
  Modale Logik (Logik der Möglichkeiten; Logik der Zeitlichkeit)
  Mathematische Logik (formale Logik)
  Quantenlogik (Quantengrammatik)
  Traumlogik / Logik der Psyche
- Klassische Symbole
  S: Subjekt eines Urteils
  P: Prädikat eines Urteils
  M: Mittelbegriff eines Urteils
    Erste Prämisse: M a P
    Zweite Prämisse: S a M
    Konklusion: S a P
- Schlussfiguren
  Oberbegriff: Prädikat im Obersatz und Prädikat in der Folgerung
  Mittelbegriff: Subjekt im Obersatz und Prädikat im Untersatz
  Unterbegriff: Subjekt im Untersatz und Subjekt in der Folgerung

Logische Quadrat

- Jedes S ist P (- konträr -) Kein S ist P
- Einige S sind P (- subkonträr -) Einige S sind nicht P
- Kontradiktorisch:
  $\rightarrow$ Alles S ist P // Einiges S ist nicht P; Einiges S ist P // Kein S ist P
- Subalternation:
  $\rightarrow$ Alles S ist P // Einiges S ist P; Kein S ist P // Einiges S ist nicht P
- Zur Symbolik im Syllogismus (in der rechten Spalte)
  A: allgemein bejahendes Urteil   E: allgemein verneinendes Urtei
  I: partikulär bejahendes Urteil   O: partikulär verneinendes Urteil
  (*) – konträr   (**) – hinreichende Bedingung
  (***) – hinreichende Bedingung   (****) – subkonträr
  (*****) – kontradiktorisch   (******) – kontradiktorisch

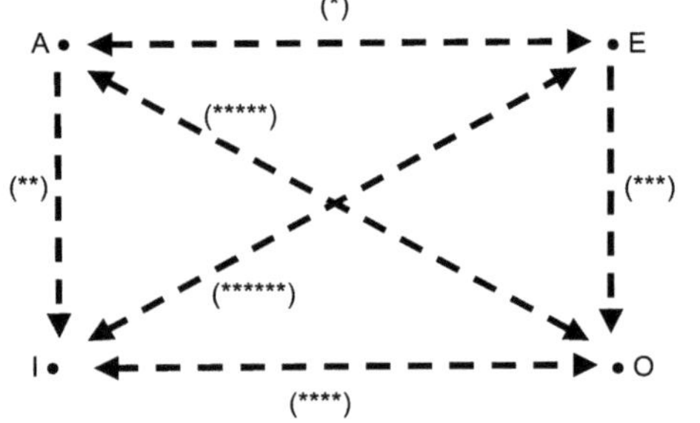

konträrer Gegensatz: zwei Aussagen können nicht zugleich wahr sein; sie können aber beide zugleich falsch sein

kontradiktorischer Gegensatz: zwei Aussagen können gleichzeitig nicht zugleich wahr noch zugleich falsch sein

Grundlagen

Algebraische Regeln

- $a^0 = 1$ für $a \neq 0$
- $a^n \cdot b^n = (a \cdot b)^n$
- $a^n \cdot a^m = a^{n+m}$

Potenzen und Wurzeln

- $x^a \cdot x^b = x^{a+b}$
- $1/x^a = x^{-a}$
- $1/x^{-a} = x^a$
- $x^a/x^b = x^{a-b}$
- $(x^a)^b = x^{a \cdot b}$
- $(x)^{-a} = 1/x^a$
- $x^{1/a} = \sqrt[a]{x}$

- $x^{1/a} = \sqrt[a]{x}$
- $x^{-1/a} = 1/\sqrt[a]{x}$
- $x^{a/b} = (x^a)^{1/b} = \sqrt[b]{x^a}$
- $x^0 = 1$ für $x \neq 0$ $(x^0 = x^{(1-1)}$
  $= x^1 \cdot x^{-1} = x^1/x^1 = 1/1 = 1)$

Fakultät

$n! = 1 \cdot 2 \cdot \ldots \cdot n$

$0! = 1 \qquad 1! = 1 \qquad 2! = 1 \cdot 2 = 2 \qquad 5! = 1 \cdot 2 \cdot 3 \cdot 4 \cdot 5 = 120$

Ungleichung von Bernoulli: $(1 + x)^n > 1 + n \cdot x$ für $n \in \mathbb{N}$ mit $n \geq 2$

Binomische Formeln, Binomialbeziehungen

- $(a + b)^0 = 1$ (für $(a + b) \neq 0$)
- $(a + b)^1 = a + b$
- $(a + b)^2 = a^2 + 2ab + b^2$
- $(a - b)^2 = a^2 - 2ab + b^2$
- $(a + b) \cdot (a - b) = a^2 - b^2$
- $(a + b)^3 = a^3 + 3 \cdot a^2 \cdot b^1 + 3 \cdot a^1 \cdot b^2 + b^3$
- $(a + b)^4 = a^4 + 4 \cdot a^3 \cdot b^1 + 6 \cdot a^2 \cdot b^2 + 4 \cdot a^1 \cdot b^3 + b^4$
- Allgemeine binomische Formel:
  $(a + b)^n = \binom{n}{0} \cdot a^n + \ldots + \binom{n}{k} \cdot a^{n-k} \cdot b^k + \ldots + = \binom{n}{n} \cdot b^n$
- $\binom{n}{0} = \dfrac{n!}{k! \cdot (n-k)!} = \dfrac{n \cdot (n-1) \cdot \ldots \cdot (n-k+1)}{k \cdot (k-1) \cdot \ldots \cdot 1}$
- $\binom{n}{k} = \binom{n-1}{k-1} + \binom{n-1}{k}$ mit $n \geq 1$
- $\binom{n}{k} = m^L$; jedoch existieren keine ganzzahligen Lösungen für
  $L \geq 2$ unter der Vorgabe $4 \leq k < n - 4$

Pascalsches Dreieck

n-Wert	Koeffizienten	Summe der Potenzzahlen von a + b
0	1	0
1	0 1	1
2	1 2 1	2
3	1 3 3 1	3
4	1 4 6 4 1	4
5	1 5 10 10 5 1	5
6	1 6 15 20 15 6 1	6
7	1 7 21 35 35 21 7 1	7
8	1 8 28 56 70 56 28 8 1	8
9	1 9 36 84 126 126 84 36 9 1	9

Beispiel: $(a + b)^9 = 1 \cdot a^9 b^0 + 9 \cdot a^8 b^1 + 36 \cdot a^7 b^2 + 84 \cdot a^6 b^3 + 126 \cdot a^5 b^4 + 16 \cdot a^4 b^5 + 84 \cdot a^3 b^6 + 36 \cdot a^2 b^7 + 9 \cdot a^1 b^8 + 1 \cdot a^0 b^9$

Ausgehend vom Pascalschen Dreieck kann ein Rasterbild erzeugt werden. Jeweils für ungerade Zahlen wird im Raster ein schwarzes Feld eingetragen. Sichtbar wird eine sich wiederholende Struktur (Fraktal). Diese **Struktur der Selbstähnlichkeit** durchzieht das gesamte Dreieck. Der Zusammenhang mit den zahlentheoretischen Gegebenheiten ist bisher nicht aufgeklärt. Mit Ausnahme der Zahl 1 tritt jede Zahl nur begrenzt im Dreieck auf. Die Zahl 3003 hat mit acht Aufführungen im Dreieck die bisher höchste bekannte Häufigkeit. Auch diese Zusammenhänge sind unaufgeklärt..

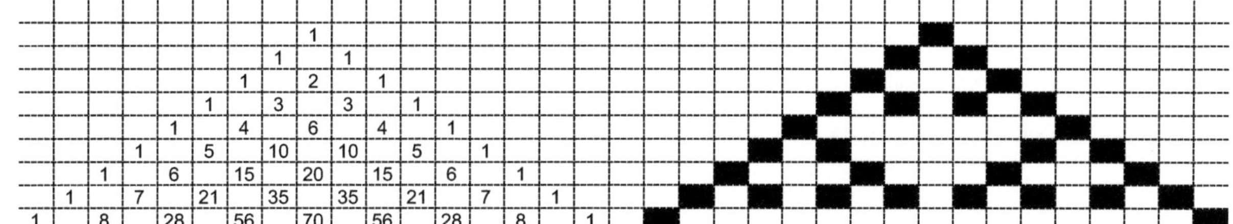

Begriff der Funktion

- Eine Funktion ist eine Menge von geordneten Paaren, von denen keine zwei verschiedene im ersten Element übereinstimmen. Ein Zahlenpaar ist somit ein Element der Funktion f, wenn es unter den geordneten Paaren von f vorkommt.
- *F* heißt eine Funktion oder eindeutige Relation genau dann, wenn gilt
  (F1) *F* ist eine Relation
  (F2) Für alle x, y und z gilt: $(x, y) \in F$ und $(x, z) \in F \rightarrow y = z$.
- Die Funktion ist umkehrbar, wenn durch die Umkehrung erneut eine Funktion vorliegt.
  Umkehrfunktion : f^{-1}
- Es gilt : $f(f^{-1}(x)) = f^{-1}(f(x)) = x$
- [Riemann: „… wenn jedem ihrer Werte (z) ein einziger Wert der unbestimmten Größe w entspricht, w eine Funktion von z genannt …"]

Argument, Variable, Funktion

Weiterhin ist grundsätzlich bei Funktionsausdrücken zwischen

- der Variablen und dem Argument und
- der bedingten (abhängigen) Größe, dem Funktionswert zu unterscheiden.

Elementare Funktionen

- Die lineare Funktion $y = m \cdot x + b$
- Die quadratische Funktion $y - y_s = a \cdot (x - x_s)^2$
- Höhere Parabelfunktionen $y - y_s = a \cdot (x - x_s)^n$; $n \in \mathbb{N}$; $n > 2$
- Allgemeine rationale Funktionen $f(x) = a_n x^n + a_{n-1} x^{n-1} + \ldots + a_1 x + a_0$
- Transzendente Funktionen
  a. Kreisfunktion   b. Exponentialfunktionen: $y = b^x$; $e^x = \exp(x)$
- Abschnittsweise definierte Funktionen (Beispiel)
  $f(x) = f_1(x)$ für $a \leq b$ und $f(x) = f_2(x)$ für $b \leq c$

Linearfaktordarstellung

- $f(x) = x^n + b_1 \cdot x^{n-1} + \ldots = (x - a_1) \cdot (x - a_2) \cdot (x - a_3) \cdot \ldots$
- Bestimmung der Nullstellen über Polynomdiskussion.

Allgemeine ganzrationale Funktion

- f: $y = a_n \cdot x^n + a_{n-1} \cdot x^{n-1} + \ldots + a_1 \cdot x^1 + a_0 = \sum_{k=0}^{n} a_k \cdot x^k$
- f: $y = (x - x_{n1}) \cdot (x - x_{n2}) \cdot (x - x_{n3}) \cdot \ldots$; x_{ni}: Nullstelle n_i

Grundlagen

Funktionsdarstellung

- explizite Form: $y = f(x)$
- implizite Form: $f(x, y) = 0$
- Parameterdarstellung: $x = x(t)$; $y = y(t)$

Gleichungsarten

Unterschieden werden
- Bestimmungsgleichungen
- Identische Gleichungen
- Funktionsgleichungen

Anordnungen

- Es sei: $x \in |R$; dann folgt: $x < 0$ oder $x = 0$ oder $x > 0$
- $x < 0$, dann gilt: $-x > 0$
- $x > 0$ und $y > 0$; dann folgt: $x + y > 0$; $-x - y < 0$
- $x > 0$ und $y > 0$; dann folgt: $x \cdot y > 0$
- $|x| := \begin{cases} x \text{ für } x > 0 \\ 0 \text{ für } x = 0 \\ -x \text{ für } x < 0 \end{cases}$
- $|x + y| \leq |x| + |y|$
- Archimedisches Axiom ($x \in |R^+$, $y \in |R^+$): $n \cdot x > y$ mit $n \in |N$

Ungleichungen

- $a < b \rightarrow a + c < b + c$
- $a < b \rightarrow a \cdot c < b \cdot c$ für $c > 0$
- $a < b \rightarrow a \cdot c > b \cdot c$ für $c < 0$
- $0 < a < b \rightarrow a^n < b^n$ für $n > 1$
- $0 < a < b \rightarrow a^{1/n} < b^{1/n}$ für $n > 1$

Beweisverfahren

Zum Beweis von Behauptungen unter Beachtung von Vorgaben werden unter anderem folgende Verfahren eingesetzt:

1. **Direkter Beweis**
2. **Indirekter Beweis (Widerspruchsbeweis)**
3. **Induktiver Beweis** (Prinzip der **vollständigen Induktion**)

   Dieses Verfahren ermöglicht den Schluss von gegebenen Sachverhalten auf unendlich viele. Insofern wird hier in induktiver Art eine Beziehung vollständig belegt. Dabei wird die Struktur der natürlichen Zahlen als Leitmodell genutzt.

Induktionsanfang: Die zu beweisende Aussage wird für einen konkreten n-Wert nachgewiesen.

Induktionsvoraussetzung: $n = n_0$
Die zu beweisende Aussage wird für $n = n_0$ erfasst.

Induktionsbehauptung: Für $n^* = n_0 + 1$ wird die Aussage erstellt.

Induktionsschluss:

Es wird gezeigt, dass ausgehend von $n = n_0$ die Aussage für $n^* = n_0 + 1$ zwingend folgt.

Die vollständige Induktion kann in Abhängigkeit vom Verständnis des Aufbaus der mathematischen Theorie (axiomatische Struktur bzw. mengentheoretische Grundlegung) als Axiom bzw. als Theorem (Prinzip) verstanden werden.

Winkelsumme im Dreieck

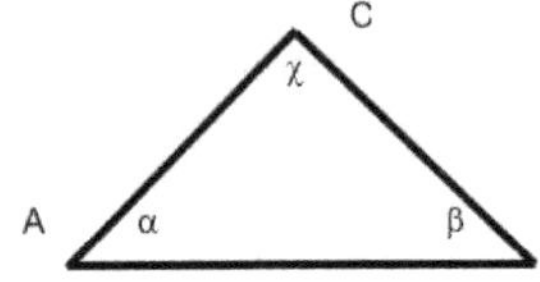

Es gilt für jedes Dreieck ($\rightarrow \Delta_{ABC}$) auf einer planen Ebene:

(deg): $\alpha + \beta + \chi = 180°$

(rad): $\alpha + \beta + \chi = \pi$

$[180° = \pi]$

Satz von Pythagoras

Herleitung: Quadrat mit der Seitenlänge $a + b$. In dieses Quadrat wird ein Quadrat gedreht mit der Seitenlänge c eingezeichnet.

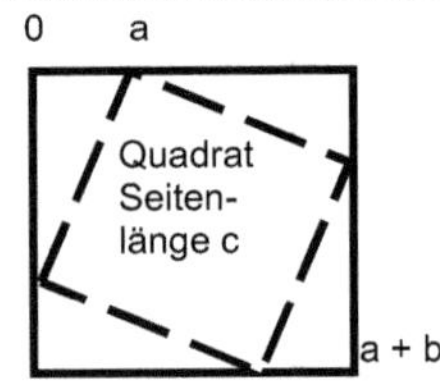

Die Flächenbetrachtung ergibt:

$c \cdot c = (a + b) \cdot (a + b) - 4 \cdot (a \cdot b)/2$

$c^2 = a^2 + 2ab + b^2 - 2ab$

$c^2 = a^2 + b^2$

Allgemeine (gebrochen-rationale) Funktion

$$f(x) = k \cdot \frac{a_n \cdot x^n + a_{n-1} \cdot x^{n-1} + \ldots + a_1 \cdot x^1 + a_0}{b_m \cdot x^m + \ldots + b_1 \cdot x^1 + b_0}$$

Nullstellen von f ergeben Zählerpolynome: $(x - x_n)$

Polstellen von f ergeben Nennerpolynome: $(x - x_p)$

Lücken von f ergeben gleiche Nenner- und zugleich Zählerpolynome: $(x - x_L)$

Geradengleichung (Lineare Funktionen)

- Zur Beschreibung einer Geraden benötigen wir in einem definierten Koordinatensystem die Daten von zwei Punkten, die auf der Geraden liegen.
- Eine Gerade wird mit einer linearen Funktion beschrieben:
  $f(x) = a \cdot x + b$.

  b: Achsenabschnitt auf der y-Achse für $x = 0$

  a: Steigung der Geraden $a = \tan \alpha = \dfrac{\Delta y}{\Delta x} = (y_2 - y_1)/(x_2 - x_1)$

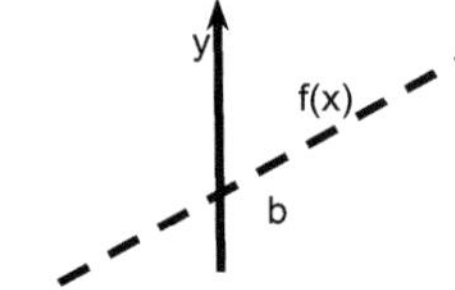

$P_1 = (x_1 ; y_1)$ und $P_2 = (x_2 ; y_2)$

P_1; P_2: zwei Punkte auf der Geraden g

- Länge der Strecke von P_1 zu P_2: $\overline{P_1 P_2} = |P_1 P_2|$

  $|P_1 P_2| = ((x_2 - x_1)^2 + (y_2 - y_1)^2)^{0,5}$

Quadratische Funktionen

- Sie beschreiben den Verlauf von **Parabeln**:
  $y = f(x) = ax^2 + bx + c$ (mit $a \neq 0$)
- $f(x) = x^2$: Normalparabel (Scheitelpunkt bei $S(0/0)$)
- Für $f(x) = ax^2 + bx + c$ gilt: $S(-b/2a; c - b^2/(4a))$

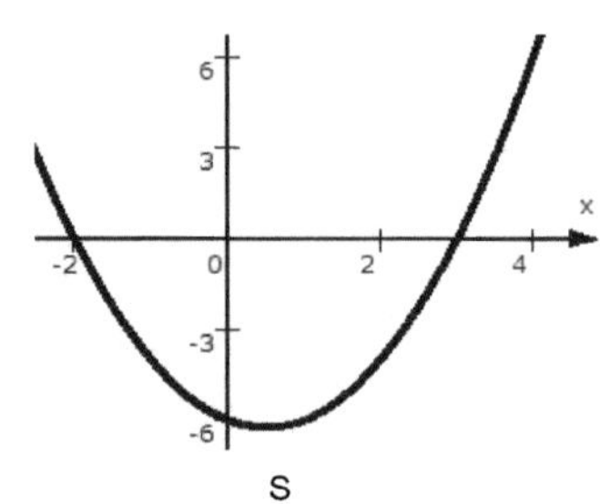

- x_{n1}, x_{n2}: Nullstellen; S: Scheitelpunkt: $S(x_S, y_S)$

Lösungsformeln für quadratische Funktionen

Allgemeine Lösungsformel: p-q-Lösungsformel

Lösungsformel für quadratische Gleichungen ($x^2 + p \cdot x + q = 0$)

$$x_{1/2} = \frac{p}{2} \pm \sqrt{-q + \left(\frac{p}{2}\right)^2}$$

Satz von Vieta

- Für die Nullstellen x_1 und x_2 einer quadratischen Funktion $x^2 + px + q = 0$ gilt: $x_1 + x_2 = -p$ und $x_1 \cdot x_2 = q$
- Weiterhin gilt: $(x - x_1) \cdot (x - x_2) = 0$

Tangente und Normale

t, m: Vektoren

- Eine Tangente **t** berührt eine Funktion an der Stelle x_0.
- Die Tangente **t** gibt die Steigung der Funktion genau an der Stelle x_0 an.
- Für die Tangentensteigung m gilt: $m = D(f(x))$
- Die Normale **n** steht senkrecht auf der Tangente **t**.
- Die Tangente $\mathbf{t} = (x_1, y_1)$ besitzt die Normale $\mathbf{n} = (-y_1, x_1)$

Grundlagen

Abbildungen

- f (x) = y: eine Abbildung von der Definitionsmenge X in die Wertemenge Y (f: X $\to$ Y)
- **Surjektivität:** f ist surjektiv, wenn f(X) = Y gilt. Insofern gilt für jedes y $\in$ Y, dass zumindest ein x $\in$ X existiert mit f(x) = y.
- **Injektivität:** f ist injektiv, wenn aus $f(x_1)$ = $f(x_2)$ folgt: x_1 = x_2. D.h., für jedes y existiert maximal ein verursachendes x $\in$ X.
- **Bijektivität:** f ist bijektiv, wenn f zugleich surjektiv und jinjektiv ist.

Beispiele: Elementare Abbildungen

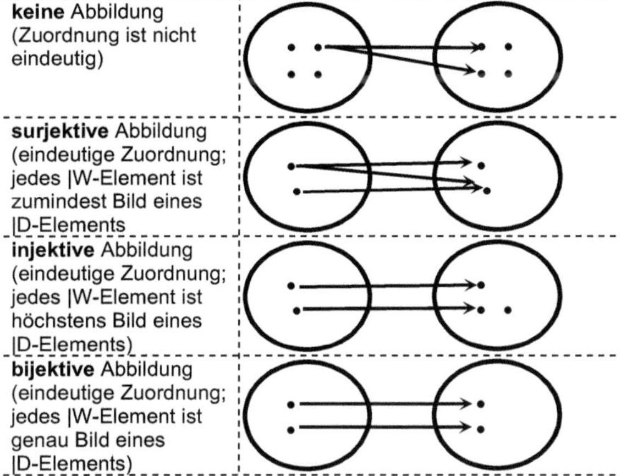

keine Abbildung (Zuordnung ist nicht eindeutig)

surjektive Abbildung (eindeutige Zuordnung; jedes |W-Element ist zumindest Bild eines |D-Elements

injektive Abbildung (eindeutige Zuordnung; jedes |W-Element ist höchstens Bild eines |D-Elements)

bijektive Abbildung (eindeutige Zuordnung; jedes |W-Element ist genau Bild eines |D-Elements)

Eine bijektive Abbildung ist zugleich injektiv und surjektiv

Symbole

o: allgemeines Verknüpfungssymbol	$\in$: Element von
$\exists$: „es existiert ein" (Existenzoperator)	$\forall$: für alle

Äquivalenzrelation

- **Reflexivität:** Die Relation R ist reflexiv, wenn gilt: (x, x) $\in$ R
- **Symmetrie:** Die Relation R ist symmetrisch, wenn gilt:
  (x, y) $\in$ R $\to$ (y, x) $\in$ R
- **Transitivität:** Die Relation R ist transitiv, wenn gilt:
  (x, y) $\in$ R und (y, z) $\in$ R $\to$ (x, z) $\in$ R
- Eine Äquivalenzrelation liegt vor, wenn R $\subset$ X × X zugleich reflexiv, symmetrisch und transitiv ist.

Anordnungen

- Es sei: x $\in$ |R; dann folgt: x < 0 oder x = 0 oder x > 0
- x < 0, dann gilt: - x > 0
- x > 0 und y > 0; dann folgt: x + y > 0; - x – y < 0
- x > 0 und y > 0; dann folgt: x · y > 0
- $|x| := \begin{cases} x \text{ für } x > 0 \\ 0 \text{ für } x = 0 \\ -x \text{ für } x < 0 \end{cases}$
- $|x + y| \leq |x| + |y|$
- Archimedisches Axiom: x $\in$ |R⁺, y $\in$ |R⁺; dann folgt: n · x > y mit einem n $\in$ |N

Gruppe

- Eine Gruppe liegt vor, wenn G1 bis G4 erfüllt sind.
- Eine Abelsche Gruppe liegt vor, wenn G1 bis G5 erfüllt sind.

  G1 Abgeschlossenheit: a, b $\in$ G $\to$ a o b $\in$ G

  G2 Existenz des neutralen Elements

  $\exists$ n $\in$ G; a o n = n o a = a, $\forall$ a $\in$ G

  G3 Existenz des Inversen: a o a* = a* o a = n

  G4 Assoziativgesetz: a o (b o c) = (a o b) o c

  G5 Kommutativgesetz: a o b = b o a

Ring

- Ein Ring ist eine nicht leere Menge R mit zwei Verknüpfungen (Addition: + und Multiplikation: ·), für die gilt (a, b, c, 0, 1 $\in$ R):
  R1 Kommutativität der Addition : a + b = b + a
  R2 Assoziativgesetz der Addition und der Multiplikation:
  (a + b) + c = a + (b + c) ; (a · b) · c = a · (b · c)
  R3 a + 0 = 0 + a (0: Nullelement)
  R4 a · 1 = 1 · a (1: Einselement mit 1 $\in$ R \ { 0 })
  R4 a + (- a) = (- a) + a = 0
  R5 Distributivgesetz: a · (b + c) = a · b + a · c
- Von einem **kommutativen Ring** wird dann gesprochen, wenn auch noch erfüllt ist: a · b = b · a

Körperaxiome

x $\in$ |R, y $\in$ |R; Addition: (x, y) $\to$ x + y; Multiplikation: (x, y) $\to$ x · y
- **Axiome der Addition**
  Assoziativgesetz: x + (y + z) = (x + y) + z; $\forall$ x, y, z $\in$ |R
  Kommunikativgesetz: x + y = y + x; $\forall$ x, y $\in$ |R
  Existenz der Null: Es gibt eine Zahl 0 $\in$ |R mit x + 0 = x; $\forall$ x $\in$ |R
  Existenz des Negativen (- x): x + (- x) = 0; $\forall$ x $\in$ |R
- **Axiome der Multiplikation**
  Assoziativgesetz: x · (y · z) = (x · y) · z; $\forall$ x, y, z $\in$ |R
  Kommunikativgesetz: x · y = y · x; $\forall$ x, y $\in$ |R
  Existenz der Eins: Es gibt eine Zahl 1 $\in$ |R mit x · 1 = x; $\forall$ x $\in$ |R
  Existenz des Inversen (x^{-1} = 1/x): x · (1/x) = 1; $\forall$ x $\in$ |R
- **Distributivgesetz:** x · (y + z) = x · y + x · z; $\forall$ x, y, z $\in$ |R

Galois-Körper

- Galois-Körper: Galois-Field
- GF(q) bezeichnet einen Galois-Körper der Ordnung q. Es bilden q Elemente eine Menge, auf der die folgenden Operationen (Axiome) definiert sind ($\forall$: „für alle"):
- Axiome der Addition ($\oplus$)
  A1 – Abgeschlossenheit: $\forall$ a, b $\in$ A gilt. a $\oplus$ b $\in$ A
  A2 – Assoziativität: $\forall$a, b, c $\in$ A gilt (a $\oplus$ b) $\oplus$ c = a $\oplus$ (b $\oplus$ c)
  A3 – Nullelement (0 – „Null"; 0, a $\in$ A): 0 $\oplus$ a = a
  A4 – Inverses Element (-a, a $\in$ A): -a $\oplus$ a = 0
  A5 – Kommunikativgesetz ($\forall$a, b$\in$ A): a $\oplus$ b = b $\oplus$a
- Axiome der Multiplikation ($\otimes$)
  M1 – Abgeschlossenheit: $\forall$a, b $\in$ A gilt a $\otimes$ b$\in$ A
  M2 – Assoziativität: $\forall$a, b, c $\in$ A gilt (a $\otimes$ b $\otimes$ c = a $\otimes$ (b $\otimes$ c)
  M3 – Einselement (1 – "Eins"; 1, a $\in$ A): 1 $\otimes$ a = a
  M4 – Inverses Element (a^{-1}, a $\in$ A): a^{-1} $\otimes$ a = 1
  M5 – Kommunikativgesetz ($\forall$ a, b$\in$ A): a $\otimes$ b = b $\otimes$ a
- Axiom zur Verbindung von Addition und Multiplikation:
  D – Distributionsgesetz: a $\otimes$ (b $\oplus$ c) = a $\otimes$ b $\oplus$ a $\otimes$ c

Vektorraum

V : additive abelsche Gruppe mit der Verknüpfung +V
K : Körper mit der additiven Verknüpfung +
und der multiplikativen erknüpfung ·
(v $\in$ V sind Vektoren; a, b $\in$ K sind Skalare)
Ein Vektorraum liegt vor, wenn bezüglich der Verknüpfung
· : K x $V \to V$ folgendes erfüllt ist:
(V1) 1 · x = x mit x $\in$ V
(V2) a · (x + y) = a · x + a · y mit a $\in$K, x, y $\in$V
(V3) (a + b) · x = a · x + b · x mit a, b $\in$ K, x $\in$V
(V4) (a · b) · x = a · (b · x) mit a, b $\in$ K, x $\in$V

Begriff der Relation

- Jede Teilmenge R der Produktmenge A x B heißt Relation zwischen A und B.
- Ist A = B = M, also R: M x M, so nennt man R eine Relation in M.
- Sind eine Grundmenge U und eine Bildmenge B gegeben, ferner zwei Mengen D und W mit $D \subset U$ und $W \subset B$ so gilt: Eine Zuordnungsvorschrift r heißt Relation von D auf W bzw. Relation von D in B (auch Relation aus) U in B, wenn gilt:
  1. Jedem Element aus D werden ein oder mehrere Elemente aus W zugeordnet.

  (2. Jedes Element von W kommt mindestens einmal vor.)

Figuren, Körper, Kurven

Quadrat

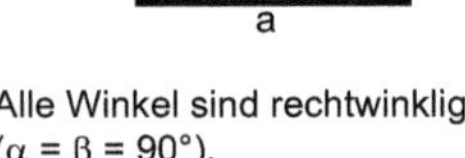

Alle Winkel sind rechtwinklig ($\alpha = \beta = 90°$).

Umfang: $U = 4 \cdot a$
Fläche: $A = a^2$
Diagonale: $d = a^2$

Rechteck

Alle Winkel sind rechtwinklig ($\alpha = \beta = 90°$).

Umfang: $U = 2(a + b) = 2a + 2b$
Fläche: $A = a \cdot b$

Trapez, Trapezoid

Zwei Seiten sind parallel zueinander (hier: a und d; also a || d).

Umfang: $U = a + b + c + d$
Fläche: $A = h \cdot (a + d) / 2$

Kreis (Kreisradius: r)

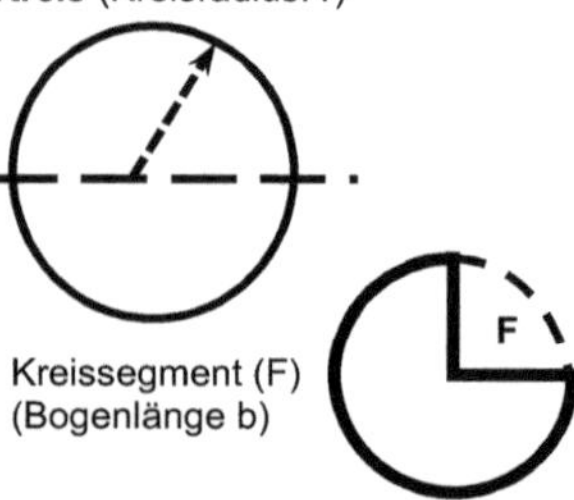

Kreissegment (F)
(Bogenlänge b)

Umfang: $U = 2\pi \cdot r = \pi \cdot d$
Fläche: $A = r^2 \cdot \pi$
Kreissegmentfläche: $F = r \cdot b/2$

Kreis und Linien

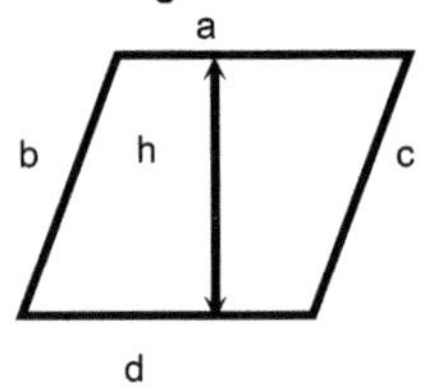

a: Sekante
b: Sehne
c: Tangente (Berührende)

Kreissehnen

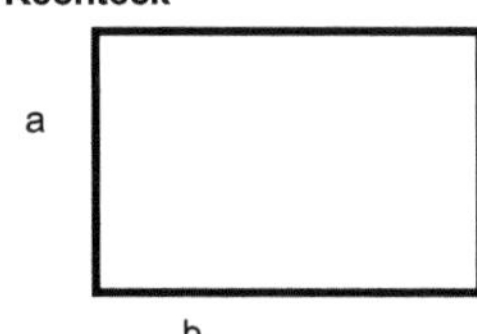

S: Schnittpunkt der Sehnen $\overline{AC}$, $\overline{BD}$
$\overline{AC} = \overline{AS} + \overline{SC}$; $\overline{BD} = \overline{BS} + \overline{SD}$
Flächengleichheit: $\overline{AS} \cdot \overline{SC} = \overline{BS} \cdot \overline{SD}$

Innenkreis im rechtwinkligen Dreieck mit den Längen 3,4,5

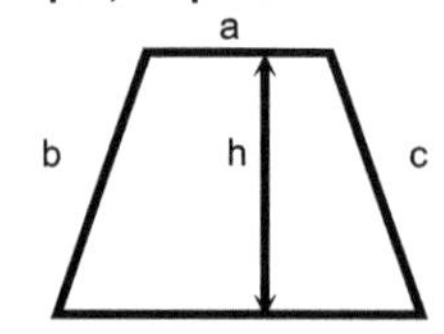

$[\to 3^2 + 4^2 = 5^2]$

Der Kreis berührt die drei Seiten. Sein Mittelpunkt liegt so, dass der Radius r die Dreiecksseiten in den Berührungspunkten mit r aufteilt.

Kreisradius r steht jeweils senkrecht auf den Seiten in den Berühungspunkten.
$\to 5 = (3 - r) + (4 - r)$
$\to 5 = 7 - 2r$
$\to r = 1$
Fläche vom Innenkreis:
$F_{\text{I-Kreis}} = 1^2 \cdot \pi = \pi$

Parallelogramm

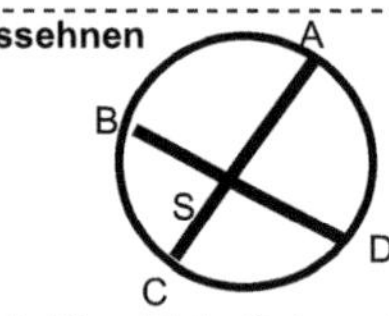

Zwei Seiten sind parallel zueinander:
a || d; und b || c.
Weiterhin gilt: |a| = |d|
und |b| = |c|.

Raute

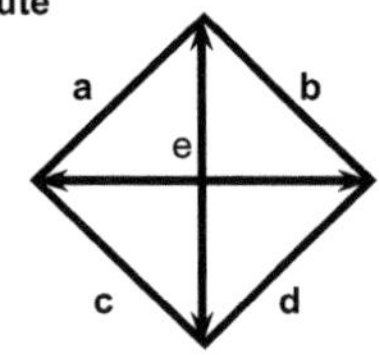

Die Diagonalen e und f stehen senkrecht aufeinander. Sie halbieren sich. Der Schnittpunkt der Diagonalen ist auch der Schwerpunkt der Raute.

Ellipse: Menge aller Punkte, deren Entfernungssumme von den Brennpunkten F_1 und F_2 gleich ist.

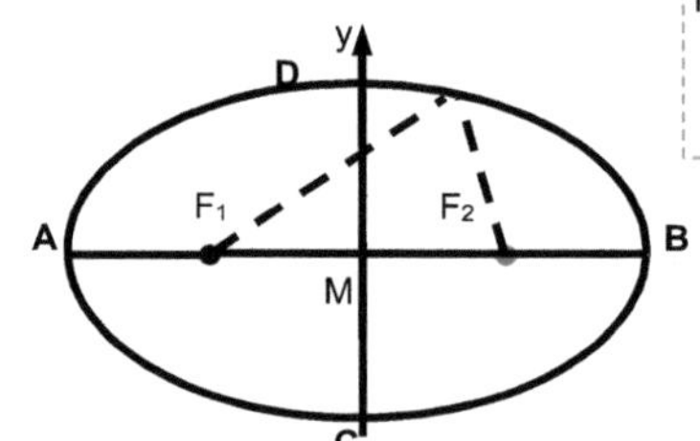

Mittelpunktsgleichung

$$\frac{x^2}{a^2} + \frac{y^2}{b^2} = 1$$

A, B: Hauptscheitel; C, D: Nebenscheitel; M: Mittelpunkt
MA = a; MD = b; große Achse: 2a; kleine Achse: 2b; $F_1F_2 = 2e$
Lineare Exzentrizität: $e = \sqrt{a^2 + b^2}$; numerische Exzentrizität: $\varepsilon = \frac{e}{a}$

Umfang: $U = 2 \cdot (a + b) = 2 \cdot a + 2 \cdot b$
Fläche: $A = a \cdot h$

Umfang: $U = 4 \cdot a$
Fläche: $A = e \cdot f/2$

Umfang (genähert): $U \approx \pi \cdot (1{,}5 \cdot (a + b) - \sqrt{ab})$
Fläche: $A = a \cdot b \cdot \pi$

Würfel

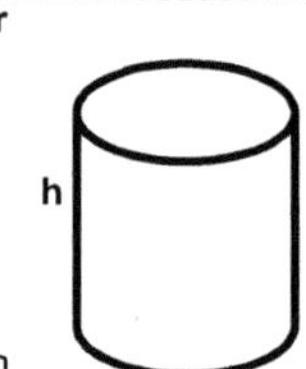

Alle Eckwinkel sind rechtwinklig ($\to$ 90°). Seitenlänge: a

Oberfläche: $O = 6 \cdot a^2$
Volumen: $V = a^3$
Raumdiagonale: $d = a \cdot \sqrt{3}$

Quader

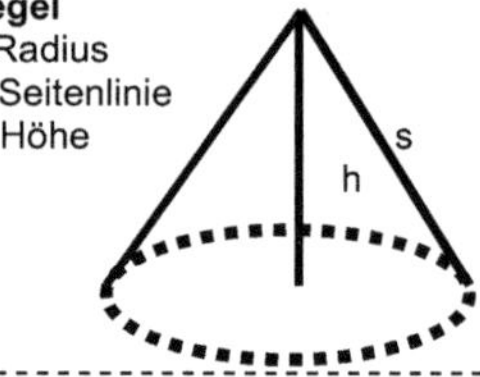

Alle Eckwinkel sind rechtwinklig.
Oberfläche: $O = 2(ab + ac + bc)$
Volumen: $V = a \cdot b \cdot c$
Raumdiagonale:
$d = \sqrt{a^2 + b^2 + c^2}$

Zylinder

Höhe: h

Volumen: $V = r^2 \cdot \pi \cdot h$
Oberfläche:
$O = 2\pi \cdot r^2 + 2\pi \cdot r \cdot h$

Kegel

r: Radius
s: Seitenlinie
h: Höhe

Volumen: $V = r^2 \cdot \pi \cdot h / 3$
Oberfläche: $O = r \cdot \pi \cdot (r + s)$

Ellipse

$\frac{x^2}{a^2} + \frac{x^2}{b^2} = 1$ (Mittelpunkt im Ursprung)

Lineare Exzentrizität: $e = (a^2 - b^2)^{0{,}5}$; Brennpunkte: $(\pm e, 0)$
Parameterdarstellung: $x = a \cdot \cos(t)$; $y = b \cdot \sin(t)$ mit ($0 < t \le 2\pi$)

Hyperbel

$\frac{x^2}{a^2} - \frac{x^2}{b^2} = 1$

Lineare Exzentrizität: $e = (a^2 + b^2)^{0{,}5}$; Brennpunkte: $(\pm e, 0)$
Parameterdarstellung: $x = a \cdot \cosh(t)$; $y = b \cdot \sinh(t)$ mit ($-\infty < t < +\infty$)

Kugel

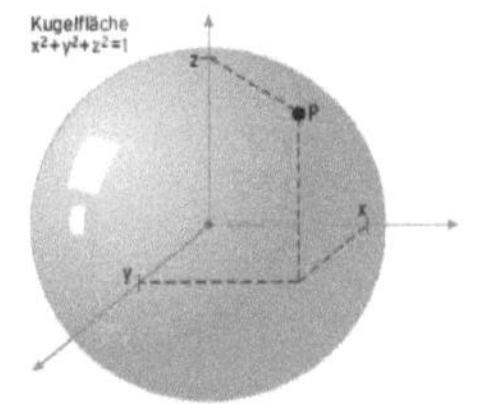

Volumen: $V = r^3 \cdot \pi \cdot 4 / 3$
Oberfläche: $O = 4 \cdot \pi \cdot r^2$

Geoid
(tatsächliche Erdgestalt)

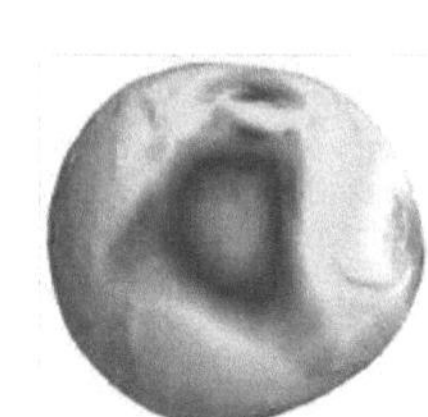

- Himalaya (Berg: Monte Everest): Höhe 8.848 m
- Tiefe Meeressenke (Marianengraben): 11.034 m
- Entfernung des Äquators zum Erdmittelpunkt: 6378 km
- Entfernung der Polkappen zum Erdmittelpunkt: 6357 km
- Mittlerer Erdradius: 6.370 km (volumengleiche Kugel)
- Durchschnittliche Meerestiefe: 3.730 m
- Volumen der Wassermassen auf der Erde: 1,38 Milliarden Kubikkilometern; davon: 48 Millionen Kubikkilometer Süßwasser (3,5 % der Vorräte)
- Durch das Hochpumpen von Grundwasser (zum Beispiel ca. 2200 Gigatonnen zwischen 1992 und 2010 vorrangig in der nördlichen Hemisphäre) und durch das Anlegen von oberirdischen Wasserspeicherbecken (auch Staudämme) hat sich die Neigung der Erde zur Sonne messbar verändert.
- Erdbeschleunigung (Pol): 9,83 m/s²; (Äquator): 9,78 m/s²

Figuren, Körper, Kurven

Körper (Bezug: antike Weltvorstellung)

Hexaeder (Würfel): Bezug - Erde	**Tetraeder (Vierflächner): Bezug - Feuer**	**Oktaeder (Achtflächner): Bezug - Luft**

Hexaeder (Würfel): Bezug - Erde

- 6 Flächen (Quadrate)
- $\{p, q\} = \{4, 3\}$
- Volumen: $V = a^3$
- Oberfläche: $O = 6 \cdot a^2$
- Diagonale einer Fläche: $d_F = a \cdot \sqrt[2]{2}$
- Raumdiagonale: $d_V = a \cdot \sqrt[2]{3}$

Tetraeder (Vierflächner): Bezug - Feuer

- 4 Flächen (gleichseitige Dreiecke)
- $\{p, q\} = \{3, 3\}$
- Volumen: $V = \dfrac{a^3}{12}$
- Oberfläche: $O = \sqrt{3} \cdot a^2$

Ikosaeder: Bezug - Wasser

- 20 Flächen (gleichseitige Dreiecke)
- $\{p, q\} = \{3, 5\}$
- Volumen: $V = a^3$
- Oberfläche: $O = 6 \cdot a^2$

Oktaeder (Achtflächner): Bezug - Luft

- 8 Flächen (gleichseitige Dreiecke)
- $\{p, q\} = \{3, 4\}$
- Volumen: $V = a^3$
- Oberfläche: $O = 6 \cdot a^2$

Dodekaeder: Bezug - Universum

- 12 Flächen (regelmäßige Fünfecke)
- $\{p, q\} = \{5, 3\}$
- Volumen: $V = a^3$
- Oberfläche: $O = 6 \cdot a^2$

Schläfli-Symbol: $\{p, q\}$ mit p: Anzahl der Kanten eines Einzelfeldes und q: Kantenanzahl in einer Ecke.
Zu allen Körpern liegen vielfältige Symmetriebeziehungen vor. (Es sind reguläre Figuren (Polyeder).)
Es können jeweils innere Kugeln (Inkugel), umhüllende Kugeln (Umkugeln) und Kugeln mit den Kanten (Kantenkugeln) bestimmt werden.

R^2-Kurven

Gerade
$c(t) = (a \cdot t, b \cdot t)$

Kreis
$\chi(t) = r \cdot (\cos(t), \sin(t)); \; 0 \le t \le 2 \cdot \pi$

Ellipse
$\chi(t) = (a \cdot \cos(t), b \cdot \sin(t)); \; 0 \le t \le 2 \cdot \pi$

Ellipse: $x = f(K) = 3 \cdot \cos(K); y = f(K) = 2 \cdot \sin(K)$

Ellipse: $x = f(K) = 3 \cdot \cos(-K + \pi/6); y = f(K) = 2 \cdot \sin(K)$

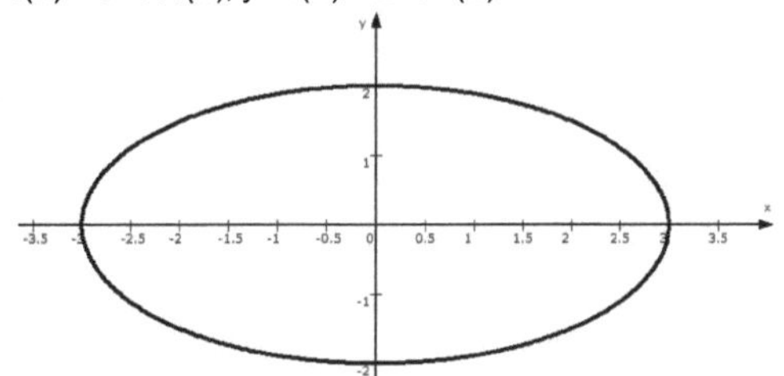

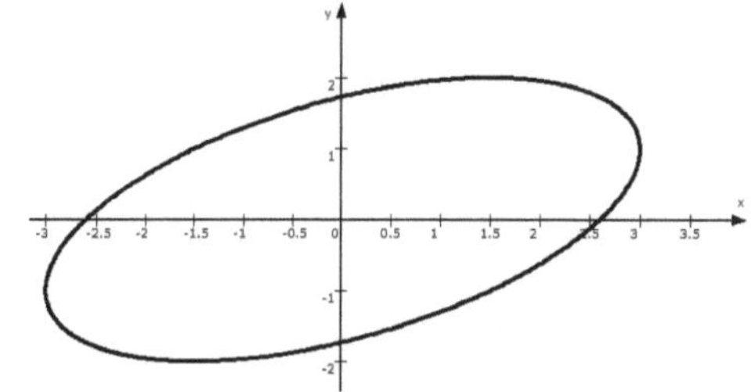

Kettenlinie
$\chi(t) = (t, \cosh(t)); t \in \mathbf{R}$

Neilsche Parabel
$C(t) = (t^2, t^3)$

Schleifenkurven (Lemniskate)
$r = a \cdot (\cos(2 \cdot \varphi))^{0,5}$; Bzw. $(x^2 + y^2)^2 = a^2 \cdot (x^2 - y^2)$

Cartesisches Blatt
$x = 3 \cdot a \cdot t/(1 + t^3)$
$y = 3 \cdot a \cdot t^2/(1 + t^3); a > 0; t \ne -1$

Herzkurve (Kardioide)
$r = a \cdot (1 + \cos(\varphi)); a > 0; 0 \le \varphi < 2 \cdot \pi$

Kleeblatt (mit n bzw. 2n Blättern)
$r = a \cdot \cos(n \cdot \varphi); a > 0; n \in |N$

Logarithmische Spirale
$r = a \cdot \exp(b \cdot \varphi); a > 0; b > 0; 0 \le \varphi < \infty$

Zykloide (gemeine)
$\chi(t) = r \cdot (t - \sin(t), 1 - \cos(t)); t \in \mathbf{R}$

Schraubenlinie (gemeine)
$\chi(t) = (R \cdot \cos(t), R \cdot \sin(t) \, h \cdot t); t \in \mathbf{R}$

Schleppkurve (Traktrix)
$c(t) = a \cdot \exp(t)$
Schleppkurve (Traktrix)
$c(t) = a \cdot (x \, p(t), \int_0^1 \sqrt{1 - \exp(2x)} \cdot dx$

Strophoide
$x = a \cdot (t^2 - 1)/(t^2 + 1)$
$y = a \cdot t \cdot (t^2 - 1)/(t^2 + 1); a > 0$
$-\infty < t < \infty$

Sternkurve (Astroide)
$x = a \cdot \cos^3(t); y = a \cdot \sin^3(t)$
$a > 0; 0 \le t < 2\pi$

Archimedische Spirale $r = a \cdot \varphi; \; a > 0; 0 \le \varphi < \infty$

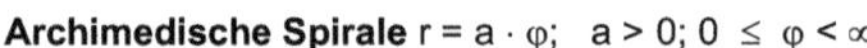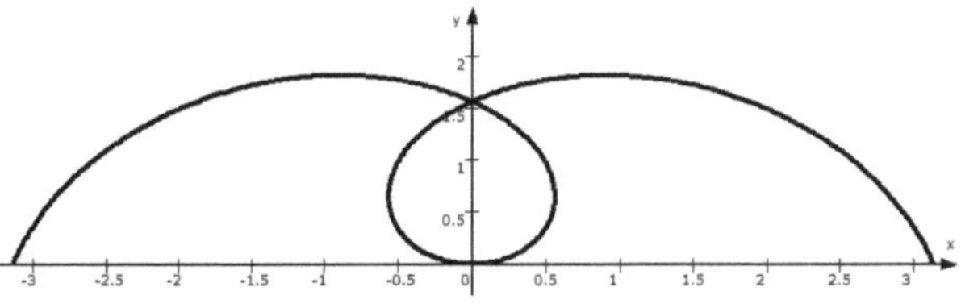

Diamant $x = f(K) = 2 \cdot \cos(K)^3; y = 2 \cdot (\sin(K))^3$

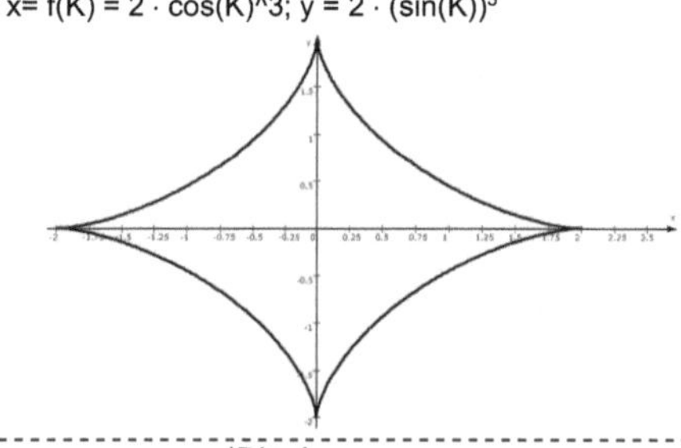

Unendlichkeit
$x = f(K) = 3 \cdot \sin(K); y = f(K) = 2 \cdot \sin(2 \cdot K)$
$-\pi \le K \le \pi$

Zykloide
$x = f(K) = K - \sin(K); y = f(K) = 1 - \cos(K)$

Dipol
$f(P; W) = \mathrm{SQRT}(\mathrm{ABS}(P^2 \cdot \cos(W)))$
$-\pi \le W \le \pi$

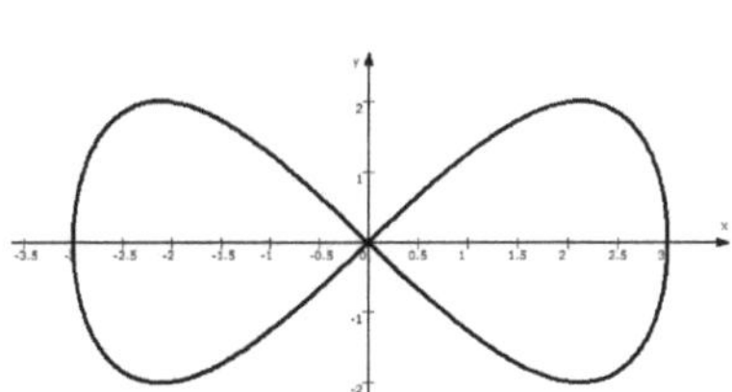

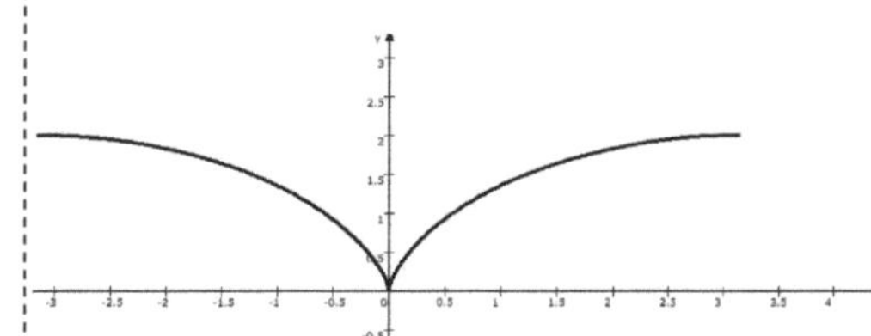

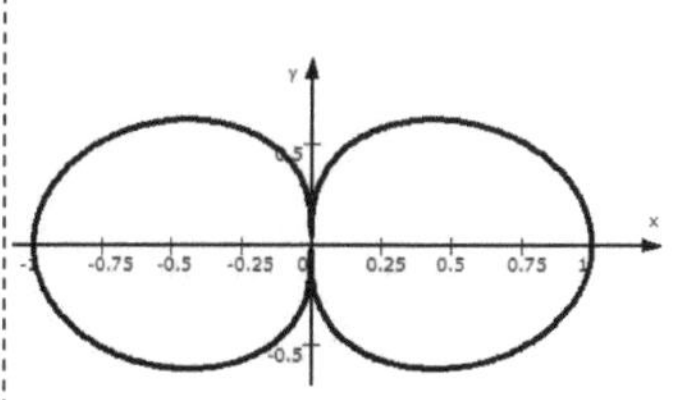

Figuren, Körper, Kurven

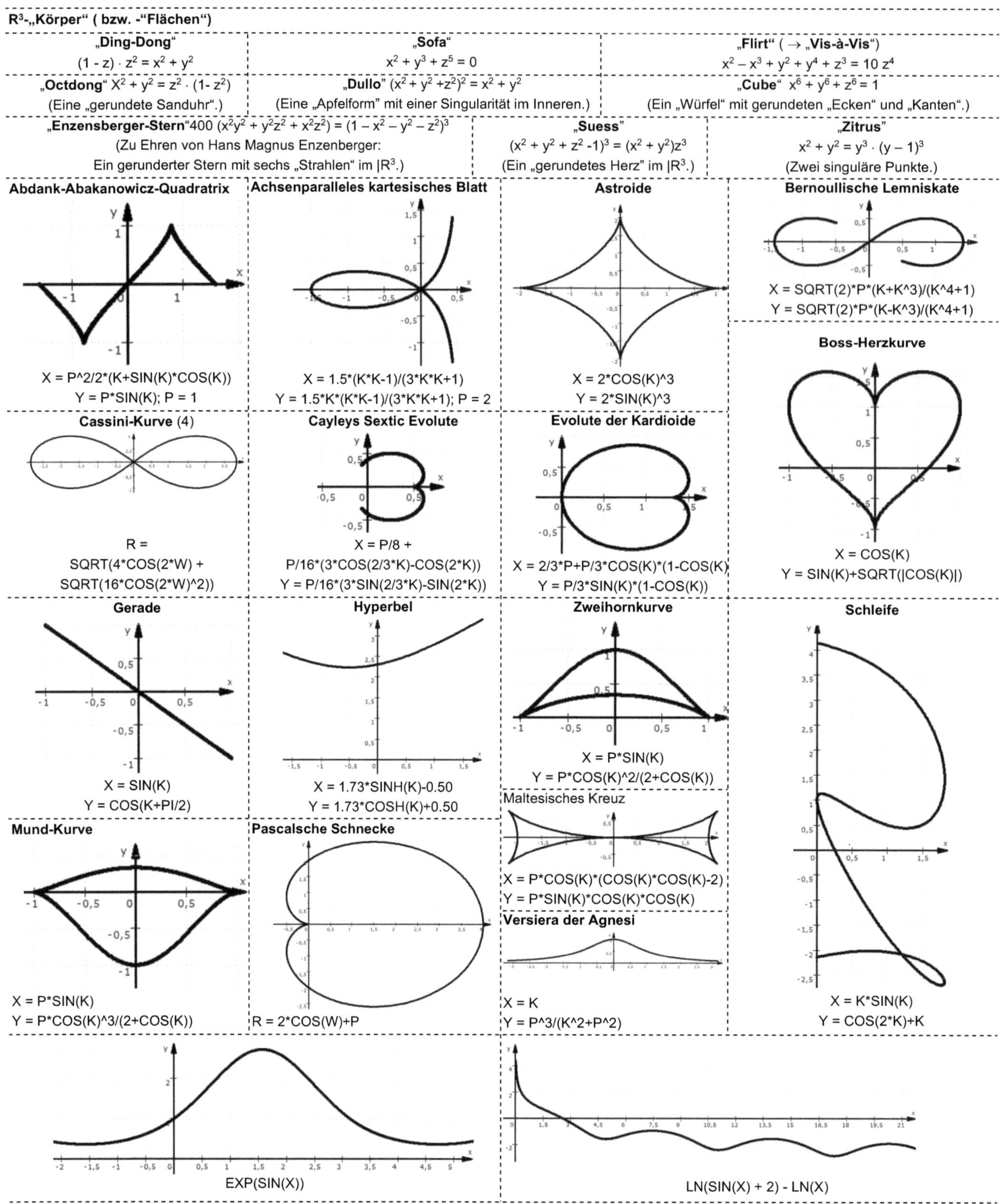

Ein wesentliches Ziel der modernen Mathematik ist, geometrische Gegebenheiten algebraisch zu beschreiben. Die Bedingungen der Möglichkeit einer anschaulichen Realität werden erkundet. Der Abgleich erfolgt in den fachorientierten Realitätswissenschaften. Die Kriterien des Abgleichs werden zum Teil auf der philosophischen Ebene erörtert und speziell im Rahmen von Erkenntnis- uns Wissenschaftstheorien näher diskutiert.

Geometrien

Definitionen, Postulate, Axiome von Euklid

- **Definitionen** (insgesamt 35)
  - 1: Ein Punkt ist, was keine Teile hat.
  - 2: Eine Linie ist eine Länge ohne Breite.
    - (Bzw.: Eine Linie ist eine breitenlose Länge.)
  - 4: Eine Linie ist gerade, wenn sie gegen die in ihr sich befindlichen Punkte auf einerlei Art gelegen ist. (Bzw.: Eine Gerade ist eine Linie, die bezüglich der Punkte auf ihr stets gleich liegt.)
- 5 Postulate, z. B.: Alle rechten Winkel sind einander gleich.

(5. Postulat: Parallelenaxiom)

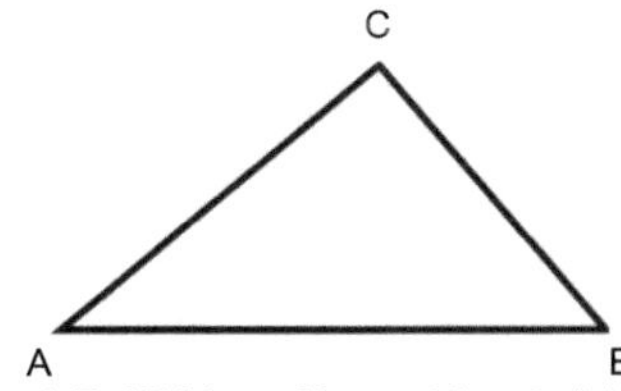

Geometrie nach **Euklid** (**von Alexandria** ~ 3. Jahrh. v. Chr.)

- Bei **Hilbert**, David (1862–1943) werden folgende Axiome (A) unterschieden:
  - ➢ 8 A der Verknüpfung (Inzidenz)
  - ➢ 4 A. der Anordnung (Ordnung)
  - ➢ 6 A. der Kongruenz (Kongruenz)
  - ➢ 1 A. der Parallelen (Parallelenaxiom)
  - ➢ 2. A. der Stetigkeit (archimedisches Axiom und Vollständigkeitsaxiom)

(Siehe hierzu auch die Betrachtungen zur Minkowski-Geometrie und die Überlegungen zur Morphologie im Bereich der Bildverarbeitung.)

Arbeiten zur nichteuklidischen Geometrie

- **Personen**

  Saccheri, Giovanni Girolamo (5.09.1667-25.10.1733)

  Lambert, Johann Heinrich (26.08.1728-25.09.1777)

  Gauß, Johann Carl Friedrich (1777-1855)

  Schweikart, Ferdinand Karl (28.02.1780-17.08.1857)

  Lobatschewski, Nikolai I. (1792-1856)

  Taurinus, Franz Adolph (15.11.1794-13.02.1874)

  Bolyai, János (1802-1860)

  Riemann, Georg Friedrich Bernhard (17.09.1826-20.07.1866)

  Christoffel, Elwin Bruno (10.11.1829-15.03.1900)

  Ricci-Curbastro, Gregorio (12.01.1853-6.08.1925)

  Levi-Civita, Tullio (29.03.1873-29.12.1941)

- **Stumpfe- und Spitze-Winkel-Hypothesen** (Skizzen)

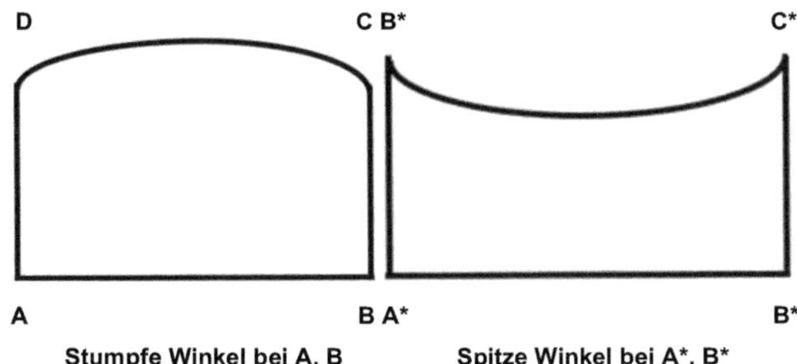

Stumpfe Winkel bei A, B   **Spitze Winkel bei A*, B***

Hyperbolische Oberfläche (Sattel)

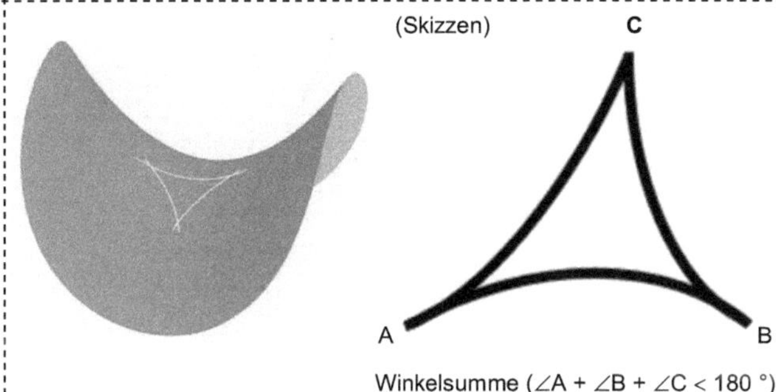

Winkelsumme ($\angle A + \angle B + \angle C < 180\,°$)

Kugel (Erde) – Elliptische-Geometrie

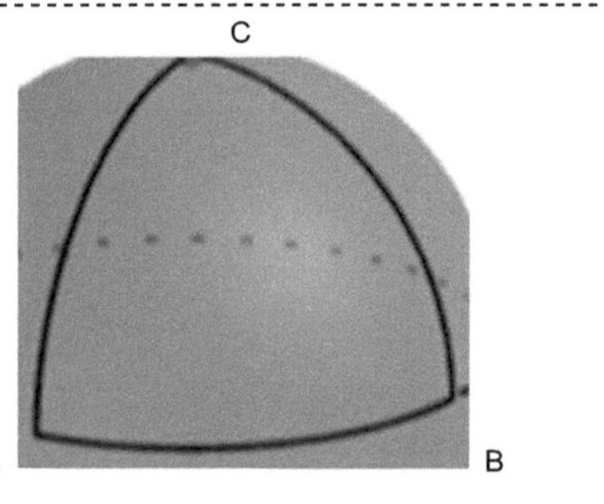

Winkelsumme ($\angle A + \angle B + \angle C > 180\,°$)

Kegelschnitte

Ein schräger Schnitt durch einen Kegel erzeugt eine Ellipse:

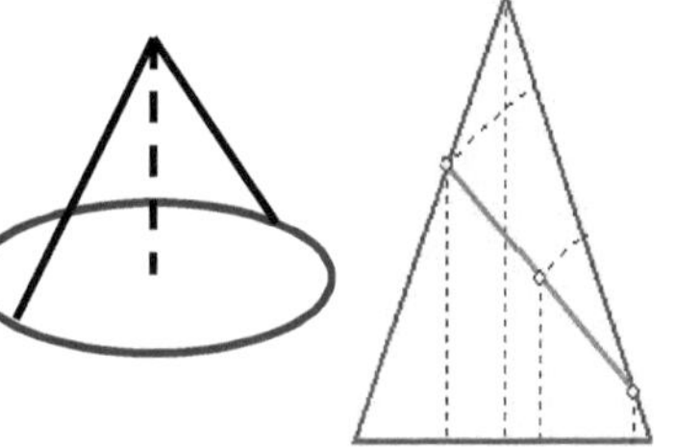
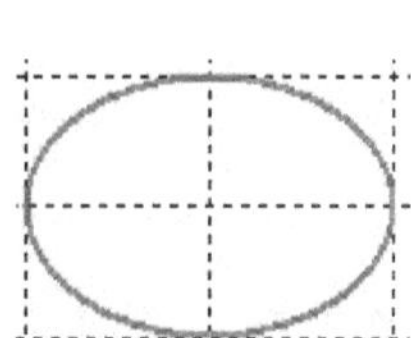

Figur: **Kegel**   → **Aufschnitt**   → **Ellipse in der Ebene**

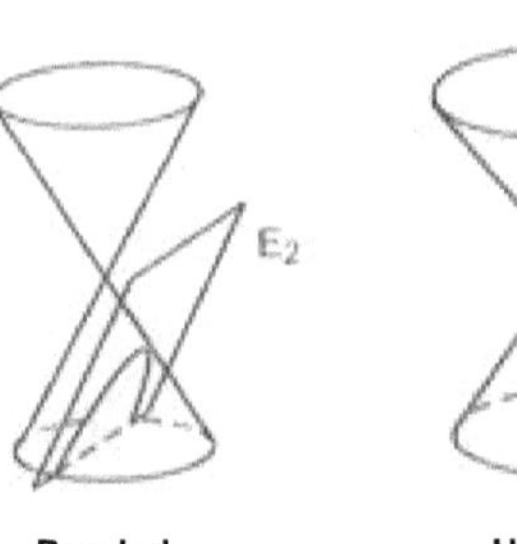

Parabel   **Hyperbel**

Geometrien-Übersicht

Geometrie	Bezug	Parallelen durch externen Punkt	Winkelsumme	Länge von Geraden
Ebene	Euklid	eine	180°	∞
Hyperbolisch	Bolyai-Lobtschewski	mehrere	< 180°	∞
Elliptisch	Riemann	keine	> 180 °	endlich

Geometrien

Dreieck

|AB| = c: Hypothenuse; |AC| = b: Kathete; |BC| = a: Kathete

Tabelle für pythagoreische Zahlen

p	q	$a = 2pq$	$b = p^2 - q^2$	$c = p^2 + q^2$
2	1	4	3	5
3	1	6	8	10
4	1	8	15	17
5	1	10	24	26
6	1	12	35	37
7	1	14	48	50
8	1	16	63	65
3	2	12	5	13
4	2	16	12	20
5	2	20	21	29
4	3	24	7	25
5	3	30	16	34
5	4	40	9	41
6	5	60	11	61
7	2	28	45	53
7	3	42	40	58
7	4	56	33	65
9	1	18	80	82
9	2	36	77	85

Primzahlen und Teiler: $p = a^2 + b^2 \Leftrightarrow p(\mathrm{mod}4) = 1$; $p \neq 2$

p	a^2	b^2	$p(mod4)$	p	a^2	b^2	$p(mod4)$
5	1	4	1	89	25	64	1
13	4	9	1	97	16	81	1
17	1	16	1	101	1	100	1
29	4	25	1	109	9	100	1
37	1	36	1	113	49	64	1
41	16	25	1	137	16	121	1
53	4	49	1	149	49	100	1
61	25	36	1	157	36	121	1
73	9	64	1	193	49	144	1

3D-Figuren / Körper

Möbiusband

- Möbius, August Ferdinand (1790-1868) fand dieses Band.
- Ein in sich verdrehtes Band wird in sich überführt.
- Eine Unterscheidung zwischen oben und unten ist nicht möglich. Das Band ist nicht orientierbar.

- Möbius-Bänder können nicht ineinander geschachtelt werden.
- $x = (R + s \cos(t/2)) \cos t$; $Y = (R + s \cos(t/2)) \sin t$; $Z = s \sin(t/2)$

Kleinsche Flasche

- Klein, Felix (1849 – 1925).
- Eine Unterscheidung zwischen innen und außen ist nicht möglich. Es liegt eine nichtorientierbare Fläche vor. Sie ist randlos.

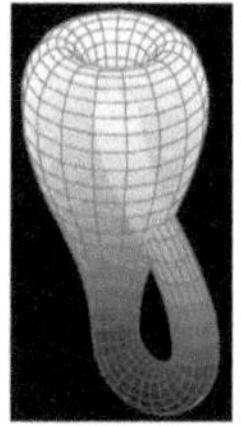
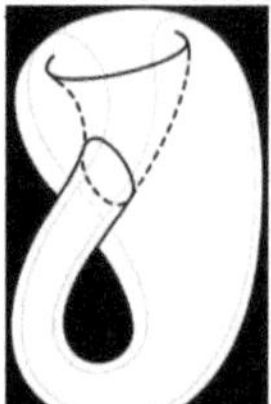

$x = (a + b \cos v) \cos u$; $Y = (a + b \cos v) \sin u$
$z = b \sin v \cos(u/2)$; $T = b \sin v \sin (u/2)$
(Stewart, Ian): $0 = (x^2 - y^2 + z^2 + 2y - 1) ((x^2 + y^2 + z^2 - 2y - 1)^2 - 8z^2)$
$+ 16xz (x^2 + y^2 + z^2 - 2y - 1)$

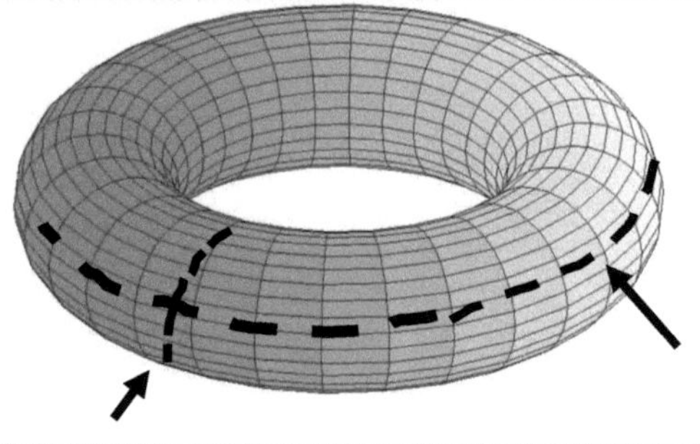

<= Torus

Auf einem Torsus können zwei Schleifen gelegt werden, die sich jeweils nicht zusammenziehen lassen.

Schnecke =>

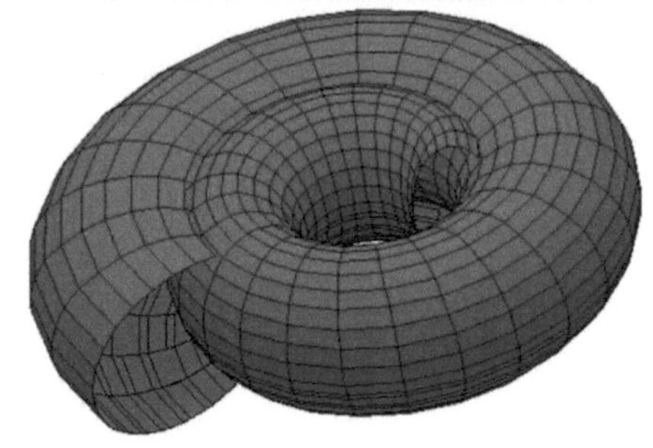

Fraktale

- Benoît Mandelbrot (!924 – 2010) bedachte fraktale Strukturen (1975)
- Mustergestaltung gemäß dem Prinzip der Selbstähnlichkeit. Die Konstruktion beruht auf iterativen Vorschriften, die auch zu chaotischen Strukturen führen können.
  (1) Sierpinski-Teppich
  (2) Julia-Menge (3) Koch-Kurve

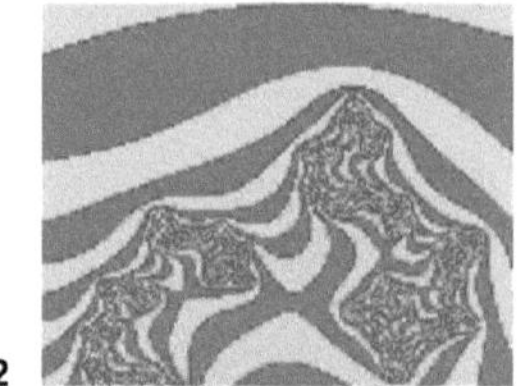

1

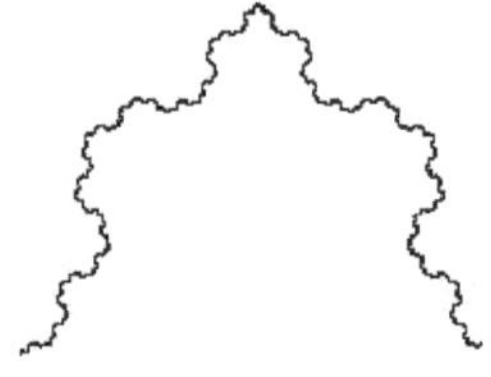

2

3

Dimensionen

Klassisches Verständnis

- Definition: Anzahl der unabhängigen Bewegungsgrade im Raum
- Klassische Dimensionen
  - $|R^0$: Punkt   - $|R^1$: Gerade   - $|R^2$: Ebene   - $|R^3$: Raum
  - $|R^4$ bzw. $|R^5$: Einsteinraum   - $|R^{11}$ etc.: Stringraum

Fraktale Geometrie

- Besondere Bedeutung besitzt die Definition der Hausdorff-Dimension bei der Betrachtung von fraktalen Beziehungen
- **Hausdorff-Dimension** (D) nach Felix Hausdorff (1868-1942)
  $D = \log(n)/\log(m)$; n: Anzahl der disjunkten Teilobjekte
  m: Maßstabs-Verkleinerung (1 zu m) der Größe der Teilobjekte im Vergleich zur Größe des Gesamtobjekts

Trigonometrische Funktionen

Definitionen

Rechtwinkliges Dreieck

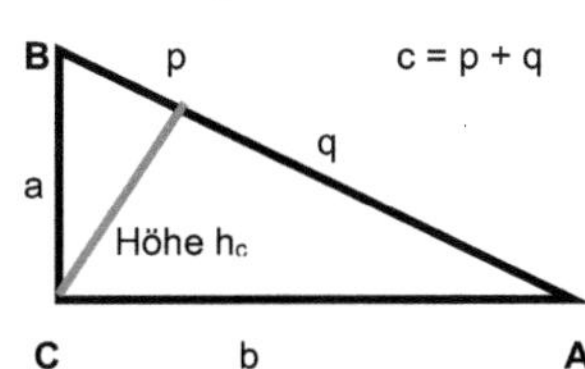

- Winkelsumme im Dreieck
  $\alpha + \beta + \chi = 180°$
- Trig. Beziehungen
  $\sin(\alpha) = a/c; \quad \cos(\alpha) = b/c$
  $\tan(\alpha) = a/b; \quad \cot(\alpha) = b/a$
- Die Höhe h_c teilt die Hypotenuse c in p und q

- Hypotenuse (längste Seite im rechtwinkligen Dreieck): AB
- Katheten: AC, BC
- Winkeldefinitionen allgemein
  sin(Winkel) = Gegenkathete/Hypotenuse
  cos(Winkel) = Ankathete/Hypotenuse
  tan(Winkel) = Gegenkathete/Ankathete

Einheitskreis / Ergänzung

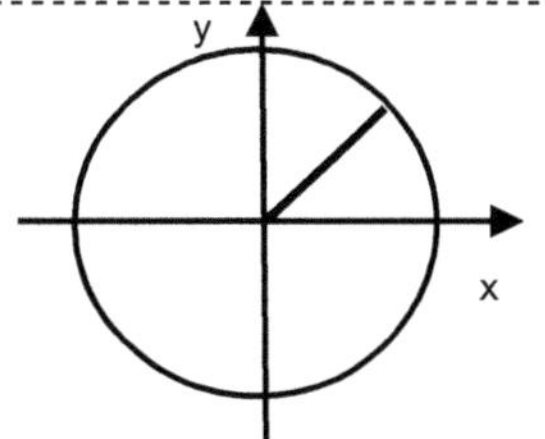

- Einheitskreis: r = 1.0
  $\rightarrow \sin(\alpha) = y$
  $\rightarrow \cos(\alpha) = x$
- Bogenmaß – Winkelwert:
  x(rad) = x(Grad) $\cdot \, 2 \cdot \pi$ /360
  mit
  x(rad): x in Bogenmaß
  x(Grad): x in Grad (deg)

- Folgerungen: $c^2 = a^2 + b^2 \rightarrow c^2/c^2 = a^2/c^2 + b^2/c^2$
  $\rightarrow 1 = (a/c)^2 + (b/c)^2$
  $\rightarrow 1 = [\sin(\alpha)]^2 + [\cos(\alpha)]^2 \rightarrow \sin^2\alpha + \cos^2\alpha = 1$
- $\sin(x) = x - x^3/3! + x^5/5! - \dots$ (x in Bogenmaß)
- $\cos(x) = 1 - x^2/2! + x^4/4! - \dots$ (x in Bogenmaß)

Eingeschränkte Kreisfunktion und Umkehrfunktionen

Fkt.	Definitions-menge: D	Werte-menge: W	Umkehr-funktion	Definitions-menge: D	Werte-menge: W
sin(x)	$[-\pi/2; \pi/2]$	$[-1; 1]$	arcsin(x)	$[-1; 1]$	$[-\pi/2; \pi/2]$
cos(x)	$[0; \pi]$	$[-1; 1]$	arccos(x)	$[-1; 1]$	$[0; \pi]$
tan(x)	$]-\pi/2; \pi/2[$	$\mathbb{R}$	arctan(x)	$\mathbb{R}$	$]-\pi/2; \pi/2[$
cot(x)	$]-\pi/2; \pi/2[$	$\mathbb{R}$	arccotan(x)	$\mathbb{R}$	$]0; \pi[$

Winkelwerte

	0°	30°	45°	60°	90°
sin	0	0,5	$2^{0,5}/2$	$3^{0,5}/2$	1
cos	1	$3^{0,5}/2$	$2^{0,5}/2$	0,5	0
tan	0	$3^{0,5}/3$	1	$3^{0,5}$	∞
cot	∞	$3^{0,5}$	1	$3^{0,5}/3$	0

Allgemeine Sinusfunktionen

f: $y = a \cdot \sin[b \cdot (x + c)] + d$
- Amplitude: $|a|$
- Periode: $2 \cdot \pi/(|b|)$
- Phasenverschiebung: $-c$
- Gleichgewichtsniveau („Gleichstromüberlagerung"): d

Trigonometrische Sätze

- **Sinussatz:** $\alpha/\sin(\alpha) = \beta/\sin(\beta) = \gamma/\sin(\gamma)$
- **Kosinussatz**
  $a^2 = b^2 + c^2 - 2 \cdot b \cdot c \cdot \cos \alpha$
  $b^2 = a^2 + c^2 - 2 \cdot a \cdot c \cdot \cos \beta$
  $c^2 = a^2 + b^2 - 2 \cdot a \cdot b \cdot \cos \gamma$

Modi-Einstellungen beim TR

Modus	›Winkelwert‹ (ein Vollkreis)
deg	360°
rad	$2 \cdot \pi$ rad $\cong 2 \cdot 3,1415926$ rad
grad	400°

Umwandlungen

$\sin^2\alpha + \cos^2\alpha = 1$	$\tan(\alpha) = \sin(\alpha)/\cos(\alpha)$
$\sin(\alpha + 90°) = \cos(\alpha)$	$\cot(\alpha) = \cos(\alpha)/\sin(\alpha)$
$\sin(\alpha + 180°) = \cos(\alpha + 90°)$	$\cot(\alpha) = 1/\tan(\alpha)$
$\cos(90° + \alpha) = -\sin(\alpha)$	$\cos(\alpha + 180°) = -\sin(\alpha + 90°)$
$\cos(x) = 1 - 2 \cdot \sin^2\left(\frac{x}{2}\right)$	$\cos^2(\alpha) = \dfrac{1}{1 + \tan^2(\alpha)}$

Graphenverläufe

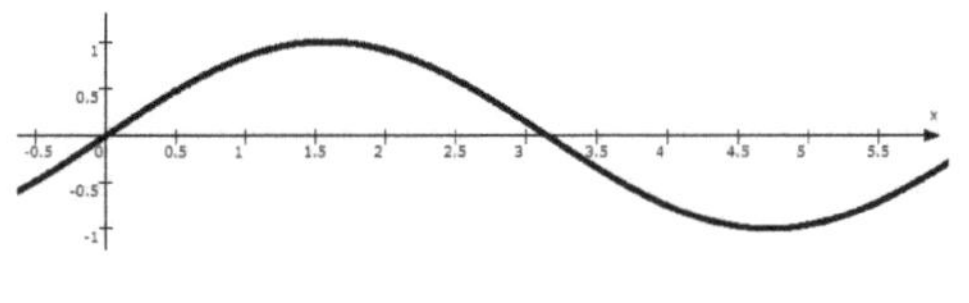

sin(x)

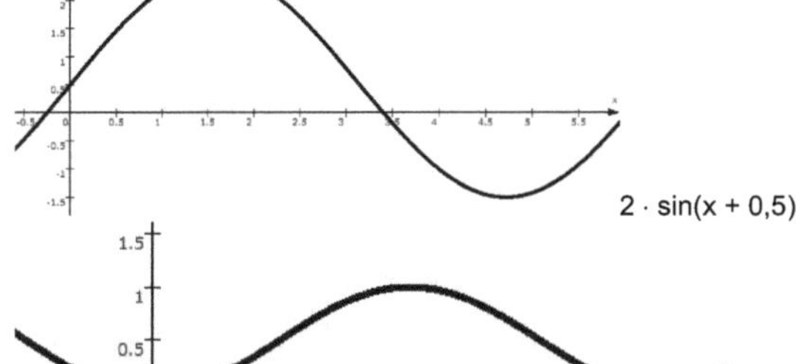

$2 \cdot \sin(x + 0,5)$

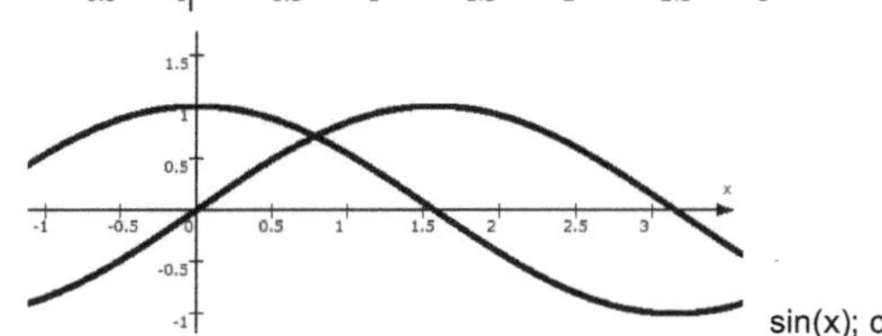

$\sin^2(x)$

sin(x); cos(x)

Umformungen

$\sin(\alpha \pm \beta) = \sin(\alpha) \cdot \cos(\beta) \pm \sin(\beta) \cdot \cos(\alpha)$
$\cos(\alpha \pm \beta) = \cos(\alpha) \cdot \cos(\beta) -/+ \sin(\alpha) \cdot \sin(\beta)$
$\sin(\alpha) + \sin(\beta) = 2 \sin((\alpha + \beta)/2) \cdot \cos((\alpha - \beta)/2)$
$\sin(\alpha) - \sin(\beta) = 2 \cos((\alpha + \beta)/2) \cdot \cos((\alpha - \beta)/2)$
$\cos(\alpha) - \cos(\beta) = -2 \cdot \sin((\alpha + \beta)/2) \cdot \sin((\alpha - \beta)/2)$
$\sin(2\alpha) = 2 \cdot \sin(\alpha) \cdot \cos(\alpha)$
$\cos(2\alpha) = \cos^2(\alpha) - \sin^2(\alpha) = 1 - 2 \cdot \sin^2(\alpha)$
$\sin(3\alpha) = 3 \cdot \sin(\alpha) - 4 \cdot \sin^3(\alpha)$
$\sin(\alpha/2) = \pm ((1 - \cos(\alpha))/2)^{0,5}$
$\cos(\alpha/2) = \pm ((1 + \cos(\alpha))/2)^{0,5}$
$\tan(\alpha/2) = \sin(\alpha)/(1 + \cos(\alpha))$
$\tan(2\alpha) = 2 \tan(\alpha) /(1 - \tan^2(\alpha))$

Nach Elstrodt (und Herglotz) gilt

$$\pi \cdot \cot(\pi x) = \frac{1}{x} + \sum_{n=1}^{\infty} \left(\frac{1}{x + n} + \frac{1}{x - n} \right)$$

Exponentialfunktion und Logarithmen

Exponentialfunktion

- $y = b^x$; Exponentialfunktion (Basis b mit b > 0, b $\in$ R, x $\in$ R).

  x: Exponent

  Mit b > 1 wächst f streng monoton.

  Mit 0< b < 1 fällt f streng monoton.
- $\exp(0) = 1$
- $f(x) = \exp(x + a) = \exp(x) \cdot \exp(a)$
- $f(x) = (e^x)^2 = (e^x) \cdot (e^x) = (e^{x \cdot 2}) \rightarrow f'(x) = 2 \cdot (\exp(x \cdot 2))$
- $e^x = \lim_{n \to \infty} \left(1 + \frac{x}{n}\right)^n = \exp(x); x \in R$
- $\exp(x) = 1 + x/1! + x^2/2! + x^3/3! + x^4/4! + \dots$ für $|x| < \infty$
- $\exp(x) = \sum_{n=0}^{\infty} \frac{x^n}{n!}$

Logarithmus

- Es ist die Umkehrfunktion zur (allgemeinen) Exponentialfunktion.
- $x = b^y \Leftrightarrow y = \log_b x$ $\ln(\exp(x)) = x$
- $\lg(10^x) = x$ $\mathrm{ld}(2^x) = x$
- $\ln(x) = \log_e(x)$: natürlicher Logarithmus; logarithmus naturalis
- $\lg(x) = \log_{10}(x)$: dekadischer Logarithmus; 10er Logarithmus
- $\mathrm{ld}(x) = \log_2(x)$: binärer Logarithmus; logarithmus dualis
- $\log(u \cdot v) = \log(u) + \log(v)$ $\log(u^{-1}) = \log(1/u) = -\log(u)$
- $\log(u/v) = \log(u) - \log(v)$ $\log(u^m) = m \cdot \log(u)$

Ableitungen

- $f(x) = \ln(x) \rightarrow f'(x) = D(\ln(x)) = 1/x$
- $f(x) = a^x \rightarrow \ln(f(x)) = \ln(a^x) = x \cdot \ln(a) \rightarrow f(x) = \exp(x \cdot \ln(a))$
  $\rightarrow f'(x) = D(a^x) = \ln(a) \cdot \exp(x \cdot \ln(a)) = \ln(a) \cdot f(x) = \ln(a) \cdot a^x$
- $f(x) = \exp(x) \rightarrow f'(x) = 1 + x/1! + x^2/2! + x^3/3! + x^4/4! + \dots$
- $f(x) = e^x \rightarrow f'(x) = D(\exp(x)) = \exp(x) = e^x$

exp, sin, cos

- $\exp(i \cdot x) = 1 + i \cdot x/1! + (i \cdot x)^2/2! + (i \cdot x)^3/3! + \dots =$
  $= 1 + i \cdot x/1! - (x)^2/2! - I \cdot (x)^3/3! + \dots =$
- $\sin(x) = x - x^3/3! + x^5/5! - \dots$ (x in Bogenmaß) für $|x| < \infty$
- $\cos(x) = 1 - x^2/2! + x^4/4! - \dots$ (x in Bogenmaß) für $|x| < \infty$
- Eulersche Formel: $\exp(i \cdot x) = \cos x + i \cdot \sin x$

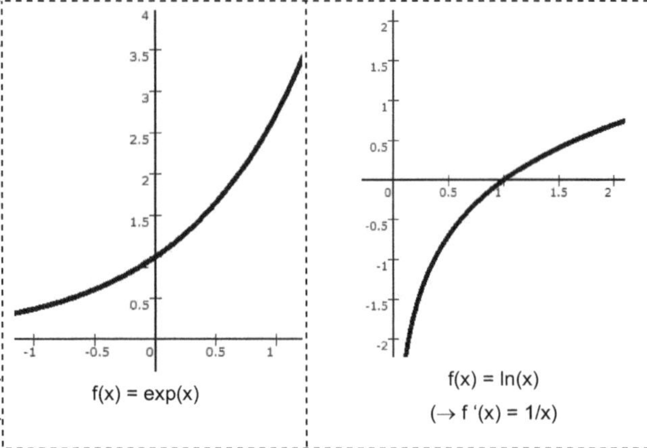

Umrechnung der Logarithmen

- $\log_b(x) = (1/\log_c(b)) \cdot \log_c(x)$
- Konkret:

  Umrechnung von ln zu lg:

  $\lg(x) = \log_{10}(x) = (1/\ln(10)) \cdot \ln(x) = (1/\log_e(10)) \cdot \log_e(x)$

  Umrechnung von ln zu ld:

  $\mathrm{ld}(x) = \log_2(x) = (1/\ln(2)) \cdot \ln(x) = (1/\log_e(2)) \cdot \log_e(x)$

Logarithmus und Exponentialfunktion

- $\ln(\exp(x)) = x$
- $\exp(\ln(x)) = x$

sinh(x), cosh(x), tanh(x)

- $\cosh(x)$: $|R \rightarrow |R$; cosinus hyperbolicus
- $\sinh(x)$: $|R \rightarrow |R$; sinus hyperbolicus
- $\cosh(x) := \frac{1}{2} \cdot (\exp(x) + \exp(-x))$
- $\sinh(x) := \frac{1}{2} \cdot (\exp(x) - \exp(-x))$
- $\cosh(x + y) = \cosh(x) \cdot \cosh(y) + \sinh(x) \cdot \sinh(y)$
- $\sinh(x + y) = \cosh(x) \cdot \sinh(y) + \sinh(x) \cdot \cosh(y)$
- $\cosh^2(x) - \sinh^2(y) = 1$
- $\tanh(x) = (\exp(x) - \exp(-x))/(\exp(x) + \exp(-x))$
- $\coth(x) = (\exp(x) + \exp(-x))/(\exp(x) - \exp(-x))$
- $\tanh(x) = 1/\coth(x) = \sinh(x)/\cosh(x)$

Polynome ($p_n(x)$)

Bezugsmenge für a_v sei $|R$ bzw. $|C$.

$v = 0, 1, \dots, n$

$p_n((x) := \sum_{v=0}^{n} a_v \cdot x^v$

Mit $a_n \neq 0$ folgt: $\mathrm{Grad}(p_n) = n$; a_n: Höchstkoeffizient

Mit zwei Polynomen p_n und q_n gilt: $a \cdot p_n(x) + b \cdot q_n \cdot p_n(x) = (a + b \cdot q_n) \cdot p_n(x))$

Fundamentalsatz der Algebra

Es sei: $f(z) = a_0 + a_1 \cdot z^1 + \dots a_n \cdot z^n$ ($a_n \neq 0$; $a_i \in |C$)

Nun kann geschrieben werden:

$f(z) = a_n \cdot (z - z_1) + (z - z_2) + \dots \cdot (z - z_n)$

(Die additive Struktur wird in eine multiplikative überführt.)

z_i sind Nullstellen. Zumindest eine reelle Nullstelle existiert, wenn das Polynom ungeraden Grades ist und die Koeffizienten reell sind.

Allgemeine (gebrochen-rationale) Funktion

$$f(x) = k \cdot \frac{a_n \cdot x^n + a_{n-1} \cdot x^{n-1} + \dots + a_1 \cdot x^1 + a_0}{b_m \cdot x^m + \dots + b_1 \cdot x^1 + b_0}$$

Nullstellen von f ergeben Zählerpolynome: $(x - x_n)$

Polstellen von f ergeben Nennerpolynome: $(x - x_p)$

Lücken von f ergeben Nenner- und Zählerpolynome: $(x - x_L)$

m < n: echt gebrochen; m $\geq$ n: unecht gebrochen

Allgemeine gebrochen-rationale Funktion mit Linearfaktoren

$$f(x) = k \cdot \frac{(x - x_{n1}) \cdot (x - x_{n2}) \cdot \dots \cdot (x - x_{nN}) \cdot (x - x_{l1}) \cdot (x - x_{l2}) \cdot \dots \cdot (x - x_{lL})}{(x - x_{p1}) \cdot (x - x_{p2}) \cdot \dots \cdot (x - x_{pP}) \cdot (x - x_{l1}) \cdot (x - x_{l2}) \cdot \dots \cdot (x - x_{iL})}$$

Es existieren N Nullstellen mit $0 \leq N \leq \infty$, L Lücken mit $0 \leq L \leq \infty$ und P Pole mit $0 \leq P \leq \infty$.

Zugehörige Ersatzfunktion: $f_E(x) = \dfrac{(x - x_{n1}) \cdot (x - x_{n2}) \cdot \dots \cdot (x - x_{nN})}{(x - x_{p1}) \cdot (x - x_{p2}) \cdot \dots \cdot (x - x_{pP})}$

Die Ersatzfunktion zeigt unter Vernachlässigung der Lücken das gleiche Verhalten wie die ursprüngliche Funktion.

(Zum Begriff Pol: Die Funktion strebt gegen einen „unendlichen" Wert.)

Finanzrechnung

Begriffe / Zinsabschnitte

- Zinstage: Bestimmung der Zinstage
  - Sparbuchverzinsung: Das Jahr wird mit 360 Tagen und jeder Monat mit 30 Tagen gerechnet.
  - Geldmarktpapiere: Die genaue Tageszahl wird beachtet. Das Jahr wird mit 365 Tagen angenommen. (Alternative: Bei Schaltjahren wird das Jahr mit 366 Tagen gerechnet.)
- Zins: Vergütung für geliehenes Geld (Kapital)
- Antizipative Zinszahlung (Vorschüssige Verzinsung): Zu Beginn eines Verzinsungsabschnitts (Verzinsungsperiode) fallen die Zinsen an.
- Dekursive Zinszahlung (Nachschüssige Zinsen): Am Ende des Verzinsungsabschnitts fallen die Zinsen an.
- Unterjährige Verzinsung: Zinsen werden nach Ablauf eines Teilabschnitts bereits gezahlt: d. h., die Verzinsungsperiode wird in gleiche Teilabschnitte aufgegliedert.
- Eine stetige Verzinsung (unterjährige Verzinsung) liegt vor, wenn sich von Jahr zu Jahr die Dauer eines Teilabschnitts verringert.
- Rente: In gleichmäßigen Abständen erfolgen Einzahlungen (E) [bzw. Auszahlungen (Leistungen)]

Beispiel (Kapitalverdopplung bei Zinseszins-Rechnung)

$$K_n = 2 \cdot K_0 = K_0 \cdot (1 + i)^n \rightarrow n = \ln(2)/\ln(1 + i)$$
(mit **n = 70/p**) $\rightarrow i = -1 + 2^{1/n}$

Näherungen für ln(1 + x) ~ x

i = 0,2 %; $\ln (1 + 0{,}002) = \ln (1{,}002) \sim 0{,}001998$
i = 1 %; $\ln (1 + 0{,}01) = \ln (1{,}01) \sim 0{,}009950$
i = 3 %; $\ln (1 + 0{,}03) = \ln (1{,}03) \sim 0{,}029559$
i = 5 %; $\ln (1 + 0{,}05) = \ln (1{,}05) \sim 0{,}048702$
i = 9 %; $\ln (1 + 0{,}09) = \ln (1{,}09) \sim 0{,}0861777$

Entwicklung für $(1{,}07)^n$

S: Sparsumme privater Haushalte (Ersparnis)
Y: Bruttoinlandsprodukt (Produktionsvolumen; Realeinkommen)

Volkswirtschaftliche Gesamtgleichung

- $BSP = CP + CS + IP + I_s + EX - IM$
- CP: privater Konsum; CS: staatlicher Konsum; IP: private Investitionen; IS: staatliche Investitionen
- **Einkommen der Haushalte** über Lohn: $w \cdot N^s$

Rahmenbedingungen (Budgetgrenzen)

Haushalte	$w\,N^s$	$+ i\,(B/i)$	$- P\,C^d$	$+ PQ$	$+ M$	$+ B/i$	$- M^d$	$- PT_H$	$- B^d/i$	$= 0$
Unternehmen	$- w\,N^d$	$- i\,B_U/i$	$+ PY^s$	$- PI^d$	$- PQ$		$- B_U/i$	$- PT_U$	$+ B_U{}^s/i$	$= 0$
Staat	$- i\,B_s/i$		$- PG^d$		$- M$	$- B_s/i$	$+ M^s$	$+ PT$	$+ B_s{}^s/i$	$= 0$

Walras-Beziehungen

Arbeitsmarktbeziehung: $w \cdot (N^s - N^d)$

Geldmarktbeziehung: $P \cdot (M^s/P - M^d/P)$

Gütermarktbeziehung: $P \cdot (Y^s - C^d - I^d - G^d) = P(Y^s - Y^d)$

Wertpapiermarktbeziehung: $(1/i) \cdot (B_U{}^s + B_s{}^s - B^d) = (1/i) \cdot (B^s - B^d)$

Wirtschaftsfunktionen

Geldmarktgleichung $M = L(Y, i) \cdot P$ mit $L_Y > 0$ und $L_i < 0$

Gewinnhypothese: $Q = Y - (w/P)\,N - i\,K$

Gütermarktbeziehung: $P \cdot (Y^s - C^d - I^d - G^d) = P(Y^s - Y^d)$

Gütermarktgleichung $S\,(Y - T, i) = I(i) + G - T$; mit $S_{Y-T} > 0$; $S_I > 0$ u. $I_i < 0$

Konsumhypothese: $C^d = C\,(Y - T)$ mit $0 < C_{Y-T} < 1$; $C = c \cdot Y = (1 - s)\,Y$

Produktionsfunktion (nach Cobb, C. W.; Douglas, P. H. (1929)):
  $Y = Y(N, K) = N^a \cdot K^b$ mit $0 < a, b < 1$ (**Cobb-Douglas-Funktion**)

Sparhypothese: $S = S(Y - T, i)$ mit $0 < S_{Y-T} < 1$ und $0 < S_I$

Wertpapiermarktbeziehung: $(1/i) \cdot (B_U{}^s + B_s{}^s - B^d) = (1/i) \cdot (B^s - B^d)$

Symbolik / Beispiele

i: Zinssatz (Zinsen - engl. **i**nterest):	K: Kapital; K_0: Anfangskapital
i = p/100 (p: Prozentwert)	K_t: Endkapital (Kapital am
q: (Aufzinsungsfaktor)	Ende des Jahres t; Endwert)
q = 1 + p/100	t: Zeit (Laufzeit (in Jahren))

Darlehen

- **Abzahlungsdarlehen** (auch **Ratentilgung**)
  Gleichbleibende (konstante) Tilgungsraten
  $\rightarrow$ da der Zinsbetrag im Verlauf abnimmt, reduziert sich die
  Annuität: T_m = const. = K_0/n = T; $K_m = K_0 - m \cdot T$
- **Annuitätendarlehen**
  Gleichbleibende (konstante) Rückzahlungssumme während der gesamten Tilgungszeit. Da die Zinszahlung abnimmt, erhöht sich im Rückzahlungsverlauf die Tilgungsrate
  $A_m = T_m + Z_m$ = const. = A; $K_m = K_0 - T_1 - T_2 - \ldots - T_m$

Fall A: Zinsrechnung: Einmalige Einzahlung

Einfache Verzinsung: $K_t = K_0 \cdot (1 + t \cdot i)$
Verzinsung mit Verzinsung der Zinsen (Zinseszins) $K_t = K_0 \cdot (1 + i)^t$
Unterjährige Verzinsung (m: Anzahl der Zinsabschnitte/Jahr)
  $K_{(m \cdot n)} = K_0 \cdot (1 + p/(100 \cdot m))^{(m \cdot n)}$

B: Rentenrechnung: Regelmäßige Zahlung (E)

I.: **Vorschüssige Einzahlung** (praenumerando Einzahlung)
  - **Rentenendwert:** $K_n = E \cdot q \cdot [(q^n - 1)/(q - 1)]$
  - **Rentenbarwert:** $K_0 = K_n/q^{n-1}$

II.: **Nachschüssige Einzahlung** (postnumerando Einzahlung)
  - **Rentenendwert:** $K_n = E \cdot [(q^n - 1)/(q - 1)] = E \cdot [(q^n - 1)/i]$
  - **Rentenbarwert:** $K_0 = K_n/q^n$

C: Tilgung

Annuität: jährliche Summe von Tilgung (T_l) und Zinszahlung (Z_l)

A_l: Annuität (jährliche Gesamtrückzahlungssumme): $A_l = T_l + Z_l$

Tilgung: Schuldrückzahlung; T_m: (Tilgungsrate) - **Restschuld**

Symbolik (der Ökonomierechnung)

BSP: Bruttosozialprodukt	P: Güterpreisniveau
C: Konsum (Verbrauch)	n: Kapitalkoeffizient
g: Wachstumsrate	Q: Gewinnsumme
I: Investition; i: Zinssatz	s: Sparquote
K: Kapital (Anlagevermögen;	T: Steuerzahlung
Realkapitalbestand)	w: Nominallohn pro Arbeitsstunde

N: Arbeit (Arbeits- bzw. Beschäftigungsvolumen)
N^d: Arbeitsnachfrage (demand); N^s: Arbeitsangebot (supply)

Makroökonomische Produktionsfunktion (Y)

- $Y = Y(N, K)$
- $Y_N = \delta Y/\delta N$ ($\rightarrow$ partielle Ableitung von Y nach N)
  Totales Differential von Y: $dY = Y_N \cdot dN + Y_K \cdot dK$
  Für Y gilt unter Beachtung der Bildungskosten (B): $Y = C + I + B$

Modellbildungen und Abhängigkeiten

Bedeutsam ist, dass das Zusammenspiel (Kooperationen, Konflikte, …) zwischen verschiedenen Märkten (Arbeitsmarkt (Beschäftigung und Arbeitslosigkeit), Finanz- und Geldmarkt (Zins und Preisniveau), Gütermarkt und Produktion (Einkommen) , …) analysiert wird. Das Geflecht wird unter grundsätzlichen Annahmen (Neoklassischer Ansatz, Keynesianischer Ansatz …) betrachtet. Insofern gibt es Abhängigkeiten und Bedingungen zwischen Arbeitslosigkeit, Einkommen, Sparquote, Investitionen, Inflation, Zinssätzen, Produktivität, Bildung, Forschungsentwicklung und Innovationen.

Dazu kommen Betrachtungen zum Angebot, zur Nachfrage, zu Im- und Exporten, zur Staatsquote, Bildung und Fortschritt und zum Verhältnis der verschiedenen Sektoren zueinander. Die Fragestellungen ändern sich mit der Zeit.

Elementare Beziehungen: Produktion (Y) = Güternachfrage (Z)
Sparverhalten (S) = Produktion (Y); f(Einkommen (Y)) = Nachfrage (Z)
f(Einkommen (Y)) = Sparleistung (I)
f(Einkommen (Y) = Gesamtgesellschaftliche Nachfrage (AD) = Konsum (C) + Investitionen (I) + Staatsausgaben (G)

Im **Vier-Quadranten-Schema** werden Einkommen (Y), Zins (i), Sparen (S) und Investitionen (I) in ihren Bezügen dargestellt.

‚Zwischenschritt‘

Kettenbrüche

- Ein Kettenbruch wird über eine Zahlenfolge in rechteckigen Klammern [a;bcdefghij …] dargestellt.

$$[2;3,4,2] \rightarrow 2{,}3103448 = 2 + \cfrac{1}{3 + \cfrac{1}{4 + \frac{1}{2}}} = \frac{67}{29}$$

- $0{,}886 \rightarrow [0;1,7,1,3,2,1,1,2]$

  Allgemein gilt: $x = Z_0 + \cfrac{1}{Z_1 + \cfrac{1}{Z_2 + … + \frac{1}{Z_n}}}$ mit

- Aus den Werten in der Klammer kann die usprüngliche Zahl errechnet werden. Zum Beispiel: [3;6,6,6]

  (1)   0   + 1   · 6 = 6
  (2)   1   + 6   · 6 = 37
  (3)   6   + 37 · 6 = 228
  (4)   37 + 228 · 6 = 721

  Somit erhalten wir: $[3;6,6,6] \rightarrow \dfrac{721}{228} = 3{,}1622807$

$$3{,}1622807 = 3 + \cfrac{1}{1 + \cfrac{1}{7/3}} = 3 + \cfrac{1}{6 + \cfrac{1}{6 + \frac{1}{6}}}$$

Goldener Schnitt

Die Teil-Ganze-Beziehung führt zur Gleichung $\dfrac{a}{1} = \dfrac{1-a}{a} = \dfrac{b}{a} = \dfrac{b}{a+b}$

$\rightarrow a^2 = 1 - a \rightarrow a^2 + a = 1 \rightarrow (a + 0{,}5)^2 = 1{,}25 \rightarrow a = \pm\,1{,}118… - 0{,}5$

$\rightarrow\; + 0{,}6180339887… \rightarrow 1/0{,}6180339887 \cong 1{,}6180339887 = \varphi(n)$

Der Bruch zweier aufeinander folgender Zahlen der Fibonacci-Folge konvergiert gegen $\varphi(n)$ [$\rightarrow$ 89/55 = 1,6181… etc.). Mit $\varphi(n)$ werden Abfolgen beschrieben, die genähert in der Natur (Populationsentwicklungen, Blattstellungen bei Pflanzen, Harmonien beim Menschen (Längenbeziehungen bei Gliedern etc:), Spiralgalaxien-Verhältnisse …) gefunden werden können.

Über Kettenbrüche

- Über Kettenbrüche können irrationale Zahlen dargestellt werden:

$$[1;2,2,2,2, …] = [1;\,\bar{2}] \rightarrow 1{,}4142136 … = \sqrt{2}$$

[1;1,2,1,2,1, …]	$\sqrt{3}$	[3;2,6,2,6, …]	$\sqrt{12}$
[2;4,4,4,4, …]	$\sqrt{5}$	[3;1,1,1,6, …]	$\sqrt{13}$
[2;2,4,2,4,2, …]	$\sqrt{6}$	[3;1,2,1,6, …]	$\sqrt{14}$
[2;1,1,1,4, …]	$\sqrt{7}$	[3;1,6,1,6, …]	$\sqrt{15}$
[2;1,1,4,1,1,4, …]	$\sqrt{8}$	[4;8,8,8, …]	$\sqrt{17}$
[3;6,6,6,6,6, …]	$\sqrt{10}$	[4;4,8,4,8, …]	$\sqrt{18}$
[3;3,6,3,6, …]	$\sqrt{11}$	[4;2,1,3,1,2,8, …]	$\sqrt{19}$

Alle Quadratwurzeln besitzen eine Kettenbruch-Periode.
Die Kubikwurzeln besitzen niemals eine entsprechende Periode.

$[1;3,1,5,1,1,4,1,1,8,1,14,1,10,2,1,4,12, …] \rightarrow 1{,}259921 … = \sqrt[3]{2}$

$\pi = 3{,}1415926 … \rightarrow [3;7,15,1,292,1,1,1,2,1, …]$

$\Phi = [1;1,1,1,1, …] \rightarrow 1{,}6180 … (\rightarrow$ Goldener Schnitt: $\omega = \dfrac{1}{1+\omega})$

$\dfrac{p}{q}$ in der Φ-Folge ergibt die Fibonnaci-Folge (1;1;2;3;5;8;13; …)

($\rightarrow$ [1] =1/2; [1,1] = 2/3; [1,1,1] = 3/5; [1,1,1,1] = 5/8 …)

$e = 2{,}7182818 … \rightarrow [2;1,2,1,1,4,1,1,6,1,1,8,1,1,10, …]$

Bei e (Eulersche Zahl) tritt eine Regelmäßigkeit (Gesetz) auf!

Fareybrüche

- **Farey, John** (1766-1826 (London))
- **Konstruktionsprinzip**

  In der ersten Zeile (k = 1) werden 0 und 1 eingetragen. In der (jeweils) nächsten Zeile werden die Werte der vorhergehenden Zeile übernommen. Weiterhin wird jeweils zwischen zwei Werten ($\frac{p}{n}$ und $\frac{q}{m}$) der Bruch $\dfrac{p+q}{n+m}$ eingetragen, sofern n + m ≤ k gilt. Sukzessive werden die einzelnen Brüche ermittelt. Der Prozess wird unbegrenzt fortgeführt.

  $\dfrac{p+q}{n+m}$ ist der Median von $\frac{p}{n}$ und $\frac{q}{m}$. Die unendliche Anzahl von Zahlwerten

  kann so konstruktiv erfasst werden.

- **Realisierung**

Zeile: k	Brüche										
1	$\frac{0}{1}$										$\frac{1}{1}$
2	$\frac{0}{1}$					$\frac{1}{2}$					$\frac{1}{1}$
3	$\frac{0}{1}$			$\frac{1}{3}$		$\frac{1}{2}$		$\frac{2}{3}$			$\frac{1}{1}$
4	$\frac{0}{1}$		$\frac{1}{4}$	$\frac{1}{3}$		$\frac{1}{2}$		$\frac{2}{3}$	$\frac{3}{4}$		$\frac{1}{1}$
5	$\frac{0}{1}$	$\frac{1}{5}$	$\frac{1}{4}$	$\frac{1}{3}$	$\frac{2}{5}$	$\frac{1}{2}$	$\frac{3}{5}$	$\frac{2}{3}$	$\frac{3}{4}$	$\frac{4}{5}$	$\frac{1}{1}$

Wie gestalten sich die Werte in der 6. Zeile?

Collatz-Problematik

- Das Problem verbindet sich speziell mit Lothar Collatz (1919-1990).
- Kern der Problematik ist die Frage, ob der nachfolgende Algorithmus für alle Zahlen zur Abfolge 4, 2, 1 führt:

  (Schleife) wiederhole
      (if) falls n gerade (then) $\rightarrow$ n:= n/2
      (else) sonst $\rightarrow$ n:= (3 · n) + 1
      (end) bis n = 1.

Beispiele
A: 35, 106, 53, 160, 80, 40, 20, 10, 5, 16, 8, 4, 2, 1
B: 9, 28, 14, 7, 22, 11, 34, 17, 52, 26, 13, 40, 20, 10, 5, 16, 8, 4, 2, 1

Bestimmen Sie die Abfolge für: C: 9; D: 650; E: 27

Es konnte bisher nicht gezeigt werden, dass alle Zahlen zum Zyklus 1,4,2 führen. Jede Zahl, die gemäß Collatz zum Wert 1 führt, wird als ›wundersame‹ Zahl bezeichnet. ›Unwundersame‹ Zahlen sind (bisher) unbekannt.

Das **Problem von Collatz** gehört zur Klasse der **Halteprobleme**. Variationen der ursprünglichen Collatz-Vermutung existieren, die zu unendlichen Lösungsschritten führen.

Gleichverteilte Menge

Definition: $Y = \{0, \dfrac{1}{M}, …, \dfrac{M-1}{M}\}$: mit $M \in |N\setminus\{0\}$
(Basis für eine (genähert) rationale (rechentechnisch-numerischen) Nachbildung der Zahlen im Intervall [0,1].
Diese Gleichung muss geeignet softwaretechnisch umgesetzt werden.}

Ungleichungen (I)

Bernoulli-Ungleichung: $(1 + a)^n \geq 1 + n · a$; (mit n ≥ 2 und a > -1 (a ≠ 0): $(1 + a)^n > 1 + n · a$

Dreieckungleichung: $|a + b| \leq |a| + |b|$; $|a - b| \geq |a| - |b|$

Mittelungsungleichung: $A_n \geq G_n \geq H_n$ mit: $A_n = (a_1 + … + a_n)/n$; $G_n = (a_1 · … a_n)^{1/n}$; $H_n = n · (1/a_1 … + 1/a_n)^{-1}$

Analysis

Folge, Schranke, Grenze

- Eine Folge ist eine Funktion, die den Werten aus dem Definitionsbereich ($D = \mathbb{N}$) Werte aus $\mathbb{R}$ zuordnet. $n \to a_n$ mit $a_n \in \mathbb{R}$.
- Zahlenfolge: $\{a_n\}$; $a_n = f(n) \in \mathbb{R}$; $n \in \mathbb{R}$.
- Alle a_s mit $a_s \geq a_n$ sind obere Schranken von a_n.
  Alle a_s mit $a_s \leq a_n$ sind untere Schranken von a_n.
  Eine Folge, die eine obere Schranke (untere Schranke) hat, ist nach oben (nach unten) beschränkt.
  Eine Folge ist allgemein beschränkt, sofern für sie jeweils eine untere und obere Schranke existiert.
- Die kleinste obere Schranke ist das Supremum (sup; obere Grenze). Die größte untere Schranke ist das Infimum (inf; untere Grenze). Allgemein gilt: $\inf \leq a_n \leq \sup$
- Eine Folge ist monoton steigend, wenn für alle n gilt: $a_n \leq a_{n+1}$.
  Eine Folge ist monoton fallend, wenn für alle n gilt: $a_n \geq a_{n+1}$.
  Sie ist streng monoton steigend, wenn für alle n gilt: $a_n < a_{n+1}$.
  Sie ist streng monoton fallend, wenn für alle n gilt: $a_n > a_{n+1}$.
  (Jeweils mit $n \in \mathbb{N}$.)
- **arithmetische** Folge: $a_{n-1} - a_n = d = $ const. für alle $n \in \mathbb{N}$
- **geometrische** Folge: $\frac{a_{n+1}}{a_n} = q = $ const. für alle $n \in \mathbb{N}$

Potenzreihe

$\sum (a_n (z - z_0)^n)$ $n \geq 0$: Potenzreihe um z_0.

a_n: Koeffizienten; $(z - z_0)^0 := 1$

Reelle Potenzreihe, wenn alle $a_n \in \mathbb{R}$ und $z = x \in \mathbb{R}$; $z_0 = x_0 \in \mathbb{R}$

Reihen

Konvergenzradius (R) für $\sum_{k=0}^{\infty} c_k \cdot x^k$;

$R = \sup\{r \in \mathbb{R} \mid \sum_{k=0}^{\infty} c_k x^k$ konvergiert absolut$\}$

(Beispiel): $c_k = \frac{2^k}{k}$; $\sum_{k=0}^{\infty} a_k = \sum_{k=0}^{\infty} \frac{2^k}{k} \cdot x_k$

Binomische Reihe $\sum \binom{\alpha}{n} z^n$, Konvergenzradius $r = 1$; $\binom{\alpha}{n} = \frac{\alpha!}{(n-\alpha)!}$

Geometrische Reihe $\sum z^n$, Konvergenzradius $r = 1$

Exponentialreihe $\sum (z^n / n!)$; Konvergenzradius $r = \infty$

Logarithmische Reihe $\sum (z^n / z)$; Konvergenzradius $r = 1$

Konvergenz, Grenzwert

- Die Folge a_n ((a_n) (mit $n \in \mathbb{N}$) heißt konvergent gegen a, wenn $|a_n - a| < \varepsilon$ gilt.
  Dies muss für alle $n > N(\varepsilon)$ erfüllt sein. Hierbei geht ε gegen Null.
  Es wird geschrieben: $\lim(a_n) = a$. Bzw. auch: $\lim\limits_{n \to \infty} (a_n) = a$.
  (lies: „limes von a von n für n gegen unendlich ist a".)
  (D. h.: Die Folge a_n geht für n gegen unendlich gegen den Wert a. a ist hierbei der **Grenzwert** der Folge.)
- Grenzwert der Folge $\{a_n\}$:
  $\forall\, \varepsilon > 0\ \exists\, n(\varepsilon)$: $|a_n - a| < \varepsilon\ \forall n \geq n(\varepsilon)$; $a =: \lim\limits_{n \to \infty} (a_n)$
- Die Folge a_n ((a_n) (mit $n \in \mathbb{N}$) heißt konvergent gegen a, wenn um a (in der Umgebung von a) quasi alle Folgenglieder von der Folge a_n liegen. Insofern gilt mit $\varepsilon \to 0$:
  $a - \varepsilon < a_{nx} < a + \varepsilon$ für fast alle a_n mit $n_x > n_0 \in \mathbb{N}$.
- Eine Funktion, die nicht konvergent ist („sie konvergiert nicht"), ist divergent.
- Der Grenzwert einer Folge ist eindeutig.
- Eine Folge ist beschränkt, wenn sie konvergiert.
- Jede beschränkte Folge besitzt zumindest eine konvergente Teilfolge. Der Konvergenzpunkt der Teilfolge wird auch Häufungspunkt genannt.
- Die Summe zweier Folgen (a_n und b_n) konvergiert gegen die Summe der Grenzwerte $a + b$.
  $\lim\limits_{n \to \infty} a_n = a \wedge \lim\limits_{n \to \infty} b_n = b \to \lim\limits_{n \to \infty} (a_n + b_n) = a + b$.
- uneigentliche Grenzwerte: $\lim\limits_{n \to \infty} (f(x)) = a = \pm\infty$
- rechtsseitiger Grenzwert: $\lim\limits_{x \to x_0, x > x_0} f(x) = a$
- linksseitiger Grenzwert: $\lim\limits_{x \to x_0, x < x_0} f(x) = a$
- **Cauchy-Folge**
  (a_n) mit $n \in \mathbb{N}$ sei eine Folge, die Cauchy-Folge heißt, wenn zu jedem möglichen $\varepsilon > 0$ jeweils ein $n_0 \in \mathbb{N}$ existiert, so dass $|a_n - a_m| < \varepsilon$ für alle $n, m \geq n_0$ gilt.
  Diese Forderung ist für jede reelle Zahlenfolge erfüllt.
- Eine **Nullfolge** liegt vor, wenn gilt: $\lim\limits_{n \to \infty} (a_n) = 0$.

Reihen; Konvergenzkriterium

- **Geometrische Reihe:** $\sum_{i=0}^{n} q^n = \frac{1}{1-q}$, für $0 < q < 1$.
- Notwendige Konvergenzbedingung einer Reihe $\sum_{i=1}^{n} a_i$ $\lim\limits_{n \to \infty} (a_n) = 0$. Insofern muss a_n eine Nullfolge sein.
- Das Vorliegen einer Nullfolge ist nicht zureichend für die Existenz des Grenzwertes einer Reihe.
- Die harmonische Reihe mit $a_n = \frac{1}{n}$ ist divergent.
- Die Reihe mit $an = \frac{1}{2^n}$ konvergiert gegen 2:
  $$2 = 1 + \frac{1}{2} + \frac{1}{4} + \frac{1}{8} + \dots$$
- a_n sei eine Nullfolge mit $a_n \geq 0$. Dann konvergiert: $\sum_{i=0}^{n} (-1)^n \cdot a_i$
- Wenn die Reihe $\sum_{i=1}^{n} c_i$ konvergiert, dann auch für $|a_n| \leq c_n$ die Reihe $\sum_{i=1}^{n} a_i$
- Wenn die Reihe $\sum_{i=1}^{n} c_i$ divergiert, dann auch für $|c_n| \leq a_n$ die Reihe $\sum_{i=1}^{n} a_i$
- Sofern $\left| \frac{a_{n+1}}{a_n} \right| < 1$ (ab einem n_0 für alle $n \in \mathbb{N}$) gilt, konvergiert $\sum_{i=0}^{n} a_i$ absolut.
- **Quotientenkriterium**
  Für die Reihe $\sum_{i=1}^{n} a_i$ gilt:
  1.) gilt für $n > n_0$: $\frac{a_{n+1}}{a_n} < 1$, dann ist die Reihe konvergent;
  2.) gilt für $n > n_0$: $\frac{a_{n+1}}{a_n} \geq 1$, dann ist die Reihe divergent.
- **Konvergenzkriterium** nach **Cauchy**:
  $\sum_{i=1}^{n} a_i$ ist konvergent, wenn es für jedes mögliche $\varepsilon > 0$ ein n_0 gibt, so dass für alle $n_0 \leq k < l$ erfüllt ist: $\left| \sum_{n=k+1}^{i} a_i \right| < \varepsilon$

Stetigkeit

- **Lokale Stetigkeit:** Eine Funktion $f(x)$ ist stetig im Punkt a, sofern erfüllt ist: $\lim\limits_{x \to a} f(x) = f(a)$.
- Ist die Funktion in einem Punkt, der Element der Definitionsmenge ist, nicht stetig, dann ist die Funktion bei diesem Punkt nicht stetig. Sie ist in diesem Punkt **unstetig**.
- Ist die Funktion in einem Punkt nicht definiert, dann ist sie in dem Punkt weder stetig noch unstetig.
- **Globale Stetigkeit**
  Die Funktion ist in jedem Definitionspunkt lokal stetig.

Grenzwerte

- $\lim_{n \to \infty} \frac{1}{n} = 0$
- $\lim_{n \to \infty} \frac{n}{n+\alpha} = 1$ für $\alpha \in \mathbb{R}$
- $\lim_{n \to \infty} q^n = 0$ für $|q| < $ und $q \in \mathbb{R}$
- $\lim_{n \to \infty} \left(1 + \frac{\lambda}{n}\right)^n = \exp(\lambda)$ f. $\lambda \in \mathbb{R}$
- $\lim_{n \to \infty} \sqrt[n]{c} = 1$ für $c > 0$ und $c \in \mathbb{R}$
- $\lim_{x \to \infty} \frac{x^n}{e^x} = 0$
- $\lim_{x \to 0} \frac{\sin(x)}{x} = 1$
- $\lim_{x \to 0} \frac{1 - \cos(x)}{x} = 0$
- $\lim_{x \to \infty} (x \cdot \exp(x)) = 0$
- $\lim_{x \to 0} (x \cdot \ln(x)) = 0$

Summe, Reihe, Produkt

- $\sum_{i=1}^{n} a_i = a_1 + a_2 + \dots + a_{n-1} + a_n$
- $\prod_{i=1}^{n} a_i = a_1 \cdot a_2 \cdot \dots \cdot a_{n-1} \cdot a_n$
- Partialsumme: $s_n = \sum_{k=1}^{n} a_k$

Reihenwerte

- $\sum_{n=1}^{\infty} \frac{1}{n^2} = \frac{\pi^2}{6}$; $\sum_{n=1}^{\infty} \frac{1}{n^4} = \frac{\pi^4}{90}$
- $\sum_{n=1}^{\infty} \frac{1}{n^6} = \frac{\pi^6}{945}$

Nullstellen, Pole, Lücken

- $F(x) = \dfrac{Z(X)}{N(X)}$
- Nullstelle x_n: $Z(x_n) = 0$ und $N(x_n) \neq 0$
- Pol (Polstelle) x_P: $Z(x_P) \neq 0$ und $N(x_P)$
- Lücke x_L: $Z(x_L) = 0$ und $N(x_L) = 0$

Cauchy-Produkt

Sind die Reihen ($n = 0$ bis $n = \infty$) über a_n und b_n absolut konvergent, dann gilt dies auch für die Reihe

$c_n = \sum_{k=0}^{n} a_{n-k} \cdot b_k$

$c_n = a_0 b_n + a_1 b_{n-1} + \dots + a_n b_0$

Cauchyscher Doppelreihensatz

$\sum a_{j,k}$ sei absolut konvergent

$$\sum_{j,k=0}^{\infty} a_{j,k} = \sum_{j=1}^{\infty} \left(\sum_{k=1}^{\infty} a_{j,k} \right) = \sum_{k=1}^{\infty} \left(\sum_{j=1}^{\infty} a_{j,k} \right)$$

$\to \sum$ (Zeilensummen) $= \sum$ (Spaltensummen)

Analysis

<table><tr><td>

Grenzwerte von Funktionen

- uneigentliche Grenzwerte: $\lim\limits_{n \to \infty} (f(x)) = a = \pm\infty$
- rechtsseitiger Grenzwert: $\lim\limits_{x \to x_0,\ x > x_0} f(x) = a$
- linksseitiger Grenzwert: $\lim\limits_{x \to x_0,\ x < x_0} f(x) = a$

Funktionscharakteristika

- monoton wachsende Funktion: $f(x_1) \leq f(x_2)$ mit $x_1 < x_2$
- streng monoton wachsende Funktion: $f(x_1) < f(x_2)$ mit $x_1 < x_2$
- monoton fallende Funktion: $f(x_1) \geq f(x_2)$ mit $x_1 < x_2$
- streng monoton fallende Funktion: $f(x_1) > f(x_2)$ mit $x_1 < x_2$
- gerade Funktion: $f(-x) = f(x)$
- ungerade Funktion: $f(-x) = -f(x)$
- periodische Funktion: $f(x + p) = f(x)$; p: Periodik

Ableitung

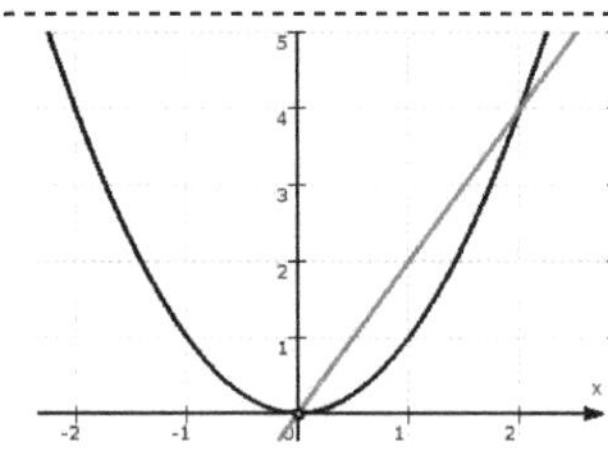

- $\Delta x = x_2 - x_1$
- $\Delta y = y_2 - y_1$
- $\Delta y = f(x_2) - f(x_1)$
- $\Delta f(x) = \Delta x / \Delta y$: Differenzenquotientenfunktion
- Mit Δx gegen Null ($\Delta x \to 0$) geht die Differenzenquotientenfunktion in die Differenzialfunktion über.
- Die Differenzialfunktion $f'(x)$ gibt die momentane Änderungsrate der Funktion $f(x)$ an. Dies ist geometrische gesehen die Steigung der Tangente im Punkt x_1.
  Man spricht auch vom Differenzial an der Stelle x_1.
- $\lim\limits_{\Delta x \to 0} \left(\frac{\Delta y}{\Delta x} \right) = f'(x) = \tan(\alpha) = m$: Steigung von $f(x)$ für $x_2 \to x_1$

</td><td>

Ableitungsregeln

Differentialoperator D: $f' =: Df$ („D angewandt auf f")
  also: $f'(x_0) =: Df(x_0)$; $f'' = D(Df) =: D^2f$

1. **Potenzregel**
   $D(x^n) = n \cdot x^{n-1}$ für alle n Element von $|Z$
2. **Faktorregel**
   (f ist eine differenzierbare Funktion; c ist eine reelle Konstante)
   $D(cf) = c \cdot (Df)$
3. **Lineare Funktion**
   $D(a \cdot x + b) = a$
4. **Summenregel**
   (g und h sind differenzierbare Funktionen) $D(g + h) = Dg + Dh$
5. **Produktregel**
   (g und h sind differenzierbare Funktionen;
   es gilt: $f(x) = g(x) \cdot h(x)$)
   $D(f) = D(gh) = (Dg) \cdot h + g \cdot (Dh)$ Also:
   $f'(x_0) = (g(x_0) \cdot h(x_0))' = g'(x_0) \cdot h(x_0) + g(x_0) \cdot h'(x_0)$
6. **Quotientenregel**
   (g und h sind differenzierbare Funktionen und $h(x)$ ist ungleich Null; $f = g/h$)
   $D(f) = D(g/h) = [(Dg) \cdot h - g \cdot (Dh)]/(h^2)$
7. **Reziprokregel**
   (h ist eine differenzierbare Funktion und $h(x)$ ist ungleich Null)
   $D(1/h) = (-Dh)/h^2$
8. **Kettenregel**
   (g sei in x_0 differenzierbar; f in z_0 mit $z_0 := g(x_0)$:
   $h(x) = f(g(x))$, also $h = f \circ g$)
   $h'(x_0) = f'(g(x_0)) \cdot g'(x_0)$ bzw. anders geschrieben:
   $D(f \circ g) = (Df \circ g) \cdot D(g)$
   Verallgemeinert gilt: $dy/dx = dy/da \cdot da/db \cdot \ldots \cdot dz/dx$
9. **Mittelwertsatz**
   a.) **Satz von Rolle**
   Zwischen zwei Nullstellen einer differenzierbaren Funktion f muss wenigstens eine Nullstelle ihrer ersten Ableitungsfunktion f' liegen.
   b.) **Mittelwertsatz der Differentialrechnung**
   f sei im betrachteten Intervall [a; b] differenzierbar und f' ist stetig. Dann gilt: $f'(x) = [f(b) - f(a)]/(b - a)$, wobei x eine Stelle innerhalb des Intervalls (a; b) ist.
   Es gibt also ein x im Intervall, an der die Tangente parallel zur Sekante von a nach b verläuft.

</td></tr></table>

Funktionscharakteristika

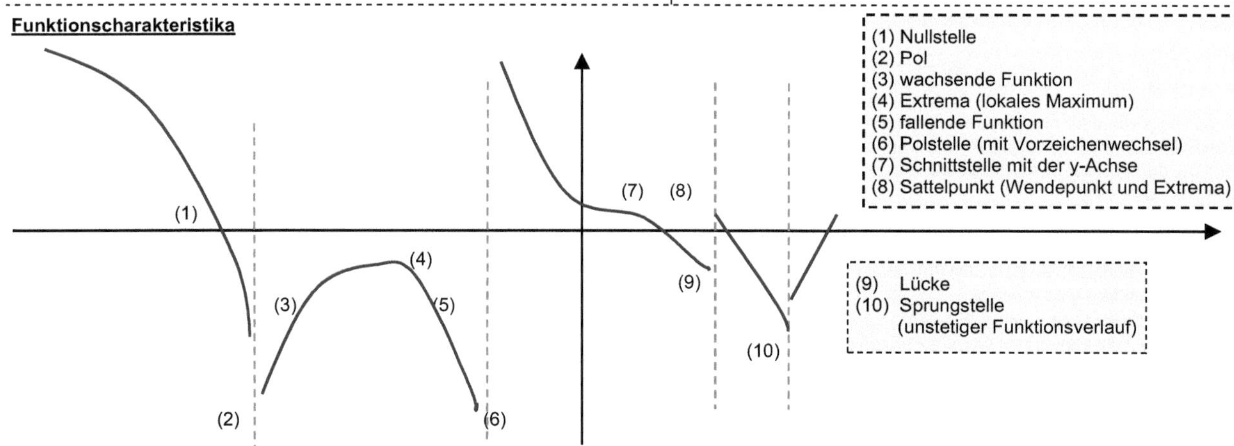

Elementare Ableitungsbeziehungen

1. **Steigungsverhalten** einer Funktion
   Existiert die Funktion f und ist in einem Intervall [a; b] differenzierbar, dann gilt:
   → Ist $Df = f' > 0$ für alle x-Werte im Intervall, dann wächst die Funktion im Intervall streng monoton.
   → Ist $Df = f' < 0$ für alle x-Werte im Intervall, dann fällt die Funktion im Intervall streng monoton.
2. **Extrema**: $f'(x) = 0$ (f(x) sei mindestens zweimal differenzierbar.)
   → $f'(x) = 0$ und $f''(x) = D^2(f(x)) > 0$, dann liegt ein relativer Tiefpunkt (relatives Minimum) vor.
   → $f'(x) = 0$ und $f''(x) = D^2(f(x)) < 0$, dann liegt ein relativer Hochpunkt (relatives Maximum) vor.

3. **Wendepunkte**: (f(x) sei mindestens dreimal differenzierbar.)
   Bei einem Wendepunkt wechselt das Krümmungsverhalten einer Kurve.
   Anschaulich: Im Wendepunkt geht der Graph einer Funktion von einer Links- in eine Rechtskurve (bzw. umgekehrt) über.
   Notwendige Bedingung: $f'(x) = D^2(f(x)) = 0$.
   Weiterhin muss $f''(x) = D^3(f(x))$ ungleich Null sein.
   Bei einem Sattelpunkt ist im Gegensatz zu einem Wendepunkt die erste Ableitung auch Null.
4. **Konvexes und konkaves Verhalten**
   $D^2(f(x)) > 0 \to$ konvexer Kurvenverlauf
   $D^2(f(x)) < 0 \to$ konkaver Kurvenverlauf

Analysis

Ableitung von sin x, cos x, tan x, cot x

Hinweis: $\sin^2 x = (\sin x) \cdot (\sin x)$ etc.

1. $D(\sin x) = \cos x$
2. $D(\cos x) = -\sin x$;
3. $D(\tan x) = 1/(\cos^2 x)$ in allen Punkten, in denen cos x ungleich Null ist.
4. $D(\cot x) = -1/(\sin^2 x)$ in allen Punkten, in denen sin x ungleich Null ist.

Graphen

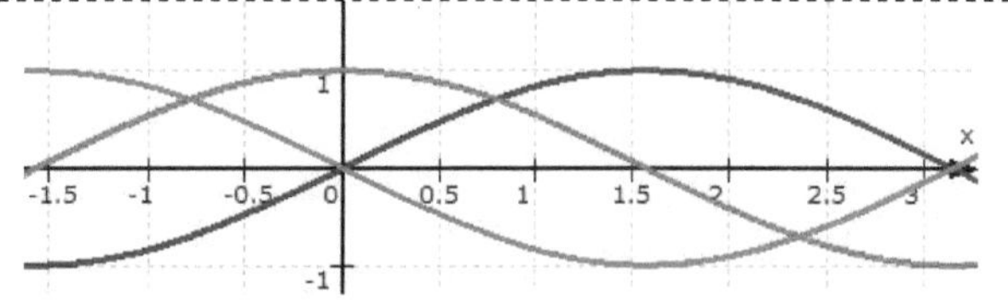

Ableitung von ln(x), lg(x), log(x), exp(x), a^x

- Elementare Definitionen und Beziehungen

  $x = b^k \to \log_b(x) = k; \log_b(b) = k; \log_c(x) = k \cdot \log_c(b)$

- $\log_b(x) = (1/\log_c(b)) \cdot \log_c(x); \log(x \cdot y) = \log(x) + \log(y)$

  $\log_r(x) = (\log_b(x))/(\log_b(r)); a \cdot \log(x) = \log(x^a)$

  $ld(x) = (1/\lg(2)) \cdot \lg(x); \lg(x) = (1/\ln(10)) \cdot \ln(x)$

  $\lim\limits_{x \to 0} (x \cdot \log(x)) = 0; \ln(x) \le x - 1$

  $D(\ln(x)) = 1/x; D(\lg(x)) = 1/10 \cdot (1/x)$

  $\exp(x) = e^x; D(\exp(x)) = \exp(x)$

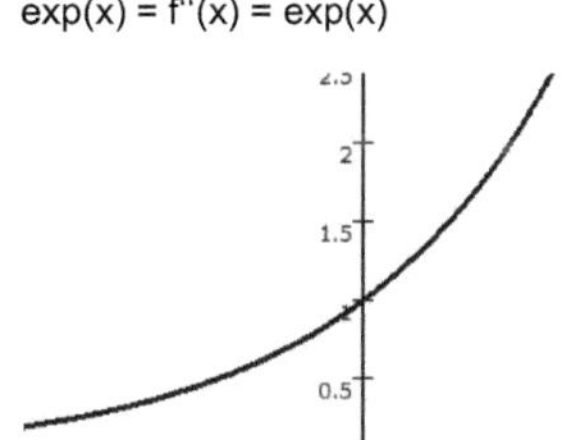

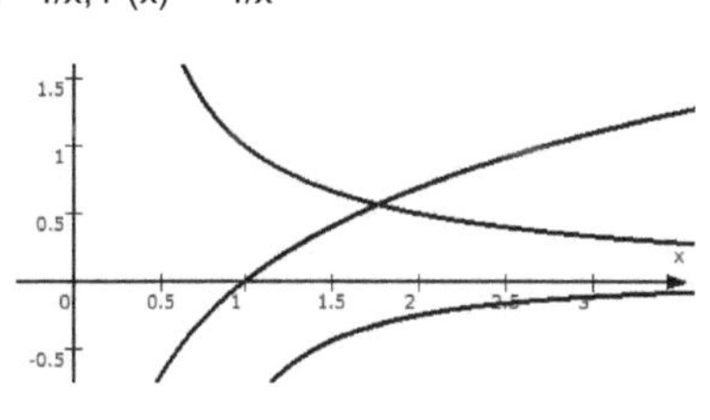

Funktionsuntersuchungen

Es sei: $f(x) = \dfrac{p(x)}{Q(x)}$

1. Bestimmung des **Definitionsbereichs**
2. Bestimmung der **Nullstellen**
   $f(x) = 0$; wobei $Q(x)$ ungleich Null sein muss.
3. Bestimmung der **Pole**
   $Q(x)$ ist gleich Null und zugleich ist $P(x)$ ungleich Null.
4. Bestimmung der **Lücken**
   $P(x)$ und $Q(x)$ müssen zugleich Null sein.
5. Bestimmung der **Asymptoten**
   - vertikale A. → Pole
   - horizontale A. → Grenzwertbetrachtung mit x gegen $\pm \infty$
6. Bestimmung der **Extremwerte, Wendepunkte, Sattelpunkte**
7. **Schnittpunkt** des Graphen mit der y-Achse
8. **Graph** der Funktion

Regeln von Bernoulli und l'Hospital

Unter der Voraussetzung, dass die Ableitungen von f(x) und g(x) und dass der Grenzwert $\lim \dfrac{f'(x)}{g'(x)}$ existieren, gilt:

1. $f(a) = 0 \wedge g(a) = 0 \to \lim\limits_{x \to a} \dfrac{f(x)}{g(x)} = \lim\limits_{x \to a} \dfrac{f'(x)}{g'(x)}$

2. $f(x) \to \infty$ für $x \to a \to \lim\limits_{x \to a} \dfrac{f(x)}{g(x)} = \lim\limits_{x \to a} \dfrac{f'(x)}{g'(x)}$

   $g(x) \to \infty$ für $x \to a \to \lim\limits_{x \to a} \dfrac{f(x)}{g(x)} = \lim\limits_{x \to a} \dfrac{f'(x)}{g'(x)}$

3. $\lim\limits_{x \to \infty} f(x) = 0 \wedge \lim\limits_{x \to \infty} g(x) = 0 \to \lim\limits_{x \to \infty} \dfrac{f(x)}{g(x)} = \lim\limits_{x \to \infty} \dfrac{f'(x)}{g'(x)}$

4. $f(x) \to \infty$ für $x \to \infty \to \lim\limits_{x \to \infty} \dfrac{f(x)}{g(x)} = \lim\limits_{x \to \infty} \dfrac{f'(x)}{g'(x)}$

   $g(x) \to \infty$ für $x \to \infty \to \lim\limits_{x \to \infty} \dfrac{f(x)}{g(x)} = \lim\limits_{x \to \infty} \dfrac{f'(x)}{g'(x)}$

Extremwertuntersuchung

Die zu bestimmende Größe für ein Extrema wird mit einer **Hauptfunktion** erfasst. Liegen in dieser Funktion mehrere Variablen vor, dann kann durch die Bildung von **Nebenfunktionen** diese zusätzlichen Variablen eliminiert werden.

Es ergibt sich dann eine **Zielfunktion**. Unter Verwendung der Ableitungen wird für ein Extrema (D(f) = 0) der zugehörige Variablenwert bestimmt.

Partielle Ableitungen

Eine Funktion, die von mehreren Variablen bestimmt wird, kann für jede Variable gesondert abgeleitet werden.
Schreibweise für die Funktion: $f(x, y, \ldots) = f(x_1, x_2, \ldots)$.
Wird die Funktion z. B. nach x (bzw. x_1) abgeleitet, dann werden die weiteren Variablen (y, … (bzw. x_2, …)) als Konstanten verstanden.
Für die partielle Ableitung wird das Symbol ∂ verwendet.

$\to f_x = f_x(x,y) = \dfrac{\partial f}{\partial x}$.

Die vollständige Ableitung von $f(x_1, \ldots, x_n)$ führt zu einem Vektor:

$(\dfrac{\partial f}{\partial x_1}, \ldots, \dfrac{\partial f}{\partial x_n})$.

Beispiel: $f(x, y) = x^3 \cdot y^{-4}$; es gilt: $\dfrac{\partial f}{\partial x} = 3 \cdot x^2 \cdot y^{-4}$ und $\dfrac{\partial f}{\partial y} = (-4) \cdot x^3 \cdot y^{-5}$

$\to (\dfrac{\partial f}{\partial x}, \dfrac{\partial f}{\partial y}) = (3 \cdot x^2 \cdot y^{-4}, (-4) \cdot x^2 \cdot y^{-5}) = x^2 \cdot y^{-5} \cdot (3y, -4 \cdot x)$

Integralbeziehungen

Unbestimmtes Integral

$\int f'(x) \cdot dx = f(x) + C$

[f(x): **Stammfunktion**]

Bestimmtes Integral

$\int_a^b f(x) \cdot dx = F(x)|_a^b = F(b) - F(a)$

Potenzgesetz

$\int x^n \cdot dx = \dfrac{x^{n+1}}{n+1} + C$, mit $n \in \mathbb{N}$

Logarithmische Integration

$[f'(x) / f(x)] \cdot dx = \ln|f(x)| + C$

Graphen (Beispiel)

Fläche unterhalb $f(x) = x^2$

Fläche unterhalb $f(x) = \sin(x)$

Eingeschlossene Fläche zwischen $f(x) = \sin(x)$ u. $g(x) = x^2 - 4$

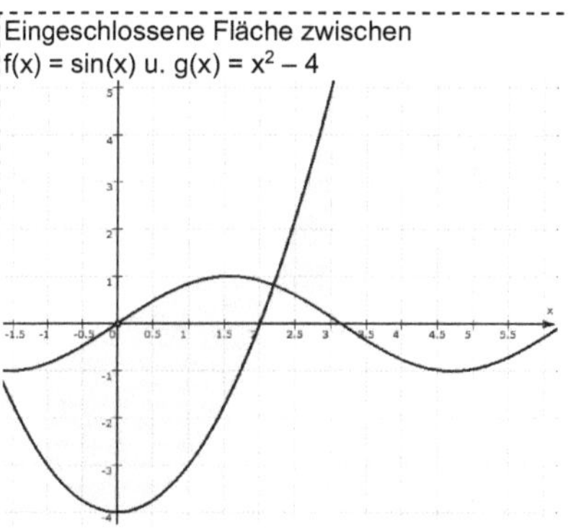

Analysis

Hauptsatz der Integralrechnung

Für die Bestimmung einer Fläche unterhalb einer Funktion f(x) gilt:

$\mathbf{F}(x) = \int_{x_1}^{x_2} f(x) \cdot dx$.

Nun folgt: $\lim\limits_{\Delta x \to 0} \dfrac{F(x + \Delta x) - F(x)}{(x + \Delta x) - (x)} = F'(x) = f(x)$

Insofern ist f(x) die erste Ableitung von F(x).

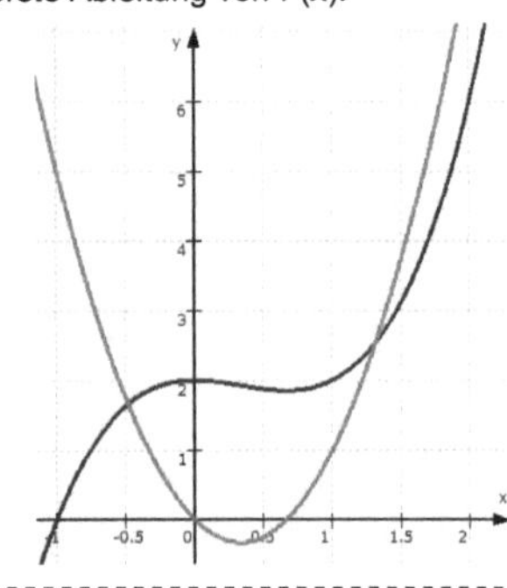

Partielle Integration

- Kern des Verfahrens ist die Idee, dass ein Integral in einen transformierten Ausdruck überführt wird, der einfacher zu lösen ist.

  Allgemein gilt:

  [1] f'(x) = u(x) · v(x) = y

  [2] y' = f'(x) = u'(x) · v(x) + u(x) · v'(x)

    (geschrieben mit dem Differentialoperator (D):
    f(x) = D(u(x)) · v(x) + u(x) · D(v(x))
    Wird dieser Ausdruck integriert, ergibt sich: $u \cdot v = \int v \cdot du + \int u \cdot dv$
    Dies kann umgeschrieben werden zu: $\int v \cdot du = u \cdot v - \int u \cdot dv$
    Über diese Konstruktion können Integrale bei Bildung geeigneter Zuordnungen aufgelöst werden.

- Bei konkreten Anwendungen muss die partielle Integration oftmals mehrfach zur Anwendung kommen, damit eine Lösung gefunden werden kann.

- Beispiel: $\int x \cdot \sin(x) \cdot dx = ?$
  Setzungen: u = x, dv = sin(x) dx → du = dx, v = - cos(x)
  Es folgt: $\int x \cdot \sin(x) \cdot dx = x \cdot (- \cos(x) + C) - \int (-\cos(x) + C) \cdot dx$
  → - x · cos(x) + sin(x) + C

Bestimmte Integrale

Fläche unter f(x)	Volumen (Rotationskörper (Rotation um die x-Achse))	Bogenlänge
$\mathbf{F}(x) = \int_{x_1}^{x_2} f(x) \cdot dx$	$\mathbf{V} = \int_{x_1}^{x_2} (f(x))^2 \cdot \pi \cdot dx$	$\mathbf{L} = \int_{x_1}^{x_2} \sqrt{1 + (f'(x))^2} \cdot dx$

Oberfläche (Rotationskörper)

Rotation um die x-Achse

$\mathbf{O} = 2 \cdot \pi \cdot \int_{x_1}^{x_2} y \cdot \sqrt{1 + y'^2}\, dx$

Rotation um die y-Achse

$\mathbf{O} = 2 \cdot \pi \cdot \int_{y_1}^{y_2} x \cdot \sqrt{1 + \left(\dfrac{dx}{dy}\right)^2}\, dy$

Basisgleichung im R^2

$\int f(x) \cdot dx$: Bestimmung der **Fläche** unterhalb von f(x)

f(x): Beschreibt den **Graphenverlauf**

Df(x) = f '(x): Bestimmung der **Steigung** von f(x)

Ausgehend von f(x) (äußerer Rand) kann der Inhalt, der von f(x) umhüllt wird (Fläche F(x)), und andererseits die Steigungswerte (m = f'(x)) bestimmt werden.

Substitutionen

- Substitution: Ersetzen; Ersetzungsregel; Austauschen
  Sinnvolles Verfahren zum Beispiel in der Analysis
  $\int f(x) \cdot dx = \int f(\varphi(t)) \cdot (d\varphi(t)/dt) \cdot dt$ mit $x \equiv \varphi(t)$; $dx/dt = d(\varphi(t))/dt$

- So gilt für g(x) = t
  → $\dfrac{dt}{dx} = t' = g'(x) \to dx = \dfrac{dt}{g'(x)} = \dfrac{dt}{t'}$ (mit g'(x) ≠ 0)
  Für die Umkehrfunktion (u(t)) = x für t = g(x)) gilt dann:
  → $\dfrac{dx}{dt} = u' = u'(t) \to dt = \dfrac{dx}{u'(t)} = \dfrac{dx}{u'}$ (mit u'(x) ≠ 0)
  Somit erhalten wir: $\dfrac{dt}{dx} = \dfrac{1}{\frac{dx}{dt}}$

  Für die Integralberechnung gilt: $\int f(t) \cdot (t)^{-1} \cdot dx = \int f(g(x)) \cdot dx$

- $\int_a^b f(g(x)) \cdot dx = \int_{g(a)}^{g(b)} f(z) \cdot \left(\dfrac{dx}{dz}\right) \cdot dz =$
  $= \int_{g(a)}^{g(b)} f(z) \cdot \dfrac{1}{g'(x)} \cdot dz$
  (Voraussetzungen: f(x) sei stetig und g(x) sei stetig differenzierbar und umkehrbar.)

Integration	Substitution	Ausführung/Hinweis
$\int f(ax + b) \cdot dx$	z = ax + b	$\dfrac{1}{a} \cdot \int f(z) \cdot dz$
$\int f(ax^2 + b) \cdot dx$	u = ax² + b du/dx = 2ax x · dx = (1/2a) du	
$\int f(ax^2 + bx + c) \cdot dx$	$z = x + \dfrac{b}{2a}$	(quad. Ergänzung)
$\int (f(x))^n \cdot f'(x)\, dx;\ n \neq 1$	$z = x \cdot f(x) + \dfrac{b}{2a}$	
$\int \dfrac{f'(x)}{f(x)} \cdot dx$	z = f(x)	ln|f(z)| + C
$\int f(a^x) \cdot dx$	z = a^x	ln(z) = x · ln(a) $\dfrac{1}{\ln(a)} \cdot \int f(z) \dfrac{1}{z} \cdot dz$

- Beispiele: $f(x) = \int (a \cdot x + b) \cdot dx$, also t = a + b · x und $\dfrac{dt}{dx} = a$
  → $\int t \cdot \dfrac{1}{a} \cdot dt = \dfrac{1}{a} \cdot \int t \cdot dt = \dfrac{1}{2a} \cdot t^2 + C$
  $f(x) = \int (d + e \cdot x)^n \cdot dx$, also t = d + e · x und $\dfrac{dt}{dx} = e$
  → $\int t^n \cdot \dfrac{1}{e} \cdot dt = \dfrac{1}{e} \cdot \int t^n \cdot dt = \dfrac{1}{(n + 1) \cdot e} \cdot t^{n+1} + C$
  $f(x) = \int (k + m \cdot x)^{-1} \cdot dx$, also t = k + m · x und $\dfrac{dt}{dx} = m$
  → $\int t^{-1} \dfrac{1}{m} dt = \dfrac{1}{m} \int \dfrac{1}{t} dt = \dfrac{1}{m} \cdot \ln| k + mx | + C$

Implizite Differenziation

Bei expliziten Funktionsbeziehungen gilt: y = f(x).
Für die Ableitung folgt: D(y) = y' = D'f(x) = f'(x).
Liegen differenzierbare Funktionen vor, dann kann unter Beachtung der Ableitungsregeln bzgl. y geschrieben werden: D(y) = y' = dy/dx.
Bspl.:
(explizite Darstellung) y = (2 · x³ - 5x)/x = 2x² − 5 → y' = 4x
(implizite Darstellung) xy - 2 · x³ + 5x = 0 → y + x y' - 6x² + 5 = 0
  → x y' = 6x² - 5 - y = 6x² - 5 - (2x² - 5) → x y' = 4x² → y' = 4x
  → y' = 6x - 5/x - y/x = 6x - (y + 5)/x

Integrationsgrundregeln

- Integration mit einem konstanten Faktor
  $\int \pm c \cdot f(x)) \cdot dx = \pm c \cdot \int f(x) \cdot dx$
- Integration einer Summe oder Differenz
  $\int (f(x) \pm g(x) \pm h(x)) \cdot dx = \int f(x) \cdot dx \pm \int g(x)) \cdot dx \pm \int h(x)) \cdot dx$

Substitutionen bei Differenzialgleichungen

- $y'(x) = f(a_1 x + a_2 y(x) + a_3) \to z = a_1 x + a_2 y(x) + a_3$
  → $z' = a_1 + a_2 f(z(x)) \to y'(x) = f\left(\dfrac{y}{x}\right) \to z = \dfrac{y(x)}{x}$

Lösungsansatz für eine (DGL) Wellengleichung ($c_s \partial_x^2$)

$\ddot{n} = c_s^2 n''$; n(x,t) = exp(-t c_s ∂_x) f(x) + exp(t c_s ∂_x) g(x)
$f(x + a) = \exp(a\, \partial_x) f(x)$; n(x,t) = f(x − c_s t) + g(x + c_s t)

Analysis

Partialbruchzerlegung

- Berechnet werden gebrochen-rationale Funktionen:

  $f(x) = \frac{p(x)}{q(x)}$; f(x) muss eine echt gebrochen-rationale Zahl sein.

  D. h., es muss gelten: Grad(p(x)) < Grad(q(x)).

  Ansonsten ist eine Umrechnung notwendig zu: $f(x) = g(x) + \frac{\overline{p(x)}}{q(x)}$

- Die echt gebrochene Zahl wird in eine Summe von gebrochen-rationalen Funktionen zerlegt, die jeweils für sich gut integrierbar sind.

  Beispiel: $\frac{1}{x^2+1} = \frac{A}{x+1} + \frac{B}{x-1}$ mit A = - 0,5 und B = 0,5

  Die Zerlegung erfolgt in folgende Funktionen:

  $$\frac{C_1}{x-x_0} \cdots \frac{C_2}{(x-x_0)^2} , \cdots, \frac{C_k}{(x-x_0)^k} \cdots \frac{a_2 x+ b_2}{(x^2+px+q)^2} \cdots \frac{a_1 x+ b_1}{(x^2+px+q)^l}$$

- Für die einzelnen Nennerpolynome sind die Partialbrüche mit sich nacheinander reduzierten Exponenten darzustellen. Zum Beispiel:

  $$\frac{n(x)}{x\,(x-1)(x-2)^2\,(x+4)^3} =$$

  $$= \frac{A}{x} + \frac{B}{x-1} + \frac{C}{x-2} + \frac{D}{(x-2)^2} + \frac{E}{x+4} + \frac{F}{(x+4)^2} + \frac{G}{(x+4)^3}$$

  Die einzelnen Ausdrücke können gesondert integriert werden.

- Zur Bestimmung der Zählerkoeffizienten werden folgende Methoden eingesetzt:
  - Einsetzungsmethode
  - Koeffizientenmethode
  - Zuhaltemethode

Beispiele

$\int \frac{A}{(x-x_0)^n}\, dx = \frac{A}{1-n} \cdot \frac{1}{(x-x_0)^{n-1}} + C$; $\int \frac{A}{x-x_0}\, dx = A \cdot \ln |x - x_0| + C$

$\int \frac{Ax+B}{(x^2+2ax+b)^k}\, dx = \frac{A}{2} \int \frac{2x+2a}{(x^2+2ax+b)^k}\, dx - (B - Aa) \int \frac{dx}{(x^2+2ax+b)^k}$

Beispiele zu Substitutionen bei Integralen

$\int f(ax + b) \cdot dx$; $u = ax + b$; $du/dx = a$

$\int x\, e^{x^2}\, dx$; $u = x^2$; $du = 2x\, dx$

$\int \frac{dx}{(1-x^2)^{0,5}}$; $x = \sin(u)$; $(1 - \sin^2 u)^{0,5} = \cos(u) \rightarrow dx/du = \cos(u)$

$\int \cos^m(ax) \cdot \sin^n(ax) \cdot dx$ (m oder n ungerade)

n: ungerade: $I = \int \cos^m(ax) \cdot \sin^{n-1}(ax) \cdot (\sin(ax) \cdot dx)$ mit

  $u = \cos(ax)$; $\sin(ax) \cdot dx = (-1/a) \cdot du$; $\sin^2(ax) = 1 - \cos^2(ax)$

m: ungerade: $I = \int \cos^{m-1}(ax) \cdot \sin^n(ax) \cdot (\cos(ax) \cdot dx)$ mit

  $u = \sin(ax)$; $\cos(ax) \cdot dx = (1/a) \cdot du$; $\cos^2(ax) = 1 - \sin^2(ax)$

Tabellen – Integrale

$\int x^a \cdot dx = \frac{1}{a+1}\, x^{a+1} + C$	$\int (a \cdot x + b) \cdot dx = (a \cdot x^2)/2 + bx + C$
$\int x \cdot (x^2 + a^2)^{-1} \cdot dx = (x^2 + a^2)^{\frac{1}{2}} + C$	$\int x \cdot (x^2 - a^2)^{-1} \cdot dx = (x^2 - a^2)^{\frac{1}{2}} + C$
$\int a^x \cdot dx = a^x/(\ln(x)) + C$	$\int (a \cdot x + b)^n \cdot dx = (a \cdot x + b)^{n+1}/(a \cdot (n + 1)) + C$
$\int x^{-1} \cdot dx = \ln|x| + C$	$\int (a \cdot x + b)^{-1} \cdot dx = (1/a) \cdot \ln|a \cdot x + b| + C$
$\int \ln(x) \cdot dx = x \ln(x) - x + C$	$\int (a \cdot x + b)^{-1} \cdot x \cdot dx = x/a - (b/a^2) \cdot \ln|ax + b| + C$
$\int \sin(x) \cdot dx = - \cos(x) + C$	$\int \cos(x) \cdot dx = \sin(x) + C$
$\int \tan(x) \cdot dx = - \ln|\cos(x)| + C$	$\int \cot(x) \cdot dx = - \ln|\sin(x)| + C$
$\int \tan(ax) \cdot dx = - (1/a) \ln|\cos(ax)| + C$	$\int \sin(ax) \cos(ax) \cdot dx = (1/2a) \sin^2(ax) + C$
$\int \sin^2 ax\, dx = (1/2)x - (1/(4a)) \sin(ax) + C$	$\int \cos^2 ax\, dx = (1/2)x + (1/(4a)) \sin(ax) + C$
$\int \frac{1}{\sin(ax)} \cdot dx = \frac{1}{a} \cdot \ln\left(\tan\left(\frac{ax}{2}\right)\right) + C$	$\int \frac{1}{\cos(ax)} \cdot dx = \frac{1}{a} \cdot \ln\left(\tan\left(\frac{ax}{2} + \frac{\pi}{4}\right)\right) + C$
$\int \frac{1}{(\sin(x))^2} \cdot dx = \cot(x) + C$	$\int \frac{1}{(\cos(x))^2} \cdot dx = \tan(x) + C$
$\int \frac{1}{\sqrt{1-x^2}} \cdot dx = \arcsin(x) + C$	$\int \frac{1}{(a^2+x^2)}\, dx$; $x = \frac{1}{a} \arctan\left(\frac{x}{a}\right) + C$
$\int \frac{1}{(1+x^2)}\, dx$; $x = \arctan(x) + C$	$\int \frac{1}{(-1+x^2)}\, dx = - \operatorname{arctanh}(x) + C = \frac{1}{2} \ln\frac{(1-x)}{(1+x)} + C$ (für $|x| < |a$
$\int \sqrt{1-x^2} \cdot dx = (1/2) \cdot (x\sqrt{1-x^2} + \arcsin(x)) + C$	$\int (x^2+a^2)^{-1} \cdot dx = (1/a) \cdot \arctan(x/a) + C$
$\int (a^2-x^2)^{1/2} \cdot dx = (x\,(a^2-x^2)^{\frac{1}{2}} + a^2 \cdot \operatorname{arsin}(x/a)) + C$	$\int \cosh(ax) \cdot dx = (1/a) \sinh(ax) + C$
für $|x| < a$: $\int (x^2 - a^2)^{-1} \cdot dx = (- 1/a) \cdot \operatorname{arctanh}(x/a) + C$ $= (1/(2a)) \cdot \ln((a - x)/(a + x)) + C$	für $|x| > a$: $\int (x^2 - a^2)^{-1} \cdot dx = (- 1/a) \cdot \operatorname{arcoth}(x/a) + C$ $= (1/(2a)) \cdot \ln((a - x)/(a + x)) + C$
$\int e^x \cdot dx = \int \exp(x) \cdot dx = e^x + C = \exp(x) + C$	$\int \exp(cx)\, dx = (1/c) \cdot \exp(cx) = \frac{1}{c} \cdot e^{cx}$
$\int x \exp(cx)\, dx = \frac{\exp(cx)}{c^2} \cdot (cx - 1)$	$\int a^{cx}(cx)\, dx = \frac{1}{c \cdot \ln(a)} \cdot a^{cx}$ (für a > 0, a ≠ 0)
$\int x^2 \cdot a^{cx}(cx)\, dx = e^{cx} \cdot \left(\frac{x^2}{c} - \frac{2x}{c^2} + \frac{2}{c^3}\right)$	$\int x \exp(c \cdot x^2)\, dx = \frac{1}{2c} \cdot e^{c \cdot x^2} = (1/2c) \cdot \exp(c \cdot x^2)$
$\int_0^\infty e^{-a \cdot x^2}\, dx = \frac{1}{2} \cdot \sqrt{\frac{\pi}{a}} = 0,5 \cdot (\pi/a)^{0,5}$	$\int_{-\infty}^\infty x\, e^{-a \cdot (x-b)^2}\, dx = b \cdot \sqrt{\frac{\pi}{a}}$
$\int x \exp(c \cdot x^2)\, dx = \frac{1}{2c} \cdot e^{c \cdot x^2} = (1/2c) \cdot \exp(c \cdot x^2)$	$\int \exp(c \cdot x^2)\, dx = \frac{1}{2c} \cdot e^{c \cdot x^2} = (1/2c) \cdot \exp(c \cdot x^2)$
$\int_{-\infty}^\infty x^2\, e^{-a \cdot x^2}\, dx = \frac{1}{2} b \cdot \sqrt{\frac{\pi}{a^3}}$ (für a > 0)	$\int \frac{1}{(a^2+x^2)^2}\, dx$; $\frac{\delta}{\delta a} \int \frac{1}{(a^2+x^2)^2}\, dx = (- 2) \cdot \int \frac{1}{(a^2+x^2)}\, dx$

Analysis

Stetigkeit von Funktionen

Eine stetige Funktion: $f(x) = x^{1/2}$

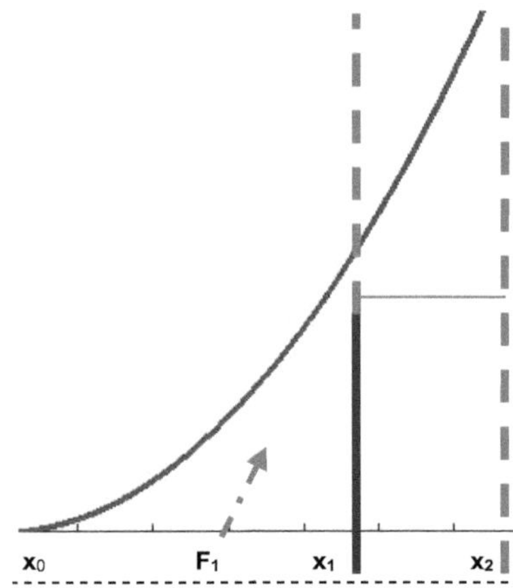

f(x) entwickelt sich im Ablauf stetig. $f(x)$, $f(x + \Delta x)$ und $f(x - \Delta x)$ liegen bei kleinem Δx beliebig nah.

Bei g(x) treten sprunghafte Veränderungen auf.

$g(1 - \Delta x)$ und $g(1 + \Delta x)$ weisen auf Funktionswerte, die nicht übereinstimmen.

Dies gilt auch für $g(2 \pm \Delta x)$. Dazu kommt noch, dass die Werte für g(1) und g(2) nicht definiert sind. g(x) verläuft nicht stetig.

Eine Stetigkeit liegt im Punkt x_0 dann vor, wenn in eine (nahen) Umgebung von x_0 ($\to |U_{x0}$) das zugehörige Bild für x mit $x \to x_0$ in der Umgebung von $f(x^0)$ liegt; d. h., es gilt $\lim_{x \to x_o} f(x) = f(x_0)$.

Eine unstetige Funktion:

$$g(x) = \begin{cases} 1, & \text{für } 0 < x < 1 \\ 2, & \text{für } 1 < x < 2 \\ 3 - x, & \text{für } 2 < x < 3 \end{cases}$$

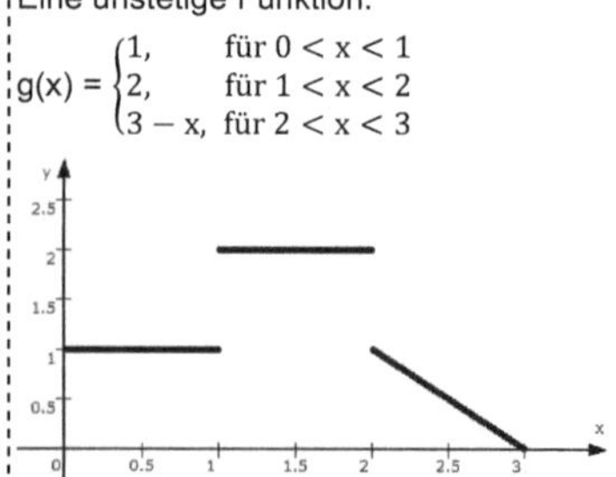

Definition der Stetigkeit

Eine Funktion f(x) ist bei einem (beliebigen) x_0-Wert (mit $x_0 \in |D$) stetig, wenn die x-Werte in der Umgebung von x_0 Funktionswerte erzeugen, die in der zugehörigen Bildumgebung von (x_0) beliebig nah an $f(x_0)$ liegen. Ist eine Funktion in alle ihren Punkten stetig, dass liegt insgesamt eine stetige Funktion vor.

δ - ϵ - Beziehung

x_0 liegt wie auch $x_0 + \Delta x$ in der Umgebung $|U(x_0) = \delta$.

Dann liegen bei einer stetigen Funktion auch $f(x_0)$ und $f(x_0 + \Delta x)$ in dem zugeordneten Bildbereich $|Uf(x_0)| = \epsilon$.

Für x_0 und $x = x_0 + \Delta x$ folgt, dass für $f(x_0)$ und $f(x_0 + \Delta x)$ gilt: $|f(x0) - f(x0 + \Delta x)| < \epsilon$.

x_0 und $x = x_0 + \Delta x$ sind Elemente der Definitionsmenge $|D_f$ und liegen beide in der Umgebung δ zu x_0.

$f(x_0)$ und $f(x) = f(x_0 + \Delta x)$ sind Elemente der Wertemenge W_f und liegen beide in der Umgebung δ zu $f(x_0)$.

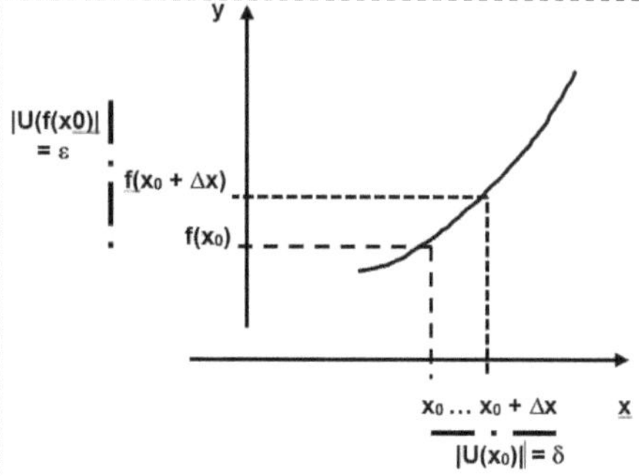

Betrachtung zum bestimmten Integral (Flächenberechnung)

1) Die Fläche von x_0 bis x_1 zwischen der unteren Achse und der Funktion soll mit F_1 bekannt sein. F_1 wird von x_0 bis x_1 bestimmt. Es sei $F_1 = F(x_1)$

2) Die Fläche zwischen x_1 bis x_2 unterhalb der Funktion zur Achse soll dazu kommen.

3) Bei x_1 hat die Funktion den Wert $f(x_1)$.

4) Bei x_2 hat die Funktion den Wert $f(x_2)$.

5) Die Funktion soll monoton wachsen. Somit gilt: $f(x_2) \geq f(x_1)$.

6) Es gilt $\Delta x = x_2 - x_1$

7) So folgt: $F_1 + \Delta x \cdot f(x_1) \leq F(x_1 + \Delta x) \leq F_1 + \Delta x \cdot f(x_2)$. [$F(x_1 + \Delta x)$ wäre die wahre Fläche.]

8) Wir erhalten: $\Delta x \cdot f(x_1) \leq F(x_1 + \Delta x) - F(x_1) \geq \Delta x \cdot f(x_2)$.

9) Und weiter: $f(x_1) \leq (F(x_1 + \Delta x) - F(x_1)) / \Delta x \leq f(x_2)$.

10) Dies führt zum Ausdruck: $f(x_1) \leq (F(x_1 + \Delta x) - F(x_1)) / ((x_1 + \Delta x) - x_1) \leq f(x_2)$.

11) Mit $\Delta x \to 0$ (lim-Prozess) wird $f(x_1) = f(x_2)$ und somit $F'(x_1) = f(x_1) = f(x_2)$.

12) Die Ableitung des Integrals – also die Ableitung der Flächenfunktion – ist gleich der Funktion f(x). Die Integralfunktion ist Ausdruck der aufgeleiteten Funktion f(x).

Uneigentliche Integrale

Bisher wurde angenommen, dass die Integrationsgrenzen von Integralen beschränkt sind. Ebenso sind Integral von besonderem Interesse, bei denen im Integrationsbereich eine uneigentliche Stelle auftritt. In diesen Fällen kann (eventuell) durch eine Grenzwertbetrachtung eine Auflösung gefunden werden.

A: Unendliche Integrationsgrenze(n)

Es wird wie folgt operiert:

- $\int_a^\infty f(x) \cdot dx = \lim_{b \to \infty} \int_a^b f(x) \cdot dx$

- $\int_\infty^b f(x) \cdot dx = \lim_{a \to -\infty} \int_a^b f(x) \cdot dx$

- $\int_\infty^\infty f(x) \cdot dx = \lim_{a \to -\infty} \int_a^c f(x) \cdot dx + \lim_{b \to \infty} \int_c^b f(x) \cdot dx$

  Ist dies erfüllt, dann liegt eine absolute Konvergenz vor.

- Es soll das Integral bei b uneigentlich sein. Setzung: c = b-0

  $\int_a^b f(x) \cdot dx = \lim_{c \to b-o} \int_a^c f(x) \cdot dx$

B: Das Integral ist an einer Stelle nicht definiert

Betrachtet wird das Integral

- $\int_a^c f(x) \cdot dx$

  Es soll im Inneren eine uneigentliche Stelle bei x = b vorliegen. Dann er folgt eine Aufteilung mit einer Betrachtung bzgl. b durch b-0 bzw. b+0.

  $\int_a^c f(x) \cdot dx = \lim_{c \to b-o} \int_a^b f(x) \cdot dx + \lim_{b \to b+o} b$

Simpson-Regel (Keplersche Faßregel)

$\int_a^b f(x)\, dx = \frac{b-a}{6}\left(f(a) + 4 f\left(\frac{a+b}{2}\right) + f(b)\right) + R^s(f);$

$(R^s(p) \to 0)$

Newtonsche 3/8-Regel (,Pulcherrima')

$\int_a^b f(x)\, dx = \frac{b-a}{8}\left(f(a) + 3 f\left(a + \frac{b-a}{3}\right) + 3f\left(a + \frac{2}{3}(b-a)\right) + f(b)\right) + R^N(f);$

$(R^N(p) \to 0)$

Verdeutlichen Sie sich, dass zum Beispiel die Funktion $g(x) = \begin{cases} 0; & \text{für } x \in |R \setminus |Q \\ 1; & x \in |Q \end{cases}$ an keiner Stelle stetig ist.

$|R \setminus |Q$: Menge der Zahl aus den reellen Zahlmenge ohne die Zahlen aus der Menge der rationalen Zahlen.

Vektorrechnung

Grundlagen

- Hinweis: Vektoren werden **fett** gedruckt: zum Beispiel **v**
- Vektordarstellung im kartesischen Koordinatensystem (x, y, z):
  $\mathbf{v} = (v_x, v_y, v_z)$
  Formal sind Vektoren geordnete Zahlentupel: $(v_1, v_2, \ldots, v_n)$
  mit $v_1 \in \mathbb{R}, v_2 \in \mathbb{R}, \ldots, v_n \in \mathbb{R}$.
  Anschaulich repräsentieren Pfeil Vektoren.
  Dabei bezeichnen Punktepaare (A, B) einen Pfeil $\overrightarrow{AB}$

  A ———————► B

  A ist der Angriffspunkt (Fußpunkt), B der Zielpunkt des Pfeils.
- e_i: Einheitsvektor in Richtung der Achse i
- Zeilendarstellung des Vektors im $\mathbb{R}^2$:
  $\mathbf{a} = (a_1; a_2) = a_1 \cdot \mathbf{e}_1 + a_2 \cdot \mathbf{e}_2$
- Zeilendarstellung des Vektors im $\mathbb{R}^3$:
  $\mathbf{a} = (a_1; a_2; a_3) = a_1 \cdot \mathbf{e}_1 + a_2 \cdot \mathbf{e}_2 + a_3 \cdot \mathbf{e}_3$
- Spaltendarstellung des Vektors

  im $\mathbf{R}^2$: $\mathbf{a} = \begin{pmatrix} a_1 \\ a_2 \end{pmatrix}$; und im $\mathbf{R}^3$: $\mathbf{a} = \begin{pmatrix} a_1 \\ a_2 \\ a_3 \end{pmatrix}$
- **Länge** eines Vektors **v**: $|\mathbf{v}| = (v_x^2 + v_y^2 + v_z^2)^{0,5}$
  Die Länge (l) eines Vektors entspricht seinem **Betrag**.

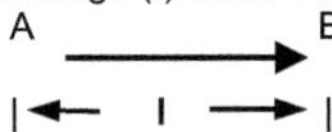

- **Einheitsvektor**:
  Vektor in Richtung von a mit der Länge 1: $\mathbf{v}_0 = (1/|\mathbf{v}|) \cdot \mathbf{v}$
  Den Übergang vom Vektor **v** zum Einheitsvektor $\mathbf{v}_0$
  nennt man **Normierung** von **v**.
- **Nullvektor**: **0**. Ein Vektor mit dem Betrag Null heißt Nullvektor.
  Nur diesem Vektor (!) kann keine bestimmte Richtung
  zugeordnet werden. Es gilt: $\mathbf{0} = \mathbf{v} - \mathbf{v}$.
- **Gegenvektor**: Wenn gilt $\mathbf{a} + \mathbf{b} = \mathbf{0}$ und $\mathbf{a} \neq \mathbf{0}$,
  dann ist **b** der Gegenvektor von **a**.
- **Gleichheit von Vektoren**:
  $\mathbf{a} = (a_1, a_2, a_3)$ und $\mathbf{b} = (b_1, b_2, b_3)$.
  Gleichheit ist gegeben, wenn
  $a_1 = b_1$, $a_2 = b_2$ und $a_3 = b_3$ erfüllt sind.

Addition von Vektoren

- Definition zur **Vektoraddition** (anschauliche Erklärung):
  Unter der Summe zweier Vektoren **a** und **b**, geschrieben
  a + **b**, verstehen wir denjenigen (resultierenden Gesamt-)
  Vektor **c**, der dadurch gebildet wird, dass man **b** in den
  Fußpunkt (→ Startpunkt) von **a** parallel verschiebt.
  Über die von **a** und **b** aufgespannte „Zweiseit-Figur"
  wird ein Parallelogramm errichtet. Die Diagonale in
  dieser Figur repräsentiert die Summe von **a** + **b** = **c**.

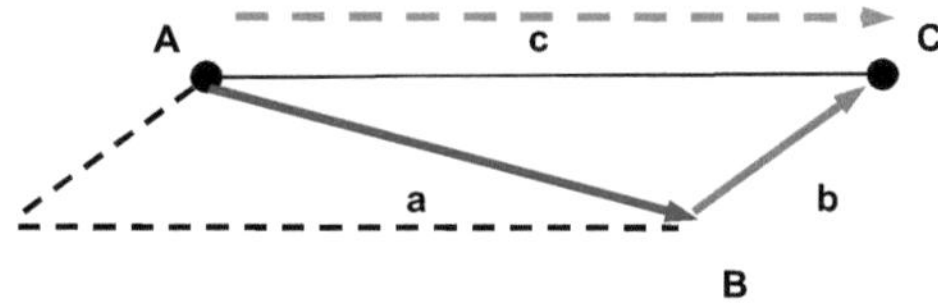

- Definition zur **Addition von Vektoren** (**a** + **b** = **c**):

  $\mathbf{a} = (a_x, a_y, a_z)$, $\mathbf{b} = (b_x, b_y, b_z)$, $\mathbf{c} = (c_x, c_y, c_z)$, mit:

  $c_x = a_x + b_x$, $c_y = a_y + b_y$; $c_z = a_z + b_z$

Multiplikation von Vektoren

- Definition zur Multiplikation eines **Vektors mit Skalaren**:
  $\lambda \cdot \mathbf{a} = \lambda \cdot (a_x, a_y, a_z) = (\lambda \cdot a_x, \lambda \cdot a_y, \lambda \cdot a_z)$
  (Die Multiplikation eines Vektors mit einem Skalar wird auch
  „skalare Multiplikation" (S - Multiplikation) genannt.)
  Rechenregeln (**u**, **v**, **w** sind Vektoren; $\lambda \in \mathbb{R}$, $\mu \in \mathbb{R}$)

  1) $(\mathbf{u} + \mathbf{v}) + \mathbf{w} = \mathbf{u} + (\mathbf{v} + \mathbf{w})$
  2) $\mathbf{u} + \mathbf{0} = \mathbf{u}$
  3) $\mathbf{u} + (-\mathbf{u}) = \mathbf{0}$
  4) $\mathbf{u} + \mathbf{v} = \mathbf{v} + \mathbf{u}$
  5) $(\lambda + \mu) \cdot \mathbf{u} = \lambda \cdot \mathbf{u} + \mu \cdot \mathbf{u}$
  6) $\lambda \cdot (\mathbf{u} + \mathbf{w}) = \lambda \cdot \mathbf{u} + \lambda \cdot \mathbf{w}$
  7) $(\lambda \cdot \mu) \cdot \mathbf{u} = \lambda \cdot (\mu \cdot \mathbf{u})$
  8) $1 \cdot \mathbf{u} = \mathbf{u}$

Lineare Unabhängigkeit

- Die Vektoren $\mathbf{X}_1, \ldots, \mathbf{X}_k$ heißen linear unabhängig, wenn
  sich der Nullvektor nur „trivial" als Linearkombination von
  ihnen darstellen lässt; d. h., wenn aus
  $\mathbf{0} = a_1 \cdot \mathbf{X}_1 + \ldots + a_k \cdot \mathbf{X}_k$ zwingend $a_1 = \ldots = a_k = 0$ folgt.
- Drei Vektoren sind genau dann linear abhängig, wenn sich
  immer einer durch die restlichen zwei Vektoren ausdrücken
  lässt. Anders formuliert:
  $\mathbf{v}_1$, $\mathbf{v}_2$ und $\mathbf{v}_3$ sind die drei Vektoren. **0** ist der Nullvektor.
  k_1, k_2 und k_3 sind reelle Faktoren.
  $\mathbf{0} = k_1 \cdot \mathbf{v}_1 + k_2 \cdot \mathbf{v}_2 + k_3 \cdot \mathbf{v}_3$ ist bei drei linear unabhängigen
  Vektoren nur für $k_1 = k_2 = k_3 = 0$ erfüllt.
- Vektoren, die nicht linear abhängig sind, heißen linear
  unabhängig.
  Liegt eine lineare Abhängigkeit zwischen drei Vektoren
  u, **v**, **w** vor, dann hat die zughörige Determinante den Wert Null.
  $\mathbf{u} = (u_1, u_2, u_3)$, $\mathbf{v} = (v_1, v_2, v_3)$, $\mathbf{w} = (w_1, w_2, w_3)$

  $E: \det(u, v, w) = \begin{vmatrix} u_1 & v_1 & w_1 \\ u_2 & v_2 & w_2 \\ u_3 & v_3 & w_3 \end{vmatrix} = 0$

- **kollinear**: lineare Abhängigkeit von zwei Vektoren
  komplanar: lineare Abhängigkeit von drei Vektoren

Produkte

- Zu unterscheiden sind speziell das **Skalar- (innere)** und das
  Vektor- (äußere) Produkt. Das Skalarprodukt zweier Vektoren
  liefert als Ergebnis eine skalare Größe.
  Das **Vektorprodukt** zweier Vektoren (im $\mathbb{R}^2$ und $\mathbb{R}^3$) liefert
  einen Vektor als Ergebnis, der senkrecht auf den miteinander
  multiplizierten Vektoren steht.
- **Inneres Produkt (Skalarprodukt)**
  $\mathbf{a} \cdot \mathbf{b} = |\mathbf{a}| \cdot |\mathbf{b}| \cdot \cos(\angle \mathbf{a}, \mathbf{b}) = |\mathbf{a}| \cdot |\mathbf{b}| \cdot \cos(\varphi)$
  In kartesischen Koordinaten gilt:
  $\mathbf{a} \cdot \mathbf{b} = a_1 \cdot b_1 + a_2 \cdot b_2 + a_3 \cdot b_3$
  $\mathbf{a} \cdot \mathbf{b} = a_x \cdot b_x + a_y \cdot b_y + a_z \cdot b_z$
- Weitere Schreibweisen für das Skalarprodukt (**v**, **w**: Vektoren):
  $\langle \mathbf{v}, \mathbf{w} \rangle$ bzw. $s(\mathbf{v}, \mathbf{w})$

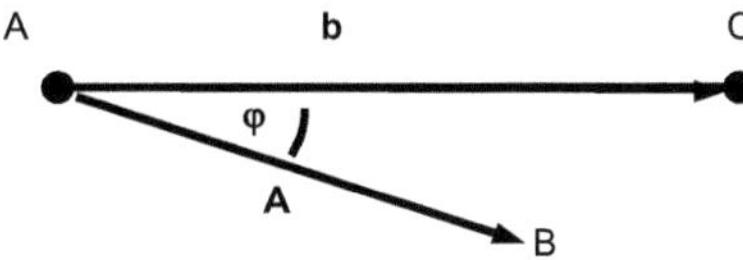

Damit folgt für den Winkel φ:

$$\cos(\varphi) = \frac{1}{|\mathbf{a}| \cdot |\mathbf{b}|} \cdot (\mathbf{a} \cdot \mathbf{b})$$

$$= \frac{1}{|\mathbf{a}| \cdot |\mathbf{b}|} \cdot (a_1 \cdot b_1 + a_2 \cdot b_2 + a_3 \cdot b_3)$$

Stehen zwei Vektoren senkrecht aufeinander, dann ist das
Skalarprodukt gleich Null.
Die Vektoren bilden ein orothogonales System.
(Die Eigenvektoren einer Matrix bilden eine Orthogonalbasis, wenn die Matrix symmetrisch ist.)

- Äußeres Produkt (Vektorprodukt; Kreuzprodukt)
  $|\mathbf{a} \times \mathbf{b}| = |\mathbf{a}| \cdot |\mathbf{b}| \cdot \sin(\angle(\mathbf{a}, \mathbf{b}))$

  $\mathbf{a} \times \mathbf{b} = \det \begin{bmatrix} e_1 & e_2 & e_3 \\ a_1 & a_2 & a_3 \\ b_1 & b_2 & b_3 \end{bmatrix}$

  $\mathbf{a} \times \mathbf{b} = -\mathbf{b} \times \mathbf{a}$
  $\mathbf{a} \times \mathbf{b}$ steht senkrecht sowohl auf a als auch b
  → $(\mathbf{a} \times \mathbf{b}) \perp \mathbf{a} \rightarrow (\mathbf{a} \times \mathbf{b}) \cdot \mathbf{a} = 0$
  → $(\mathbf{a} \times \mathbf{b}) \perp \mathbf{b} \rightarrow (\mathbf{a} \times \mathbf{b}) \cdot \mathbf{b} = 0$
  $\mathbf{a} \times \mathbf{b} = (a_2 b_3 - a_3 b_2) \cdot e_1 + (a_3 b_1 - a_1 b_3) \cdot e_2 + (a_1 b_2 - a_2 b_1) \cdot e_3$

  $\mathbf{c} = \mathbf{a} \times \mathbf{b}$

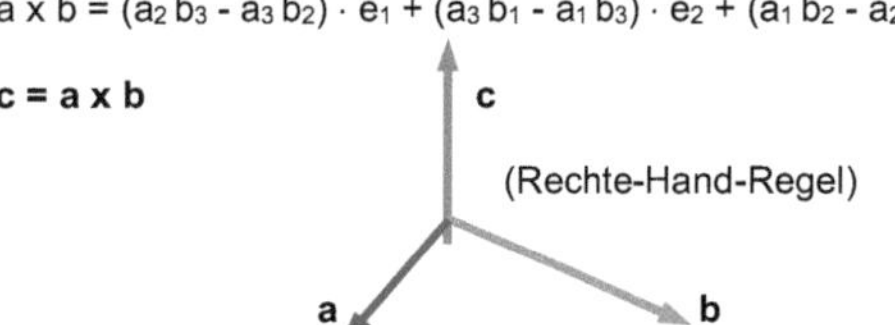

  (Rechte-Hand-Regel)

- Es gilt: $|\mathbf{a} \times \mathbf{b}| = F_p$: Fläche des Parallelogramms, das von a
  und b aufgespannt wird.

Vektorrechnung

Geradengleichung

- Zur Beschreibung einer Geraden benötigen wir die Daten von zwei Punkten, die auf der Geraden liegen.
- Eine Gerade kann mit einer linearen Funktion beschrieben werden: $f(x) = a \cdot x + b$.
  b: Achsenabschnitt auf der y-Achse für $x = 0$
  a: Steigung der Geraden
  $a = \tan \alpha = \Delta y/\Delta x = (y_2 - y_1)/(x_2 - x_1)$

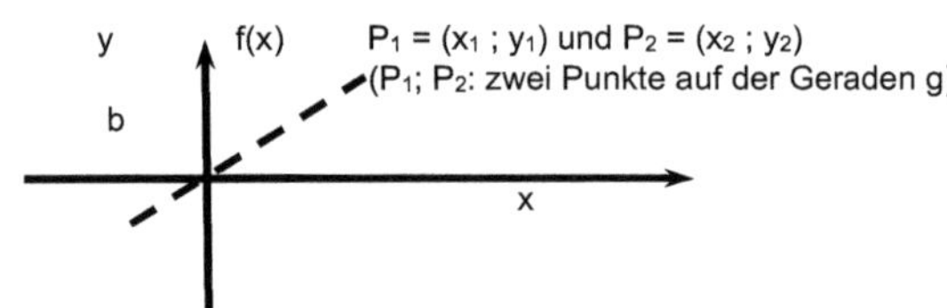

$P_1 = (x_1 ; y_1)$ und $P_2 = (x_2 ; y_2)$
(P_1; P_2: zwei Punkte auf der Geraden g)

- Länge der Strecke von P_1 zu P_2: $\overline{P_1 P_2}$: $|P_1 P_2|$
  $|P_1 P_2| = ((x_2 - x_1)^2 + (y_2 - y_1)^2)^{0,5}$

Vektorielle Geradengleichung

- **Punkt-Richtungs-Gleichung**
  g: $\mathbf{x} = \mathbf{a} + \lambda \cdot \mathbf{u}$, mit $\lambda \in \mathbb{R}$

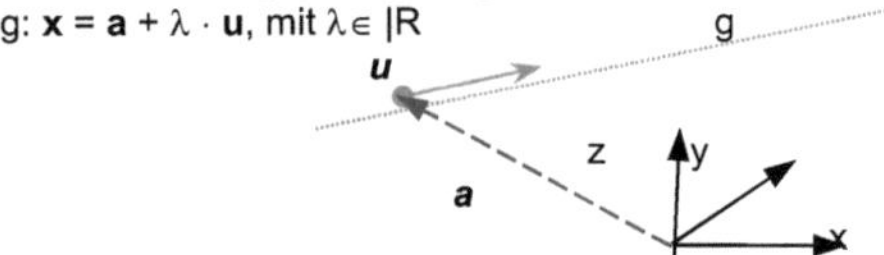

Der Richtungsvektor **u** ist vorgegeben.

- **Zwei-Punkte-Gleichung**
  g: $\mathbf{x} = \mathbf{a} + \lambda \cdot (\mathbf{b} - \mathbf{a})$, mit $\lambda \in \mathbb{R}$

Der Richtungsvektor **u** bestimmt sich über: $\mathbf{u} = \mathbf{b} - \mathbf{a}$

Vektorielle Ebenengleichung

- **Ebenenbestimmung über drei Punkte** (A; B; C)
  Die Punkte A, B und C sollen auf der Ebene E liegen.
  Aus den vektoriellen Differenzen A – B und A – C können zwei Ebenenvektoren bestimmt werden, die die Ebene E aufspannen. Mit dem Vektor (**a**) zum Punkt A kann die Ebene vollständig beschrieben werden: $E : \mathbf{a} + \mu \cdot (\mathbf{b} - \mathbf{a}) + \mu \cdot (\mathbf{c} - \mathbf{a})$

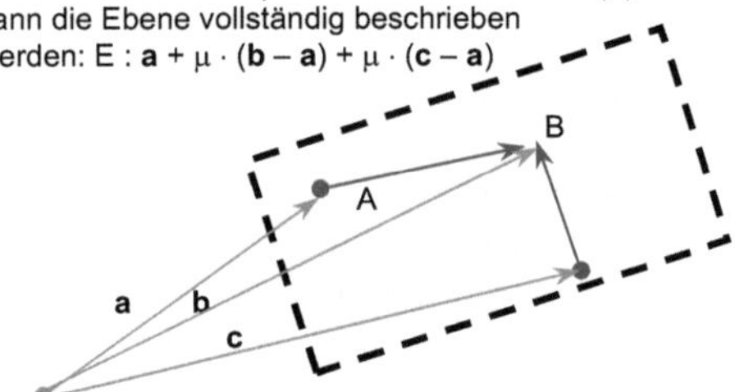

- **Ebenenbestimmung über drei Punkte** (A; B; C)
  Sind ein Punkt (A) auf der Ebene und zwei unabhängige Richtungsvektoren (**a**; **b**), die die Ebene aufspannen, dann gilt:
  $E : \mathbf{a} + \mu \cdot (\mathbf{b} - \mathbf{a}) + \mu \cdot (\mathbf{c} - \mathbf{a})$

Dreiecksfläche, Spatprodukt

- **Dreiecksfläche**: Fläche eines Dreiecks (Δ), das von zwei Vektoren **a** und **b** aufgespannt wird: $A_\Delta = \frac{1}{2} \cdot |\mathbf{a} \times \mathbf{b}|$

- **Spatprodukt** (Volumen (Grundfläche mal Höhe))

$$V = |(\mathbf{a} \times \mathbf{b}) \circ \mathbf{c}|; \quad V = \begin{vmatrix} a_1 & b_1 & c_1 \\ a_2 & b_2 & c_2 \\ a_3 & b_3 & c_3 \end{vmatrix}$$

Schnittpunkte

Schnittpunkt (S) von zwei **Geraden**
g_1: $\mathbf{x} = \mathbf{a} + \lambda \cdot \mathbf{u}$ und g_2: $\mathbf{x} = \mathbf{b} + \mu \cdot \mathbf{v}$
S: $g_1 = g_2 \rightarrow \mathbf{a} + \lambda \cdot \mathbf{u} = \mathbf{b} + \mu \cdot \mathbf{v}$; Bestimmung von λ_S; μ_S

Schnittpunkt von **Gerade** mit einer **Ebene**
g: $\mathbf{x} = \mathbf{a} + \lambda \cdot \mathbf{u}$ mit E: $\mathbf{x} = \mathbf{a} + \lambda \cdot \mathbf{u} + \mu \cdot \mathbf{v}$: Gleichsetzung v. g mit E; etc.

Vektorielle Geradengleichung

- **Punkt-Richtungs-Gleichung**
  g: $\mathbf{x} = \mathbf{a} + \lambda \cdot \mathbf{u}$, mit $\lambda \in \mathbb{R}$

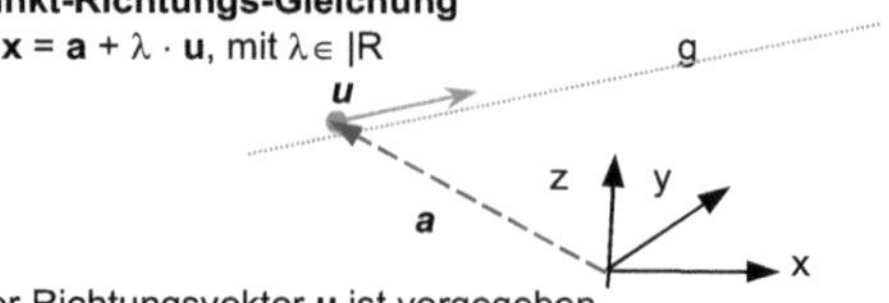

Der Richtungsvektor **u** ist vorgegeben.

- **Zwei-Punkte-Gleichung**
  g: $\mathbf{x} = \mathbf{a} + \lambda \cdot (\mathbf{b} - \mathbf{a})$, mit $\lambda \in \mathbb{R}$

Der Richtungsvektor **u** bestimmt sich über: $\mathbf{u} = \mathbf{b} - \mathbf{a}$

Normalenformen

- Normalenvektor $\equiv$ Lotvektor (**n**)
- Der Normalenvektor **n** steht senkrecht auf einer Geraden (g) bzw. Ebene (E)
- Ist ein Punkt (A) auf einer Geraden (g) (Ebene (E)) bekannt, dann gilt: g bzw. E: $\mathbf{n} \cdot \mathbf{x} = \mathbf{n} \cdot \mathbf{a}$
  Annahme: Der Punkt A auf der Geraden g (bzw. Ebenen E) wird durch den Vektor **a** beschrieben.
  x ist ein Vektor, der einen beliebigen Punkt auf der Geraden g (bzw. der Ebene E) beschreibt.
- Umwandlung einer vektoriellen Ebenengleichung in eine Normalenform:
  1. Gegeben sei: E: $\mathbf{x} = \mathbf{a} + \lambda \cdot \mathbf{u} + \mu \cdot \mathbf{v}$; $\lambda, \mu \in \mathbb{R}$
  2. E: det $|\mathbf{x} - \mathbf{a}, \mathbf{u}, \mathbf{v}| = 0$

$$\rightarrow E: \begin{vmatrix} x_1 - a_1 & v_1 & u_1 \\ x_2 - a_2 & v_2 & u_2 \\ x_3 - a_3 & v_3 & u_3 \end{vmatrix} = 0$$

  3. Auflösung in Form von E: $r \cdot x_1 + s \cdot x_2 + t \cdot x_3 + w = 0$;
     mit $r, s, t, w \in \mathbb{R}$

Hessesche Normalenformen

- In diesem Fall erfolgt eine Normierung der Geraden bzw. Ebenengleichung mit $\mathbf{n} \rightarrow \mathbf{n}_0$

- $\mathbf{n}_0$: Normierter Vektor **n**; d. h.: $\mathbf{n}_0 = (1/|\mathbf{n}|) \cdot \mathbf{n}$

- $\mathbf{n} \cdot \mathbf{x} = \mathbf{n} \cdot \mathbf{a} \rightarrow$ (Normierung:) $\mathbf{n}_0 \cdot \mathbf{x} = \mathbf{n}_0 \cdot \mathbf{a}$

- Eine Hessesche Normalenform liegt vor, wenn $\mathbf{n}_0 \cdot \mathbf{a} > 0$ erfüllt ist.

- E: $\mathbf{x} = \mathbf{a} + \lambda \cdot \mathbf{u} + \mu \cdot \mathbf{v}$; $\lambda, \mu \in \mathbb{R}$
  $\rightarrow E_H = (1/|\mathbf{n}|) (r \cdot x_1 + s \cdot x_2 + t \cdot x_3 + w)$ mit: $|\mathbf{n}| \cdot w > 0$

- Bezogen auf die Hessesche Form gilt bzgl. des Punktes P:
  $d = \mathbf{n}_0 \cdot \mathbf{x} - \mathbf{n}_0 \cdot \mathbf{a}$ (mit $\mathbf{n}_0 \cdot \mathbf{a} > 0$)
  $d > 0$: P und der Koordinatenursprung liegen auf verschiedenen Ebenenseiten; $d = 0$: P liegt auf der Ebene.

Figuren und Körper

Vektorielle Kreisgleichungen (Mittelpunktsform der Kreisgleichung ($\mathbb{R}^2$))
Vektorielle Kugelgleichungen (Mittelpunktsform d. Kugelgleichung ($\mathbb{R}^3$))
$\mathbf{x}^2 = r^2$; $|\mathbf{x}| = r \rightarrow$ Kreisradius (Entfernung vom Mittelpunkt $\mathbf{m} = (0|0)$
r: Kreisvektor / Kugelvektor
Verschiebungsform der Kreis-/Kugel-Gleichung: $(\mathbf{x} - \mathbf{m})^2 = r^2$
Scheitelform der Kreis- bzw. Kugelgleichung: $\mathbf{x}^2 - 2r\mathbf{m} = 0$
Gleichung eine **Doppelkegels**: $(\mathbf{r} \cdot \mathbf{e} - \mathbf{s} \cdot \mathbf{e})^2 = c^2 \, (\mathbf{r} - \mathbf{s})^2$
(S: Kegelspitze (bestimmt über $\mathbf{s}$); $\mathbf{r} - \mathbf{s}$: Vektor der Mantellinie
$(\mathbf{r} - \mathbf{s}) \cdot \mathbf{e} = |\mathbf{r} - \mathbf{s}| \cdot \mathbf{e}$ (Kegelgleichung) [**e**: Einheitsvektor; **r**: Ortsvektor]
$\rightarrow \angle \, (\mathbf{r} - \mathbf{s}; \mathbf{e}) = \omega$; $\cos(\omega) = c$
(ω: Winkel vom Mantel zur Mittelpunktsachse)
Allg. Form der Doppelkegelgleichung: $(\mathbf{r} \cdot \mathbf{e} - \mathbf{s} \cdot \mathbf{e})^2 = c^2 \cdot (\mathbf{r} - \mathbf{s})^2$

Schnittgerade von zwei Ebenen

E_1: $\mathbf{x} = \mathbf{a} + \lambda_1 \cdot \mathbf{u}_1 + \mu_1 \cdot \mathbf{v}_1$ und E_2: $\mathbf{x} = \mathbf{b} + \lambda_2 \cdot \mathbf{u}_2 + \mu_2 \cdot \mathbf{v}_2$
Gleichsetzung von E_1 und E_2
Entsprechend wird die Berechung bei anderen Darstellungsformen (Parameter- und Normalenform bzw. zwei Normalenformen) vorgenommen.

Vektorrechnung

Koordinaten

Polarkoordinaten in der Ebene

$r = \binom{r}{\varphi}$; $x(r, \varphi) = \binom{r \cdot \cos(\varphi)}{r \cdot \sin(\varphi)}$; $x_r(r, \varphi) = \begin{pmatrix} \cos(\varphi) & -r \cdot \sin(\varphi) \\ \sin(\varphi) & r \cdot \cos(\varphi) \end{pmatrix}$; $J(r, \varphi) = r$

Zylinderkoordinaten im Raum

$r = \begin{pmatrix} r \\ \varphi \\ z \end{pmatrix}$; $x(r,\varphi,\theta) = \begin{pmatrix} r \cdot \cos(\varphi) \\ r \cdot \sin(\varphi) \\ z \end{pmatrix}$; $x^{-1}(x) = \begin{pmatrix} \sqrt{x^2 + y^2} \\ \operatorname{Arc}\tan\left(\frac{y}{x}\right)\;(\pm\pi \text{ für } x<0) \\ z \end{pmatrix}$;

$J(x) = r$

Kugelkoordinaten im Raum

$r = \begin{pmatrix} r \\ \varphi \\ \theta \end{pmatrix}$; $x(r, \varphi, \theta) = \begin{pmatrix} r \cdot \cos(\theta) \cdot \cos(\varphi) \\ r \cdot \cos(\theta) \cdot \sin(\varphi) \\ r \cdot \sin(\theta) \end{pmatrix}$

$x^{-1}(x) = \begin{pmatrix} \sqrt{x^2 + y^2 + z^2} \\ \operatorname{Arc}\tan\left(\frac{y}{x}\right)\;(\pm\pi \text{ für } x<0) \\ \operatorname{Arc}\tan\frac{z}{\sqrt{x^2+y^2}} \end{pmatrix}$; $J(x) = r^2 \cdot \cos(\theta)$

Abbildungen

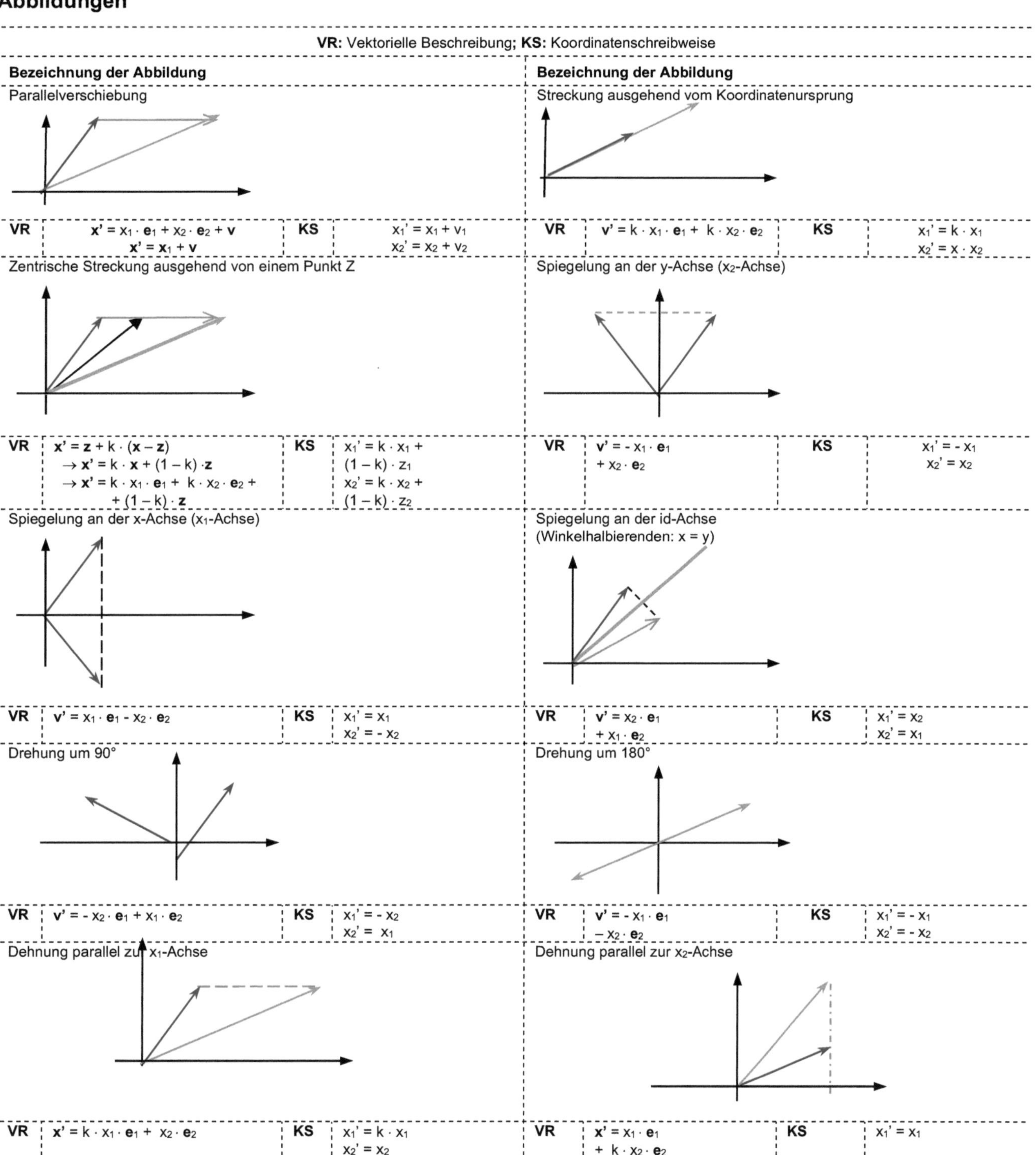

Koordinatensysteme und Drehungen

Kartesisches System (x; y; z)

Die Koordinatenachsen (x; y; z) bzw. $(x_1; x_2; x_3)$ stehen senkrecht aufeinander.

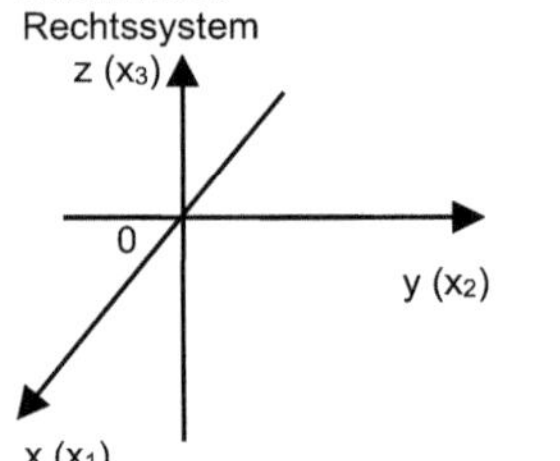

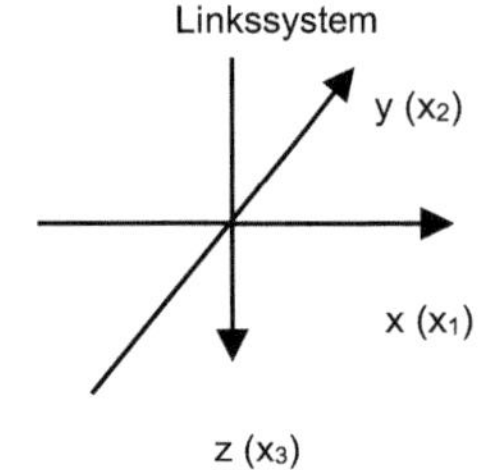

Umrechnungen

- Zylinderkoordinaten $(\rho; \varphi; z) \to$ Kartesisches System (x; y; z)
  $x = \rho \cdot \cos(\varphi)$; $y = \rho \cdot \sin(\varphi)$; $z = z$

- Kartesisches System (x; y; z) $\to$ Zylinderkoordinaten $(\rho; \varphi; z)$
  $\rho = (x^2 + y^2)^{0,5}$; $\tan(\varphi) = y/x$; $z = z$

- Kugelkoordinaten $(r; \vartheta; \varphi) \to$ Kartesisches System (x; y; z)
  $x = r \cdot \sin(\vartheta) \cdot \cos(\varphi)$; $y = r \cdot \sin(\vartheta) \cdot \sin(\varphi)$; $z = r \cdot \cos(\vartheta)$

- Kartesisches System (x; y; z) $\to$ Kugelkoordinaten $(r; \vartheta; \varphi)$
  $r = (x^2 + y^2 + z^2)^{0,5}$; $\varphi = \arctan(y/x)$
  $\vartheta = \arccos(z/(x^2 + y^2 + z^2)^{0,5}) = \arccos(z/|r|)$

Zylinderkoordinaten (ρ; φ; z)

- Die Positionsbestimmung erfolgt mit zwei Abstandangaben (**ρ, z**) und einer Winkelangabe (**φ**)

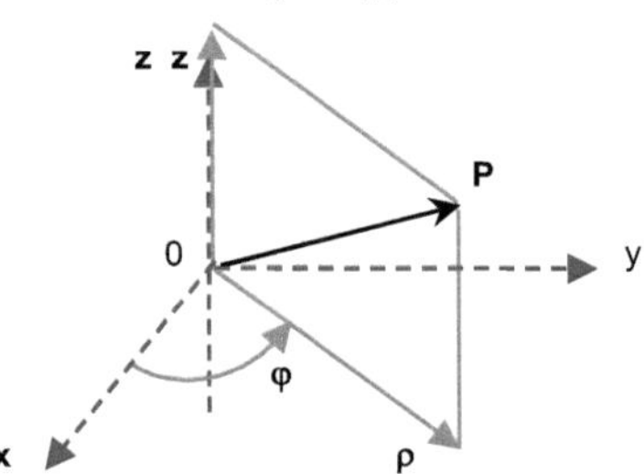

Kugelkoordinaten (r; ϑ; φ)

- Die Positionsbestimmung erfolgt mit einer Abstandangaben (**r**) und zwei Winkelangaben (**φ, ϑ**).

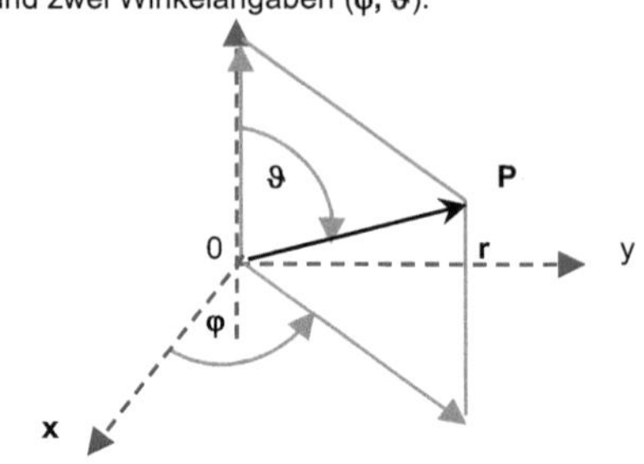

Drehungen

Drehung eines Vektors

- Es gilt:
  $v_x = v \cdot \cos \phi$; $v_y = v \cdot \sin \phi$
  $v_x' = v \cdot \cos(\phi + \varphi)$; $v_y' = v \cdot \sin(\phi + \varphi)$
- Unter Nutzung der Additionstheoreme ergibt sich:
  $v_x' = v \cdot \cos(\phi + \varphi) = v \cdot (\cos \phi \cdot \cos \varphi - \sin \phi \cdot \sin \varphi)$
  $v_y' = v \cdot \sin(\phi + \varphi) = v \cdot (\sin \phi \cdot \sin \varphi + \cos \phi \cdot \sin \varphi)$
- Es folgt:
  $v_x' = v_x \cdot \cos \varphi - v_y \cdot \sin \varphi$
  $v_y' = v_y \cdot \sin \varphi + v_x \cdot \sin \varphi = v_x \cdot \sin \varphi + v_y \cdot \sin \varphi$
- In Vektor-Matrix-Schreibweise erhalten wir:

$$\begin{pmatrix} v_x' \\ v_y' \end{pmatrix} = \begin{pmatrix} \cos \phi & -\sin \phi \\ \sin \phi & \cos \phi \end{pmatrix} \cdot \begin{pmatrix} v_x \\ v_y \end{pmatrix}$$

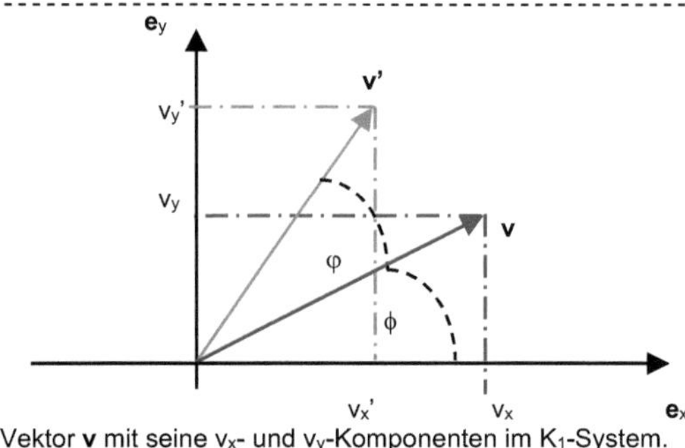

Vektor **v** mit seine v_x- und v_y-Komponenten im K_1-System.
Vektor **v'** mit seine v_x'- und v_y'-Komponenten im K_1-System.
Die Länge von **v** und **v'** beträgt jeweils v.
v' ist gegenüber **v** um den Winkel φ gedreht.

Drehmatrizen für Drehungen um eine Achse im $\mathbb{R}^3$

- Es erfolgt jeweils eine Drehung mit dem Winkel φ um eine Bezugsachse i
- zugehörige Drehmatrix $D_{i, \varphi}$
- e_2; e_3: Achsen im ursprünglichen System
- f_2, f_3: Achsen des neuen Systems
- c steht für cos(φ); s steht für sin(φ)

Drehung (φ) um die x-Achse:

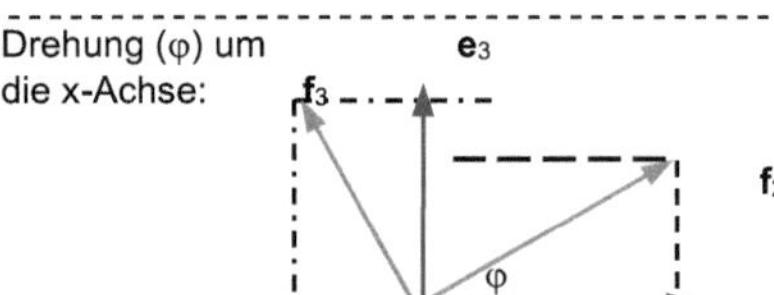

Drehung um die x-Achse	Drehung um die y-Achse	Drehung um die z-Achse
$D_{x, \varphi} = \begin{pmatrix} 1 & 0 & 0 \\ 0 & c & s \\ 0 & -s & c \end{pmatrix}$	$D_{y, \varphi} = \begin{pmatrix} c & 0 & -s \\ 0 & 1 & 0 \\ s & 0 & c \end{pmatrix}$	$D_{z, \varphi} = \begin{pmatrix} c & s & 0 \\ -s & c & 0 \\ 0 & 0 & 1 \end{pmatrix}$

Figuren / Geraden …

$\dfrac{x^2}{a^2} + \dfrac{y^2}{b^2} + 1 = 0$ (leere Menge)

$\dfrac{x^2}{a^2} + \dfrac{y^2}{b^2} = 0$ (reeller Punkt)

$\dfrac{x^2}{a^2} - \dfrac{y^2}{b^2} = 0$ (zwei sich schneidende Geraden)

$\dfrac{x^2}{a^2} + \dfrac{x^2}{a^2} + 1 = 0$ (leere Menge)

$\dfrac{y^2}{b^2} = 0$ (reeller Punkt)

$x^2 = 0$ (Doppelgerade)

$\dfrac{x^2}{a^2} - 1 = 0$ (parallel liegen Geraden)

$\dfrac{x^2}{a^2} + \dfrac{y^2}{b^2} - 1 = 0$ (Ellipse)

$x^2 \pm 2a^2 y = 0$ (Parabel)

$\dfrac{x^2}{a^2} - \dfrac{y^2}{b^2} - 1 = 0$ (zur y-Achse offene Hyperbel)

$\dfrac{x^2}{a^2} - \dfrac{y^2}{b^2} + 1 = 0$ (zur x-Achse offene Hyperbel)

$\dfrac{x^2}{a^2} + \dfrac{y^2}{b^2} + \dfrac{z^2}{c} + 1 = 0$ (leere Menge)

$\dfrac{x^2}{a^2} + \dfrac{y^2}{b^2} + \dfrac{z^2}{c} - 1 = 0$ (Ellipsoid)

$\dfrac{x^2}{a^2} + \dfrac{y^2}{b^2} - \dfrac{z^2}{c} - 1 = 0$ (einschaliges Hyperboloid)

$\dfrac{x^2}{a^2} + \dfrac{y^2}{b^2} - \dfrac{z^2}{c} + 1 = 0$ (zweischaliges Hyperboloid)

$\dfrac{x^2}{a^2} + \dfrac{y^2}{b^2} \pm 2z = 0$ (elliptisches Paraboloid)

$\dfrac{x^2}{a^2} - \dfrac{y^2}{b^2} \pm 2z = 0$ (hyperbolisches Paraboloid)

Drehungen

Drehung des Koordinatensystems

- Ursprüngliches Koordinatensystem K_1: $\mathbf{e}_x$ - $\mathbf{e}_y$
- Neues Koordinatensystem (nach Drehung gegenüber K_1) K_2: $\mathbf{e}_x$' - $\mathbf{e}_y$'
- Das System K_1 wird durch eine Drehung mit dem Winkel φ in das System K_2 überführt.
- Im System K_1 befindet sich ein Vektor $\mathbf{v}$ mit den Koordinaten $\mathbf{v} = (v_x; v_y)$.
- Der Vektor $\mathbf{v}$ hat die Länge v; $|\mathbf{v}| = v$
- Es gilt für die einzelnen Komponenten (im System K_1):
  $v_x = v \cdot \cos\phi$; $v_y = v \cdot \sin\phi$
  Es folgt: $\mathbf{v} = (v_x; v_y) = v_x \cdot \mathbf{e}_x + v_y \cdot \mathbf{e}_y = v \cdot (\cos\phi; \sin\phi)$
- Im System K_2 gilt: $v_x' = v \cdot \cos(\phi - \varphi)$ und $v_y' = v \cdot \sin(\phi - \varphi)$

Matrix-Drehbeschreibung

- Allgemein gilt (Additionstheoreme):
  (1) $\cos(\phi - \varphi) = \cos(\phi) \cdot \cos(\varphi) + \sin(\phi) \cdot \sin(\varphi)$
  (2) $\cos(\phi + \varphi) = \cos(\phi) \cdot \cos(\varphi) - \sin(\phi) \cdot \sin(\varphi)$
  (3) $\sin(\phi - \varphi) = \sin(\phi) \cdot \cos(\varphi) - \cos(\phi) \cdot \sin(\varphi)$
  (4) $\sin(\phi + \varphi) = \sin(\phi) \cdot \cos(\varphi) + \cos(\phi) \cdot \sin(\varphi)$
- Somit ergibt sich unter anderem mit $v_x = v \cdot \cos\phi$; $v_y = v \cdot \sin\phi$
- $v_x' = v \cdot \cos(\phi - \varphi) =$
  $= v \cdot (\cos(\phi) \cdot \cos(\varphi) + \sin(\phi) \cdot \sin(\varphi)) =$
  $= v_x \cdot \cos(\varphi) + v_y \cdot \sin(\varphi)$
  $v_y' = v \cdot \sin(\phi - \varphi) =$
  $= v \cdot (\sin(\phi) \cdot \cos(\varphi) - \cos(\phi) \cdot \sin(\varphi)) =$
  $= v_y \cdot \cos(\varphi) - v_x \cdot \sin(\varphi)$
- Bzw. umgeschrieben:
  $v_x' = v_x \cdot \cos(\varphi) + v_y \cdot \sin(\varphi)$
  $v_y' = v_x \cdot \sin(-\varphi) + v_y \cdot \cos(\varphi) = -v_x \cdot \sin(\varphi) + v_y \cdot \cos(\varphi)$
- Unter Verwendung von Vektoren und Matrizen ergibt sich die folgende Darstellung:
$$\begin{pmatrix} v_x' \\ v_y' \end{pmatrix} = \begin{pmatrix} \cos\phi & \sin\phi \\ -\sin\phi & \cos\phi \end{pmatrix} \cdot \begin{pmatrix} v_x \\ v_y \end{pmatrix}$$
In diesem Fall wurde das Koordinatensystem gedreht.

Koordinatendrehung und Matrix

- Matrix M ist aufgebaut aus den Elementen a_{ij} mit: $a_{ij} = \mathbf{e}_i' \cdot \mathbf{e}_j$
  $\mathbf{e}_i'$: Einheitsvektor der Richtung i im neuen System
  $\mathbf{e}_j$: Einheitsvektor der Richtung j im ursprünglichen System
- $a_{ij} = \cos(\varphi_{ij})$; $\mathbf{e}_i' = a_{ij} \cdot \mathbf{e}_j$
- Orthonormalität der Zeilen: $a_{ik} \cdot a_{jk} = \delta_{ij}$
- **Orthogonale Matrizen:** $D^{-1} = D$'
  (Inverse Matrix von D (D^{-1}) = transponierte Matrix von D (D'))
  $\text{Det}(D) = |D| = 1$

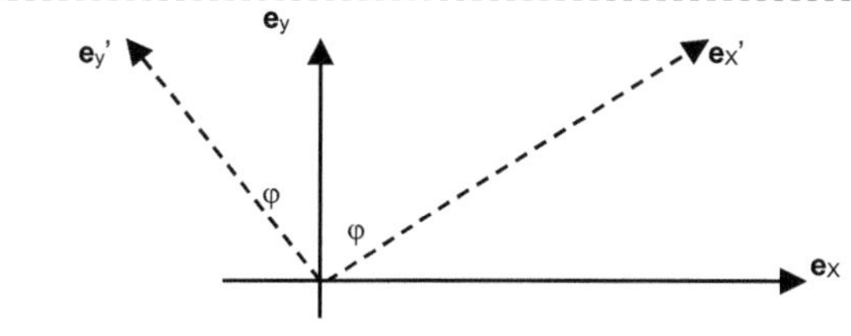

- Vektor $\mathbf{v}$ mit seine v_x- und v_y-Komponenten im K_1-System.

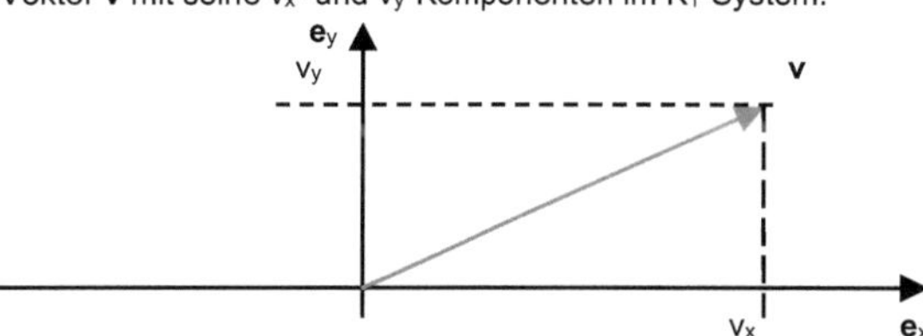

- Vektor $\mathbf{v}$ mit seine v_x- und v_y-Komponenten im K_1-System.
- Vektor $\mathbf{v}$ mit seine v_x'- und v_y'-Komponenten im K_2-System.

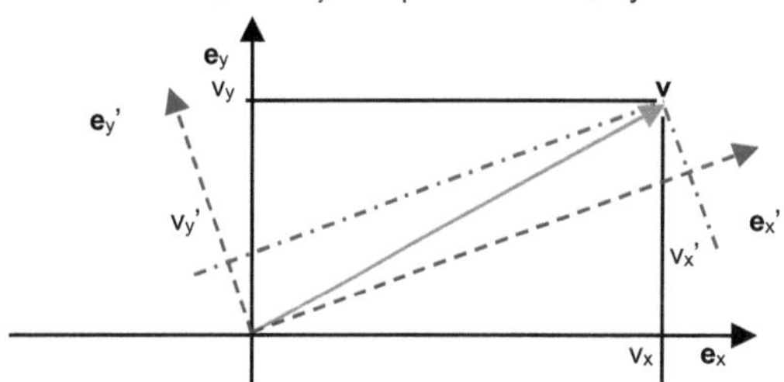

Abbildungsregeln für Drehmatrizen

- $DD^T = 1$ (Orthonomierung)
- $\det(D) = 1$ (Rechts-System-Erhaltung)
- $D(\mathbf{a} \times \mathbf{b}) = D\,\mathbf{a} \times D\,\mathbf{b}$ (Winkeltreue)
- $D\,\mathbf{a} = \mathbf{a}$ ($D \to$ Achse)
- $\text{Sp}(D) = 1 + 2 \cdot \cos(\varphi)$ $\mathbf{a} = \mathbf{a}$ ($D \to$ Achse)
- $\mathbf{e} \cdot (D\,\mathbf{f} \times \mathbf{f}) = \sin(\varphi)$
  Mit $\mathbf{e} := (1/b)\,\mathbf{b}$ und dem Einheitsvektoren $\mathbf{f} \perp \mathbf{e}$
- $D = \cos(\varphi) + (1 - \cos(\varphi))\,\mathbf{e} \circ \mathbf{e} - \sin(\varphi)\,\mathbf{e} \times \mathbf{e}$
  (Achse ($\mathbf{e}$) und Winkel (φ) $\to$ D)

Koordinatensystemdrehung

- Darstellung im alten Koordinatensystem:

$$\mathbf{a} = \begin{pmatrix} a_1 \\ a_2 \\ a_3 \end{pmatrix}$$

- Darstellung für den Vektor $\mathbf{a}$ im neuen System:

$$\mathbf{a} = \begin{pmatrix} a_1' \\ a_2' \\ a_3' \end{pmatrix}$$

- $\mathbf{a}' = D \cdot \mathbf{a}$
- Im Sinne der hier gewählten Zuordnung gilt:
  - Zeilen in D: neue Basisvektoren aus der Sicht des alten Systems
  - Spalten in D: alte Basisvektoren aus der Sicht des neuen Systems

- Drehmatrix $D = \begin{pmatrix} \vec{f_1} \cdot \vec{e_1} & \vec{f_1} \cdot \vec{e_2} & \vec{f_1} \cdot \vec{e_3} \\ \vec{f_2} \cdot \vec{e_1} & \vec{f_2} \cdot \vec{e_2} & \vec{f_2} \cdot \vec{e_3} \\ \vec{f_3} \cdot \vec{e_1} & \vec{f_3} \cdot \vec{e_3} & \vec{f_3} \cdot \vec{e_3} \end{pmatrix}$

- Drehbeziehung

$$\mathbf{a}' = \begin{pmatrix} \vec{f_1} \cdot \vec{a} \\ \vec{f_2} \cdot \vec{a} \\ \vec{f_3} \cdot \vec{a} \end{pmatrix} = \begin{pmatrix} \vec{f_1} \cdot \vec{e_1} & \vec{f_1} \cdot \vec{e_2} & \vec{f_1} \cdot \vec{e_3} \\ \vec{f_2} \cdot \vec{e_1} & \vec{f_2} \cdot \vec{e_2} & \vec{f_2} \cdot \vec{e_3} \\ \vec{f_3} \cdot \vec{e_1} & \vec{f_3} \cdot \vec{e_3} & \vec{f_3} \cdot \vec{e_3} \end{pmatrix} \cdot \begin{pmatrix} a_1 \\ a_2 \\ a_3 \end{pmatrix}$$

Kurven (vektorielle Beschreibung)

Kreis: $\mathbf{x}(t) = r(\cos(t); \sin(t))$; $0 \le t \le 2\pi$

Ellipse: $\mathbf{x}(t) = (a\cos(t); b\sin(t))$; $0 \le t \le 2\pi$

Astroide: $\mathbf{x}(t) = (a\cos^3(t); b\sin^3(t))$; $0 \le t \le 2\pi$

Lemniskate: $\mathbf{x}(t) = 2a^2 \cos(2t) (\cos(t); \sin(t))$; $0 \le t \le 2\pi$

Zykloide (gemeine): $\mathbf{x}(t) = r(t - \sin(t); 1 - \cos(t))$; $t \in \mathbb{R}$

Kettenlinie: $\mathbf{x}(t) = (t; \cosh(t))$; $t \in \mathbb{R}$

Schraubenlinie (gemeine): $\mathbf{x}(t) = (R\cos(t); R\sin(t); ht))$; $t, h \in \mathbb{R}$

Schraubenlinie (konische): $\mathbf{x}(t) = (R\cos(t); t\,R\sin(t); ht))$; $t, h \in \mathbb{R}$

Spirale (Archimedische): $\mathbf{x}(\varphi) = a(\varphi\cos(\varphi); \varphi\sin(\varphi))$; $\varphi \in \mathbb{R}$

Spirale (Logarithmische): $\mathbf{x}(\varphi) = a\exp(b\varphi)(\cos(\varphi); \sin(\varphi))$; $\varphi \in \mathbb{R}$

Gruppen und Drehungen

Gruppen

- Definition einer Gruppe $(G, \circ)$

  Abgeschlossenheit: $\forall\, g_1, g_2 \in G$ gilt: $g_1 \circ g_2 \in G$

  Neutrales Element (e): $e \in G$, $g \circ e = e \circ g = g$

  Inverse Elemente (g^{-1}): g, $g^{-1} \in G$, $g \circ g^{-1} =: g^{-1} \circ g = e$

  Assoziativität: $g_1, g_2, g_3 \in G$, $g_1 \circ (g_2 \circ g_3) = (g_1 \circ g_2) \circ g_3$

Topologischen Gruppe

- Definition einer topologischen Gruppe

  (G, o) sei eine Gruppe mit G als Menge.

- Gilt $G \times G \to G$ und sei $(x, y) \to x \circ y$ stetig, wobei $x \to x^{-1}$ ist, dann liegt eine topologische Gruppe vor.

- $(\mathbf{R}_n, +)$ ist eine topologische Gruppe.

- Gruppen mit einer diskreten Topologie sind topologische Gruppen. So besitzt $(Z_n, +)$ eine diskrete Topologie.

Lie-Gruppen

- Sophus Lie (1843-1899 [Norwegen])

- Noether, Emmy erkannte einen zwingenden Zusammenhang zwischen kontinuierlichen Lie-Gruppen und Erhaltungsgrößen in Naturgesetzen (der Physik)

- Lie-Gruppen: Poincaré-Gruppe

- Theoretische Physik (Symmetrien, Spin-Werte)

Symbolik

- Übliche (gebräuchliche) Abkürzungen (Symbole)

- S: speziell; O: orthogonal

- U: unitär (unitäre Matrix (M): $\det(M) = 1$

- Bedeutsame Gruppen innerhalb der Physik:

  O(2), U(2), SU(2), SU(3), SO(2), SO(3), …

- Bedingungen für die SO(n) Gruppen

  $O^T O = I$; $\det(O) = 1$

Spiegelungen, Drehungen

- Bedeutsam sind Drehungen und Spiegelungen im Raum.

- Diese Gegebenheiten können mit Matrizen und über Gruppen beschrieben werden.

- Achsen-Spiegelungen im $\mathbf{R}^2$: $P_X = \begin{pmatrix} -1 & 0 \\ 0 & 1 \end{pmatrix}$; $P_Y = \begin{pmatrix} 1 & 0 \\ 0 & -1 \end{pmatrix}$

- Drehung um den Ursprung (Winkel φ) in zwei Dimensionen:

  Basis für SO(2) – Gruppe: $R_\varphi = \begin{pmatrix} \cos(\varphi) & -\sin(\varphi) \\ \sin(\varphi) & \cos(\varphi) \end{pmatrix}$

- Drehung um den Ursprung (Winkel φ) in drei Dimensionen:

  (Basis für SO(3) – Gruppe)

  $$R_X = \begin{pmatrix} 1 & 0 & 0 \\ 0 & \cos(\varphi) & -\sin(\varphi) \\ 0 & \sin(\varphi) & \cos(\varphi) \end{pmatrix}$$

  $$R_Y = \begin{pmatrix} \cos(\varphi) & 0 & \sin(\varphi) \\ 0 & \cos(\varphi) & 0 \\ -\sin(\varphi) & 0 & \cos(\varphi) \end{pmatrix}$$

  $$R_Z = \begin{pmatrix} \cos(\varphi) & -\sin(\varphi) & 0 \\ \sin(\varphi) & \cos(\varphi) & 0 \\ 0 & 0 & 1 \end{pmatrix}$$

Lie-Algebra

- Lie-Klammer (Lie-Produkt): $[x, x] = 0 \; \forall\, x \in V$

- Jakobi-Identität: $[x, [y, z]] + [y, [z, x]] + [z, [x, y]] = 0 \; \forall\, x, y, z \in V$

- $g = (V, [\, , \,])$: Lie-Algebra

Drehungen

- Drehungen um die einzelnen Achsen im $\mathbf{R}^3$

  $$E_1 = \begin{pmatrix} 0 & 0 & 0 \\ 0 & 0 & -1 \\ 0 & 1 & 0 \end{pmatrix};\; E_2 = \begin{pmatrix} 0 & 0 & 1 \\ 0 & 0 & 0 \\ -1 & 0 & 0 \end{pmatrix};\; E_3 = \begin{pmatrix} 0 & 1 & 0 \\ 1 & 0 & 0 \\ 0 & 0 & 0 \end{pmatrix}$$

- Einheitsmatrix im $\mathbf{R}^3$

- $E = \begin{pmatrix} 1 & 0 & 0 \\ 0 & 1 & 0 \\ 0 & 0 & 1 \end{pmatrix}$; es gilt: $A \cdot A^{-1} = E = A^{-1} \cdot A$

- A^{-1} invertierbare Matrix von A

- $(A \cdot B)^{-1} = B^{-1} \cdot A^{-1}$

- Allgemeine reelle lineare Gruppe GL(n, $\mathbf{R}$)):

  Menge der reellen (n, n) – Matrizen, die invertierbar sind

- Allgemeine komplexe lineare Gruppe GL(n, $\mathbf{C}$)):

  Menge der komplexen (n, n) – Matrizen, die invertierbar sind

- Besondere Untergruppen von GL(n, $\mathbf{R}$):

  $GL^+(n, \mathbf{R})$: $A \in GL(n, \mathbf{R})$ und det A > 0

  Spezielle lineare Gruppe:

  $SL^+(n, \mathbf{R})$: $A \in GL(n, \mathbf{R})$ und det A = 1

  Orthogonale Gruppe

  O(n): $A \in GL(n, \mathbf{R})$ und $AA^T = E$

  Spezielle Orthogonale Drehgruppe

  SO(n): $A \in GL(n, \mathbf{R})$ und det A = 1 mit $O(n) \cap SL(n)$

  Spezielle komplexe lineare Gruppe:

  $SL^+(n, \mathbf{C})$: $A \in GL(n, \mathbf{C})$ und det A = 1

  Unitäre Gruppe

  U(n): $A \in GL(n, \mathbf{C})$ und $A\,\overline{A}^T = E$

  Spezielle unitäre Drehgruppe

  SU(n): $A \in U(n)$ und det A = 1 mit $O(n) \cap SL(n)$

Orthogonale Gruppe

- $O_n(\mathbf{R}) = \{A \in GL_n(\mathbf{R}) \mid AA^T = I\}$ ist eine orthogonale Gruppe

- $SO_n(\mathbf{R}) = \{A \in O_n(\mathbf{R}) \mid \det(A) = 1\}$:

  Spezielle orthogonale Gruppe über $\mathbf{R}$

Heisenberg-Gruppe

- 3-dimensionale Heisenberg-Gruppe

  $H(3, \mathbf{R}) = \begin{pmatrix} 1 & a & b \\ 0 & 1 & c \\ 0 & 0 & 1 \end{pmatrix}$ bzw. $H_3 = \left\{ \begin{pmatrix} 1 & \alpha & \beta \\ 0 & 1 & \chi \\ 0 & 0 & 1 \end{pmatrix} \right\}$

- Lie – Algebra zugehörig zu H_3: $h = \left\{ \begin{pmatrix} 0 & a & b \\ 0 & 0 & c \\ 0 & 0 & 0 \end{pmatrix} \right\}$

Ring

- Ring: organisierte Einheit von Elementen - die mathematische Definition ist nicht einheitlich.

- Ring (R, + *): Menge R mit zwei zweistelligen Operationen

  (R, +): abelsche Gruppe unter der Addition

  (neutrales Element ist die 0)

  (R, *): Halbgruppe unter der Multiplikation (*)

  Es gelten ferner die Distributivgesetze

  (i) (linke Distributivität): a * (b + c) = ab + ac

  (ii) (rechte Distributivität): (a + b) * c = ac + bc

- Ein kommutativer Ring ist bezüglich der Multiplikation kommutativ

Determinante

Determinanten

- $D = \begin{vmatrix} a & b \\ c & d \end{vmatrix} = a \cdot d - b \cdot c$

- $D^* = \begin{vmatrix} a & b & c \\ d & e & f \\ g & h & i \end{vmatrix} = a \cdot e \cdot i + b \cdot f \cdot g + c \cdot d \cdot h - c \cdot e \cdot g - a \cdot f \cdot h - b \cdot d \cdot i$

- Auflösung von D* mit der ›Regel von Sarrus‹
  (Sarrus, Pierre Frédéric (1798-1856))

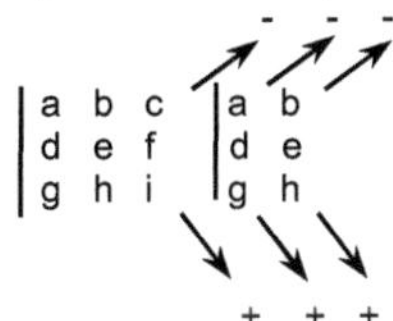

Dies gilt nur für dreireihige Determinanten.

- **Allgemeiner Entwicklungssatz**
  - A'$_{ij}$ ist die Restmatrix von A$_{ij}$:
  - A'$_{ij}$ ist gleich A$_{ij}$ ohne die i-te Zeile und ohne die j-te Spalte.
    D. h., in der Matrix A$_{ij}$ werden die i-te Zeile und die j-te Spalte
    gestrichen. So wird zum Beispiel aus einer 3er Matrix (A$_{ij}$)
    eine 2er Matrix (A'$_{ij}$).
  - A$_{ij}$ ist die **Adjunkte** zu a$_{ij}$ mit: A$_{ij}$ = (-1)$^{i+j}$ det(A'$_{ij}$)
  - Die Adjunkte wird auch algebraisches Komplement genannt.
  - Man spricht bzgl. A'$_{ij}$ auch von einer Streichungsmatrix.

- **Allgemeine Berechnung einer Determinante**
  (nach dem Entwicklungssatz von Laplace)
  det A = $\sum_{j=1}^{n}(-1)^{i+j} \cdot a_{ij} \cdot det A'_{ij}$ (Entwicklung nach der i-ten Zeile)

  det A = $\sum_{i=1}^{n}(-1)^{i+j} \cdot a_{ij} \cdot det A'_{ij}$ (Entwicklung nach der j-ten Spalte).

  Die Berechnung der Determinante der (m, n) – Matrix wird so auf die
  Berechnung der Determinanten von (m -1, n -1) – Matrizen überführt.

  Durch den Faktor (- 1)$^{i+j}$ wird jedem Einzelfeld in der Matrix ein
  Vorzeichen zugeordnet. Zum Beispiel für eine (5, 5) – Matrix:

+	-	+	-	+
-	+	-	+	-
+	-	+	-	+
-	+	-	+	-
+	-	+	-	+

- Das Vertauschen zweier Zeilen (bzw. zwei Spalten) führt zu einer Vorzeichen-
  veränderung der zugehörigen Determinante: det(A) = (-1) · det(A*)

Matrix und Determinante

- A sei eine Dreiecksmatrix: det A = det A^T
- A, B: gleichartige quadratische Matrizen: det(AB) = detA · det B = det (BA)

Determinantensätze

- Sind zwei Zeilen oder zwei Spalten zueinander proportional
  (zum Beispiel (2; - 4; 7) ≡ (- 7; 14; - 24,5)), dann ist die
  Determinanten Null. D.h. dann auch, dass eine lineare
  Abhängigkeit vorliegt.
- Die Vertauschung von zwei Zeilen (bzw. zwei Spalten) verändert
  das Vorzeichen der Determinante.
- Eine transponierte Matrix (A^T) hat den gleichen
  Determinantenwert wie die ursprüngliche Matrix (A).
- A^T entsteht aus A durch die Vertauschung der Zeilen mit den
  Spalten (→ Spiegelung an der Hauptdiagonale).

Anwendung: Gleichungssysteme

- Lineares Gleichungssystem mit zwei Unbekannten
  (I) $a_{11} \cdot x_1 + a_{12} \cdot x_2 = b_1$
  (II) $a_{21} \cdot x_1 + a_{22} \cdot x_2 = b_2$
  Die Auflösung ergibt:
  $x_1 = (b_1 \cdot a_{22} - b_2 \cdot a_{12}) / (a_{22} \cdot a_{11} - a_{12} \cdot a_{21})$
  $$x_2 = \frac{a_{11} \cdot b_2 - a_{21} \cdot b_1}{a_{11} \cdot a_{22} - a_{12} \cdot a_{21}}$$

- Determinante
  $$D = \begin{vmatrix} a_{11} & a_{12} \\ a_{21} & a_{22} \end{vmatrix} = a_{11} \cdot a_{22} - a_{21} \cdot a_{12}$$

- Es gilt: $x_2 = \dfrac{\begin{vmatrix} a_{11} & b_1 \\ a_{21} & b_2 \end{vmatrix}}{\begin{vmatrix} a_{11} & a_{12} \\ a_{21} & a_{22} \end{vmatrix}} = \dfrac{a_{11} \cdot b_2 - a_{21} \cdot b_1}{a_{11} \cdot a_{22} - a_{12} \cdot a_{21}}$

- Es folgt: $x_1 = D_{x1} / D$ und $x_2 = D_{x2} / D$

- Allgemein gilt nach der Cramerschen Regel:
  $x_i = det A_i / det A$ für A · χ = b mit: A: reguläre Matrix;
  χ: Spaltenvektor der Unbekannten (x_i)

Rechenregeln

- $det(A \cdot B) = (det\ A) \cdot (det\ B)$
- $det\ A = det\ A^T$
- $A^{-1} = \dfrac{1}{det\ A} \cdot A_{adj}$
  A^{-1}: inverse Matrix; es gilt: $A_{adj} \cdot A = A \cdot A_{adj} = (det\ A) \cdot \underline{A}$
  A$_{adj}$: adjunkte Matrix zu **A** - gebildet aus den Adjunkten von **A**
    und der dann abschließend transponierte Matrix
- $\alpha \cdot A$ → Jedes Element einer Zeile (bzw. einer Spalte) wird mit
  α multipliziert. Es gilt dann: $det(\alpha \cdot A) = \alpha^n \cdot det\ A$
- Ableitung einer Determinanten A:
  A wird jeweils zeilenweise abgeleitet.
  Die entsprechend abgeleiteten Determinanten werden addiert.

Matrizen

- A: I x J → |R heißt (m, n) – Matrix; dabei ist a$_{ij}$ Element von A:

$$A = \begin{bmatrix} a_{11} & \cdots & a_{1n} \\ \vdots & \ddots & \vdots \\ a_{m1} & \cdots & a_{mn} \end{bmatrix}$$

Diese Matrix hat m Zeilen und n Spalten.

- Matrix A und B sind gleich (A = B), wenn gilt $a_{ij} = b_{ij} \forall\ i, j$.
- a$_{ij}$; i ist der Zeilenindex; j ist der Spaltenindex
- $(A \cdot B) \cdot C = A \cdot (B \cdot C)$
- $(A + B) \cdot C = A \cdot C + B \cdot C$
- $A \cdot (B + C) = A \cdot B + A \cdot C$
- Für quadratische Matrizen gilt:

$$E := \begin{bmatrix} 1 & 0 & \cdots & 0 \\ 0 & 1 & \cdots & 0 \\ \cdots & \cdots & \cdots & \cdots \\ 0 & 0 & \cdots & 1 \end{bmatrix}; \text{E: Einheitsmatrix}$$

- E = (a$_{ij}$) mit i, j = 1, ..., n
- $A \cdot E = A; E \cdot A = A$

Quadratische Matrix

- (m,n)-Matrix mit mit m = n: quadratische Matrix

  $a_{11}, a_{12}, ..., a_{mm}$: **Hauptdiagonale**

  $a_{11} + a_{12} + ... + a_{mm}$: **Spur der Matrix**

Transposition

- Transposition : A^T = (c$_{ij}$) mit c$_{ij}$ = a$_{ji}$
- $(A \cdot B)^T = B^T \cdot A^T$
- $(A^T)^T = A$
- Bestimmung von A^T: A^T wird durch die Spiegelung der
  einzelnen Spalten und Zeilen der Matrix bestimmt (a$_{ij}$ → a$_{ji}$):

$$A = \begin{bmatrix} 2 & 3 \\ -4 & 7 \end{bmatrix}; A^T = \begin{bmatrix} 2 & -4 \\ 3 & 7 \end{bmatrix}$$

Gleichungssystem - Matrix

- Ist die Matrix A regulär,
  dann ist die Gleichung A · χ = b eindeutig auflösbar.
- Die maximale Anzahl der linear unabhängigen Zeilen der Matrix wird **Rang**
  genannt. Ist der Rang von A = r, dann ist r die Anzahl der maximal unab-
  hängigen Zeilen der Matrix u. somit auch des Gleichungssystems A · χ = b.
- Ist A regulär, wobei eine n x n-Matrix vorliegen soll,
  dann ist der Rang von A gleich n: Rang A = n.
- det A ≠ 0 ⇔ A ist regulär.
- Wenn A regulär ist, kann A^{-1} bestimmt werden.
- Mit einer Abbildung werden Beziehungen zwischen verschiedenen
  Räumen beschrieben.
- Eine Matrix **A** entspricht einer (linearen) Abbildung f zwischen zwei
  Vektorräumen (f: |R^n → |R^m): **A** = (a$_{ij}$). Eine Abbildung: f: |R^n → |R^m ist
  linear, wenn gilt: f(a**x**$_1$ + b**x**$_2$) = af(**x**$_1$) + bf(**x**$_2$); a, b ∈ |R; **x**$_i$ ∈ |R^n.
- Matrizen (n,m) beschreiben die lineare Abbildung von einem vektoriellen
  Bezugssystem |R^n in ein entsprechendes System im |R^m.
  Insofern gilt: f(**x**) = **A** · **x**.

Matrix (Matrizen)

reguläre / singuläre Matrix

- A ist regulär $\Leftrightarrow$ det A $\neq$ 0
- Gilt B $\cdot$ A = A $\cdot$ B = E, dann ist A **regulär** und B invers zu A.
- Ist A nicht regulär, dann ist A **singulär**.

Symmetrische Matrizen

$A = A^T \Leftrightarrow$ A ist symmetrisch

Ähnliche Matrizen

Wenn A und B ähnlich sind, dann gilt: $P \cdot A \cdot P^{-1} = B$

Orthogonale Matrizen

- $P^T = P^{-1}$
- Matrix A ist orthogonal $\rightarrow$ det A $= \pm$ 1
- Matrix A ist eigentlich orthogonal $\rightarrow$ det A $= +$ 1
- Orthogonale Matrizen sind unitäre Matrizen mit nur reellen Zeilen.

Rechenregeln für invertierbare Matrizen

- $(A \cdot B)^{-1} = B^{-1} \cdot A^{-1}$
- $(A^T)^{-1} = (A^{-1})^T$
- $(A^{-1})^{-1} = A$
- (mit dem Skalar k $\neq$ 0): $(k \cdot A)^{-1} = k^{-1} \cdot A^{-1}$

Eigenwerte

- A ist eine quadratische Matrix vom Typ (n, n)
- λ ist ein Eigenwert von A in der Art, dass gilt: $A \cdot \chi = \lambda \cdot \chi$
- Es gilt: det $(A - \lambda \cdot E) = 0$.
- Ausgehend von den Eigenwerten der Matrix, seren die Eigenvektoren bestimmt. Bei einer symmetrischen Matrix bilden die Eigenvektoren eine Orthogonalbasis.

Nicht-Kommutativität

- Im Allgemeinen gilt: $\mathbf{A} \cdot \mathbf{B} \neq \mathbf{B} \cdot \mathbf{A}$

$$\mathbf{A} = \begin{bmatrix} 2 & 3 \\ -4 & 7 \end{bmatrix}; \mathbf{B} = \begin{bmatrix} 9 & -6 \\ 5 & 8 \end{bmatrix}$$

$$\rightarrow \mathbf{A} \cdot \mathbf{B} = \begin{bmatrix} 33 & 12 \\ -1 & 80 \end{bmatrix} \neq \mathbf{B} \cdot \mathbf{A} = \begin{bmatrix} 42 & -15 \\ -22 & 71 \end{bmatrix}$$

Die Multiplikation erfolgt so, dass die Zeilen der links angeordneten Matrix mit den Spalten der rechts angeordneten Matrix komponentenweise multipliziert werden. Die Summe ergibt den Wert in der Ergebnismatrix an der Position in Abhängigkeit von der Zeile und Spalte der Ausgangsmatrizen. (Z. B. für $\mathbf{A} \cdot \mathbf{B}$: $2 \cdot 9 + 3 \cdot 5 = 18 + 15 = 33$.)

Matrizen und Abbildungen

Beschreibung mit Matrizen (Mat):
Für $A \in \mathbf{Mat}_{m,n}(K)$ heißt Bild A $:= \{Ax \mid x \in |R^n\}$ das Bild von A
und Kern A $:= \{Ax \mid x \in |R^n, Ax = 0\}$ der Kern von A.
Mit $A = (a_1, ..., a_n)$ mit $a_j \in K^m$ (mit $1 \leq j \leq n$) gilt:
Bild A = Bild h_A = Span $(a_1, ..., a_n)$; Kern A = Kern h_A; rang A= dim Bild A.
[rang A = dim Span(A) $:= \{\sum_{i=1}^m \alpha_i \cdot a_i \mid m \in |N, \alpha_i \in K; a_i \in A; 1 \leq i \leq m\}$]

Hauptdiagonale ($\rightarrow$ HD) einer Matrix (Mat$_{m,n}$(K) = A)

Für $A = \begin{pmatrix} a_{11} & \cdots & a_{1n} \\ \cdot & \cdots & \cdot \\ a_{m1} & \cdots & a_{mn} \end{pmatrix}$ lautet die HD $(a_{11}, a_{22}, ..., a_{rr}) \in K$, mit r = min(m,n).

[Anders formuliert, die HD besteht aus den $a_{i,j}$, für die gilt i = j.]

Vektorraum und Span

Die „Vektorraumgröße" wird als Dimension bezeichnet.
Die den Vektorraum V aufspannenden Vektoren $(v_1, ..., v_r)$ stellen ein Erzeugendensystem dar. Dieses wird als Basis bezeichnet, sofern die Spannvektoren linear unabhängig sind.
(Die Dimension eines Vektorraums entspricht der Anzahl der linear unabhängigen Basiselemnete. Somit kann die Dimension von Y nicht größer sein als die Dimension von X.)
Span(A) [$A \subset V$; K: Körper; V: Vektorraum über K]
Span(A) $:= \{\sum_{i=1}^m \alpha_i a_i \mid m \in |N, \alpha_i \in K, a_i \in A\}$
Span(A) ist ein Untervektorraum von V (bzw. der von A aufgespannte Teilvektorraum von V); er enthält A.
Erzeugendensystem von V ist eine Teilmenge E von V mit Span(E) = V.
Jeder Vektorraum über den Körper K besitzt ein Erzeugendensystem.
V wird von m Vektoren aus V erzeugt.
Dimensionsformel für zwei Untervektorräume U und W vom Vektorraum V:
dim (U + W) = dim U + dim W – dim (U $\cap$ W)

Bestimmung von A⁻¹

(Beispiel) Es sei: $\mathbf{A} = \begin{bmatrix} 2 & 3 \\ -4 & 7 \end{bmatrix}$; Einheitsmatrix: $\mathbf{E} = \begin{bmatrix} 1 & 0 \\ 0 & 1 \end{bmatrix}$

$\mathbf{A}^{-1} = \begin{bmatrix} 7/26 & -3/26 \\ 2/13 & 1/13 \end{bmatrix}$; $\mathbf{A} \cdot \mathbf{A}^{-1} = E$

Matrix A			Zugeordnete E-Matrix/ Umwandlung	
2	3	(1)	1	0
-4	7		0	1
2	3	(2)	1	0
0	13		2	1
1	3/2	(3)	1/2	0
0	1		2/13	1/13
1	0	(4)	7/26	- 3/26
0	1		2/13	1/13

Jakobi-Matrix J(x)

Mit dieser Matrix werden partielle Ableitungen von Vektorfunktionen

$f(x) = \begin{pmatrix} f_1(\mathbf{x}) \\ \vdots \\ f_n(\mathbf{x}) \end{pmatrix}$ dargestellt.

$$J(x) = \left(\frac{\partial f_{i(x)}}{\partial x_k}\right)_{i,\ k = 0,1,2,...,n} = \begin{pmatrix} \dfrac{\partial f_1(x)}{\partial x_1} & \cdots & \dfrac{\partial f_1(x)}{\partial x_n} \\ \vdots & \ddots & \vdots \\ \dfrac{\partial f_n(x)}{\partial x_1} & \cdots & \dfrac{\partial f_n(x)}{\partial x_n} \end{pmatrix}.$$

Unitäre Matrix

- Mit unitären Matrizen werden komplexe quadratische Matrizen bezeichnet, deren Zeilen zueinander orthonormal sind.
- A heißt unitär, falls $A^{-1} = {}^tA^*$ (mit A*: konjugierte Matrix zu A).
- Jede orthogonale Matrix ist unitär.

Unitäre Gruppe (UG) / Spezielle unitäre Gruppe SU(n)

- **UG** wird gebildet aus unitäre Matrizen A der Ordnung n.
- **SU(n)**: Spezielle unitäre Gruppe $\rightarrow$ UG mit det(A) = 1.

Matrix-Exponentialfunktion

(A: Matrix; $A \rightarrow$ exp(A); E: Einheitsmatrix)

$\exp(\mathbf{A}) = e^{\mathbf{A}} := \lim\limits_{k \to \infty} \left(\sum_{m=0}^{k} E + A + \frac{A}{2!} + ... + \frac{1}{k!} A^k \right)$

Abbildungen, Bild und Kern

f bildet die Elemente der Menge X auf die Elemente der Menge Y ab.
f ist eine Vorschrift. X ist der Definitionsbereich. Y ist der Wertebereich.
Hierbei wird für Y vom Bildbereich gesprochen.
Es gilt: f: X $\rightarrow$ Y. Es soll eine lineare Abbildung vom Vektorraum X auf den Vektorraum Y vorliegen. Dies ist dann ein Vektorraumhormomorphismus.
Für den Kern von F gilt: $F^{-1}(0)$ = Kern F = $\{x \in X$ mit $f(x) = \mathbf{0}\}$.
Nun gilt für den Kern und das zugeordnete Bild unter Beachtung von f:
Kern von f: Kern f $:= \{v \mid v \in V, f(v) = o\}$
Bild von f: Bild f $:= f(V) := \{f(v) \mid v \in V\}$
Bild f = f(X) $\rightarrow$ dim(Kern f) + dim(Bild f) = dim (X).
Mit Blick auf die Beziehung f: X $\rightarrow$ Y der Vektorräume X, Y gilt:
Kern f = $\{0\}$ $\rightarrow$ f ist injektiv
[für dim Bild f wir öfters auch geschrieben: dim Im f]
Rang von f: rang f $:=$ dim Bild f = dim f(V)
Zeilenrang einer Matrix
Es sei A eine (m $\times$ n)-Matrix. Dann ist der Zeilenraum ein Unterrektorraum
ZR(A) $:=$ Span$(a_1, ..., a_m) \subset K^n$
Es gilt: Zeilenrang (A) $:=$ dim$_K$ Span$(a_1, ..., a_m)$
Spaltenrang einer Matrix
SR(A) $:=$ Span$(a_1, ..., a_n) \subset K^m$
Es gilt: Spaltenrang (A) $:=$ dim$_K$ Span$(a_1, ..., a_n)$
Lineare Abbildung F: V $\rightarrow$ W
Die Bilddimension F(Y) ist der Rang von F: rang F $:=$ dimF(V)
rang F $\leq$ dim V (rang G) = dim v $\rightarrow$ F ist injektiv
Sei A ein Matrix: A $\in$ Mat(m $\times$ n; K) und
weiterhin die zugehörige lineare Abbildung: A: $K^n \rightarrow K^m$
dann gilt: rang A = Spaltenrang A
Der Spaltenrang entspricht dem Zeilenrang.

Geometrie und Matrizen

Matrizen (A) und **lineare Abbildungen**: Es gilt $A \cdot \mathbf{x} = \mathbf{y} \rightarrow \begin{pmatrix} a_{11} & \cdots & a_{1n} \\ \cdot & \cdots & \cdot \\ a_{m1} & \cdots & a_{mn} \end{pmatrix} \cdot \begin{pmatrix} x_1 \\ \cdot \\ x_n \end{pmatrix} = \begin{pmatrix} y_1 \\ \cdot \\ y_m \end{pmatrix}$

Mit den kanonischen Basisvektoren folgt: $A \cdot e_j = \begin{pmatrix} a_{jj} \\ \cdot \\ a_{mj} \end{pmatrix}$ ($\rightarrow$ Die Spaltenvektoren sind die Bilder der Basisvektoren.)

$\det A \neq 0 \leftrightarrow$ lineare Unabhängigkeit der Basisvektoren von A	**Hauptachsentransformation** (Idee / Ansatz / Prinzip)

det $A \neq 0 \leftrightarrow$ lineare Unabhängigkeit der Basisvektoren von A

Matrix A sei quadratisch, λ Eigenwert, $\mathbf{X}$: Eigenvektor; $\mathbf{0}$: Nullvektor
Es gilt: $A \cdot \mathbf{X} = \lambda \cdot \mathbf{X}$ für $\mathbf{X} \in |R^n$; $\mathbf{X} \neq \mathbf{0}$

λ: Eigenwert von A $\leftrightarrow \det(A - \lambda \cdot E) = 0$ (E: Einheitsmatrix)
Charakteristische Polynom von A:
$\det(A - \lambda \cdot E) = (-\lambda)^n + (-\lambda)^{n-1} \cdot \sum_{j=1}^{n} a_{ij} + \cdots + \det A$

A sei symmetrisch $\leftrightarrow$ es gilt: $A = A^{\mathsf{T}}$
A sei symmetrisch: die Eigenwerte sind reell, sie führen zu Eigenvektoren,
die zueinander orthogonal sind
A sei quadratisch, λ Eigenwert von A: $A \cdot \mathbf{X} = \lambda \cdot \mathbf{X}$; $\mathbf{X} \neq \mathbf{0}$
A sei symmetrisch und reell: $\det A$ = Produkt der Eigenwerte
A symmetrisch: $Q(\mathbf{X}) = \mathbf{X}^{\mathsf{T}} \cdot A \cdot \mathbf{X} = \sum_{i,j=1}^{n} a_{ij} x^i x^j$: quadratische Form,
die sich durch orthogonale Koordinatentransformationen auf eine
Hauptachsenform transformieren läßt: $Q(P \cdot \mathbf{X'}) = \sum_{i=1}^{n} \lambda_i \left(x^{i'} \right)^2$

Sind alle Eigenwerte von A positiv (> 0), dann gilt: A ist positiv definit
Sind die Eigenwerte von A alle negativ, dann gilt: A ist negativ definit
Sind die Eigenwerte von A sind alle ≥ 0, dann gilt: A ist semidefinit
Gibt es positive u. negative Eigenwerte von A, dann gilt: A ist indefinit

Ähnliche Matrizen A, B: A, B sind ähnlich $\leftrightarrow P \cdot A \cdot P^{-1} = B$ (P: reguläre M.)
(Matrix A regulär: Abbildung f von A ist bijektiv (f: $|R^n \rightarrow |R^m$)
A und B haben die gleichen Eigenwert etc.
Die Eigenvektoren zum Eigenwert λ bilden mit $\mathbf{0}$ einen Eigenraum.

Hauptachsentransformation (Idee / Ansatz / Prinzip)
Die Hauptachsen sind die Koordinatenrichtungen im neuen System.
Diese Achsen entsprechen den Eigenvektoren der Transformationsmatrix A.
Eine Koordinatentransformation ist orthogonal, wenn bzgl. der Matrix A,
die die Transformation beschreibt, gilt: $A^{\mathsf{T}} = A^{-1}$.

A: Allgemeine Vorüberlegungen
Überführung der allgemeine Gleichung in eine metrische Normalform
unter Verwendnung der quadratischen Form
1: Drehung in eine achsparalllele Stellung. Dies hat zur Folge das eine
metrische Form gefunden wird, da die gemischten Elemente beseitigt
sind. Es liegen nur noch quadratische Glieder vor.
2. Translation

B: Konkretisierte Vorgehensweise zur Hauptachsentransformation
1: Gleichung 2. Grades im $|R^2$ in Matrixdarstellung
Kurvengleichung : $a_{11}x^2 + a_{22}y^2 + 2a_{12}xy + 2a_{10}x + 2a_{20}y + a_{00} = 0$
$\rightarrow \mathbf{X}^{\mathsf{T}} \cdot A \cdot X + 2 \cdot \mathbf{b}^{\mathsf{T}} \cdot \mathbf{X} + c = 0$
$(x,y) \cdot \begin{pmatrix} a_{11} & a_{12} \\ a_{12} & a_{22} \end{pmatrix} \cdot \begin{pmatrix} x \\ y \end{pmatrix} + 2 \cdot (b_1, b_2) \cdot \begin{pmatrix} x \\ y \end{pmatrix} + a_{00} = 0$
[bzw. Fläche 2. Grades im $|R^3$ ($\rightarrow$ (x; y ; z)]
$ax^2 + by^2 + cz^2 + 2dxy + 2exz + 2fyz + gx + hy + iz + k = 0$]
2: Ermittlung der Eigenwerte der Matrix
Bestimmung von λ_1, λ_2 über $\det(A - \lambda \cdot E)$
3: Ermittlung der Eigenvektoren zu den Eigenwerten;
Betrachtung zu $\lambda_1 \cdot \lambda_2$
4: Bestimmung der Eigenvektoren ; Normierung dieser Vektoren
Bestimmung der Transformationsmatrix ausgehend von den
Eigenvektoren
Prüfung (und Realiserung) der Orthogonalität der Matrix
Bestimmung der quadratischen Elemente
Verrechnung der linearen Glieder
5: Scheitelpunktbestimmung

Quadrik

$\mathbf{X}^{\mathsf{T}} \cdot A \cdot X + 2 \cdot \mathbf{b}^{\mathsf{T}} \cdot \mathbf{X} + C = 0$ (mit $\mathbf{b} \in |R^n$) $\rightarrow$ Quadrik im $|R^n$
(Quadrik im $|R^2 \rightarrow$ Kegelschnitt)

$n = 2$ mit $I = \begin{pmatrix} A & b \\ b^{\mathsf{T}} & c \end{pmatrix}$; $A = \begin{pmatrix} a_{11} & a_{12} \\ a_{12} & a_{22} \end{pmatrix}$; $\mathbf{b} = \begin{pmatrix} b_1 \\ b_2 \end{pmatrix}$; $I = \begin{pmatrix} a_{11} & a_{12} & b_1 \\ a_{12} & a_{22} & b_1 \\ b_1 & b_2 & c \end{pmatrix}$

$\dfrac{x^2}{a^2} + \dfrac{y^2}{b^2} = 0$ ($\rightarrow$ reeller Punkt)	$\det A > 0$
$\dfrac{x^2}{a^2} - \dfrac{y^2}{b^2} = 0$ ($\rightarrow$ sich schneidende Geraden)	$\det A < 0$
$\dfrac{x^2}{a^2} \pm 1 = 0$ ($\rightarrow$ leere Menge bzw. parallele Geraden)	$\det A < 0$
$x^2 = 0$ ($\rightarrow$ Dppelgerade)	$\det A = 0$
$x^2 \pm 2 \cdot a^2 \cdot y =$ ($\rightarrow$ Parabel)	$\det I \neq 0$; $\det A = 0$
$\dfrac{x^2}{a^2} + \dfrac{y^2}{b^2} + 1 = 0$ ($\rightarrow$ leere Menge)	$\det I \neq 0$; $\det A > 0$
$\dfrac{x^2}{a^2} + \dfrac{y^2}{b^2} - 1 = 0$ ($\rightarrow$ Ellipse)	$\det I \neq 0$; $\det A > 0$
$\dfrac{x^2}{a^2} - \dfrac{y^2}{b^2} \pm 1 = 0$ ($\rightarrow$ Hyperbel)	$\det I \neq 0$; $\det A < 0$

$n = 3$; $A = \begin{pmatrix} a_{11} & a_{12} & a_{13} \\ a_{12} & a_{22} & a_{23} \\ a_{13} & a_{23} & a_{33} \end{pmatrix}$; $\mathbf{b} = \begin{pmatrix} b_1 \\ b_2 \\ b_3 \end{pmatrix}$; $I = \begin{pmatrix} a_{11} & a_{12} & a_{13} & b_1 \\ a_{12} & a_{22} & a_{23} & b_2 \\ a_{13} & a_{23} & a_{33} & b_3 \\ b_1 & b_2 & b_3 & c \end{pmatrix}$

$\dfrac{x^2}{a^2} + \dfrac{y^2}{b^2} + \dfrac{z^2}{c^2} + 1 = 0$ ($\rightarrow$ leere Menge)	$\det I > 0$; $\det A \neq 0$
$\dfrac{x^2}{a^2} + \dfrac{y^2}{b^2} + \dfrac{z^2}{c^2} - 1 = 0$ ($\rightarrow$ Ellipsoid)	$\det I < 0$; $\det A \neq 0$
$\dfrac{x^2}{a^2} + \dfrac{y^2}{b^2} - \dfrac{z^2}{c^2} - 1 = 0$ ($\rightarrow$ Hyperboloid (einschalig))	$\det I > 0$; $\det A \neq 0$
$\dfrac{x^2}{a^2} + \dfrac{y^2}{b^2} - \dfrac{z^2}{c^2} + 1 = 0$ ($\rightarrow$ Hyperboloid (zweischalig))	$\det I < 0$; $\det A \neq 0$
$\dfrac{x^2}{a^2} + \dfrac{y^2}{b^2} \pm 2z = 0$ ($\rightarrow$ elliptische Paraboloid)	$\det I < 0$; $\det A = 0$
$\dfrac{x^2}{a^2} - \dfrac{y^2}{b^2} \pm 2z = 0$ ($\rightarrow$ hyperbolosches Paraboloid)	$\det I > 0$; $\det A = 0$

Minkowski-Geometrie

Morphologische Transformationen (Filter für Binärfilter)
Minkowski-Summe (**Dilatation** auch Dilation): Zeichen + bzw. $\oplus$
Definition: $A + B = A \oplus B := [a + b \mid a \in A, b \in B\}$ dabei sind A und B
Teilmengen eines Vektorraums.
Minkowski-Differenz (**Erosion**) Zeichen – bzw. (-) [⊖] dabei sind A und B
Teilmengen eines Vektorraums.
Definition: $A - B := A + (-B) = \{a - b \mid a \in A, b \in B\}$
Beispiele für $A = \{(2,0), (-2,1), (1, -2)\}$ und $B = \{(0,2), (-1,1), (1,-3)\}$
$A + B = \{(2,2), (1,1), (3,-3), (-2,3), (-3,2), (-1,-2), (1,0), (0,-1), (2,-5)\}$
$A - B = \{(2,-2)), (3,-1), (1,3), (-2,-1), (-1,0), (-3,4), (1,-4), (2,-3, (0,1)\}$
Weiterhin gilt: $A = -(-A)$; $A + (B \cup C) = (A + B) \cup (A + C)$

Opening: $A \circ B = (A - B) + B \rightarrow$ Erosion und danach eine Dilatation mit dem
gleichen B (entfernt kleinere Strukturen)
Closing: $A \bullet B = (A + B) - B \rightarrow$ Dilatation und danach eine Erosion mit dem
gleichen B (füllt kleinere ‚Löcher')
Es gilt:
$I \ominus H \neq H \ominus I$; $I \oplus H = H \oplus I$
$\overline{I} \oplus H = \overline{I \ominus H}$; $\overline{I} \ominus H = \overline{I \oplus H}$
$(I_1 \ominus I_2) \ominus I_3 = I_1 \ominus (I_2 \oplus I_3)$
Morphologische Filter (Medianfilter …) sind von morphologischen
Transformationen zu unterscheiden.
(Siehe hierzu die Bildverarbeitung.)

Stochastik

Merkmalsausprägungen

* Unterschieden werden:
  Qualitative Merkmale
  Rangmerkmal
  Quantitative Merkmale

* Darstellung von Daten:
  Urliste
  Diagramme
    Kreisdiagramme
    Stabdiagramme
    Säulendiagramme
    Stängel-Blatt-Diagramme

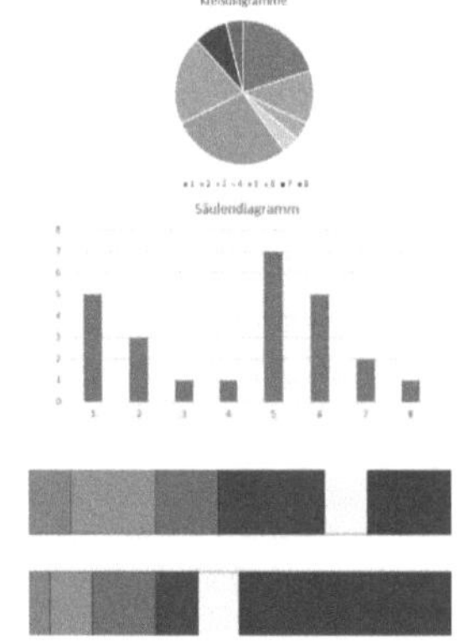

Maßzahlen

* **Arithmetisches Mittel** ($\bar{x} = x_\varnothing$): $x_\varnothing = (x_1 + x_2 + \ldots + x_n)\,/n$
  (auch: Mittelwert; bezieht sich auf bekannte (vergangene) Werte)
* **Geometrisches Mittel** (m_g): $m_g = \sqrt[n]{x_1 \cdot x_2 \cdot \ldots \cdot x_n}$
* **Median** m ($\rightarrow$ Zentralwert m):
  Mittlerer Wert einer geordneten Stichprobe
  $m = x_{((n+1)/2)}$ für n ungerade; $m = 0{,}5 \cdot (x_{n/2} + x_{(n/2)\,+\,1})$ für n gerade
* **Modalwert** d (Modus d; Dichtewert d):
  Wert mit der größten relativen Häufigkeit; häufigster Wert
* **Erwartungswerte** (Bezug: zukünftige Entwicklungen)
  (für diskrete Werte): $E\{z\} = z_1 \cdot P(z = z_1) + \ldots + z_n \cdot P(z = z_n)$
  (für stetige Werte): $E\{x\} = \int_{-\infty}^{+\infty} x \cdot f(x) \cdot dx$

Skalen

Merkmalstypen, -ausprägungen	Nominal	Ordinal/Rang	Kardinal (Intervalle)	Kardinal (absolut)
Arten der Merkmale	Qualitative Merkmale		Quantitative Merkmale	
Merkmalsausprägungen	Klasse / Name	Reihenfolge	Abstände	Nullpunkte; eventuell absoluter Bezug
Beziehungen	$= \neq$	$= \neq < >$	$= \neq < > + -$	$= \neq < > + - \cdot :$
mögl. Unterscheidungen	gleich / ungleich	kleiner / größer	(empirische) Differenzen	(empirische) Verhältnisse
Hinweis	H; Mo	H; Qu; Mo; Me	H; Qu; Mo; Me; aM; σ	H; Qu; Mo; Me; aM; gM; σ
Beispiel	PLZ; Geschlecht	Noten; Produktgüte	Temperatur (°C); Datum	Temperatur (K); Zeit

H: Häufigkeit; Qu: Quartile; Mo: Modalwert; Me: Median; aM: arithmetischer Mittelwert;

gM: geometrischer Mittelwert; σ: Standardabweichung

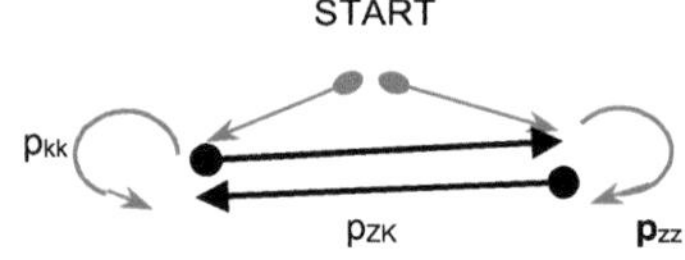

Nr.	1	2	3	4	5	6	7	8	9	10	11	12	13	14	15	16	17	18	19
Wert	0	0	0	1	2	3	3	4	4	5	6	6	6	6	7	7	8	9	9

Häufigster Wert (Modalwert): 6; Zentralwert (Median): 5

Modellierung von Zufallsereignissen

* Gegebenheiten werden nachgebildet und erfasst mit:
  - **Münze** (Kopf (K) und Zahl (Z))
  - **Würfel** (Zahlen 1, 2, 3, 4, 5, 6 bzw. auch Farben)
  - **Urne** (nicht einsehbare Kugeln mit Informationen in der Urne)
* Zur **Darstellung** werden vorrangig verwendet:
  - **Baumdiagramme** unter Beachtung der Baumregeln
  - **Vierfeldetafeln**   **- Kombinatorische Gesetzmäßigkeiten**
  - **Automatenmodelle**
* Die Gegebenheiten der Nachrichten- und Informationstechnik
  werden vorrangig mit stochastischen Modellen erfasst.

Automatenmodelle

* Kreise symbolisieren Zustände
* Pfeile verdeutlichen Übergänge und Entwicklungsrichtungen
* p-Werte geben Übergangswahrscheinlichkeiten an
* START Entwicklungsbeginn; ENDE - Abschluss
* Beispiel: Münz-Modellierung

START

p_{ZK}: Übergangswahrscheinlichkeit von Z zu K

$p_{ZK} = p_{KZ} = 0{,}5 \rightarrow$ Laplace-Münze

$p_{ZZ} \neq 0{,}5$ bzw. $p_{KK} \neq 0{,}5 \rightarrow$ keine Laplace-Münze

$p_{ZZ} + p_{ZK} = p_{KK} + p_{KZ} = 1$

Baumdiagramme

* Darstellung im Baumdiagramm ($\neg$A steht für negiertes A)
  S: Start (Ausgangspunkt der Betrachtung)
  1: erste Stufe (hier A bzw. $\neg$A); 2: zweite Stufe (hier B bzw. $\neg$B)
  (hier: zweistufiges Baumdiagramm)

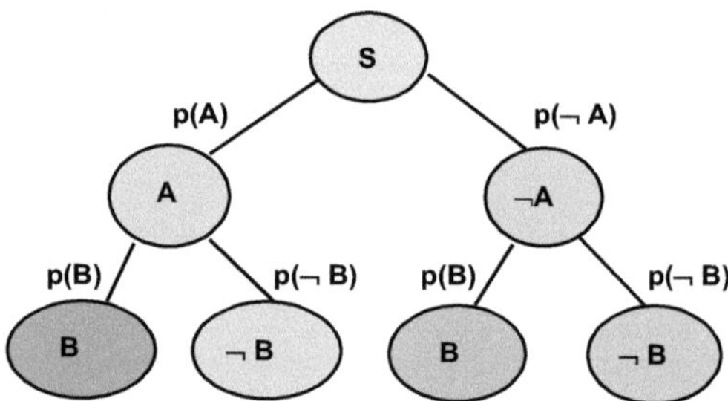

* Folgende Gesetze (Pfadregeln bei Baumdiagrammen) gelten:

$p(A) + p(\neg A) = 1$	$p(B) + p(\neg B) = 1$
$p(A, B) = p(A) \cdot p(B)$	$p(A, \neg B) = p(A) \cdot p(\neg B)$
$p(A, B) + p(A, \neg B) = p(A)$	

$p(A, B) + p(A, \neg B) + p(\neg A, B) + p(\neg A, \neg B) = 1$

Stochastik

Grundbeziehungen / Grundbegriffe

- **Symbole:** Ω: Gesamtpopulation; $|\Omega|$: Umfang der Population
  H: absolute Häufigkeit; h: relative Häufigkeit mit $h = H/|\Omega|$
  $p \equiv P \equiv h$ (p: probabilitiy); $\neg$: Negation ($\to \neg A \equiv \bar{A} \equiv{\sim}A$).
- **Häufigkeit:** Maß für das Auftreten eines Ereignisses. Zwischen
  der absoluten und relativen Häufigkeit wird unterschieden. Tritt ein
  Ereignis bei (einem Experiment/Geschehen) mit n Versuchen H-
  mal auf, dann ist der Wert H die absolute Häufigkeit des Ereignisses.
  Die relative Häufigkeit h wird über $h = H/n$ bestimmt.
- **Wahrscheinlichkeit:** Symbol P: Geht die Versuchsanzahl gegen
  einen unbegrenzt hohen Wert und konvergiert h gegen einen
  festen Wert, dann wird $P = h = H/n$ als Wahrscheinlichkeit des
  entsprechenden Ereignisses aufgefasst.
- **Ergebnis:** Möglicher Ausgang eines Zufallsprozesses.
- **Ereignis:** Zusammenfassung von Ergebnissen. Es werden sichere, zufällige (mögliche) und unmögliche Ereignisse unterschieden.
- **Gegenereignis:** Für die Beziehung zwischen einem Ereignis (E)
  und seinem Gegenereignis (G) gilt: $P(E) = 1 - P(G)$.
- **Zufallsvariable:** Symbol zur eindeutigen Erfassung von Merkma-
  len eines Zufallsexperiments, dem eine Zahl zugeordnet wird.
- **Erwartungswert:** Mittelwert einer Zufallsvariablen X: E(X). Für n
  diskrete ‚Werte' gilt: $E(X) = x_1 \cdot P(x_1) + x_2 \cdot P(x_2) + \ldots + x_n \cdot P(x_n)$.
- **Nachbildung** von Zufallsprozessen mit elementaren Modellen:
  - **Münze** (Kopf, Zahl); - **Würfel** (Zahlen 1 bis 6, Farben, ...)
  - **Urne** (Inhalt Kugel (mit Farben, Zahlwerten, ...).
- **Laplace-Objekt:** ideales Zufallsobjekt / -gerät / -instrument
- **Laplace-Bedingungen:** Ideale Experiment-Bedingungen
- **Laplace-Versuch:** ein L.-Objekt u. L.-Bedingungen liegen vor.
- **Tupel -** Anordnung von Zahlen: $(z_1, z_2, \ldots, z_n)$

Relative Häufigkeit

- $h_n(A)$: relative Häufigkeit des Ereignisses A.
- $h_n(A) = k/n$: Das Ereignis A tritt bei n-Versuchen k-mal auf.
- $h_n(A) \geq 0$ und $h_n(A) \leq 1$
- $h_n(\text{sicheres Ereignis}) = h_n(\Omega) = 1$
- $h_n(\text{unmögliches Ereignis}) = h_n(\varnothing) = 0$
- $h_n(A \cup B) = h_n(A) + h_n(B) - h_n(A \cap B)$
- $h_n(\neg A) = 1 - h_n(A)$
- $h_n(A) \sum h_n(\{\omega\})$ mit $\omega \in A$

Zufallsexperimente (jeweils: $|\Omega| = n$)

Entnahme ohne Zurücklegen

- **(1)** Zuordnung als Menge (unsortiert) - (ungeordnete Stichprobe
  ohne Zurücklegen: Umfang k): Anzahl: $\binom{n}{k} = \dfrac{n!}{k! \cdot (n-k)!}$
- **(2)** Zuordnung spezifisch (sortiert) - geordnete Stichprobe
  Anzahl: $n \cdot (n-1) \cdot (n-2) \cdot (n-3) \cdot (n-4) \ldots (n-k+1)$
- **(3)** Zuordnung spezifisch (sortiert): geordnete Vollerhebung
  Anzahl: $n \cdot (n-1) \cdot (n-2) \ldots \cdot 2 \cdot 1$
- **(4)** Zuordnung als Menge (unsortiert): Grundmenge zerfällt in
  zwei Elemente-Klassen; Merkmal a (x-mal);
  Merkmal b (y-mal);
  $x + y = n = |\Omega|$; gezogen werden k Objekte.
  Gesamtmöglichkeiten: $\binom{n}{k}$; Anzahl: $\binom{x}{l} \cdot \binom{y}{m}$ mit $l + m = k$
  Merkmal a wird l-mal gezogen; Merkmal b wird m-mal gezogen.

Entnahme mit Zurücklegen

- **(5)** Zuordnung als Menge (unsortiert); k Ziehungen
  Anzahl: $\binom{n + k - 1}{k}$
- **(6)** Zuordnung spezifisch (sortiert); k Ziehungen; Anzahl: n^k

Erwartungswert, Varianz

- $E(aX + b) = a \cdot E(X) + b$; $a, b \in |R$; X: Zufallsvariable
- $V(aX + b) = a^2 \cdot V(X)$, $a \in |R$; X: Zufallsvariable
- $E(X) + E(Y) = E(X + Y)$, X, Y: Zufallsvariablen
- $V(X) + V(Y) = V(X + Y)$, wenn X und Y unabhängig sind.
- Verallgemeinert gelten die Beziehung $E(a \cdot X + b) = a \cdot E(X) + b$
  und $E(X + Y) = E(X) + E(Y)$ auch für stetige Verteilungen.

Pfadregeln und Vierfeldertafel

- Darstellung in einer Vierfeldertabelle bzw. Vierfeldertafel:

	B	$\neg$ B	Ergebnisse
A	$P(A \cap B)$	$P(A \cap \neg B)$	$P(A)$
$\neg$ A	$P(\neg A \cap B)$	$P(\neg A \cap \neg B)$	$P(\neg A)$
	$P(B)$	$P(\neg B)$	1

Bedingte Wahrscheinlichkeit

- $P_A(B)$: Wahrscheinlichkeit für das Ereignis A unter der Voraus-
  setzung (Bedingung) A; alternative Schreibweise: $P(B \mid A)$
- Darstellung im Baumdiagramm ($\neg$ B steht für negiertes B):
  S: Start (Ausgangspunkt der Betrachtung))

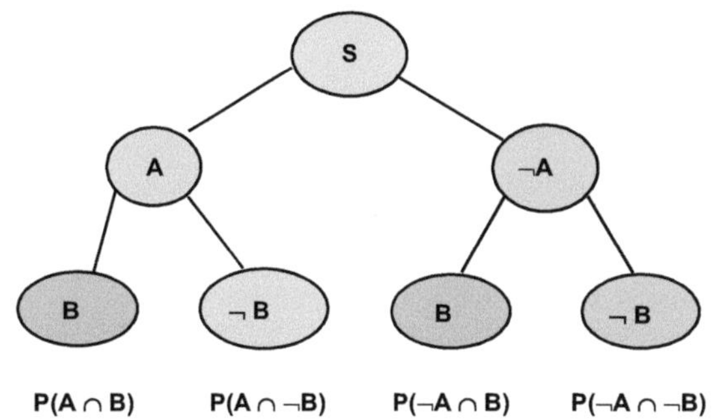

$$P(A \cap B) \qquad P(A \cap \neg B) \qquad P(\neg A \cap B) \qquad P(\neg A \cap \neg B)$$

- **Berechnungen**
  $P(A \cap B) = P(A) \cdot P_A(B) \to P_A(B) = \dfrac{P(A \cap B)}{P(A)} = P(B|A)$
  $P(A \cap B) + P(A \cap \neg B) + P(\neg A \cap B) + P(\neg A \cap \neg B) = 1$
- **Symmetrische Differenz zweier Mengen**
  $A \triangle B := (A - B) \cup (B - A)$; $A \cup B = (A \cap B) \cup (A \triangle B)$

Unabhängigkeit

- Die Ereignisse A und B sind stochastisch unabhängig, sofern
  erfüllt ist: $P(A \cap B) = P(A) \cdot P(B)$
- Sind die Ereignisse A und B unabhängig, dann gilt dies auch für:
  1.) A und $\neg$B   2.) $\neg$A und B   3.) $\neg$A und $\neg$B

Totale Wahrscheinlichkeit

Mit $P(A) \neq 0$ und $P(\neg A) \neq 0$ gilt:
$P(B) = P(A) \cdot P_A(B) + P(\neg A) \cdot P_{\neg A}(B)$

Bayssche Wahrscheinlichkeit

Mit $P(A) \neq 0$, $P(\neg A) \neq 0$ und $P(B) \neq 0$ folgt:
$P_B(A) \cdot P(B) = P(A) \cdot P_A(B)$

$$P_B(A) = \frac{P(A)}{P(A) \cdot P_A(B) + P(\neg A) \cdot P_{\neg A}(B)} \cdot P_A(B)$$

Zufallszahlen-Erzeugung (Generatoren)

Zur Bestimmung von Zufallszahlen wird u. a. ein Quadratmittenverfahren eingesetzt. Eine Zahlfolgen ‚ab cdef gh' mit a, b, c, d, e, f, g, h $\in$ {0; 1; 2; 3; 4; 5; 6; 7; 8; 9} wird betrachtet. Die Teilzahlfolge ‚cdef' wird quadriert und bildet eine neue Zahlfolge. Erneut werden die Zahlen verrechnet.

Die Ausgangszahl kann durch zufällige Rahmendaten (Zeit, ...) bestimmt werden. Die errechneten Zufallszahlen - $0.(cdef)^2$ sind nur Pseudozufallszahlen. Sie werden streng algorithmisch ermittelt. Die Zahlabfolge ist exakt wiederholbar, sofern die Rand- u. Anfangsbedingungen bekannt sind. Allerdings kann aus der Zahlenabfolge nicht direkt auf den konkreten Ausgangswert geschlossen werden. Prinzipiell erzeugen die vorliegenden Algorithmen wiederkehrende Zahlabfolgen. Es tritt eine Periodik auf. Vielfältig weitere, komplexere und qualifizierte Algorithmen werden in der Informatik eingesetzt.

Unterschiedlichste **Generatoren** (Mersenne-Twister, Schieberegister, Tausworth, ...) werden unterschieden, die auf der Basis unterschiedlicher **Zufallszahlen-Verteilungen** (Beta, Binomial, Exponential, Gamma, Gauß, Normal, t, Weibull ...) und verschiedenster **Algorithmen** realisiert werden. Die (statistische) **Güte** wird unter Beachtung der Verteilungsqualität (Unabhängigkeit) bestimmt. Hierzu werden vielfältige Analyseinstrumente (**Tests**: Gleichverteilungstest, Spektraltest, ...) eingesetzt.

Nr.	ab cdef gh	cdef	$(cdef)^2$	Zufallsziffer
1	01 2345 67	2345	5499025	0.5499025
2	05 4990 25	4990	24900100	0.24900100
3	24 9001 00	9001	81018001	0.81018001
4	81 0180 01	0180	032400	0.32400
5	00 0324 00	0324	104976	0.104976
6	00 1049 76	1049	1100401	0.1100401
7	01 1004 01	1004	1008016	0.1008016
8	01 0080 16	0080	6400	0.6400

Stochastik

Formel von Bernoull

- $P(X = k) = \binom{n}{k} \cdot p^k \cdot (1 - p)^{n-k} = B_{n;p}(k)$
- $B_{n;p}(k) = B_{n;p}$-verteilte Zufallsvariable
  p Wahrscheinlichkeit für einen Trefferwahrscheinlichkeit
  n: Anzahl der Versuche; k: Anzahl der Treffer ($k \in \{0, 1, ..., n\}$)
- Erwartungswert für $B_{n;p}(k)$: $E(X) = n \cdot p$
- Varianz für $B_{n;p}(k)$: $V(X) = n \cdot p \cdot q = n \cdot p \cdot (1 - p)$
- Standardabweichung für $B_{n;p}(k)$: $\sigma_x = \sqrt{n \cdot p \cdot q}$

Zählprinzipien

Binomialkoeffizienten

$$\binom{n}{k} = \frac{n!}{k! \cdot (n-k)!} = \frac{n^{\underline{k}}}{k!}$$

$$\binom{n}{k} = \binom{n+1}{k-1} + \binom{n-1}{k}$$

mit $n \geq 1$

Vandermonde Identität

$$\binom{n}{k} = \sum_{k=0}^{n} \binom{x}{k} \cdot \binom{y}{n-k}$$

für $n \geq 0$

Stirling Zahlen

$S_{n,k} = S_{n-1,k-1} + k \cdot S_{n-1,k}$

mit n, k > 0   mit $S_{0,0} = 1$; $S_{0,k} = 0$
für k > 0, $S_{n,0} = 0$ für n > 0

Zählprinzipien: Ziehen von Kugel / Zuordnung von Kugeln

Unterscheidbarkeit der Kugeln	Ziehungsart	Höchstzahl der Kugeln pro. Zelle	Anzahl der Möglichkeiten
Unterscheidbar	Mit Zurücklegen	K	n^k
Unterscheidbar	Ohne Zurücklegen	L	$(n)^k$
Nicht unterscheidbar	Mit Zurücklegen	K	$\binom{n+k-1}{k}$
Nicht unterscheidbar	Ohne Zurücklegen	L	$\binom{n}{k}$

Hinweis: Bei hohen Fakultätswerten kann die Formel von Stirling sehr gut näherungsweise verwendet werden.

Stirlingsche Formel: $m! = \left(\frac{m}{e}\right)^m \cdot \sqrt{2 \cdot \pi \cdot m} \cdot (1 + O(1))$. Es gilt zum Beispiel:

m	5	10	50
m!	120	3.628.800	$3{,}0414093 \cdot 10^{64}$
Näherung nach **Stirling**	118,02	3.598.695	$3{.}0363445 \cdot 10^{64}$

Binomialverteilung

- Für die Wahrscheinlichkeit gilt: $p(k) = \begin{bmatrix} n \\ k \end{bmatrix} \cdot p^k \cdot (1 - p)^{n-k}$
- Andere Bezeichnung: Bernoullische bzw. Newtonsche Verteilung.
- Bei der Binomialverteilung wird angenommen, dass zwei Ereignisse bei einem Experiment (mit n Versuchen) auftreten können, wobei ein Ergebnis mit der Wahrscheinlichkeit p k-Mal auftreten soll. Die Ergebnisse sollen unabhängig voneinander sein.
- Andere Bezeichnung: $p(k) = B_{n;p}(k)$
- Es gilt: $E(X) = n \cdot p$ und $VAR(X) = n \cdot p \cdot q = n \cdot p \cdot (1 - q) = \sigma^2$

Poisson-Verteilung

- Für die Wahrscheinlichkeit gilt: $p(k) = \frac{(n \cdot p)^k}{k!} \cdot \exp(-n \cdot p)$
- Andere Bezeichnung: $p(k) = P_{n \cdot p}(k)$
- Es gilt: $E(X) = \mu$ und $VAR(X) = n \cdot p$

Galton-Brett

- Die Kugel durchläuft ein gleichmäßiges Labyrinth. An den jeweiligen Eckpunkten fällt sie nach links oder rechts.
- Über $B_{n;p}(k)$ können die Werte bestimmt werden.

Gaußsche Verteilung

- Die Normalverteilung ist ein Grenzfall einerseits der Binomialverteilung und andererseits der Poisson-Verteilung.
- Normalverteilung (Gaußsche Glockenkurve):
  $\varphi: x \to 1/(\sigma \cdot (2\pi)^{0,5}) \cdot \exp(-(x - \mu)^2 / (2 \cdot \sigma^2))$
- Standardisierte Normalverteilung (Gauß): $f(x) = [1/(2\pi)^{0,5}] \cdot \exp(-x^2 / 2)$
- Wendepunkt der Kurve bestimmt 1 σ.
  $\pm 1 \sigma \approx 68{,}26 \%$; $\pm 2 \sigma \approx 95{,}44 \%$; $\pm 3 \sigma \approx 99{,}73 \%$; $\pm 4 \sigma \approx 99{,}994 \%$
- Ein physikalisches Gesetz setzt eine Bestätigung von $\pm 5 \sigma$ voraus.
- **Verwandte Verteilungen**: χ2-Verteilung, F-Verteilung; t-Verteilung;
  Lognormal-Verteilung $X \sim Ln(\mu^*; \sigma^{*2})$ für $x \geq 0$; $\mu^* \in \mathbb{R}$, $\sigma^* \in \mathbb{R}^+$
  $f(x|\mu^*;\sigma^{*2}) = [1/(\sigma^* \cdot (2\pi)^{0,5} \cdot x)] \cdot \exp(-(\ln(x) - \mu^*)^2 / (2 \cdot \sigma^{*2}))$

Lorentz-Verteilung

$p_L(x) = \frac{1}{\pi} \cdot \frac{\gamma}{(x - \mu)^2 + \gamma^2}$; es gilt: $\int_{-\infty}^{\infty} p_L(x)\, dx = 1$; Mittelwert: $\bar{x} = \mu$.
Maximum bei $x = \mu$ mit $p_{Lmax} = 1/(\pi\gamma)$. Es existiert kein Erwartungswert (x^2).

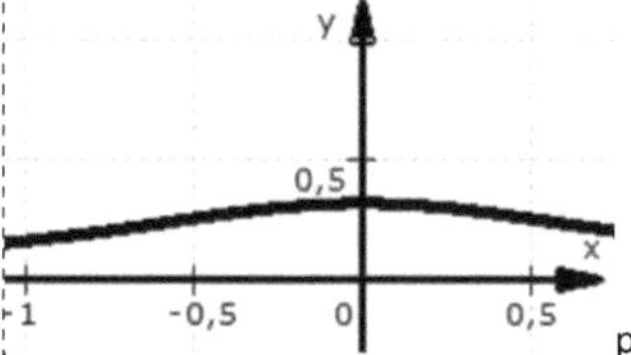

$p_L(x)$-Verteilung für $\mu = 0$ und $\gamma = 1$

Normalverteilung (Gauß)

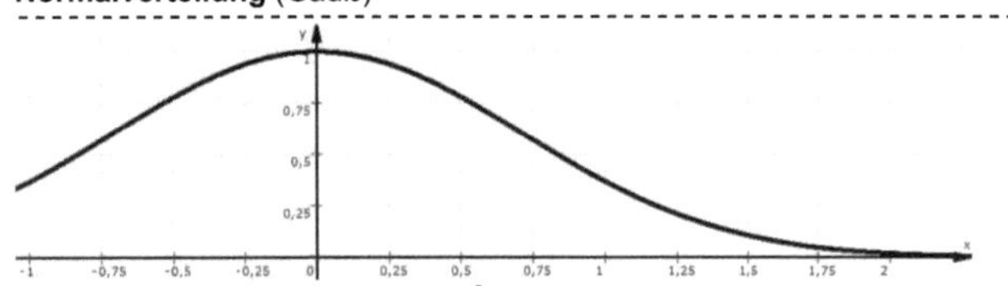

[Darstellung normiert über $\exp(-(x^2))$]

Lognormal-Verteilung

[Darstellung normiert über $(1/x) \cdot \exp(-((\ln(x) - 1)^2/2))$]

Pascal und Fibonacci

- **Fibonacci**: eine Wachstumsfolge (1; 1; 2; 3; 5; 8; 13; 21; 34; ...)
  Es gilt $f_n = f_{n-1} + f_{n-2}$; mit $n \geq 2$ und $f_0 = 1$; $f_1 = 1$
- Mit m = n − 2 können die Fibonacci-Werte auch direkt dem Pascalschen Dreieck entnommen werden.
  (Siehe das Diagramm: Binomialkoeffizienten und Pascalsches Dreieck
- Mit m = n − 1 und (m − k) $\geq$ k gilt, $f_n = \sum_{k=0}^{n} \binom{m-k}{k}$

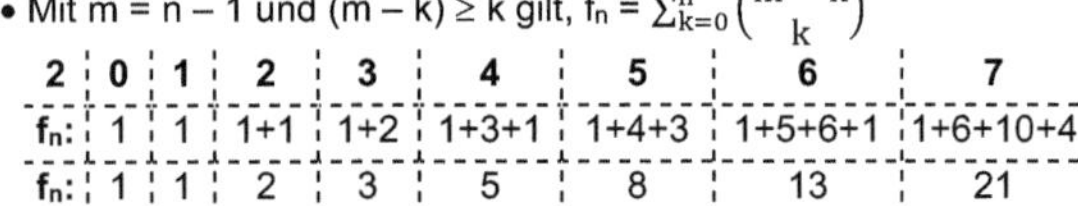

2	0	1	2	3	4	5	6	7
f_n:	1	1	1+1	1+2	1+3+1	1+4+3	1+5+6+1	1+6+10+4
f_n:	1	1	2	3	5	8	13	21

Poisson-Verteilung

- Für die Wahrscheinlichkeit gilt: $p(k) = \frac{(n \cdot p)^k}{k!} \cdot \exp((-n) \cdot p)$
- Andere Bezeichnung: $p(k) = P_{n \cdot p}(k)$
- Es gilt: $E(X) = \mu$ und $VAR(X) = n \cdot p$.

Hypergeometrische Verteilung

- Für die Wahrscheinlichkeit giltl:
  $$p(k) = \begin{bmatrix} P \cdot N \\ k \end{bmatrix} \cdot \begin{bmatrix} N \cdot (1-p) \\ n - k \end{bmatrix} \Big/ \begin{bmatrix} N \\ n \end{bmatrix}; \quad p(k) = \begin{bmatrix} M \\ k \end{bmatrix} \cdot \begin{bmatrix} N - M \\ n - k \end{bmatrix} \Big/ \begin{bmatrix} N \\ n \end{bmatrix}$$
- Hiermit können Verteilungen erfasst werden, bei denen die Grundmenge als Bezugsmenge in zwei genau unterscheidbare Teilmengen mit $M = p \cdot N$ und $N - M = N \cdot (1 - p)$ aufgeteilt wird.
- Andere Bezeichnung: $p(k) = H_{N;M;n}(k)$
- Es gilt: $E(X) = n \cdot M / N$ und $VAR(X) = n \cdot \frac{M}{N} \cdot \left(1 - \frac{M}{N}\right) \cdot \frac{M-N}{N-1}$
- Die Hypergeometrische Verteilung hat als Grenzfälle
  → die Binomialverteilung
    mit (N ist sehr groß; N > 2000; n/N < 0,1)
  → die Poissonverteilung
    mit (N ist sehr groß; N > 100; p ist klein; p < 0,05)
  → die Normalverteilung (Gaußsche Verteilung)
    mit ($n \cdot p \cdot (1 - p) > 9$; n/N < 0,1)

Stochastik

$B_{n,p}(k)$

- **Formel von Bernoulli**

$$P(X = k) = \binom{n}{k} \cdot p^k \cdot (1-p)^{n-k}$$

- $\binom{n}{k} = \dfrac{n!}{k! \cdot (n-k)!}$

  Sprechweise: „n über k"

- **Binomialverteilung**

$$k \to \binom{n}{k} \cdot p^k \cdot (1-p)^{n-k}$$

- $n! = 1 \cdot 2 \cdot 3 \cdot \ldots \cdot (n-1) \cdot n$
- $n! \to$ Fakultät über n
- $0! = 1;\ 1! = 1;\ 2! = 2;\ 3! = 6;$

- $B_{n,p}$ – **verteilte Zufallsvariable**: $B_{n,p} = P(X = k)$
- **Erwartungswert** einer Binomialverteilung: $E\{X\} = n \cdot p$
- **Varianz** einer Binomialverteilung:
  $V\{X\} = VAR\{X\} = n \cdot p \cdot q$ mit $q = 1 - p$
- **Standardabweichung** einer Binomialverteilung:
  $\sigma_x = (n \cdot p \cdot q)^{0,5} = (n \cdot p \cdot (1-p)^{0,5}) = (n \cdot (p - p^2))^{0,5}$

Binomialkoeffizienten $\binom{n}{k}$

n\k	0	1	2	3	4	5	6	7	8	9	10	11	12	...
0	1													
1	1	1												
2	1	2	1											
3	1	3	3	1										
4	1	4	6	4	1									
5	1	5	10	10	5	1								
6	1	6	15	20	15	6	1							
7	1	7	21	35	35	21	7	1						
8	1	8	28	56	70	56	28	8	1					
9	1	9	36	84	126	126	84	36	9	1				
10	1	10	45	120	210	252	210	120	45	10	1			
11	1	11	55	165	330	462	462	330	165	55	11	1		
12	1	12	66	220	495	792	924	792	495	220	66	12	1	
13	1	13	78	286	715	1287	716	1716	1287	715	286	78	13	...
14	1	14	91	364	1001	2002	3003	3432	3003	2002	1001	364	91	...

Binomialkoeffizienten und Pascalsches Dreieck

m\k	0	1	2	3	4	5	6	7	8	9	10	....
0	1											
1	1	1										
2	1	2	1									
3	1	3	3	1								
4	1	4	6	4	1							
5 →	1	5	10	10	5	1						
6 →	1	6	15	20	15	6	1					
7 →	1	7	21	35	35	21	7	1				
8	1	8	28	56	70	56	28	8	1			
9	1	9	36	84	126	126	84	36	9	1		
10	1	10	45	120	210	252	210	120	45	10	1	

- **Binomialkoeffizienten** $\binom{m}{k}$
- Die Zahlwerte entsprechen dem **Pascalschen Dreieck** (hier nach links gerückt)

Zählprinzipien

Binomialkoeffizienten

$$\binom{n}{k} = \frac{n!}{k! \cdot (n-k)!} = \frac{n^{\underline{k}}}{k!}$$

$$\binom{n}{k} = \binom{n+1}{k-1} + \binom{n-1}{k} \text{ mit } n \geq 1$$

Vandermonde Identität

$$\binom{n}{k} = \sum_{k=0}^{n} \binom{x}{k} \cdot \binom{y}{n-k}$$

für $n \geq 0$

Stirling Zahlen

$S_{n,k} = S_{n-1,k-1} + k \cdot S_{n-1,k}$ mit $n, k > 0$

mit $S_{0,0} = 1$; $S_{0,k} = 0$

für $k > 0$, $S_{n,0} = 0$ für $n > 0$

Testgestaltungen

Für Binomialverteilungen mit $n \cdot p \cdot (1-p) > 9$ kann bei Signifikanztests mit einer zugehörigen Normalverteilung ein Ablehnungsbereich geeignet betrachtet werden.

Rechtsseitiger Signifikanztest

Nullhypothese H_0 (mit H_0: $p \leq p_0$) wird abgelehnt, wenn die Prüfvariable sehr große Werte annimmt.

Linksseitiger Signifikanztest

Nullhypothese H_0 (mit H_0: $p \geq p_0$) wird abgelehnt, wenn die Prüfvariable sehr kleine Werte annimmt.

Fehlerbetrachtung bei Stichprobenanalysen

	H wird abgelehnt	H wird angenommen
H ist wahr	Fehler 1. Art	Richtige Entscheidung
H ist falsch	Richtige Entscheidung	Fehler 2. Art

Grundschema bei Testanalysen

Formulierung der Nullhypothese H_0

↓

Übertragung des Sachproblems auf eine Binomialverteilung

↓

Bestimme den Ablehnungsbereich A' aufgrund einer vorgegebenen Irrtumswahrscheinlichkeit

Bestimme die Irrtumswahrscheinlichkeit aufgrund eines vorgegebenen Ablehnungsbereichs A'

↓

Bestimme die Wahrscheinlichkeit für einen **Fehler 2. Art**

Regressionsgeraden (Ausgleichsgeraden)

Beschreibung von Geraden

- Geraden werden mit linearen Funktionen beschrieben

  $f(x) = m \cdot x + n$; m gibt die Steigung der Geraden an: $m = \dfrac{\Delta y}{\Delta x} = \dfrac{y_b - y_a}{x_b - x_a}$

  n bezeichnet den y-Achsenwert für x = 0: dies ist der
  y-Achsenabschnittswert $(0|y_0) = (0|n)$
- Aus der Kenntnis zweier Punkte $P_a(x_a|y_a)$ und $P_b(x_b|y_b)$ können m und b bestimmt werden. Hierzu werden zwei Gleichungen aufgestellt unter Beachtung der Geradengleichung:

  $f(x_a) = y_a = x_a \cdot m + n$ und $f(x_b) = y_b = x_b \cdot m + n$
- Für die Punkte $P_A(1 \mid 5)$; $P_B(2 \mid 9)$ und $P_C(3 \mid 6)$ können für die Geraden zwischen zwei Punkten Gleichungen bestimmt werden:

  1: Für P_A und P_B;   **2:** Für P_A und P_C:
  $f(x) = 2x + 3$ $f(x) = 0{,}25x + 4{,}75$

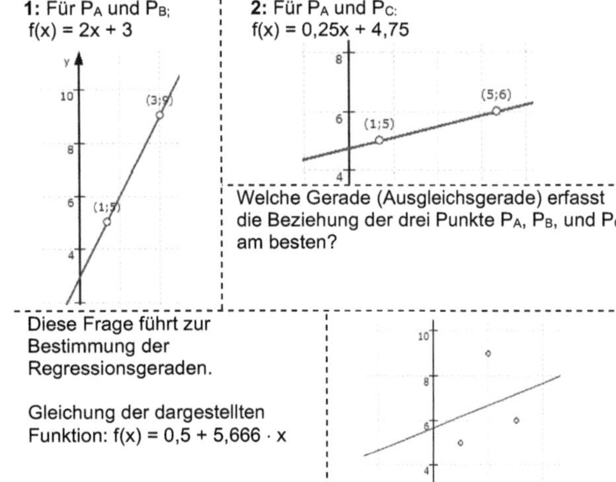

Welche Gerade (Ausgleichsgerade) erfasst die Beziehung der drei Punkte P_A, P_B, und P_C am besten?

Diese Frage führt zur Bestimmung der Regressionsgeraden.

Gleichung der dargestellten Funktion: $f(x) = 0{,}5 + 5{,}666 \cdot x$

Zur Herleitung

Es wird eine allgemeine Geradengleichung $g(x) = mx + b$ angenommen. Die Abstände der einzelnen Punkten ($l_{y(i)}$), die beschrieben werden sollen, werden als y-Differenzen zwischen den einzelnen Punkten und der Geraden ermittelt: $l_{y(i)} = y(i) - g(x(i))$.

Die Summe der quadrierten Abstandswerte
$[(\Sigma(y(i) - f(x(i))^2 = [(\Sigma(y(i) - (mx(i) + b))^2]$ wird abgeleitet und gleich Null gesetzt. (Die Summe soll minimal sein.)
Über $D([(\Sigma(y(i) - (mx(i) + b))^2] = 0$ können die m- und n-Werte ermittelt werden.

Detailliertes Beispiel

X-Wert	Y-Wert
2,0	1,2
2,9	3.0
5,5	3,2
6,8	3,0
7,2	3,5

Regressionsgleichung: y = 0,677368 ++ 0,389884 · x
Mittelwert x: 4,88
Mittelwert y: 2,58
Stichprobenvarianz (Varianz) x: 4,3336
Stichprobenvarianz (Varianz) y: 0,7296
Korrelationskoeffizienz: 0,950204
Güte: Korrelation wahrscheinlich

Regressionsgeraden

- Ziel von Datenbetrachtungen ist, eine Beziehung zwischen verschiedenen Wertepaaren zu finden, durch die eine vereinfachte Beschreibung möglich wird. Zugleich können so formale bzw. auch kausale Abhängigkeiten erkannt werden.
- Im einfachsten Fall die Abhängigkeit einer y-Größe durch x-Werte bestimmt sein. Hierbei kann eine Gerade ($\rightarrow$ lineare Funktion: $y = f(x) = m \cdot x + b$) in simpler Art die Abhängigkeit beschreiben.
- Bzgl. der verursachenden Variablen (X) spricht man auch von der erklärenden bzw. unabhängigen Variablen, dem Regressor.
- Die abhängige Variable (Y) wird als Regressand bzw. als erklärende Variable verstanden, die der Verursachung folgt.
- Mit der Geraden wird prinzipiell eine systematische Beziehung dargelegt, von der die einzelnen Wertepaare bedingt durch zufällige Effekte abweichen: $y(i) = f(x(i)) + \varepsilon(i)$
- $f(x(i))$ beschreibt hierbei die funktional systematische Struktur. Es gilt im Detail: $f(x(i)) = f(x(i); \beta_0, \beta_1)$ mit: $f(x) = \beta_1 \cdot x + \beta_0$ (β_0, β_1: Regressionskoeffizienten)
- $\varepsilon(i)$ beschreibt den unsystematischen Anteil (Zufallseffekt; Messfehler; …)
- Beschreibungsmodell: $y(i) = \beta_1 \cdot x + \beta_0 + \varepsilon(i)$

Bestimmung der Regressionsgeraden

- Ausgehend von den Messwertpaaren $(x_i; y_i)$ wird jeweils ein Mittelwert für x und y bestimmt: $\bar{x}$, $\bar{y}$.

  Unter Verwendung dieser Werte können $\hat{\beta}_1$ und dann $\hat{\beta}_0$ bestimmt werden, mit: $\hat{\beta}_1 = \dfrac{\sum_{i=1}^{n}(x_i - \bar{x}) \cdot (y_i - \bar{y})}{\sum_{i=1}^{n}(x_i - \bar{x})^2}$ und $\hat{\beta}_0 = \bar{y} - \hat{\beta}_1 \cdot \bar{x}$.

  (Die Erstellung der Beziehung folgt dem Ansatz der Methode der kleinsten Quadrate nach Gauß.)
- Mit Blick auf die drei Punkte $P_A(1 \mid 5)$; $P_B(2 \mid 9)$ und $P_C(3 \mid 6)$ ergibt sich: $\bar{x} = 2 \; und \; \bar{y} = \frac{20}{3} (= 6{,}666)$.

  Es folgt: $\hat{\beta}_1 = 0{,}5$; $\hat{\beta}_0 = \frac{17}{3} = 5{,}666$; $y(i) = \frac{1}{2} \cdot x + \frac{17}{3}$
- Alternative Beschreibungen für die drei Punkte (z. B.):

Gerade durch den Ursprung

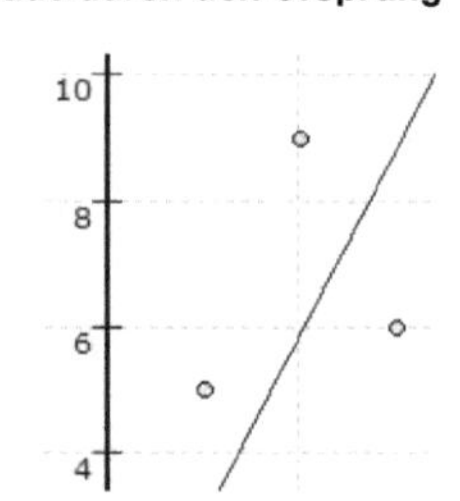

$f(x) = 2{,}928571 \cdot x$

Quadratische Funktion

$f(x) = 0{,}05102 \cdot x^2 + 6{,}428571$

Reziproke Beziehung

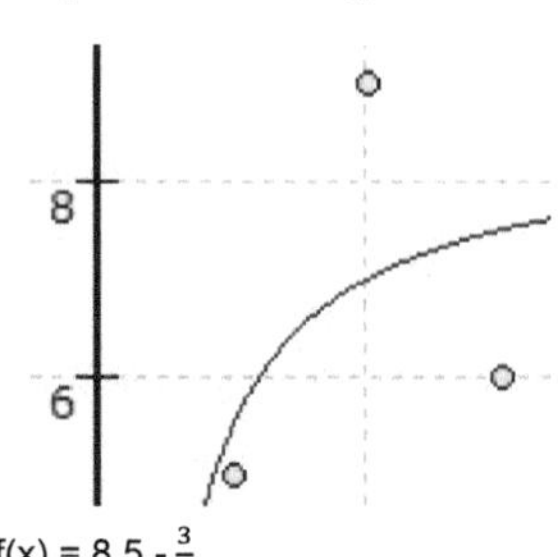

$f(x) = 8{,}5 - \dfrac{3}{x}$

Geometrische Beziehung

$f(x) = 5{,}602194 \cdot x^{0{,}2394}$

Verallgemeinerte Regressionsbeziehung

β_i : (partielle) Regressionskoeffizient (Parameter, 1 … n)

u : additive Zufallsvariable (u: unbekannter konstanter Wert, eventuell ein Zufallswert; auch Störvariable bzw. Zufallsvariable)

X, Y: beobachtbare Größen: X: bestimmende Größe; Y: bestimmte Größe
Die Beschreibung soll durch linearen Funktionen erfolgen.

Y soll abhängig sein von X_i : $Y = f(X_1, X_2, …, X_k)$

- Eindimensionale Abhängigkeit: $Y = \beta_1 \cdot X + u$
- Zweidimensionale Abhängigkeit: $Y = \beta_1 \cdot X_1 + \beta_2 \cdot X_2 + u$
- Allgemeine Abhängigkeit: $Y = \beta_1 \cdot X_1 + … + \beta_n \cdot X_n + u$

Konkrete Regressionsgleichung: $Y = \beta_1 \cdot X_1 + \beta_2 \cdot X_2 + … + \beta_k \cdot X_k + u$
Verallgemeinert erfolgt die Beschreibung und die zugehörige Analyse mit Vektoren und Matrizen $\mathbf{y} = \mathbf{X}\beta + \mathbf{u}$ mit: $\mathbf{y}, \beta, \mathbf{u}$: Vektoren; $\mathbf{X}$: Matrix).

Der Datensatz wird in eine detaillierte Gleichungsstruktur überführt
$(y_t = \beta_1 \cdot x_{t1} + \beta_2 \cdot x_{t2} + … + \beta_K \cdot x_{tK} + u_t)$:

$y_1 = \beta_1 \cdot x_{11} + \beta_2 \cdot x_{12} + … + \beta_K \cdot x_{1K} + u_1$

$y_2 = \beta_1 \cdot x_{21} + \beta_2 \cdot x_{22} + … + \beta_K \cdot x_{2K} + u_2$

...

$y_T = \beta_1 \cdot x_{T1} + \beta_2 \cdot x_{T2} + … + \beta_K \cdot x_{TK} + u_T$

$$\rightarrow y := \begin{pmatrix} y_1 \\ \vdots \\ y_t \\ \vdots \\ y_T \end{pmatrix} = \begin{bmatrix} x_{11} & \cdots & x_{1k} & \cdots & x_{1K} \\ \vdots & & \vdots & & \vdots \\ x_{t1} & \cdots & x_{tk} & \cdots & x_{tK} \\ \vdots & & \vdots & & \vdots \\ x_{T1} & \cdots & x_{Tk} & \cdots & x_{TK} \end{bmatrix} \cdot \begin{bmatrix} \beta_1 \\ \vdots \\ \beta_k \\ \vdots \\ \beta_K \end{bmatrix} + \begin{bmatrix} u_1 \\ \vdots \\ u_k \\ \vdots \\ u_t \end{bmatrix}$$

$\rightarrow \mathbf{y} = \mathbf{X}\beta + \mathbf{u}$ (mit $\mathbf{y}, \beta, \mathbf{u}$: Vektoren; $\mathbf{X}$: Matrix)

Regressionsbeziehungen

Fehler und Fehlerquadrat

Die Abweichungen zwischen den tatsächlichen Daten (y_i) und den Werten der Regressionsgeraden ($\hat{y}_i$) werden als Fehler beschrieben.

Es gilt: $\hat{u}_i = y_i - \hat{y}_i = y_i - \beta_1 \cdot x_{i1} + \beta_2 \cdot x_{i2} + \ldots + \beta_K \cdot x_{iK}$

Für das Fehlerquadrat folgt: $\hat{u}_i^2 = (y_i - \beta_1 \cdot x_{i1} + \beta_2 \cdot x_{i2} + \ldots + \beta_K \cdot x_{iK})^2$

Es wird die Summe der Fehlerquadrate gebildet: $S(\hat{\beta})$

$$S(\hat{\beta}) = \sum_{t=1}^{T} \hat{u}_t^2 = \sum_{t=1}^{T}\left(y_i - \beta_1 x_{t1} - \ldots - \beta_K x_{tK}\right)^2 = (\mathbf{y} - \mathbf{X}\hat{\beta})' \cdot (\mathbf{y} - \mathbf{X}\hat{\beta})'$$
$$= \hat{\mathbf{u}}' \cdot \hat{\mathbf{u}}$$

$S(\hat{\beta})$ hängt somit von den β-Werten ab. $S(\hat{\beta})$ ist dabei die Zielfunktion.

Der Vektor $\hat{\beta}$ muss minimiert werden.

Hierzu ist $(\mathbf{y} - \mathbf{X}\hat{\beta})' \cdot (\mathbf{y} - \mathbf{X}\hat{\beta})'$ im Detail zu bestimmen und die zugehörigen partiellen Ableitungen sind zu bestimmen.

Es ergibt sich ein Gradientenvektor, der gleich Null zu setzen ist.

Güte der Regressionsgleichung

Zu Bestimmung der Güte der Regressionsgleichungen wird ein **Bestimmtheitsmaß R^2** eingeführt, um die Gleichungsgüte zu präziseren (abschätzen zu können).

$$R^2 = \frac{(SRQ)^m}{(SGQ)^m} = \frac{\Sigma(\hat{y}_t - \bar{y})^2}{\Sigma(y_t - \bar{y})^2} \text{ (mit } t = 1, \ldots, T)$$

SRQ: Summe der Regressionsquadrate (um das Mittel)

    (SRQ^m: Summe der Quadrate der Abweichungen der durch die Regression geschätzten Regressandenreihe von ihrem arithmetischen Mittel)

SGQ: Summe der Gesamtquadrate (um das Mittel) bzw. Summe der Regressandenquadrate (um das Mittel)

    (SGQ^m: Summe der Quadrate der beobachteten Regressandenreihe von ihrem arithmetischen Mittel)

SGQ kann zerlegt werden in: SGQ = SRQ + SFQ

SFQ: $\hat{\mathbf{u}}' \hat{\mathbf{u}}$; SGQ: $\mathbf{y}' \mathbf{y}$; SRQ: $\hat{\beta}' \mathbf{X}' \mathbf{y}$

$\hat{y}_t$: $\Sigma \hat{y}_t = \hat{\beta}_1 T + \hat{\beta}_2 \Sigma x_{t2} + \ldots + \hat{\beta}_K \Sigma x_{tK} = \Sigma y_t$

y_t: $\Sigma y_t = \Sigma \hat{y}_t$

Weiterin gilt: $R^2 = r^2 = \dfrac{\left[\sum_{t=1}^{T}(y_t - \bar{y})\,(\hat{y}_t - \bar{y})\right]^2}{\sum_{t=1}^{T}(y_t - \bar{y})^2 \cdot \sum_{t=1}^{T}(\hat{y}_t - \bar{y})^2}$

($\rightarrow$ Quadrat des einfachen Korrelationskoeffizienten (gemäß Pearson))

Allgemeines Beschreibungsmodell

Mit Hilfe der Methode der kleinsten Quadrate werden ausgehend von Datensätzen die Werte β_1 bis β_k (die Regressiionskoeffizienten) bestimmt.

β_1: partieller Regressionskoeffizient (Achsenabschnitt im Diagramm)

Allgemein gilt vektoriell geschrieben:

$$I(\beta) = (\mathbf{y} - \mathbf{x}(\beta))' \cdot (\mathbf{y} - \mathbf{x}(\beta)) = \mathbf{y}' \mathbf{y} - 2\,\beta' \mathbf{x}' \mathbf{y} + \beta' \mathbf{x}' \mathbf{x}\, \beta$$

Dieser Ausdruck wird abgeleitet und ein Vektor partieller Ableitungen gefunden, der zu einem Gradientenausdruck führt. Dieser wird gleich Null gesetzt.

Letztlich ergibt sich ein System von Normalgleichungen.

Unter Beachtung der konkreten Daten kann β bestimmt werden:
$\beta = (\mathbf{x}'\mathbf{x})^{-1}\mathbf{x}'\mathbf{y}$.

Es ergibt sich die Normalengleichung: $\mathbf{X}'\,\mathbf{X}\,\beta = \mathbf{X}'\,\mathbf{Y}$

Bezüglich der einzelnen Größen werden spezifische Modellannahmen vorgeschrieben, die dann zur Ausdifferenzierung der Rechenverfahren führen. Die Annahmen betreffen die Aspekte der Freiheitsgrade, der Normalverteilung, der Erwartungswerte, der Varianz, der Autokorrelation der Daten etc.

Weiterhin gilt mit Blick auf stochastische Gegebenheiten:

$\mathbf{U}$: Vektor der Störvariablen; $\mathbf{u}$: Vektor der Realisationen

μ: Vektor der Erwartungswerte; Σ_u: Kovarianzmatrix der Störvariablen

$$\mathbf{U} = \begin{bmatrix} U_1 \\ U_2 \end{bmatrix}$$

$$\mathbf{u} = \begin{bmatrix} u_1 \\ u_2 \end{bmatrix}$$

$$\mu = \begin{bmatrix} \mu_1 \\ \mu_2 \end{bmatrix} = \begin{bmatrix} E(U_1) \\ E(U_2) \end{bmatrix} > \begin{bmatrix} 0 \\ 0 \end{bmatrix}$$

$$\Sigma_u = \begin{bmatrix} \sigma_{u_1}^2 & \sigma_{u_1 u_2} \\ \sigma_{u_2 u_1} & \sigma_{\mu_2}^2 \end{bmatrix}$$

Grundlagen der (diskreten) Wahrscheinlichkeitslehre

Wahrscheinlichkeitsräume (W-Räume)

Bedingte Wahrscheinlichkeit ($A \in \mathbf{A}$; $a \in |R$)

$$P(A|B) := \frac{P(A \cap B)}{P(B)} = P_B(A)$$

Die Wahrscheinlichkeit von A unter der Bedingung von B.

Totale Wahrscheinlichkeit

$P(A) = \sum_I P(B_i) \cdot P(A|B_i)$ für: $i \in I$; $I = |N_{(n)}$

Satz von Bayes

$$P(B_k|A) = \frac{P(A|B_k) \cdot P(B_k)}{\sum_I P(B_i) \cdot P(A|B_i)}; \ k \in I$$

Erweiterte reelle Zahl (Bedingter Erwartungswert von X unter B)

$$E^B(X) := \int X \cdot dP \text{ [Es gilt: } E(E^\Gamma(X)) = E(X)]$$

Symmetrische Differenz ($A, B \subset \Omega$)

$A \,\Delta\, B = (A - B) \cup (B - A)$

Regeln von De Morgan

$$\left(\bigcap_{i \in I} A_i\right)^c = \bigcup_{i \in I} A_i^c; \ \left(\bigcup_{i \in I} A_i\right)^c = \bigcap_{i \in I} A_i^c$$

Partition (Zerlegung): $A = \sum_I (A \cap B_i)$

Diskreter W-Raum: (Ω, A, P)

Ω: kein leerer Raum, abzählbarer Mengeninhalt: Ausgangsraum

A: Potenzmenge((A) von Ω

P: $A \rightarrow |R$: eine Abbildung in $|R$

(P: W-Maß auf Ω bzw. $P(\Omega)$)

Es gilt hierbei:

(1) – **Nichtnegativität** – $P(A) \geq 0$

(2) – **Normiertheit** – $P(\Omega) = 1$

(3) – **σ-Additivität** – für paarweise fremde Mengen (A_i) gilt:

$$\sum_{n \in |N} P(A_n) = P\left(\sum_{n \in |N} A_n\right)$$

$$P(A) = \sum_{\omega \in A} P(\{\omega\}) = P\left(\sum_{\omega \in A} \{\omega\}\right)$$

Es gelten die üblichen Verteilungen (z.B.)

B(n, p): Binominalverteilung: $\omega(k) = \binom{n}{k} \cdot p^k \cdot q^{n-k}$; mit $(p + q = 1)$

Diskrete Gleichverteilung: $\omega(k) = \dfrac{1}{n}$

H(K, L, m); Hypergeometrische Verteilung: $\omega(k) = \dfrac{\binom{K}{k} \cdot \binom{L}{m-k}}{\binom{K+L}{m}}$

Ergänzungen zur Stochastik

Angegeben werden Beziehungen, die speziell in der stochastischen Nachrichtentechnik, in der Physik, im Rahmen von Datenanalysen und im Bereich von Finanzanalysen bedeutsam sind.

Ereignisfeld A

Es sei: $A \neq \varnothing = \{\}$. A besteht aus Teilmengen von H, wobei gilt:

$H \in A$. Ist $a \in A$, dann folgt $\neg\, a \in A$.

Es sei $a_i \in A$; dann folgt $\cup_{i=1}^{\infty} a_i \in A$

(Jedes System, das dies erfüllt, ist eine σ-Algebra.)

Reelle Zufallsvariable $x(\eta)$

$x(\eta)$ wir eindeutig die Ergebnismenge H (eines Zufallsexperiments) auf |R ab, wobei gilt: $\{\eta|:x(\eta) \leq x\} \in A \; \forall \, x \in$ |R und
$P(\{\eta|:x(\eta) \leq x\} = -\infty) = P(\{\eta|:x(\eta) \leq x\} = -\infty) = 0$

Komplexe Zufallsvariable $z(\eta) = x(\eta) + i \cdot y(\eta)$

$x(\eta)$ Realteil; $y(\eta)$ Imaginärteil

Wahrscheinlichkeitsverteilungsfunktion

$F_x(x) = P(\{\eta| x(\eta) \leq x\})$

Hierbei gilt: $F_x(-\infty) = 0$; $F_x(+\infty) = 1$; $F_x(x)$ ist monoton wachsend.

Wahrscheinlichkeitsdichtefunktion

$$f_x(x) = \frac{dF_x(x)}{dx}$$

δ-Distribution: $\int_{-\infty}^{+\infty} g(x) \cdot \delta(x - x_0) \cdot dx = g(x_0)$

δ_K-Kronecker: $\delta_{ij} = \begin{cases} 0 \text{ für } i \neq j \\ 1 \text{ für } i = j \end{cases}$

Generell gibt es im klassischen Verständnis der Stochastik keine negativen Wahrscheinlichkeitswerte. Dies gilt auch für die Informationstheorie von Shannon. Jedoch gibt es in Teilbereichen der Physik und Nachrichtentechnik auch Überlegungen zu imaginären Wahrscheinlichkeitswerten.

Gemeinsame Verteilung $F_{xy}(x, y)$ von $x(\eta)$ und $y(\eta)$

$x(\eta)$ und $y(\eta)$ sind zwei Zufallsvariablen auf einer gemeinsamen Ergebnismenge H. Es gilt: $F_{xy}(x, y) = P(\{\eta| x(\eta) \leq x\}) \cap P(\{\eta| y(\eta) \leq y\})$

Gemeinsame Dichte $f_{xy}(x, y)$ (von $x(\eta)$ und $y(\eta)$)

$$f_{xy}(x, y) = \frac{\partial^2 F_{xy}(x, \; y)}{\partial x \, \partial y}$$

Statistische Unabhängigkeit

Diese ist für zwei Zufallvariablen $x(\eta)$ und $y(\eta)$ dann erfüllt, wenn gilt:

$f_{xy}(x, y) = f_x(x) \cdot f_x(x)$

Momente (Mittelwert von Zufallsgrößen bzw. von Potenzen davon)

k-tes Moment: $m_x^{(k)} = E\{x^k(\eta)\}$

k = 1: linearer Mittelwert; k = 2: quadratischer Mittelwert

Erwartungswert (auch **Mittelwert** bzw. Scharmittelwert)

$$E\{x(\eta)\} = \int_{-\infty}^{+\infty} x \cdot dF_x(x) = \int_{-\infty}^{+\infty} x \cdot f_x(x) \, dx$$
(bei diskreten Werten gilt:
$E\{x(\eta)\} = \sum_{i=1}^{M} x_i \cdot P\{\eta| x(\eta) = x_i\}$ für i = 1, ..., M)

Zentrales Moment: $\mu_x^{(k)} = E\{(x(\eta) - m_x^{(1))k}\}$

k = 2: zweites zentrales Moment ($\rightarrow$ **Varianz** der Zufallsvariablen)

$\sigma_x^2 = \mu_x^{(2)} = E\{(x(\eta) - m_x^{(1))k}\} = \mathrm{Var}\{x(\eta)\}$

$\sigma_x = + (\mathrm{Var}\{x(\eta)\})^{0,5}$: Standardabweichung

Lineare Mittelwerte (Moment mit k = 1): $m_x(t) = m_x^{(1)}(t) = E\{x(\eta,t)\} = \int_{-\infty}^{\infty} f_x(x, t)\, dx$

Orthogonalität

$x(\eta)$ und $y(\eta)$ sind orthogonal, wenn gilt: $E\{x(\eta)\, y(\eta)\} = 0$

Unkorrelierte ZV (Zufallsverteilungen)

$x(\eta)$ und $y(\eta)$ sind unkorreliert, wenn gilt: $E\{x(\eta)\, y(\eta)\} = E\{x(\eta)\}\, E\{x(\eta)\}$

Korrelationskoeffizient

(Zusammenhang zwischen zwei Zufallsvariablen)

$$\rho_{xy} = \frac{\mu_{xy}^{(1,1)}}{\sigma_x\, \sigma_y} = \frac{E\{\left(x(\eta) - m_x^{(1)}\right)\left(y(\eta) - m_y^{(1)}\right)\}}{\left|\sqrt{E\{\left(x(\eta) - m_x^{(1)}\right)^2\}\, E\{\left(y(\eta) - m_y^{(1)}\right)^2\}}\right|}$$

Gauß-Prozess (Normal-Prozess)

$f(x_1, t_1; x_2, t_2; ...; x_n, t_n) =$

$$= \frac{1}{\sqrt{(2\pi)^n \det C}} \exp\left(-0,5\, (x - \mu) \cdot B^{-1}\, (x - \mu)^T\right)$$

x: Vektor; μ: Vektor der Erwartungswerte (1 ... n)
T steht für Transponierung
B: Kovarianzmatrix ($B_{ij} = E[X(t_i) - EX(t_i)]\, [X(t_j) - E(t_j)]$)

Glockenkurve gemäß Gauß: $f_x(x) = \frac{1}{\sqrt{2\pi} \cdot \sigma_x} \exp\left(-\frac{(x - m_{1,x})^2}{2\, \sigma_x^2}\right)$

Die Standardabweichung σ wird durch den Wendepunkt bestimmt.

Für den Gauß-Impuls gilt: $x(t) = \hat{x} \cdot \exp\left(-\pi \left(\frac{t}{\Delta t}\right)^2\right)$

$\hat{x}$: Impulsamplitude; Δt: Impulsdauer; Impulsenergie: $E_x = \frac{1}{\sqrt{2}}\, \hat{x}^2 \cdot \Delta t$

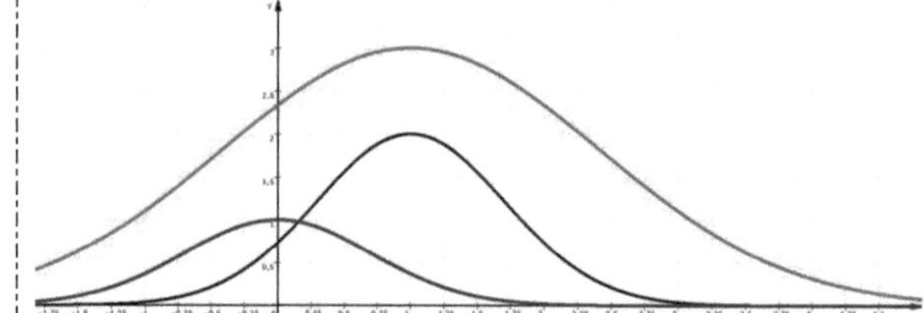

Betrachtungen zu $\exp(-(...)^2)$

$f(x) = \exp(-(x)^2)$; $g(x) = 2\exp(-((x-1)^2))$; $h(x) = 3\exp(-(((x-1)/2)^2))$

Standardabweichung (σ) und Wendepunkte

Die Standardabweichung $(1 \cdot \sigma)$ der Funktion $\exp(-(...)^2)$ liegt da vor, wo die zweite Ableitung den Wert Null hat.
(Dies gibt die Wendepunkte der Funktion an.)

Beispiel: $f(x) = \exp(-(((X-1)/2)^2))$

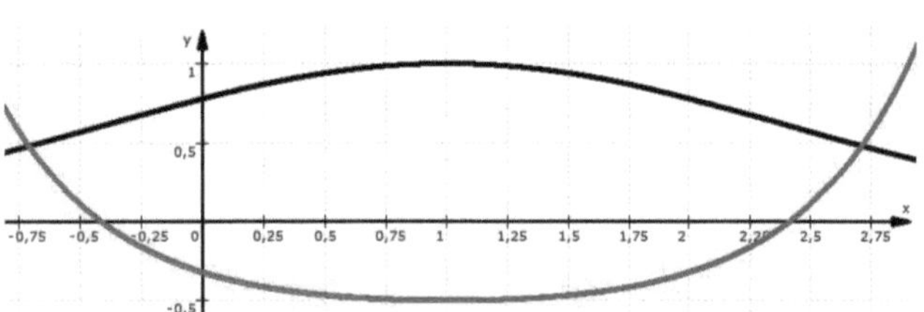

x-Werte der Wendepunkte: -0,4142 und 2,4142
y-Wert: 0,6065

Beispiel: $f(x) = \exp(-((X-1)^2))$

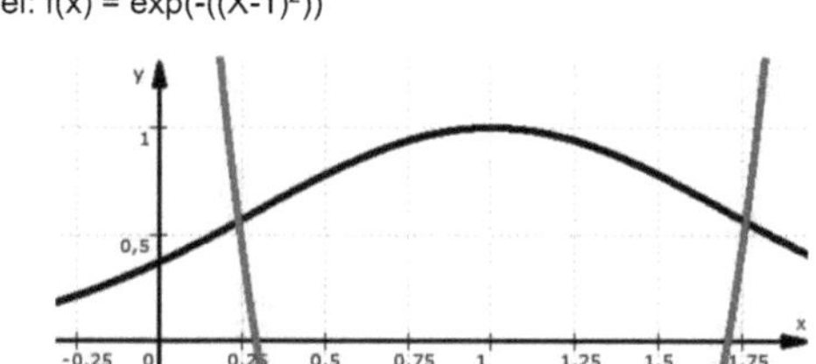

x-Werte der Wendepunkte: 0,2929 und 1,7071
y-Wert: 0,6065

Ergänzungen zur Stochastik

Wienerprozesse (W(t): Spezialfälle des Gauß-Prozesses)

Charakteristika für die **Wienerprozesse**:
(1) Zeitdiskreter Prozess stochastischer Natur; stationäre Zuwächse
(2) Normalverteilte Struktur; Erwartungswert E = 0
(3) Die Veränderungen sind unabhängig von der Vorgeschichte
   → insofern liegt kein Gedächtnis vor.

$$f(x, t) = \begin{cases} \frac{1}{\sqrt{\pi \cdot t}}\, \exp\left(- \frac{x^2}{2t}\right) & \text{für } t > 0 \\ \delta(x) & \text{für } t = 0 \end{cases}$$

Mit W(t) als Ausdruck der Wiener Gleichung kann für die Brownsche Bewegung (zufällige Partikelbewegung in Flüssigkeiten) unter Beachtung der Langevin-Theorie geschrieben werden:

$d\upsilon(t) = - \gamma \cdot \upsilon(t) \cdot dt + dW(t)$.

[γ: mechanischer Reibungskoeffizient (r) pro Masseneinheit m ($\to$ r/m)]

Wiener nahm positive reele Wahrscheinlichkeitswerte an. Die Pfade sind überall stetig, aber nicht ableitbar.

$d\upsilon(t)$ ist als stochastische Differenzialgleichung ein Sonderfall der Itoh-Gleichung.

Itoh-Prozess: $dx/dt = a(x, t) + b(x,t) \cdot \xi_t$
   a: determinierter Anteil; $b \cdot \xi_t$: stochastischer Anteil;
   ξ_t: verallgemeinerter stochastischer Prozess (z.B.: weißes Rauschen
      → Wiener-Prozess: $W_t = \int_0^t \xi_s \cdot ds$)

Itoh-Integral $\int_0^t \sigma_s\, dW_s := \sum_{i=1}^n \sigma_i \left(W_{t \wedge t_{i+1}} - W_{t \wedge t_i}\right)$ für alle $t \in [o, T]$

Beispiel für einen Wienerprozess

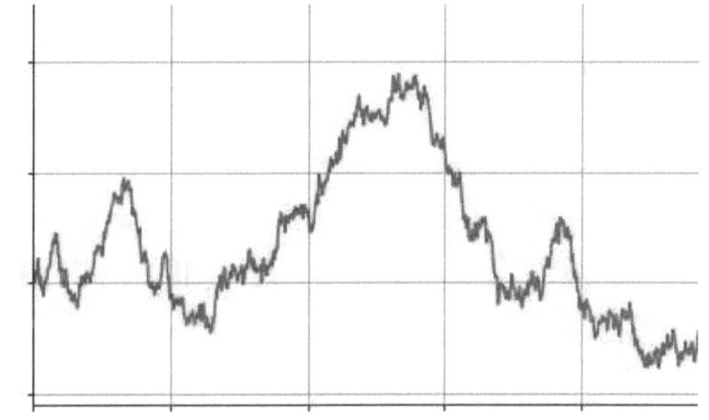

Stochastische partielle Differenzialgleichung (SPDGL)
$dX_t = (A \cdot X_t + \alpha \cdot (X_t)) \cdot dt + \sigma \cdot (X_t) \cdot dW_t$
(über σ werden gewöhnliche DGL erweitert mit W als

Wienerprozess). Lösung: $X_t = x_0 + \int_0^t \alpha \cdot (X_s) \cdot ds + \int_0^t \sigma \cdot (X_s) \cdot dW_s$

Feynman entwickelte ein **Pfadintegral** für zufällig Quantenprozesse unter Verwendung komplexer Amplituden und einer imaginären Zeit.

Markov-Prozesse (Markoff-Prozesse)

Verallgemeinerte Betrachtung von Systemen mit eingehenden Informationen, die verarbeitet und ‚reguliert‘ weitergereicht werden.

Betrachtet werden Ankunftsprozesse (‚Anrufe‘) mit spezifischen Ankunftsabständen (Ankunftsrate: λ).

Diese Prozessgröße wird als zufälliges (stochastisches) Ereignis verstanden. Gerechnet wird mit der Ankunftsrate (‚Anrufrate‘)

$$\lambda = E\left\{\frac{Anzahl\ der\ Anrufe}{Zeiteinhei}\right\} = \frac{1}{E\{T_A\}}. \quad (E \ldots: \text{Erwartungswert})$$

Anforderungen an ein System werden entweder zur Bearbeitung übernommen (und hierbei in Wartesysteme (Wartschlangen; Speicheräume)) überführt oder aber mit einer Verlustwahrscheinlichkeit ($P_V = 1 - P_E$; P_E: Wahrscheinlichkeit für eine erfolgreiche Annahme) abgewiesen. Im System selbst tritt eine Wartezeit (T_W) und eine Bedienzeit (T_B) auf. Die Verweilzeit im System T_V bestimmt sich (idealisiert) über
$T_V = T_W + T_B$.

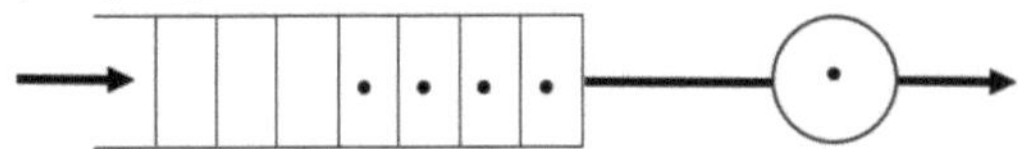

Eingang → Warteraum (• Auftrag: belegt) → Verarbeitung → Ausgang

Der Warteraum besteht aus Warteplätzen. Hierbei können parallel unterschiedliche Warteräume angeordnet werden, die z. B. nach spezifischen Kriterien belegt und mit ausgehandelten Wartezeiten (Prioritäten) zufällig bedient werden. Auch können im System verschiedene Bedieneinheiten parallel angeordnet werden. Diese rationale Modell kann auf maschinelle Verarbeitungseinheiten aber auch menschliche Organisationsstrukturen übertragen werden.
In der Abfolge Ankunft, Warteschlange, Bedieneinheit kommt es Verarbeitung und danach zur Weiterleitung der Anfragen (Informationen).
Es liegt eine Systemeinheit vor.

Ausgehend von den erfolgten Darlegungen werden in der Nachrichtentechnik Warte- und Verlustsysteme (M/M/1 mit M für Markoff mit einer Bedieneinheit) betrachtet.
Dies wird auf M/M/m – Systeme (m Bedieneinheiten) verallgemeinert.
Weiterhin werden M/G/1-Systeme(G: generelle (allgemein) Bedienzeit) analysiert. Auch können für den Ankunftsprozess verallgemeinerte (stochastische) Prozesse angenommen werden.

Systemeinheiten können (parallel und seriell) gekoppelt werden.
Entsprechend den Ankunftsprozessen können die Bedien-, Zustands- und Ausgangsprozesse unterschieden und beschrieben werden.
Typische Ankunftsprozesse: $F_{T_A}(t) = 1 - \exp(-ct)$; $c > 0$; $t \geq 0$ ($T_A \leq t$).
Die Ableitung von $F_{T_A}(t)$ ergibt: $f_{T_A}(t) = c \cdot \exp(-ct)$.

Der **Erwartungswert** bzgl. T_A errrechnet sich gemäß (Partielle Integration): $E\{T_A]$ $= \int_0^\infty t \cdot c \cdot exp(-ct) \cdot dt = 1/c$. Somit gilt $\lambda = c$.

Der **quadratische Mittelwert** lautet $E\{(T_A)^2]$:
$E\{(T_A)^2] = \int_0^\infty t^2 \cdot \lambda \cdot exp(- \lambda \cdot t) \cdot dt = 2/\lambda^2$ (Partielle Integration).
Die Vergangnenheit des Prozesses ist bedeutungslos für seine weitere Entwicklung. (Hierzu wird $P(\{T_A \leq t + t_1 \mid T_A > t_1\})$ betrachtet.
$P(\{T_A \leq t + t_1 \mid T_A > t_1\}) = P(\{T_A \leq t\})$.) Es liegt ein gedächtnisloser Prozess - d. h. ein Markov-Prozess - vor.

Verallgemeinert können die System-Anforderungen betrachtet werden. Für k Anforderungen ergibt sich: $p(k) = \frac{\lambda^k \cdot T^k}{k!} \cdot \exp(- \lambda T)$.
Somit liegt ein Poisson-Prozess vor.

Bedienprozesse (B) mit $F_{T_B}(t)$
   (Wahrscheinlichkeitsverteilung: $F_{T_A}(t) = P(\{T_B \leq t\})$; Bedienzeit $E\{T_B\}$

Bedienprozess	$E\{T_B\}$	Zugehörige Varianz: $\sigma_{T_B}^2$
konstante P-Wert $F_{T_B}(t) = \begin{cases} 0\ \text{für } t < b \\ 1\ \text{für } t \geq b \end{cases}$	b	0
hyperexponentieller $F_{T_B}(t) = 1 - \sum_{i=1}^k P_i \exp(-\mu_i \cdot t)$	$\sum_{i=1}^k \frac{P_i}{\mu_i}$	$2 \sum_{i=1}^k \frac{P_i}{\mu_i^2} - \left(\sum_{i=1}^k \frac{P_i}{\mu_i}\right)^2$
Erlang-k Verteilung $F_{T_B}(t) = 1 - \exp(-\mu t) \cdot \sum_{i=0}^{k-1} \frac{(\mu t)^i}{i!}$	$\frac{k}{\mu}$	$\frac{k}{\mu^2}$

Dies ist bedeutsam für die optimale Warteschlangenorganisation in Systemen, was relevant für reale Echtzeitsysteme ist.
Die Überlegungen können übertragen werden auf physikalische Phänomene (Brownsche Bewegungen (Wienerprozesse) und quantenmechanische Erscheinungen.
Auch können sie weiterentwickelt auf soziale Vorgänge (Aktienmärkte/Börsen(Itoh-Gleichungen)) übertragen werden.

Markov-Automatenmodell

START: Beginn der Betrachtung
ENDE: Abschluss der Betrachtung
Kreis mit Zustand: Zustand wird „ausgegeben“ / „eingenommen“
Pfeile: Übergangswahrscheinlichkeiten (entspricht den Übergängen in einem Baumdiagramm) [Summe der p-Werte gleich 1].

Beispiel
(p(„Start-Z-K-Ende“)
= 0,25)

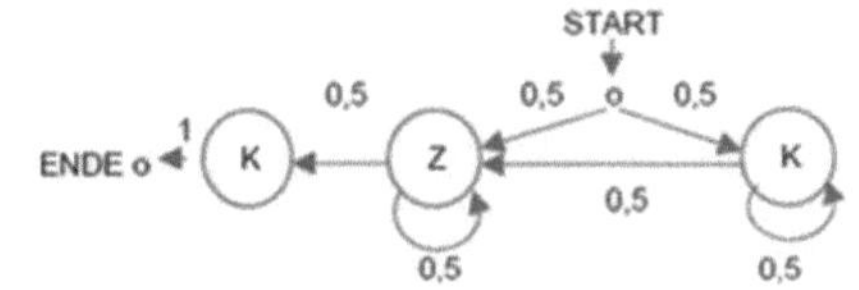

Vertiefungen

Reihen, Orthogonalitätsrelationen, Taylor-Reihe, erzeugende Funktionen, …

Summe, Reihe, Produkt

- $\sum_{i=1}^{n} a_i = a_1 + a_2 + \ldots + a_{n-1} + a_n$
- $\prod_{i=1}^{n} a_i = a_1 \cdot a_2 \cdot \ldots \cdot a_{n-1} \cdot a_n$
- Partialsumme: $s_n = \sum_{k=1}^{n} a_k$

Endliche geometrische Reihe

$a + a \cdot q^1 + a \cdot q^2 + \ldots + a \cdot q^n = a \cdot (1 + q^1 + q^2 + \ldots + q^n) = a \cdot \sum_{k=0}^{n} q^k$

Mit $q \neq 1$ folgt: $a \cdot \sum_{k=0}^{n} q^k = a \cdot \dfrac{1 - q^{n+1}}{1 - q}$

Geometrische Reihe

$a \cdot \sum_{k=0}^{\infty} q^k = \dfrac{a}{1-q}$ für $|q| < 1$

Spezielle Reihen

$\sum \binom{\alpha}{n} z^n$, $\alpha \notin \mathbb{N}$: Binomische Reihe

$\sum \dfrac{z^n}{n}$: Logarithmische Reihe

$\sum \dfrac{z^n}{n!}$: Exponentialreihe

Liegt eine konvergente Reihe vor, die sogar gleichmäßig konvergiert, dann darf diese gliedweise integriert werden.

Das Konvergenzverhalten einer Reihe verbessert sich typischerweise durch die Integration; die Differenziation verschlechtert das Konvergenzverhalten.

Reihenwerte

- $\sum_{n=1}^{\infty} \dfrac{1}{n^2} = \dfrac{\pi^2}{6}$
- $\sum_{n=0}^{\infty} \dfrac{1}{(2n+1)^2} = \dfrac{\pi^2}{8}$
- $\sum_{n=0}^{\infty} \dfrac{(-1)^n}{(2n+1)^3} = \dfrac{\pi^3}{32}$
- $\sum_{n=1}^{\infty} \dfrac{1}{n^4} = \dfrac{\pi^4}{90}$
- $\sum_{n=0}^{\infty} \dfrac{1}{(2n+1)^4} = \dfrac{\pi^4}{96}$
- $\sum_{n=1}^{\infty} \dfrac{1}{n^6} = \dfrac{\pi^6}{945}$

Taylor-Reihe

Die Funktion f auf dem Gebiet G wird abgebildet auf $\mathbb{R}$; f: G $\to$ $\mathbb{R}$

f sei stetig. Im Punkt x_0 soll f hinreichend oft differenzierbar sein.

Es gilt: $T_n(x) = f(x_0) + \dfrac{f'(x_0)}{1!} \cdot (x - x_0) + \dfrac{f''(x_0)}{2!} \cdot (x - x_0)^2 + \ldots$

$\qquad + \dfrac{f^{(n)}(x_0)}{n!} \cdot (x - x_0)^n = \sum_{k=0}^{n} \dfrac{f^{(k)}(x_0)}{k!} \cdot (x - x_0)^k$

In allgemeiner Schreibweise:

$f(x) = \sum_{j=0}^{k} \dfrac{1}{j!} \cdot [\text{grad}_y \cdot (x - x_o)]^j f(y) \,|_{y = x_0} + R_k(x)$

$R_k(x) = \dfrac{1}{(k+1)!} \cdot [\text{grad}_y \cdot (x - x_o)]^{k+1} f(y) \,|_{y = x_0 + \Theta (x - x_0)}$

$\qquad$ mit $0 < \Theta < 1$.

Laurent-Reihe (L(z))

$L(z) = \sum_{n=-\infty}^{\infty} a_n \, (z - z_0)^n$; $z \in \mathbb{Z}$; z_0: Entwicklungspunk; $L(z) = H(z) + N(z)$.

Hauptteil von $L(z)$: $H(z) = \sum_{n=-\infty}^{-1} a_n \cdot (z - z_0)^n$

Nebenteil von $L(z)$: $N(z) = \sum_{n=0}^{\infty} a_n \cdot (z - z_0)^n$

Wo $N(z)$ und $H(z)$ zugleich in einem z konvergieren, da konvergiert $L(z)$.

(N(z): Normale Potenzreihe.)

Faktorielle

Fallende Faktorielle	Steigende Faktorielle
$n^{\underline{k}} = n \cdot (n-1) \cdot \ldots \cdot (n - k + 1)$	$n^{\overline{k}} = n \cdot (n+1) \cdot \ldots \cdot (n + k - 1)$

Einsteinsche Summenkonvention

$x^i \cdot b_j := \sum_{i=1}^{n} x^i \cdot b_i$	$a_i^j \cdot b_j := \sum_{j=1}^{n} a_i^j \cdot b_j n$

Skalarprodukt-Integral

Verallgemeinerung des Skalarprodukts auf allgemeine Räume durch den Integralausdruck: $s = \langle f, g \rangle := \int_a^b f(x) \cdot g(x) \cdot dx$. Ist s = 0 sein, dann ist dies ein Hinweis auf die Orthogonalität der Funktionen f(x) und g(x) zueinander. Bei s = 1 liegt eine Orthonormiertheit vor. Erfüllt sind die Aspekte der Bilinearität, Symmetrie und die Positive Definitheit.

Orthogonalitätsrelationen

$\dfrac{1}{\pi} \cdot \int_{-\pi}^{\pi} \cos(nx) \cdot \cos(mx) \cdot dx = \begin{cases} 0 \text{ für } n \neq m \\ 1 \text{ für } n = m > 0 \\ 2 \text{ für } n = m = 0 \end{cases}$

$\dfrac{1}{\pi} \cdot \int_{-\pi}^{\pi} \cos(nx) \cdot \sin(mx) \cdot dx = 0$

$\dfrac{1}{\pi} \cdot \int_{-\pi}^{\pi} \sin(nx) \cdot \sin(mx) \cdot dx = \begin{cases} 0 \text{ für } n \neq m \\ 1 \text{ für } n = m > 0 \end{cases}$

Beispiele zur Orthogonalität

Betrachtung zur Orthogonalität der Exponenten der Summe

$\dfrac{1}{N} \cdot \sum_{n=0}^{N-1} \exp\left(-j \cdot \dfrac{2 \cdot \pi}{N} \cdot k \cdot n\right)$.

Es sei $k = m \cdot N$. Dann folgt: $\exp\left(-j \cdot \dfrac{2 \cdot \pi}{N} \cdot k \cdot n\right) = \exp\left(-j \, 2 \, \pi \cdot m \cdot n\right)$

Somit ist der Exponent von $\exp\left(-j \, 2 \, \pi \cdot m \cdot n\right)$ ein Vielfaches von 2π.

Es gilt $\exp\left(-j \, 2 \, \pi \cdot m \cdot n\right) = 1$. [$\cos(2\pi) = 1$; $j \cdot \sin(2\pi) = 0$].

Damit ergibt sich: $\dfrac{1}{N} \cdot \sum_{n=0}^{N-1} \exp\left(-j \cdot \dfrac{2 \cdot \pi}{N} \cdot k \cdot n\right) = \dfrac{1}{N} \cdot \dfrac{\exp(-j \, 2 \, \pi k) - 1}{\exp\left(-j \, 2 \, \pi \frac{k}{N}\right) - 1} = 0$

Da der Zähler gleich Null ist. (Hinweis)

Geometrische Reihe: $S_n = a + aq + aq^2 + aq^3 + \ldots = \sum_{n=0}^{\infty} a \cdot q^n = a \cdot \dfrac{1 - q^n}{1 - q}$.

Zur Orthogonalität von: $s = 2 \int_0^{\frac{\pi}{2}} (\sin(j \, x) \cdot \cos(kx) dx$ (mit $k \geq 0$ und $j > 0$)

$\to s = \int_0^{\pi/2} (\sin((j + k) \, x) + \sin((j - k) \, x)) \, dx$

(da $2 \sin A \cos B = \sin(A+B) + \sin(A-B)$)

$\to s = - (\cos((j + k) \, x) / (j + k) + \cos((J - k) \, x) / (j - k)) \,|_0^{\pi/2}$

$\to s = - (((\cos(j + k) \cdot \pi/2) / (j + k) + (\cos(j - k) \cdot \pi/2) / (j - k))$

Dies führt zu einer näheren Unterscheidung in Abhängigkeit vom cos-Ausdruck und vom Verhältnis von j zu k.

Rekursive Funktionen

Lineare Rekursionsgleichung k-ter Ordnung:

$x_n = a_1 \cdot x_{n-1} + \ldots + a_k \cdot x_{n-k} + b_k \; \forall \, n \geq k$ mit $x_i = b_i$ (i: [0, …k-1])

für $b_k = 0$: homogene lineare Rekursionsgleichung k-ter Ordnung

Inhomogene, lineare Rekursion erste Grades

$x_n = a \cdot x_{n-1} + b_n \to$ (zugehörige Lösung) $x_n = \begin{cases} b_0 a^n + b_1 \cdot \dfrac{a^n - 1}{n - 1} & \text{für } a \neq 1 \\ b_0 + b_1 \cdot n & \text{für } a = 1 \end{cases}$

Homogene lineare Rekursionsgleichung k-ter Ordnung:

$x_n = a_1 \cdot x_{n-1} + a_k \cdot x_{n-2} + b_k \; \forall \, n \geq 2$ mit $x_0 = b_0$ und $x_1 = b_1$

Es gilt: $A = \begin{cases} \dfrac{b_1 - b_0 \beta}{\alpha - \beta} & \text{für } \alpha \neq \beta \\ \dfrac{b_1 - b_0 \alpha}{\alpha} & \text{für } \alpha = \beta \end{cases}$ und $B = \begin{cases} \dfrac{b_1 - b_0 \alpha}{\alpha - \beta} & \text{für } \alpha \neq \beta \\ b_0 & \text{für } \alpha = \beta \end{cases}$

$\to x_n = \begin{cases} A\alpha^n - B\beta^n & \text{für } \alpha \neq \beta \\ (An + B)\alpha^n & \text{für } \alpha = \beta \end{cases}$

Addition und Multiplikation von Potenzreihen

$A = \sum_{n \geq 0} a_n x^n$; $B = \sum_{n \geq 0} b_n x^n \to A + B = \sum_{n \geq 0}(a_n + b_n) x^n$

$\to A \cdot B = \sum_{n \geq 0}\left(\sum_{k=0}^{n} a_k \cdot b_{n-k}\right) x^n$

Potenzreihen ($\sum a_n x^n$) u. d. zugehörigen (erzeugenden) Funktionen (f(x))

Potenzreihe	a_n	$f(x)$
$\sum_{n \geq 0} x^n$	$a_n = 1 \to 1; 1; 1; 1; \ldots$	$f(x) = \dfrac{1}{1 - x}$
$\sum_{n \geq 0} n \cdot x^n$	$a_n = n \to 0; 1; 2; 3; \ldots$	$f(x) = \dfrac{x}{(1 - x)^2}$
$\sum_{n \geq 0} a^n \cdot x^n$	$a_n = a^n \to 1; a; a^2; a^3; \ldots$	$f(x) = \dfrac{1}{1 - ax}$
$\sum_{n \geq 0} x^n$	$a_n = n^2 \to 0; 1; 4; 9; \ldots$	$f(x) = \dfrac{x \cdot (1 + x)}{(1 - x)^3}$
$\sum_{n \geq 1} \dfrac{1}{n} \cdot x^n$	$a_n = \dfrac{1}{n} \to 1; 1/2; 1/3; \ldots$	$f(x) = \ln\left(\dfrac{1}{1 - x}\right)$
$\sum_{n \geq 0} \dfrac{1}{n!} \cdot x^n$	$a_n = \dfrac{1}{n!} \to 1; 1; 1/2; 1/6; \ldots$	$f(x) = \exp(x) = e^x$
$\sum_{n \geq 0} \binom{r}{n} \cdot x^n$	$a_n = \binom{r}{n} \to 1; r; \binom{r}{2}; \binom{r}{3}; \ldots$	$f(x) = 1 / (1 - x)^{r+1}$
$\sum_{n \geq 0} \binom{r + n}{n} x^n$	$a_n = \binom{r + n}{n} \to 1; r+1; \binom{r + 2}{2}; \ldots$	$f(x) = (1 + x)^r$
$\sum_{n \geq 0} x^n$	$a_n = 1 \to 1; 1; 1; 1; \ldots$	$f(x) = \dfrac{1}{1 - x}$
$\sum_{n \geq 1} H_n \cdot x^n$	$a_n = H_n \to 0; 1; 3/2; 11/6; 25/12; \ldots$	$f(x) = \dfrac{1}{1 - x} \cdot \ln\left(\dfrac{1}{1 - x}\right)$

Eulersche Gamma-Funktion $\Gamma(x + 1) = = x! = x \cdot \Gamma(x)$; $\Gamma(x) = \int_0^{\infty} e^{-t} \cdot t^{x - 1} \, dt$, $x \in \mathbb{C} \setminus \{0, -1, -2, -3 \ldots\}$

Analysis im komplexen Raum

Begriffe

f sei eine komplexe Funktion: $f: D \to \mathbb{C}$ mit $D \subset \mathbb{C}$; $D^* \subset \mathbb{C}$.

Gebiete: D, D^*; Grenzen: ∂D (zu D), ∂D^* (zu D*)

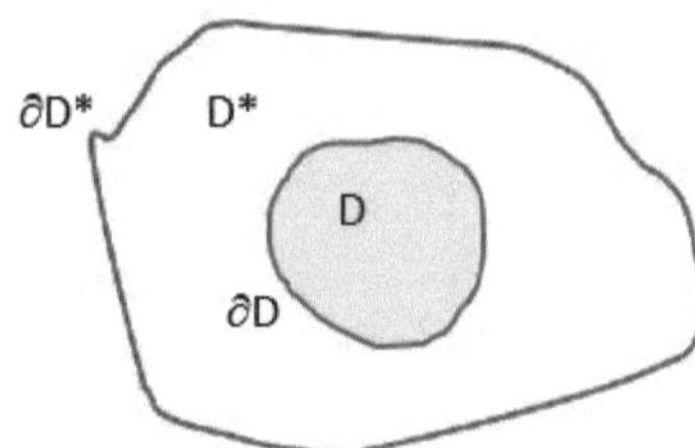

- **Elementares Gebiet**: Ein Gebiet (D), auf dem jede definierte analytische Funktion eine Stammfunktion besitzt.
- **Analytische Funktion**: f ist analytisch, wenn gilt für $D \subset \mathbb{C}$:

  $\forall\, z \in D$ ist f komplex differenzierbar. Eine Funktion f ist (nach Weierstraß) eine analytische Funktion auf einem Gebiet G, wenn sie sich für jeden Punkt

  auf G als Potenzreihe entwickeln lässt. So zum Beispiel:

  $\cos z := 1 - z^2/2! + z^4/4! - + \ldots$; $\sin z := z/1! - z^3/3! + z^5/5! - + \ldots$

  $\exp(i \cdot z) = \cos z + i \cdot \sin z$; $\exp(-i \cdot z) = \cos z - i \cdot \sin z$

  $\cos z = (\exp(i \cdot z) + \exp(-i \cdot z))/2$; $\sin z = (\exp(i \cdot z) - \exp(-i \cdot z))/(2 \cdot i)$

  $\exp(2 \cdot \pi \cdot i) = 1$; $\exp(z)$ ist periodisch mit dem Wert $2 \cdot \pi \cdot i$.
- **Potenzreihen**: $\sum a_n \cdot (z - a)^n$
- **Singuläres Verhalten**: $1/z$; $\sin(z)/z$, $\exp(1/z)$ sind singulär für $z = 0$,

  dabei gilt z. B.: $\displaystyle\lim_{\substack{z \to 0 \\ z \neq 0}} \frac{\sin z}{z} = 1$

Hinweis: Bei wesentlichen Singularitäten ($\to$ keine Polstelle und keine hebbare Singularität) nähert sich f(z) nah von z_0 jedem beliebigen Wert.

Integralformel von Cauchy

$\int_C \dfrac{f(z) \cdot dz}{z - a} = \begin{cases} 0, & \text{für } f(a) \text{ außerhalb von C} \\ 2\pi i, & \text{für } f(a) \text{ im Inneren von C} \end{cases}$ bzw. $f(a) = \dfrac{1}{2\pi i} \cdot \int_C \dfrac{f(z) \cdot dz}{z - a}$

C ist dabei der Rand von G ($\to \partial G$)

$\dfrac{f(z)}{z - a}$ hat einen Pol bei a und ist innerhalb von C nicht analytisch

Allgemein gilt: $f^{(n)}(a) = \dfrac{n!}{2\pi i} \cdot \int_C \dfrac{f(z) \cdot dz}{(z-a)^{n+1}}$; C ist der Rand von G ($\to \partial G$)

Holomorphe Funktionen

- Holomorphe Funktionen $f = u + i \cdot v$ sind in allen Punkten in einem Gebiet (G)

  komplex differenzierbar: D. h. es gilt $\forall\, z_0 \in G$: $\displaystyle\lim_{z \to z_0} \frac{f(z) - f(z_0)}{z - z_0} = f'(z_0)$

  Sie werden auch als reguläre Funktionen bezeichnet.
- Wenn f holomorph ist, dann sind u ($\to$ Re f) und v ($\to$ Im f) harmonisch.
- Äquivalente Aussagen

  (f = u + iv; U; U ist einfach zusammenhängend auf $\mathbb{C}$):

  (1) f ist holomorph auf U

  (2) f ist komplex differenzierbar auf U

  (3) f ist linear approximierbar in jedem Punkt von U

  (4) u und v sind reell differenzierbar: dann gelten: $u_x - v_y = 0$; $u_y + v_x = 0$

      ($\to$ Cauchy-Riemannsche Differentialgleichungen)

  (5) f ist wegunabhängig integrierbar in U

  (6) f hat eine Stammfunktion
- Holomorphe Funktionen sind konform und umgekehrt.
- Es gilt: $\dfrac{1}{a - z} = \dfrac{1}{a - b} \cdot \dfrac{1}{1 - (z-b)/(a-b)} = \dfrac{1}{a - b} \cdot \sum_{n=0}^{\infty} \left(\dfrac{z-b}{a-b}\right)^n$ ($\to$ Potenzreihe)

Ableitung

f ist in $z_0 \in D$ komplex differenzierbar mit Ableitung $f'(z_0)$, sofern gilt

$D(f(z)) = f'(z_0) = \displaystyle\lim_{z \to z + \Delta z} \frac{(z + \Delta z) - f(z)}{(z + \Delta z) - (z)} = \lim_{\Delta z \to 0} \frac{(z + \Delta z) - f(z)}{(z + \Delta z) - (z)}$

Ist f in jedem Punkt eines Gebietes $D \subset C$ komplex differenzierbar, so heißt f auch holomorph oder analytisch auf D.

Die Grenzwertbildung im Komplexen kann durch eine beliebige Annäherung von z an $z + \Delta z$ erfolgen.

Laurent-Reihe (L(z))

$L(z) = \sum_{n=-\infty}^{\infty} a_n \cdot (z - z_0)^n$; z_0 ist der Entwicklungspunkt. $L(z) = H(z) + N(z)$.

Hauptteil von L(z): $H(z) = \sum_{n=-\infty}^{-1} a_n \cdot (z - z_0)^n$

Nebenteil von L(z): $N(z) = \sum_{n=0}^{\infty} a_n \cdot (z - z_0)^n$

Wo N(z) und H(z) zugleich in einem z konvergieren, da konvergiert L(z).

Da, wo eine wesentliche Singularität vorliegt, nimmt die entsprechende Funktion in der zugehörigen Umgebung jeden beliebigen Punkt in der komplexen Ebene an (Satz Casorati-Weierstraß). Es tritt eine dichte ‚Anordnung' – in gewisser Hinsicht ein ‚Chaos' – in der Nähe der Singularität auf.

Die von Laurent-Reihen beschriebenen Funktionen existieren in Räumen, die durch die sogenannten perfektoiden Räume (perfektoide Algebra: Scholze etc.) im Sinne von ‚Grenzräumen' „perfekt vervollständigt" werden.

L(z) konvergiert in Ringen ($r < |z - a| < R$). (N(z) für sich in Scheiben.)

Konvergenz der Laurent-Reihe

Eine Laurent-Reihe konvergiert da, wo der Hauptteil der Laurent-Reihe H(z) konvergiert und auch ihr Nebenteil N(z).

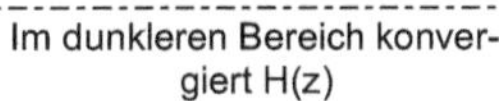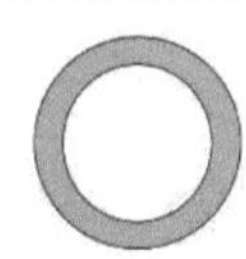

Im dunkleren Bereich konvergiert H(z)	Im dunkleren Bereich konvergiert N(z)	Im dunkleren Bereich konvergiert die Laurent-Reihe

Holomorphe Funktionen müssen in einem ganzen Bereich (Gebiet) differenzierbar sein. (Mit ihnen gehen die Eigenschaften konformer Abbildungen einher.)

Residuum

Betrachtung zur Laurent-Reihe: $f(z) = \dfrac{a_{-N}}{(z-a)^N} + \dfrac{a_{-N+1}}{(z-a)^{N-1}} + \ldots + \dfrac{a_{-1}}{(z-a)^1} + \varphi(z)$

$\int_{\partial G} \dfrac{d\zeta}{(\zeta - z)^r}$ ergibt 0 für alle r-Werte ohne $r = 1$

$\int_{\partial G} \dfrac{d\zeta}{(\zeta - z)^r}$ ergibt $2 \cdot \pi \cdot i$ den r-Werte $r = 1$

Somit gilt: $\int_\gamma f(z)\, dz = 2 \cdot \pi \cdot i \cdot a_{-1}$

a_{-1} ist das Residuum von f(z) beim Pol um $z = a \to a_{-1} = \text{Res } f(z)\,|_a$

Integration

Integral im $\mathbb{R}$ (mit den Integrationsgrenzen $a, b \in \mathbb{R}$)

$\int_a^b f(x)dx = - \int_b^a f(x)dx$

Partielle Integration: $\int_a^b f(x)d(h(x)) = g(x) \cdot h(x) - \int_a^b h(x)d(g(x))$

Integral im $\mathbb{C}$: Integralsatz von Cauchy

(γ als glatte und geschlossene Kontur (Kurve)): $\int_\gamma f(z)\, dz = 0$

Dabei sei f(z) analytisch auf C und innerhalb von C.

Eine kreisförmige Kontur C um den Punkt a:

$Z|_{Kreis} = a + R \cdot \exp(i \cdot \alpha)$ mit $\alpha \in [0, 2\pi]$

Für zwei unterschiedliche Konturen C(1) und C(2) gilt:

$\int_{VC(1)} f(z) \cdot dz = \int_{VC(2)} f(z) \cdot dz = 0$; d.h., über eine beliebige Randstruktur kann der Inhalt einheitlich bestimmt werden.

Partialbruchzerlegung

$f(z) = p(z) / q(z)$; p(z) und q(z) sind teilerfremd. Polstellen von

$f(z)$: $z_1, \ldots, z_n$: Es folgt: $f(z) = p_1(z) + \sum_{k=1}^{n} \left(\dfrac{A_{k,1}}{(z - z_k)} + \ldots, + \dfrac{A_{k,\mu(k)}}{(z - z_k)^{\mu(k)}} \right)$.

Es sei $\text{Re}(f(z)) = u$ und $\text{Im}(f(z)) = v$ folgt: $f(z) = u(x, y) + i\, v(x, y)$

(i): $f'(z) = \displaystyle\lim_{\Delta x \to 0} \frac{(z + \Delta z) - f(z)}{(z + \Delta z) - (z)} = \frac{\partial u}{\partial x} + i \frac{\partial v}{\partial x}$

(ii): $f'(z) = \displaystyle\lim_{\Delta y \to 0} \frac{(z + \Delta z) - f(z)}{(z + \Delta z) - (z)} = \frac{\partial v}{\partial y} - i \frac{\partial u}{\partial y}$

Dies ergibt die Gleichung von **Cauchy-Riemann**: $\dfrac{\partial u}{\partial x} = \dfrac{\partial v}{\partial y}$ und $\dfrac{\partial u}{\partial y} = - \dfrac{\partial v}{\partial x}$

Experimentelle Mathematik (Wissenschaftliches Rechnen)

Hintergründe

- Die Experimentelle Mathematik sucht Lösungen für theoretischen Fragen und untersucht effiziente Verfahren mit Blick auf rechentechnische Möglichkeiten. Sie werden durch die modernen IT-Gegebenheiten erst Ermöglicht (sichtbar).
- Es gibt Berührungspunkte zu den Aspekten Computertechnik und Numerik, Wissenschaftliches Rechnen und Mathematischen Theorien.
- Lösungen (bzw. Näherungen) wurden u. a. gefunden für: Keplersche Vermutung (Dichte von Kugelpackungen) Vierfarbentheorie (Graphentheorie (Kartographie))
- Außerdem wurden Berechnungsformeln für numerische Fragestellungen (Stochastik, evolutionäre Prozesse, Zahlentheorie) bestimmt.

Borwein-Integrale und Random-Walk

- Borwein, D.J. (1951-2016), Peter (1953-2020). Siehe Borwein (1997)
- Borwein-Integrale, die in ihrer Entwicklung über weite Bereiche ‚scheinbar' stabile Ergebnisse liefern. Dann jedoch in geringfügigem Maße abweichende Ergebnisse (z. B. ab $\approx 10^{-100}$) ergeben.
- Die Stabilität bleibt zum Teil bis zum 10^{176}sten Schritt erhalten.
- Einfachstes **Borwein-Integral**: $I_k = \int_{-\infty}^{\infty} \prod_{n=1}^{k} \frac{\sin\left(\frac{x}{2n-1}\right)}{\frac{x}{2n-1}}\, dx$

[Kardinalsinusfunktion: sinc = sin(x)/x]

$$A_1 = \int_0^\infty \frac{\sin(x)}{x}\, dx = \frac{\pi}{2};\quad A_2 = \int_0^\infty \frac{\sin(x)}{x}\, \frac{\sin(x/3)}{x/3}\, dx = \frac{\pi}{2}\ \ldots$$

Dieses Ergebnis tritt bis A_7 auf: $A_7 = \int_0^\infty \frac{\sin(x)}{x}\, \ldots\, \frac{\sin(x/13)}{x/13}\, dx = \frac{\pi}{2}$

Ab A_8 tritt ein Wert kleiner als $\frac{\pi}{2}$ auf.

$$A_8 = \int_0^\infty \frac{\sin(x)}{x}\, \frac{\sin(x/3)}{x/3}\, \ldots\, \frac{\sin(x/13)}{x/13}\, \frac{\sin(x/15)}{x/15}\, dx = \frac{\pi}{2} - 2{,}31 \cdot 10^{-11}$$

Genau gilt: $A_8 = \frac{\pi}{2} - \dfrac{6879714958723010531}{935615849440640907310521750000} \cdot \pi$

Hierbei gilt: $\frac{1}{3} + \frac{1}{5} + \ldots + \frac{1}{13} = 0{,}9551337551337551 \leq 1$

Danach gilt: $\frac{1}{3} + \frac{1}{5} + \ldots + \frac{1}{15} = 1{,}021800421800422 > 1$

In der Entwicklung der A_l-Ausdrücke vergrößert sich die Abweichung. Der Ergebnis-Grenzwert lautet: $\frac{\pi}{2} - 3{,}52 \cdot 10^{-5}$

Es gibt Integral-Folgen, die über 10.000 Entwicklungsschritte konstant sind und dann im Weiteren stetig (‚geringfügig') abnehmen.

- Geeignete Berechnungsansätze (Funktionen):
  - → Überführung der sinc-Funktion in Taylor-Reihen-Ausdrücke: $\sin(x) / x = 1 - x^2\, 6 + x^4 / 120 - \ldots$
  - → $\log_e$-exp-Transformationen: $\sin(ax) / ax = \frac{1}{i\, 2ax} (\exp(iax) - \exp(-iax))\ \ldots$
    $$\prod_{k=1}^{n} \frac{\sin(x/2k-1)}{x/(2k-1)} = \exp\left(\sum_{k\,1}^{n} \ln \frac{\sin(x/(2k-1))}{x/(2k-1)}\right) \to \int_{-\infty}^{\infty} \prod_{k=1}^{n} \frac{\sin(x/2k-1)}{x/(2k-1)} = \pi$$
    $[\sum_{\text{Kombinationen}} c_m \exp(i\,(\sum_k a_k) \cdot x)]$
  - → Faltungen von $\operatorname{sinc}(x) = \frac{1}{2} \int_{-1}^{1} \exp(ixt)\, dt$
    (Rechteckfunktionen im Fourier-Raum)
  - → Auflösung mittels der Residuen-Theorie

- Berechnungen unter MATLAB (Beispiel für MATLAB-Quellcode)

```
(a) syms x
    expr = ((((sin(x)/(x))) * ((sin(x/3)/(x/3)) * ((sin(x/5)/(x/5)) * ...
    result = int(expr, x, 0, n); % Compute the definite integral from 0 to n
    fprintf('Ergebnis für expr: Integral für xH = %.12f ', result);
(b) L = 50; % "unendlich" approximiert
    f = @(x) prod(arrayfun(@(n) sin(x/(2*n+1))./(x/(2*n+1)), 0:k), 1);
    % Numerische Integration über [-L, L]
    I = integral(f, -L, L, 'ArrayValued', true, 'AbsTol',1e-12,'RelTol',1e-10);
```

- Vermutet wird, dass der Integralwert mit zunehmenden n-Werten generell abnimmt. Die Ungenauigkeiten der Maschinen (Computer) suggerieren jedoch eine Stabilität (zum Beispiel von π/2) bei kleineren n-Werten. Die Diskussion dazu ist von subtiler Qualität. Sie berührt grundlegende Fragen zu rechentechnischen Möglichkeiten (Abweichungen im Bereich der Numerik), aber auch zur inneren Struktur der entsprechenden Lösungen der Mathematik (Integrale etc.).
- Intuitiver Modellansatz: Ausgehend von einer Startposition werden Schritte mit unterschiedlichen Längen in positive bzw. negative Richtung verwendet. Die Schrittlängen entsprechen den Vorgaben der Borwein-Integrale (**Random-Walk**).

Verfahren zur Bestimmung von π-Stellen

Ausgehend von Ausdrücken auf der Basis

$$\alpha = \sum_{k=0}^{\infty} \frac{p(k)}{16^k \cdot q(k)}$$

können für π^2, $\zeta(3)$ … Bestimmungsgleichungen ermittelt werden. (Für $\sqrt{2}$, $\sqrt{2}$, $\sqrt{2}$, e = exp(1) geht dies jedoch nicht.) Mittels der Bailey-Borwein-Plouffe-Formel (**BBP**)

$$\pi = \sum_{k=0}^{\infty} \frac{1}{16^k} \cdot \left(\frac{4}{8k+1} - \frac{2}{8k+4} - \frac{1}{8k+5} - \frac{1}{8k+6}\right)$$

können beliebige π-Stellen separat (für sich isoliert) bestimmt werden.

Berechnungsschritte (exemplarisch für k: 0; 1; 2):

K	BBP-Wert (Klammer)	Übertrag (+ R)	E	Rest	R: Rest *16
0	3,1333333	-	3	0,1333333	2,133333333
1	0,1294261	2,2627594	2	0,2627594	4,204154041
2	0,0422144	4,2463144	4	0,2463144	3,941950859

Der Teiler $\frac{1}{16^k}$ passt die Zahl der hexadezimalen Stelle an.

E: Ergebnis für die jeweilige Stelle als hexadezimaler Wert. So ergibt sich: 3,243f6A8885A … Dieser hexadezimale Wert entspricht: 3,1415926 … (= π).

Mit dieser BBP-Formel können auch beliebige Stellen in der Abfolge von π ohne Kenntnis der vorherigen Ziffern bestimmt werden. Hierzu muss mit Blick auf die gesuchte Position (k) die Zahl mit dem entsprechenden Faktor $\frac{1}{16^k}$ multipliziert werden. Es werden – prinzipiell – nur die Nachkommerstellen berücksichtigt.

Bellard-Formel

Eine andere Berechnungsformel wurde von Bellard bestimmt, die in etwa 50 % der Rechenzeit einspart. Es gilt: π =

$$\sum_{k=0}^{\infty} \frac{(-1)^k}{2^{10k+6}} \cdot \left(\frac{2^8}{10k+1} - \frac{2^6}{10k+3} - \frac{2^5}{4k+1} - \frac{2^2}{10k+5} - \frac{2^2}{10k+7} + \frac{1}{10k+9} - \frac{1}{4k+3}\right)$$

Diese Auflösungen nehmen ihren Ausgang bei der Betrachtung der Gamma- und Zeta-Funktionen.

Elementares Beispiel zur Illustration: Nicht-lineare Funktionen

Betrachtet wird die Funktion: $X_{t+1} = 3{,}7 \cdot X_t - 3{,}7 \cdot X_t^2$. In Abhängigkeit von der Gestaltung der Rechenoperationen ergeben sich im einfachsten Fall – unter Verwendung eines Taschenrechners folgende Ergebnisse:

$X_{t+1} = 3{,}7 \cdot X_t - 3{,}7 \cdot X_t^2$	Nr.	$X_{t+1} = 3{,}7 \cdot X_t\,(1 - 3{,}7 \cdot X_t)$
0,5	X_0	0,5
0,925	X_1	0,925
0,2566875	X_2	0,2566875
0,6591456	X_5	0,6591456
0,7133778	X_{10}	0,7133778
0,75653387	X_{11}	0,75653387
0,6814952	**X_{12}**	**0,6814953**
0,2649241	X_{20}	0,2649239
0,7073251	X_{30}	0,7073281
0,750311	X_{40}	0,750162
0,9226564	X_{50}	0,9201512
0,7795894	X_{55}	0,7164178
0,6357701	X_{56}	0,7517043

Wissenschaftliche Software

Für die Unterstützung wissenschaftlicher Arbeiten bieten sich vielfältige Software-Instrumente an. Zu nennen sind hierbei Computeralgebra-Systeme (CAS): AXIOM, MAXIMA, SAGEMATH. (Hingewiesen sei auch auf folgende Anwendungsinstrumente: Für die „schulische Realität": Handelsübliche Taschenrechner mit „üblicher Notation" (12 + 17 → 29) bzw. „polnischer (klammerfreier) Notation" (+ 12 17 → 29); Mathematik alpha (win-funktion) Für den professionellen Bereich (z. B.): Maple, Mathematica, MATLAB, Wolfram alpha. Dazu die „Standardsoftware": C, C++, FORTRAN, Java, Python, Smalltalk …).

Differenzialgleichungen

Einteilungen

- Mit Differenzialgleichungen können dynamische Vorgänge (Veränderungsprozesse) erfasst werden.
- Mit ihnen ergibt sich die Möglichkeit, reale (physikalische, technische, ökonomische) Kausalitätsbeziehungen mathematisch bestimmen zu können.
- Prinzipiell werden
  gewöhnliche, partielle und
  stochastische Differenzialgleichungen unterschieden.
- **Ordnung** einer DGL: höchste Ableitung in einer Gleichung
- **Grad** einer DGL: Exponent der höchsten Ableitung
- Eine Lösung besteht im Kern im Auffinden einer
  Stammgleichung (allgemeine Lösung).
  Diese muss unter Beachtung der Anfangs- und Randwerte angepasst (spezifiziert) werden und entsprechend gelöst werden
  Es ergibt sich die **partikuläre Lösung**.
- Folgende Kriterien sind bedeutsam hinsichtlich einer korrekten Bestimmung einer DGL: Bestimmung einer DGL:
  - (1) **Existenz** (einer Lösung)
  - (2) **Eindeutigkeit** (einer eindeutigen Lösung)
  - (3) **Stabilität** (stetige Entwicklung (keine Sensitivitäten))
- Zur Auflösung werden u.a. Potenzreihen, Fourier- und Laplace-Transformationen und Matrizen verwendet.
- Von elementarer Bedeutung sind die Wellen-, Wärmeleitungs- und Potentialgleichungen.

Formale) Beispiele für gewöhnliche Differenzialgleichungen

- $y' = dy/dx = y/x$
- $y'' = 2x + 3$
- $y''' = x^2$
- $y + y' + y'' = 0$

Lösungsansätze

- Potenz-Ansatz: $x^2 y'' - 2xy' + 2y = 0 \rightarrow y = x^\lambda$
- Exponential-Ansatz: $m\,x'' = -\kappa\,x - R\,x' \rightarrow x = e^{\omega t}$
- Neue Variable: $x^2 y'' - 2xy' + 2y = 0$ mit $x > 0 \rightarrow x = e^\lambda$
- Neue Funktion: $y'(x) + P(z)\,y(x) = Q(x)$
  $\rightarrow$ Homogene Lösung für: $y' + Py = 0$
- Variation der Konstanten: $y''(x) + a(x)\,y'(x) + b(x)\,y(x) = f(x)$
  $\rightarrow y(x) = u_1(x)\,y_1(x) + u_2(x)\,y_2(x)$. bzw.
  $\rightarrow y(x) = y_1(x)\,u(x)$
- Trennung der Variablen: $y'(x) = f(x)\,g(y)$
- Reduktion der Ordnung: $y'' = f(y', y)$
- Umwandlung einer DGL n-ter Ordnung in ein System von Differenzialgleichungen erster Ordnung:
  $y^{(n)} = f(y^{(n-1)}, y^{(n-2)}, \dots y^{(1)}, y : x);\ y^{(1)} = dy/dx = y'$ etc.
  $\rightarrow y' = u_1$
  $\rightarrow y'' = (y')' = (u_1)' = u_1' = u_2$
  $\rightarrow y''' = (y'')' = (u_2)' = u_3 \dots$
  $\rightarrow y^{(n-1)} = u_{n-1}$
  $\rightarrow y^{(n)} = u_{n-1}' = f(u_{n-1}, \dots, u_1, x)$
- Singuläre Lösung: $(y')^2 = 4y$

Elementare Gleichung

- $dx/dt + a \cdot x = 0$ (Homogene Differenzialgleichung)
- Lösungsansatz: $x = \exp(\lambda \cdot t)$
- $dx/dt = \lambda \cdot \exp(\lambda \cdot t) = \lambda \cdot x$
- $dx/dt + a \cdot x = \lambda \cdot x + a \cdot x = x \cdot (\lambda + a) = 0$
- $(\lambda + a) = 0 \rightarrow \lambda = -a$
- λ: Eigenwert; $\exp(\lambda \cdot t)$: Eigenvektor
- Lösung der homogenen Dgl.: $x(t) = C \cdot \exp(-a \cdot t)$ mit einer Konstante C

Elementare Methode: Trennung der Veränderlichen

$y' = f(x)\,g(y)$: Lösungen

(i) Geraden mit $y = y_0$ für $g(y_0) = 0$

(ii) $y(x)$ aus: $\int \dfrac{dy}{g(y)} = \int f(x) \cdot dx + C,\ C \in \mathbb{R}$

Elementare Typen

- Elementar integrierbare Dgl. 1. Ordnung
  $y' = f(x) \cdot g(y)$; Lösungs-Ansatz: Trennung der Variablen
- Homogene lineare Dgl. 1. Ordnung $y' + f(x) \cdot y = 0$
  Lösungs-Ansatz: $y = C \cdot \exp(F(x))$; $F(x) = \int f(x) \cdot dx$
- Inhomogene lineare Dgl. 1. Ordnung
  $y' + f(x) \cdot y = r(x)$; Lösungs-Ansatz: $y = c(x) \cdot \exp(-F(x))$;
  $c(x) = \int r(x) \cdot \exp(F(x)) \cdot dx + c$; $F(x) = \int f(x) \cdot dx$
- Homogene lineare Dgl. n-ter Ordnung

Ökonomische Gleichung

Gleichung nach Harrod und Domar zur Erfassung der Abhängigkeit von Sozialprodukt, Konsum, Arbeitskräfte und Investitionen:
$g_n \equiv Y^P = y + n;\ Y = Y^P$ bzw. $g_n = g$ mit $Y(t) = Y(0) \cdot \exp((s/v) \cdot t)$

Partielle Differenzialgleichungen (PDGL)

Einteilungen

- Differenzialgleichungen für mehrere Variablen nennt man
  Partielle Differenzialgleichungen ($\rightarrow$ PDGL)
- Sei u eine Funktion von x_1 und x_2 ($\rightarrow u(x_1, x_2) = \dots$), dann wäre hiervon eine allgemeine partielle Differenzialgleichung der ersten Ordnung: $\phi(\partial u/\partial x_1, \partial u/\partial x_2, u, x_1, x_2) = 0$
- Ordnung bezeichnet die höchste Ableitung in der Gleichung
- ∂u ersetzt bei PDGL den Ausdruck dx, um zu verdeutlichen, dass die Gleichung nach verschiedenen Variablen abgeleitet werden kann.
- Einteilungen (lineare und nichtlineare Gleichungen und Systeme)

	Gleichungen (Gl.)	Systeme (S)
lineare ···	Cauchy-Riemannsche Gl. Laplace-Gl. Poisson-Gl. Schrödinger-Gl. Wärmeleitungs-Gl.: $u_t = \Delta_x$ Wellen-Gl.	Maxwell-Gl.
nicht-lineare ···	Nicht lineare Poisson Gl. Burgers-Gl. Korteweg-de-Vries-Gl. Poröse-Medien Gl.	Euler S. Magnetohydrodynamik Navier-Stokes

Weiterhin werden noch stochastische PDGL unterschieden.

- **PDGL zweiter Ordnung**
  $\rightarrow \Psi(\partial^2 u/\partial x_1^2, \partial^2 u/(\partial x_1 \cdot \partial x_2), \partial^2 u/\partial x_2^2, \partial u/\partial x_1, \partial u/\partial x_2, u, x_1, x_2)$
  $\rightarrow$ (zum Beispiel): $\partial^2 z/\partial x^2 + \partial^2 z/\partial y^2 + \partial^2 z/\partial^2 x + 5 = 0$

- **Typen nichtlinearer PDGL**
  Parabolische Gleichungen: Irreversible Prozesse
  (Wärmeleitung, Diffusion, Wachstum …)

  Hyperbolische Gleichungen: Reversible Prozesse (Wellen)

  Elliptische Gleichungen: Stationäre Prozesse
  (Variationsprobleme)

- **Bedeutende PDGL**
  Laplacesche Gleichung $\rightarrow \Delta u = 0$

  Wärmeleitungsgleichung $\rightarrow \partial u/\partial t - k \cdot \Delta u = 0$

  Wellengleichung $\rightarrow (1/c^2) \cdot \partial^2 u/\partial t^2 - \Delta u = 0$

  Navier-Stokessche Gleichung
  $\partial v/\partial t + (v \cdot \nabla) v = -1/\rho\ \mathrm{grad}\ p + v\,\Delta v + f$ mit $\mathrm{div}\ v = 0$

  Korteweg-de Vries
  $\partial u/\partial t + u\,\partial u/\partial x + \partial^3 u/\partial x^3 = 0$

Differenzialgleichungen

Wellengleichung: $F = u_{tt} - c^2 \cdot \Delta u$; $F = 0$: homogene Gleichung
$\rightarrow$ Bestimmung einer homogenen Lösung: u
Dimensionen (n)

$n = 1$: $\Delta u = u_{xx}$	$n = 2$: $\Delta u = u_{xx} + u_{yy}$	$n = 3$: $\Delta u = u_{xx} + u_{yy} + u_{zz}$

$F \neq 0 \rightarrow$ Bestimmung einer partikuären Lösung: u_p
$\rightarrow$ Gesamtlösung: $u = u_h + u_p$
Cauchy- bzw. Anfangswertproblem (für $n = 1$): $u_{tt} - c^2 \cdot \Delta u = 0$
Anfangs-Randwert-Problem (für das Gebiet G):
  Anfangsbedingungen: $u(x,0) = f(x)$; $u_t(x,0) = g(x)$
  Randbedingungen $u(x,t) = h(x,t)$ für $x \, \partial G$ (∂G: Rand von G)
Lösung für $n = 1$
Lösung für $u_{tt} - c^2 \cdot u_{xx} = 0 \rightarrow f(x + ct)$ bzw. $f(x- ct)$
Lösung für $u_{tt} - c^2 \cdot u_{xx} = 0$ mit $u(x,0) = f(x)$:
$u(x,t) = \frac{1}{2} f(x ++ ct) + \frac{1}{2} f(x - ct) + 1/(ct) \cdot \int_{x-ct}^{x+ct} g(\xi)\, d\xi$
Lösung für $u_{tt} - c^2 \cdot u_{xx} = 0$ mit $0 < x < s$
Produkansatz von Bernoulli: $u(x,t) = X(x) \cdot T(t)$
$u_\lambda(x,t) = (A_\lambda \sin(c\lambda t) + B_\lambda \cos(c\lambda t)) \cdot (C_\lambda \sin(\lambda x) + D_\lambda \cos(\lambda x)$
Ansatz allgemein (Ränder und Anfangsbedingungen): $u = u_R + u_L + u_A$

Lösung über Fourier-Entwicklung von Sinusgliedern

Lösung gemäß Helmholtz für $\Delta U + \lambda^2 U = 0$:
$T_\lambda(t) = A_\lambda \cos(c \, \lambda \, t) + B_\lambda \sin(c \, \lambda \, t)$
Spezifizierung für Rechteck, Kreis, Quader, Kugel

Potentialgleichung: u: harmonische Funktion; Potentialfunktion; $\Delta u = 0$
Dimensionen (n)

$n = 2$: $\Delta u = u_{xx} + u_{yy} = 0$	$n = 3$: $\Delta u = u_{xx} + u_{yy} + u_{zz} = 0$

Randwertprobleme (RWP)
1. Art (Problem von Dirichlet)
  $\Delta u = 0$ im Gebiet G, $u = f$ auf dem Rand von G (∂G)
  u ist zweimal stetig differenzierbar in G und stetig in $G \cup \partial G$
  Lsg. mittels Greenscher Funktion g mit $\Delta_{xg} = 0$
  für $n = 2$: $g = \ln(1/(|x - y|) + \bar{g}$; für $n = 3$: $g = 1/(|x - y| + \bar{g}$
  $\bar{g}$: harmonisch in G
  Gesonderte Greensche Funktionen für den Kreis, das Rechteck,
  die Kugel und einem Quader.
2. Art (Problem von Neumann)
  $\Delta u = 0$ im Gebiet G, $\partial u/\partial n = g$ auf dem Rand von G (∂G)
  u ist zweimal stetig differenzierbar in G
  u ist differenzierbar in $G \cup \partial G$
  [n äußere Normale von ∂G; ∂G ist hinreichend glatt]
  notwendige Lösbarkeitsbedingung: $\int_{\partial G} \left(\frac{\partial u}{\partial n} \right) do = 0$
3. Art
  $\Delta u = 0$ im Gebiet G
  $a \, u + b \, \partial u/\partial n = h$ auf dem Rand von G (∂G)
  u ist zweimal stetig differenzierbar in G
  u ist differenzierbar in $G \cup \partial G$
  [n äußere Normale von ∂G; ∂G ist hinreichend glatt]

Wärmeleitungsgleichung

$u_t = k^2 \cdot \Delta u$
Lösungsansatz über
$u(x,t) = \frac{1}{\sqrt{4 \pi k^2 t}} \int_{\mathbb{R}^n} f(y) \cdot \exp\left(- \frac{(y-x)\,(y-x)}{4k^2 t} \right) \cdot d\sigma(y)$

Lösung mittels eines Produktansatzes $u(x,t) = X(x) \cdot T(t)$
$\rightarrow \frac{\dot{T}}{k^2 T} = \frac{X''}{X} = -\lambda^2$ (bzw./ und $+ \mu^2$)
Ansatz allgemein (Ränder und Anfangsbedingungen): $u = u_R + u_L + u_A$
Für u_R und u_L: $u_\lambda(x,t) = B_\lambda \cdot \exp(-\lambda^2 k^2 t) \sin(\lambda x)$
Für u_A: (Summenbildung über alle n); $u_n(x,t)$ Bn $\exp(-n^2\pi^2 k^2 t/s^2) \sin(n \, \pi \, x/s)$

Spezielle Differenzialgleichungen

Bessel-Funktion

Lösung für die DGL: $x^2 \cdot y'' + x \cdot y' + (x^2 - n^2) \cdot y = 0$; $(n \in \mathbb{C})$
$\rightarrow J_n(x) = \left(\frac{x}{2} \right)^n \sum_{k=0}^{\infty} \frac{(-1)^k}{\Gamma(k+1) \cdot \Gamma(n+k+1)} \cdot \left(\frac{x}{2} \right)^{2k}$ [Bessel-Funktion erster Art]
Die zweite Lösungsfunktion [**Bessel-Funktion zweiter Art**] lautet:
$\rightarrow Y_n(x) = \frac{\cos(n\pi) \cdot J_n(x) - J_{-n}(x)}{\sin(n\pi)}$ (mit $n \rightarrow k$ (limes-Prozess))
Die Gesamtlösung lautet [$H_n^{(1)}$; $H_n^{(2)}$: **Hankel-Funktionen**]:
$H_n^{(1)} = J_n(x) + i \cdot Y_n(x)$ und $H_n^{(2)} = J_n(x) - i \cdot Y_n(x)$
Es gilt auch (Integraldarstellung):
$J_n(x) = \frac{1}{\pi} \int_0^{\pi} \cos(x \cdot \sin(t) - n \cdot t) \cdot dt - \frac{\sin(n\pi)}{\pi} \cdot \int_0^{\infty} \exp(-x \cdot \sinh(t) - nt) \cdot dt$

$y'' + (1/x)y' + ((x^2 - \lambda^2)/x^2)y = 0$; Lsg.-Ansatz: $y = x^p(a_0 + a_1 x + a_2 x^2 + \ldots)$
mit: $a_0 = (2^p \Gamma(n + 1))^{-1}$ mit $\Gamma(x) = \int_0^{\infty} \exp(-t) t^{x-1}\, dt$
davon ausgehend werden für a_{2n} Lösungswerte bestimmt.

Sphärische Bessel-Funktion
$x^2 \cdot u'' + 2 x \cdot u' + (x^2 - n(n + 1))u = 0$
mit $u(x) = y(x)/x^{0,5}$ folgt $x^2 \cdot y'' + x \cdot y' + (x^2 - (n + 0,5)^2) \cdot y = 0$; $(n \in \mathbb{Z})$
Lösung: $j_n(x) = (\pi/(2x))^{0,5} \cdot J_{n+0,5}(x)$; $y_n(x) = (\pi/(2x))^{0,5} \cdot Y_{n+0,5}(x)$
$\rightarrow h_n^{(1,2)}(x) = (\pi/(2x))^{0,5} \cdot H_{n+0,5}^{(1,2)}(x)$
Es gilt: $\int_0^{z_0} z \cdot J_0(z) \cdot dz = z_0 \cdot J_1(z_0)$

Clairautsche Differenzialgleichung $y(x) = xy'(x) + f(y'(x))$
Lsg.-Ansatz: (reguläre Lösung) $y = c \cdot x + f(c)$
(singuläre Lösung) $x(t) = -f'(t)$; $y(t) = -t \, f'(t) + f(t)$ (Enveloppe regulären Lsg.]

Differenzialgleichung aus der Fuchsschen Klasse
$y'' + P(x) \, y' + (B/x^2) \, y = 0$
Eulersche Differenzialgleichung: $y'' + (A/X) \, y' + (B/x^2) \, y = 0$

Hermitesche Differenzialgleichung $y'' - 2xy' + \lambda y = 0$

Gegenbauersche Differenzialgleichung
$(1 - x^2)y'' - (2\gamma + 1)xy' + \lambda(\lambda + 2\gamma)y = 0$

Hillsche Differenzialgleichung $y'' + \phi(x)y = 0$

Hypergeometrische Differenzialgleichung
$y'' + (p_0/x + p_1/(x -1))y' + (q_0/x^2 + q_1/(x - 1)^2 + q_2/(x(x - 1)))y = 0$

Differenzialgleichung der assoziierten Legendrefunktion
$(1 - x^2)y'' - 2xy' - m^2/(1 - x^2) - n(n + 1))y = 0$

Jacobische Differenzialgleichung
$(1 - x^2)y'' + [(\beta - \alpha) - (\alpha + \beta + 2)]y' + \lambda(\lambda + \alpha + \beta + 1)y = 0$

Konfluente hypergeometrische DGL
$xy'' + (c - x)y' - ay = 0$

Laguerresche Differenzialgleichung
$xy'' + (1 - x)y' + \lambda y = 0$

Legrendsche Differenzialgleichung
$(1 - x^2)y'' - 2xy' + \lambda(\lambda + 1)y = 0$ für $\lambda = n$ Polynome: $P_{2k}(x) = P_{2k+1}(x)$

Mathieusche Differenzialgleichung
$y'' + (\lambda - 2h^2\cos(2x))y = 0$

Tschebyscheffsche Diifferenzialgleichung
$(1 - x^2)y'' - xy' + \lambda^2 y = 0$

DGL $\rightarrow$ Transformation

Lösung von Differenzialgleichungen mit konstanten Koeffizienten unter Verwendung der Laplace-Transformation

A: DGL unter Beachtung von Anfangswerten	**D**: Gesuchte Funktion f(t)
Laplace-Transformation	Inverse Laplace-Transformation
$f(t) \rightarrow F(s)$	unter Verwendung der
$f'(t) \rightarrow s \cdot F(s)$	entsprechenden
$f''(t) \rightarrow s^2 \cdot F(s)$	Rücktransformationen
B: Lineare Gleichung für F(s)	**C**: Bildfunktion F(s)

Entwicklungspfad: A $\rightarrow$ B $\rightarrow$ C $\rightarrow$ D

Lösungsverfahren (für DGL bzw. PDGL)

Betrachtet werden zum Beispiel „Charakteristische Gleichungen":
Ausgehend von dem Ansatz $y = \exp(rx)$ für $Ay'' + By' + Cy = 0$
(lineare homogene DGL. 2. Ordnung mit konstanten Koeffizienten)
kann unter Beachtung von $y' = r \cdot y$ folgende
Gleichung bestimmt werden: $Ar^2 + Br + C = 0$.
Insofern muss nun eine quadratische Gleichung gelöst werden.

Numerische Auflösungen
Beispiel: **MoL** (Method of Lines (Methode der Geraden)
Eine partielle DGL wird in ein System von gewöhnlichen DGL überführt.
Dieses System kann unter Beachtung von numerischen
Ausdifferenzierungen schrittweise aufgelöst werden.
So können (mit beliebiger Genauigkeit) Lösungswerte ermittelt werden

Lineare autonome DGL-Systeme

$\dot{x} = A \cdot x$
Im $|R^2$: $A = \begin{pmatrix} a & b \\ c & d \end{pmatrix}$; $\alpha = 0,5 \cdot (a + d) = 0,5 \cdot$ Spur A

$\quad \beta = \sqrt{|\alpha^2 - \gamma|}$; mit $\gamma = \det A = ad - bc$
$\quad \lambda_1, \lambda_2$: Eigenwerte von A
Unterschieden werden
Sattelpunkte: $\gamma < 0 \to \beta > |\alpha|$; λ_1, λ_2: unterschiedliche Vorzeichen
Strudelpunkte: $\gamma > \alpha^2 \leftrightarrow \lambda_1 \lambda_2 \notin |R$; λ_1, λ_2: konjugiert-komplex
Knoten 1. Art: $0 < \gamma < \alpha^2 \to \beta < |\alpha|$; λ_1, λ_2: gleiche Vorzeichen
Gerade von singulären Punkten: $\gamma = 0$; $\alpha \neq 0$; $\beta = |\alpha|$;
$\quad$ nur ein Eigenwert (λ_1, λ_2) ist null.
Sternpunkt; Knoten 2. Art:
Nur ein Eigenwert ($\lambda_1 = \lambda_2$) und: $\gamma = \alpha^2 \leftrightarrow \beta = 0 \leftrightarrow \lambda_1 = \lambda_2 = \alpha \in |R$
$\quad \to$ **Sternpunkt**: Eigenvektoren spannen $|R^2$ auf
$\quad \to$ **Knoten (2. Art)**: Eigenvektoren spannen $|R^2$ nicht auf

Parabel: $\gamma = \alpha^2$

(1): Knoten 1. Art, stabil
(2): Strudelpunkte, stabil, $\gamma > \alpha^2$
(3): Strudelpunkte, instabil, $\gamma > \alpha^2$
(4): Knoten 1. Art, instabil
(5): Sternpunkte stabil
(6): Sternpunkte instabil
(7): Gerade von sP stabil, $\gamma = 0$
(8): Gerade von sP instabil, $\gamma = 0$
(9): Sattelpunkte instabi ($\gamma < 0$)

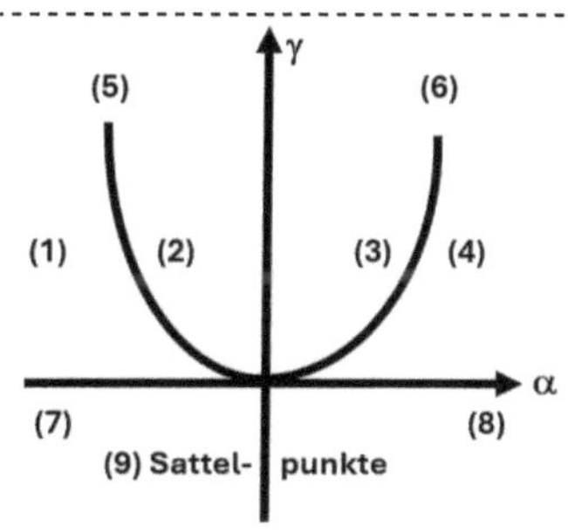

Differenzialgeometrie

Kurvenbogen
$x(t)$: x: $[a,b] \subset |R$; $t \in [a,b]$ (beliebige reguläre Parametrisierung)
Parameterform einer Kurve: $r = r(t) = (x(t), y(t), z(t))$ mit $a \leq t \leq b$; $t \in |R$
$\quad$ Bspl.: Parabel: $y = x^2 \to r = (t, t^2, 0)]$
$\quad$ Bspl.: Einheitskreis ($r = 1$): $1 = x^2 + y^2$ mit $y \geq 0$ bzw. $y = \sqrt{1 - x^2}$ mit
$\quad -1 \leq x \leq 1$ bzw. der Parameterdarstellung ($0 \leq t \leq \pi$) $y = \cos(t)$, $y = \sin(t)$
$\quad$ [Dargestellt wird so nur die obere Kreishälfte.]

Tangentenvektor
$\dot{x}(t_0) = \frac{dx}{dt}|_{t = t_0}$; Tangentenrichtung: $t(t) = \frac{\dot{x}(t)}{|\dot{x}(t)|}$ (Einheitsvektor): $|t(t)| = 1$
$\quad$ Ableitung nach der Zeit werden typischerweise oftmals mit einem Punkt
$\quad$ dargestellt: Ableitungen ansonsten mit einem Apostroph (').

Länge einer Kurve
$L(t) = \int_a^t |\dot{x}(\tau)| \cdot d\tau$; $|\int_a^b \dot{x}(\tau) dt| \leq \int_a^b |\dot{x}(\tau)| dt$
$\quad$ Über die Länge s ($= s(t)$) wird unter Beachtung der
$\quad$ Parameterdarstellung eine Kurve präzise bestimmt.

$\quad$ Bspl.: Länge e. Drehwindung der Schraubenlinie (Länge d. Bogens)
$\quad r = (\cos(t), \sin(t), t)$; $ds = ((-\sin(t))^2 + (\cos(t))^2 + 1^2)^{0,5} = 2^{0,5}$
$\quad L = L(t) = \int_0^{2\pi} 2^{0,5} \cdot dt = 2^{0,5} \cdot t|_0^{2\pi} = 2 \cdot 2^{0,5} \cdot \pi$ (LE)]
$\quad$ + Für e. Ellipse ($x(t) = a \cos(t)$; $y(t) = \sin(t)$) gilt: $\dot{x}(t) = (-a \sin(t), b \cos(t))$.
$\quad s(t) = \int_0^t \sqrt{a^2(\sin(t))^2 + b^2(\cos(t))^2} \cdot dt = b \int_0^t \sqrt{1 - k^2(\sin(t))^2} \cdot dt$
$\quad \to$ ein elliptisches Integral mit $k^2 = (b^2 - a^2)/b^2$

Fundamentalform (I) (erste) [$\to$ bedeutsam für Längen und Winkel]
$ds^2 = E\, du^2 + 2F\, du\, dv + G\, dv^2$; $E = x_u \cdot x_u$, $F = x_u \cdot x_v$, $G = x_v \cdot x_v$

$$(g_{ij}) = \begin{pmatrix} E & F \\ F & G \end{pmatrix} = \begin{pmatrix} E(u,v) & F(u,v) \\ F(u,v) & G(u,v) \end{pmatrix}$$

Die erste Fundamentalform beschreibt die Flächeneigenschaften einer
inneren Geometrie.

Ebene Kurve
$\quad$ Tangente $t(s)$ (Richtung der Tangente: (t_1, t_2))
$\quad$ Normale zur Tangente: $n(s) := t(s)^\perp = (-t_2, t_1)$
$\quad \to$ t und n: begleitendes Zweibein
Fläche $f(x) = x(u,v))$ im $|R^n$
Normale: $N = x_u \times x_v / (|x_u \times x_v|)$; Rechtsdreibein: x_u, x_v, N

Frenet-Kurve $c(t)$
$c(t)$ sei regulär und n-mal differenzierbar. c', c'', … c^{n-1} sind überall auf
der parametrisierten Kurve linear unabhängig.
Formeln von Frenet für die Raumkurve ($c(t)$)
$(b(s) = t(s) \times n(s)$ [$b(s)$: Binormalenvektor]
(Binormale: Normale der Schmiegungsebene (z. B.: Schmiegungskugel))
$1/\rho$ $(s) = |t'(s)|$ (Krümmung; auch $\kappa = ||c''||$)
$t' = 1/\rho \cdot n$; $n' = -1/\rho \cdot t + 1/\tau \cdot b$; $b' = -1/\tau \cdot n$
(Windung: $1/\tau$ $(s) = b(s) \cdot n'(s)$) $\to$ t, n und b: begleitendes Dreibein

$$\text{Frenet-Gleichungen: } \begin{pmatrix} e_1 \\ e_2 \\ e_3 \end{pmatrix}' = \begin{pmatrix} 0 & \kappa & 0 \\ -\kappa & 0 & \kappa \\ 0 & -\kappa & 0 \end{pmatrix} \cdot \begin{pmatrix} e_1 \\ e_2 \\ e_3 \end{pmatrix} \text{ für Frenet-Kurve } (c(t))$$

mit Tangente: $e_1 = c'$; Hauptnormale $e_2 = c''/(||c''||)$; Binormale: $e_3 = e_1 \times e_2$
Krümmung: $\kappa = ||c''||$; Torsion (Windung): $\tau = \langle e_2', e_3 \rangle$

Fundamentalform (zweite)
[$\to$ bedeutsam für das Krümmungsverhalten der Fläche]
$L\, du^2 + 2M\, du\, dv + N\, dv^2$
$L = -N_u \cdot x_u = N \cdot x_{uu}$; $M = -0,5 (N_u \cdot x_v + N_v \cdot x_u) = N \cdot x_{uv}$;
$N = -N_v \cdot x_v = N \cdot x_{vv}$

Kurvenkrümmungen

$f(x) \leq 0$ und $f''(x) \geq 0$
$\to$ f fällt monoton
$\quad$ und ist nach links gekrümmt.

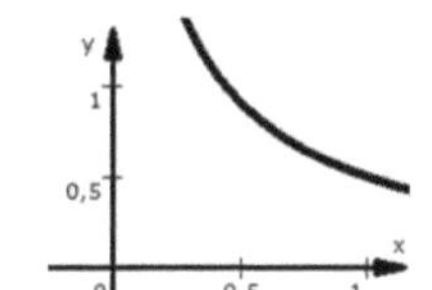

$f(x) \geq 0$ und $f''(x) \leq 0$
$\to$ f steigt monoton
$\quad$ und ist nach rechts ge-
$\quad$ krümmt.

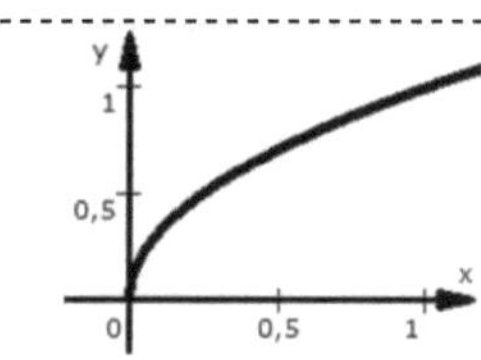

Kurven und Steigungen (Beispiele)

Neilsche Parabel: $y = \pm \sqrt{x^3} = x^{3/2}$
bzw. $c(t) = (t^2, t^3)$
(implizite Definition: $y^2 - p \cdot x^3 = 0$)
$\dot{c}(t) = (2t, 3t^2)$
Bei $t = 0$ [$\to$ (x,y) = (0,0)] knickt die
Parabel

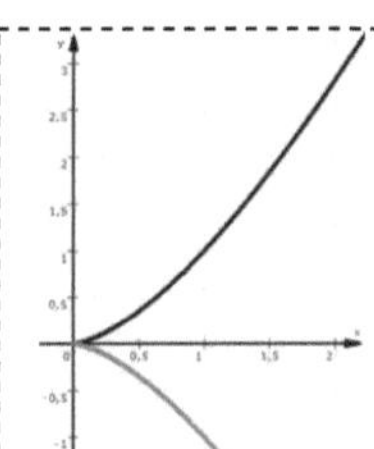

Schraublinie ($b = 0 \to$ Kreis)
$c(t) = (a \cos(\alpha t), a \sin(\alpha t), bt)$
$\dot{c}(t) = (-a \alpha \sin(\alpha t), -a \alpha \cos(\alpha t), b)$

$$X \cong \begin{pmatrix} \cos(\alpha t) & -\sin(\alpha t) & 0 \\ \sin(\alpha t) & \cos(\alpha t) & 0 \\ 0 & 0 & 1 \end{pmatrix} \cdot \begin{pmatrix} x \\ y \\ z \end{pmatrix} + \begin{pmatrix} 0 \\ 0 \\ bt \end{pmatrix}$$

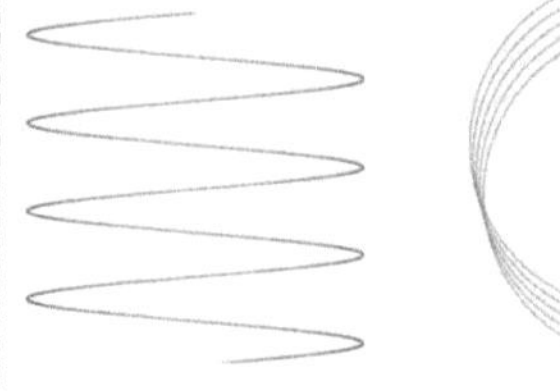

Differenzialgeometrie

Kurve: stetige Abbildung aus $\mathbb{R}$ auf $\mathbb{R}^n$: f: I $\to \mathbb{R}^n$
Es sei f = ($f_1, f_2, \ldots f_n$): I $\to \mathbb{R}^n$, dann ist f'(t) der Tangentialvektor mit
f'(t) = (f_1'(t), …, f_n'(t). **Tangenten-Einheitsvektor**: f'(t)/‖f'(t)‖.

f(t) sei stetig differenzierbar.
Die zugehörige Kurve ist **regulär**, wenn überall f'(t) $\neq$ 0 gilt.
f'(t) = 0 $\to$ **singulärer Punkt**.

Krümmung κ(s): **t**'(s) = κ(s) · **n**(s)
(Vorzeichenwechsel von κ(s) $\to$ Wendepunkt)
Mit **x**(t) = (t, f(t)): **t** = (1,f') $(1+f'^2)^{0,5}$
$\quad$ **n** = (-f',1)/$(1+f'^2)^{0,5}$
$\quad$ κ = f''/$(1+f'^2)^{1,5}$

Krümmung einer Kurve: κ(t) = $\dfrac{x(t) \cdot \ddot{y}(t) - \dot{y}(t) \cdot \ddot{x}(t)}{((\dot{x}(t))^2 + (\dot{y}(t))^2)^{1,5}}$

Krümmungen (Satz von Meusnier) [n: Hauptnormale; 1/ρ: Krümmung]
$$(\mathbf{n} \cdot \mathbf{N})/\rho = \frac{L\,\dot{u}^2 + 2\,\dot{u}\,\dot{v} + N\,\dot{v}^2}{E\,\dot{u}^2 + 2F\,\dot{u}\,\dot{v} + G\dot{v}^2} =: \frac{1}{R}$$

In einem Kurvenpunkt (**r**) existieren drei Bezugsebenen:
Normalenebene: **t** · (**x** − **r**) = 0; Schmiegebene: **b** · (**x** − **r**) = 0
Rektifizierbare Ebene: n · (**x** − **r**) = 0
[Rektifizierbar: endliche Menge, endliche Länge (bestimmbare Länge)]

Flächen

Dach: f(x,y) = $y^{2/5} - \dfrac{3 \cdot |x|}{b}$; b = 4

Dach: f(x,y) = $y^{2/5} - \dfrac{3 \cdot |x|}{b}$; b = 2

Berge: f(x,y) = - cos($\frac{3\pi x}{10}$) · sin($\frac{\pi y}{5}$)

Hügellandschaft:
f(x,y) = cos ($\frac{6\pi x}{10}$) · cos ($\frac{2\pi y}{10}$)

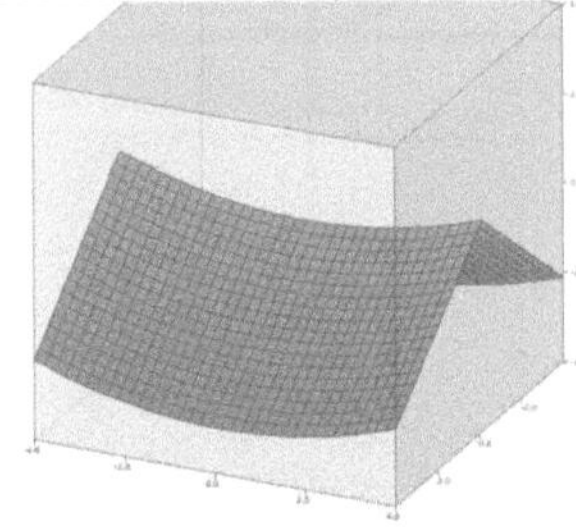 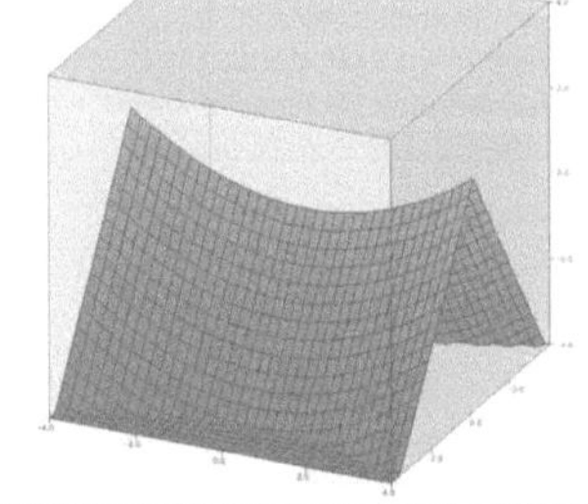 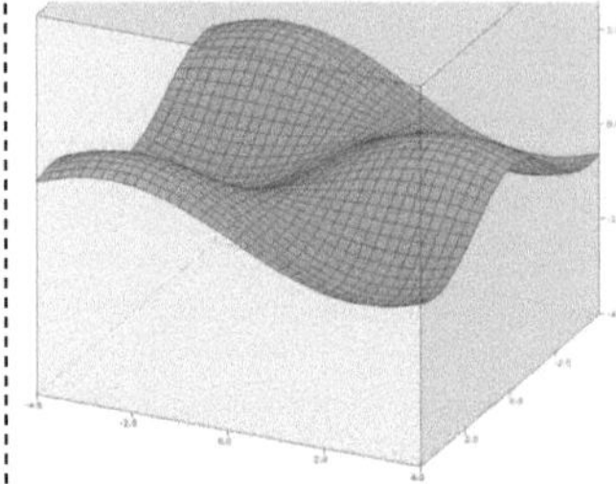 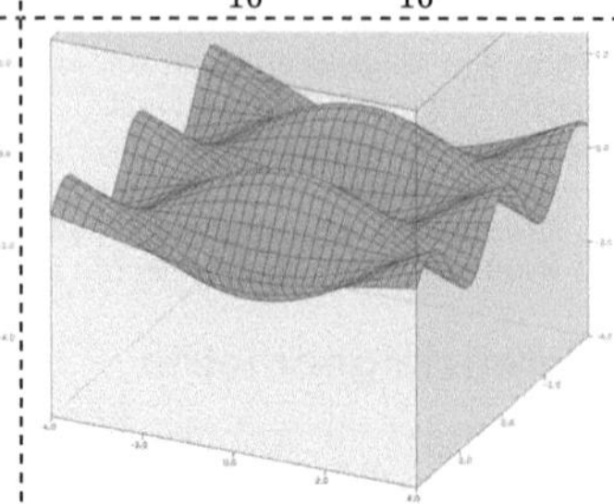

Krummlinige Koordinaten

Es sei **r** =: **r**(u,v); also: x =: x(u,v);
y =: y(u,v)
Betrachtet wird das Flächenelement
F, welches eingeschlossen ist von
einerseits v und v + dv und
andererseits von u und u + du

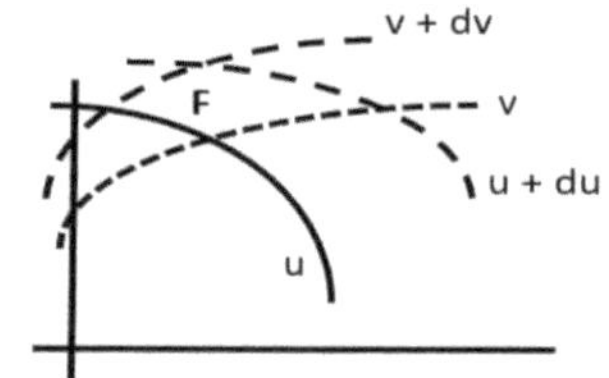

Die Veränderung von Kurven wird durch Steigungstangenten beschrieben.
Die Veränderung der Krümmung von Flächen werden durch Veränderungen der Normalenvektoren beschrieben. Det(g_{ij}) gibt die Veränderungen
der Flächen an. Es gilt g = Det(g_{ij}). g ist die Gramsche Determinante.
Die Flächenveränderung dA bestimmt sich über dA = $\sqrt{g}$.

$$g = \left\| \frac{\partial f}{\partial u} \times \frac{\partial f}{\partial v} \right\|^2$$

Ränder-Beziehungen
∂_u **r**: (tangentiale) Ausrichtung zu v (konstante Kurve)
∂_v **r**: (tangentiale) Ausrichtung zu u (konstante Kurve)
d$\mathbf{r}_1$:= du ∂_u **r**; d$\mathbf{r}_2$:= dv ∂_v **r**
Die Fläche **F** wird entsprechend – hier im $\mathbb{R}^2$ – eingebunden.
Die Normale (e_3) steht senkrecht auf der Fläche.

Es gilt: $d^2\mathbf{r}$ = | (d$\mathbf{r}_1 \times$ d$\mathbf{r}_2$) · e_3 | = du dv $\left| \det \begin{pmatrix} \partial_u x & \partial_u y & 0 \\ \partial_v x & \partial_v y & 0 \\ 0 & 0 & 1 \end{pmatrix} \right|$

Weiterhin folgt: $d^2\mathbf{r}$ = du · dv · |J| mit J = $\begin{vmatrix} \partial_u x & \partial_u y \\ \partial_v x & \partial_v y \end{vmatrix}$; J: Jakobi-Matrix
|J|: Funktionaldeterminante (auch: **Jacobi-Determinante**) mit |J| = r

Definitionen zu Flächenstücken (FS) ((f:U $\to \mathbb{R}^3$))
(1) Raumartiges FS: Fundamentalform ist positiv definitiv
(2) Raumartiges FS: Fundamentalform ist indefinitiv
(3) Raumartiges FS: Fundamentalform hat den Rang 1

Gauß-Abbildung (v:U $\to$ U) für ein Flächenstück (f:U $\to \mathbb{R}^3$)
$$v(u_1,u_2) := \frac{\dfrac{\partial f}{\partial u_1} \times \dfrac{\partial f}{\partial u_2}}{\left\| \dfrac{\partial f}{\partial u_1} \times \dfrac{\partial f}{\partial u_2} \right\|}; \quad v(u): \text{Einheitsnormale}$$

Theorema Egregium: Die Gauß-Krümmung K eines Flächenstücks
(f:U $\to \mathbb{R}^3$) (der Klassen C^3 u. C^2) ist nur von der ersten Fundamentalform bestimmt. Es gilt K = Det(L) = $\dfrac{\text{Det(II)}}{\text{Det(I)}}$ = $\kappa_1 \cdot \kappa_2$.
Die Krümmung wird allein über die Messungen auf der Ebene bestimmt.

Cauchy-Riemannsche-Differenzialgleichung
Für eine komplexe Funktion f mit φ (u + iv) = x(u,v) + i (y(u,v),
die holomorph (komplex analytisch) ist, gilt: $\dfrac{\partial u}{\partial x} = \dfrac{\partial v}{\partial y}$ und $\dfrac{\partial u}{\partial y} = -\dfrac{\partial v}{\partial x}$

Christoffelsymbole

(1. Art): $\Gamma_{i,j,k}$ = I($\nabla_{\frac{\partial f}{\partial u^i}} \frac{\partial f}{\partial u^j}, \frac{\partial f}{\partial u^k}$); (2.Art): $\nabla_{\frac{\partial f}{\partial u^i}} \frac{\partial f}{\partial u^j} = \sum_k \Gamma_{ij}^k \frac{\partial f}{\partial u^k}$

Oberflächenintegral
f: U $\to$ Fläche im $\mathbb{R}^3$; f injektiv; α: injektive Abbildung; Q $\subset$ U
$\iint_{f(Q)} \alpha\, dA = \iint_Q (\alpha \circ f)(u, v)\sqrt{\text{Det}(g_{ij})}\, du \cdot dv$
mit g_{ij} (Matrix (Dφ) der ersten Fundamentalform):
($\tilde{g}_{ij}$) = (Dφ)^T (g_{ij}) (Dφ); (g_{ij}) = (Df)^T · (Df)
Von (physikalischer) Bedeutung sind minimale Oberflächen (Seifenhäute).
Dies führt zur Theorie der Minimalflächen.

Krümmungstensor der Fläche (**Tensorfeld**)
R(X,Y)Z = $\nabla_X\nabla_Y Z - \nabla_Y\nabla_X Z - \nabla_{[X,Y]} Z$ [es gilt: R(X,Y)Z = - R(Y,X)Z]
(**Lie-Klammer**: [X,Y] = $D_X Y - D_Y X$ (X,Y: Vektorfelder)
Ricci-Kalkül: $\nabla_i g_{jk} = \nabla_i g^{lm} = 0$

Gravitation nach **Newton**: g = 9,8 m/s^2 (Erde-Gravitationsbeschleunigung)
$\to$ F = G · $\dfrac{m_1 \cdot m_2}{x^2} \to$ G = F · $\dfrac{x^2}{m_1 \cdot m_2}$ = 6,67 10^{-11} N m^2 kg^{-2}

Einstein-Raum (g: Einstein-Metrik): Ric(X,Y) = λ · g(X,Y); R_{ij} = λ · g_{jk}

Krümmungs-Tensor: $R_{ikj}^s = \dfrac{\partial \Gamma_{ij}^s}{\partial u^k} - \dfrac{\partial \Gamma_{ik}^s}{\partial u^j} + \Gamma_{ij}^r \Gamma_{rk}^s - \Gamma_{ik}^r \Gamma_{rj}^s$

Ric(X) = $\dfrac{\text{Ric(X,X)}}{g(X,X)}$ (**Ricci-Krümmung** in Richtung von X)

Einstein-Gravitationstensor G: G = $R_{ic} - \frac{s}{2}$ · g mit div(R_{ic}) = div($\frac{s}{2}$g)

Gravitation gemäß **Einstein** (g_{ij}) orientiert an der Riemannschen Geometrie
(Basisvariante mit kosmologischer Konstante λ (1926)):
In diesem Sinne ist die Gravitation keine Kraft sondern Ausdruck
der Raumstruktur.

$R_{ij} - \frac{1}{2} g_{ij} R + \lambda\, g_{ij}$ = - κT_{ij} ($\to$ kosmologischer Term: $\lambda\, g_{ij}$)

Es gibt für die von Einstein gefundenen Beziehungen vielfältige
Interpretationen auf mathematischer, physikalischer
und philosophischer Ebene.

Signalformen

Momentane Leistung: $p_{un}(t) = \lim\limits_{\Delta t \to 0} \dfrac{\Delta E_{un}(t)}{\Delta t} = u(t) \cdot i(t)$

Leistung$_{abstrakt}$: $p_x(t) = |x(t)|^2$; **mittlere Leistung**: S_x; $x_{eff} = +\sqrt{S_x}$

Energie: $E_{un} = \int_{-\infty}^{\infty} p_{un}(t) \cdot dt$; $E_x \int_{-\infty}^{\infty} |x(t)|^2 \cdot dt$

Signalleistung: S_x; **Gleichleistung**: S_{x-}; **Wechselleistung**: $S_{x\sim} = S_x - S_{x-}$

Exponentialimpuls

$$x(t) = \begin{cases} \hat{x} \cdot \exp\left(-\dfrac{t}{\Delta t}\right) & \text{für } t > 0 \\ \hat{x} \cdot k & \text{für } t = 0 \\ 0 & \text{für } t < 0 \end{cases}$$

Impulsfläche: $F_x = \int_0^{\infty} x(t)dt = \hat{x} \cdot \Delta t$

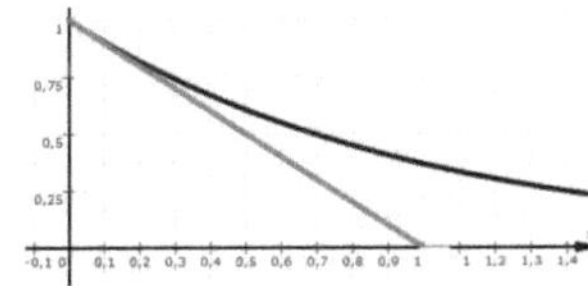

$x(t)$ mit $\Delta t = 1$ und $\hat{x} = 1$: $F_x = 1$;

Zugehörige Energie: $E_x = \int_0^{\infty} (x(t))^2 \cdot dt = \hat{x}^2 \cdot \Delta t/2$

Symmetrischer Dreieckimpuls

$$x(t) = \begin{cases} 0 & \text{für } t > \Delta t \\ \hat{x} \cdot \left(1 - \dfrac{\Delta t}{t}\right) & \text{für } 0 \leq t \leq \Delta t \\ \hat{x} \cdot (1 + \Delta t) & \text{für } -\Delta t \leq t \leq 0 \\ 0 & \text{für } t < -\Delta t \end{cases}$$

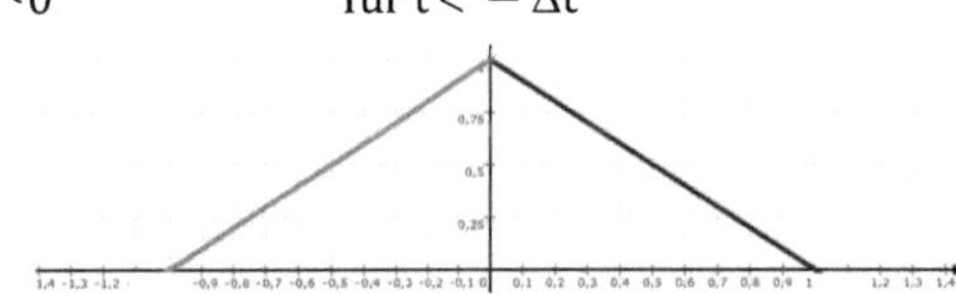

$x(t)$ mit $\Delta t = 1$ und $\hat{x} = 1$

Zugehörige Energie: $E_x = 2/3 \cdot \hat{x}^2 \cdot \Delta t$

Gauß-Impuls

$$x(t) = \hat{x} \exp\left(-\pi \cdot \left(\dfrac{t}{\Delta t}\right)^2\right)$$

$\hat{x}$: maximal Impulshöhe (Impulsamplitude); Δt: Impulsdauer

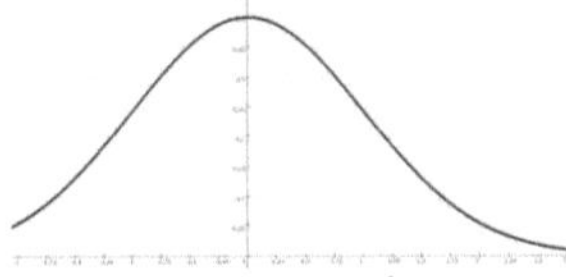

Impulsfläche $F_x = \hat{x} \cdot \Delta t$; Impulsenergie: $E_x = \dfrac{1}{\sqrt{2}} \cdot \hat{x}^2 \cdot \Delta t$

Cosinus-Impuls

$$x(t) = \begin{cases} \hat{x} \cdot \cos\left(\dfrac{\pi}{2} \cdot t\right) & \text{für } -1 \leq t \leq 1 \\ 0 & \text{ansonsten} \end{cases}$$

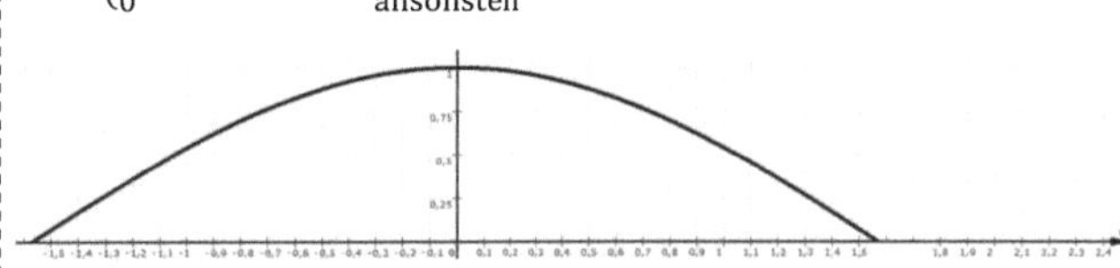

Impulsfläche: $F_x = \int_{-\infty}^{\infty} x(t) \cdot dt = 4/\pi$; Impulenergie: $E_x = \pi/4 \cdot \hat{x}^2 \cdot \Delta t$

Spaltfunktion-Impuls

$x(t) = si(\pi \cdot t) = \dfrac{\sin(\pi \cdot t)}{\pi \cdot t}$ $\int_{-\infty}^{\infty} si(\pi \cdot x) \cdot dx = 1$

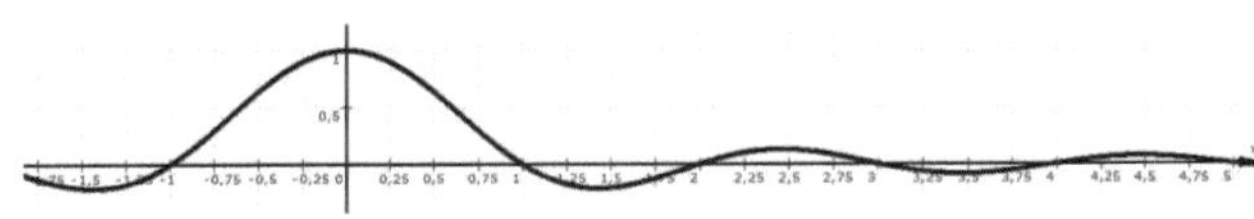

Rechteckimpuls

$$x(t) = \begin{cases} 0 & \text{für } t < -\dfrac{\Delta t}{2} \\ \hat{x} & \text{für } -\dfrac{t}{\Delta t} < t < \dfrac{\Delta t}{2} \\ k \cdot \hat{x} & \text{für } t = \pm \dfrac{\Delta t}{2} \\ 0 & \text{für } t > \dfrac{\Delta t}{2} \end{cases}$$
; Impulsenergie $E_{x(t)} = \hat{x}^2 \cdot \Delta t$

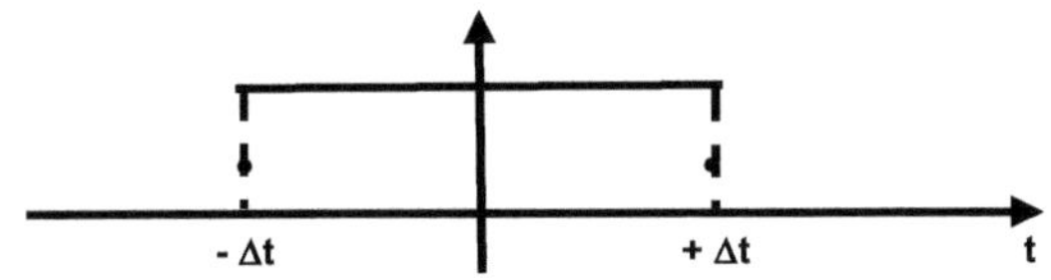

si-Impuls

$x(t) = \hat{x} \cdot \sin\left(\dfrac{t}{\Delta t}\right)$; (Beispiel mit $\hat{x} = 4$; $\Delta t = \pi$)

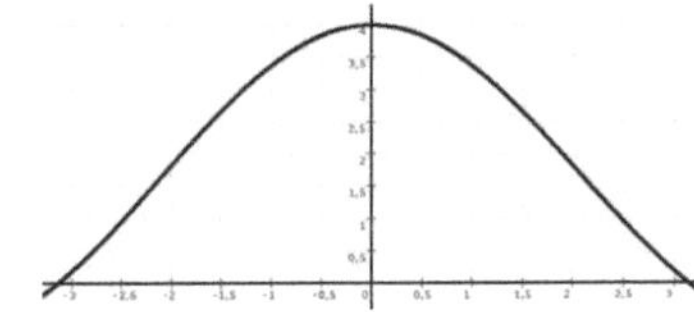

Impulsenergie: $E_{x(t)} = \hat{x}^2 \cdot \Delta t$

Diracimpuls

$\delta(x) = 0$ für $x \neq 0$ und $\int_{-\infty}^{\infty} \delta(x) \cdot dx = 1$.

Die Darstellung erfolgt über einen Pfeil:

Ein Diracimpuls kann über eine Rechteckfunktion mit einer Breite von Δt und dem Integral über diese Funktion mit der normierten Fläche 1 realisiert werden. Für die Einheit gilt: $[\delta(t)] = 1/s$ bzw. $[\delta(f)] = 1/Hz$.

Eine andere Approximation kann für $\delta(t)$ über den Ausdruck

$$\lim\limits_{n \to \infty} \frac{n}{2 + \exp(-nt) + \exp(nt)}$$ erreicht werden.

Weiterhin kann $\delta(t)$ über die s(i)- Funktion angenähert werden.

Es gilt hierbei: $\int_{-\infty}^{\infty} \dfrac{1}{\Delta t} \cdot si\left(n \cdot \dfrac{t}{\Delta t}\right) \cdot dt$.

Mit den unterschiedlichen Approximationen für $\delta(t)$ ergeben sich bei den theoretischen Simulationen teilweise unterschiedliche Simulationsergebnisse.

An sich ist $\delta(x)$ eher eine Pseudofunktion. Sie wurde von A.M.P. Dirac eingeführt, um mit Blick auf Quantensprünge sinnvolle Beschreibung zu ermöglichen. Der Wert von $\delta(t)$ ist ‚an sich' unbestimmt. Jedoch werden normierte Bezugswerte angenommen. $\delta(t)$ wird (normiert) auch in der Nachrichtentechnik verwendet mit $\delta(0) = 1$.

Zeitsignal erzeugen gemäß Fourier „Frequenz-Pfeile" (Dirac-Impulse). In der Nachrichtentechnik werden Impulse im Bereich von 10^{-6} s (und kleiner ($\to$ Güteschaltungen)) betrachtet.

In der Physik geht es derzeit messtechnisch um Impulse im Bereich von 10^{-15} s.

Es gilt: $\delta(t) \cdot t = 0$

Weiterhin gilt: $\int_{-\infty}^{\infty} \exp(\pm j\, 2\, \pi\, f\, t) \cdot dt = \delta(tf)$

Transformationen

<table>
<tr><td>

Grundlagen

- Durch die Transformation von Funktionen über spezifische Integralbeziehungen können Funktionsbeziehungen teilweise einfacher aufgelöst und theoretische Zusammenhänge genauer erfasst und dargestellt werden.
- Von besonderer Bedeutung sind folgende Transformationen:
  - Fourier-Transformation; - Laplace-Transformation; - z-Transformation
- Mit den Laplace-Transformationen können speziell Differenzialgleichungen aufgelöst werden.
- Mit den Fourier-Transformationen können die Beziehungen zwischen Spektren (Frequenzverläufe) und Signalimpulsen (Zeitfunktionen) dargestellt werden.
- Kern der Transformationen ist folgende Abbildungsstruktur:

$$F(p) = \int_{UG}^{OG} K(p,t) f(t)\, dt$$

OG: Obere Grenze (oftmals $+\infty$);
UG: Untere Grenze (oftmals $-\infty$ oder auch 0)
K(p, t): Transformationsfunktion (Kern der Transformation)
f(t): Originalfunktion
F(p): Bildfunktion

- Oftmals wird abkürzend geschrieben: $F(p) = T\{f(t)\}$
- Für die Rücktransformation wird geschrieben: $f(t) = T^{-1}\{F(p)\}$
- Gebräuchliche Transformationen
  - Fourier-T. (u. a. von Norbert Wiener – 1940): $K(p,t) = \exp(-j \cdot \omega \cdot t)$
  - Hankel-T. (ν.-Ordnung): $K(p,t) = t J_\nu(\sigma \cdot t)$ [mit $J_\nu(\sigma \cdot t) \rightarrow$ Besselfunktion]
    [$\rightarrow$ auch: Fourier-Bessel-Transformation]
  - Laplace-T. (1937 von G. Doetsch): $K(p,t) = \exp(-(\sigma + j \cdot \omega) \cdot t)$ für $t > 0$
  - Laplace-Carson-T.: $K(p,t) = (\sigma + j \cdot \omega) \cdot \exp(-(\sigma + j \cdot \omega) \cdot t)$
  - Mellin-T.: $K(p,t) = t^{(\sigma + j \cdot \omega - 1)}$
  - Stieltjes-T.: $K(p,t) = 1/((\sigma + j \cdot \omega) + t)$
  - Radon-T.: Linienintegral bzgl. zweier Variablen $Rf(\gamma) = \int_\gamma f(x,y)\, ds$.
    Bzw. $f(s, \upsilon) = \int_{-\infty}^{\infty} f(s \cdot \sin(\upsilon) + t \cdot \cos(\upsilon), -s \cdot \cos(\upsilon) + t \cdot \sin(\upsilon))\, dt$.
    Die Transformation ist bedeutsam im Bereich der Bildrekonstruktion von medizinischen Aufnahmen (Computertomographie).
    Symbol der Transformation: $\Re$.
    Die Transforamtion ermöglicht es, Geraden zu erkennen und Gewebestrukturen zu erfassen.
    Die Radon-Transformation ist linear: $\Re(af + bg) = a\Re(f) + b\Re(g)$.
    Das Ergebnis der Radon-T. wird auch Sinogramm genannt.

</td><td>

Fourier-Betrachtungen

Ziel der Transformationsbetrachtungen

- Es ermöglicht die Transformation einer Signalbeschreibung aus dem Zeitbereich in den Frequenzbereich. Hintergrund ist, dass optische Signale kausal durch zeitliche Energieübertragungen erzeugt werden. Das optische Signal wird jedoch als frequenzabgängige Erscheinung (Spektrum) erfasst.
- Der Zusammenhang zwischen der zeit- und frequenzbedingten Signaldarstellung wird über die Fourier-Betrachtungen berechenbar.
- Beziehung: Zeitfunktion $x(t) \circ\!\!-\!\!\bullet X(f)$ Frequenzfunktion

Grundlagen

- Jede Funktion kann in einen geraden und ungeraden Anteil zerlegt werden: $f(t) = f_e(t) + f_o(t)$. Es gilt:
  Gerader Anteil: $f(t) = f(-t) = f_e(t) = 0{,}5 \cdot (f(t) + f(-t))$
  Ungerader Anteil: $f(t) = -f(-t) = f_o(t) = 0{,}5 \cdot (f(t) - f(-t))$
- Zerlegung in gerade und ungerade Anteile und Annäherung durch sin- und cos- Funktionen. D.h., die (periodische) Funktion soll durch trigonometrische Polynome angenähert (Approximation) dargestellt werden.

Fourier-Reihe (Ansatz)

- Periodische Signale können durch eine Summe von Cosinus – Signalen dargestellt werden.
- Den Cosinus-Gliedern entsprechen üblicherweise Drehzeiger. Somit können periodische Signale durch eine Summe von Drehzeigern dargestellt werden.
- Signaldarstellung der Drehzeiger $z(f_0, t) = \frac{\hat{x}}{2} \cdot \exp(j \cdot (2\pi \cdot f_0 \cdot t + \varphi_0)$
- Drehzeigeramplitude $\underline{x} = \frac{\hat{x}}{2} \cdot \exp(j \cdot \varphi_0)$
- Periodische Signale $x(t)$ sind somit durch eine unendliche Summe von Drehzeigern darstellbar:

$$x(t) = \sum_{\nu=-\infty}^{\infty} z(\nu \cdot f0 \cdot t) = \sum_{\nu=-\infty}^{\infty} \underline{x}_\nu \cdot \exp(j \cdot 2 \cdot \pi \cdot \nu \cdot f_0 \cdot t)$$

- Für die Drehzeigeramplituden $\underline{x}_\nu$ gilt:

$$\underline{x}_\nu = (1/T_0) \cdot \int_{-T_0/2}^{T_0/2} x(t) \cdot \exp(-j \cdot 2 \cdot \pi \cdot \nu \cdot f_0 \cdot t) \cdot dt$$

</td></tr>
</table>

Fourier-Verfahren

Verfahren	|D(f)	f(Periode)	Frequenzspektrum
Fourier-Reihe	Kontinuierliches Intervall	periodisch	diskretes **Spektrum**
Fourier-Transformation	Kontinuierlich Intervall	a-periodisch	kontinuierliche **Spektraldichte**
Diskrete Fourier-Transformation	Diskrete Werte; begrenztes Intervall	periodisch	diskretes, begrenztes **Spektrum**

<table>
<tr><td>

Fouriertransformation (Prinzipien)

- Zur Bestimmung von Drehzeigerdarstellungen für nicht periodische Signale wird die Fouriertransformation eingesetzt:

  $$X(f) = \int_{-\infty}^{\infty} x(t) \cdot \exp(-j\,2\,\pi\,f\,t) \cdot dt$$

- X(f): komplexe spektrale Amplitudendichte, oftmals auch kurz **Spektrum** genannt.
- **Fourier-Rücktransformation**: $x(t) = \int_{-\infty}^{\infty} X(f) \cdot \exp(j\,2\,\pi\,f\,t) \cdot df$
  Die inverse Fourier-Transformierte, auch Zeitfunktion f(t) genannt.
- **Signal / Spektrum-Beziehung**: $x(t) \circ\!\!-\!\!\bullet X(f)$
- Einem zeitlichen Signalverlauf entspricht ein charakteristisches Frequenzmuster (Linienmuster).
- Ein Signal ist periodisch, wenn die Linien im Linienspektrum nur bei ganzzahligen Vielfachen seiner Basisfrequenz f_0 liegen.
- Bei hohen Frequenzen und unvollständigen Fourier-Reihen treten in den Flanken Übersprunghöhen in der Größe von etwa 9 % pro. Flanke auf. Es wird vom **Gibbs**schen Phänomen gesprochen. Mit Blick auf Überspannungen in technischen Systemen ist dies zu beachten.
- Bandbreite-Zeit-Beziehung: $B \cdot T = 1$ mit $f_0 = 1/T$.

</td><td>

Allgemeine Fourier-Funktion

Im allgemeinen Raum (n-Dimensionen) gilt für eine komplexwertige Funktion: $\int_{\mathbb{R}^n} f(x)\, dx = \int_{-\infty}^{\infty} \dots \int_{-\infty}^{\infty} f(x_1, \dots, x_n) \cdot dx_1 \dots dx_n$

Für die Transformation gilt allgemein:

$$\mathbf{F}(f(\omega)) = \frac{1}{(2\pi)^{n/2}} \cdot \int_{\mathbb{R}^n} f(x) \cdot \exp(-ix\omega) dx$$

Die Rücktransformation: $\mathbf{F}(f(x)) = \frac{1}{(2\pi)^{n/2}} \int_{\mathbb{R}^n} f(\omega) \cdot \exp(ix\omega) d\omega$

(Die Vorfaktoren werden unterschiedlich in der Literatur bestimmt. Ebenso die Vorzeichen (+/-).)

Transformationen für (zeit-)diskrete Gegebenheiten

- z-Transformation - Es gilt: $F(z) := \sum_{n=0}^{\infty} \frac{f_n}{z^n}$

  Mit der z-Transformationen können typischerweise Differenzengleichungen aufgelöst werden.

- Walsh-Transformation (Hadamard-Walsh-Transformation) Transformation für zeitdiskrete Signale (Spezialfall der diskreten Fourier-Transformation (DFT))

</td></tr>
</table>

Fourier-Reihen

Basisbeziehungen

- Jedes periodische Signal kann durch die Überlagerung von cosinus-Gliedern (Drehzeigern) dargestellt werden.
- Ansatz: $\cos(\omega_0 + \varphi_0) = \frac{1}{2} \cdot (\exp(j \cdot (\omega_0 + \varphi_0)) + \exp(-j \cdot (\omega_0 + \varphi_0)))$
- Drehzeiger: $z(f_0, t) = (\hat{x}/2) \cdot \exp(j \cdot \varphi_0) \cdot \exp(j \cdot \omega_0 \cdot t) = \underline{x} \cdot \exp(j \cdot \omega_0 \cdot t)$
- Für eine periodische (kontinuierliche) Zeitfunktion erhalten wir ein Linien-Spektrum. Von einer harmonischen Analyse wird gesprochen.
- Die Form der Basisperiode des Signals bestimmt im Spektrum den Verlauf der einzelnen Signalhöhen (Amplitudenhöhen) und somit den Verlauf der quasi einhüllenden Kurve, die auch als Hüllkurve des Spektrums bezeichnet wird.
- Geht die Länge der Periode gegen unendlich ($T \to \infty$), dann verringert sich der Abstand zwischen den Drehzeigern gegen Null (Linienabstand $\to$ 0). Die Drehzeiger (somit das Spektrum) werden durch X(f) ersetzt.
- X(f) ist die so genannte komplexe spektrale Amplitudendichte.
- Unterschieden werden: Amplituden-, Phasen- und Leistungsspektren

- $T > 0$; $\omega = 2 \cdot \pi/T$; $n \in |N$; $c_k \in |C$ und $a_k, b_k \in |C$
- $p(t) = \sum c_k \cdot \exp(k \cdot \omega \cdot i \cdot t)$
- $p(t) = a_0/2 + \sum (a_k \cdot \cos(k \cdot \omega \cdot t) + b_k \cdot \sin(k \cdot \omega \cdot t))$
- Beziehungen zwischen c_k und a_k, b_k
  $C_0 = 1/2 \cdot a_0$; $C_k = 1/2 \cdot (a_k - b_k \cdot i)$; $C_{-k} = 1/2 \cdot (a_k + b_k \cdot i)$
  $a_0 = 2 \cdot c_0$; $a_k = c_k + b_{-k}$; $b_k = (c_k - c_k) \cdot k$

Fourier-Darstellungen (jeweils mit $\omega_0 = 2 \cdot \pi/T_0$)

Trigonometrische Form
$$x(t) = \frac{a_0}{2} + \sum_{k=1}^{\infty} [a_k] \cdot \cos(k \cdot \omega_0 \cdot t) + b_k \cdot \sin(k \cdot \omega_0 \cdot t)$$
Harmonische Form: $x(t) = c_0 + + \sum_{k=1}^{\infty} [C_k] \cdot \cos(k \cdot \omega_0 \cdot t + \theta_k)$
Komplexe Form (komplexe Fourier-Reihe)
$$x(t) = \sum_{k=-\infty}^{\infty} c_k \cdot [\exp(j \cdot k \cdot \omega_0 \cdot t]$$

Orthogonalitätsrelationen

- $1/T \cdot \int \exp(k \cdot \omega \cdot i \cdot t) \cdot \exp(-m \cdot \omega \cdot i \cdot t) \cdot dt = 1$ für $k = m$
  $1/T \cdot \int \exp(k \cdot \omega \cdot i \cdot t) \cdot \exp(-m \cdot \omega \cdot i \cdot t) \cdot dt = 0$ für $k \neq m \cdot T > 0$;
  $\omega = 2 \cdot \pi/T$; $n \in |N$; $c_k \in |C$ und $a_k, b_k \in |C$
- $p(t) = \sum c_k \cdot \exp(k \cdot \omega \cdot i \cdot t)$

Fourier-Reihe: Beispiele

- Approximationen für die Rechteckfolge bzgl. k

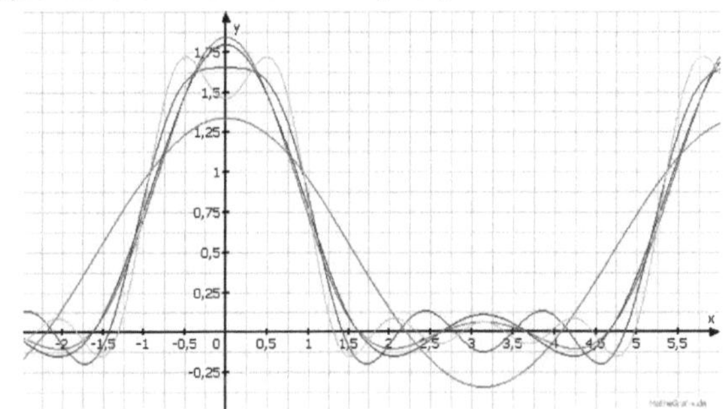

$f_1(x) = 0{,}5 + \sin(1) \cdot \cos(x)$; $f_2(x) = f_1(x) + \sin(2)/2 \cdot \cos(2x)$
$f_3(x) = f_2(x) + \sin(3)/3 \cdot \cos(3x)$

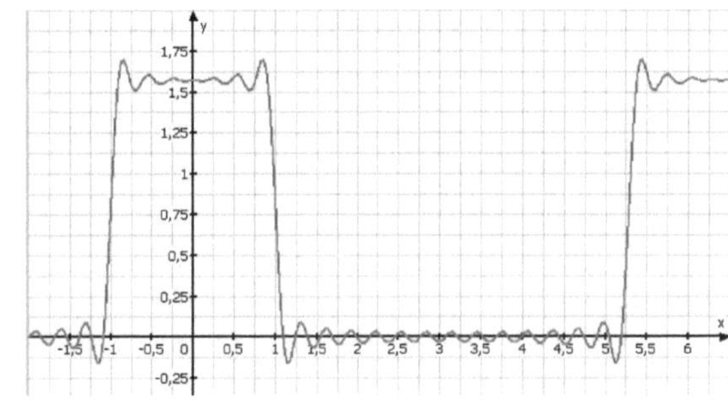

$f_{20}(x) = 0{,}5 + \sin(1) \cdot \cos(x) + \ldots + \sin(20)/20 \cdot \cos(20x)$

- $p(t) = a_0/2 + \sum (a_k \cdot \cos(k \cdot \omega \cdot t) + b_k \cdot \sin(k \cdot \omega \cdot t))$
- Beziehungen zwischen c_k und a_k, b_k
  $C_0 = 1/2 \cdot a_0$; $C_k = 1/2 \cdot (a_k - b_k \cdot i)$; $C_{-k} = 1/2 \cdot (a_k + b_k \cdot i)$
  $a_0 = 2 \cdot c_0$; $a_k = c_k + b_{-k}$; $b_k = (c_k - c_k) \cdot k$

Strukturbeziehungen

1	**Konjugation**	$(*)\ f(t) \sim \sum_{n=-\infty}^{\infty} c_n \cdot \exp(n\omega it) \to \overline{f(t)} \sim \sum_{n=-\infty}^{\infty} \overline{c_{-n}} \cdot \exp(n\omega it)$
2	**Zeitumkehr**	$f(-t) \sim \sum_{n=-\infty}^{\infty} c_{-n} \cdot \exp(n\omega it)$
3	**Linearität**	$f(t) \sim \sum_{n=-\infty}^{\infty} c_{n,f} \cdot \exp(n\omega it)$ und $g(t) \sim \sum_{n=-\infty}^{\infty} c_{n,g} \cdot \exp(n\omega it)$ $\to a \cdot f(t) + b \cdot g(t) \sim \sum_{n=-\infty}^{\infty} (a \cdot c_{n,f} + b \cdot c_{n,g}) \cdot) \exp(n\omega it)$
4	**Ähnlichkeitssatz**	$f(t)$ wie unter (*) $\to g(t) = f(\lambda \cdot t) \sim \sum_{n=-\infty}^{\infty} c_n \cdot \exp(n\lambda\omega it)$
5	**Verschiebungssätze**	$f(t)$ wie unter (*) $\to f(t + a) \sim \sum_{n=-\infty}^{\infty} \exp(n\omega ia) \cdot c_n \cdot \exp(n\omega it)$
6		$f(t)$ wie unter (*) $\to \exp(k\omega it) \cdot f(t) \sim \sum_{n=-\infty}^{\infty} c_{n-k} \cdot \exp(n\omega it)$
7	**Differentiationssatz**	$f(t)$ wie unter (*) $\to D(f(t)) = f(t) \sim \sum_{n=-\infty}^{\infty} (n\omega i) \cdot c_n \cdot \exp(n\omega it)$
8	**Integrationssatz**	$f(t)$ wie unter (*) und $T \cdot c_0 = \int_0^T f(t) \cdot dt = 0$, wobei gilt $\omega = (2 \cdot \pi)/T$ So folgt: $\int_0^t f(\tau)\, d\tau \sim -(1/T) \cdot \int_0^T t \cdot f(t) \cdot dt - \sum_{n=-\infty}^{\infty} \left(\frac{c_n \cdot i}{n \cdot \omega} \right) \cdot \exp(n\omega it)\ *$

Fourier-Transformation

(qualitative) Zuordnungen (Abbildung)

$f(t) \circ\!\!-\!\!\bullet F(\omega)$			$f(t) \circ\!\!-\!\!\bullet F(\omega)$	
f(t): Zeitbereich (Signal)	**F(ω):** Frequenzbereich (Spektrum)		**f(t):** Zeitbereich (Signal)	**F(ω):** Frequenzbereich (Spektrum)
schnell ablaufende Vorgänge $\Delta t \to 0$	hohe Frequenzen $\Delta\omega \to \infty$		zeitlich unendlich lang andauernde Signale	endliche Bandbreite
langsame Signalvorgänge	tiefe Frequenzanteile		begrenztes Signale (endliche Ausdehnung)	unbegrenzte Spektrumausdehnung
schmales Signal	breites Spektrumsignal		zeitlich unendlich lang andauernde Signale	endliche Bandbreite
begrenztes Signale (endliche Ausdehnung)	unbegrenzte Spektrumausdehnung		scharfe Signalflanken	breite Spektralverteilung

Fourier-Transformation

Konkrete Realisierungen

- $F(\omega) = F\{f(t)\} \equiv \int_{-\infty}^{+\infty} \exp(-i\omega t)\, f(t)\, dt$

- $f(t) = \frac{1}{2 \cdot \pi} \cdot \int \exp(i\omega t) \cdot F(\omega) \cdot d\omega$

Spezielle Lösungen

$f(t) = \exp(-a \cdot x^2) \circ\!\!-\!\!\bullet F(w) = (\pi/a)^{0,5} \cdot \exp(-y^2 / 4a)$

$f(t) = 1/T \circ\!\!-\!\!\bullet F(w) = (1 - \exp(-i\,T\,y)) / (i\,T\,y)$

$f(t) = |x| \ (< a) \circ\!\!-\!\!\bullet F(w) = (2/y) \cdot \sin(ay)$

Grundbeziehungen

	$f(t) \circ\!\!-\!\!\bullet F(w)$			$f(t) \circ\!\!-\!\!\bullet F(w)$	
Linearität	$A \cdot f_1(t) + B \cdot f_2(t)$	$A \cdot F_1(\omega) + B \cdot F_2(\omega)$	Differenziation	$d\,(f(t))/dt = D(f(t))$	$j \cdot \omega \cdot F(\omega)$
Ähnlichkeit	$f(a \cdot t)$	$(1/|a|) \cdot F(\omega/a)$	Differenziation	$t \cdot f(t)$	$j \cdot d(F(\omega))/d\omega$
Dämpfung	$\exp(I \cdot \beta \cdot t) \cdot f(a \cdot t)$	$(1/\alpha) \cdot F((\omega - \beta)/\alpha)$	Integration	$\int_{-\infty}^{t} f(\tau) \cdot d\tau$	$(1/(j \cdot \omega)) \cdot F(\omega) + \pi \cdot F(0) \cdot \delta(\omega)$
Dämpfung	$\exp(I \cdot \omega_0 \cdot t) \cdot f(t)$	$F(\omega - \omega_0)$	Multiplikation	$f(t) \cdot g(t)$	$F(\omega) * G(\omega)$
Vertauschung	$F(t)$	$2 \cdot \pi \cdot f(-\omega)$	Faltung (Symbol: *)	$f(t) * g(t)$	$F(\omega) \cdot G(\omega)$
Zeitverschiebung	$f(t - t_0)$	$\exp(-j \cdot \omega \cdot t_0) \cdot F(\omega)$	Frequenzverschiebung	$\exp(-j \cdot \Omega_0 \cdot t) \cdot f(t)$	$F(\omega \cdot \Omega_0)$

(Beispiele) $f(t)$	$F(\omega)$	$f(t)$	$F(\omega)$
1	$\delta(f)$	$\mathrm{sign}(t)$	$1/(j \cdot \pi \cdot f)$
$\delta(t)$	1	$-1/(\pi \cdot t)$	$j \cdot \mathrm{sign}(f)$
$\cos(2 \cdot \pi \cdot f_0 \cdot t)$	$0,5 \cdot (\delta(f - f_0) + \delta(f + f_0))$	$\delta'(t)$	$j \cdot 2 \cdot \pi \cdot f$
$0,5 \cdot (\delta(t - t_0) + \delta(t + t_0))$	$\cos(2 \cdot \pi \cdot t_0 \cdot f)$	$2 \cdot \pi \cdot t$	$j \cdot \delta'(f)$
Rechteckimpuls	$\mathrm{si}(\pi \cdot \Delta t \cdot f)$	$\sin(2 \cdot \pi \cdot f_0 \cdot t)$	$-0,5 \cdot (\delta(f - f_0) + \delta(f + f_0))$
$\mathrm{si}(\pi \cdot \Delta f \cdot t)$	Rechteckimpuls	$-0,5 \cdot (\delta(t - t_0) + \delta\,t + t_0))$	$j \cdot \sin(2\,\pi\,t_0\,f)$

Fourier-Transformation → Diskreten Fourier-Transformation (DFT)

Fouriertransformation: $F(j\omega) = \int_{-\infty}^{\infty} f(t) \cdot \exp(-j \cdot \omega \cdot t) \cdot dt$

Gesucht wird einerseits nach einer numerischen Annäherung an das Integral, das oftmals nicht einfach aufgelöst werden kann. Und andererseits soll das Integral speziell auch näherungsweise unter digitalen Gegebenheiten eines Rechners aufgelöst werden.

F(t) wird in eine periodische Funktion f*(t) verwandelt, die als Summe dargestellt werden kann: $f(t) \to f^*(t) = \sum_k f(t + kT)$.

Weiterhin wird die Transformierte von f(t) [($\to F(j\omega)$)] nur an den diskreten Stützstellen $\omega = k \cdot (2 \cdot \pi)/T$ betrachtet und berechnet wird.

Mit $\Omega = (2 \cdot \pi)/T$ ergibt sich: $\omega = k \cdot \Omega$.

Es folgt: $F(jk\Omega) = \int_{-T/2}^{T/2} f^*(t) \cdot \exp(-j \cdot k \cdot \Omega \cdot t) \cdot dt$.

Mit $f^*(t) = \frac{1}{T} \sum_{k=-\infty}^{\infty} F(jk\Omega) \exp(jk\Omega t)$.

f*(t) (eine periodische Funktion) wird dann in eine Folge verwandelt, die aus periodischen Werten mit dem Abstand T/N bestimmt wird. So ergibt sich die Folge f*(mT/N). Entsprechend ergibt sich für die Fourier-Transformierte der Ausdruck: $F^*(j\,k\,\Omega) = \sum F(j\,k\,\Omega + j\,r\,N\,\Omega)$.

So folgt: $F^*(jk\Omega) = \frac{T}{N} \sum_{m=0}^{N-1} f^* \left(\frac{m \cdot T}{N} \right) \cdot \exp\left(-j \cdot m \cdot k \cdot \frac{2 \cdot \pi}{N}\right)$

und $f^*(mT/N) = \frac{1}{N} \sum_{k=0}^{N-1} F^*(j \cdot k \cdot \Omega) \cdot \exp(j \cdot m \cdot k \cdot \frac{2 \cdot \pi}{N})$.

Das zeitdiskrete Signal wird durch die DFT in einzelne Frequenzanteile (Sinus- und Kosinuswellen) aufgegliedert. Durch die inverse Operation (IDFT) wird auf das zeitliche Signal geschlossen.

Diskrete Fourier-Transformation (DFT)

Hintergründe

- Die DFT verarbeitet zeitdiskrete (periodische) Signalfolgen. Die Transformation ergibt ein diskretes (periodisches) Spektrum.
- Bedingt durch die Periodizität können einzelne Rechenwerte so kombiniert werden, dass schnelle Transformationsprozesse möglich werden. Dies wird u. a. im Rahmen der **FFT** (Fast Fourier transform: schnelle Fourier-Transformation) durch geeignete Algorithmen erreicht.
- Die DFT und FFT sind grundlegend bedeutsam im Rahmen der digitalen Signalverarbeitung. Durch sie werden realzeitkritische Anwendungen ermöglicht.

Eigenschaften der Diskreten-Fourier-Transformation

1. - Die DFT einer Folge x(k) ist periodisch mit $\Omega = 2 \cdot \pi$
   - Die DFT einer Folge x(k) ist kontinuierlich
   - Ist x(k) reell, dann ist das Spektrum der DFT konjugiert gerade. Es treten ein gerader Realteil u. ein ungerader Imaginärteil auf.

2. **Zeitversatz:** $\mathrm{DFT}\{x(k - k_0)\} = \exp(-j \cdot \Omega \cdot k_0) \cdot X(\exp(j \cdot \Omega))$

3. **Frequenzversatz:** $\mathrm{DFT}\{x(k) \exp(-j\,\Omega_0\,k)\} = X(\exp(j \cdot (\Omega - \Omega_0)))$

4. **Multiplikation im Zeitbereich**
   $\mathrm{DFT}\{x(k - k_0)\} = \exp(-j \cdot \Omega \cdot k_0) \cdot X(\exp(j \cdot \Omega))$

5. **Multiplikation ($\cdot$) im Zeitbereich / Faltung (*) im Frequenzbereich**
   $\mathrm{DFT}\{x(k) \cdot y(k) = \frac{1}{2 \cdot \pi} X(\exp(j\Omega)) * Y(\exp(j\Omega))$

6. **Faltung im Zeitbereich / Multiplikation im Frequenzbereich**
   $\mathrm{DFT}\{x(k) * y(k) = X(\exp(j\Omega)) \cdot Y(\exp(j\Omega))$

Polynome und DFT

- Von einer Funktion sollen n Punkte bekannt sein:
  $(x_0, y_0), (x_1, y_1), \ldots (x_{n-1}, y_{n-1})$
  Bzw.: (Zahlfolge) $a = (a_0, a_1, \ldots, a_{N-1})$
  Mit diesen n Punkten werden Stützstellen einer Funktion angegeben. Ausgehend von den Stützstellen kann das Polynom berechnet werden.

- **Formelbeziehungen**
  Nun werden durch die DFT die Fourier-Koeffizienten wie folgt berechnet: $\widehat{\alpha}_k = \sum_{j=0}^{N-1} \exp\left((-2\pi i) \cdot \frac{jk}{N}\right) \cdot \alpha_j$ mit $k = 0, \ldots, N - 1$.

- Zur Beschreibung dieser Punkte, die paarweise verschieden sind, kann eine Polynomfunktion angegeben werden, so dass gilt: (*) $y_l = A(x_l)$ mit $l = 0, 1, \ldots, n - 1$

- Für die Polynomfunktion unter (*) kann geschrieben werden:
  $y = V(x) \cdot a$. Im Detail gilt:

$$\begin{pmatrix} y_0 \\ y_1 \\ \cdot \\ y_{n-1} \end{pmatrix} = \begin{pmatrix} 1 & x_0 & x_0^2 & \cdot & x_0^{n-1} \\ 1 & x_1 & x_1^2 & \cdot & x_1^{n-1} \\ \cdot & \cdot & \cdot & & \cdot \\ 1 & x_{n-1} & x_{n-1}^2 & \cdot & x_{n-1}^{n-1} \end{pmatrix} \cdot \begin{pmatrix} a_0 \\ a_1 \\ \cdot \\ a_{n-1} \end{pmatrix}$$

- V(x): Vandermonde Matrix; V(x) ist umkehrbar.
- Ausgehend von den Stützstellen können Polynom miteinander schnell (FFT) multipliziert werden.

Diskrete Fourier-Transformation (DFT)

FFT-DFT-Signalbeziehungen

1. Eingangssignal		Überführung der DFT in eine FFT-Bearbeitung
2. ▮ Tiefpass	Zu 2.: Bandbegrenzung	mit $l = 0, \dots, n-1$
3. ▮ Signal **x(t)**		$\sum_{k=0}^{n-1} f_k \cdot \exp(2\pi i k l/n)$
4. ▮ Wandler A/D	Zu 4.: Digitalisierung	$= \sum_{k=0}^{n/2-1} f_{2k} \cdot \exp(2\pi i(2k)l/n) + \sum_{2k+1=0}^{n/2-1} f_{2k+1} \cdot \exp(2\pi i(2k+1)l/n)$
5. ▮ Signal **x[n]**		$= \sum_{k=0}^{n/2-1} f_{2k} \cdot \exp(2\pi i k l/(n/2)) +$
6. ▮ Fensterung	Zu 6.: Signalblock der Länge N	$+ \exp(2\pi i l/n) \cdot \sum_{k=0}^{n/2-1} f_{2k+1} \cdot \exp(2\pi i k l/(n/2))$
7. ▮ **FFT**	Zu 7.: Fourier-Summe wird gebildet	
8. ↓ Signal **X[k]**	Zu 8.: Orthogonalitätszusammenhänge	
9. **DFT**-Koeffizienten	werden beachtet: DFT-Bildung	

Elementare Signalbilder

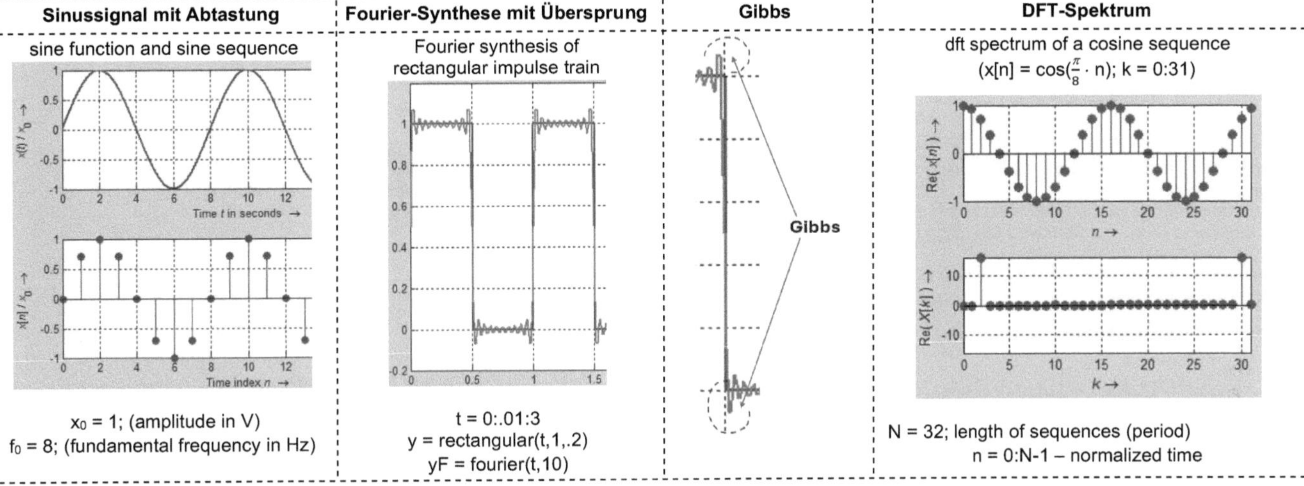

2D-Fourier-Transformation

Diskrete Fourier-Transformation in zwei Dimensionen (als globaler Operator)

$$G(f_x, f_y) = \int_{-\infty}^{\infty} \int_{-\infty}^{\infty} g(x, y) \cdot \exp(-j2\pi f_x x) \cdot \exp(-j2\pi f_y y) \cdot dx \cdot dy$$

$\rightarrow$ (inverse 2d-Fourier-Transformation): $g(x, y) = \int_{-\infty}^{\infty} \int_{-\infty}^{\infty} G(f_x, f_y) \cdot \exp(j2\pi f_x x) \cdot \exp(j2\pi f_y y) \cdot df_x x \cdot df_y$

Periodische DFT

Es treten im DFT-Spektrum Signale auf, die periodisch fortgesetzt werden. So können Spektraldaten aus der Abbildung ($\rightarrow$) von $[0, f_A/2]$ auf $[0, \pi]$ durch die Ergänzung von $]-f_A/2, 0]$ abgebildet auf $]\pi, 2\pi[$ zu einer Abbildungsdarstellung von $[0, f_A]$ auf $[0, 2\pi]$ überführt werden. Insofern wird ein zentriertes DFT-Spektrum erzeugt. Konkret sei die Faltung $n_A = [n_1, \dots n_n]$. Diese wird erweitert auf $n_B = [n_1, \dots, n_n, n_1, \dots n_n]$ etc. Entsprechend werden aperiodische Faltungen auf periodische Faltungen (zyklische Faltungen) erweitert.

Fenster der DFT

Bzgl. des Verwendung der Diskreten Fourier-Transfomation werden Fenster eingesetzt, um spezifische Spektralfehler zu reduzieren.

Rechteckfenster: $f^R(k) = \begin{cases} 1 & \text{für } 0 \leq k \leq m \\ 0 & \text{ansonsten} \end{cases}$ (unter MATLAB: boxcar(N))

Hann-Fenster (auch Hanning-Fenster): $f^{Hn}(k) = \begin{cases} \frac{1}{2} \cdot \left(1 - \cos\frac{2\pi}{m} \cdot k \right) & \text{für } 0 \leq k \leq m \\ 0 & \text{ansonsten} \end{cases}$ (unter MATLAB: hanning(N))

Hamming-Fenster: $f^{Hm}(k) = (0{,}54 - 0{,}46 \cos(\frac{2\pi}{m} \cdot k)) \cdot f^R(k)$ (unter MATLAB: hamming(N))

Blackmann-Fenster: $f^{Bl}(k) = (0{,}42 - 0{,}5 \cos\frac{2\pi}{m} k + 0{,}08\frac{4\pi}{m} k) \cdot f^R(k)$ (unter MATLAB: blackman(N))

Kaiser-Fenster $f^K(k) = \dfrac{I_0 \left(\beta \sqrt{1 - \left(\frac{2}{m}k\right)^2} \right)}{I_0(\beta)} \cdot f^R(k)$ mit (gemäß Besselfunktion erster Art (Ordnung 0)): $I_0(x) = 1 + \sum_{i=1}^{\infty} \left(\frac{(x/2)^2}{i!} \right)^2$

Dolph-Tschebyscheff-Fenster $f^{DT}(\exp(j\Omega)) = \begin{cases} \cosh\left\{ (N-1) \cdot \text{arcosh} \left[\frac{\cos\left(\frac{\Omega}{2}\right)}{\cos\left(\frac{\Omega_s}{2}\right)} \right] \right\} & \text{für } 0 \leq \Omega \leq \Omega_s \\ \cos\{(N-1)\} \cdot \text{arcos} \left[\frac{\cos\left(\frac{\Omega}{2}\right)}{\cos\left(\frac{\Omega_s}{2}\right)} \right] & \text{für } \Omega_s \leq \Omega \leq \pi \end{cases}$ (unter MATLAB: chebwin(N, dB))

All dies ist Teil der umfangreicheren Betrachtungen zu Filtertechniken ($\rightarrow$ rekursive, nichtrekursive, adaptive Filter) und den näheren Betrachtungen zu geeigneten Algorithmen (FFT) und effizienten Realisierungsmöglichkeiten.

Laplace-Transformation

Zum Einsatz kommt die Laplace-Transformation bei zeitkontinuierlichen Signalen, wenn im Rahmen der Fourier-Analyse Probleme im Zusammenhang mit Konvergenzfragen auftreten.

$F(t)$ wird transformiert zu $F(s)$: $f(t) \to F(s)$

$f(t) \to \int_0^\infty \exp(-s\,t) \cdot f(t) \cdot dt = L\{ f(t) \}$

s: positiver Parameter

Durch die Rücktransformation kann f(t) aus $L\{ f(t) \}$ bestimmt werden.

Ableitungen

f(t)	$\to$	F(s)
$\downarrow$		$\downarrow$
f'(t)	$\to$	$s \cdot F(s) - f(+0)$
f''(t)	$\to$	$s^2 \cdot F(s) - s\,f(+0) - f'(+0)$

Elementare Beziehungen

f(t)	$L\{ f(t) \}$	f(t)	$L\{ f(t) \}$	f(t)	$L\{ f(t) \}$
$\delta(t)$	1	exp(t)	$1/(s-1)$	sin(t)	$1(s^2+1)$
1	$1/s$	exp(-t)	$1/(s+1)$	cos(t)	$s/(s^2+1)$
t	$1/s^2$	exp(kt)	$1/(s-k)$	sin(kt)	$k/(s^2+k^2)$
t^2	$2!/s^3$	$\exp(\pm mt)$	$-1/(s\pm m)$	cos(kt)	$s/(s^2+k^2)$
t^3	$3!/s^4$	$\exp(kt) \cdot f(t)$	$F(s-k)$ (Verschiebungssatz)	$t \cdot \sin(kt))$	$2ks/(s^2+k^2)^2$
f(kt)	$(1/k) \cdot F(s/k)$ (Skalierung)	$\exp(4t) \cdot t^3$	$3!/(s-4)^4$	$t \cdot \cos(kt))$	$(s^2-k^2)/(s^2+k^2)^2$
$t^n \cdot f(t)$	$(-1)^n \cdot d^n(F(s))/ds^n$				

z-Transformation

Die z-Transformation wird bei zeitdiskreten Signalen, wie sie heutzutage im Rahmen der Datendigitalisierung auftreten, eingesetzt. Dies erfolgt speziell dann, wenn die Laplace-Transformation zu uneindeutigen Ergebnissen führt.

Basistransformation: $F(z) = \sum_{-\infty}^{\infty} f(n) \cdot z^{-n}$

(In gewisser Hinsicht ist die z-Transformation die diskrete Transformation zur Laplave-Transformation.)

Zeitdiskrete Signale werden durch die regelmäßige Abtastung zeitkontinuierlicher Signale erzeugt. Insofern wird eine Signalfolge x(t) zu äquidistanten Zeitpunkten abgetastet (bzw. ausgelesen).

Es gilt: t = kT. K $\in$ {0; 1; 2; …} = |N. x(t) ist eine kausale und stetige Funktion.Das Abtastsignal mit der Abtastfrequenz f_A = 1/T ermittelt.

Verwendet wird die normierte Dirac-Funktion $\delta[k] = \begin{cases} 1 \; f\ddot{u}r \; k = 0 \\ 0 \; f\ddot{u}r \; k \neq 0 \end{cases}$

$\delta[n-k] = \begin{cases} 1 \; \text{für } n = k \\ 0 \; \text{für } n \neq k \end{cases}$

$x(t) \cdot \delta(t-kT) = x[k] \cdot \delta(t-kT)$; $x(t)\,|_{t=kT} = x(kT) = x[k]$

$x_T(t) = x_K(t) = \sum_{k=-\infty}^{+\infty} \delta_0 (t-kT) = \sum_{k=-\infty}^{+\infty} x_k(kT) \cdot \delta_0 (t-kT)$

$x_T(t) = \sum_{k=-\infty}^{+\infty} x(k) \cdot \delta_0 (t-kT)$

Allgemeine Funktionsbetrachtungen

$F(z) = F_1(z) + F_2(z) = \sum_0^\infty f(-n) \cdot z^n \quad F(z) = \sum_1^\infty f(n) \cdot z^{-n}$

$F_1(z)$ ($\to$ regulärer Funktionsteil) konvergiert für $|z| < r_2$

$r_2 = [\, \lim_{n \to \infty} \sup \sqrt[n]{|f(-n)|}\,]^{-1}$

$F_2(z)$ ($\to$ Hauptteil der Funktion) konvergiert für $|z| > r_1$

$r_1 = \lim_{n \to \infty} \sup \sqrt[n]{|f(n)|}$

Konvergenbereich: Kreisring mit $r_1 < r < r_2$

Konvergenzfeld ($\to$ C)   j Im z

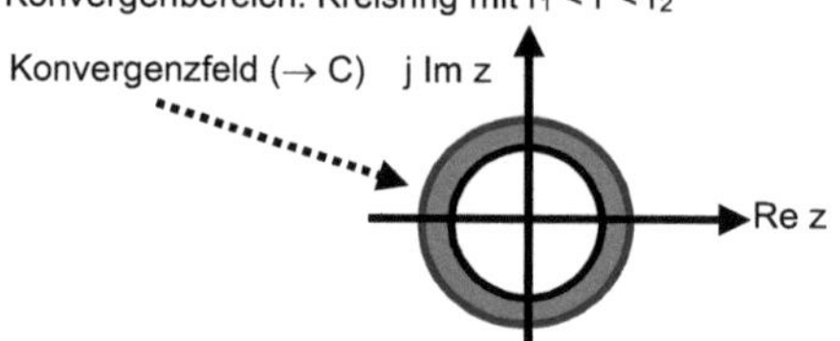

Anfangswert	$x(0+) = \lim_{z \to \infty} X(z)$ (sofern X(z) existiert)
Endwert	$\lim_{k \to \infty} x(k) = \lim_{z \to 1\pm 0} (z-1) \cdot X(z)$
Faltung	$Z\{\sum_{i=0}^{+\infty} x(i)\, y(k-i) = X(z)\,Y(z)$; $Z\{y(k) * x(k)\} = Y(z) \cdot X(z)$ Komplexe Faltung $Z\{x(k) \cdot y(k)\} = \; = \frac{1}{2\pi} \int_0^{2\pi} X(r\exp(j(\beta-\alpha)))Y(\exp(j\alpha))d\alpha$
Gewichtung	(lineare) $Z\{k \cdot x(k)\} = -z \frac{d}{dz} X(z)$
Linearität	$Z\{a \cdot x(k) + b \cdot y(k)\} = a \cdot X(z) + b \cdot Y(z)$
Modulation	$Z\{\exp(akT)\, x(k)\} = X(\exp(-aT)\, z)$
Multiplikation	$Z\{x(k) \cdot y(k)\} = \frac{1}{2\pi j} \oint_C X(\omega)Y\left(\frac{z}{\omega}\right) \omega^{-1}\, d\omega$
Verschiebung	$Z\{x(k \pm i)\} = z^{\pm i} X(z)$; Xi X(z)

Abtastsignal: $X_A(t) = x(t) \cdot \sum_{k=0}^{\infty} \delta_0 (t-kT)$; Zum Übergang von der Laplace-Transformation zur z-Transformation: z = exp(st)

Transformationen im Vergleich

Fourier-Reihe

- Periodische Signale werden durch e. Summe von cos-Signalen dargestellt.
- Den Cosinus-Gliedern entsprechen üblicherweise Drehzeiger. Somit können periodische Signale durch e. Summe v. Drehzeigern dargestellt werden.

Fourier-Transformation

- Zur Bestimmung von Drehzeigerdarstellungen für nicht periodische Signale wird die Fourier-Transformation eingesetzt:
- X(f): komplexe spektrale Amplitudendichte (auch **Spektrum**)
- **Fourier-Rücktransformation**: $x(t) = \int_{-\infty}^{\infty} X(f) \cdot \exp(j\,2\pi f t) \cdot df$ Inverse Fourier-Transformierte, auch Zeitfunktion f(t) genannt.
- Signal / Spektrum-Beziehung: $x(t) \circ\!\!-\!\!\bullet X(f)$

z-Transformation

(Ursprüngliches) Aufgabengebiet: Systemanalyse: Bezug: Laplace-Transf.

Behandlung v. abgetasteten Signalen u. Übertragungsstrukturen; Analyse von zeitdiskreten Systemen; Auflösung v. Differenzen- u. Differenzialgleichungen

Basistransformation: $F(z) = \sum_{-\infty}^{\infty} f(n) \cdot z^{-n}$

Umkehrfunktion: $f(n) = \frac{1}{2 \cdot \pi \cdot j} \int_C z^{n-1} F(z) dz$

$f(n) = \sum_{\text{alle Pole innerhalb von C}} \text{Res}(z^{n-1} \cdot F(z))$

Abbildung: Laplace-Transformation auf z-Transformation

$z = \exp(sT) = e^{sT}$; $s = \sigma + j \cdot \omega$; $z = \exp(\sigma \cdot T) \cdot \exp(j \cdot \omega \cdot T)$

$z = |z| \cdot \exp(j \cdot \omega \cdot T) = |z| \cdot \exp(j \cdot \theta)$ mit $|z| = \exp(\sigma \cdot T)$

Bei einem festen σ-Wert nimmt ω die Werte von 0 bis $2\pi/T$ ein.

Es gilt $\theta = \omega \cdot T$; θ nimmt die Werte von 0 bis 2π ein ($\to$ Kreisdrehung).

Ein Streifen der s-Ebene wird auf einen Einheitskreis der z-Ebene abgebildet.

Abbildung der s-Ebene auf die z-Ebene: S-Ebene: 0 $\to$ z-Ebene: (1,0)

DFT (Diskrete Fourier-Transformation)

- Die DFT verarbeitet zeitdiskrete (periodische) Signalfolgen. Die Transformation ergibt ein diskretes (periodisches) Spektrum.
- Unter Beachtung der Periodizität können Rechenwerte so kombiniert werden, dass schnelle Transformationsprozesse möglich werden. Dies wird u. a. im Rahmen der **FFT** (**F**ast **F**ourier **t**ransform: schnelle Fourier-Transformation) erreicht. Die FFT basiert auf einem algorithmischen Verfahren.
- Die DFT und FFT sind bedeutsam im Rahmen der digitalen Signalverarbeitung. So werden realzeitkritische Anwendungen ermöglicht.

Fourier-Transformation / Laplace-Transformation

Intervall: Fourier-Transformation: $(-\infty; \infty)$, keine Anfangswerte; Laplace-Transformation: $[0; \infty)$, mit Anfangswerten

Laplace-Transformation

Einsatz bei zeitkontinuierlichen Signalen

$f(t)$ wird transformiert zu $F(s)$: $f(t) \to F(s)$

$f(t) \to \int_0^\infty \exp(-s\,t) \cdot f(t) \cdot dt = L\{ f(t) \}$ s: positiver Parameter

Übergang von der Laplace- zur z-Transformation: z = exp(st).

1.) x(t) ist eine kausale und stetige Funktion.

2.) Abtastung von x(t) mit der Abtastfrequenz f_A = 1/T.

Es gilt: t = kT; k $\in$ {0; 1; 2; …} = |N.

Normierte Dirac-Funktion $\delta[k] = \begin{cases} 1, \; \text{für } k = 0 \\ 0, \; \text{für } k \neq 0 \end{cases}$

und allgemein: $\delta[n-k] = \begin{cases} 1, \; \text{für } n = k \\ 0, \; \text{für } n \neq k \end{cases}$

3.) $x(t) \cdot \delta(t-kT) = x[k] \cdot \delta(t-kT)$

$x_T(t) = x_K(t) = \sum_{k=-\infty}^{+\infty} \delta_0 (t-kT) = \sum_{k=-\infty}^{+\infty} x_k(kT) \cdot \delta_0 (t-kT)$

4.) Abtastsignal: $X_A(t) = x(t) \cdot \sum_{k=0}^{\infty} \delta_0 (t-kT)$

Zeta-Funktion (ζ: Zeta)

Hintergründe

- Reihenentwicklung für Funktionen:
  Nach Taylor gilt unter Beachtung von Tangentenbeziehungen
  folgende Näherung: $f(x) \approx f(a) + a \cdot f'(a)$ mit $P = (a, f(a)) \in f(x)$
  Weiterhin folgt:
  $$f(x) \approx f(a) + (x - a) \cdot f'(a) + \frac{(x-a)^2}{2!} \cdot f''(a) + \frac{(x-a)^3}{3!!} \cdot f'''(a) + \dots$$
- Das Konvergenz- und Divergenz-Verhalten bei Folgen und der
  Summe von Reihen ist speziell mit Blick auf die Beziehung
  von Reihen und multiplikativen Darstellungen relevant. Die
  Lage der Nullstellen ist bedeutsam.
- Elementare Reihen
  $\sin(x) = x - x^3/3! + x^5/5! - \dots$ (x in Bogenmaß) für $|x| < \infty$
  $\cos(x) = 1 - x^2/2! + x^4/4! - \dots$ (x in Bogenmaß) für $|x| < \infty$
- Eulersche Formel: $\exp(I \cdot x) = \cos x + I \cdot \sin x$
  $\exp(I \cdot x) = 1 + I \cdot x/1! + (I \cdot x)^2/2! + (I \cdot x)^3/3! + \dots =$
  $\qquad = 1 + I \cdot x/1! - (x)^2/2! - I \cdot ((x)^3/3! + \dots) =$
  $\qquad = 1 - x^2/2! + x^4/4! - + \dots + i \cdot x/1! - I \cdot x^3/3! + I \cdot x^5/5! - + \dots$
- Harmonische Reihe: $H_n = \sum_1^n \frac{1}{n} = 1 + \tfrac{1}{2} + 1/3 + \dots$
  $H_n = 1 + \tfrac{1}{2} + (1/3 + \tfrac{1}{4}) + (1/5 + 1/6 + 1/7 + 1/8) + \dots >$
  $> 1 + \tfrac{1}{2} + 2/4 + 8/16 + \dots \;(\to$ divergente Reihe)
  Es folgt: $H_n \notin |Z$
- Gamma: $\gamma = \lim\limits_{n \to \infty} (H_n - \ln(n)) \approx 0{,}5772156\dots$
- $\frac{1}{e} = e^{-1} = \lim\limits_{n \to \infty} \left(1 - \frac{1}{n}\right)^n$
- Zeta-Funktion mit ganzen Zahlen:
  $$\zeta(n) = \sum_{r=1}^{\infty} \frac{1}{r^n} = 1 + \frac{1}{2^n} + \frac{1}{3^n} + \frac{1}{4^n} + \dots =$$
  $$= 1 + \left(\frac{1}{2^n} + \frac{1}{3^n}\right) + \left(\frac{1}{4^n} + \frac{1}{5^n} + \frac{1}{6} + \frac{1}{7^n}\right) + \dots <$$
  $$< 1 + \frac{2}{2^n} + \frac{4}{4^n} + \dots =$$
  $$= 1 + \frac{2}{2^n} + \left(\frac{1}{2^{n-1}}\right)^2 + \left(\frac{1}{2^{n-1}}\right)^3 + \dots$$
  $$= \text{(unter Beachtung der geometrischen Reihe)} = \frac{1}{1 - \frac{1}{2^{n-1}}}$$

  Wallis zeigte 1731, dass gilt:
  $$\zeta(2) = \sum_{r=1}^{\infty}\left(\frac{1}{r^2}\right) = \frac{\pi^2}{6} = \frac{1}{1^2} + \frac{1}{2^2} + \frac{1}{3^2} + \frac{1}{4^2} + \dots =$$
  $$= 1{,}644934\dots$$
  $$\frac{\pi^2}{8} = \frac{1}{1^2} + \frac{1}{3^2} + \frac{1}{5^2} + \frac{1}{7^n} + \dots = 1{,}23370055\dots$$
  $$\zeta(4) = \frac{\pi^4}{90} = \frac{1}{1^4} + \frac{1}{3^4} + \frac{1}{5^4} + \frac{1}{7^4} + \dots = 1{,}082323234\dots$$
  $$\frac{\pi^4}{96} = \frac{1}{1^4} + \frac{1}{3^4} + \frac{1}{5^4} + \frac{1}{7^4} + \dots = 1{,}014678032\dots$$
  $$\frac{\pi^3}{32} = \frac{1}{1^3} - \frac{1}{3^3} + \frac{1}{5^3} - \frac{1}{7^3} + \dots = 0{,}968946146\dots$$
  $$\frac{5\,\pi^5}{1536} = \frac{1}{1^5} - \frac{1}{3^5} + \frac{1}{5^5} - \frac{1}{7^5} + \dots = 0{,}996157828\dots$$

Reihen und Logarithmen

- $H_n = \sum_1^n \frac{1}{r}$ und somit $H_r = H_{r-1} + 1/r$
  - $\to 1/n = H_n - H_{n-1}$
  - $\to x \sim H_1 x$
    - $\tfrac{1}{2} x^2 \sim H_2 x^2 - H_1 x^2$
    - $1/3\, x^3 \sim H_3 x^3 - H_2 x^2$ etc.
  - $\to x + \tfrac{1}{2} x^2 + 1/3\, x^3 + \dots =$
    - $H_1 x - 0 + H_2 x^2 - H_1 x^2 + H_3 x^3 - H_2 x^2 \dots$
  - $\to x + \tfrac{1}{2} x^2 + 1/3\, x^3 + \dots =$
    - $H_1 x + H_2 x^2 + H_3 x^3 - H_1 x^2 - H_2 x^2 - \dots = \sum_1^{\infty} H_r x^r - \sum_1^{\infty} H_r x^{r+1}$
  - $\to -\ln(1 - x) = (1 - x) \cdot \sum_1^{\infty} H_r x^r$
  - $\to \sum_1^{\infty} H_r x^r = \frac{-\ln(1-x)}{1-x} = \frac{1}{1-x} \cdot \ln\left(\frac{1}{1-x}\right)$
- $\frac{1}{1-x} \cdot \ln\left(\frac{1}{1-x}\right)$ ist eine erzeugende Funktion

Vergleich von H_n mit $\ln(n)$

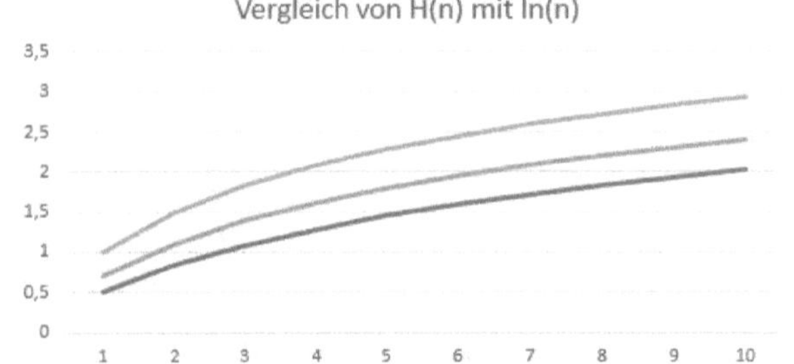

$H_n - 1$: untere Linie; $\ln(n)$: mittlere Linie; $H_n - 1/n$: obere Linie

- $H_n - 1 < \ln(n) < H_n - 1/n$
  - $\to -\ln() + H_n - 1 < 0 < H_n - \ln - 1/n$
  - $\to -\ln - 1 < -hn < -\ln - 1/n$
  - $\to \ln(n) + 1 > H_n > \ln + 1/n$
  - $\to \ln(n) + 1/n < H_n < \ln(n) + 1$
- $1/n < H_n < \ln(n)$

Euler-Funktion; Zeta-Funktion

- Mit der Zeta-Funktion ergibt sich eine enge Verknüpfung
  zwischen trigonometrischen (zyklometrischen) Funktionen,
  Logarithmen und den Nullstellen.
- Es gilt: $(1 + \tfrac{1}{2} + \tfrac{1}{2^2} + \dots) \cdot (1 + 1/3 + 1/3^2 + \dots) \cdot$
  $\cdot (1 + 1/5 + 1/5^2 + \dots) \cdot \dots = 1 + \tfrac{1}{2} + 1/3 + 1/2^2 + 1/5 + \dots$
  $= \sum_{n=1}^{\infty} \frac{1}{n^s}$
- Für alle $r \in |Z$ folgt: $r = 2^{r1} \cdot 3^{r2} \cdot 5^{r3} \cdot 7^{r4} \cdot \dots$, mit $r_i \in |Z$
- Nach Euler (1707 – 1783) folgt:
  $$\sum_{n=1}^{\infty}\left(\frac{1}{n^s}\right) = \prod_{p\,\in\,|P}\left(1 + \frac{1}{p^s} + \frac{1}{p^{2s}} + \dots\right) =$$
  $$= \prod_{p\,\in\,|P}\left(1 - \frac{1}{p^s}\right)^{-1}$$
  mit $|P$ = Menge der Primzahlen und s reell ($s \in |R$)
- Für die einzelnen Produkt-Faktoren unter Π kann jeweils eine
  Reihe gemäß $\Sigma(p^{-ns})$ gebildet werden. Die einzelnen Werte der
  Reihen können dann miteinander multipliziert werden.
- Für $s = 1$ konvergiert die Euler-Funktion nicht.
  $\to$ Insofern existieren unendlich viele Primzahlen.
- Mit $i^2 = -1$ (also $i = \pm\sqrt{-1}$) und s 65onstan ($s = \sigma + I \cdot t$)
  ergibt sich die Riemannsche Zeta-Funktion (für $\sigma > 1$):
  $$\zeta(s) = \sum_{n=1}^{\infty} \frac{1}{n^s} = \prod_{\text{mit } p\,\in\,|P}\left(1 - \frac{1}{p^s}\right)^{-1} =$$
  $$= \prod_{k=1}^{n} A_k \; \prod_p \frac{1}{1 - 1/p^s}$$
- Es gilt: $\zeta(s) = 1/[(1 - 2^{-s})(1 - 3^{-s})(1 - 5^{-s})(1 - 7^{-s})\dots]$
- Riemann hat für die Zeta-Funktion mit $z \in |C$ eine analytische
  Fortsetzung gefunden und durch die Integration der Zeta-
  Funktion über eine geschlossene Kurve einen grundsätzlichen
  Zugang zur Beziehung zwischen den Nullstellen der Zeta-Funk-
  tion $\zeta(s)$, den Primzahlenverteilungen und den log-
  Bestimmungen entdeckt.
- Der Wert der n-ten Nullstelle wurde von ihm mit ungefähr
  $n \cdot \ln(n)$ bestimmt (mit $\ln(n) = \log_e(n)$).
- Es gilt: $\sum_p \frac{1}{p} = \log(\log(\infty))$
- Nach Riemann gilt: $\zeta(s) = \frac{\Gamma(1-z)}{2\pi i} \cdot \oint_u \frac{u^{z-1}}{e^{-u}-1}\,du$

Zeta-Funktion (ζ: Zeta)

Grundlagen

- Harmonische Reihe:
  $H_n = \sum_{r=1}^{n} \frac{1}{r} = 1 + \frac{1}{2} + \frac{1}{3} + \frac{1}{4} + \dots + \frac{1}{n} \to H_n$ ist divergent.

- $\gamma = \lim\limits_{n \to \infty} (H_n - \ln(n)) \approx 0{,}5772156\dots$

- Zeta-Funktion mit ganzen Zahlen:
  $\zeta(n) = \sum_{r=1}^{n} \left(\frac{1}{r}\right)^n = 1 + \frac{1}{2^n} + \frac{1}{3^n} + \dots$

- $\sum_{r=1}^{n} \frac{1}{r^2} = 1 + \frac{1}{4} + \frac{1}{9} + \dots = 1{,}644934\dots = \frac{\pi^2}{6} = \zeta(2)$

Gamma-Funktion

- Gamma-Funktion: $\Gamma(s)$: $\Gamma(s + 1) = s!$; $\Gamma(s + 1) = s\,\Gamma(s)$
- $\Gamma(s + 1) = \int_0^\infty \exp(-u)\,u^{s-1}\,du$
- $\Gamma(s + 1) = = (s \cdot \exp(\gamma s))^{-1} \cdot \prod_{n=1}^{\infty} (\exp(s/n)) \cdot (1 + s/n)^{-1}$
- Folgende Funktionalgleichung gilt:
  $\pi^{-s/2}\,\Gamma(s/2)\,\zeta(s) = \pi^{(s-1)/2}\,\Gamma(1/2 - s/2)\,\zeta(1 - s)$

Euler-Funktion

- Nach Euler (1707 – 1783) gilt:
  $$\sum_{n=1}^{\infty} \frac{1}{n^s} = \prod_{p \in |P} \left(1 + \frac{1}{p^s} + \frac{1}{p^{2s}} + ⑲\right)$$
  mit $|P$ = Menge der Primzahlen und s reell (s$\in$ |R)
  Es folgt: $\prod_{p \in |P} \left(1 + \frac{1}{p^s} + \frac{1}{p^{2s}} + ⑲\right) \to$
  $$\prod_{p \in |P} \left(1 - \frac{1}{p^s}\right)^{-1}$$

- Es gilt: $(1 + \frac{1}{2} + \frac{1}{2^2} + \dots) \cdot (1 + \frac{1}{3} + \frac{1}{3^2} + \dots) \cdot$
  $(1 + \frac{1}{5} + \frac{1}{5^2} + \dots) \dots = 1 + \frac{1}{2} + \frac{1}{3} + \frac{1}{2^2} + \frac{1}{5} + \dots = \sum_{n=1}^{\infty} \frac{1}{n^s}$

- Für s = 1 konvergiert die Euler-Funktion nicht.
  $\to$ Insofern existieren unendlich viele Primzahlen.

Zeta-Funktion

- Ein grundsätzlicher Zugang zur Verteilung der Primzahlen wurde von Riemann mit der Zeta-Funktion $\zeta(s)$ gefunden.

- Mit $i^2 = -1$ (I $= \sqrt{-1}$) und komplex (s $= \sigma + I \cdot t$) ergibt sich die Riemannsche Zeta-Funktion:

  $$\zeta(s) = \sum_{n=1}^{\infty} \frac{1}{n^s} = \prod_{p \in |P} \left(1 - \frac{1}{p^s}\right)^{-1}$$

  $$= \prod_p \frac{1}{1 - 1/p^s} \text{ für } \sigma > 1.$$

- Es gilt: $\zeta(s) = 1/((1 - 2^{-s})(1 - 3^{-s})(1 - 5^{-s})(1 - 7^{-s}))$

Beispielwerte der Zeta-Funktion

$\zeta(1) = \infty$	$\zeta(2) = \pi^2/6$
$\zeta(3) = 1{,}2020569032$	$\zeta(4) = \pi^4/90$
$\zeta(5) = 1{,}0369277551$	$\zeta(6) = \pi^6/945$
$\zeta(7) = 1{,}0083492774$	$\zeta(8) = \pi^8/9450$
$\zeta(9) = 1{,}0020083928$	$\zeta(10) = \pi^{10}/93555$

Gamma-Funktion (Γ)

- Gamma-Funktion: Γ (s): $\Gamma(s + 1) = s!$; $\Gamma(s + 1) = s \cdot \Gamma(s)$
- $\Gamma(s + 1) = \int_0^\infty \exp(-u) \cdot u^{s-1}\,du$
- $\Gamma(s + 1) = = (s \cdot \exp(\gamma s))^{-1} \cdot \Pi\,(\exp(s/n)) \cdot (1 + s/n)^{-1}$
- Folgende Funktionalgleichungen gelten:
  $\pi^{-s/2} \cdot \Gamma(s/2) \cdot \zeta(s) = \pi^{(s-1)/2} \cdot \Gamma(1/2 - s/2) \cdot \zeta(1 - s)$

  $$\Gamma_P(x) = \frac{r! \cdot r^{x+1}}{x\,(x + 1)\,(x+2)\dots(r+x)}$$

  $$\frac{1}{\Gamma(x)} = \lim_{r \to \infty} \frac{1}{\Gamma_P(x)} = x \exp(\gamma x) \cdot \prod_{r=1}^{\infty} \left(1 + \frac{x}{r}\right) e^{-x/r}$$

  $$\Gamma(x) \cdot \Gamma(1 - x) = \frac{\pi}{\sin(\pi x)}$$

  $$\Gamma(x) = \int_0^1 \left(\ln\left(\frac{1}{t}\right)\right)^{x-1} dt$$

  $$\Gamma(x) = \frac{\Gamma(x + 1)}{x}$$

Gamma- und Zeta-Funktion

- $\Gamma(s)\,\zeta(s) = \int_0^\infty \frac{z^{s-1}}{\exp(z) - 1}\,dz$

- $\zeta(s) = \dfrac{2^{z-1}}{z - 1} - 2^z \int_0^\infty \dfrac{\sin(z\,\arctan(t))}{(1 + t^2)^{\frac{z}{2}}\,(\exp(\pi\,t) + 1)}\,dt$

- $\zeta(s) = \dfrac{\Gamma(1 - s)}{2\pi i} \oint_\gamma \dfrac{z^{s-1}}{e^{-z} - 1}\,dz$

- $\zeta(2k) = ((-1)^{k-1}\,(2\pi)^{2k}\,B_{2k})/(2\,(2k)!)$ mit $B_0 = 1$ und $B_1 = -0{,}5$

  $B_m = -\sum_{k=0}^{m-1} \binom{m}{k} \dfrac{B_k}{(m - k + 1)}$ für m > 1.

Integration der Zeta-Funktion

- **Cauchysche Integrationsformel**
  f(z) sei analytisch; Δ ein einfaches zusammenhängendes Gebiet; z ein Punkt in Δ; C sei ein geschlossener Weg

  $$f(z) = \frac{1}{2\pi i} \cdot \oint_C \frac{f(\zeta)}{\zeta - z}\,d\zeta$$

  Die Werte im Inneren von C werden über den Rand bestimmt.
- Durch die Anwendung der Integrationsformel von Cauchy auf die Eulerische Zeta-Funktion fand Riemann folgende

  Beziehung: $\zeta(z) = \dfrac{\Gamma(1 - z)}{2\pi i} \cdot \oint_{u^-} \dfrac{u^{z-1}}{e^{-u} - 1}\,du$

Nullstellen der Zeta-Funktion

- Triviale Nullstellen der Zeta-Funktion:
  s = -2, -4, -6 ... Dies sind die Polstellen von $\Gamma(s/2)$.

- Nicht-triviale Nullstellen der Zeta-Funktion:
  Riemann vermutet, dass alle nicht-trivialen Nullstellen der Zeta-Funktion im Bereich (critical strip) von $0 < Re(s) = \sigma < 1$ auf der kritischen Geraden (critical line) mit $\sigma = 0{,}5$ für p $\in$ |P liegen.

- Der Vermutung von Riemann entspricht:
  $\pi(x) = li(x) + O(x^{0{,}5} \cdot \log(x))$

- Einige Nullstellen auf der kritischen Geraden:

$0{,}5 \pm i \cdot 14{,}134725\dots$	$0{,}5 \pm i \cdot 21{,}022040\dots$
$0{,}5 \pm i \cdot 25{,}010856\dots$	$0{,}5 \pm i \cdot 30{,}425\dots$
$0{,}5 \pm i \cdot 32{,}93\dots$	$0{,}5 \pm i \cdot 37{,}58\dots$
$0{,}5 \pm i \cdot 40{,}91\dots$	$0{,}5 \pm i \cdot 43{,}32\dots$
$0{,}5 \pm i \cdot 48{,}00\dots$	$0{,}5 \pm i \cdot 49{,}77\dots$

  Zumindest über 100 Mrd. Nullstellen liegen auf dieser Geraden.

Einichten im Zusammenhang mit der Zeta-Funktion

1: Mit $s = \sigma + i \cdot t$ ergibt sich $n^s = n^\sigma \cdot \exp(i \cdot t \cdot \log(n))$

2: $\varsigma\,(s) = \zeta(s) = \dfrac{1}{s - 1} + 1 - s \int_1^\infty \dfrac{x - |x|}{x^{s+1}}\,dx$

3: Für $|z| < 1$ folgt: $\sum_{n=1}^{\infty} \dfrac{z^n}{n} = \log\left(\dfrac{1}{1 - z}\right)$

4: $\gamma = \lim\limits_{s \to 1} \left(\zeta(s) - \dfrac{1}{s - 1}\right)$

5: Primzahlsatz: $\pi(x) = \sum_{p \le x} 1 \to \pi(x) \sim \dfrac{x}{\log(x)}$

6: (Definition) $li(X) = \int_2^X \dfrac{1}{\log(t)} \cdot dt$; so folgt: $\pi(x) \sim li(x)$

7: $\Gamma(x) = \int_0^\infty t^{z-1} \cdot \exp(-t) \cdot dt$; 8: $\Gamma(x) = (n - 1)!$

9: $(\Gamma(x))^{-1} = z \cdot \exp(\gamma z) \cdot \prod_{n=1}^{\infty}(1 + \dfrac{z}{n}) \cdot \exp(-z/n)$

10: $\dfrac{\sin(\pi z)}{\pi} = \dfrac{1}{\Gamma(z)\,\Gamma(1 - z)}$

11: $\sin(\pi z) = \pi z \cdot \prod_{n=1}^{\infty}(1 - \dfrac{z^2}{n^2})$

12: $\Gamma(z) = \dfrac{\Gamma(1 + z)}{z}$; $\Gamma(1 - z) = \dfrac{\Gamma(2 - z)}{1 - z}$

13: $\Gamma(\frac{1}{2}) = \sqrt{\pi}$

14: $\dfrac{\pi}{2} = \prod_{n=1}^{\infty} \dfrac{(2n)^2}{(2n - 1) \cdot (2n + 1)}$ (Produkt von Wallis)

Unterschieden werden weiterhin zum Beispiel folgende **Zeta-Funktionen** (Z-F):

Airysche Z-F: Artin-Mazursche Z-F; Dedekindsche Z-F; Dynamische Z-F; Epsteinsche Z-F; Hasse-Weil Z-F; Hurwittsche Z-F; Igusa Z-F; Ihara Z-F; Jacobische Z-F; Lefschetsche Z-F; Lerchsche Z-F; Ninitsche Z-F; Ruelle Z-F; Selbergsche Z-F; Weierstraßsche Z-F und die Prim-Z-F.

Elliptische Funktionen und Gleichungen

Historischer Ausgangspunkt für diese Funktionen waren Integrale vom Typ $F(x) = \int_0^x \frac{dt}{\sqrt{1-t^4}}$, mit einer reellen und einer komplexen Periode. Bedeutsam für die Betrachtung der elliptischen Funktionen sind hierbei die Theta- und die ρ-Funktion nach Weierstrass.

$$\rho(z) = \frac{1}{z^2} + \sum_{\omega \in -\{0\}} \left[\frac{1}{(z-\omega)^2} - \frac{1}{\omega^2} \right] = \rho(z; L) \text{ für } z \notin L$$

Für $z \in L$ folgt: $\rho(z) = \infty$. (L: Perioden-Gitter)

Elliptisches Integral erster Ordnung: $F(x) = \int_0^x \frac{dt}{\sqrt{P(t)}}$

Mit einem Polynom P(t) dritten oder vierten Grades ohne doppelte oder mehrfache Nullstelle. Die Umkehrfunktion des Elliptischen Integrals ist eine elliptische Funktion.

Theta-Reihe: $\upsilon(\tau) := \theta_A(z|\tau) = \sum_{n \in z} \exp(\pi i n^2 \tau) =$
$$= 1 + 2 \cdot \sum_{n=1}^{\infty} q^{n^2} \ (q = \exp(\pi i \tau))$$

Theta-Funktion:

$\theta_A(z|q) = 2 \sum_{n=0}^{\infty} (-1)^n q^{(n+0,5)^2} \sin((2n+1)z)$

$\theta_B(z|\tau) = \theta_B(z|q) = 2 \sum_{n=0}^{\infty} q^{(n+0,5)^2} cos((2n+1)z)$

$\theta_C(z|\tau) = \theta_C(z|q) = 1 + 2 \sum_{n=1}^{\infty} q^{n^2} \cos(2nz)$

$\theta_D(z|\tau) = \theta_D(z|q) = 1 + 2 \sum_{n=0}^{1} (-1)^n q^{n^2} \cos(2nz)$

Betrachtung zur Funktion $y^2 = x^3 + ax + b$ (Zeile: a-Wert; Spalte: b-Wert)

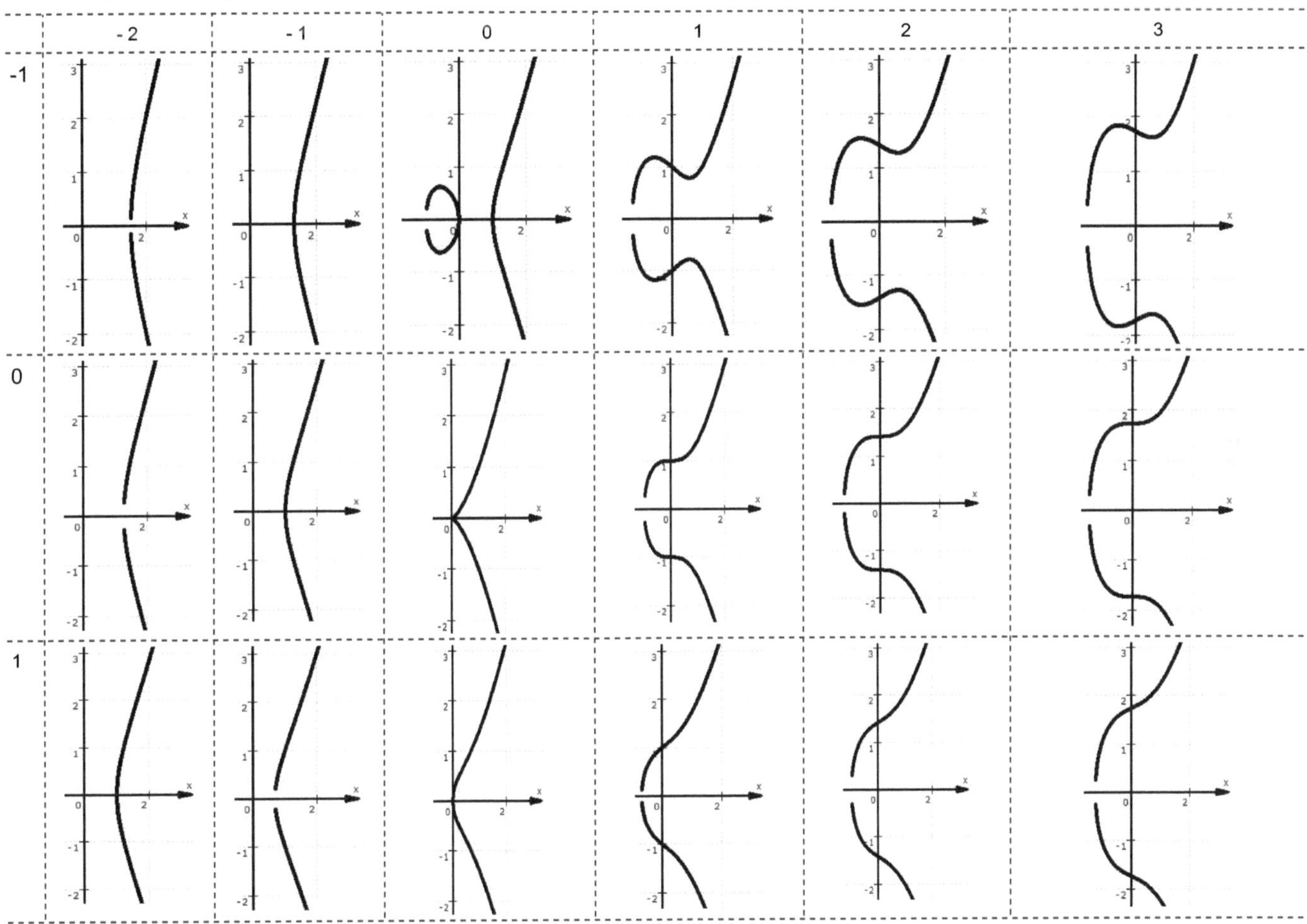

Elliptischen Gleichungen und Zahlen

Beispiel aus dem Bereich der Zahlentheorie

Betrachtung zu: $y^2 = (x \cdot (x+1) \cdot (2x+1)) \cdot 1/6$

Mit $(x \cdot (x+1) \cdot (2x+1)) \cdot 1/6$ wird die Summe der Quadratzahlen erfasst.

$(1 = 1 \ (\to x = 1); \ 1 + 4 = 5 \ (\to x = 2); \ 1+4+9 = 14 \ (\to x = 3);$
$1 + 4 + 9 + 16 = 30 \ (\to x = 4) \ ...)$

Mit $y^2 = ...$ wird angenommen, dass die die Summe der Quadratzahlen $1 + 4 + ...$ selbst quadratisch sein soll.

Dies ist erfüllt für die Punkte $(x, y) = (0, 0)$ und $(x, y) = (1, 1)$.
Weiterhin gilt dies für (x, y): $(-1, 0)$, $(-½, 0)$ und $(½, ½)$.

Zugehöriger Graph der Elliptischen Gleichung in der rechten Spalte.

Nachweis mittels „Vollständiger Induktion":

IA: $x = 1$: $1 = 1 \cdot 2 \cdot 3 \cdot 1/6 = 1$

IV: $1^2 + 2^2 + ... + n^2 =$

$= (n \ (n+1) \ (2n+1)) \cdot 1/6 =$

$= n^3/3 + n^2/2 + n/6$

IS: $n \to n+1$: $1^2 + 2^2 + ... + (n+1)^2 =$

$= ((n+1) \ (n+2) \ (2n+3)) \cdot 1/6 =$

$= (n \ (n+1) \ (2n+1)) \cdot 1/6 + (n+1)^2 =$

$= n^3/3 + n^2/2 + n/6 + n^2 + 2n + 1 =$

$= n^3/3 + 3n^2/2 + 13n/6 + 1 =$

$= ((n+1) \ (n+2) \ (2(n+1) + 1)) \cdot 1/6 =$

$= ((n+1) \ (n+2) \ (2n+3) \cdot 1/6$

$= (2n^3 + 3n^2 + 9n + 6n^2 + 4n + 6) \cdot 1/6 =$

$= (2n^3 + 9n^2 + 13n + 6) \cdot 1/6$

$= n^3/3 + 3n^2/2 + 13n/6 + 1$

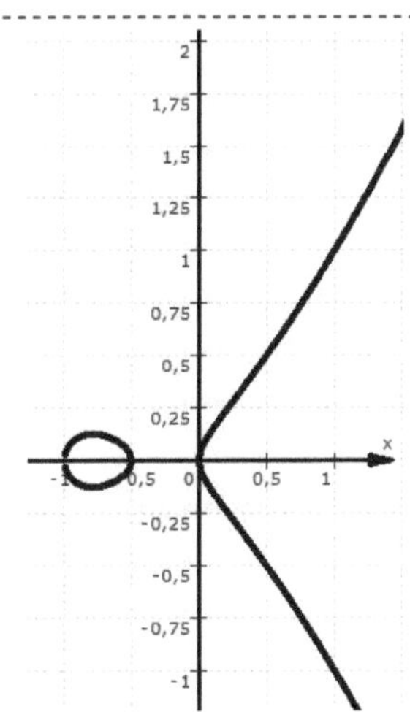

Vektoranalysis

Grundlagen

- **Allgemein: a**: Vektor (fette Buchstaben stehen für Vektoren)
  $\mathbf{a} = a_1\mathbf{e}_1 + a_2\mathbf{e}_2 + a_3\mathbf{e}_3 = (a_1, a_2, a_3)$
  In kartesischen Koordinaten gilt:
  $\mathbf{a} = a_x\mathbf{e}_x + a_y\mathbf{e}_y + a_z\mathbf{e}_z = (a_x, a_y, a_z)$

- **Länge** eines Vektors: $|\mathbf{a}| = a = (a_1^2, a_2^2, a_3^2)^{0,5}$

- $r = |\mathbf{r}| = (x^2 + y^2 + z^2)^{0,5}$

- **Einheitsvektor ($\mathbf{e}_i$)**: Vektor in Richtung von a mit der Länge 1
  $\mathbf{a}_0 = \mathbf{a}/|\mathbf{a}|$

- **Inneres Produkt (Skalarprodukt)**
  $\mathbf{a} \cdot \mathbf{b} = |\mathbf{a}| \cdot |\mathbf{b}| \cdot \cos(\angle \mathbf{a}, \mathbf{b})$
  $\mathbf{a} \cdot \mathbf{b} = a_1b_1 + a_2b_2 + a_3b_3$
  $\mathbf{a} \cdot \mathbf{b} = a_xb_x + a_yb_y + a_zb_z$

- **Äußeres Produkt (Vektorprodukt; Kreuzprodukt)**
  $\mathbf{a} \times \mathbf{b}| = |\mathbf{a}| \cdot |\mathbf{b}| \cdot \sin(\angle \mathbf{a}, \mathbf{b})$

  $\mathbf{a} \times \mathbf{b} = \begin{vmatrix} \mathbf{e}_1 & \mathbf{e}_2 & \mathbf{e}_3 \\ a_1 & a_2 & a_3 \\ b_1 & b_2 & b_3 \end{vmatrix}$
  $\mathbf{a} \times \mathbf{b} = -\mathbf{b} \times \mathbf{a}$

- **Spatprodukt**
  $(\mathbf{a} \times \mathbf{b}) \cdot \mathbf{c} = \begin{vmatrix} c_1 & c_2 & c_3 \\ a_1 & a_2 & a_3 \\ b_1 & b_2 & b_3 \end{vmatrix}$

  $(\mathbf{a} \times \mathbf{b}) \cdot \mathbf{c} = (\mathbf{b} \times \mathbf{c}) \cdot \mathbf{a} = (\mathbf{c} \times \mathbf{a}) \cdot \mathbf{b}$
  $-(\mathbf{a} \times \mathbf{b}) \cdot \mathbf{c} = (\mathbf{b} \times \mathbf{a}) \cdot \mathbf{c} = (\mathbf{c} \times \mathbf{b}) \cdot \mathbf{a} = (\mathbf{a} \times \mathbf{c}) \cdot \mathbf{b}$

- **Doppeltes Kreuzprodukt:** $\mathbf{a} \times (\mathbf{b} \times \mathbf{c}) = (\mathbf{a} \cdot \mathbf{c})\mathbf{b} - (\mathbf{a} \cdot \mathbf{b})\mathbf{c}$

Gradient

grad
φ ®: skalare Funktion, skalares Feld
$d\varphi = \text{grad}\varphi \, d\mathbf{r}$
Mit kartesischen Koordinaten folgt:
$\text{grad}\varphi = (\partial\varphi/\partial x_1) \cdot \mathbf{e}_x + (\partial\varphi/\partial x_2) \cdot \mathbf{e}_y + (\partial\varphi/\partial x_3) \cdot \mathbf{e}_z$
$\text{grad }\varphi = (\partial\varphi/\partial x_1, \partial\varphi/\partial x_2, \partial\varphi/\partial x_3)$

Divergenz

$$\text{div}\,\mathbf{a}® = \lim_{\Delta V \to 0} \frac{1}{\Delta V} \oiint_{F(\Delta V)} \vec{a}(\vec{r}) \cdot d\vec{f}$$

$$\text{div} = \lim_{G \to X_0} \left(\int_{\partial G} \upsilon \cdot do / \int_G do \right)$$

Mit $\mathbf{a} = (a_x, a_y, a_z)$ folgt: $\text{div}\,\mathbf{a} = \partial A_x/\partial x + \partial A_y/\partial y + \partial A_z/\partial z$

Rotation

$$\mathbf{n} \cdot \text{rot}(\mathbf{Al}) = \lim_{\Delta F \to 0} \frac{1}{\Delta F} \oint_{C(\Delta F)} A(r) \cdot ds$$

$\text{rot}\,\upsilon = (\partial/\partial x, \partial/\partial y, \partial/\partial z) \times (U, V, W)$

$$\text{rot}\,\upsilon = \det \begin{vmatrix} \mathbf{e}_1 & \mathbf{e}_2 & \mathbf{e}_3 \\ \frac{\partial}{\partial x} & \frac{\partial}{\partial y} & \frac{\partial}{\partial z} \\ U & V & W \end{vmatrix}$$

Extremabestimmung im $|\mathbb{R}^n$

Es wird $\text{grad}(f(x,y)) = \mathbf{0}$ gesetzt.

Dann wird die Determinante D von $f_{x_ix_j}$ gebildet.

D < 0: strenges relatives Maximum

D > 0: strenges relatives Minimum

Nabla (∇) – Beschreibungen

- ∇: Nabla-Operator (andere Bezeichnung: „Del")
- $\nabla = (\partial/\partial x, \partial/\partial y, \partial/\partial z)$
- Δ: Delta-Operator (andere Bezeichnung: „Laplace-Operator")
- $\nabla^2 = \Delta = (\partial^2/\partial x^2, \partial^2/\partial y^2, \partial^2/\partial z)$
- Gradient: $\nabla f = \text{grad } f$
- Divergenz: $\nabla \cdot \upsilon = \text{div } \upsilon$
- Rotation: $\nabla \times \upsilon = \text{rot } \upsilon$

Regeln

- $d\mathbf{r} = d((\mathbf{r} \cdot \mathbf{r})^{0,5}) = (\text{grad } r) \cdot d\mathbf{r}$
- $\text{grad } r = \mathbf{r}/|\mathbf{r}| = \mathbf{r}/r = \mathbf{e}_r$
- $\text{grad}(1/r) = -\mathbf{r}/(r^3) = (-1/r^2)\,\mathbf{e}_r$
- $\text{grad}(\ln®) = \mathbf{r}/r^2 = (1/r)\,\mathbf{e}_r$
- $\text{grad}(c\psi) = c \cdot \text{grad}\psi$
- $\text{grad}(\varphi + \psi) = \text{grad}\varphi + \text{grad}\psi$
- $\text{grad}(\varphi \cdot \psi) = \varphi \cdot \text{grad}\psi + \psi \cdot \text{grad}\varphi$
- $\text{grad}(\mathbf{A} \cdot \mathbf{B}) = \nabla(\mathbf{A} \cdot \mathbf{B})$
- $(\mathbf{A} \cdot \text{grad})\mathbf{B} = (\mathbf{A} \cdot \text{grad } B_x)\mathbf{e}_x + (\mathbf{A} \cdot \text{grad } B_y)\mathbf{e}_y + (\mathbf{A} \cdot \text{grad } B_z)\mathbf{e}_z$
- $(\mathbf{A}\,\text{grad})\mathbf{r} = \mathbf{A}$
- $\text{grad}(\mathbf{A} \cdot \mathbf{B}) = (\mathbf{A}\,\text{grad})\mathbf{B} + (\mathbf{B}\,\text{grad})\mathbf{A} + \mathbf{A} \times \text{rot}\mathbf{B} + \mathbf{B} \times \text{rot}\mathbf{A}$
- $\text{div}(\mathbf{a}) = 0$, für $\mathbf{a} = $ 68onstant
- $\text{div}(\varphi\mathbf{a}) = \varphi \,\text{div}\mathbf{a} + \mathbf{a} \cdot \text{div}\varphi$
- $\text{div}\,\mathbf{r} = 3$
- $\text{div}\,\mathbf{e}_r = 2/r$
- $\text{div}(\mathbf{a} + \mathbf{b}) = \text{div}\mathbf{a} + \text{div}\mathbf{b}$
- $\text{div}(\alpha\mathbf{a}) = \alpha \cdot \text{div}\mathbf{a}$ mit α als konstante Größe
- $\text{div}(\varphi\mathbf{a}) = \varphi \cdot \text{div}\mathbf{a} + \mathbf{a} \cdot \text{grad}\varphi$ mit φ als Funktion
- $\text{div grad}(u) = \nabla \cdot \nabla u = \nabla^2 u = \Delta u$
- Laplace-Operator: $\Delta = \nabla^2 = \nabla \cdot \nabla = \text{div grad}$
- $\text{div}(\text{rot}\mathbf{A}) = \nabla \cdot (\nabla \times \mathbf{A}) = 0$
- $\text{div}(\mathbf{A} \times \mathbf{B}) = \nabla \cdot (\mathbf{A} \times \mathbf{B}) = \mathbf{B} \cdot \text{rot}\mathbf{A} - \mathbf{A} \cdot \text{rot}\mathbf{B}$
- $\text{rot}(\mathbf{A}) = c\,\text{rot}\mathbf{A}$
- $\text{rot}(\mathbf{A} + \mathbf{B}) = \text{rot}\mathbf{A} + \text{rot}\mathbf{B}$
- $\text{rot}(\Phi\mathbf{A}) = \nabla \times (\Phi\mathbf{A}) = \Phi\,\text{rot}\mathbf{A} + (\text{grad}\Phi) \times \mathbf{A}$
- $\text{rot}(\text{grad}\Phi) = \nabla \times \nabla\Phi = 0$
- $\text{rot rot}\mathbf{A} = \text{grad div}\mathbf{A} - \Delta\mathbf{A}$
- $\text{rot}(\mathbf{A} \times \mathbf{B}) = \nabla \times (\mathbf{A} \times \mathbf{B})$
  $= \mathbf{A}\,\text{div}\mathbf{B} - \mathbf{B}\,\text{div}\mathbf{A} + (\mathbf{B} \cdot \text{grad})\mathbf{A} - (\mathbf{A} \cdot \text{grad})\mathbf{B}$
- $\text{rot}(\mathbf{a} \times \mathbf{r}) = 2\mathbf{a}$ (a: konstant)
- $\Delta\Phi = \text{div grad}\Phi$
- $\Delta\mathbf{A} = \text{grad div}\mathbf{A} - \text{rot rot}\mathbf{A}$
- $\Delta\mathbf{A} = \Delta A_x\mathbf{e}_x + \Delta A_y\mathbf{e}_y + \Delta A_z\mathbf{e}_z$
- $\Delta(\Phi\mathbf{A}) = \Phi\Delta\mathbf{A} + \mathbf{A}\Delta\Phi + 2(\text{grad}\Phi \cdot \text{grad})\mathbf{A}$

Operatoren

- **Box**-Operator $\Box = \dfrac{1}{c^2} \cdot \dfrac{\partial^2}{\partial t^2} - \Delta_x$
- **D'Alembert-Operator**: **Quabla**-Operator (auch: Wellenoperator)

Im $|\mathbb{R}^2$ gilt: $\text{grad}f(x,y) = (d_xf(x,y) \cdot d_yf(x,y))$

$D = \begin{vmatrix} f_{xx}(x,y) & f_{xy}(x,y) \\ f_{yx}(x,y) & f_{yy}(x,y) \end{vmatrix} = = [f_{xx}(x,y) \cdot f_{yy}(x,y) - (f_{xy}(x,y))^2]$

Es gilt: $f_{xy}(x,y) = f_{yx}(x,y)$

Maxwellsche Gleichungen

Feldeinteilung

Elektrostatische Felder
- die elektromagnetischen Felder sind in zeitlicher Hinsicht konstant
- es liegen keine elektrischen Ströme vor
- es treten keine magnetischen Felder auf

Magnetostatische Felder
- die magnetischen Felder sind in zeitlicher Hinsicht konstant
- es liegen keine elektrischen Ströme vor
- es treten keine elektrischen Felder auf

Stationäre Felder
- die elektrischen und magnetischen Felder sind zeitlich konstant
- Gleichströme können vorliegen

Quasistationäre Felder
- Die Feldgrößen sind zeitlich abhängig.
- Vernachlässigt wird jedoch die Veränderung der Verschiebestromdichte $(\partial \mathbf{D}/\partial t)$

Schnell veränderliche Felder
  Alle Feldentwicklungsaspekte sind zu berücksichtigen

Materialgleichungen

$\mathbf{D} = \varepsilon \cdot \mathbf{E} = \varepsilon_r \cdot \varepsilon_0 \cdot \mathbf{E}$; $\mathbf{B} = \mu \cdot \mathbf{H}$; (Stromdichte): $\mathbf{J} = \kappa \cdot \mathbf{E}$

Symbole und Daten

- Lichtgeschwindigkeit: $c = 299.792{,}5$ km/s $\approx 1.080.000.000$ km/h
- **E**: elektrische Feldstärke
- **D**: dielektrische Verschiebung ($\mathbf{D} = \varepsilon_0 \cdot \mathbf{E}$)
- **H**: magnetische Erregung
- **B**: magnetische Feldstärke ($\mathbf{B} = \mu_0 \cdot \mathbf{H}$)
- **J**: Stromdichte ρ: Ladungsdichte
- ε_0: elektrische Feldkonstante (Influenzkonstante)
- $\varepsilon = \varepsilon_0 \cdot \varepsilon_r$; $[\varepsilon] = $ As/Vm; $[\varepsilon_0] = $ As/Vm; $[\varepsilon_r] = 1$
- μ_0: magnetische Feldkonstante (Induktionskonstante; Permeabilität des Vakuums, Permeabilitätskonstante
- κ: Leitfähigkeit: $[\kappa] = $ A/mV

System	ε_0	μ_0
SI	$10^7 / (4 \cdot \pi \cdot c^2)$ F/m $= 8{,}854 \cdot 10^{-12}$ F/m $\approx (9 \cdot 4\pi)^{-1} \cdot 10^{-9}$ F/m	$4 \cdot \pi \cdot 10^{-7}$ Vs/Am
Gauß	1	1

Maxwellsche Grundgleichungen

Differenzialform (im Vakuum)

- div $\vec{E} = 0$
- div $\vec{B} = 0$
- rot $\vec{E} = -\partial_t \vec{B}$
- rot $\vec{B} = (1/c^2)\,\partial_t \vec{E}$

Elektrostatische Felder | Magnetostatische Felder

Elektrostatische Felder	Magnetostatische Felder
$\oint_{C(F)} \vec{E} \cdot d\vec{s} = 0$	$\oint_{C(F)} \vec{H} \cdot d\vec{s} = 0$
$\oiint_{F(v)} \vec{D} \cdot \vec{f} = \iint_V \rho \cdot dv$	$\oiint_{F(V)} \vec{B} \cdot d\vec{f} = 0$
rot $\vec{E} = 0$	rot $\vec{H} = 0$
div $\vec{D} = \rho$	div $\vec{B} = 0$

Stationäre Wechselfelder | Quasistationäre Felder

Stationäre Wechselfelder	Quasistationäre Felder
$\oint_{C(F)} \vec{E} \cdot d\vec{s} = 0$	$\oint_{C(F)} \vec{E} \cdot d\vec{s} = -\iint_F \frac{\partial \vec{B}}{\partial t} \cdot d\vec{f} = 0$
rot $\vec{E} = 0$	rot $\vec{E} = -\partial_t \vec{B}$
$\oint_{C(F)} \vec{H} \cdot d\vec{s} = \iint_F \vec{J} \cdot d\vec{f}$	$\oint_{C(F)} \vec{H} \cdot d\vec{s} = \iint_F \vec{J} \cdot d\vec{f}$
rot $\vec{H} = \vec{J}$	rot $\vec{H} = \vec{J}$
$\oiint_{F(v)} \vec{D} \cdot \vec{f} = \iint_V \rho \cdot dv$	$\oiint_{F(v)} \vec{D} \cdot \vec{f} = \iint_V \rho \cdot dv$
div $\vec{D} = \rho$	div $\vec{D} = \rho$
$\oiint_{F(V)} \vec{B} \cdot d\vec{f} = 0$	$\oiint_{F(V)} \vec{B} \cdot d\vec{f} = 0$
div $\vec{B} = 0$	div $\vec{B} = 0$

Schnell veränderliche Felder

$\oint_{C(F)} \vec{E} \cdot d\vec{s} = -\iint_F \frac{\partial \vec{B}}{\partial t} \cdot d\vec{f} = 0$	$\oiint_{F(v)} \vec{D} \cdot \vec{f} = \iint_V \rho \cdot dv$
rot $\vec{E} = -\partial_t \vec{B}$	div $\vec{D} = \rho$
$\oint_{C(F)} \vec{H} \cdot d\vec{s} = \iint_F \left[\vec{J} + \frac{\partial \vec{D}}{\partial t}\right] \cdot d\vec{f}$	$\oiint_{F(V)} \vec{B} \cdot d\vec{f} = 0$
rot $\vec{H} = \vec{J} + \frac{\partial \vec{D}}{\partial t}$	div $\vec{B} = 0$

Randbedingungen

Für stationäre, quasistationäre und schnell veränderliche Felder gilt:

- $\mathbf{n} \times (\mathbf{E}_1 - \mathbf{E}_2) = 0$
- $\mathbf{n} \cdot (\mathbf{B}_1 - \mathbf{B}_2) = 0$
- $\mathbf{n} \times (\mathbf{H}_1 - \mathbf{H}_2) = \mathbf{J}_F$ (*)
- $\mathbf{n} \cdot (\mathbf{D}_1 - \mathbf{D}_2) = \rho_F$ (**)

(*) $\mathbf{J}_F = 0$, wenn keine Oberflächenströme vorliegen

(**): $\rho_F = 0$, wenn keine Oberflächenladung auf der Grenzfläche vorliegt.

Felder-Grundbeziehungen

Gradient: grad $\varphi \equiv \vec{\nabla}\,\varphi$ (Vektor); Divergenz: div $\vec{A} \equiv \vec{\nabla} \cdot \varphi$ (Skalar)

Rotation: rot $\vec{A} \equiv \vec{\nabla} \times \varphi$ (Vektor); $\Delta = \vec{\nabla}^2$ (Skalar)

Wirbelfreiheit eines Gradienten Feldes: $\vec{\nabla} \times (\vec{\nabla}\,\varphi) = 0 = $ rot grad φ

Quellenfreiheit eines Gradienten-Feldes: $(\vec{\nabla} \times \vec{A}) = 0 = $ div rot $\vec{A} \equiv 0$

Es gilt: $\vec{\nabla} \times \varphi$ (Vektor)

Kurzfassung (relativistische Version: (*)) : $\nabla \cdot \mathbf{E} = \rho$; $\nabla \times \mathbf{B} - \frac{\partial \mathbf{E}}{\partial t} = \mathbf{j}$; $\nabla \cdot \mathbf{B} = 0$; $\nabla \times \mathbf{E} - \frac{\partial \mathbf{E}}{\partial t} = 0 \rightarrow$ (*) (mit $F_{\mu\nu} = \partial_\mu A_\nu - \partial_\nu A_\mu$ (Maxwell'scher Tensor)): $\partial_\mu F^{\mu\nu} = j^\nu$

Integralgleichungen

Gaußscher Satz

- $\iint_V \text{div} A \cdot dv = \oiint_{F(V)} A \cdot df$
- $\iint_V \text{grad}\Phi \cdot dv = \oiint_{F(V)} \Phi \cdot df$
- $\iint_V \text{rot} A \cdot dv = \oiint_{F(V)} df \times A = \oiint_{F(V)} [n \times A] \cdot df$
- $\iint_V [F \cdot \text{div} G + (G \cdot \text{grad})F]\,dv = \oiint_{F(V)} F(G \cdot df) = \oiint_{F(V)} F(G \cdot n)\,df$
- $\iint_V G \cdot dv = \oiint_{F(V)} f(G \cdot df) - \iint_V r \cdot \text{div} G \cdot dv$

  [Folgerung aus $\oint_{F_V} \vec{A} \cdot d\vec{f} = \int_C \text{div } \vec{A}\, dV$: $\oint_F \vec{r} \cdot d\vec{f} = \int_C \text{div } \vec{A}\, dV = \int_C 3\, dv = 3\,V$
  Die Form von V ist dabei bedeutungslos.
  $\oint_F (\text{rot } \vec{A}) \cdot d\vec{f} = \int_V \text{div rot } \vec{A}\, dV = \int_V 0\, dV = 0.$]

Greensche Theoreme

1. Theorem

$$\iint_V (\Phi \cdot \Delta\Psi + \text{grad}\Phi \cdot \text{grad}\Psi) \cdot dv = \oiint_{F(V)} \Phi \cdot \text{grad}\Psi \cdot df$$
$$= \oiint_{F(V)} \Phi \cdot n \cdot \text{grad}\Psi \cdot df$$

2. Theorem

$$\iint_V (\Phi \cdot \Delta\Psi - \Psi \cdot \Delta\Phi)dv =$$
$$= \oiint_{F(V)} (\Phi \cdot \text{grad}\Psi - \Psi \cdot \text{grad}\Phi) \cdot n\, df$$

Sätze von Stokes

$$\iint_F \text{rot} A \cdot df = \oint_{C(F)} A \cdot ds; \quad \iint_F n \times \text{grad}\Phi \cdot df = \oint_{C(F)} \Phi \cdot ds$$

Wellengleichungen

Schwingungsgleichung einer Feder

- Hookesches Gesetz: harmonische Kraft einer Feder
  $F = -k \cdot (x - x_1)$; x_1: Gleichgewichtslage des Körpers
- zugehörige x-Position in Abhängigkeit von der Zeit t
  $x = x_0 \cdot \cos(\omega \cdot t)$; x_0: maximale Auslenkung
- $dx/dt = -x_0 \cdot \omega \cdot \sin(\omega \cdot t)$ • $d^2x/dt^2 = -x_0 \cdot \omega^2 \cdot \cos(\omega \cdot t)$
- $d^2x/dt^2 = -\omega^2 \cdot x$ • $\omega = (k/m)^{0,5}$

Allgemeine mechanische Schwingungsgleichung

- $\frac{d^2x}{dt^2} = -K \cdot x$ • $x = x_0 \cdot \cos(\omega \cdot t)$ • $\omega = \sqrt{K}$
- Schwingungsfrequenz: $f = 1/T$ mit $T = 2 \cdot \pi \cdot (m/k)^{0,5}$
- Schwingungsdauer eines Pendels: $T = 2 \cdot \pi \cdot (l/g)^{0,5}$

Nichtrelativstische Schrödingersche Wellengleichung

- $\psi(x; t) = \exp(i \cdot (k \cdot x - \omega \cdot t))$
- $\partial\psi(x; t)/\partial t = (-i \cdot \omega) \cdot \psi(x; t) = (-i \cdot \omega) \cdot \exp(i \cdot (k \cdot x - \omega \cdot t))$
- $\partial^2\psi(x; t) /(\partial t)^2 = (-i \cdot \omega)^2 \cdot \psi(x; t) = (-i \cdot \omega)^2 \cdot \exp(i \cdot (k \cdot x - \omega \cdot t))$
  $= -\omega^2 \cdot \exp(i \cdot (k \cdot x - \omega \cdot t)$
- $-\dfrac{\hbar^2}{2 \cdot m} \cdot \dfrac{\partial^2 \Psi(x;t)}{\partial x^2} = i \cdot \hbar \cdot \dfrac{\partial\Psi(x;t)}{\partial t}$; bzw.: $i \cdot \hbar \cdot \partial_t\psi = [-\dfrac{\hbar^2}{2 \cdot m}\Delta + V(\vec{r})] \, \psi$

Nichtlinearität

- Nichtlineare Effekte treten auf, wenn die Medien nicht isotrop sind. D. h., sie besitzen nicht in allen Raumbereiche die gleichen physikalischen (und eventuell chemischen) Eigenschaften. Dies hat zur Folge, dass die Polarisationsgleichungen für elektromagnetische Wellen modifiziert werden müssen.
- Es gilt:$D = (1 + \chi) \cdot \varepsilon_0 \cdot E = \varepsilon_0 \cdot E + \varepsilon_0 \cdot \chi \cdot E = \varepsilon_0 \cdot E + P$
- Klassische Polarisationsbeziehung: $P = \varepsilon_0 \cdot \chi \cdot E$
- Polarisationsbeziehung unter Beachtung nichtlinearer Effekte:
  $P = \varepsilon_0 \cdot (\chi^{(1)} \cdot E + \chi^{(2)} \cdot E \cdot E + \chi^{(3)} \cdot E \cdot E \cdot E + \dots) = P_l + P_{nl}$
- $\chi^{(i)}$: dielektrische Suszeptibilität ($\rightarrow$ Polarisationsmaß)
- Unter Beachtung von P verändern sich die Maxwellschen-
  Ausdrücke im Detail: $\text{rot } E = -\dfrac{\partial B}{\partial t}$; $\text{rot } B = \varepsilon_0 \cdot \mu_0 \cdot \dfrac{\partial E}{\partial t} + \mu_0 \cdot \dfrac{\partial P}{\partial t}$
- Die Nichtlinearität hat zur Folge, dass sich die einzelnen Wellenkomponenten unterschiedlich schnell ausbreiten.

D'Alembert-Operator

$\square = \frac{1}{c^2}\partial_t^2 - \Delta$ (Quabla-Operator; Box-Operator)

Elektromagnetische Wellengleichung

- Im Vakuum gelten: $\text{rot } \vec{E} = -\partial_t\vec{B}$ und $\text{rot } \vec{B} = (1/c^2) \, \partial_t\vec{E}$
- $\text{rot } (\text{rot } \vec{E}) = \text{rot } (-\partial_t\vec{B}) = -\partial_t \, (\text{rot } \vec{B})$
- $\text{rot } (\text{rot } \vec{E}) = -\partial_t \, ((1/c^2) \cdot \partial_t\vec{E}) = -(1/c^2) \cdot \partial_t^2\vec{E}$
- $\text{rot } (\text{rot } \vec{E}) = \text{grad}(\text{div } \vec{E}) - \text{div}(\text{grad } \vec{E})$
- $\text{div } \vec{E} = 0$, da im Vakuum keine Ladungen vorliegen.
- $\text{div } (\text{grad}\vec{E}) = \nabla \cdot \nabla(\vec{E}) = \nabla^2 (\vec{E}) = \Delta\vec{E}$
- $\nabla^2 = \Delta = (\partial^2/\partial x^2, \partial^2/\partial y^2, \partial^2/\partial z^2)$
- $\Delta \vec{E} = -(1/c^2) \cdot \partial_t^2\vec{E}$
- Es gilt: $(1/c^2) = \varepsilon_0 \cdot \mu_0$

Lösung der elektromagnetischen Wellengleichung

- $\Delta\vec{E} = -(1/c^2) \cdot \partial_t^2\vec{E}$
- $\dfrac{\partial^2 E_x}{\partial x^2} + \dfrac{\partial^2 E_y}{\partial y^2} + \dfrac{\partial^2 E_z}{\partial z^2} = \dfrac{1}{c^2} \cdot \dfrac{\partial^2 E_x}{\partial t^2}$
- Licht ist eine transversale Welle: Insofern gibt es nur die zeitliche Abhängigkeit und eine von der Ausbreitungsrichtung (Ausbreitungskoordinate).Die Feldausbreitung steht senkrecht zu dieser Richtung.
- Somit gilt: $\dfrac{\partial E}{\partial x} = \dfrac{\partial E}{\partial y} = 0$ und $\dfrac{\partial^2 E_z}{\partial z^2} = \dfrac{1}{c^2} \cdot \dfrac{\partial^2 E_x}{\partial t^2}$
- **Lösungsansatz:**
  $E(t) = \hat{E} \cdot \exp(-i \cdot (k_0 \cdot z - \omega \cdot t)) + \hat{E} \cdot \exp(i \cdot (k_0 \cdot z - \omega \cdot t))$
  $E(t) = 2 \cdot |\hat{E}| \cdot \cos(k_0 \cdot z - \omega \cdot t + \varphi_0)$
  $E(t) = \text{Re}(\hat{E}) + i \cdot \text{Im}(\hat{E})$
  Für $E(t) = a + i \cdot b$ folgt: $|\hat{E}| = (a^2 + b^2)^{0,5}$ und $\varphi_0 = \arctan(b/a)$

(relativistische) Dirac-Gleichungen

$i \cdot \hbar \cdot \gamma^0 \cdot \partial_t\psi = (-i \cdot \hbar \cdot c \, \vec{\gamma} \cdot \nabla + mc^2) \, \psi$

(Vgl. dazu die Schrödinger Gleichung.)

Optik (E-H-Feldbeziehungen) [Polarisationen]

Lineare Polarisation: *E* und *H* sind phasengleich.

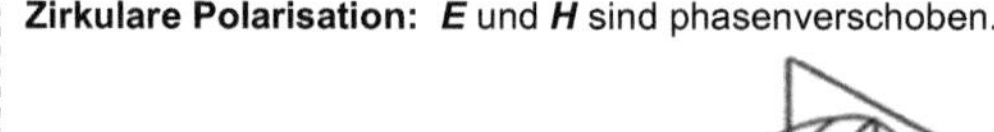

[$\rightarrow$ ("Rechte Handregel": (E, H, z)]

Zirkulare Polarisation: *E* und *H* sind phasenverschoben.

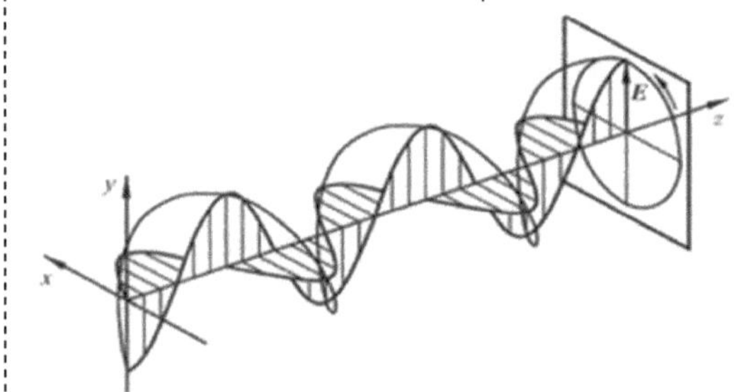

- *E* elektrischer Wellenanteil
- *H* magnetischer Wellenanteil
- $E \perp H$
- $E = E_0 \cdot \cos(k \cdot r - \omega \cdot t)$
- (Ausbreitunfsrichtung $k \equiv z$)
- ($E = E_0 \cdot e^{j \cdot (\omega t - k r)}$)
- Die Information verbindet sich mit der Frequenz, der Phase und/oder der Polarisation
- $B = \frac{1}{c} \cdot k/k \times E$

Nah- und Fernfelder

Zu unterscheiden sind bei Antennen die Nah- und Fernfelder.

Nahfeld: Frenelbeugung

Fernfeld: Frauenhoferbeugung

Im Fernfeld sind elektrische und magnetische Anteile phasengleich. Hierbei stehen E und H senkrecht zueinander.

Im Nahfeld liegen dagegen komplizierte Verschränkungen vor. Der Übergang zu den Gegebenheiten im Fernfeld ist mathematisch zwingend.

Faltungen (auch Konvolution)

[Faltungssymbol: → *]. Durch die Faltung wird für die stetigen Funktionen f und g eine dritte Funktion f * g bestimmt. Bei einer Funktion wird die Variable „gedreht"; d.h., das Vorzeichen wird umgekehrt („gefaltet"). Quasi werden die f-Werte mittels der g-Werte modfiziert (gewichtet). Faltungsbeziehung (Faltungsintegral): $(f_1 * f_2)(t)$. Konjugiert komplexe Faltung entspricht einer Kreuzkorrelationsfunktion

Definition für stetige Funktionen: $(f_1 * f_2)(t) = f_1(t) * f_2(t) = \int_{-\infty}^{\infty} f_1(\tau) \cdot f_2(t - \tau) \cdot d\tau$. Rücktransformation: $L^{-1}\{F_1(s) \cdot F_2(s)\} = (f_1 * f_2)(t)$

In der Nachrichtentechnik wird speziell mit $f_2(t - \tau) = \delta(t - \tau)$ gerechnet. δ steht dabei für die Dirac-Funktion. Es gilt: $\int_{-\infty}^{\infty} x(t) \cdot \delta(t) \cdot dt = x(0)$. $\delta(t)$ ist eine Impulsfunktion. Mit dem Faltungsintegral wird eine Impulsantwort bestimmt. Die zeitliche Impulsantwort korreliert mit dem Spektrum (Frequenzdarstellung) der Funktion. Diese Zusammenhänge werden prinzipiell mit der Fourier-Transformation beschrieben. In gewisser Hinsicht liegt eine Autokorrelationsbeziehung vor. X(t) wird durch die Impulsfunktion gewichtet. Es gilt auch: Die komplex konjugierte Faltung $(\overline{f(-\tau)})$ entspricht einer (stochastischen) Kreuzkorrelationsfunktion.

Zu den algebraischen Beziehungen: Kommutativität: f * g = g * f; Assoziativität: f * (g * h) = (f * g) * h; Distributivität: f * (g + h) = (f * g) + (f * h). Skalare Multiplikation: a(f * g) = (af) * g = f * (ag).

Zur Ableitung einer Faltung: D(f * g) = (Df) * g = f * (Dg)

Diskrete Faltung

Übertragung des Faltungssatzes der Fourier-Transformation auf die Diskrete Fourier-Transformation (DFT) führt zu einer Faltung von zwei (diskreten) Folgen mit den Längen n_1 und n_2) ergibt ein Ergebnis mit der Länge $n_1 + n_2 - 1$: → zyklische Faltung (für periodische Signale).

Allgemein gilt: $g'_{mn} = \sum_{m'=-r}^{r} \sum_{n'=-r}^{r} h_{m'n'} \cdot g_{m-m',n+n'} = \sum_{m'=-r}^{r} \sum_{n''=-r}^{r} h_{-m'',-n''} \cdot g_{m+m'',n+n''}$

Eindimensionale Faltung für diskrete Werte

Basis-Definition bzgl. der Faltung von Folgen: $x_1[n] * x_2[n] = \sum_{m=-\infty}^{\infty} x_1[m] \cdot x_2[n - m] = \sum_{m=-\infty}^{\infty} x_1[n - m] \cdot x_2[m]$

Zweidimensionale Faltung

$x_1[n_1,n_2] ** x_2[n_1, n_2] = \sum_{k_1=-\infty}^{\infty} \sum_{k_2=-\infty}^{\infty} x_1[k_1,k_2] \cdot x_2[n_1 - k_1, n_2 - k_2]$; $x_1[n_1,n_2] ** x_2[n_1, n_2] = \sum_{k_1=-\infty}^{\infty} \sum_{k_2=-\infty}^{\infty} x_2[k_1,k_2] \cdot x_1[n_1 - k_1, n_2 - k_2]$

Beispiele

A: Zur eindimensionale Faltung

Beispiel: Es gilt $x_1[n] = \{1,1,-1,1\}$ und $x_2[n] = \{1,-1,1,1\}$; $y[n] = n$ (Hinweis: $x_2[n]$ ist die Spiegelung von $x_1[n]$.)
Somit ergibt sich $y[n]$ als Ergebnis der Faltung von $x_1[n]$ mit $x_2[n]$: $y[n] = \{1,0,-1,4,-1,0,1\}$
Herleitung im Detail:
$y[0] = x_1[0] \cdot x_2[0] = 1 \cdot 1 = 1$
$y[1] = x_1[0] \cdot x_2[1] + x_1[1] \cdot x_2[0] = 1 \cdot (-1) + 1 \cdot 1 = -1 + 1 = 0$
$y[2] = x_1[0] \cdot x_2[2] + x_1[1] \cdot x_2[1] + x_1[2] \cdot x_2[0] = 1 \cdot 1 + 1 \cdot (-1) + (-1) \cdot 1 = 1 - 1 - 1 = -1$
$y[3] = x_1[0] \cdot x_2[3] + x_1[1] \cdot x_2[2] + x_1[2] \cdot x_2[1] + x_1[3] \cdot x_2[0] = 1 \cdot 1 + 1 \cdot 1 + (-1) \cdot (-1) + 1 \cdot 1 = 1 + 1 + 1 + 1 = 4$
$y[4] = x_1[1] \cdot x_2[3] + x_1[2] \cdot x_2[2] + x_1[3] \cdot x_2[1] = 1 \cdot 1 + (-1) \cdot 1 + 1 \cdot (-1) = 1 - 1 - 1 = -1$
$y[5] = x_1[2] \cdot x_2[3] + x_1[3] \cdot x_2[2] = (-1) \cdot 1 + 1 \cdot 1 = -1 + 1 = 0$
$y[6] = x_1[3] \cdot x_2[3] = 1 \cdot 1 = 1$

B: Zweidimensionale Faltung

Hierzu muss die zweite Matrix mit der ersten gedreht positioniert und schrittweise verrechnet werden. Faltung von $X_1 = \begin{bmatrix} 4 & 3 \\ 1 & 2 \end{bmatrix}$ mit $X_2 = \begin{bmatrix} 5 & 6 \\ 8 & 7 \end{bmatrix}$:

Aufgabe	Initialisierung	Rechenprozess im Detail			Lösung		
$X_1 ** X_2 =$ $= \begin{bmatrix} 4 & 3 \\ 1 & 2 \end{bmatrix} ** \begin{bmatrix} 5 & 6 \\ 8 & 7 \end{bmatrix}$	2 1 / 3 4 / 5 6 / 8 7	4 · 5 = 20	3 · 5 + 4 · 6 = 39	3 · 6 = 18	20	39	18
		1 · 5 + 4 · 8 = 37	2 · 5 + 1 · 6 + 3 · 8 + 4 · 7 = 68	2 · 6 + 3 · 7 = 33	37	68	33
		1 · 8 = 8	2 · 8 + 1 · 7 = 23	2 · 7 = 17	8	23	17

Faltung und Matrix: $\begin{bmatrix} 1 \\ 2 \\ 1 \end{bmatrix} * [-1\ 0\ 1] = \begin{bmatrix} -1 & 0 & 1 \\ -2 & 0 & 2 \\ -1 & 0 & 1 \end{bmatrix}$; $\begin{bmatrix} -1 \\ 0 \\ 1 \end{bmatrix} * [1\ 2\ 1] = \begin{bmatrix} -1 & -2 & -1 \\ 0 & 0 & 0 \\ 1 & 2 & 1 \end{bmatrix}$

Zyklische Faltung

Folgen von zwei Folgen werden über eine Periodik verrechnet.

Definition: $X[k_1,k_2] =$
$= \frac{1}{\sqrt{N_1 \cdot N_2}} \cdot \sum_{n_1=0}^{N_1} \sum_{n_2=0}^{N_2-1} [n_1, n_2] \cdot \exp(-j \cdot \frac{2\pi}{N_2} \cdot k_2 \cdot n_2) \cdot \exp(-j \cdot \frac{2\pi}{N_1} \cdot k_1 \cdot n_1)$

Dieses Verfahren ist bedeutsam mit Blick auf die DFT.
Länge der Folge 1: N_1; Länge der Folge 2: N_2
Die zyklische Faltung ergibt eine Länge von $n_1 + n_2 - 1$
Beispiel: Folge 1: [1 1 -1 -1]; Folge 2: [1 2 3 4]
Bei der Verrechnung wird die Folge 1 um 180° gedreht.

Folge 1↓ / Folge 2→		1	2	3	4			Schritt	Ergebnis
-1	-1	1	1						
	-1	-1	1	1				1	1
		-1	-1	1	1			2	3
			-1	-1	1	1		3	4
				-1	-1	1	1	4	4
					-1	-1	1	5	-1
						-1	-1	6	-7
							-1	7	-4

Das Ergebnis lautet: [1 3 4 4 -1 -7 -4]

Komplexe Faltung

Bei der Betrachtung komplexer Signale wird unter anderem im Rahmen der Signalübertragung beim Basisband der Nachrichtentechnik die komplexe Faltung eingesetzt.

Es gilt für das komplexe diskrete Signal x(k):
$x(k) = x_n(k) + i \cdot x_i(k)$ mit $x_n(k), x_i(k) \in |R$.
Für die komplexe Impulsantwort h(k) gilt:
$h(k) = h_n(k) + i \cdot h_i(x)$ mit $h_n(k), h_i(k) \in |R$.

Für h(k) gilt: $h(k) = H\{\delta(k)\}$ mit $\delta(k) = \begin{cases} 1, & \text{für } k = 0 \\ 0, & \text{für } k \neq 0 \end{cases}$;

$[|\delta(k)|$ ist normiert.]
$\delta(k)$ ist eine zeitdiskrete Impulsfolge.
Für die komplexe Faltung von x(k) mit h(k) ergeben sich vier einzelne Faltungen im reellen Bereich. Es gilt:
$y(k) = x(k) * h_n(k) = [x_n(k) + i \cdot x_i(k)] * [h_n(k) + i \cdot h_i(k))$
$\quad = x_n(k) * h_n(k) - x_i(h) * h_i(k)] + i \cdot [x_n(k) * h_i(k) + x_i(k) * h_n(k)]$

Faltung im Frequenzbereich
$\frac{2}{2\pi} \int_{-\infty}^{\infty} F_1(\ddot{\omega}) \cdot F_2(\omega - \ddot{\omega}) \cdot d\ddot{\omega} = F_1(\omega) * F_2(\omega)$

Faltung im Zeitbereich
$\int_{-\infty}^{\infty} f_1(\tau) \cdot f_2(t - \tau) \cdot d\tau = f_1(t) * f_2(t)$

Ergänzungen

Physik

- Fläche eines Kreises: $F_{Kreis} = \pi \cdot r^2$
- Kreisumfang: $U_{Kreis} = 2 \cdot \pi \cdot r$
- Kugeloberfläche: $F_{Kugel} = 4 \cdot \pi \cdot r^2$
- Kugelvolumen: $V_{Kugel} = (4/3) \cdot \pi \cdot r^3$

Basisgrößen

- Länge: l ([l] = m (Meter))
- Masse: m [[m] = kg (Kilogramm))
- Zeit: t ([t] = s (Sekunde))
- Lichtstärke: I ([I] = cd (Candela))
- Elektr. Stromstärke: I ([I] = A (A: Ampere))
- Temperatur: T ([T] = K (Kelvin))
- Stoffmenge: y ([y] = mol (Mol))

Elementareinheiten

- Plancklänge: $l_P = 1,6 \cdot 10^{-35}$ m
- Planckzeit: $t_p = 5,4 \cdot 10^{-44}$ s
- Planckenergie: $E_P = 1,22 \cdot 10^{19}$ GeV
- Planckmasse: $m_P = 1,3 \cdot 10^{19}$ Protonenmassen
- Plancktemperatur: $T_P = 1,4 \cdot 10^{32}$ K

Fundamentalen (Natur-)Konstanten

- c – Lichtgeschwindigkeit: $2,99792458 \cdot 10^8$ m/s
- G – Gravitationskonstante: $6,67259 \cdot 10^{-11}$ m³/(kg · s²)
- h - Plancksches Wirkungsquantum: $6,62606876 \cdot 10^{-34}$ Js
- k – Boltzmannkonstante: $1,3806503 \cdot 10^{-23}$ J/K
- e_P - Ladung des Protons: $1,602176462 \cdot 10^{-19}$ C
- μ_0 - Induktionskonstante: $4\pi \cdot 10^{-7}$ N / A² = $1,2566 \cdot 10^{-6}$ Vs /Am
- n_0 - Loschmidtsche Konstante: $2,6867775 \cdot 10^{25}$ m⁻³

Konstanten

- Protonenmasse: $m_p = 1,67 \cdot 10^{-27}$ kg
- Elektronenmasse: $m_e = 9,1 \cdot 10^{-31}$ kg
- Avogadro-Konstante: $N_0 = 6,02 \cdot 10^{23}$/mol
- Elektrische Konstante: $k_0 = 1/(4 \cdot \pi \cdot \varepsilon_0) = 9 \cdot 10^9$ N m²/c²
- $\varepsilon_0 = 8,85 \cdot 10^{-12}$ F / m
- $k_0/c^2 = \mu_0/4\pi = 10^{-7}$ N s²/C²

Wechselwirkungen

Bezeichnung / Typ	Quelle / Wirkungsbereich	Stärke, rel.	Reichweite
Starke Wechselwirkung	Kräfte zwischen Mesonen, Neutronen, Protonen	1	10^{-15} m
Elektro.-mag. Wechselwirkung	Elektrische Ladungsträger	$\approx 10^{-2}$	weit
Schwache Wechselwirkung	Elementarteilchen	$\approx 10^{-13}$	kurz, nah
Starke Wechselwirkung	Masse	$\approx 10^{-38}$	weit

Geschwindigkeiten, Beschleunigung

- **Mittlere Geschwindigkeit:** $v_m = (x_2 - x_1)/\Delta t$
- **Geschwindigkeit:** $v = \lim (\Delta x/\Delta t)$
- **Momentanbeschleunigung:** $a = \lim (\Delta v/\Delta t)$
- **Gravitationsbeschleunigung:** $g = 9,81$ m/s²
- **Zentripetalbeschleunigung:** $a_c = \lim (\Delta v/\Delta t)$

Kraft, Impuls, Energie

- **Impuls** ($\to$ Wucht): $\mathbf{p} = m \cdot \mathbf{v}$ [$\dot{p} = m \cdot \partial_t \mathbf{v}$]
- **Kraft:** $\mathbf{F} = dP/dt$
- **Axiome von Newton:**
  $a = 0$, insofern $F_{ges} = 0$ vorliegt
  $F_{ges} = dP/dt$ (bzw.: $F_{ges} = m \cdot a$)
  $F_{BA} = - F_{AB}$
- **Gewicht:** $F_{Gewicht} = m \cdot \mathbf{g}$
- **Gravitationsgesetz** (nach Newton): $F = G (m_1 \cdot m_2)/r^2$
- **Arbeit:** $W = F \cdot s \cdot \cos(\alpha)$; $dW = \mathbf{F} \cdot d\mathbf{s}$
- **Kinetische Energie:** $K = (1/2) \cdot m \cdot v^2$
- **Potentielle Energie:** $dU = - \mathbf{F} \cdot d\mathbf{s}$
- **Potentielle Energie im Erdfeld:** (Abstand von der Erdoberfläche: r)
  $U - U_{Erdoberfläche} = m \cdot g \cdot R_e^2 (1/R_e - 1/r)$
  $U - U_{Erdoberfläche} \approx m \cdot g \cdot h$
- **Potentielle Energie einer Feder:** $U = k \cdot (x^2/2)$
- **Kraftstoß:** $dI = \mathbf{F} \cdot dt$
- **Energie-Masse-Beziehung:** $E = m \cdot c^2$

Thermodynamik

- **Zustandsgleichung eines idealen Gases:** $P \cdot V = k \cdot N \cdot T$
- **Erster Hauptsatz der Thermodynamik:** $\Delta Q = \Delta U + \Delta W$
- **Isotherme Expansion e. idealen Gases:** $\Delta Q = \Delta W = k \cdot N \cdot T \cdot \ln(V_2/V_1)$
- **Adiabatische Expansion eines idealen Gases:**
  $P_1 \cdot V_1^\gamma = P_2 \cdot V_2^\gamma$, mit $\gamma = C_p/C_v$
- **Carnot-Maschine (Wirkungsgrad):** $\varepsilon = 1 - (T_2/T_1) = \Delta W/\Delta Q$
- **Entropie** (thermodynamische Definition): $S = k \cdot \ln(p)$
  Einheit der thermodynamischen Entropie: [S] = Joule / Kelvin

Rotationen

- **Kreisdaten** (zum Umfang vom Vollkreis): $360° \hat{=} 2 \cdot \pi$ rad (r: Radius)
- **Bogenlänge:** $s = \theta \cdot r$ [$\to$ $ds = d\theta \cdot r \to ds \sim d\theta$]; $d\theta$: Drehwinkel
- **Winkelgeschwindigkeit:** $\omega = d\omega/dt = d\theta/dt$
- **Winkelbeschleunigung:** $\alpha = d\omega/dt = d^2\phi/dt^2$
- **Rechtssystem** (am Kreis): (r, v_t, ω)
  [v_t: Tangentialgeschwindigkeit; ω zeigt nach oben]
- **Zentripetalbeschleunigung:** $a_{zp} = - a_n$ (a_n: Normalbeschleunigung)
  $\to a_n = v^2/r = (r \cdot \omega)^2/r = r \cdot \omega^2$
- **Tangentialgeschwindigkeit:** $v_t = \omega \times r$; $|v_t| = |r| \cdot |\omega| \cdot \sin(\varphi)$
- **Drehimpuls:** $\mathbf{L} = r \times p$
- **Drehmoment:** $T = r \times F$; $T = dL/dt$
- **Kinetische Energie der Drehbewegung:** $\frac{1}{2} \cdot m \cdot v^2$
- **Kinetische Rotationsenergie:** $K = (1/2) \cdot (I \omega)^2/I = (1/2) \cdot L^2/I$
  $\to E_{kin} = \sum_i (\frac{1}{2} \cdot m_i \cdot v_0^2) = \frac{1}{2} \sum_i (m_i \cdot r_0^2 \cdot \omega^2) = \frac{1}{2} \sum_i (m_i \cdot r_0^2) \cdot \omega^2$
  $\to$ **Trägheitsmoment:** $I = \sum_i (m_i \cdot r_0^2)$
  $\to E_{kin} = \frac{1}{2} \cdot I \cdot \omega^2$

Feder

- **Hookesches Gesetz:** $F = - k \cdot (x_1 - x_2)$
- **Charakteristische Federgleichung:** $d^2x/dt^2 = (- k/m) \cdot x$
- **Schwingungsdauer:** $T = 2 \cdot (\pi/\omega)$
- **Frequenz:** $f = 1/T$
- **Schwingungsdauer des einfachen Pendel:** $T = 2 \cdot \pi \cdot (l/g)^{0,5}$

Relativistische Größen

- **Eigenzeit** (relative Zeitbestimmung): $\tau = T/\gamma$ mit $\gamma = (1 - v^2/c^2)^{-0,5}$
- **Lorentz-Kontraktion:** $L_{Bewegt} = L_{Ruhend}/\gamma$
- **Additionstheorem nach Einstein:** $u'_x = (u_x + v)/(1 + v \cdot u_x/c_2)$
- **Relativistischer Impuls:** $p = m \cdot \gamma(u) \cdot u$
- (relativistische) **Energieerhaltung:** $E = m \cdot \gamma(u) \cdot c^2$
- (relativistische) **Kinetische Energie:** $K = E - m \cdot c^2$
- **Relativistische Masse:** $M(u) = m \cdot \gamma(u)$

Physik

Elektrizitätslehre

- **Coulomb-Gesetz**: $F = k_0 \cdot q_1 \cdot q_2/r^2$
- **Elektrische Feldstärke**: $\boldsymbol{E} = \boldsymbol{F}/q$
- **Elektrische Feldstärke einer Punktladung**: $\boldsymbol{E} = k_0 \cdot (Q/r^2) \cdot \boldsymbol{r_0}$
- **Elektrischer Kraftfluss**: $d\Phi = \boldsymbol{E} \cdot d\boldsymbol{A}$
- **Satz von Gauß**: $\oint E \cdot dA = 4 \cdot \pi \cdot k_0 \cdot Q_{in}$
- **Feldstärke** einer linearen Ladungsverteilung: $E = (2 \cdot k_0 \cdot \lambda)/r$
- **Feldstärke** einer dünnen Platte: $E = 2 \cdot k_0 \cdot \lambda \cdot \sigma$
- **Energiedifferenz** im elektrischen Feld: $U = -q \cdot \int_\infty^r E \cdot ds$
- **Potentialdifferenz** im elektrischen Feld (**Spannung**): $V = -\int_\infty^r E \cdot ds$
- **Potentielle Energie von zwei Punktladungen**: $U = k_0 \cdot Q_1 \cdot Q_2/r$
- **Elektrisches Potential**: $V = U/q$
- **Energiedichte des elektrischen Feldes**: $U/Volumen = \boldsymbol{E}^2/(8 \cdot \pi \cdot k_0)$
- **Elektrische Stromstärke**: $I = Q/t$
- **Elektrische Leistung**: $P = V \cdot I$

- **Ohmsches Gesetz**: $R = V/I$
- **Elektromagnetische Kraft**: $\boldsymbol{F} = q \cdot \boldsymbol{E} + \boldsymbol{F}_{mag}$
- **Magnetische Kraft**: $\boldsymbol{F}_{mag} = q \cdot \boldsymbol{v} \cdot x \cdot \boldsymbol{B}$
- **Magnetisches Feld (Amperesches Gesetz)**: $\oint \boldsymbol{B} \cdot ds = 4 \cdot \pi \cdot k_0 \cdot I/c^2$
- **Lorentzkraft**: $m \cdot \ddot{r} = q \cdot (\boldsymbol{E} + \boldsymbol{v} \times \boldsymbol{B})$
- **Biot-Savartsches Gesetz**: $d\boldsymbol{B} = (k_0/c^2) \cdot \boldsymbol{I} \cdot (d\boldsymbol{l} \times \mathbf{r})/r^2$; $\boldsymbol{B} = (\boldsymbol{v} \times \boldsymbol{E})/c^2$
- **Faradaysches Induktionsgesetz**:
  $EMK = B \cdot A \cdot \omega \cdot \sin(\omega \cdot t)$; $\oint \boldsymbol{E} \cdot \mathbf{ds} = -d\phi_B / dt$
- **Selbstinduktion (Induktivität (einer Spule))**: $L = N \phi/I$
- **Selbstinduzierte Gegenspannung**: $EMK = -L (dI/dt)$
- **Energiedichte e. Magnetfeldes**: $U/Volumen = c^2 \cdot \boldsymbol{B}^2 / (8 \cdot \pi \cdot k_0)$
- **Induktiver Widerstand**: $X_L = \omega \cdot L$
- **Kapazitiver Widerstand**: $X_C = 1/(\omega \cdot C)$
- **Kreisfrequenz**: $\omega = 2 \cdot \pi \cdot f$

Kernphysikalische und atomare Daten

Teilchengruppe	Bezeichnung	Ladung (in e-Ladung)	Ruhemasse (Bezug: e-Ruhemasse)	Spin
Baryonen	Neutron	0	1838	1/2
	Proton	+ 1	1836	1/2
	Λ-Hyperon	0	2182	1/2
	Σ-Hyperonen	+ 1, 0, - 1	2324 – 2341	halbzahlig
	Ξ-Hyperonen	+ 1, 0, - 1	2586	halbzahlig
Leptonen	Elektron (e)	-1	1	1/2
	Neutrino	0	??? (< 0,0005)	1/2
Mesonen	μ - Mesonen (μ^+, μ^-)	+ 1, - 1	207	1/2
	π - Mesonen (π, π^0, π^-)	+ 1, 0, - 1	264 – 273	0
	K - Mesonen (K^+, K^0, M^-)	+ 1, 0, - 1	965 – 966	0
Nullgruppe	Photon	0	0	1

Bosonen: Teilchen mit ganzzahligen Spin-Werten: Photonen

Fermionen: Teilchen mit halbzahligen Spin-Werten: Proton, Neutron, Elektron

Elementarteilchendaten

- Quarks treten niemals isoliert auf.
- Aktuell wird nach den sogenannten Pentaquarks gesucht.
- 12 elementare Partikel (6 Quarks und 6 Leptonen)
  bilden die Grundbausteine der Materie.
- Gruppe A: 6 Quarks
  - „Banale" Quarks:
    up (u; hoch – Masse 0,004 GeV)
    down (d; runter – Masse: 0,007 GeV)
    top (t; oben – Masse: 174 GeV)
    bottom (b; unten – Masse: 4,7 GeV)
  - „Poetische" Quarks:
    charm (c; charm – Masse: 1,5 GeV)
    strange (s; Fremdheit – Masse: 0,15 GeV)

- Mesonen: Zwei Quarks sind verbunden.
- Baryonen: drei Quarks sind verbunden.
- Gruppe B: 6 Leptonen
  - Elektron (e' – Masse: 0,0005 GeV)
  - Myon (μ – Masse: 0,1 GeV)
  - Tau (τ – Masse: 1,8 GeV)
- Neutrinos:
  - Elektron-Neutrino (Ny-e'; Masse: ???)
  - Myon-Neutrino (Ny-μ (Ny-My); Masse: ???)
  - Tau-Neutrino (Ny-τ (Ny-Tau); Masse: ???)
- Zu jedem Teilchen (Leptonen und Quarks) existiert
  noch ein **Antiteilchen** (Antimaterie)

Transformationen (bzgl der Bewegung in gesonderten Bezugs-Systemen)

Galilei-Transformation

$$\begin{pmatrix} c \cdot t_1' \\ x_1' \end{pmatrix} = \begin{pmatrix} c \cdot t_1 \\ x_1 \end{pmatrix} = \begin{pmatrix} \frac{(1,\ 0) \cdot (ct_1,\ x_1)}{\left(-\frac{v}{c},\ 1\right) \cdot (ct_1,\ x_1)} \end{pmatrix}$$

$$\begin{pmatrix} c \cdot t_1' \\ x_1' \end{pmatrix} = \Lambda_{Galilei} \cdot \begin{pmatrix} c \cdot t_1 \\ x_1 \end{pmatrix}; \ \Lambda_{Galilei} = \begin{pmatrix} 1 & 0 \\ -\beta & 1 \end{pmatrix}; \ \beta = v/c$$

c: Lichtgeschwindigkeit; v: Eigengeschwindigkeit eines Körpers

Lorentz-Transformation

$$\begin{pmatrix} c \cdot t' \\ x' \end{pmatrix} = \Lambda(v) \cdot \begin{pmatrix} c\,t \\ x \end{pmatrix}; \ \Lambda(v) = \begin{pmatrix} \gamma & -\beta\,\gamma \\ -\beta\,\gamma & \gamma \end{pmatrix}$$

$$\Lambda(-v) = \Lambda^{-1}(v) = \begin{pmatrix} \gamma & \beta\,\gamma \\ \beta\,\gamma & \gamma \end{pmatrix}; \ \gamma = \frac{1}{\sqrt{1-\beta^2}}$$

Physik

Grundtheorien

- Prinzipiell stehen am Fundament der Physik zwei Theorien:

Relativitätstheorie (RT)	**Quantentheorie**
eine essentielle lokale Theorie	eine essentielle
Aufteilung in:	nichtlokale
⇨ **SRT**: Spezielle RT	Theorie
⇨ **ART**: Allgemeine RT	

- Eine Vereinheitlichung steht bisher aus.

Grundsätze und -ideen

- Das **Extremalprinzip** von Fermat (um 1650): Licht bewegt sich zwischen zwischen zwei Raumpunkten in der Art, dass der Lichtstrahl für die Strecke jeweils die kürzeste Zeit benötigt.
- Brechungsgesetz: $\frac{n_2}{n_1} = \frac{sin\alpha}{sin\beta}$ (n_i: Brechzahl des Mediums)

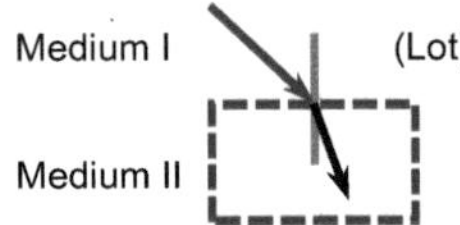

α, β werden gegen das Lot gemessen.
- Nach Newton (um 1688) gilt Kraft = F = m · a
- Hamilton erkannte das **Prinzip der kleinsten Wirkung** als Grundprinzip.
- Eindimensionale Variationsrechnung nach Euler (um 1744). Er berechnete Kurven, so dass das Integral in den gewählten Grenzen minimal wird.
- Mehrdimensionale Variationsrechnung nach Lagrange (1762)
- Infinitesimale Beschreibungsstrategie im Sinne von Leibniz und Newton: es werden unendlich kleine Abstände zwischen Raumpunkten und Zeiteinheiten angenommen. Dies führt zur Realitätserfassung mit Differenzialgleichung innerhalb der Elektrodynamik (Gleichungen von Maxwell). Dies mündet ein in die Spezielle Relativitätstheorie von Albert Einstein (1905). Es gilt: E = m · c²
- In Nähe zum Hamiltonschen Prinzip der kleinsten Wirkung wurde von Planck das Wirkungsquantum erkannt: E = h · f
- ›Quanten‹ sind Operationsfunktionen im unendlich dimensionalen Hilbertraum: damit wird der klassische Gegensatz von Teilchen und Welle überwunden und mathematisch konsistent - aber interpretationsbedürftig – ersetzt.
- Die **Krümmung** wird von Gauß als eine innere Eigenschaft von Flächen erkannt. Im Rahmen der Allgemeinen Relativitätstheorie wird die Kraft als Raumkrümmung verstanden: F ≡ Krümmung.
- Ausgehend vom Variationsprinzip können das Systemverhalten und die Symmetrieeigenschaften einer Funktion erfasst werden.
- Mit den kontinuierlichen **Symmetrie**eigenschaften gehen **Erhaltung**sgrößen einher (Noether 1918). Diese Eigenschaften können als Gruppe erfasst werden.
- Gemäß der **SU(3) Gruppe** folgen bestimmte Eigenschaften der Realität. So wird das Proton als nicht elementar erkannt.
- **Zufällige** Prozesse werden als grundlegende Erscheinungen in der Physik mit der Brownschen Bewegung und dem radioaktiven Zerfall erkannt. Wiener beschrieb solche Prozesse (1923).
- Feynman beschreibt Quantenprozesse mit **Feynman-Graphen** (1942).
- Zufallsbeschreibungen werden bedeutsam für biologische, ökonomische und finanzwirtschaftliche Phänomene.
- **Biologie und Systeme**: Die Biologie beschreibt in Abgrenzung zur Physik (Laser, …) eigenständig Systeme (Zelle; Ökologie).

Elementare Gleichungen

- Energie-Masse: E = m · c²
- Unschärfebeziehung (Heisenberg): $\Delta x \cdot \Delta p \sim h$
- Plancksches Wirkungsquantum: h = 6,62607015 · e⁻³⁴ Js
- Energie-Frequenz: E = h · f

Erhaltungssätze der Physik

Emmy Noether erkannte, dass die Symmetrie der Gleichungen und die Erhaltung bei kontinuierlichen Wirkungen zwingend verknüpft sind.

Erhaltungssätze betreffen folgende Aspekte: Energie, Impulse (inkl. Drehimpulse), Spin, Ladung (Q), Baryonenzahl, Leptonenzahl, Seltsamkeit, Parität, Isospin.

Relativitätstheorie(n)

Spezielle Relativitätstheorie

- Ausgehend von dem negativen Ergebnis der Untersuchung von Michelsen-Morley zur Relativbewegung des Lichts mit Blick auf den Äther entwickelte Albert Einstein eine Relativitätstheorie. Nach dieser Theorie ist die Lichtgeschwindigkeit die absolute Bezugsgröße; sie ist unveränderlich. Zeit und Raum sind entsprechende „Reaktionsgrößen". Dies hat Auswirkungen auch auf das Verständnis der Gleichzeitigkeit.
- Der Zeitablauf stellt sich in Folge der Relativitätstheorie für einen ruhenden (äußeren) Beobachter anders dar als für einen mit dem Objekt sich bewegenden Betrachter.
- τ Eigenzeit – gemessene Zeit eines sich mit dem Objekt bewegenden Beobachters
  (τ gesprochen ›tau‹; Zeit aus der inneren Sicht)
  T Zeit – Wahrnehmung aus der Sicht einer gegenüber dem bewegten Objekt stationären Uhr (Zeit aus der äußeren Sicht)
  v – Geschwindigkeit des Systems
  c – Lichtgeschwindigkeit (c soll für alle Beobachter gleich sein)
- Im bewegten System läuft aus der Sicht des ruhenden Beobachters die Zeit langsamer ab: $\tau = T \cdot \frac{1}{\gamma}$ mit $\gamma := \frac{1}{\sqrt{1 - \frac{v^2}{c^2}}}$
- Gesprochen wird von einer **Zeitdilatation.** Sie ist eine Charakteristik der Zeit selbst.

Lichtbewegung und Zeit

A: Bewegung des Lichtstrahls von außen gesehen
B: Bewegung des Lichtstrahls im System
C: Bewegung des Systems (von außen gesehen)

Klassische Lösung	**Lösung nach Einstein**
A: T · c	A: T · c
B: T · (c² – v²)⁰·⁵	B: τ · c
C: T · v	C: T · v

- Diese Analysen haben Konsequenzen für die Beschreibungen der Addition von Geschwindigkeiten und dann auch für Impulse und Energie.

Lorentz-Transformation
Versuchsidee:
Person A ruht im System A mit den Koordinaten (x, y, z, t)
Person B ruht im System B mit den Koordinaten (x', y', z', t')
Die Systeme A und B bewegen sich relativ mit v gleichmäßig zueinander.
Aus Sicht von A gilt: x' = x + v · t; y' = y; z' = z; t' = t
Lorentz-Transformation : $x' = \gamma \cdot x + \gamma \cdot v \cdot \tau$; $t' = \gamma \cdot t + \gamma \cdot x \cdot T \cdot \frac{v}{c^2}$

Längenkontraktion (Lorentz-Kontraktion): L' = γ · L
L: Länge des ruhenden Körpers
L': Länge des bewegten Körpers
(L, L' in Richtung der Systembewegung)
Auch ergibt sich dann eine Äquivalenz von Masse und Energie gemäß der Beziehung: **E = m · c²**

Hintergrund / Grundprinzip

1. Vereinbarkeitsprobleme zwischen Mechanik (Galilei / Newton) und Elektrodynamik (Faraday / Maxwell)
2. Konstanz der Lichtgeschwindigkeit unabhängig von der Geschwindigkeit der Lichtquelle: c = 299.792.458 m/s
3. Prinzip der Relativität: Gleichberechtigung aller Bezugssysteme untereinander.

Allgemeine Relativitätstheorie (ART)

- Ausgehend von der Betrachtung der Dynamik physikalischer Systeme wandelte sich unter Einstein das Verständnis der Gravitation.
- Nach Newton lautet das Gravitationsgesetz: $F = G \cdot \frac{m_1 \cdot m_2}{r^2}$
  (mit: G = 6,67 · 10⁻¹¹ N m² kg⁻²)
- Nach Einstein ist die Gravitation das Ergebnis einer Raumkrümmung: Die Gravitation (der Raum) wird geometrisiert.

Allgemeine Relativitätsformel

- „Metrik": **G_{ik} = - κ · T_{ik}**   • **G_{ik} = R_{ik} – ½ · Rg_{ik}**
- κ: Gravitationskonstante   • T_{ik}: Energie-Impuls-Tensor
- R_{ik}: Ricci-Tensor

Physik

Elementare Physikeinsichten zum modernen ‚Weltbild'

Faraday: Stromfluß zu Kondensatorplatten (Feld zwischen den Platten)

Maxwell: Elektromagnetische Wellen / Strahlung

Michelsen-Morley: kein Äther; c als konstante Grenzgeschwingkeit

Lichtgeschwindigkeit als Grenzgeschwindigkeit: Maxwell, Lorentz, Einstein

Planck: h als zentrale Einheit

Becquerel; Curie: Radioaktivität – Strahlung - zufälliger Kern-Zerfall

Einstein: Photo-elektrischer Effekt: $E = f \cdot c^2$ (Energieübertragung gequantelt) [Es existiert jedoch auch eine semi-konventionelle Deutung.]

Einstein: spezielle Relativitätstheorie (**Zeitdilatation**)

Äquivalenz: Gleichheit von schwerer und träger Masse (Eötvös, Einstein)

Einstein: Raumkrümmung in Abhängigkeit von der Masse m

Lie-Gruppe: systematische Beschreibung von (symmetrischen) Gruppen

Stern-Gerlach-Versuch: Richtungsquantelung von Drehimpulsen

Rutherford: Leere im Atom

Bohr: Atommodell (Kern mit Nukleonen; Elektronen in der Hülle; Quantensprünge)

Heisenberg: Unschärferelation

Aspect: Bestätigung der Bellschen (J. S. Bell) Ungleichung

Doppelspaltexperiment: (Selbst-)Interferenz von Photonen/Elektronen

Dirac: Materie und Antimaterie

Pauliprinzip (Wolfgang Pauli): Prinzip der Einmaligkeit (z. B. von Elektronen in der Atomhülle)

Symmetrieverletzung (Links-Rechts-Asymmetrie): Lee, Wu, Chien-Shiung

Pfad-Integrale: Feynman

Hinweis zum Stern-Gerlach-Versuch: Ein Strahl aus Silberatomen wird durch ein inhomogenes Magnetfeld geschickt. Es bildeten sich nach dem Durchgang zwei klar voneinander getrennte Teilstrahlen. Die Interpretation führte zur Annahme eines Spins des äußersten Elektrons in der Hülle der Silber-Atome. Unklar ist, was ein Spin tatsächlich sein soll. Spätere Untersuchungen, mit denen zum Beispiel die Teilstrahlen noch einmal in einer gleicher (S_x) bzw. in einer senkrechter Richtung (S_y) zur ursprünglichen Magnetfeldrichtung untersucht wurden (sog. „aufeinanderfolgende Spinmessungen" (S_x-S_y-S_x; S_x-S_x-S_y; S_x-M-S_x-M-S_y etc. (M: Mischer von Strahlen)), zeigen Befunde, die quantenmechanisch nur schwer eindeutig aufzulösen und / bzw. epistemisch-ontologisch zu interpretieren sind.

Sonnensystem

Körper	Durchmesser in km	Gesamtmasse in kg		Körper	Durchmesser in km	Gesamtmasse in kg
Sonne (Stern)	1.392.000	$1{,}989 \cdot 10^{30}$		Saturn	120.670	$569 \cdot 10^{24}$
Merkur	4.876	$0{,}34 \cdot 10^{24}$		Uranus	51.200	$87 \cdot 10^{24}$
Venus	12.112	$4{,}87 \cdot 10^{24}$		Neptun	49.600	$103 \cdot 10^{24}$
Erde	12.756	$5{,}97 \cdot 10^{24}$				
Mars	6.788	$0{,}64 \cdot 10^{24}$				
Jupiter	143.650	$1.900 \cdot 10^{24}$				

- Masse der Sonne in Erdmassen: 333.000
- Gesamtmasse der Planeten im Sonnensystem in Erdmassen: 447
- Abstand der Erde zur Sonne: $149{,}6 \cdot 10^6$ km = 149.600.000 km   (entspricht 1 AE)

Modellbildung

Kriterien der Modellbildung in der Physik: Effizienz, Einfachheit, Eleganz, Natürlichkeit, Schönheit, Symmetrie, …

(Die Kriterien sind umstritten. Es berührt auf einer tieferen Ebene philosophische Betrachtungen und Beurteilungen)

Grunddaten	Bezugsdaten	Modelldaten
Durchmesser Erde	$\varnothing_{Erde} \approx$ 12.700 km	$\approx 0{,}01$ m = 1 cm
Durchmesser Sonne	$\varnothing_{Sonne} \approx$ 1.400.000 km	≈ 1 m
Abstand Sonne-Erde	$\Delta_{Sonne\text{-}Erde} \approx$ 150.000.000 km	≈ 100 m

Bewegungsgleichungen nach Kepler

(M_S: Sonnenmasse; M_E: Erdmasse): $M_S + M_E = \dfrac{4 \cdot \pi^2}{G} \cdot \dfrac{a^3}{T^2} \to M_S \cong \dfrac{4 \cdot \pi^2}{G} \cdot \dfrac{a^3}{T^2} \cong \dfrac{4 \cdot \pi^2}{G} \cdot \dfrac{r^3}{T^2}$. Weiterhin gilt: $m \cdot g = G \cdot \dfrac{m \cdot M}{R^2} \to g = G \cdot \dfrac{M}{R^2}$

Strahlung

Schwarzkörperstrahlung nach Planck (Schwarzkörperleistung):

$(P_\nu(T)))$: $P_\nu(T) = \dfrac{2\,h\,\nu^3}{c^2} \cdot \dfrac{1}{\exp\big((h \cdot \nu)\,(k \cdot T)\big) - 1}$

Näherungen nach **Wien**: $P_\nu(T) = \dfrac{2\,h\,\nu^3}{c^2} \cdot \dfrac{1}{\exp\big((h \cdot \nu)\,(k \cdot T)\big)}$

Näherungen nach **Rayleigh-Jeans**: $P_\nu(T) = \dfrac{\nu^2}{c^2} \cdot 2\,k\,T$

Stefan-Boltzmann-Gesetz: $\int_0^\infty P_\nu(T) \cdot d\nu = P_S = \sigma \cdot T^4$

Quantenmechanische Gleichungen

Heisenberg: $\Delta q \cdot \Delta p = \dfrac{1}{2} \cdot \dfrac{h}{2\pi}$

Wellenpaket: $\psi(p) = \sqrt[4]{2\lambda\pi/h} \cdot \exp([-2\lambda/h] \cdot (q - z)^2)$

Schrödinger: $i \cdot \dfrac{\partial}{\partial t} \psi \cdot h/(2\pi) = H \cdot \psi$; H: Hamilton-Operator

$H = \dfrac{-h^2}{8 \cdot \pi^2 \cdot m} \cdot \Delta + U$ (mit $\Delta = \nabla^2$)

Ausgehend von $t = 0$ folgt die Zukunft zwingend für alle ψ

$\to i \cdot \dot\psi \cdot h/(2\pi) = H \cdot \psi$ mit $\psi = \psi(r,t)$; H: Hamilton-Operator

Auch gilt: $E(H_1 + H_2) = E(H_1) + E(H_2)$

Dirac: $\left(i \cdot \dfrac{h}{2\pi} \cdot \gamma^\mu \cdot \partial_\mu - mc\right) \cdot \psi = 0$

Rauschen

Weißes Rauschen

$C_{AA}(\tau) = \langle A(t)\, A(t + \tau) \rangle = \Gamma\, \delta(\tau)$ (Autokorrelationsfunktion)

$A(t)$: stochastischer Prozess

Korrelationszeit $\tau_c \to 0$, da $\delta(\tau)$ (Dirac-Funktion) auftritt.

Die Spektraldichte ($S_{AA} = 2\Gamma$) ist frequenz**un**abhängig.

Farbiges Rauschen

$C_{AA}(\tau)$ ohne $\delta(\tau)$

Die Spektraldichte (S_{AA}) ist frequenzabhängig.

Zu unterscheiden sind noch u.a.:Schrottrauschen, Nyquist-Rauschen, Poissonsche Rauschprozesse (Delta-Prozess, Schrot-Prozess).

Mögliche Theorieverknüpfungen

Gemäß Kaluza kann man die verschiedenen Theorien von Einstein bzw. Riemann zur Gravitation (Ei/Ri) und von Maxwell (Ma) zum Elektro-Magnetismus (Maxwell'sche Gleichungen) zu einer Gesamtmatrix mit fünf physikalischen Dimensionen ‚verknüpfen'.

(Siehe Kaku (2013), S. 173 und 230.)

[Kaku: Theoretischer Physiker (Stringtheorie)]

‚Kaluza-Ansatz'

$$\begin{pmatrix} Ei/Ri & Ma \\ Ma \end{pmatrix} = \begin{pmatrix} g_{11} & g_{12} & g_{13} & g_{14} & A_1 \\ g_{21} & g_{22} & g_{23} & g_{24} & A_2 \\ g_{31} & g_{32} & g_{33} & g_{34} & A_3 \\ g_{41} & g_{42} & g_{43} & g_{44} & A_4 \\ A_1 & A_2 & A_3 & A_4 \end{pmatrix}$$

Vereinigung der Gravitations- mit der Lichttheorie durch einen Ansatz mit fünf Dimensionen.

‚Kaku-Ansatz'

$$\begin{pmatrix} Ei/Ri & Ma & \\ Ma & & YM \\ & YM & \end{pmatrix}$$

YM: Yang-Mills-Theorie (Yang-Mills-Feld: schwache und starke Kernkraft)

Elektrische Bauelemente

U: (elektrische) Spannung [Potentialdifferenz]; **I**: (elektrische) Stromstärke; **R**: (elektrischer) Widerstand

U = R · I	R = U/I	I = U/R

Ohmscher Widerstand: R	Induktivität (Spule): L	Kapazität (Kondensator): C
$X_L = 2\pi \cdot f \cdot L$ $X_L = \omega \cdot L$ $I = \dfrac{U}{X_L}$ $\varphi = 90°$ (induktiv)	$X_C = \dfrac{1}{2\pi \cdot f \cdot C}$ $X_C = \dfrac{1}{\omega \cdot C}$ $I = \dfrac{U}{X_C}$ $\varphi = 90°$ (kapazitiv)
Widerstand; R; Leitwert: G = 1/R	Induktivität: L	Kapazität: C
Einheit: [R] = Ohm = Ω Impedanz Z(s) = R; Admittanz Y(s) = 1/R = G	Einheit: [L] = Vs/A = Henry = H	Einheit: [C] = As/V = Farad = F
Zeitfunktionen $u(t) = R \cdot i(t)$; $i(t) = G \cdot u(t)$	Zeitfunktionen $u(t) = L \cdot di(t)/dt$; $i(t) = (1/L) \cdot \int_{-\infty}^{t} u(\tau) \cdot d\tau$	Zeitfunktionen $u(t) = (1/C) \cdot \int_{-\infty}^{t} i(\tau) \cdot d\tau$; $i(t) = C \cdot du(t)/dt$
Komplexe Beziehungen / Berechnung Z(s) = R; Y(s) = G	Komplexe Beziehungen / Berechnung Impedanz Z(s) = sL; Admittanz Y(s) = 1/sL	Komplexe Beziehungen / Berechnung Z(s) = 1/sC; Y(s) = sC
Energie des Bauelements $w(t) = \int_{-\infty}^{t} R \cdot i^2(\tau) \cdot d\tau$ **Wärmeenergie**	Energie des Bauelements $w_m(t) = \frac{1}{2} \cdot Li^2(t)$ **Magnetfeldenergie**	Energie des Bauelements $w_e(t) = \frac{1}{2} \cdot Cu^2(\tau)$ **Elektrische Feldenergie**
R-Reihenschaltung	**L-Reihenschaltung**	**C-Reihenschaltung**
Die Widerstandwerte werden addiert: $R_{ges} = R_1 + R_2 + \ldots$	Die Induktivitäten werden addiert: $L_{ges} = L_1 + L_2 + \ldots$	1/C = Werte werden addiert. $1/C_{ges} = 1/C_1 + 1/C_2 + \ldots$
R-Parallelschaltung	**L-Parallelschaltung**	**C-Parallelschaltung**
Die Leitwerte (G = 1/R) werden addiert: $G_{ges} = G_1 + G_2 + \ldots = 1/R_{ges} = 1/R_1 + \ldots$	1/L – Werte werden addiert: $1/L_{ges} = 1/L_1 + 1/L_2 + \ldots$	Die Kapazitäten (C) werden addiert: $C_{ges} = C_1 + C_2 + \ldots$

Antennen

Prinzip

Antennen sind Wellenwandler. Sie wandeln Freiraumwellen in geführte Wellen um und umgekehrt.
Abfolge (Wandlungsvorgang) (Sendung) (1) → (2) → (3)
(1) - Wellenleitung (elektrisch) (Kabel, Koaxial, …)
(2) – Wellenwandlung (Antenne: Sendevorgang (Abstrahlung))
(3) – Freiraumwelle („Ätherwelle")
Empfangsvorgang: (3) → (2) → (1)

Zeit-Frequenz-Wellenlängen

- Yokosekunde (ys): 10^{-24} s
- Zeptosekunde (zs): 10^{-21} s
- Attosekunde (as): 10^{-18} s
- Femtosekunde (fs): 10^{-15} s
- Pikosekunde (ps): 10^{-12} s
- Nanosekunde (ns): 10^{-9} s
- Mikrosekunde (μs): 10^{-6} s
- Millisekunde (ms): 10^{-3} s
- Kilosekunde (ks): 10^{3} s
- Megasekunde (Ms): 10^{6} s
- Gigasekunde (Gs): 10^{9} s
- Terasekunde (Ts): 10^{12} s
- Petasekunde (Ps): 10^{15} s
- Esasekunde (Es): 10^{18} s

Dipolstrahlung (Grundbeziehungen)

- Ein **Dipol** ist eine einfache Antenne. Sie besteht aus einem Draht mit der Gesamtlänge l. Mit einem elektrischen Wechselstromfluss geht ein elektro-magnetisches Feld einher (→ periodischer Wechsel von elektrischem und magnetischem Feld nach 90° (→ $\lambda/4 = \pi/2$)).
- Für den Leiterstromfluss gilt: $I(z; t) = I_0(z) \cdot \sin(2\pi f t)$.
- Es bildet sich eine stehende Welle auf dem Dipol aus. An den Leitungsenden treten die Nullstellen der Welle auf. Die zugehörige Wellenlänge beträgt $\lambda = 2 \cdot l$. Befindet sich der Antennendraht genau über einer leitenden Ebene (Metall), dann wird das Feld gespiegelt. Dies hat zur Folge, dass die Antennenlänge verdoppelt wird. In diesem Fall wird mit der Länge $\lambda/4$ die entsprechende Dipolantenne realisiert.
- Frequenz f: Anzahl der Schwingungen in jeder Sekunde: [f] = Hertz (Hz)
- Wellenlänge λ = c / f: Länge einer (Sinus-)Schwingung; [λ] = m
- $f \cdot \lambda$ = c (c - Lichtgeschwindigkeit: 300.000 km / s)

Nahfeld / Fernfeld

- Das Feld wird vom Draht abgestrahlt. Die Feldgleichung lautet: $E (r; t_0) = E_0 \cdot \sin(\omega \cdot t_0 - k \cdot r)$; mit $\omega = 2 \cdot \pi \cdot f$ und $k = \omega / c$
- Abstrahlung eines Dipolfeldes (Elektrisches Feld zur Zeit t)
- Im Nahfeldbereich liegt eine Phasendifferenz von 90° zwischen dem elektrischen und dem magnetischen Feld vor. Es liegt eine gegenphasige Beziehung vor. Der Strom im Leiter erzeugt die Nahfelder.
- Im Fernfeld sind die beiden Wellenteile phasengleich. Das elektrische Feld erzeugt hier das Magnetfeld.
- Die Grenze zwischen dem Nah- und Fernfeld wird durch den Abstand r von der Antenne in praktischer Hinsicht bestimmt.
- r wird auch als Nahfeldradius bezeichnet.
- Es gilt: $r = 2 \cdot l / \lambda = 2 \cdot l^2 \cdot f / c$: Übergang Nahfeld / Fernfeld.

Zeit-Frequenz-Daten

- $f = 1{,}85 \cdot 10^{43}$ Hz; $\lambda = 1{,}6 \cdot 10^{-35}$ m; $t_p = 5{,}4 \cdot 10^{-44}$ s (Planck-Zeit)
- t = 10 as (kürzester Laserimpuls)
- t = 150 as (Umlaufzeit eines Elektrons um einen Atomkern)
- t = 1,3 fs bis 2,57 fs (Periodendauer von sichtbarem Licht)
- t = 10 fs (Absoptionszeit für ein Photon im Atom
- t = 1 ns (Licht legt im Vakuum 29,98 cm zurück)
- t = 30 ns (Dauer der Kernfusionsexplosion)
- t = 100 ns (Zugriffszeit eines Rechners auf den RAM)
- t = 24 Ms (Schwangerschaftsdauer beim Menschen)
- t = 432 Ps (vermutete Zeit seit dem „Urknall")

Schwingungen / Oszillator

Harmonischer Oszillator (reibungsfrei)

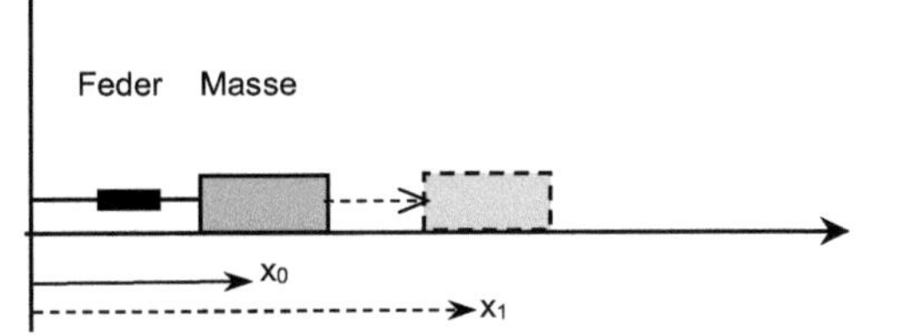

Rückstellkraft (der Feder) $\mathbf{F} = - k \cdot x \cdot \mathbf{e}_x$

Es gilt (Energiesatz): $0,5 \cdot m \cdot v^2 + V(x) = E_K$ (konstante Energie)
$$\rightarrow V(X) = - \int F \cdot dr = - \int (- kx; 0; 0) \cdot (dx, dy, dz)$$
$$= \int k \cdot x \cdot dx = 0,5 \cdot k \cdot x^2$$
Somit folgt: $0,5 \cdot m \cdot v^2 + 0,5 \cdot k \cdot x^2 = E_K$
Lösung für x: $x(t) = A \cdot \cos\ \omega \cdot t - \varphi)$
mit $\omega^2 = k/m$; A: Amplitude

Gedämpfter harmonischer Oszillator (reibungsbehaftet: Luftwiderstand)

Rückstellkraft (der Feder) $\mathbf{F} = - k \cdot x \cdot \mathbf{e}_x$

Reibungskraft $\mathbf{F}_R = - \beta \cdot v \cdot \mathbf{e}_x$

$m \cdot a = m \cdot dv/dt = m \cdot d^2x/dt^2 = - k \cdot x - \beta \cdot v$

Mit den Ableitung von x ergibt sich: $m \cdot \ddot{x} + \beta \cdot \dot{x} + k \cdot x = 0$ Lösungsansatz:
$x(t) = \exp(\lambda \cdot t)$

Dies führt zur Gleichung:

$\lambda^2 \cdot \exp(\lambda \cdot t) + 2 \cdot \gamma \cdot \lambda \cdot \exp(\lambda \cdot t) + \omega^2 \cdot \exp(\lambda \cdot t) = 0$

$\exp(\lambda \cdot t) \cdot (\lambda^2 + 2 \cdot \gamma \cdot \lambda + \omega^2) = 0$

(Abkürzungen: $2 \cdot \gamma = \beta/m$ und $\omega^2 = k/m$)

Dies ergibt die charakteristische Gleichung: $\lambda^2 + 2 \cdot \gamma \cdot \lambda + \omega^2 = 0$ Lösungswerte: $\lambda_{1,2} = - \gamma \pm (\gamma^2 - \omega^2)^{0,5}$

Ergebnisse

$x_1(t) = \exp(\lambda_1 \cdot t) = \exp(- \gamma \cdot t) \cdot \exp((\gamma^2 - \omega^2)^{0,5} \cdot t)$;

$x_2(t) = \exp(\lambda_2 \cdot t) = \exp(- \gamma \cdot t) \cdot \exp(- (\gamma^2 - \omega^2)^{0,5} \cdot t)$;

$x(t) = A \cdot x_1(t) + B \cdot x_2(t)$

Lösungsanalyse

(1) $\gamma^2 < \omega^2$: die Wurzel führt zu imaginären Lösungswerten.

(2) $\gamma^2 = \omega^2$: die Lösung wird nur von γ bestimmt.

(3) $\gamma^2 > \omega^2$: die Lösungen sind alle reell.

Zu (3) – überdämpftes System –

In diesem Fall mit $\omega^2 < \gamma^2$:

$x_1(t) = \exp(- \gamma \cdot t) \cdot\ A \cdot (\gamma^2 - \omega^2)^{0,5} \cdot t\ +\ B \cdot (\gamma^2 - \omega^2)^{0,5} \cdot t)$

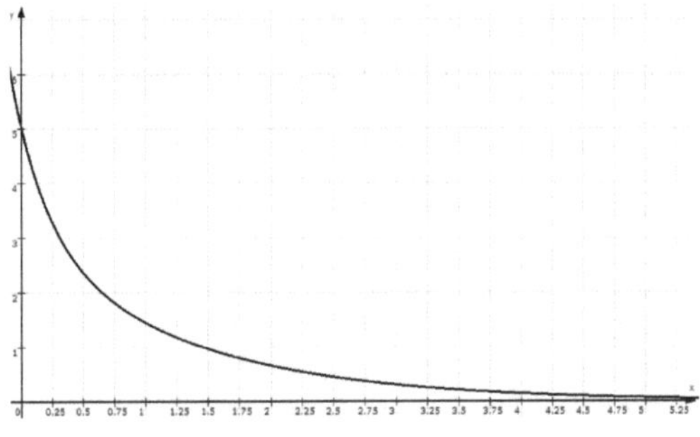

$x(t) = \exp(- 3 \cdot t) \cdot (3 \cdot \exp((5)^{0,5} \cdot t) + 2 \cdot \exp(- (5)^{0,5} \cdot t))$
(also: $A = 3$; $B = 2$; $(\gamma^2 - \omega^2)^{0,5} = (3^2 - 2^2)^{0,5} = (5)^{0,5}$; $\gamma = 3$)

Zu (1) – schwache Dämpfung –

$x(t) = \exp(- \gamma t) \cdot (A\exp(i \cdot (\omega^2 - \gamma^2)^{0,5} \cdot t) + B \exp(- i \cdot (\omega^2 - \gamma^2)^{0,5} \cdot t))$

$x(t) = \exp(- \gamma t) \cdot (A\exp(i\ \Omega t) + B\exp(- i\Omega t))$ mit $\Omega := (\omega^2 - \gamma^2)^{0,5}$

$x(t) = \exp(\gamma t) \cdot (A(\cos(\Omega t) + i \cdot \sin(\Omega\ t)) + B(\cos(\Omega t) - i \cdot \sin(\Omega \cdot t)))$

$x(t) = \exp(- \gamma \cdot t) \cdot ((A + B) \cdot \cos(\Omega \cdot t) + i \cdot (A - B) \cdot \sin(\Omega \cdot t))$

$x(t) = \exp(- \gamma \cdot t) \cdot (A^* \cdot \cos(\Omega t) + i \cdot B^* \cdot \sin(\Omega t))$

  mit $A^* = A + B$ und $B^* = A - B$

Mit $D = (A^{*2} + B^{*2})^{0,5}$ und $\tan(\varphi) = B^*/A^*$ folgt:

$x(t) = D \cdot \exp(- \gamma \cdot t) \cdot \cos (\Omega \cdot t - \varphi)$

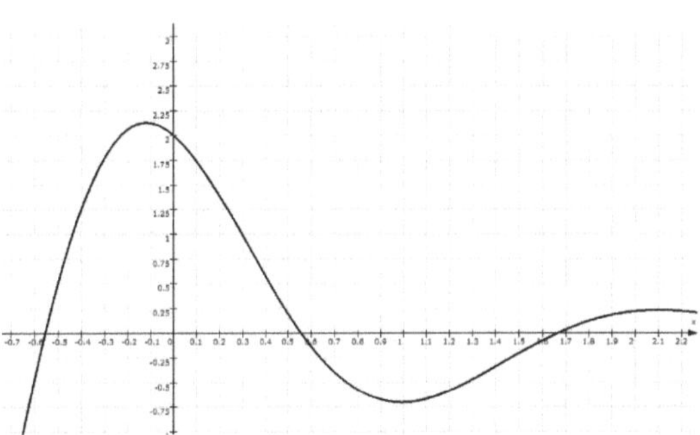

Verlauf für: $x(t) = 2 \cdot \exp(- t) \cdot \cos (8^{0,5} \cdot t)$

(also: $A^* = 2 = D$; $B^* = 0$; $\tan(\varphi) = 0$; $\varphi = 0$; $\Omega = 8^{0,5}$; $\omega = 3$; $\gamma = 1$)

Zu (2) – aperiodischer Grenzfall –

In diesem Fall gilt: $\omega^2 = \gamma^2$ und somit: $\Omega := (\omega^2 - \gamma^2)^{0,5} = 0$

Zwei Lösungen existieren:

$x_1(t) = \exp(- \gamma \cdot t)$ und $x_2(t) = t \cdot \exp(- \gamma \cdot t)$

Allgemein gilt: $x(t) = (A + B \cdot t) \cdot \exp(- \gamma \cdot t)$

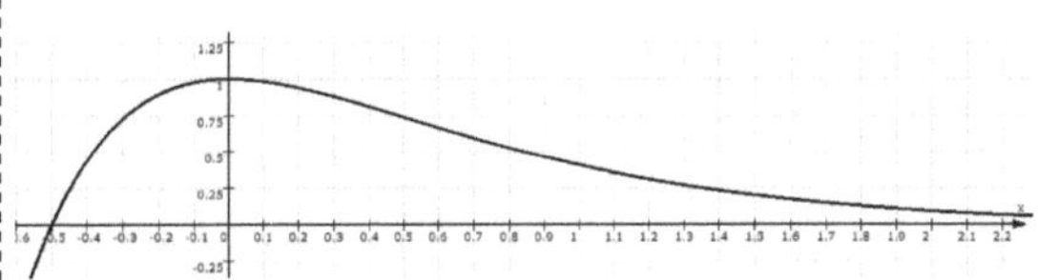

Verlauf für: $x(t) = (1 + 2 \cdot t) \cdot \exp(- 2 \cdot t)$

Eigenschwingungen / Resonanzkatastrophe

Wird eine System von außen her gemäß seiner Eigenfrequenz angeregt und
somit Energie übertragen, dann kann es zum „Aufschaukeln" kommen, das zu
einer „Katastrophe" (Selbst-Zerstörung) führen kann.

Insofern sind Maßnahmen zu ergreifen („Dämpfungen; Tilgungen, Kompensati-
onen"), um diese Effekte zu verhindern. Diese können technischer Art („Dämpfungen") sein.

Auch organisatorische Vorgaben (Verhinderung von Gleichschritten von Menschen beim Überqueren von Brücken) sind zum Teil gesetzlich

vorgeschrieben.

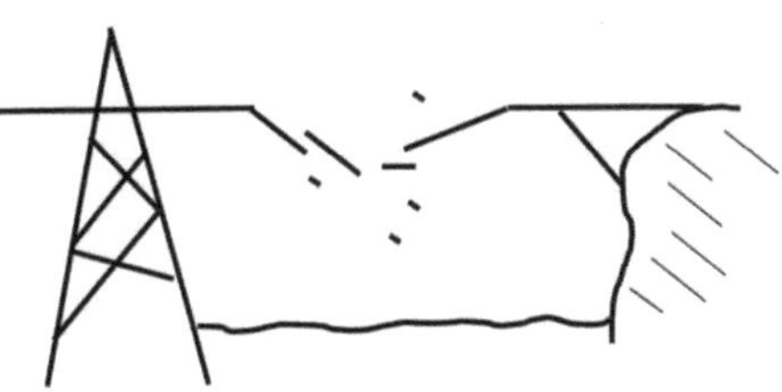

Lineares Zeitsystem

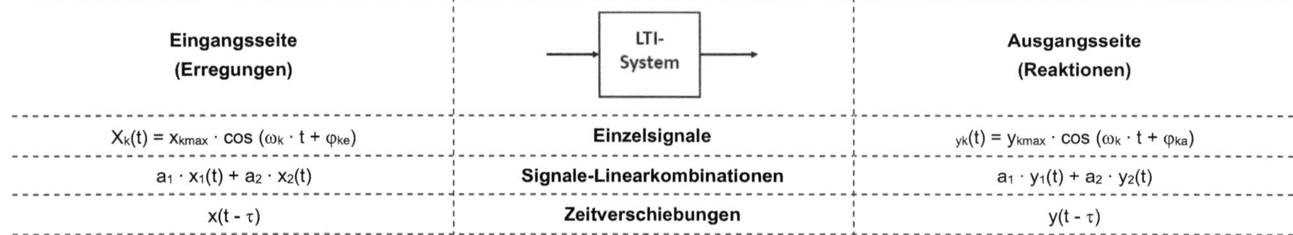

Eingangsseite (Erregungen)	Einzelsignale	Ausgangsseite (Reaktionen)
$X_k(t) = x_{kmax} \cdot \cos(\omega_k \cdot t + \varphi_{ke})$	Einzelsignale	$y_k(t) = y_{kmax} \cdot \cos(\omega_k \cdot t + \varphi_{ka})$
$a_1 \cdot x_1(t) + a_2 \cdot x_2(t)$	Signale-Linearkombinationen	$a_1 \cdot y_1(t) + a_2 \cdot y_2(t)$
$x(t - \tau)$	Zeitverschiebungen	$y(t - \tau)$

Systemdaten - Grundgleichungen

Eingang: I, U_1, P_1
Ausgang: I_2, U_2, P_2

Stromdämpfungsfaktor: $D_I = I_1/I_2$

Spannungsdämpfungsfaktor: $D_U = U_1/U_2$

Stromdämpfungsfaktor: $D_P = P_1/P_2$

Leistungsdämpfungsmaß
$a_P = \lg(P_1/P_2)$ B; B: Bel
$a_P = 10 \cdot \lg(U_1/U_2)$ dB; dB: dezi Bel

Spannungsdämpfungsmaß
$a_u = 20 \cdot \lg(U_1/U_2)$ dB

Stromdämpfungsmaß
$a_I = 20 \cdot \lg(I_1/I_2)$ dB

Signaldaten

- **Äquivalente Impulsdauer (Δt)**

$$\Delta t = \frac{1}{\hat{x}} \cdot \int_{-\infty}^{\infty} x(t) \cdot dt \text{ (Amplitudenmaximum von } x(t): \hat{x})$$

- **Mittlere Leistung**

$$S_x = \lim_{T \to \infty} \frac{1}{T} \int_{-T/2}^{T/2} |x(t)|^2 \cdot dt$$

- **Leistung:** $P = R \cdot \lim_{T \to \infty} \int_{-T/2}^{T/2} i^2(t) \cdot dt$

- **Effektivwert:** $x_{eff} = (S_x)^{0,5}$

- **Energie:** $E_x = \int_{-\infty}^{\infty} |x(t)|^2 \cdot dt$

- **Energie:** $E = R \cdot \int_{-\infty}^{+\infty} i^2(t) \cdot dt$

- **Impulsfläche des Signals:** $F_x = \int_{-\infty}^{\infty} x(t) \cdot dt = \hat{x} \cdot \Delta t$

- **Reziprozitätsgesetz:** $\Delta f \cdot \Delta t = 1$

Netzwerke

Netzwerkanalyse

- Allgemein gilt für ein Netzwerk
  - Anzahl der Knotenpunkte: K
  - Zahl der Zweige: Z
  - Zahl der selbstständigen Zweige: Z – K + 1
  - Zahl der selbstständigen Maschen: Z – K + 1
  - Zahl der gemeinsamen Zweige:
    Z – (Z – K + 1) = K – 1
  - Zahl der gemeinsamen Ströme: K – 1
  - Zahl der unabhängigen Knotenspannungen: K – 1
- Für ein Netzwerk mit K Knoten und Z Zweigen gilt:
  - Es existieren K -1 unabhängige Knotengleichungen
  - Es existieren Z – (K – 1) = Z – K + 1 unabhängige
    Maschengleichungen
- Für Strom- und Spannungsquellen müssen Ersatzschaltungen
  bestimmt werden:
  - Eine Spannungsquelle wird durch einen Kurzschluss ersetzt
    ($R_i = 0$)
  - Eine Stromquelle wird durch einen Leerlauf ersetzt ($R_i = \infty$)

Auswahlregeln

- Allgemeine Regel
  - Maschenstromverfahren wird bevorzugt, wenn gilt:
    (K – 1) > (Z – K + 1)
  - Knotenpotentialverfahren wird bevorzugt, wenn gilt:
    (K – 1) < (Z – K + 1)
- Zum Maschenverfahren:
  Spannungsquellen <u>nur</u> in den Maschenzweigen
- Zum Knotenpotentialverfahren:
  Stromquellen nur in den Baumzweigen

Maschenstromverfahren

- Wahl von geeigneten Maschen: Es müssen Z – (K + 1)
  unabhängige Maschenströme bestimmt werden.
- Bestimmung der Beziehungen zwischen Maschen- und
  Zweigströmen im Netzwerk: Hierzu ist die Knotenregel von
  Kirchhoff zu beachten ($\sum I_n = 0$).
- Die Maschenregel von Kirchhoff ist zu beachten ($\sum U_n = 0$)
- Verknüpfung der Zweigspannungen und Zweigströme durch das Ohmsche
  Gesetz.
- Kombination der verschiedenen Gleichungen und Auflösung der entspre-
  chenden linearen Gleichungssysteme.
- In den Maschen dürfen nur Spannungsquellen auftreten. Die Stromquellen
  müssen in Ersatzspannungsquellen umgerechnet werden.
- Bestimmungsgleichung für das Maschenstromverfahren:
  $[U_0] = [W_M] [I_M]$
- $[U_0]$: Vektor zur Erfassung Quellen und Ersatzquellen in den
  einzelnen Maschen. Bei gleicher Ausrichtung der Maschenströme
  und der Richtung der Spannungsquellen werden die Spannungen
  mit einem negativen Vorzeichen aufgeführt. Ansonsten (bei
  ungleichen Richtungen) positiv.
- $[W_M]$: Maschenwiderstandsmatrix
- $[I_M]$: Vektor der ausgewählten Maschenströme
- Zur Bestimmung von $[W_M]$:
  - In der Hauptdiagonalen erscheint die Summe der zur Masche (i)
    gehörenden Widerstände mit einem positiven Vorzeichen
    ($+ \sum R_i$) in der i-ten Zeile an der Position der i-ten Spalte
  - Angaben in der i-ten Zeile und j-ten Spalte ($i \neq j$)
    Aufführung der Summe der Widerstände die zugleich zur i-ten
    und j-ten Masche gehören. Das Vorzeichen ist jeweils negativ.

Digitalisierte Realität

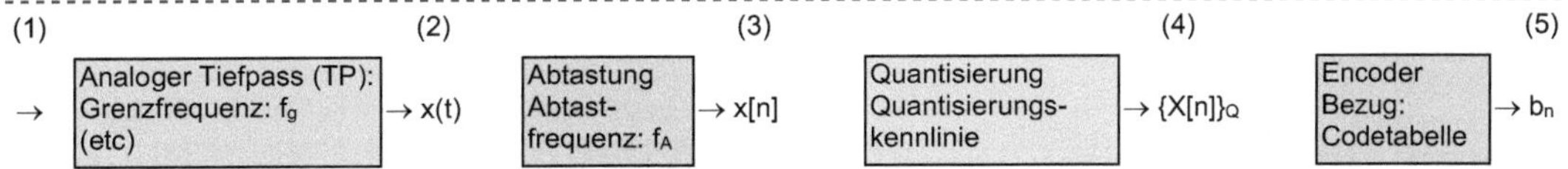

- Ein analoges Signal kann aus digitalen Signalen vollständig rekonstruiert werden, wenn pro Wellenlänge λ zwei Abtastpunkte gleichmäßig verteilt auftreten.
- Es gilt: $f_A = 2 \cdot f_g = 2 \cdot c/\lambda$ ($\rightarrow$ Abtasttheorem von Nyquist)

- Auf der Basis digitaler Daten können sinnvolle Realitätseinsichten gewonnen werden.
- Die Leistungsfähigkeit wurde theoretisch begründet und untersucht von Rainey (1926), Reeves (1937) und Shannon (1948).

- (1): Eingang: analoges Signal
- (2): bandbegrenztes Signal x(t)

- (3): zeitdiskretes Signal x[n]
- (4): digitales Signal $\{X[n]\}_Q$

- (5): Bitfolge b_n ($\rightarrow$ diskretes Signal)

Die digitalisierte Erfassung kontinuierlicher Gegebenheiten ermöglicht die Nachbildung und Simulation der Realität. Dies prägt aktuelle technologische Möglichkeiten und eröffnet realitätserkundende Untersuchungen.

Abtastung / Abtastungstheorem

Durch die Abtastung eines kontinuierlichen Signals wird eine diskrete Signalfolge erzeugt. Wie genau kann ein ursprünglich analoges Signal durch digitale Abtastungen erfasst werden?

Die Abtastfrequenz muss zumindest doppelt so groß wie die höchste Frequenz des analogen Signals. Nur dann kann aus dem Frequenzspektrum des digitalen Signals (diskrete Fourier-Transformation) das ursprüngliche (bandbegrenzte kontinuierliche) Signal rekonstruiert werden. Sollte dies nicht erfüllt sein, dann überlagern sich die Teilspektren (Alias-Effekt; aliasing)) und eine korrekte Rekonstruktion ist nicht möglich.

Unter Beachtung der Fourier-Beziehung und der Mittelwerte der Signale und der möglichen

Streubreite der Signale ergibt sich folgende Beziehung: $D_t \cdot D_\omega \geq 0{,}5$.

D_t: Zeitausdehnung des Signals;

D_ω: Frequenzausdehnung des Signals

Bzgl. des Produkts von Zeit- und Frequenzausdehnung spricht man auch von einem Zeit-Bandbreiten-Produkt. Unter Beachtung der Ungleichung ($\geq 0{,}5$) erhält man so eine Unschärferelation.

Abtastung von x(t) mit der Abtastfrequenz $f_A = 1/T$.

Zu δ[k]: normierte Dirac-Funktion $\delta[k] = \begin{cases} 1 \; f\ddot{u}r \; k = 0 \\ 0 \; f\ddot{u}r \; k \neq 0 \end{cases}$

Abtastsignal: $X_A(t) = x(t) \cdot \sum_{k=0}^{\infty} \delta_0 \, (t - kT)$

(Siehe Fourier- und z-Transformation.)

Hinweis:

Die Netzbetreiber gehen von einer Frequenzbreite im Sprachband von 300 Hz bis 3.4000 Hz aus.

Für die Abtastung der Sprachsignale wird hierbei unter Beachtung einer „Grenzfrequenz" von 4000 Hz mit einer Abtastrate von 8 kHz gearbeitet.

So kann ein geeignetes analoges Sprachsignal aus dem digitalisierten Übertragungssignal bestimmt werden.

Diracfunktion (Dirac-Impuls)

- Dirac-Funktion, auch **δ-Funktion**: δ (x)
- Sie geht auf Dirac, A. M. Paul (engl. Physiker: 1900 –
- Andere Bezeichnungen: Dirac-Impuls, Nadelimpuls, Einheitsimpulsfunktion
- Die Dirac-Funktion ist von elementarer Bedeutung für die Beschreibung quantenphysikalischer und nachrichtentechnischer Signale und Systeme
- Allgemein gilt

  $\delta(z) = 0$ für $z \neq 0$ mit $\int_{-\infty}^{+\infty} \delta(z) \cdot dz = 1$.

- In der digitalen Nachrichtentechnik gilt (normiert): $|\delta(z)| = 1$.:
- Die mathematische Begründung der Dirac-Funktion erfolgt im Rahmen der Theorie der Distributionen.

- Genähert kann die Dirac-Funktion über

  Dreiecksfunktionen

  Exponentialfunktionen

  Fresnel-Funktionen

  Glocken-Kurven (Gauß-Verteilungen)

  Lorentz-Kurven

  Rechteck-Funktionen
- Die Verläufe dieser Kurven und Funktionen können über elektronische Schaltungen und softwaretechnische Darstellungen (Algorithmen) erzeugt bzw. erstellt werden.
- Nachfolgend werden unter Verwendung einer Funktion vom Typ $f_P(x) = A \cdot \exp(-Px) \cdot \sinh(Px)$ Realisierungen dargestellt.

Annäherung an die Dirac-Funktion über die Gleichung $f_P(x) = 4 \cdot \exp(-Px) \cdot \sinh(Px)$ mit P als Parameter.
P wird variiert. Diese Gleichung kann durch die Zusammenschaltung von Spulen (L) und Kondensatoren (C) realisiert werden.

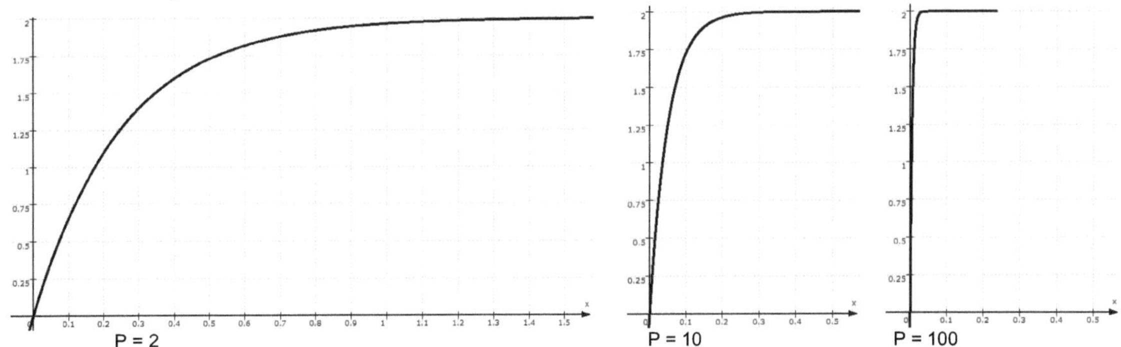

Information in Systemen

Die Begriffe Information und Entropie, Zufall, Wahrscheinlichkeit und Chaos, Ordnung und Selektion, Entwicklung und Mutation, Kategorien und Gesetz … beschreiben Aspekt der Alltagswelt und wissenschaftlichen Realität, die zueinander in auflösbarer Beziehung stehen.

Informationstheorie nach Shannon

- Die Grundüberlegungen bei Shannon lauten:
  1. Es soll keine negative Information geben. Also: $I(x_i) \geq 0$.
  2. Die Informationsgehalte eines einfach verbundenen Zeichenpaares können addiert werden: $I(x_1 x_2) = I(x_1) + I(x_2)$.
- Allgemein gilt für den Erwartungswert bezüglich des mittleren Informationsgehalts von Quellsymbolen (H) [Eta]:
  $H = - E\{I(x)\} = \Sigma p(x) \cdot I(x) = - \Sigma(p(x) \cdot \mathrm{ld}(p(x)))$;
- Bezeichnung für H: **Symbolentropie** (einer Signalquelle); oder auch kürzer **Entropie**. Einheit der informationstechnischen Entropie: [H] = bit / Symbol

Kanalmodell

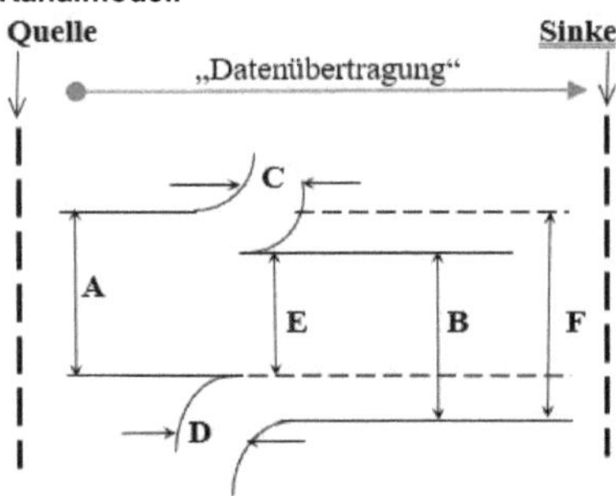

Im Detail gilt: $H(X) = - \sum_{i=1}^{n}(\mathrm{ld}(p(x_i)) \cdot p(x_i)$

Eingangsseitig liegt bei einer Übertragung eine Eingangs-entropie vor. Weiterhin treten im Übertragungsprozess Störungen auf, die zu Informationsverlusten führen.
Konkret werden folgende Kanalentropien unterschieden – unter Verwendung einer verkürzten Schreibweise:

- **A**: Kanaleingangsentropie: $H(X) = - \Sigma\, p(x_i) \cdot \mathrm{ld}\, p(x_i)$
- **B**: Kanalausgangsentropie: $H(Y) = - \Sigma\, p(y_j) \cdot \mathrm{ld}\, p(y_j)$
- **C**: Rückschlussentropie (Äquivokation – Verluste)
  $H(X|Y) = H(X) + H(Y|X) - H(Y)$
- **D**: Irrelevanz (Streuentropie – Rauschen)
  $H(Y|X) = - \Sigma\, \Sigma\, p(x_i, y_j) \cdot \mathrm{ld}\,(p(y_j|x_i))$
- **E**: Transinformationsentropie, Synentropie
  $H(X \rightarrow Y) = H(X; Y) = H(Y) - H(Y|X)$
- **F**: (Gesamt-)Verbundentropie: $H(X,Y) = H(Y|X) + H(Y)$

Erläuterung

Zum Beispiel gilt für $H(Y|X)$:
$$H(Y|X) = - \sum_{i=1}^{n} p(x_i) \sum_{j=1}^{m} p(y_j|x_i) \cdot \mathrm{ld}\, p(y_j|x_i).$$

Die Symbolfolge $x_i \rightarrow y_j$ wird zeitlich gesehen auch als Signalfolge einer Quelle begriffen. Man spricht von der Entropie zweier Symbole, die nacheinander von einer Quelle erzeugt werden. Mit Blick auf die Übertragungsfolge in einem Kanal spricht man auch von der Transinformation.
$H(X|Y)$ und $H(Y|X)$ sind bedingte Entropiewerte.

Zur Kanalübertragung

Die Übertragungsgegebenheiten eines Kanals werden mit einer Übertragungsmatrix beschrieben.

$$\text{Es gilt: } P(Y|X) = \begin{bmatrix} p(y_1|x_1) & p(y_2|x_1) & \dots & p(y_n|x_1) \\ p(y_1|x_2) & p(y_2|x_2) & \dots & p(y_n|x_2) \\ \vdots & \vdots & \dots & \vdots \\ p(y_1|x_m) & p(y_2|x_m) & \dots & p(y_n|x_m) \end{bmatrix}$$

Hierbei tritt x_i am Eingang und y_j am Ausgang auf.
Für x_i mit $i \in \{1; 2; ...; m\}$ ist $\sum_{j=1}^{n} p(y_j|x_i) = 1$ erfüllt.

Die Ausgangswerte (y_j) errechnen sich wie folgt:
$(p(y_1), p(y_2), ... p(y_n)) = (p(x_1), p(x_2), ... p(x_m)) \cdot P(Y \mid X)$.
Wie in der Nachrichtentechnik üblich, gilt: $P_Y = P_X \cdot P(Y \mid X)$.
Und es folgt: $p(y_j) = \sum_{i=1}^{m} p(x_i) \cdot p(y_j|x_i)$

Kaskadierte Kanäle

Es wird angenommen, dass eine Signalfolge erst durch den Kanal K_1 und danach durch den Kanal K_2 geführt wird.
X: ursprüngliche Eingangsinformation.
Y: Information am Ende des ersten Kanals, die auch die Quellinformation für den zweiten Kanal ist.
Z: Information hinter dem zweiten Kanal – hier in der Sinke
Der Kanal K_1 wird durch $P(Y|X)$ und der Kanal K_2 durch $P(Z|Y)$ beschrieben. Durch die Multiplikation der einzelnen Übertragungsmatrizen miteinander kann die Gesamtübertragung für K_{ges} bestimmt werden.

Hierbei gilt: $K_{ges} = K_1 \cdot K$. Es folgt: $P(Z|X) = P(Y|X) \cdot P(Z|Y)$.

Wobei gilt: $H(X; Z) \leq H(X; Y)$ und $H(X; Z) \leq H(Y; Z)$
[→ **Hauptsatz der Datenverarbeitungstechnik**]

Der Begriff **Negentropie** (→ negative Entropie (Strukturkraft, Strukturordnung)) wurde von Erwin Schrödinger 1952 im Zusammenhang mit einem „aperiodischen Kristall", welches die Informationsordnung der Lebens (mit Blick auf Vererbungsprozesse – heutzutage DNA) repräsentiert, eingeführt.

Netzstrukturen und Matrizen

Mit Knotenpunkten (•) werden in Rechnernetzen Rechner, Router etc. bezeichnet. Verbindungen zwischen den Rechnern werden mit Kanten beschrieben. Die Gegebenheiten werden in Matrizen dargestellt. Durch geeignete Matrixoperationen können Netzgegebenheiten erkundet werden.

Beispiel: Fünf Rechner (R1, …, R5) sind verbunden. So zum Beispiel R1 mit R2. R1 ist aber nicht direkt mit R5 verbunden.

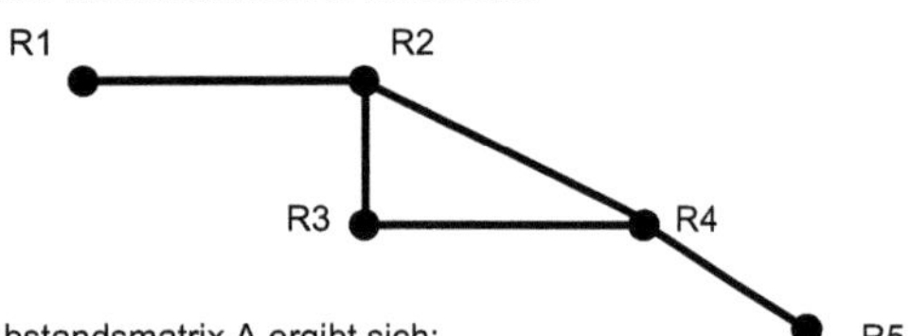

Folgende Abstandsmatrix A ergibt sich:

$$A = \begin{bmatrix} 0 & 1 & 0 & 0 & 0 \\ 1 & 0 & 1 & 1 & 0 \\ 0 & 1 & 0 & 1 & 0 \\ 0 & 1 & 1 & 0 & 1 \\ 0 & 0 & 0 & 1 & 0 \end{bmatrix} = A^1$$

Die Zeilennummer von A ergibt den Startrechner; die Spaltennummer den Zielrechner. So erhalten wir in der ersten Zeile die Werte 0 1 0 0 0, da R1 mit R2 verbunden ist. Jedoch ist R1 nicht mit R3, R4, R5 direkt verbunden.
Die Matrix A ist symmetrisch.

Nun gilt:

$$A^2 = \begin{bmatrix} 1 & 0 & 1 & 1 & 0 \\ 0 & 3 & 1 & 1 & 0 \\ 1 & 1 & 2 & 1 & 1 \\ 1 & 1 & 1 & 3 & 0 \\ 0 & 1 & 1 & 0 & 1 \end{bmatrix}.$$

A^2 steht für Verbindungen der Länge 2. So gibt es eine Verbindung der Länge 2 von R1 zu R1 → R1-R2-R1.
Bzgl. R2 gilt: R2-R1-R2; R2-R3-R2: R2-R4-R2.

Schrittweise kann so in einem Netz die Anzahl der Verbindungen bzgl. der jeweiligen Verbindungslänge ermittelt werden.

Für Verbindungen der Länge 3 wäre A^3 zu bestimmen. Etc.

Unterschieden werden u. a. folgende Graphen:
- (1 - K_i): Wege P_n (in Systemen) mit n Ecken
- (2 - $K_{i,j}$): Kreise Cn mit n Ecken betrachtet.
- (3 - P_i): Vollständige Graphen K_n mit n Ecken und $\binom{n}{2}$ Kanten
- (4 - C_i): Vollständige bitpartite Graphen $K_{m,n}$ mit m + n Ecken

zu (1)	zu (2)	zu (3)	zu (3)
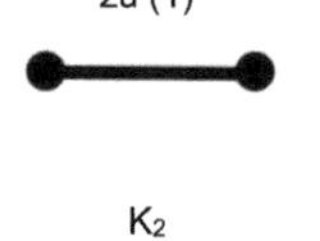	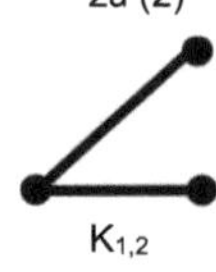	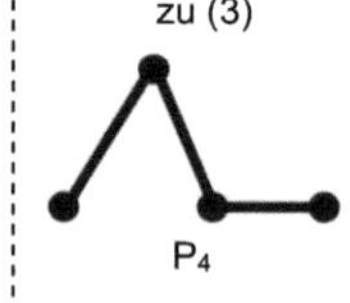	
K_2	$K_{1,2}$	P_4	C_3

Logische Schaltungen und Gattertechnik

KV: Darstellung logischer Funktionen in einem Diagramm, das von **Karnaugh** und **Veitsch** entwickelt wurde

Ausgehend von der Aussagenlogik ergibt sich: $A \wedge B \vee A \wedge (\neg B) = A$

Tabellendarstellung

B	A	$A \wedge B$	$A \wedge (\neg B)$	$A \wedge B \vee A \wedge (\neg B)$
0	0	0	0	0
1	0	0	0	0
0	1	0	1	1
1	1	1	0	1

Darstellung im KV zu: $A \wedge B \vee A \wedge (\neg B) = A$

	A = 0	A = 1
B = 0	0	1
B = 1	0	1

Ein Paargebilde (im Quader) kann nun vereinheitlicht dargestellt werden. Die Variable, die sich mit Blick auf das Quadergebilde verändert, entfällt. In diesem Fall ist dies das B.
Bei einer Achtergruppe entfallen zwei Variablen.
Bei einer Sechzehnergruppe entfallen drei Variablen.

	B = 0, A = 0	B = 0, A = 1	B = 1, A = 1	B = 1, A = 0
D = 0, C = 0	0	1	0	0
D = 0, C = 1	0	1	0	0
D = 1, C = 1	0	1	0	0
D = 1, C = 0	0	1	0	0

$F = A \wedge \neg B \quad F = A \wedge \neg B$

	B = 0, A = 0	B = 0, A = 1	B = 1, A = 1	B = 1, A = 0
D = 0, C = 0	0	0	1	1
D = 0, C = 1	0	0	0	0
D = 1, C = 1	0	0	0	0
D = 1, C = 0	0	0	0	0

$F = D \wedge \neg B$

	B = 0, A = 0	B = 0, A = 1	B = 1, A = 1	B = 1, A = 0
D = 0, C = 0	0	0	0	0
D = 0, C = 1	0	1	1	0
D = 1, C = 1	0	1	1	0
D = 1, C = 0	0	0	0	0

$F = A \wedge C$

	B = 0, A = 0	B = 0, A = 1	B = 1, A = 1	B = 1, A = 0
D = 0, C = 0	1	0	0	1
D = 0, C = 1	0	0	0	0
D = 1, C = 1	0	0	0	0
D = 1, C = 0	1	0	0	1

$F = \neg A \wedge \neg C$ (Duch die sukzessive Umlagerung von Zeilen und Spalten ergibt sich ein 4er-Quader.)

Elementare Gatterschaltungen

Eingangssymbole: x; y; Ausgangssymbol: A
Verknüpfungen $\wedge$ UND; $\vee$ ODER; $\neg$ Negation

x	-	A	Schaltsymbol	Funktion; Benennung
0	-	1		$A = \neg x$
1	-	0		Negation
-	-	-		(Nicht: $\neg$; (°))
-	-	-		

x	y	A	Schaltsymbol	Funktion; Benennung
0	0	0		$A = x \wedge y$
1	0	0		UND-Schaltung
0	1	0		UND-Gatter (&)
1	1	1		

x	y	A	Schaltsymbol	Funktion; Benennung
0	0	0		$A = x \vee y$
1	0	1		ODER-Schaltung
0	1	1		ODER-Gatter (≥ 1)
1	1	1		

x	y	A	Schaltsymbol	Funktion; Benennung
0	0	1		$A = x \wedge y$
1	0	1		NAND-Schaltung
0	1	1		NAND-Gatter
1	1	0		(a nand b)

x	y	A	Schaltsymbol	Funktion; Benennung
0	0	1		$A = x \vee y$
1	0	0		NOR-Schaltung
0	1	0		NOR-Gatter (a nor b)
1	1	0		

Auf der Basis von Transistoren (bzw. Chips) werden Gatterfunktionen realisiert.

Alle möglichen Gatterfunktionen können auf der Basis von
a.) nur NAND-Gattern bzw.
b.) nur NOR-Gattern umgesetzt werden.

Die Schaltfunktionen können prinzipiell auch durch elementare Schalter (Relais) gestaltet werden.

Bei Umsetzung von Gleichungsbeziehungen in Gatterzusammenhänge ist zu beachten, dass die UND-Funktion der ODER-Funktion voraus geht.

Algebraisch wird die UND-Beziehung durch eine Multiplikation und die ODER-Beziehung durch eine Addition dargestellt:
Es gilt hierbei:
$a \wedge b \to a \cdot b$
$a \vee b \to a + b$

Bezüglich der Negation gilt: $\neg(\neg(x)) = x$

Bedeutsam sind die Theoreme von de Morgan:
$\neg(a \wedge b) = (\neg a) \vee (\neg b)$
$\neg(a \vee b) = (\neg a) \wedge (\neg b)$

Mit KV-Diagrammen können Logikschaltung auf graphischen Weg vereinfacht werden.
Nebeneinander liegende KV-Felder können unter Reduktion von Variablen verbunden werden.
Mit einem 2er-Feld wird eine Variable entfernt.
Mit einem 4er-Feld werden zwei Variable entfernt.
Die Felder müssen direkt übereinander oder nebeneienander 2er-, 4er- 8er- … Blöcke bilden.
Die Eckpunkte können auch geeignet zu 2er- bzw. zu 4er- Blöcken verknüpft werden.

Rechner / Vernetzungen von Rechnern

EVA (Eingabe, **V**erarbeitung, **A**usgabe)
E: Tastatur, Scanner, Maus, Mikofon, Sensor, Interface, …
V: Prozessor zzgl. Speicher
A: Bildschirm, Drucker, Speicher, Lausprecher, Regler, …

Client-Server-Prinzip: ein zentraler Bezugsrechner als Server
Peer-to-Peer-Gestaltung: alle Rechner sind gleichwertig
Bezgl. Der Vernetzung werden unterschiedliche Topologien unterschieden (lineare Busse, Bäume, Kreise, hybride Strukturen)

Betriebssysteme

Schnittstelle zwischen der Hardware und dem Bediener
MS-DOS; MS Windows (Win 11 …)
Unix und Linix

Komponenten für Verbindungen/Übertragungen

Verbindungs- und Übertragungsgeräte:
Repeater („Datengenerierung und -verstärkung)
Hub (wie ein Repeater plus Verteiler auf verschiedene Empfänger)
Switch (wie ein Hub zzgl. der Beachtung höherer Adressen und Protokolle)

Protokolle

Aufgabe: Verfahrensregelung, geordnete Daten
Schnittstellen: Verbindung (z. B. zwischen HW und SW)
Verfahren: geordnete Abläufe (Prozesse; Algorithmen; Prozeduren)
Bedeutende Protokolle: TCP, IPv4, IPv6

Bridge, Brouter, Router, Gateway (für aufwändigere Anpassungen)

Daneben sind noch Proxy- und Firewall-Geräte zu beachten, die zur Anonymisierung bzw. zum Schutz der Geräte eingesetzt werden.

Adressen

Zur eindeutigen Kennzeichung und Identifizierung der Rechner werden Adressen verwendet. Hierzu gibt es Hardware- und MAC-Adressen. Auf höheren Ebenen werden IP-Adressen verwendet, wobei der Umfang bei IPv4 und IPv6 unterschiedlich groß ist.
Gemäß DNS erfolgt die Zuordnung von IP-Nr. zu Bennenung.

Adressumfang

IPv4	IPv6
32 Bit	128 Bit

Der Zugriff auf die IP-Adressen wird u.a. über das DHCP-Verfahren gesteuert.

IT-SW / Experimentelles Lernen / KI / Experimentelle Mathematik

Grundbegriffe / Maschinen / Software

Turingmaschine	AI:
Neuronale Netze	artificial intelligence
Maschinelles Lernen	artifizielle Intelligenz
Theory of Mind	KI:
Deep Learning	Künstliche Intelligenz
KI mit	(starke, schwache)
Selbsterkenntnis	Alpha Go
($\rightarrow \approx$ generative KI)	Aleph Alpha (AA)
	Luminous-World

Aufgabenfelder / Themen

Beratungen; Bilderstellung	Robotik; Simulationen
Datenanalyse; Expertensysteme	Spieleerstellung
Kundenberatung; Proteinanalyse	Stimmenerstellung
Maschinensteuerung	Sprachübersetzungen
Medikamentenerstellung	Strategieanalysen
Mustererkennung; Notfallgespräche	Systemanalysen
Produktionsplanung (virtuelle Zwillinge)	Textgenerierung; Videoerstellung
Rechtsfragen	Webseitenerstellung
	Wissensdatenbank

Software

Programmiersprachen

Assemblersprachen
Scriptsprachen (HTML, TeX, LaTeX)
Höhere Sprachen (C, C++, Java, Fortran, Python, …)
Softwaretechnische Anwendungssyteme:
MATLAB; Mathematica; MATLAB; Derive etc

Formale Beschreibung

PAP: Programm-Ablauf-Pläne
Nassi-Shneidermann: Struktugramme
UML-Diagramme speziell für (ökonomische) Prozessbeschreibungen und Datenbankentwicklungen unter Verwendung von Klassen und Instanzen etc.

Programmentwicklung

Ausgangspunkt der Problemlösung ist die Herausarbeitung eines Lösungswegs in Form einer algorithmischen Struktur, die von einer Maschine rechentechnisch umgesetzt werden kann.
Hierzu werden geeignete Datentypen und notwendige Typanpassungen festgelegt (vereinbart).
Die Dateneingabe, Speicherung und Ausgabe sind festzulegen.
Interaktive Elemente zur Beeinflussung werden integriert.
Strukturen: Schleifen, Abfragen, Verzweigungen
Schleifen: kopfgesteuerte und fußgesteuerte Schleifen
Verzweigungen: if-else-Abfragen (Entscheidungen)
Ein konkretes Ausgabefenster muss bestimmt werden.

Das Programm muss stabilisiert werden gegenüber fehlerhaften Eingaben.
Testen: Programme sind zu testen. Hierzu müssen Testabläufe mit geeigneten Testdaten definiert werden. In Abhänigkeit der Komplexität sind Teststrategien zu bestimmen.
Softwaregeneratoren
Programme mit denen die Softwarenentwicklung automatisiert gestaltet werden kann. Sie werden auch zur Übersetzung von Programmen in andere Programmiersprachen verwendet.
Bzgl. des Programmieraufwands und der geeigneten Vorgehensweisen existieren umfangreiche Prozessanalysen und -beschreibungen.
Dies betrifft auch Fragen zum Lernumfang und zum Personaleinsatz.

Verschlüsselungen / Codierungen

Grundlegende Unterscheidungen:
Steganographie (verdecktes, verborgenes Übertragen (Schreiben)
Kryptographie (Verschlüsselung nach unserem heutigen Verständnis
   im engeren Sinne) – die Verschlüsselung basiert auf der
   Verwendung eines ‚Schlüssels'
   Transposition (Permutationen): Verschiebung der Daten im Medium
     (Notwendigkeit der Rekonstruktion der ursprünglichen Struktur)
   Substitution (Stromverfahren …): Direkte Chiffrierverfahren
   Der Schlüssel entscheidet über die Qualität der Verschlüsselung.

Beispiele

Datenübersetzung von einem Alphabet in ein anderes Alphabet.
Symbolzuordnung geregelt über einen Schlüssel
RSA-Verfahren: Kombination von einem privaten und öffentlichen Schlüssel unter Verwendung von Primzahlen
Elliptische Verschlüsselung: Verwendung von elliptischen Gleichungen

Alphabete: A1 $\rightarrow$ A2
KTA (Klartextalphabet); GTA (Geheimtextalphabet)

Cäsar-Verschlüsselung (zum Beispiel)

A1 (KTA)	A	B	C	D	E	F	G	…	Z
A2 (GTA)	F	G	H	I	J	K	L	…	E

Polyalphabetische Verschlüsselung
In dieser Verschlüsselung werden mehrere GTAs verwendet. Für jeden einzelnen Buchstaben wird dann in der Abfolge ein gesondertes GTA verwendet. Die KTA-GTA-Zuordnung wird überein Schlüsselwort definiert. Dadurch wird die Verschlüsselung aufwändiger und die Sicherheit zugleich erhöht.

Verschlüsselungen / Codierungen

Permutationen (Permutation von Buchstaben)

$\pi = \begin{pmatrix} a\,b\,c\,d\,e\,f\,g\,h \\ d\,f\,h\,g\,a\,c\,e\,b \end{pmatrix}$

Es liegen im Grundmuster zwei 4er-Zyklen vor:

$a \to d \to g \to e \to a$

$b \to f \to c \to h \to b$

$\pi \circ \pi = \begin{pmatrix} a\,b\,c\,d\,e\,f\,g\,h \\ g\,c\,b\,e\,d\,h\,a\,f \end{pmatrix}$: $a \to g \to a$; $b \to c \to b$; $d \to e \to d$; $f \to h \to f$ (vier 2er-Zyklen)

$\pi \circ \pi \circ \pi = \begin{pmatrix} a\,b\,c\,d\,e\,f\,g\,h \\ e\,h\,f\,a\,g\,b\,d\,c \end{pmatrix}$: $a \to e \to g \to d \to a$; $b \to h \to c \to f \to b$ (zwei 4er-Zyklen)

Buchstabenhäufigkeiten (konkrete empirische Daten)

Wahrscheinlichkeitswerte von Buchstaben in der deutschen (oberer Wert) und englischen (unterer Wert) Schriftsprache (Wert jeweils in %)

A	B	C	D	E	F	G	H	I	J	K	L	M
6,51	2,57	2,84	5,41	16,7	2,04	3,65	4,06	7,82	0,19	1,88	2,83	3,01
8,20	1,50	2,80	4,30	12,7	2,20	2,00	6,10	7,00	0,20	0,80	4,00	2,40

N	O	P	Q	R	S	T	U	V	W	X	Y	Z
9,92	2,29	0,94	0,07	6,54	6,78	6,74	3,70	1,07	1,40	0,02	0,03	1,00
6,70	7,50	1,90	0,10	6,00	6,30	9,10	2,80	1,00	2,40	0,20	2,00	0,10

Mono- und polyalphabetische Verschlüsselungen öennen durch statistische Analysen zur Häufigkeit einzelner Zeichen und ganzer Zeichenfolgen entschlüsselt werden: **statistische Kryptoanalyse** nach **Kasiski** (polnischer Mathematiker; Entdeckung 1863).

Häufigkeit von **Bigrammen** in der deutschen Sprache
(Bigramme: zwei Buchstaben in Folge)
en (4,47 %); er (3,40 %); ch (2,80 %); nd (2,58 %); ei (2,26 %);
de (2,14 %); in (2,04 %); es (1,81 %); te (1,78 %); ie (1,76 %);
un (1,73 %); ge (1,68 %); st (1,24 %); ic (1,19 %); he (1,17 %)

Häufigkeit von **Trigrammen** in der deutschen Sprache
(Trigramme: drei Buchstaben in Folge)
ein (1,22 %); ich (1,11 %); nde (0,89 %); die (0,87 %);
und (0,87 %); der (0,86 %); che (0,75 %); end (0,75 %);
gen (0,71 %); sch (0,66 %)

In Abhängigkeit von den Fachsprachen (Psychologie, Chemie, Vermessungswesen …) und in Abhängigkeit von konkreten Personen (Wissenschaftler, Autor …) können spezifische Muster erkannt werden.

Code-Effizienz

Effizienz eines Codes: $E = \dfrac{H(x)}{l_m} \cdot \dfrac{1}{ld(r)}$ ($\to E \le 1$)

$H(X) / l_m$: Quellentropie pro Ausgangssymbol
r: Symbolanzahl; $ld(r)$: maximale Quellentropie mit r Symbolen
E = 1: idealer Code
Erreicht werden optimale Codes, bei denen l_m nah an den Wert eines idealen Codes kommen. Es sind kompakte Codes.

Elementare Beziehungen

- $\sum_{i=1}^{q} \dfrac{1}{r^{li}} \le 1$ (Ungleichung von Kraft-McMillan)
  [q: Anzahl der Code-Wörter; r: Codesymbolanzahl; li: Wortlänge
- $\dfrac{H(x)}{ld(r)} \le l_m \le = \dfrac{H(x)}{ld(r)} + 1$; $\dfrac{H(x)}{ld(r)} = \lim_{n \to \infty} \dfrac{l_m^{(n)}}{n}$
- $H(X_n) = n \cdot H(X)$ (Hauptsatz der Quellcodierung: 1. Satz von Shannon)

Huffmann-Codierung und Information (Entropie)

Die Entropie eines Zeichensystems gibt den Informationsgehalt des Systems an. Dieser Wert kann nicht unterschritten werden. Es ist ein Grenzwert. Beispiel: A: 0,25: B: 0,2; C: 0,4; D. 0,07; E: 0,08
Entropiewert: $H(X) = -(0,4 \cdot ld(0,4) + 0,25 \cdot ld(0,25) + 0,2 \cdot ld(0,2) + 0,08 \cdot ld(0,08) + 0,07 \cdot ld(0,07)) = 2,05322$ Bit /Symbol
Durch einfache Sortierungen und der Zuordnungen von Symbolen kann die mittlere Länge einer Nachricht nah an den Grenzwert gebracht werden.

Beispiel (Huffmann-Codierung): Hierzu werden die Symbole gemäß ihrer Wahrscheinlichkeit geordnet. Beginnend bei den untersten Prozentwerten werden zwei Symbole zusammengefasst. Dem einen Symbol wir eine 0, dem anderen eine 1 zugeordnet. Die zusammengefassten Symbole werden gemäß ihrer Gesamtwahrscheinlichkeit im Zeichensystem neu angeordnet. Danach beginnt der beschriebene Zuordnungsprozess von vorne. Abgeschlossen ist das Verfahren, wenn alle Zeichen eine Zuordnung erhalten haben. Zuordnung von Symbolen:

C: 0,4	C: 0,4	C: 0,4	A, B, D, E: 0,65	**0**
A: 0,25	A: 0,25	B, D, E: 0,35	C: 0,4	**1**
B: 0,2	B: 0,2	**0** A: 0,25	**1**	
D: 0,07	**1** D, E: 0,15	**1**		
E: 0,08	**0**			

Ergebnis: A: **01**; B: **000**; C: **1**; D: **0010**; E: **0011**

Zugehörige Baumstruktur

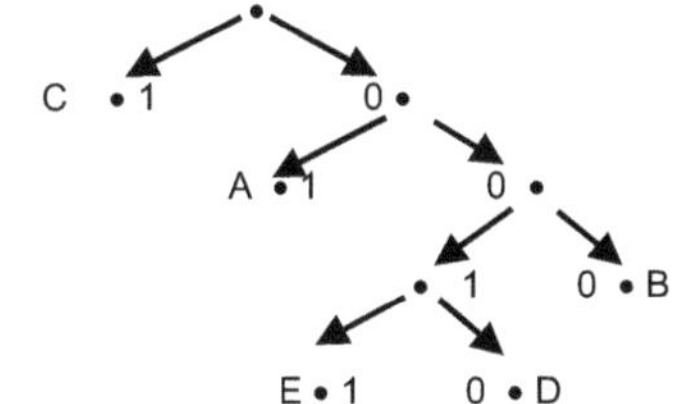

Somit liegt ein Präfixcode vor.
Länge des codierten Systems (l_m):
$l_m = 1 \cdot 0,4 + 2 \cdot 0,25 + 3 \cdot 0,2 + 4 \cdot 0,08 + 4 \cdot 0,07 = 2,1$ Bit / Symbol.
Der Wert ist nur geringfügig schlechter als der Entropiewert $H(X)$, der den untersten Grenzwert darstellt. Durch keine Codierung kann dieser Wert unterschritten werden. Ebenso kann keine Kopie den Informationsgehalt des Originals übertreffen. Durch die Einfügung von zusätzlichen Bits kann eine Kontrolle und zum Teil auch eine Korrekturmöglichkeit erreicht werden.

Block-Codes

Es gilt: $X = Y \cdot G$ (Generatormatrix: **G**; Vektoren: **X, Y**)
Ein gegebener Text (Y) wird gleichmäßig in Blöcke (Bitfolge als Vektor Y_i) zergliedert, die gesondert codiert und einzeln übertragen werden.
Die Blöcke haben jeweils die gleiche Länge.
Diese werden durch eine **Generatorenmatrix (G)** verrechnet.
Matrixaufbau aus binären Basisvektoren: $g_m = (g_{m1}, ..., g_{mn})$; $1 \le m \le k$

Lineare Block-Codes

Sie bestehen aus linear unabhängigen Zeilenvektoren. Durch das Anhängen einer Einheitsmatrix (**E**) an die Generatormatrix eines Block-Codes kann die Generatormatrix eines linearen Block-Codes gebildet werden.
Die Zeilen einer Generatormatrix eines linearen Codes sind linear unabhängig voneinander. D. h., eine Zeile wird nicht durch eine beliebige Kombination anderer Zeilen der Matrix bestimmt. Die Diagonalmatrix wird – als eine Möglichkeit – an die (k, j)-Matrix angeheftet. Dies garantiert die lineare Unabhängigkeit.

Unterschieden werden **Quellcodierung**, **Kanalkodierung** und **Leitungskodierung** und die jeweiligen Decodierungen.
Hierbei werden lineare Blockcodes eingesetzt. Die Verrechnung erfolgt mit Generatormatrizen (G). Die Nachrichten werden in Blöcken (X) verschickt und beim Empfänger decodiert.

Beim **Präfixcode** ist jedes Codewort kein Teil eines anderen Codeworts. Da Codewort schließt lokal die Baumstruktur ab. Es ist ein Endblatt.

Lineare Codes: (m, n)-Code
[m: Blocklänge; n: Ordnung $\to q = r^n$; q: Anzahl der Codewörter]
Basis des Codes: $\{g_1, ... g_n\}$

Generatormatrix: $G = \begin{bmatrix} g_1 \\ \vdots \\ g_n \end{bmatrix} = \begin{bmatrix} g_{11} & \cdots & g_{1m} \\ \vdots & \ddots & \vdots \\ g_{n1} & \cdots & g_{nm} \end{bmatrix}$

Kontrollmatrix H, mit: $GH^T = HG^T = 0$ ($\to$ **Prüfmatrix: P**)
Transponierte Matrix von X: X^T
Nullmatrix: **0**
Einheitsmatrix: E (E_n Einheitsmatrix mit n Zeilen)
$\to G = [\,E_n : P\,]$; es folgt $H = [\,-P^T : E_{m-n}\,]$
$\to G \cdot H^T = [\,E_n\,P\,] \cdot [\,-P^T : E_{m-n}\,] = -E_n \cdot P + P \cdot E_{m-n} = 0$
Syndrom: $s = k\,H^T$ ($\to$ **Möglichkeit zur Fehlerlokalisierung**)
Codierung (Bestimmung der Codewörter): $v = y \otimes G$
Bestimmung des Syndroms (s): $s = v \otimes H^T$
Wenn **s = 0** ist, dann liegt **kein Fehler** vor.

Verschlüsselungen / Codierungen

Hamming-Code – einfacher linearer Blockcode
Codewortlänge: $n = 2^m - 1$;
Nachrichtenstellen im Codewort: $k = 2^m - 1 - m$
Fehlerkorrekturmöglichkeit: $t = 1$, $d_{min} = 3$
Aufbau der **Generatorenmatrix**: Die ursprüngliche Blockmatrix des Generators wird ergänzt um eine Spalte aus Nullen und dazu kommt insgesamt eine Zeile aus Einsen. Der Grad wird so um Eins erhöht.
Hamming-Distanz: Abstand zwischen zwei Codewörtern $d(v,w)$.

DES (**D**ata **E**ncryption **S**tandard) - eine bedeutende Blockcodevariante.
Der Klartext wird in 64 Bit große Folgen aufgeteilt.
Der Schlüssel hat die Länge von 56 Bit.
Der DES wurde zum Triple-DES erweitert.
Weiterhin erfolgt eine Verschlüsselung miit Hilfe einer Polynommultiplikation.

Generatorpolynome

Mit Generatorpolynomen der Form $G(x) = g_0 + g_1 x + g_2 x^2 + ... + g_k x^k$
$[g_i \{0;1\}]$ werden Kodewörter beschrieben. Diese Polynome können mathematisch wie übliche Polynome behandelt und durch elementare Operationen auf ein Polynom können die einzelnen Codewörter bestimmt werden. Hierzu werden geeignete primitive Polynome – zum Teil sehr aufwändig – konstruiert.
Dem Polynom $X^6 + X + 1$ entsprechen folgende Codewörter: 1000011; 1100001; 1110000; 0111000; 0011100; 0001110; 0000111

Primitive Generatorpolynome (aus $F_2(x) \rightarrow q = 2$) (Auswahl)

Grad	Polynom	Grad	Polynom
1	$X + 1$	8	$X^9 + X^4 + 1$
2	$X^2 + X + 1$	9	$X^{10} + X^3 + 1$
3	$X^3 + X + 1$	10	$X^{11} + X^2 + 1$
4	$X^4 + X + 1$	11	$X^{12} + X^6 + X^4 + X + 1$
5	$X^5 + X^2 + 1$	12	$X^{13} + X^4 + X^3 + X + 1$
6	$X^6 + X + 1$	13	$X^{14} + X^{10} + X^6 + X + 1$
7	$X^7 + X^3 + 1$	14	$X^{15} + X + 1$

Grad	Polynom
7	$X^7 + X^6 + X^5 + X^4 + X^3 + X^2 + 1$
15	$X^8 + X^4 + X^3 + X^2 + 1$
15	$X^{15} + X^{14} + X^{13} + X^{12} + X^4 + X^3 + X^2 + X + 1$
32	$X^{32} + X^{26} + X^{23} + X^{22} + X^{16} + X^{12} + X^{11} + X^{10} + X^8 + X^7 + X^5 + X^4 + X^2 + X + 1$

CRC - **C**yclic-**R**edundancy-**C**heck-Codes

Sie werden auch **Abramson-Codes** genannt. Sie sind eine Erweiterung zyklischer Hamming-Codes Das Generatorpolynom eines CRC-Codes wird über eine Polynommultiplikation der Art $g(X) = (1 + X) \cdot g_1(X)$ bestimmt. Hierbei ist $g_1(X)$ ein primitives Polynom vom Grad k_1. Durch die Polynommultiplikation mit x wird der Grad des Polynoms um Eins erhöht. Somit steigt auch die Hamming-Distanz. Sie werden bei vielen technischen Anwendungen X25-Protokoll, HDLC, ISDN D-Kanal-Protokoll, ATM-Technik … eingesetzt.

RSA: Asymmetrische Verschlüsselung

In diessem Verfahren werden mehrere Primzahlen miteinander multipliziert. Eine Primzahl ist geheim bestimmt. Ein öffentlicher Schlüssel wird mitgeteilt. Ausgehend von der Multiplikation ergibt sich ein Code, der in Realzeit nicht aufgelöst werden kann. Die Basis des Verfahrens ist der kleine Satz von Fermat: $\quad a^p \equiv a \pmod p$ (mit $a \in |Z$ und $p \in |P)$, a^{p-1} 1 (mod p)
Die Sicherheit des Verfahrens beruht auf der Kompliziertheit hinsichtlich der Zerlegung von großen Zahlen in Primzahlkomponenten.
Algorithmus: g: natürliche Zahl. $0 \le g \le n$. g (Ausdruck für eine geheime Nachricht) wird vom Sender (S) an einen Empfänger (E) gesendet.
1. E wählt zwei große Primzahlen (p und q). Es sei $n = p \cdot q$.
   $\varphi(n) = (p - 1) \cdot (q - 1)$.
2. E wählt $e \in |N$. Es sei dabei $ggT(e, \varphi(n)) = 1$.
   (Zum Beispiel eine Primzahl, die größer als p und q ist.)
   Es wird d bestimmt mit $1 = d \cdot e + m \cdot \varphi(n)$
   (Verfahren $\rightarrow$ Algorithmus von Euklid); $d \in |N$.)
   E veröffentlicht n und e. (Hierbei gilt:. $a^{de} \equiv a \bmod(n) \, \forall \, a \in |Z$.)
3. (Kodierung) S erhält m und e und verschlüsselt durch Berechnet mit c mit $0 \le c < n$ und $c \equiv g^e \bmod(n)$.
4. (Dekodierung) E berechnet den Repräsentanten ($\rightarrow$ eindeutigen) von $c^d \bmod(n)$ in $\{0, ..., n - 1\}$. Dies ist dann g. $(c^d \equiv g^{ed} \equiv g \bmod(n)$.

Test von Primzahlen

Nach Fermat (kleiner Satz) gilt für jede Primzahl: a^{p-1} ist 1 im System Z_p.
(p: Primzahl; Zp: ganze Zahlen im System mit der Basis p.)
Es sei $p = 5$ und $a = 3$. Dann gilt $3^4 = 81$. $81 = 16 \cdot 5 + 1$.
Es sei $p = 13$ und $a = 2$. Dann gilt $2^{12} = 4096 = 315 \cdot 13 + 1$

Zyklische Codes (CRC)

Unter Verwendung von Generatorenpolynomen werden zyklisch aufgebaute Codes eingesetzt. C ist ein linearer Code.
Zyklisch ist C dann, wenn für die Code-Wörter (Codevektoren) a,
$a^* \in C$ gilt: $a = (a_{m-1}, a_{m-2}, ..., a_1, a_0) \in C$
$\rightarrow a^* = (a_{m-2}, a_{m-3}, ..., a_0, a_1) \in C$ (etc.)
$[a = (a_{m-1} ... a_1 a_0) \rightarrow a = (a_{m-2} ... a_0 a_{m-1})$ (zyklische Verschiebung)]
Dem m-Tupel $a = (a_{m-1}, a_{m-2}, ..., a_1, a_0)$ entspricht einem Polynom der Art: $a(x) = a_{m-1} \cdot x^{m-1} + ... + a_1 \cdot x^1 + a_0 \cdot x$
Ein normiertes Polynom liegt bei $a_{m-1} = 1$ vor.
Polynom-Grad: $d = m - 1$
Dem Polynom $g_1(x) = x^4 + x + 1$ entspricht die Bitfolge
$g = 10011$ (Wertigkeit: $2^n \mid 2^{n-1} \mid ... \mid 2^1 \mid 2^0$)
Polynom: $a(x) = a_{m-1} x^{m-1} + a_{m-2} x^{m-2} + ... + a_1 x^1 + a_0$
$g(x)$ heißt Generatorpolynom

$$\text{Generatormatrix: } G = \begin{bmatrix} 1 & g_{k-1} & \cdot & ... & 0 & 0 & 0 \\ 0 & 1 & g_{k-1} & & 0 & 0 & 0 \\ & \vdots & & \ddots & & \vdots & \\ 0 & 0 & 0 & \cdots & g_2 & g_1 & g_0 \end{bmatrix} = \begin{bmatrix} x^{n-1} \cdot g(x) \\ \vdots \\ x \cdot g(x) \\ g(x) \end{bmatrix}$$

Zu G gehören für $g(X) = x^4 + x + 1$ die Bitfolgen:
0...010011 | 0...0100110 | 0...01001100 etc.
$h(x) = (x^m - 1) / g(x)$ ($h(x)$: Kontrollpolynom)
Minimalpolynome werden „Primitive Polynome" zu GF(q) genannt.

Faltungscodes

Mit Faltungscodieren kann ein beliebig fließender Bitstrom erfasst und codiert werden. Prinzipiell wird eine Folge von Info-Vektoren mit k Symbolen auf eine Folge von Code-Vektoren mit n Symbolen abgebildet.
Der Codierer arbeitet mit einem Gedächtnis: Die Codevektoren hängen entweder von den vorausgegangenen Info-Vektoren oder aber bei rekursiven Codes von den vorausgegangenen Code-Vektoren ab.
L bezeichnet die Gedächtnistiefe (Rückgrifftiefe); L + 1: Einflusstiefe
Die konkrete Nachrichtenfolge wird schrittweise mit der Code-Impulsantwort diskret gefaltet. Dieser Prozess kann über einen Schieberegister-Prozess realisiert werden.

Speicherbaustein: S

Konkrete Faltungscode-Schaltung

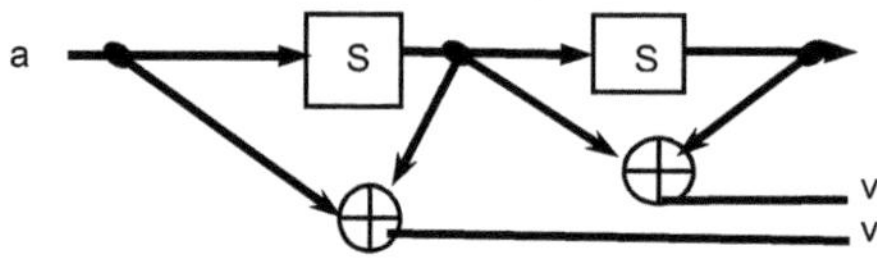

Zugehörige Koeffizientenmatrix: $G = \begin{bmatrix} 1 & 1 & 0 \\ 0 & 1 & 1 \end{bmatrix} = \begin{matrix} g_1 \\ g_2 \end{matrix}$
Anzahl der Speicherbausteine = Spaltenzahl $-$ 1
Anzahl der Ausgangsvektoren v = Zeilenzahl

RSA-Verfahren: Beispiel

Vorgehensweise (**A**: **A**lice; **B**: **B**ob)
1a: **A** wählt p und q (jeweils geheime) Primzahlen. $N = p \cdot q$.
1b: Wahl von e, das teilerfremd zu p-1 und q-1 ist.
1c: Veröffentlicht wird der **öffentliche Schlüssel**: N und e.
2a: **B** bearbeitet die zu verschlüsselnde Nachricht M, $C = M^e \pmod N$.
2b: d wird bestimmt gemäß $e \cdot d = 1 \pmod{(p-1) \cdot \bmod(q-1)}$.
   d ist der **private Schlüssel**.
3a: Zur Entschlüsselung wird gerechnet: $M = C^d \pmod N$
   (Übersichtliche Beispielwerte: p = 13; q = 23; e = 7; N = 299;
   M = 123; $M^e = (123)^7$; C = 150; 7d = 265 oder 529 …;
   $M = 150^{151} \pmod{299}$)

Elliptische Codes (ECC):

Aufbauend auf Elliptische Funktionen werden Positionspunkte auf den entsprechenden Graphen bestimmt.

Spezielle Sätze (Vermutungen) der Zahlentheorie
Goldbachscher Satz
Shor-Algorithmus: $p, q \in |r = \varphi(n) = (p - 1)(q - 1) p$; $x^r \equiv 1 \pmod n$;
   r wird nicht-klassisch (mittels Quantenberechnung) bestimmt.
Sätze von Fermat
ABC-Vermutung

Ausblick

Zum Beispiel werden vom BSI (Bundesamt für die Sicherheit der Informationstechnik) regelmäßig die Qualitäten der Codes untersucht und die notwendigen Schlüssellängen bestimmt. Eine große Bedeutung erlangen aktuell (wahrscheinlich) Quantenverschlüsselungsverfahren.
Die Problematik der Sicherung aktueller – aber auch gespeicherter – Daten ist von herausgehobener Bedeutung für das Funktionieren von technischen Systemen, finanziellen Transaktionen etc.

Quanteninformation

- Es gilt allgemein gemäß Dirac:
  $|\psi_{ges}\rangle = |0\rangle_1 \otimes |1\rangle_2 = |01\rangle$ (mit ψ als Wellenfunktion)
  $\langle\psi, \psi\rangle$ ist die Überlagerung der Wellenfunktion –
  mathematisch als Skalarprodukt – mit der Länge $|\langle\psi,\psi\rangle| = 1$.
  Bra-Vektoren: $\langle\varphi|$; Ket-Vektoren: $|\psi\rangle$.
  Bra auf Ket angewendet ergibt Braket: $\langle\varphi|\psi\rangle$.

- In der Quantenmechanik ergibt sich, das elementare Teilchen
  verschränkt sein können. Die Zustände der Teilchen sind nicht
  unabhängig voneinander. Sie bilden ein Ensemble, das
  insofern nicht aus starren Produktanteilen besteht.

- Die verschränkten Photonen werden experimentell erzeugt, in
  dem man das Licht durch ein nichtlineares Kristall führt. Dabei
  werden unterschiedliche Polarisationsrichtungen ausgeprägt.

- Geometrische Interpretation

  Mit $A = \begin{pmatrix} a & b \\ c & d \end{pmatrix}$ ergibt sich: $A \cdot \begin{pmatrix} \alpha \\ \beta \end{pmatrix} = \begin{pmatrix} a\alpha & b\beta \\ c\alpha & d\beta \end{pmatrix}$

  Dabei muss erfüllt sein: $A^T = A^{-1}$ und somit

  $A^{-1} \cdot A = E = \begin{pmatrix} 1 & 0 \\ 0 & 1 \end{pmatrix}$; A: unitäre Matrix

- Quasi ›rechnet‹ der Quantenrechner mit den Quanten im ›komplexen
  Raum‹ und überträgt beim Auslesen des Ergebnisses ($\rightarrow$
  Messung) diese in den ›reellen Raum‹.

- Für verschränkte Photonen gilt zum Beispiel:
  $|\psi\rangle = |H\rangle_1 |V\rangle_2 + |V\rangle_1 |H\rangle_2$
  (H: Horizontale Polarisation; V. Vertikale Polarisation)

- Hadamar-Matrix H ($\rightarrow$ eine unitäre Matrix)

  $H = \begin{pmatrix} \frac{1}{\sqrt{2}} & \frac{1}{\sqrt{2}} \\ \frac{1}{\sqrt{2}} & \frac{1}{\sqrt{2}} \end{pmatrix} = \frac{1}{\sqrt{2}} \cdot \begin{pmatrix} 1 & 1 \\ 1 & -1 \end{pmatrix}$.

  Es gilt: $H = H^{-1}$ bzw. $H^2 = I = \begin{pmatrix} 1 & 0 \\ 0 & 1 \end{pmatrix}$

  Weiterhin folgt: $H \cdot (-(|0\rangle + |1\rangle) = -(H \cdot |0\rangle + H \cdot |1\rangle)$
  Für die Wellengleichung gilt:

  $$\frac{\partial}{\partial t} |\psi(t)\rangle = \left(-\frac{i}{h} \cdot 2\pi \cdot \hat{H}\right) \cdot |\psi(t)\rangle$$

Klassisches Gatterprinzip

Eingang   Gatter   Ausgang
Input $\in \{0,1\}^n$ Output $\in \{0,1\}^m$

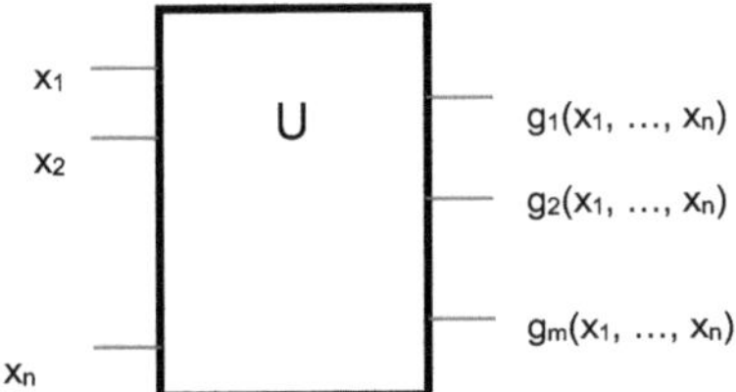

Elementare Einzelgatter sind:
Negation: $g = \neg x$
UND-Gatter: $g = x_1 \wedge x_2$
ODER-Gatter: $g = x_1 \vee x_2$
Das XOR-Gatter kann elementar durch die ODER-Verknüpfung von UND-
Gattern unter Verwendung von Negationen gestaltet werden. XOR-Gatter:
$g = (\neg x_1 \wedge x_2) \vee (x_1 \wedge \neg x_2))$

Diese Gatter können jeweils prinzipiell durch NAND- und auch durch NOR-
Gatter realisiert werden.
NAND-Gatter: $g = \neg (x_1 \wedge x_2)$
NOR-Gatter: $g = \neg (x_1 \vee x_2)$

Allgemein lassen sich die Gatter durch Toffoli-Gatter realisieren.

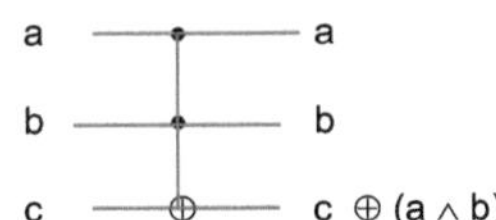

Nichtrelativstische Schrödingersche Wellengleichung

- $\psi(x; t) = \exp(i \cdot (k \cdot x - \omega \cdot t)$
- $\partial\psi(x; t)/\partial t = (- i \cdot \omega) \cdot \psi(x; t)$

  $= (- i \cdot \omega) \cdot \exp(i \cdot (k \cdot x - \omega \cdot t)$
- $\partial^2\psi(x; t)/(\partial t)^2 = (- i \cdot \omega)^2 \cdot \psi(x; t)$

  $= (- i \cdot \omega)^2 \cdot \exp(i \cdot (k \cdot x - \omega \cdot t)$

  $= - \omega^2 \cdot \exp(i \cdot (k \cdot x - \omega \cdot t)$

Quantenmechanisches Gatterprinzip

Eingang   Gatter   Ausgang
Input $\in {}^*H^{\otimes n}$ Output $\in {}^*H^{\otimes m}$
${}^*H^{\otimes n}$: Vektor des Hilbert-Raums

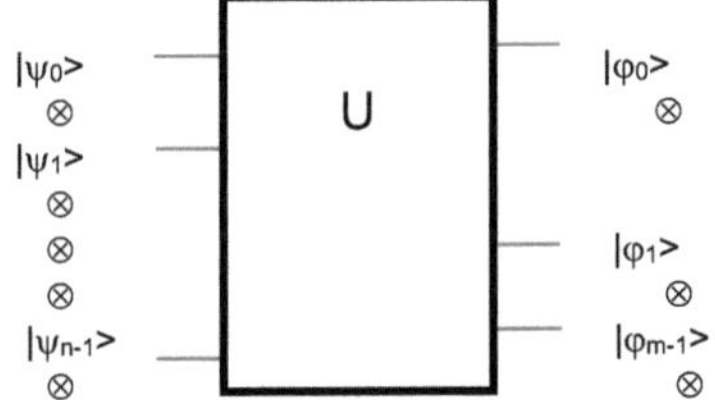

U ist aufgebaut aus Einzelgattern U_1, U_2, …
ψ symbolisiert die Wellenfunktion.
$|\ \rangle$ steht für den Dirac'schen Ket-Vektor.
$\otimes$ symbolisiert das Tensorprodukt.

Quantenmechanische Folgerungen

- Ausgehend von den quantenphysikalischen Gesetzmäßigkeiten
  ergeben sich neuartige Übertragungs-, Speicher- und
  Verarbeitungsmöglichkeiten für Informationen.
  In diesem Zusammenhang spricht man auch von
  - der Quantenteleportation (Übertragung)
  - der Quantenkryptographie (Datenverschlüsselung) und
  - den Quantenalgorithmen.

- „One time" - Quantenverschlüsselung: Von der gemessenen
  Photonenausrichtung kann nur bedingt auf die eigentliche, die
  tatsächliche Polarisationsrichtung geschlossen werden.
  Durch den Abgleich der gemessenen Polarisationsrichtungen
  können Sender und Empfänger ein Codierungsmuster erkennen
  und vereinbaren.

- Beim Abhören wird die ursprüngliche Polarisationsausrichtung
  zerstört. Somit kann man Abhörvorgänge erkennen.

- Die Sicherheit ergibt sich nicht durch aufwändige Codierungen
  sondern über die grundlegende naturgesetzliche Basis.
  Jede Abfrage, jeder Abhörversuch, jeder Angriff und jede Störung
  werden unweigerlich als Eingriffe erkannt.

- Einstein sprach bzgl. der instantanen Informationsübertragung
  von einer ›Spukhaften Fernwirkung‹

Quantenrechenprozesse

- Bell konnte zeigen, dass die verschränkten Zustände nicht durch verborgene Parameter determiniert werden. Erste durch die Messung (an einem Photon) werden die Ausprägungen zeitgleich bei beiden (verschränkten) Photonen über beliebige Entfernungen realisiert.

- Aspect konnte messtechnisch in den 1970er Jahren die sogenannte Bell'schen Einsichten bestätigen.

- Das Ensemble der Subteilchen stellt informationstechnisch eine Einheit dar. Mit der quantenmechanischen Informationsrealisierung geht ein Vielfaches an Mehrwissen einher.

- Es gibt auch Verschränkungen mit mehr als zwei Teilkomponenten. Mit der Vielzahl der Komponenten gehen umso mehr Möglichkeiten einher.

- Quantenrechner benötigen zum Beispiel für die Suchprozesse in Systemen mit N Elementen $\sqrt{N}$ Betrachtungen. Klassische Rechner müssten dagegen $\frac{N}{2}$ Betrachtungen vornehmen.
  Bei N Elementen wird ein definiertes Objekt mit der Wahrscheinlichkeit $p_1 = \frac{1}{N}$ gefunden.
  Im zweiten Schritt gilt dann:
  $$p_2 = \left(1 - \frac{1}{N}\right) \cdot \frac{1}{N-1}.$$
  In der Stochastik werden diese Gegebenheiten unter dem Stichwort „Ziehen aus einer Urne ohne Zurücklegen" behandelt.
  Im Mittel benötigt man
  $$p_m = \frac{N+1}{2} \text{ Ziehungen.}$$

Beispiel für eine Such-Reduktion auf 0,02 %		
Suchraum N	**Klassischer Rechner**	**Quanten-Rechner**
N = 100.000.000	50.000.000 Betrachtungen	10.000 Betrachtungen

Pauli-Gatter

X-Transformation	$\begin{pmatrix} 0 & 1 \\ 1 & 0 \end{pmatrix}$	Negation
Y-Transformation	$\begin{pmatrix} 0 & -i \\ i & 0 \end{pmatrix}$	
Z-Transformation	$\begin{pmatrix} 1 & 0 \\ 0 & 1 \end{pmatrix}$	

Quantengatter

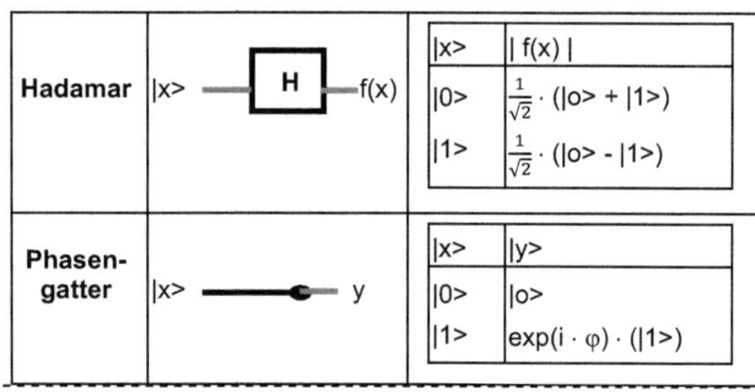

Hadamar	$|x\rangle$	$|f(x)\rangle$
	$|0\rangle$	$\frac{1}{\sqrt{2}} \cdot (|0\rangle + |1\rangle)$
	$|1\rangle$	$\frac{1}{\sqrt{2}} \cdot (|0\rangle - |1\rangle)$

Phasengatter	$|x\rangle$	$|y\rangle$
	$|0\rangle$	$|0\rangle$
	$|1\rangle$	$\exp(i \cdot \varphi) \cdot (|1\rangle)$

- Im Sinne der ›quantenmechanischen Superposition‹ (Verschränkung) liegen bei jedem Teil-Objekt die 1-0-Zustände jeweils (potentiell) in beliebiger Aufteilung zeitgleich vor.
  ($\rightarrow$ Superposition: Addition von übereinander liegenden Feldteilchen")

  Es gilt: $|\psi\rangle = a \cdot |0\rangle + b \cdot |1\rangle$, mit $a, b \in \mathbb{R}$ und $|a|^2 + |b|^2 = 1$

  (Über die reellen Werte von a und b werden unendliche viele Zustände (quasi) zeitgleich erfasst.)

  Durch die Realisierung (Messung) des Zustandes des einen Teilobjekts wird zeitgleich der Zustand des anderen Objekts über beliebige Entfernungen realisiert. Erst durch die Messung wird der Zustand des einen Teilchen-Objekts konkretisiert. Die unendlichen Möglichkeiten gewinnen einen faktischen Wert. Es wird hier von dem Phänomen der **Nichtlokalität** gesprochen.

Quantenrechner

- Ausgehend von den Quantenprozessen sollen wesentlich schnellere Rechner – um mehrere Potenzen – und auch grundsätzlich sichere Übertragungen ermöglicht werden.

- 1985 hat hierzu **D. Deutsch** eine neuartige Maschinentheorie entwickelt. Der Quantencomputer kann verschiedene Problemstellungen zugleich – im Sinne einer **echten Parallelbehandlung** bearbeiten. Dies wird durch die Zustandsüberlagerung möglich.

- Ein Algorithmus für einen Quantencomputer wurde 1994 von **P. Shor** vorgestellt. usgehend von den quantenmechanischen Grundgattern werden komplexere Gatter gestaltet. Shor fand eine Möglichkeit, die Faktorisierung von Zahlen durch das Auffinden von Perioden elegant zu gestalten.

- **Quantenregister**
  Für ein Quantenregister mit zwei Quantenbits gilt (es liegt eine Superposition der zwei QuBits vor): $R = |x_1\rangle\,|x_0\rangle$

  Mit $|x_0\rangle = \alpha_0\,|0\rangle + \alpha_1\,|1\rangle$ und $|x_1\rangle = \beta_0\,|0\rangle + \beta_1\,|1\rangle$ folgt
  $R = \beta_0\,\alpha_0\,|0\rangle\,|0\rangle + \beta_0\,\alpha_1\,|0\rangle\,|1\rangle + \beta_1\,\alpha_0\,|1\rangle\,|0\rangle + \beta_1\,\alpha_1\,|1\rangle\,|1\rangle$

  Mit $\gamma_{ij} = \beta_i\,\alpha_j$ (also $\gamma_{00} = \beta_0\,\alpha_0$ etc.) folgt:
  $R = \gamma_{00}\,|0\rangle\,|0\rangle + \gamma_{01}\,|0\rangle\,|1\rangle + \gamma_{10}\,|1\rangle\,|0\rangle + \gamma_{11}\,|1\rangle\,|1\rangle$

  Wobei erfüllt sein muss: $|\gamma_{00}|^2 + |\gamma_{01}|^2 + |\gamma_{10}|^2 + |\gamma_{11}|^2 = 1$

  Mit $R = |x_1\rangle\,|x_0\rangle = |x_1 x_0\rangle$ ergibt sich
  $R = \gamma_{00}\,|00\rangle + \gamma_{01}\,|01\rangle + \gamma_{10}\,|10\rangle + \gamma_{11}\,|11\rangle$

- Für **allgemeine Quantenregister** folgt:
  $R = \sum_{i=0}^{2^n-1} \gamma_i \cdot |i\rangle$, wobei erfüllt sein muss: $\sum_{i=0}^{2^n-1} |\gamma_i|^2 = 1$

- **CNOT-Gatter**
  Für dieses Gatter gitl: $|x, y\rangle := |x, x \oplus y\rangle$
  Es ist das XOR-Gatter im unitären System ($\rightarrow A^T = A^{-1}$).

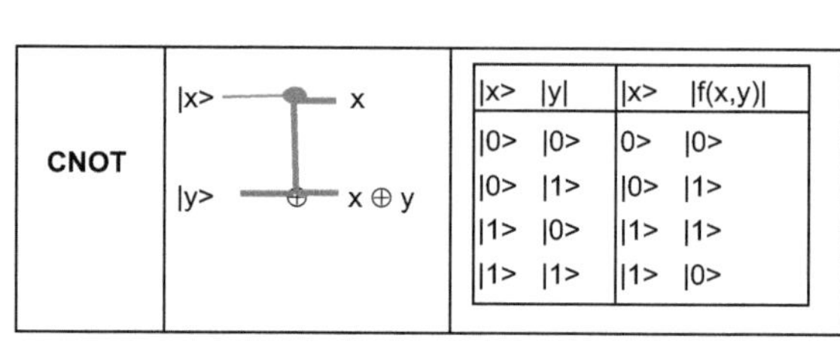

CNOT	$|x\rangle$ — x		$|x\rangle$	$|y|$	$|x\rangle$	$|f(x,y)|$
	$|y\rangle$ — $x \oplus y$		$|0\rangle$	$|0\rangle$	$0\rangle$	$|0\rangle$
			$|0\rangle$	$|1\rangle$	$|0\rangle$	$|1\rangle$
			$|1\rangle$	$|0\rangle$	$|1\rangle$	$|1\rangle$
			$|1\rangle$	$|1\rangle$	$|1\rangle$	$|0\rangle$

KI und Faltungen

Im Rahmen der Konzeption von neuronalen Netzen treten Faltungen von künstlichen Neuronen auf. Faltungsschichten erweitern dabei die klassischen neuronalen Netzkonzeptionen. Hierzu gehören dann Überlegungen aus dem Bereich der Bachpropagation-Algorithmen, über die die Netze trainiert werden können.

Die Filter- und Faltungsmasken (und -operatoren) aus den Bereichen der Bildverarbeitung stellen dabei die Basis der Entwicklung dar. Hierbei gibt es Bezüge zu biologischen (evolutionären und neurophysiologische) Konzeptionen. Auch existieren intensive Verknüpfungen mit signaltechnischen und -theoretischen Beschreibungsansätzen (Filterungen, Transformationen (Fourier, …) und Signal-Faltungen).

Quantengatter

Benennung	Matrix - Bezug: ($\mid 0 \rangle$, $\mid 1 \rangle$)	Operator	Symbol
Identität	$\begin{pmatrix} 1 & 0 \\ 0 & 1 \end{pmatrix}$	1	
Hadamard	$\frac{1}{\sqrt{2}} \begin{pmatrix} 1 & 1 \\ 1 & -1 \end{pmatrix}$	$H := \frac{\sigma_x + \sigma_z}{\sqrt{2}}$	H
Pauli-X (Q-Not) (Quanten-NOT-Gatter)	$\begin{pmatrix} 0 & 1 \\ 1 & 0 \end{pmatrix}$	$X := \sigma_x$	X
Pauli-Y	$\begin{pmatrix} 0 & -i \\ i & 0 \end{pmatrix}$	$Y := \sigma_y$	Y
Pauli-Z	$\frac{1}{\sqrt{2}} \begin{pmatrix} 1 & 1 \\ 1 & -1 \end{pmatrix}$	$Z := \sigma_z$	Z
Spindrehung um $\hat{n}$ mit Winkel α	$\begin{pmatrix} 1 & 0 \\ 0 & -1 \end{pmatrix}$	$\begin{pmatrix} \cos\left(\frac{\alpha}{2}\right) - i\left(\frac{\alpha}{2}\right)n_z & -i \sin\left(\frac{\alpha}{2}\right)(n_x - in_z) \\ -i \sin\left(\frac{\alpha}{2}\right)(n_x + in_z) & \cos\left(\frac{\alpha}{2}\right) + i\left(\frac{\alpha}{2}\right)n_z \end{pmatrix}$	$D_{\hat{n}}(\alpha)$
Phasenfaktor	$\begin{pmatrix} \exp(i \cdot \alpha) & 0 \\ 0 & \exp(i \cdot \alpha) \end{pmatrix}$	$M(\alpha) := \exp(i \cdot \alpha)\,\mathbf{1}$	M(α)
Phasenschieber	$\begin{pmatrix} 1 & 0 \\ 0 & \exp(i \cdot \alpha) \end{pmatrix}$	$P(\alpha) := \mid 0 \rangle \langle 0 \mid + \exp(i \cdot \alpha) \mid 1 \rangle \langle 1 \mid$	P(α)
Beliebiges unäres Gatter	$\begin{pmatrix} v_{00} & v_{01} \\ v_{10} & v_{11} \end{pmatrix}$	V unitär	V
Messung der Observale	Kein Gatter im eigentlichen Sinne. Darstellung einer Transformation eines Eingangswertes auf den Eigenzustand A. Ausgabe von einem Messwert		A

Gesteuerte Negation (C-Not)

$\begin{pmatrix} 1 & 0 & 0 & 0 \\ 0 & 1 & 0 & 0 \\ 0 & 0 & 0 & 1 \\ 0 & 0 & 1 & 0 \end{pmatrix}$

$\Lambda^1(X)$

$\Lambda^1(X) = \mid 0 \rangle \langle 0 \mid \otimes \mathbf{1} + \mid 1 \rangle \langle 1 \mid \otimes X$

Gesteuerte Negation (C-Not) [Kontrolle im 2. Qubit]

$\begin{pmatrix} 1 & 0 & 0 & 0 \\ 0 & 0 & 0 & 1 \\ 0 & 0 & 1 & 0 \\ 0 & 1 & 0 & 0 \end{pmatrix}$

$\Lambda_1(X)$

$\Lambda_1(X) = \mathbf{1} \otimes \mid 0 \rangle \langle 0 \mid + X \otimes \mid 1 \rangle \langle 1 \mid$

Gesteuertes U

$\begin{pmatrix} 1 & 0 & 0 & 0 \\ 0 & 1 & 0 & 0 \\ 0 & 0 & & \\ 0 & 0 & & U \end{pmatrix}$

Toffoli-Gatter

Messung eines Bits

M

Licht: Reflexion – Brechung – Spektren / Strahlgänge – Farben – Linsen

Fraunhofer (1787-1826) entdeckte im Licht der Sonne Linien (Fraunhofer-Linien), die physikalisch erst viel später durch die quantenmechanischen Beischreibungen erklärt werden konnten. Diese Linien sind der charakteristische Ausdruck der beteiligten chemischen Elemente. Sie entstehen durch den Übergang der Elektronen von einer ‚Bahn‘ zu einer anderen. Fraunhofer entdeckte ca. 570 Linien. Heutzutage sind über 25.000 Linien im Sonnenspektrum bekannt. Anhand der Linien können die Physiker die beteiligten chemischen Elemente in Sternen bestimmen.

In Abhängigkeit vom Winkel kommt es zur **Reflexion** des Strahls, wobei der Einfallwinkel gleich dem Ausfallwinkel ist.

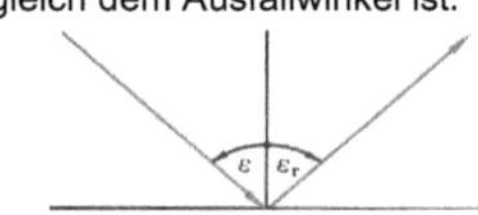

Der Einfallwinkel eines Lichtstrahls wird gegenüber dem Lot gemessen.

Brechung nach Snellius (1)

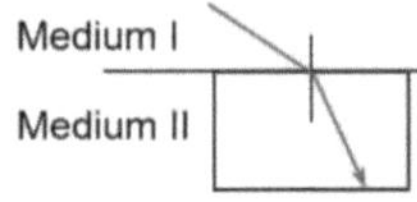

$\rightarrow \sin(\varphi_1) / \sin(\varphi_2) = n_2/n_1$

Die Intensität des reflektierten Strahls hängt von der Dicke (!) des Mediums ab, auf den das Licht fällt. In periodischer Art (Sinuswelle) schwankt die Intensität zwischen 0 bis 16 %. Siehe Feynman (2020), QED, S. 33. Wobei der Verlauf der Intensitätsschwankungen von der spektralen Frequenz abhängt. Siehe Feynman (2020), QED, S. 46.

‚Weißes Licht‘

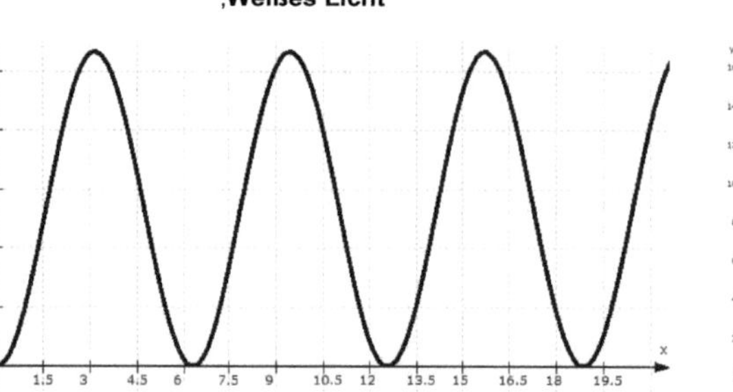

‚Blaues und rotes Licht‘

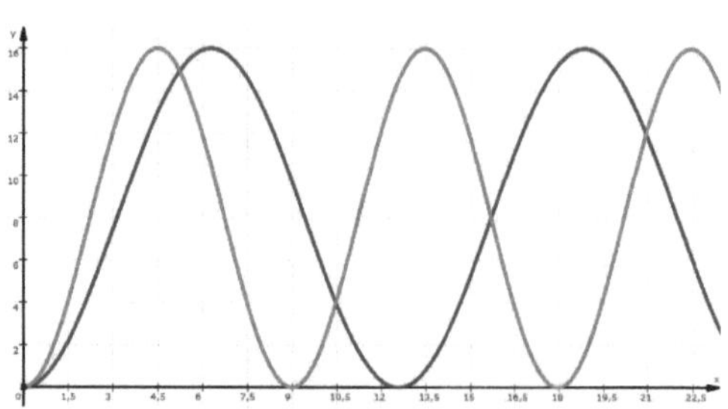

Zur Kompliziertheit bzw. Komplexität der Brechung/Reflexion siehe: Feynman, QED. Erst durch die Einsichten in die Struktur der Atome (Bohr …) konnten die Physiker die Funktionsweise von Sternen verstehen und die kosmologischen Gegebenheiten näher aufklären. Siehe dazu die Bethe-Weizsäcker-Formel (Strahlung der Sterne). Auch sind dazu die 3 K–Hintergrundstrahlung des Kosmos und die neueren Überlegungen zum Vakuum zu beachten..

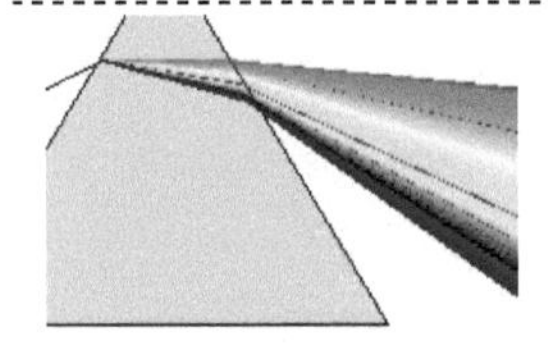

(2)

(rot)

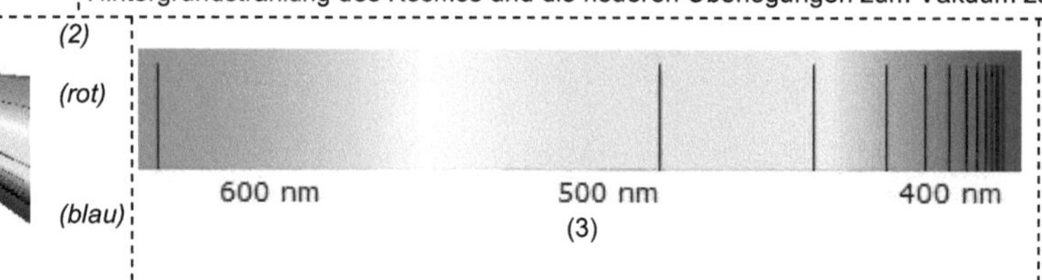

600 nm   500 nm   400 nm

(blau)

(3)

(1) Lichtbrechung im Übergang zwischen zwei Medien.
(2) Spektralzerlegung von Licht im Prisma.
(3) Fraunhofer-Linien von Wasserstoff im kontinuierlichen Spektrum.

Gleichungen

$E = h \cdot \upsilon$ [E: Energie; h: Plancksche Konstante ($\rightarrow$ Wirkung; Drehimpuls; $h = 6{,}62607 \cdot 10^{-34}$ Js $= 4{,}135667 \cdot 10^{-15}$ eV · s); υ: Frequenz der Strahlung]

$\lambda = h/p = c/r$

Farbmodelle (Mathematische Verrechnung)

CIE-Farbe	λ (nm)	x	y	z
Spektral-Rot	700,0	0,73467	0,26533	0,00000
Spektral-Grün	546,1	0,27367	0,71741	0,00892
Spektral-Blau	435,8	0,16658	0,00886	0,82456

CIE: Normfarbtafel Commission Internationale de l'Eclairage
Mit z = 1 – x – y
Weiterhin gibt es den **HSV**-Farbraum (H: Hue - Farbwert; S: Saturation - Sättigung; V (Value – Helligkeit)
HSL (mit L: lightness – relative Helligkeit)
HSB (mit B: brightness – absolute Helligkeit)

Beziehungen XYZ / RGB / CMY

$$\begin{pmatrix}X\\Y\\Z\end{pmatrix} = \begin{pmatrix}0{,}478 & 0{,}299 & 0{,}175\\0{,}263 & 0{,}655 & 0{,}081\\0{,}020 & 0{,}160 & 0{,}908\end{pmatrix}\begin{pmatrix}R\\G\\B\end{pmatrix}; \begin{pmatrix}R\\G\\B\end{pmatrix} = \begin{pmatrix}2{,}741 & -1{,}147 & -0{,}425\\-1{,}118 & 2{,}028 & 0{,}034\\0{,}137 & -0{,}332 & 1{,}105\end{pmatrix}\begin{pmatrix}X\\Y\\Z\end{pmatrix}$$

$$\begin{pmatrix}R\\G\\B\end{pmatrix} = \begin{pmatrix}1\\1\\1\end{pmatrix} - \begin{pmatrix}C\\M\\Y\end{pmatrix}; \begin{pmatrix}C\\M\\Y\end{pmatrix} = \begin{pmatrix}1\\1\\1\end{pmatrix} - \begin{pmatrix}R\\G\\B\end{pmatrix}$$

RGB und **HSV** können ineinander umgerechnet werden.
(Unter MATLAB zum Beispiel mit *rgb2hsv*.)

Linsen

Linsen bündeln (sammeln) bzw. zerstreuen das eintreffende Licht. Unterschieden wird so zwischen Sammel- und Zerstreuungslinsen. Sammellinsen sind konvexe Linsen ($\rightarrow$ diese Linsen sind im Mittelpunkt dicker als an den Rändern). Zerstreuungslinsen sind konkave Linsen.

Strahlgang

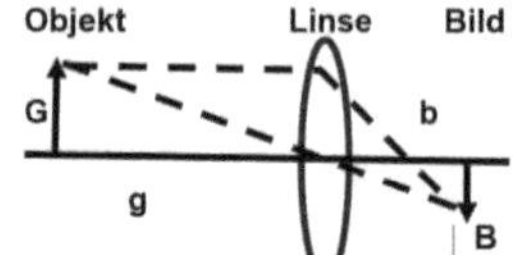

O: Objekt – G: Gegenstand(sgröße)
g: Gegenstandsweite: $g = f + d_g$; B: Bild (Bildgröße)
b: Bildweite: $b = f + d_b$; f: Brennweite
Die optische Achse geht durch den Mittelpunkt der Linse.
Es gilt: $G/B = f/d_b$; $G/B = d_g / f$; $d_g \cdot d_b = f^2$
Linsengesetz: $1/b + 1/g = 1/f$

Bethe-Weizsäcker Formel

$B(N, Z) = aA - bA^{2/3} - c(N - Z)^2/A - dZ^2/A^{1/3} + \delta e/A^{3/4}$

B(N, Z): **Bindungsenergien**
N: Neutronenzahl; Z: Protonenzahl; A = N + Z: Massenzahl

Geeignete Werte:
a = 15,75 MeV; b = 17,8 MeV; c = 23,7 MeV
d = 0,710 MeV; e = 34 MeV

$$\delta = \begin{cases} +1 & \text{(gg) – Kerne} \\ 0 & \text{für (gu) und (ug) – Kerne} \\ -1 & \text{(uu) – Kern} \end{cases}$$

gg: gerade Protonen- und gerade Neutronenanzahl
gu: gerade Protonen- und ungerade Neutronenanzahl
ug: ungerade Protonen- und gerade Neutronenanzahl
uu: ungerade Protonen- und ungerade Neutronenanzahl

Vakuum

• Unter der Annahme von etwa 10^{78} bis 10^{82} Nukleonen (Protonen …) im Weltall ergibt sich im Mittel eine Dichte von ca. einem Teilchen pro m³.
• Im Rahmen neuerer Theorien wird auch bezüglich des Raumvakuums von einem relativistischen Äther gesprochen (Laughlin).

Gemäß der elektromagnetischen Feldtheorie gilt:

• Felder-Energiedichte: $U = (\varepsilon_0/2) \cdot (\vec{E}^2 + c^2 \cdot \vec{B}^2)$
• Felder-Energie-Stromdichte ≡ Poynting-Vektor: $\vec{S}$
• $\vec{S} = \vec{E} \times \vec{H}$
• $\vec{S} = \varepsilon_0 \cdot c^2 \cdot (\vec{E} \times \vec{B})$
• $[\vec{S}] = $ (V/m) (A m) = WS/(m²s)

Bildverarbeitung

2D-Gitter (auch Maske)

Die Gitter können unterschiedlich geometrisch aufgebaut sein. Typische Grundfiguren sind Quadrate, Dreiecke und Waben, die zu regelmäßigen Gittern konfiguriert werden. Masken ähneln typischerweise einer Matrix mit Zeilen und Spalten.

Alltäglich sind quadratische Gitter oftmals am einfachsten zu realisieren. Diese Gitter besitzen eine matrixartige Anordnung.

Nachbarschaft (siehe zur Bildbeschreibung die Minkowski-Geometrie)

Definition zur Nachbarschaft (auch Umgebung) [in der Mathematik] Topologie: Ausgehend von einem Punkt p kann ein benachbarter Punkt q bei einer kleinen Bewegung erreicht werden, wobei p und q in einer (offenen) Menge liegen. In metrischer Hinsicht kann ein Abstand $d(p,q) < \varepsilon$ bestimmt werden. In Netzen (Graphen) liegt eine Nachbarschaft vor, wenn zwei Konten direkt mit einer Kante verbunden sind. Nachbarschaft: $X_{i,j} = \{x_{i+l,\,j+m} \mid l, m \in M\}$, wobei die zugeordneten Bildelemente im Umfeld des Maskenzentrums (p) mit den Indizes i und j liegen.

(4er-, 8er- ...) **Nachbarschaften** in d. Ebene zu (m,n)

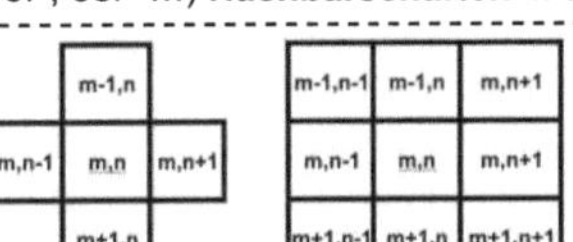

... **im Raum**

Realisierungen erfolgen über Würfel, Quader etc. ($\rightarrow$ Euler-Poincaré-Charakteristik).

Pixel ($\rightarrow$ Bildpunkte): Sie sind die Grundgrößen von Rasterbildern. Intensität (Helligkeit), S/W-Wert (bzw. Grau- oder Farbwerte) und die Lage sind bedeutsam. Speziell mit Blick auf morphologische Bildaspekte werden Pixel im Vordergrund- und Hintergrundbereich der Bildgestaltungen unterschieden.

Digitales Bild (Rasterbild)

m/n	1	2	3	4	5	6
1						
2			■	■		
3		■			■	
4					■	
5				■		
6			■			
7		■	■	■	■	

$\rightarrow$

m/n	1	2	3	4	5	6
1	1	1	1	1	1	1
2	1	1	0	0	1	1
3	1	0	1	1	0	1
4	1	1	1	1	0	1
5	1	1	1	0	1	1
6	1	1	0	1	1	1
7	1	0	0	0	0	1

Zahl ‚2' in einem Raster aus 7 Zeilen (m) und 6 Spalten (n).
Transformation in eine digitale Darstellung: Intensitäten /Ausprägungen: 0 =: Schwarz; 1 =: Weiß; Es liegt ein Binärbild vor (auch: 0 =: falsch; 1 =: wahr). A: Binäres m x n Rasterbild $\rightarrow$ B: Binäre 7 x 6 Matrix.
Ein Indexpaar (m_i, n_j) beschreibt einen Punkt (i, j). Bei Graubildern werden 8-Bit-Intensitätswerte von 0 bis 255 verwendet. Bildformate: BMP (Windows Bitmap), GIF (Graphics Interchange Format), JPG, JPEG (Joint Photographic Expert Group), TIF, TIFF (Tagged Image File Format), PNG (Portable Network Graphics Format).

Grauwerte: In diesem Fall wird zwischen Schwarz und Weiß differenziert. Jedem Punkt in der Figur (Matrix) wird ein Grauwert zugewiesen. Bezüglich einer Wortlänge w (in Bit) ergibt sich folgende Helligkeit (x) für jeden Bildpunkt (m,n): $x_{(m,n)} = \sum_{i=1}^{w} b_i \cdot 2^{i-1}$ mit der Wertigkeit $b_i \in \{0,1\}$. Bei e. 8-Bit-Wortlänge wird mit dem ersten Bit der Grauwert 1 u. mit dem achten Bit 128 zugewiesen. Hinsichtlich der einzelnen Bitebenen kann ein Grauwertteilbild bezogen auf die jeweilige Ebene dargestellt werden.

Verwandlung (Erfassung und Verrechnung): Pixel bzw. Pixelfelder können mit matrixartig aufgebauten Masken analysiert und modifiziert werden, um so z. B. besondere Strukturen und Muster herauszuarbeiten. So wird eine 2x2 Matrix auf ein Rasterbild gelegt, dann werden die Matrixwerte mit dem jeweils zugeordneten Bildwert multipliziert.

Ausleswerte: Die ausgelesenen Werte können unter Beachtung von Vorgabenentsprechend verrechnet werden. Die Rangabfolge kann so bestimmt werden. Bsp.: Es wurden ermittelt 2, 7, 9, 3, 11, 400, 13, 18, 5. Die Rangabfolge wäre: 2, 3, 5, 7, 9, 11, 13, 18, 400. Der Medianwert wäre 9. Vielfältige Rangoperationen existieren. Durch Gewichtungen wird die Anzahl der einzelnen Werte modifiziert. Insofern ergibt sich eine veränderte Datenlänge und somit (eventuell) ein anderer Medianwert.

Beispielbild:

m\n	1	2	3
1	1	2	3
2	2	4	6
3	3	5	7

Matrix:

$$\begin{bmatrix} 1 & 1 \\ 1 & 1 \end{bmatrix}$$

Ausleswerte: ($\rightarrow$ Mittelwert: MW)
(1): 1, 2, 2, 4 ($\rightarrow$ MW: 2,25)
(2): 2, 3, 4, 6 ($\rightarrow$ MW: 3,75)
(3): 2, 3, 4, 5 ($\rightarrow$ MW: 3,5)
(4): 4, 5, 6, 7 ($\rightarrow$ MW: 5,5)

Gewichtsmatrix | (3x3) **Mittelwertfilter** (auch Glättungsfilter)

$$(\text{Bspl.}):\ W = \begin{bmatrix} 1 & 2 & 1 \\ 2 & 3 & 2 \\ 1 & 2 & 1 \end{bmatrix} \qquad M = \frac{1}{9} \cdot \begin{bmatrix} 1 & 1 & 1 \\ 1 & 1 & 1 \\ 1 & 1 & 1 \end{bmatrix}$$

Allgemein gilt (Filterkern): $H = \begin{pmatrix} 1 & 1 & 1 \\ 1 & 1 & 1 \\ 1 & 1 & 1 \end{pmatrix}$

Gewichteter Kern:

$$H_g = \begin{pmatrix} 0{,}9 & 0{,}9 & 0{,}9 \\ 0{,}9 & 1{,}8 & 1{,}8 \\ 0{,}9 & 0{,}9 & 0{,}9 \end{pmatrix}$$

Nichtlinearer Gauß-Tiefpass:

$$H_{\text{G-TP}} = \begin{pmatrix} 1 & 2 & 1 \\ 2 & 4 & 2 \\ 1 & 2 & 1 \end{pmatrix}$$

Digitale Bildbeeinflussung

Feuerwerk, Graubild, zugeordnetes Kantenbild

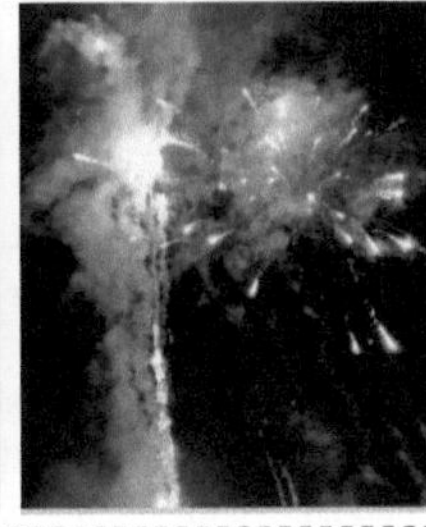

Graubild mit zugehörigen Intensitäten und einem Konturenbild

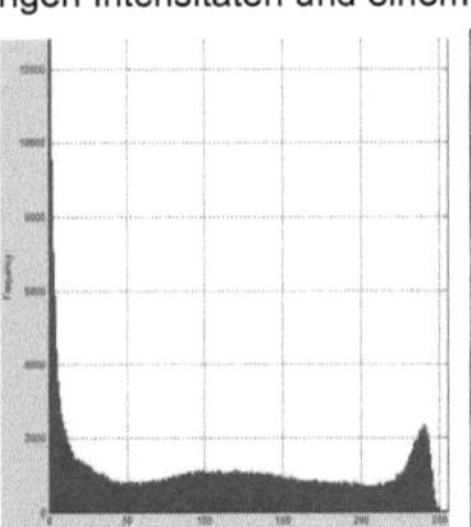

Rangoperatoren

Rangoperator	Abbildungsvorschrift: (x) $\rightarrow$ (y) [Nachbarschaftselemente: x; Zielelement: y]
Medianfilter	$y_{i,j} = \begin{cases} x_{(N+1)/2} & \text{für N ungerade} \\ 0{,}5 \cdot \left(x_{N/2} + x_{N/2+1} \right) & \text{für N gerade} \end{cases}$
Minimumfilter	$y_{i,j} = x_1$
Maximumfilter	$y_{i,j} = x_N$
Kantenfilter	$y_{i,j} = x_N - x_1$ ($\rightarrow$ Maximumfilter-Minimumfilter)

Problematisch ist, wenn Kanten z. B. über Farbabgrenzen bestimmt sind.

(Extremwert-) Schärfungsfilter	$y_{i,j} = \begin{cases} x_1 \text{ für } x_{i,j} - x_1 < x_N - x_{i,j} \\ x_N & \text{sonst} \end{cases}$
Konservierender Glättungsfilter	$y_{i,j} = \begin{cases} \tilde{x}_1 & \text{für } x_{i,j} < \tilde{x}_1 \\ x_{i,j} \text{ für } \tilde{x}_1 < x_{i,j} < \tilde{x}_N \text{ mit } \tilde{X}_{i,j} = X_{i,j} \\ \tilde{x}_N & \text{für } x_{i,j} > \tilde{x}_N \end{cases}$

Spezifische Operationen

- Geraden und Kreise können bestimmt und detektiert werden.
- Ausgewählte Gebiete (ROI: region of interest) können betrachtet werden. Hierzu werden spezifische Regionen eingegrenzt – zum Beispiel über Polygonzüge, die mausgesteuert auf Bildern freihändig eingetragen werden ($\rightarrow$ Freihandmaske: imfreehand unter MATLAB). Die Region kann dann programmgesteuert transformiert werden. Auch können spezifische geometrische Flächen (Ellipsen etc.) eingetragen werden.
- Bilder können verrauscht werden. Eine Störung wird dem ursprünglichen Bild überlagert. Die Körnigkeit der Störung kann spezifisch definiert werden ($\rightarrow$ Speckle-Rauschen; Salz-und-Pfeffer-Rauschen).
- Verrauschte Signalanteile können entfernt werden. Hierzu werden zum Beispiel Gauß-Filter eingesetzt.
- Auch können systematische Bildverzerrungen (Bewegungsverzerrungen, gleichförmige Verzerrungen, Turbulenzen atmosphärischer Art, Streuungen) erkannt und revidiert werden. U.a. können hierzu LSI-System-Entzerrer verwendet werden.
- Bilder können geglättet werden.

Bildverarbeitung

Sobel-Operatoren

Dieser elementare Operator ist ein **Kantendetektions-Filter**, der Ausdruck einer Faltung ist. ($G_x \rightarrow$ vertikale Kanten; $G_y \rightarrow$ horizontale Kanten)

$$S_x = \begin{bmatrix} 1 \\ 2 \\ 1 \end{bmatrix} * [\text{- }1\ 0\ 1] \rightarrow G_x = \begin{bmatrix} -1 & 0 & 1 \\ -2 & 0 & 2 \\ -1 & 0 & 1 \end{bmatrix} * A; \ Sy = \begin{bmatrix} -1 \\ 0 \\ 1 \end{bmatrix} * [1\ 2\ 1] \rightarrow G_y = \begin{bmatrix} -1 & -2 & -1 \\ 0 & 0 & 0 \\ 1 & 2 & 1 \end{bmatrix} * A; \ \text{der Grauwert (G) errechnet sich über: } G = \sqrt{G_x^2 + G_y^2}$$

Scharr-Operator (verbesserte Sobel-Basis-Variante)

$$G_x = \begin{bmatrix} 47 & 0 & -47 \\ 162 & 0 & -162 \\ 47 & 0 & -47 \end{bmatrix} * A; \ Gy = \begin{bmatrix} 47 & 162 & 47 \\ 0 & 0 & 0 \\ -47 & -162 & -47 \end{bmatrix} * A$$

3x3-Gadientenfilter

$$\textbf{Sobel: } \begin{bmatrix} 1 & 2 & 1 \\ 2 & 4 & 2 \\ 1 & 2 & 1 \end{bmatrix}; \ \textbf{Scharr: } \begin{bmatrix} 3 & 10 & 3 \\ 10 & 25 & 10 \\ 3 & 10 & 3 \end{bmatrix}$$

5x5-Gadientenfilter

$$\textbf{Scharr: } \begin{bmatrix} 5 & 8 & 10 & 8 & 5 \\ 8 & 20 & 40 & 20 & 8 \\ 10 & 40 & 80 & 40 & 10 \\ 8 & 20 & 40 & 20 & 8 \\ 5 & 8 & 10 & 8 & 5 \end{bmatrix}$$

Auslesematrizen / Filtermasken

Für die geeignete Aufbereitung (Filterung) der Bilddaten existieren vielfältige Auslesefilter (-matrizen). [Befehl unter MATLAB $\rightarrow$ fspecial]

Kantenfilter (Sobel-Operator / -Maske) (regularisierende K.-Filter)

Hervorhebung der …

horizontalen Kante:

$$m_{S,1} = \begin{bmatrix} 1 & 2 & 1 \\ 0 & 0 & 0 \\ -1 & -2 & -1 \end{bmatrix}$$

vertikalen Kante:

$$m_{S,2} = m_{s,1}^T = \begin{bmatrix} 1 & 0 & -1 \\ 2 & 0 & -2 \\ 1 & 0 & -1 \end{bmatrix}$$

Parametrisierter **Laplace-Filter** (Filtermaske) $D_x^2 = [1\ \text{-}2\ 1]$

(die zweite Ableitung des Signals muss notwendigerweise Null sein; eine Kante ist quellfenfrei: $d^2(f(x)/dx^2 = 0$, bzw. allgemeiner: $\Delta f = 0$.

$$m_{L,\alpha} = \frac{1}{1+\alpha} \cdot \begin{bmatrix} \alpha & 1-\alpha & \alpha \\ 1-\alpha & -4 & 1-\alpha \\ \alpha & 1-\alpha & \alpha \end{bmatrix}; \ 0 \le \alpha \le 1.$$

$$m_{L,4} = \begin{bmatrix} 0 & 1 & 0 \\ 1 & -4 & 1 \\ 0 & 1 & 0 \end{bmatrix}; \ m_{L,8} = \begin{bmatrix} 1 & 1 & 1 \\ 1 & -8 & 1 \\ 1 & 1 & 1 \end{bmatrix}; \ m_{L,12} = \begin{bmatrix} 1 & 2 & 1 \\ 2 & -12 & 2 \\ 1 & 2 & 1 \end{bmatrix}$$

$m_{L,8}$ ergibt sich durch die Addition der $m_{L,4}$ Laplace-Maske mit der um 45° gedrehten $m_{L,4}$ Laplace-Maske.

($\alpha = 0$: einfacher Laplace-Filter, $\alpha = \frac{1}{2} \rightarrow$ L-Filter: $m_{l,8} / 3$
Laplace-Filter werden zum Kantenschärfen eingesetzt.

Binomialfilter

eindimensionale …

$$_1b_4 = M =$$
$$= \frac{1}{16} \cdot [1\quad 4\quad 6\quad 4\quad 1]$$

zweidimensionale …

$$_2b_4 = {_1b_4^T} \cdot {_1b_4} = \frac{1}{256} \cdot \begin{bmatrix} 1 & 4 & 6 & 4 & 1 \\ 4 & 16 & 24 & 16 & 4 \\ 6 & 24 & 36 & 24 & 6 \\ 4 & 16 & 24 & 16 & 4 \\ 1 & 4 & 6 & 4 & 1 \end{bmatrix}$$

Ableitungen / Richtungen

Stetiger Fall: $\text{grad}(U) = \frac{\partial U}{\partial x} \cdot \vec{e}_x + \frac{\partial U}{\partial y} \cdot \vec{e}_y = \begin{pmatrix} \frac{\partial U}{\partial x} \\ \frac{\partial U}{\partial y} \end{pmatrix} = \begin{pmatrix} \partial U/\partial x \\ \partial U/\partial y \end{pmatrix}$

$\rightarrow dU = \text{grad}(U) \cdot d\vec{r} = \begin{pmatrix} \partial U/\partial x \\ \partial U/\partial y \end{pmatrix} \cdot \begin{pmatrix} dx \\ dy \end{pmatrix} = \frac{\partial U}{\partial x} \cdot d_x + \frac{\partial U}{\partial y} \cdot d_y$

Es sei ein Skalarfeld U gegeben mit U = f(x,y,z). Der Gradient von f (grad f) zeigt in die Richtung des größten Anstiegs.

Betrag des Gradienten: $\sqrt{(\partial U/\partial x)^2 + (\partial U/\partial y)^2}$

Richtung des Gradienten: $\varphi = \arctan[(\partial U/\partial y)/(\partial U/\partial y)]$

Diskrete Situation: In diesem Fall erfolgt die Berechnung von $\partial U/\partial x$ bzw. $\partial U/\partial y$ (unter MATLAB) mit dem Sobel-Operator.

Bzgl. partieller Ableitungen: $H_x = \begin{pmatrix} 0 & 1 & 0 \\ 0 & -1 & 0 \\ 0 & 0 & 0 \end{pmatrix}$; $H_y = \begin{pmatrix} 0 & 0 & 0 \\ 1 & -1 & 0 \\ 0 & 0 & 0 \end{pmatrix}$

Differenzenoperator: $H_x = \begin{pmatrix} 1 & 1 & 1 \\ -1 & -1 & -1 \\ 0 & 0 & 0 \end{pmatrix}$; $H_y = \begin{pmatrix} 1 & -1 & 0 \\ 1 & -1 & 0 \\ 1 & -1 & 0 \end{pmatrix}$

(bzw. mit Sobeloperator): $H_x = \begin{pmatrix} 1 & 2 & 1 \\ 0 & 0 & 0 \\ -1 & -2 & -1 \end{pmatrix}$; $H_y = \begin{pmatrix} 1 & 0 & -1 \\ 2 & 0 & -2 \\ 1 & 0 & -1 \end{pmatrix}$

Kompassgradienten (N: Nord. O: Ost, S: Süd; W: West etc.)

$H_N = \begin{pmatrix} 1 & 1 & 1 \\ 1 & -2 & 1 \\ -1 & -1 & -1 \end{pmatrix}$; $H_O = \begin{pmatrix} -1 & 1 & 1 \\ -1 & -2 & 1 \\ -1 & 1 & 1 \end{pmatrix}$; $H_W = \begin{pmatrix} 1 & 1 & -1 \\ 1 & -2 & -1 \\ 1 & 1 & -1 \end{pmatrix}$

$H_S = \begin{pmatrix} -1 & -1 & -1 \\ 1 & -2 & 1 \\ 1 & 1 & 1 \end{pmatrix}$; $H_{NO} = \begin{pmatrix} 1 & 1 & 1 \\ -1 & -2 & 1 \\ -1 & -1 & 1 \end{pmatrix}$; $H_{NW} = \begin{pmatrix} 1 & 1 & 1 \\ 1 & -2 & 1 \\ 1 & -1 & -1 \end{pmatrix}$

$H_{SW} = \begin{pmatrix} 1 & -1 & -1 \\ 1 & -2 & -1 \\ 1 & 1 & 1 \end{pmatrix}$; $H_{SO} = \begin{pmatrix} -1 & -1 & 1 \\ -1 & -2 & 1 \\ 1 & 1 & 1 \end{pmatrix}$

Spezielle Kantenfilter (für lineare Beziehungen) [unter MATLAB: $\rightarrow$: fspecial; laplacian etc.]

Roberts-Operator (auch: Roberts-Cross-Operator)

$b_x{}' = h_1 * b = \begin{bmatrix} 1 & 0 \\ 0 & -1 \end{bmatrix} * b$; $b_y{}' = h_2 * b = \begin{bmatrix} 0 & 1 \\ -1 & 0 \end{bmatrix} * b$

Previtt-Operator

$$G_x = \begin{bmatrix} 1 & 0 & -1 \\ 1 & 0 & -1 \\ 1 & 0 & -1 \end{bmatrix} * A; \ G_y = \begin{bmatrix} 1 & 1 & 1 \\ 0 & 0 & 0 \\ -1 & -1 & -1 \end{bmatrix} * A$$

Operator in Orientierung an einem Canny-Filter

$$g_n = 1/16 \cdot \begin{bmatrix} 1 & 2 & 1 \\ 2 & 4 & 2 \\ 1 & 2 & 1 \end{bmatrix} = \frac{1}{4} \cdot \begin{bmatrix} 1 \\ 2 \\ 1 \end{bmatrix} \cdot [1\ 2\ 1]$$

(Unter Verwendung eines Vorfilters.)

1,2,1 entspricht der Zahlenfolge des Pascalschen Dreiecks.
Bei einer höheren Dimension werden die entsprechenden Werte des Pascalschen Dreiecks zur Verrechnung genutzt.

Kirsch-Operator (-Filter)

(spezieller Kantenfilter für nichtlineare Beziehungen)

$$g_1 = \begin{bmatrix} 5 & 5 & 5 \\ -3 & 0 & -3 \\ -3 & -3 & -3 \end{bmatrix}; \ g_2 = \begin{bmatrix} 5 & 5 & -3 \\ 5 & 0 & -3 \\ -3 & -3 & -3 \end{bmatrix}$$

$$g_3 = \begin{bmatrix} 5 & -3 & -3 \\ 5 & 0 & -3 \\ 5 & -3 & -3 \end{bmatrix}; \ g_4 = \begin{bmatrix} -3 & -3 & -3 \\ 5 & 0 & -3 \\ 5 & 5 & -3 \end{bmatrix}$$

Gabor-Filter (speziell geeignet für Strukturanalysen)

Der Filter nutzt ein Sinusoid und eine Gauß-Funktion.

Wellenlänge: λ; Orientierung zur Normalen; θ; Phasenverschiebung;
Standardabweichung (der Gaussverteilung): σ;
Seitenverhältnis des Kernels (Exzentrizität): γ

$g(x,y;\lambda,\theta, \psi,\sigma,\gamma) = \exp\left(-\frac{x'^2 + \gamma^2 y'^2}{2\sigma^2}\right) \cdot \exp(\,i\,(2\pi\frac{x'}{\lambda}\ \psi); \ x' = x \cdot \cos(\theta) + y \cdot \sin(\theta)$; $y' = -x \cdot \sin(\theta) + y \cdot \cos(\theta)$

Allgemeine Filter

Weichzeichner (Glättungsfilter): $G = \frac{1}{9} \cdot \begin{bmatrix} 1 & 1 & 1 \\ 1 & 1 & 1 \\ 1 & 1 & 1 \end{bmatrix}$; **Schärfungsfilter**: $S = \begin{bmatrix} 0 & -1 & 0 \\ -1 & 5 & -1 \\ 0 & -1 & 0 \end{bmatrix}$; **Relieffilter**: $R = \begin{bmatrix} -2 & -1 & 0 \\ -1 & 1 & 1 \\ 0 & 1 & 2 \end{bmatrix}$

Gradienten (Steigungsverhalten) können geschätzt werden. Hierzu werden glättende Differenzenfilter eingesetzt.
Kanten können ausgedünnt und auch geschärft werden. Hierzu werden u.a. Laplace- und LoG-Filter verwendet.

Hinweis
Prinzipiell ist eine Filtermaske (m) von einem Faltungskern (h) zu unterscheiden.
Ein Faltungskern verrechnet eine Bildmatrix mittels einer 2-dimensionalen Faltung („-D: **).
Eine Filtermaske ist so „gedreht", dass sie wie eine Matrix die Bildpixel verrechnen kann.
Andere Bezeichnungen für Faltungskern: Kern, Filteroperator, Faltungskern.
Andere Bezeichnungen für Filtermaske: Filtermatrix bzw. auch einfach Matrix.
(Die Bezeichnungen sind in der Literatur nicht ganz eindeutig.)

Bildverarbeitung

Filter

Die verschiedenen Operatoren bzw. Filter (Sobel-, Laplace-, Gabor-, Wavelet- …) basieren u. a. auf den Grundlagen der Fourier- und diskreten Fourier-Transformation (DFT), der Laplace-Transformation etc. und den Einsichten aus den Bereichen der Analysis (Ableitungen) und der stochastischen Verteilungsfunktionen. Die Operationen werden u. a. in folgenden Aufgabenbereichen eingesetzt: Bildverarbeitung, Fingerabdruckerkennung, Kantendetektion, Landschaftsanalysen, Maschinelles Lernen, Mustererkennung (Gesichtskennung, Medizin (Organe), Werkstücke, Rausch-Entfernung, Signalverarbeitung, Texterkennung.

Averaging filter	Binomialfilter	Canny-Filter	Circular average filter	Differenzenfilter	Gaußfilter	Glättungsfilter
Kerbfilter	Laplace-Filter	Matches filter	Maximumfilter	Medianfilter	Minimumfilter	Mittelungsfilter
Rangordnungsfilter	Rechteckfilter	Schärfungsfilter	Suchfilter	Wiener-Filter		

Rangoperatoren (jeweils mit Nullen ausserhalb des Graubildes)

$$C:\begin{bmatrix} 1 & 2 & 3 & 4 \\ 6 & 7 & 8 & 9 \\ 11 & 12 & 13 & 14 \\ 16 & 17 & 18 & 19 \end{bmatrix}$$

3x3 Minimumfilter zu C:
$$\begin{bmatrix} 0 & 0 & 0 & 0 \\ 0 & 1 & 2 & 0 \\ 0 & 6 & 7 & 0 \\ 0 & 0 & 0 & 0 \end{bmatrix}$$

3x3 Maximumfilter zu C:
$$\begin{bmatrix} 7 & 8 & 9 & 9 \\ 12 & 13 & 14 & 14 \\ 17 & 18 & 19 & 19 \\ 17 & 18 & 19 & 19 \end{bmatrix}$$

3x3 Medianfilter zu C:
$$\begin{bmatrix} 0 & 2 & 3 & 0 \\ 2 & 7 & 8 & 4 \\ 7 & 12 & 13 & 9 \\ 0 & 12 & 13 & 0 \end{bmatrix}$$

3x3 Kantenfilter zu C:
$$\begin{bmatrix} 7 & 8 & 9 & 9 \\ 12 & 12 & 12 & 14 \\ 17 & 12 & 13 & 19 \\ 17 & 18 & 19 & 19 \end{bmatrix}$$

Morphologische Transformationen (Grundmanipulationen) (siehe hierzu Minkowski-Geometrie)

Die Gestalt von Bildern wird durch morphologische Operationen (Filterungen) verändert. Elementar bei Bildern (Pixelpunkten) sind die Aspekte der Spiegelung (Drehungen) und Translationen (Verschiebungen), die vektoriell gut beschrieben werden können. Typische Operationen: Schrumpfen, Erosion, Wachser Dilatation … In der Literatur werden typischerweise 27 Operationen unterschieden. 18 morphologische S/W-Operationen stellt z. B. MATLAB ($\rightarrow$ bwmorph) zur Verfügung:

Erosion (bzw. **Minkowski-Subtraktion**) (Schrumpfen): Entfernung von kleineren Bildinhalten und Aufhebung von Objekt-Berührungen ($\rightarrow$ Erodierung).

Dilatation (bzw. **Minkowski-Addition**) (Wachsen): Mengen werden additiv erweitert und vergrößert. Trennung von Objekten werden aufgehoben.

Elementare Definitonsgleichungen

Erosion $Y = X \ominus Q = \{ y \mid ((Q)_y \subseteq X \} = \{ y \mid ((Q)_y \cap X^C = \varnothing \}$ [X: Vordergrund-Bild (Pixelpunkte); X^C: Hintergrund-Bild: Komplement].

Bei der Erosion wird die Maske schrittweise über alle Bildpunkte gelegt. Liegen alle Maskenpunkte im Bild, dann wird jeweils der zugehörige Maskenmittelpunkt fixiert. So werden von den Bildern Randpixel entfernt. Störlinien können durch Erosionen mit 0° und 90° entfernt werden.

Dilatation $Y = X \oplus Q = \{ y \mid (\widehat{Q})_y \cap X \neq \varnothing \} = \{ y \mid (\widehat{Q})_y \cap X \subseteq X \}$ [X: Hintergrund-Bild (Pixelpunkte); X: Vordergrund-Bild].

Es werden hierbei Hintergrund-Pixel aufgenommen (zusätzlich (ergänzend) eingeführt.)

(Dabei überführt zum Beispiel eine Dilatation nach einer Erosion die reduzierte Matrix nicht unbedingt in den ursprünglichen Zustand.)

Ausgangsfigur	Filtermaske	Ergebnisfigur für die **Erosion** (‚Schrumpfung‘)	Ergebnisfigur für die **Dilatation** (‚Wachsen‘)
	 Das mittlere Feld (2,2) ist das Identifikationsfeld.		

Weitere Operationen: Öffnen, Schließen, Füllen, Ausdünnen, Verdicken, Selektieren …

> Eine Abfolge von Erosion und Dilatation führt zu einem „**morphologischen Öffnen**" ($\rightarrow$ opening: o). Die Definition lautet: $X \circ Q = (X \ominus Q) \oplus Q$.

> Unter einem „**morphologischen Schließen**" ($\rightarrow$ closing: •) versteht man folgende Operation: $X \bullet Q = (X \oplus Q) \ominus Q$.

> Es gilt: $I \ominus H \neq H \ominus I; I \oplus H = H \oplus I; \overline{I} \oplus H = \overline{I \ominus H}; \overline{I} \ominus H = \overline{I \oplus H}; (I_1 \ominus I_2) \ominus I_3 = I_1 \ominus (I_2 \oplus I_3)$

> Bedeutsam ist die **Zylinderhut-Transformation**: $Y = X - X \circ Q = X - (X \ominus Q) \oplus Q$. Hierbei ist X das Originalbild. (Aus einem Originalbild werden durch Erosion kleinere Elemente (Q) entfernt. Das verbliebene Bild wird mittels der Dilatation rekonstruiert (restauriert). Und diese restaurierte Bild wird vom Urspungsbild abgezogen.

> Es gilt: $(I \circ H) \circ H = I \circ H; I \circ H = \overline{I \bullet H}; I \bullet H = \overline{I \circ H}; (I \bullet H) \bullet H = I \bullet H$

> **Füllen**: $I_{k+1} = (I_k \oplus Q) \cap X^C$ (Durch diese „iterative (k $\rightarrow$ k + 1) Operation mit Restriktion" werden Hintergrundelemente entfernt.

> „Automatisches" **Füllen**: $I_{k+1} = (I_k \oplus Q_C) \cap Q_R$

> („Automatische") **morphologische Objekt-Rekonstruktion**: Es sollen spezifische Zeichen im Objekt (Bild) rekonstruiert werden. Hierzu ist die Vorlage zu verbessern („reinigen" / „ergänzen").

    1: Mittels Selektion werden bestimmte „Kerne" hervorgehoben („Marker"), die von besonderem Interesse sind.

    2: Zur Erfassung der Nachbarschaft der Kerne wird eine Matrix definiert (Dilatationskern $\rightarrow$ Maskierungsbild).

    3: Eine Rekonstrution wird ausgehend vom Dilatationskern vorgenommen. [(1) bis (3) werden wiederholt, bis keine Verbesserung mehr auftritt.]

Bedeutende Verfahren sind weiterhin:

Hit-or-Miss-Transformation: $X \blacklozenge Q = (X \ominus Q_1) \cap (X_C \ominus Q_2)$ [mit $Q = (Q_1, Q_2)$]

Ausdünnen: $X \otimes Q = X - (X \blacklozenge Q) = X \cap (X \blacklozenge Q)^c$ [mit $Q = (Q_1, \dots , Q_8)$].

Verdicken: $X * Q = (A^C \otimes Q)^C$

Skelettieren: Herausarbeitung der Skeletstruktur eines geometrischen Gebildes unter Beachtung spezifischer topologischer Eigenschaften.

Markersgesteuerte Wasserscheidentransformation: Ziel ist hierbei eine Bildsegmentierung.

Original / Rekonstruktion

Original	Erosion	Dilatation	Konturen Sobel	Modified superimposed

Bildverarbeitung

<table>
<tr><td colspan="3">Elementare Bildverarbeitungsprinzipien-, -transformationen, -verfahren</td><td>Bedeutende Bildverarbeitungs-Methoden</td></tr>
</table>

			Bedeutende Bildverarbeitungs-Methoden
Alles-oder-Nichts-Prinzip	Bottom-hat-transform	Dilatation	Canny-Methode
Butterworth-Hochpass / - Tiefpass	Distanzfunktion	Erosion	Hough-Methode
Circular Hough transform (CHT)	DFT; 2-D-DFT; (FFT)	Fourier-T.	(Markergesteuerte) Wasserscheidentransformation
Gamma-Korrrektur	(Super-)Gauß-Fenster	Gauß-Filter | Füllen	Schwellenwertoperation mit Hysterese
Detektion von Geraden / Geradenbestimmung		Gradientenschätzung	Unschärfenmaskierung
Gewichtungen	Grauwertspreizung	Grauwertinvertierung	Zero-crossing-Methode

Elementare Bildverarbeitungsprinzipien-, -transformationen, -verfahren

Alles-oder-Nichts-Prinzip	Bottom-hat-transform	Dilatation
Butterworth-Hochpass / - Tiefpass	Distanzfunktion	Erosion
Circular Hough transform (CHT)	DFT; 2-D-DFT; (FFT)	Fourier-T.
Gamma-Korrrektur	(Super-)Gauß-Fenster	Gauß-Filter ; Füllen
Detektion von Geraden / Geradenbestimmung	Gradientenschätzung	
Gewichtungen	Grauwertspreizung	Grauwertinvertierung
Hit-Bedingungen	Hit-or-Miss-Transformation	Hough-Transf.
Kanten-; Kreise- / -ausdünnung / -detektion / -schärfen	Laplace-Filter	
LoG-Filter ; Methode von Otsu ; Miss-Bedingung	Moiré-Muster	
Mittelachsentransformation	Salz-und-Pfeffer-Rauschen	
Radon-Transformation	Sobel-Operator	
Watershed transform WST	Zylinderhut-Transformation	

Bedeutende Bildverarbeitungs-Methoden

- Canny-Methode
- Hough-Methode
- (Markergesteuerte) Wasserscheidentransformation
- Schwellenwertoperation mit Hysterese
- Unschärfenmaskierung
- Zero-crossing-Methode

Fensterfolgen für spektrale Analysen (Fourier) von Bildern

Bartlett-Fenster $w_B[u,v] = \begin{cases} 1 - r & \text{für } 0 \leq r < 1 \\ 0 & ansonsten \end{cases}$

Elliptische Fenster $w_{ell}[u,v] = \begin{cases} 1 & \text{für } 0 \leq r < r_g \\ 0 & ansonsten \end{cases}$ (r_g: Grenzradius)

Gauß-Fenster (Varianz im Ortsbereich σ^2) $w_G[u,v] = \exp(- r^2/2 \cdot \sigma^2)$

Gauß-Fenster (mit κ und p) $w_{SG}[u,v] = \exp(- r^p/\kappa)$

Rechteckfenster $w_{ell}[u,v] = \begin{cases} 1 & \text{für } |u| < u_g \text{ ; } |v| < v_g \\ 0 & ansonsten \end{cases}$ (u_g , v_g Grenzen)

Radon-Transformation (Sinogramm)

Symbol der Transformation: $\Re$

Linienintegral bzgl. zweier Variablen $Rf(\gamma) = \int_\gamma f(x,y) \cdot ds$.

Bzw. $f(s, \upsilon) = \int_{-\infty}^{\infty} f(s \cdot \sin(\upsilon) + t \cdot \cos(\upsilon), - s \cdot \cos(\upsilon) + t \cdot \sin(\upsilon)) \cdot dt$.

Mittels Substitution ($ax_1 + b$ für x_2) ergibt sich:

$f(a,b) = \sqrt{1 + a^2} \int_{-\infty}^{\infty} f(x_1, ax_1 + b) \cdot dx_1$.

Die Transformation ist bedeutsam im Bereich der Bildrekonstruktion von medizinischen Aufnahmen (Computertomographie). Bzgl. der einzelnen Bildpixel werden Geraden hinsichtlich der Bezugsfläche (x,y) bestimmt. Mit der Radon-Transformation $Rf(L)$ werden die Linien von einer Strahlquelle zu einem Bildträger integrativ ermittelt.

Strahlquelle   Objekt (Organ ...)   Bild

Die Strahlbewegung wird über ein Linienintegral genähert erfasst.

Es gilt: $\int_L f(x)\, dx = \int_{IR} f(sy^* + ty)\, dt$ mit $y^* = \begin{bmatrix} 0 & -1 \\ 1 & 0 \end{bmatrix}$.

Dies ist real eine große Herausforderung für die Messtechnik und die numerische Aufbereitung der Daten, da insbesonders durch metallische Einflüsse die Strahlungführung kompliziert beeinflusst (Beugung, Streuung, …) wird.

Für die Rücktransformation (vom Intensitätsbild auf die Materialdichte) existieren vielfältige und aufwändige Rechenverfahren.

Intensität des Bildes

(„Beulen" verweisen z.B. auf Organprobleme.)

Die Radon-Transformation ist linear: $\Re(af + bg) = a \cdot \Re(f) + b \cdot \Re(g)$.
Das Ergebnis der Radon-T. wird auch Sinogramm genannt.

Fourier-Methode

Zur Bildbearbeitung werden die Fourier-Methoden (F-Reihenentwicklungen und F-Transformationen) eingesetzt. Von besonderer Bedeutung ist mit Blick auf digitalisierte Bilder die Diskrete Fourier-Transformation (DFT), die speziell mit der FFT (algorithmischer Verrechnungsansatz) verwendet wird. Hierbei gibt es enge Beziehungen zu Faltungsansätzen. Die DFT kann dabei als aperiodische oder als periodische Faltungsfolge verrechnet werden. (Die aperiodsche Reihe kann sukzessive fortgeführt werden zu einer periodischen Betrachtung.)

Die periodischen Folgen werden mit der zyklischen Faltung verarbeitet.

Fourier-Optik

Analyse der Lichtausbreitung unter Vernachlässigung von spezifischen Details (Polarisationen).

Für die elektromagnetische Wellenausbreitung wird angenommen:

$E = E_0 \cdot \exp(i \cdot (k \cdot r - \omega \cdot t)$ mit $\omega = 2 \cdot \pi \cdot f$

KI-Methoden

Sie werden heutzutage benerell bei der Bildverarbeitung und den zugehörigen Analysen eingesetzt. Unterschieden werden hierbei:

- Allgemein: Verfahren (Artificial intelligence) – Wissensbasierte Systeme (knowledge based system)
- Spezialisiert-1: Maschinelles Lernen (machine learning)
- Spezialisiert-2: Repräsentation Lernen (representation learning)
- Spezialisiert-3: Deep Learning (Verarbeitung über mehrere Schichten)

Die Basis der Betrachtung beruht darauf, dass die biologischen Verfahren der Signalverarbeitung (Neuronen-Verknüpfungen) auf der Ebene der Software nachgebildet werden. Die evolutionär herausgebildeten neuronalen Netzstrukturen ermöglichen eine adaptive Verarbeitung von Signalen bzw. Daten. Dabei können sich die Netzstrukturen ‚selbsttätig' anpassen. Die neuronalen Netze müssen trainiert werden. Wobei die einzelnen Abfolgen von der Software auch selbst geplant, organisiert, gestaltet und getestet werden kann. So haben sich im Schach und Go die Maschinen in kürzester Zeit (ca. 4 Std.) die Spielfähigkeiten durch einen experimentellen Ansatz selbst beigebracht. Die Maschine bewertet ihre ‚Erfahrungen' und extrahiert (empirische) Regeln.

MATLAB-Befehle

Fourier / Filter

2-D FFT: *fft2* / Inverse FFT: *ifft2*
Verschiebung niedriger Frequenzen ins Zentrum: *fftshift*
Inverse Shift Operation: *ifftshift*
2-D Konvolution: *conv2*
Wiener Filter: *deconvwnr* / Median Filter: *medfilt2*
Hough Transformation: *hough*
Akkumulatoren der Hough Transformation: *houghpeaks*
2-D-Filterkern: *fspecial* / Filterungen: *imfilter*
Kantenerkennung: *edge*
Hough Transformation für Kreise: *imfindcircles*
Kreise erstellen (zeichnen): *viscircles*
Erkennen von Bildrändern in Binärbildern: *bwboundaries*
Verfolgung v. Bildrändern in Binärbildern: *bwtraceboundary*
Regionsgrenzen darstellen: *visboundaries*

Morphologie

Erosion: *imerode* / Dilatation: *imdilate*
Erstellen von Strukturelementen: *strel*
Öffnen: *imopen* / Schließen: *imclose*
Skeletierung: *bwskel*
Umrandung: *bwperim*
Hit or Miss Operation: *bwhitmiss*
Top-Hat-Transformation: *imtophat*
Bottom-Hat Transformation: *imbothat*
Unterdrückung am Rand von Strukturen: *imclearborder*
Regionen und Löcher füllen: *imfill*
Morph. Binärbilder-Operationen: *bwmorph*

Matrizen

Matrix-Wert (Zeile m, Spalte n): *A(m,n)*
Werte der m-ten Matrix-Zeile: *A(m,:)*
Einheitsmatrix: *eye(n)*
Matrix mit Nullwerten: *zeros(m,n)*
Matrix mit Einserwerten: *ones(m,n)*
2-dim. Feld: *diag(v,k)*; *[X,y] = meshgrid(x,y)*
2-dim. Feld mit Zufallszahlen: *rand(m,*n)
Arithmetisches Mittel einer Matrix: *Mean(A)*

Bilder

Linienzug durch die x-y-Positionen: *Plot(x1,y1,'style1' x2,y2,'style2')*
Gitterlinien im plot: *grid on/minor*
RGB-HSV-Farb-Umrechnung: *rgb2hsv*

Fachbegriffe (deutsch → englisch) zum Kontext der technischen Bild- und Signalverarbeitung

(Hinweise zu MATLAB-Befehlen unter […]; kursiv geschrieben. Werkzeugbezug: *Image Processing Toolbox*.)

Abbildungsgleichung („thin lens formula")
Abbildungsmaßstab („reproduction scale")
Abschneiden („clipping")
Abstandsmaß („distance measure")
Abstimmungsverfahren („voting")
Abtasttheorem („sampling theorem")
Addierer („adder")
Additives weißes gaußsches Rauschen
   („additive white Gaussian noise")
Aktivierungsfunktion („activation function")
Alles-oder-Nichts-Prinzip („all-ornone law")
Aliasing
Artifizielle Intelligenz („artificial intelligence")
Ausdünnen („thinning")
Ausfallmethode („dropout")

Backpropagation („backpropagation")
Backpropagation-Algorithmus
   („backpropagation algorithm")
Bartlett-Fenster („Bartlett window") [*w2_bartlett*]
Belichtungsfehler („exposure error")
Bewegungsverzerrungen („motion blur")
   [*fspecial('motion',len,theta*]
Bildformat („image format/type")
Bildgröße („image size") [*imresize*]
Bildrandmodifikation
   („zero p adding", „border replication")
Bildrauschen („image noise") ·
Bildregion (ROI) („region of interest")
   [*imfreehand, impoly, imrect, imellipse*]
Bildrestauration („image restoration")
Bildverbesserung („image enhancement")
lineare Bildverzerrung („blur")
Binärbild („binary image")
Binarisieren („binning")
Binomialfilter („binomial filter") [*conv(...)*]
Bitebene („bit plane")
Blende („diaphragm") ·
Blendenöffnung („aperture")
Blendenzahl („f-number")
Bluring-Effekt („bluring effect")
Bildelement („picture element")
Brennweite („focal length")
Bündelungsschicht („pooling layer")
Butterworth-Filter („Butterworth filter")
   [*f2_butterworth_nr*]

Canny-Methode [*canny*], [*edge*]

Dämpfung („attenuation")
Delta-bar-Delta-Methode
Deep Learning
Differenzenfilter („derivative filter")
Differenzenfilter („difference filter")
Digitalkamera („digital camera")
Dilatation („dilation")
Diskrete Fourier-Transformation
   („discrete Fourier transform")
Don't-care-Elemente

effektive Frequenz („effective frequency")
elliptisches Fenster („elliptic window")
empirischer Mittelwert („arithmetic mean")
Entfaltung („deconvolution")
Entscheidungsgebiet („decision area")
Epoche („epoch")
Erkennungsquote/genauigkeit
   („recognition rate/accuracy")
Erosion („erosion") [*imerode*]
Extremwertschärfer („sharpening filter")

Faltung („convolution") [*conv*]
Faltungskern („convolution kernel")
Faltungsschicht („convolutional layer")
Fensterfunktion („window function")
Filtermaske („filter mask")
Flaches neuronales Netz („shallow neural network")
Frequenzabtastverfahren
   („frequency sampling method") ·
Frequenzgang („frequency response")
Füllen („hole filling")
Fourier-Transformation („Fourier transform") [*fft; ifft*]

Gamma-Korrektur („gamma correction")
Gauss-Fenster („gaussian window")
Gauß-Filter („Gaussian filter")
   [*fspecial('gaussian',size,sigma*]; [*imgaussfilt*]
Gewichtsdämpfung („weight decay")
Gewichtung („wighting")
Glättungsfilter („smoothing filter")
Gradient („gradient")
Gradientenabstiegsverfahren
   („gradient descent algorithm")
Grauwertbild („grayscale image")
Grauwertprofil („intensity profile")
Grauwertspreizung („histogram/intensity stretching")

Handschrift („handwriting")
harmonische Analyse („harmonic analysis")
Helligkeit („brightness")
Histogrammebnen („histogram equalization")
Hit-or-Miss-Transformation
Hochpass-Filter („highpass filter")
Hough-Transformation („Hough transform")
   [*hough*]; [*houghpeaks*]
Hyperfokaler Abstand („hyperfocal distance")
Hysterese („hysteresis")

Impulsantwort („impulse response")
Impulsrauschen („impulse noise")
Invertieren („inversion")

Kante („edge")
Kantenbild („edge image")
Kantenfilter („contour filter")
Kantenfilter („edge filter")
Kantenrichtung („edge orientation")
Kantenschärfen („edge sharpening")
Kantenstärke („edge strength")
Kerbfilter („notch filter") [*u-Notch*]
Kettenregel („chain rule")
Klassifikationsnetz („classification network")
Klassifizierung („classification")
Kompassoperator („compass operator")
Kontrast („contrast") ·
Kontrastanpassung („contrast adjustment")
Kontur („contour")
Korrelation („correlation")
Kostenfunktion („cost function")
Korrelationskern („correlation kernel")
Kreuzkorrelation („cross-correlation")

Laplace-Filter („Laplace filter")
   [*laplacian', ...*]
Leistungsspektrum („power spectrum")
Lernrate („learning rate")
Lernkurve („learning kurve")
Lineares shift-invariantes System
   („linear shift-invariant system")
Linsengleichung („thin lens formula")
LoG-Filter („Laplacian of Gaussian filter") [*log*]
LSI-System („linear shift-invariant system")

Marker-Bild („marker image")
Maschinelles Lernen („machine learning")
Maske („mask")
Maskierungsbild („mask image")
Maximumfilter („max filter")
Medianfilter („median filter")
   [*medfilt2 (...) *]; [*median (…)*]
Merkmalsextraktionsnetz
   („feature extraction network")
Merkmalsraum („feature/property space")
Mehrschichten-NN (multi-layer NN)
Minimumfilter („min filter")
Mischen („shuffle")
Mittelachsentransformation
   („medial axis transform")
Mittelungsfilter („averaging filter")
   [*fspecial('average',size*]
Mittelungslänge („adjacency")
Mittelwert („mean pooling")
Mittlerer quadratischer Fehler
   (MSE, „mean square error")
MNIST-Datensammlung („MNIST database")
Moiré-Muster („moiré pattern")
Momentum („momentum")
morphologisches Filter („morphological filter")
Mustererkennung („pattern recognition")

Nachbarschaft („neighborhood")
Nachbarschaftsoperation
   („neighborhood operator", „block processing")
Neuron („neuron")
Neuronale Netze („neural network")
Neuronales Netz („neural network")

Objekterkennung („object recognition")
Öffnen („opening")
optischer Frequenzgang
   („optical frequency response")

Partielle Ableitung („partial derivative")
Perzeptron („perceptron")
Pixel („pixel")
Point-Spread-Funktion („point spread function")
Postereffekt („posterize effect")
Prewitt-Operator [*prewitt*]
Pseudofaltung
Pseudozufallszahl („pseudo random number")
Punktoperation („single pixel operation")
Punktoperator („point processing")

Rangoperator („ordering · Ranking")
Rangordnungsfilter
   („order-statistic filter" · „rank value filter") [*ordfilt2*]
Rasterbild („raster graphics/image" · „bitmap")
Rauschen („noise")
Rauschsignalgenerator („noise generator")
Rechenzeit („processing time")
Rechteck-Fenster („rectangular window")
Rechteckfilter („box filter")
Rekonstruieren („reconstruction")
ReLU („rectified linear unit")
Regularisierung („regularization")
ReLU („rectified linear unit")
Richtungsbild („edge direction image")
RGB-Bild („RGB image")
Robert-Operator [*roberts*]
Rotation („rotation")

Salz-und-Pfeffer-Rauschen („saltand-pepper noise")
Sammellinse („biconvex lens")
Schärfentiefe („depth of field")
Schließen („closing")
Schnelle Fourier-Transformation
   („fast Fourier transform")
Schwarz-Weiß-Bild („black-and-white image")
Schwellenwertentscheidung („thresholding")
Schwellenwertsegmentierung („thresholding")
Schwellenwertentscheidung („thresholding")
Segmentierung („segmentation")
Separierbarkeit („separability")
Sigmoidfunktion („sigmoid function")
si-Interpolation („sinc interpolation")
Skelettierung („skeletonization")
SNR („signal-to-noise ratio")
Sobel-Operator („Sobel operator") [*sobel*]
Softmax-Funktion („softmax function")
Speckle-Rauschen („speckle noise")
spektrale Überfaltung („aliasing")
Spektrum („spectrum")
Stapelnormierung („batch normalization")
Stapelverarbeitung („batch processing")
Steganografie („steganography")
Strukturelement („structure element")
Super-Gauss-Fenster („super gaussian window")

Testphase („test phase")
Tiefe neuronale Netze („deep neural networks")
Tiefpassfilter („lowpass filter")
Träger („support")
Trainingsalgorithmus („training algorithm")
Trainingsphase („training phase")
Translation („translation")

Überwachtes Lernen („supervised learning")
Unschärfemaskierung („unsharp masking")
Unterabtastung („subsampling")

Validierung („validation")
Vektorisierung („vectorization")
Verdicken („thickening")
Verzerrung („distortion")
Verzerrungsoperator („point spread function")
Visuelle Reizverarbeitung
   („visual stimulus processing")
Vorlagenabgleich („template matching")

Wasserscheidentransformation
   („watershed transform")
Wasserzeichen („digital water marking")
Weichzeichnen („bluring")
Wellenfeld („wave field")
Wiener-Filter („Wiener filter") [wiener2]

XOR-Problem („XOR classification problem")

Zero-crossing-Methode („zero-crossing method")
   [*zerocross*]
zweidimensionale Signale
   („two-dimensional signals", „2-D signals")
Zyklische Faltung („cyclic convolution")
Zylinderhut-Transformation („top-hat transform")

2-D-Merkmalsraum („feature map")

Übersicht zu den nachfolgenden Informations- und Aufgabenseiten

Aufgaben / Grundlagen / Vertiefungen / Tipps und Lösungen

Blatt	Inhalte
Aufgaben: Grundlagen (Blätter 1-34)	
1	Vorübungen („Basistest" – „Vortest") / Zahlen / Teilbarkeit / Potenzen
2	Zahlen – ggt/kgv / Symmetrien
3	Funktionen. Koordinatensysteme, Gleichungen, Determinanten
4	Lage von Geraden / Schnittpunkte / Ungleichungen / Algorithmus von Gauß (Elimationsverfahren für Gleichungssysteme);
5	Funktionsbetrachtungen, Quadratische Gleichungen; Umkehrfunktionen; Parameter; Wurzelgleichungen; „Multiplikationen"
6	Grenzwerte; exp(x)
7	Grenzwert einer Zahlfolge $\langle a_n \rangle$; Ableitungsgesetz für $f(x) = x^n$; Finanzrechnungen; ökonomische Modelle
8	Beträge / Ungleichungen / Ableitungen / Funktionsuntersuchungen
9	Ableitungen / Aufleitungen / Wachstumsfunktionen
10	Gebrochen-rationale Funktionen
11	Funktionsbetrachtungen
12-15	Extremwertaufgabenbetrachtungen
16-18	Integrale / Flächen
19-21	Vektoren
22	Wurzelgleichungen (Lösungen); Geschwindigkeit – Zeit – Distanz (SRT)
23-24	Vermischte Aufgaben – Besondere Anregungen (Zahlen, Analysis, Vektoren) (Ebenen: Parameterdarstellung; Koordinatendarstellung)
25-33	Stochastik / Paradoxon nach Simpson / Testuntersuchungen: Vorzeichentest / Erwartungswertbetrachtungen zur Abfolgen von Zahlen
34	Simulationen
Aufgaben: Vertiefung (Blätter 35-60)	
35	Informationstechnik; Elektrotechnik
36	Information in Systemen; Entropiebetrachtungen zu Kanälen
37	IT / Verschlüsselungen
38	Primzahlermittlung (Algorithmus nach Shor); Inspirationen
39	Stochastische Verteilungen und Programmieraspekte
40	exp(ix)-Umrechnungen; Systembeschreibungen; Systemberechnungen
41	Systeme und Tests
42	Abstraktion
43	Problemlösungen
44	Beispiele von Differenzialgleichungen mit Lösungen
45	DGL $\rightarrow$ Laplace-Transformation / z-Transformation / Strukturbeziehungen
46	Integrale
47	Integrale; Physik
48	grad, div, rot, Nabla (∇)
48	Extrema in $\mathbb{R}^2$ / Integrale im $\mathbb{R}^2$, $\mathbb{R}^3$, ... $\mathbb{R}^n$
49	Integration im komplexen Raum, Polstellen, Reihen, Reihenentwicklung, Residuensatz, ... (I)
50	Integration im komplexen Raum, Polstellen, Reihen, Reihenentwicklung, Residuensatz, ... (II)
51	Matrizen, Kegelschnitte, Hauptachsentransformation
52	Differenzialgeometrie
53	Graphen im komplexen Raum / Bildverarbeitung und Programmieraspekte
54	Software (und Mathematik / Wissenschaft)
55	Lineare Abbildungen / Matrizen; Eigenwerte / Eigenvektoren
56	Unschärferelation / Abtasttheorem / Zeitdiskrete Signale
57	Fourier-Transformation (X(f): Spektrale Amplitudendichte)
58	Fourier; Faltungen
59-60	Aspekte der Bildverarbeitung

Aufgaben: Grundlagen (Blätter 1-34)

(1) Vorübungen - „Basistest" / Zahlen

Vereinfachen Sie. Lösen Sie auf. Skizzieren Sie.

$3(2/5) + 4(1/5) =$	$3/8 + \frac{3}{4} + 1/16 - \frac{1}{2} =$	$\frac{3}{4} \cdot 2/7 =$	$2x/(x + 1) = 4$	$x\,(2x + 3) + x^2 - 2(x + 3x) =$
$3x + 7 - 4x + 1 = 14 + 2x$	$(2x - 3y) - x - (y - 5y) =$	$(2x - 6) / (x - 3) = 3$	$0 = (2x - 1)\,(3x - 5)$	$4x^2 - 9 =$
$2x^3 \cdot 3x^2 =$	X^6 / x^2	$(2a/5x)^2 =$	$a^{1/3} \cdot a^{2/3} =$	$9^{-0,5} =$
$a^{1/3} : a^{2/3} =$	$a^{\frac{1}{2}} \cdot 2 = -a^{\frac{1}{2}}$	$8\,x^3\,y^3 / (12\,x^2) =$	$(7ab/36) \cdot (5a/14b) =$	$(2^2)^x = 2^{12};\ x =$

Liegt P(-2/4) auf den Geraden?
$f(x) = 7x + 14;\ g(x) = -7x + 18;\ h(x) = 9x - 14$

$(a + b)^2 =;\ (a - b)^2 = (?);\ (a - b)\,(a + b) = (?);\ (a + b)^3 = (?)$
$(p - 2q)^2 =$

21 Personen haben Proviant für eine Wanderung über 7 Tage. Wie lange reicht dies, wenn 35 Personen teilnehmen?

Nach Abzug von 40% des Einkommens verbleiben netto 3600,- €. Wie hoch ist das Bruttogehalt?

Die Miete einer Wohnung beträgt 800,- €. Sie wird um 11% erhöht. Wie hoch ist nun der Mietbetrag?

Volumen (V) einer Garage mit den Seitenlängen: $a = 4$ m; $b = 2,7$ m; $c = 9$ m; V =

In einem rechtwinkligen Dreieck beträgt die Länge der kurzen Seiten: $a = 7$ cm; $b = 11$ cm. $c = ?$ Wie groß ist die Fläche des Dreiecks?

Ein Zug fährt um 7.37 Uhr statt um 6.19 Uhr. Verspätung in Minuten: $t_d =$

$f(x) = ax + c.$
Wie verändert sich der Graph, wenn a bzw. b verändert werden?

Wie lautet die Geradengleichung, auf deren Gerade die Punkte $P_1(2|3)$ und $P_2(4|5)$ liegen?

Steigung? Nullstelle? Y-Achsenabschnitt?
$s(t) = -4(t - 2)$ $r(t) = 8(t - 2)$
$v(t) = -4(t + 3)$ $w(t) = 3(t + 2)$

(Zu einem vollständigen Binom ergänzen)
$x^2 + 8x + \ldots =;\ 4x^2 - (\ldots) + 4y^2 =$
$\ldots + 24xy + 9x^2 =;\ x^2 + (\ldots) + 9y^2 =$

Schnittpunktwerte; $x_s =$; $y_s =$ der linearen Systeme
$\left|\begin{array}{l} -x + 3y = 4 \\ 2x + 9y = 11 \end{array}\right|;\ \left|\begin{array}{l} -2x + 5y = 4 \\ 2x + 3y = -7 \end{array}\right|;\ \left|\begin{array}{l} 3x - 5y = 9 \\ 17 - 21y = -19 \end{array}\right|$

Binomische Formel für: $25x^2 - 30xy + 9y^2 =$
$f(x) = ax^2 + c$
Wie verändert sich der Graph, wenn a bzw. b verändert werden?

$f(x) = 2x^2 - 12x + 18$	$(X^{2k})^3 / (x^k)^2 =$	$3 = 1,5^x$	$5x^3 - 40 =$
$x^2 = 2^x$	Liegt $p(x|3)$ auf $f(x) = x^2 + 2x$	$\exp(x) \cdot x = 0$	Skizze für $f(x) = x^3$
$\ln|\exp(x)| =$	$\exp(\ln|x|) =$	Liegt eine Symmetrie vor? $f(x) = x^4 - 5x^2$	

Lösung von Ungleichungen:
$4 + x \leq 2;\ 5 - x \geq 7;\ 9x - 11 > 8;\ 3x - 6 < 9$

Bestimmen Sie den Scheitelpunkt von:
$f(x) = 2 \cdot (x + 4) \cdot (x - 7)$

Bestimmen Sie jeweils x:
$x^2 - 30 = 6;\ ;\ x^2 - 3x = 0;\ x^2 - 4x = 5$

Skizzieren Sie den Verlauf der Funktion f in einer Freihandskizze
$f(x) = -0,5 \cdot 2^x$

Bestimmen Sie die Exponentialfunktion, deren Graph durch P(0 | 6) und P(1 | 2) verläuft.

Schnittpunkt von sin(x) mit cos(x) im Bereich $0° < x < 90°$

$\ln|100| =$ $\exp(5) =$

Skizze zu: $F(x) = \sin(x);\ G(x) = \cos(x);\ H(x) = \sin(2x);\ J(x) = \sin(x) + 2;\ K(x) = \sin(x - 60°)$

Zahlen

A) Für die Menge der natürlichen Zahlen gilt nach der DIN 5473 (1992-07): $|N = \{0;\ 1;\ 2;\ 3;\ 4;\ \ldots\}$.

B) Frage: Ist die Wurzel von der Zahl zwei rational?
Annahme, es würde gelten: $\sqrt{2} = \frac{a}{b}$: Hierbei sind a, b ∈ |N und teilerfremd. Das Quadrat beider Seiten ergibt: $2 = a^2 / b^2$.
Somit folgt: $2 \cdot b^2 = a^2$. Insofern ist a^2 gerade und damit auch a.
Damit kann für a geschrieben werden $a = 2 \cdot r$ mit $r \in |N$.
Dies führt zu: $a^2 = 4 \cdot r^2$ und somit zu: $2 \cdot b^2 = a^2 = 4 \cdot r^2$.
Also gilt $b^2 = 2 \cdot r^2$. Damit ist auch b^2 gerade und somit auch b.
Insofern sind a und b nicht teilerfremd. Diese Einsicht hat zur Folge, dass sich über den Ansatz a/b keine Darstellung für $\sqrt{2}$ ergibt. $\sqrt{2} =$ ist keine rationale Zahl.

Hinweis zu B)
Somit liegt zumindest bei $\sqrt{2}$ ein „Loch" bzw. eine „Lücke" im Zahlenstrang vor.

Die Diagonale im Einheitsquadrat existiert nicht als rationale Zahl. $\sqrt{2}$ kann aber mit jeder anderen rationalen Zahl multipliziert werden.

Das Produkt ist dann aber auch nicht rational existent.

C) Für welches Zahlenpaare (x; k) gilt: $(x + k)^3 = x^3 + k^3$
Lösungshinweis: $(x + k)^3 = x^3 + 3x^2k + 3xk^2 + k^3 = x^3 + k^3$
$\to 3x^2k + 3xk^2 = 3xk \cdot (x + k) = 0$.
Dies ist erfüllt für: $x = 0;\ k = 0$ und $x = -k$.

Bemerkung
In der modernen Zahlentheorie werden Charakteristiken von unterschiedlichen Zahlräumen (z. B. p-adische Zahlen (→ **perfektoide Räume**; Peter Scholze)) untersucht.

Teilbarkeit von Zahlen

9240 → ?	Teilbar durch 1; durch 2; durch 3 (da die Quersumme durch 3 teilbar ist); durch 4; durch 5; durch 6; durch 7 (9240 → 924 − 0 = 924 → 92 − 8 = 84); durch 8 (240 ist durch 8 teilbar); nicht durch 9
45779874 → ?	Teilbar durch 1; durch 2; durch 3 (da die Quersumme durch 3 teilbar ist); nicht durch 4; nicht durch 5; durch 6; durch 7 (4577874 → 457787 - 8 = 457779 → 45777 - 18 = 45759 → 4575 − 18 = 4557 → 455 − 14 = 441 → 44 − 2 = 42); nicht durch 8; nicht durch 9
84770630 → ?	Teilbar durch 1; durch 2; nicht durch 3 (da die Quersumme nicht durch 3 teilbar ist); nicht durch 4; durch 5; nicht durch 6; durch 7 (84770630 → 8477063 − 0 = 8477063 → 847706 − 6 = 847700 → 84770 − 0 = 84770 → 8477 − 0 = 8477 → 847 − 14 = 833 → 83 − 6 = 77); nicht durch 8; nicht durch 9

Hinweis: Der Nachweis zur Teilbarkeit durch 7 gemäß der ‚Regel' „Die Summe der alternierenden 3er-Blöcke muss durch 7 teilbar sein" ergibt:
9240: + 009 − 240 = − 231 (→ 231/7 = 33); 45772874: + 045 − 772 + 874 = 147 (→ 147/7 = 21); 1001: 1 − 001 = 0; 84770630 = 2 · 5 · 7 · 43 · 28163;
84770630: + 084 − 770 + 630 = − 56 (→ − 56/7 = − 8); 1940907969: + 001 − 940 + 907 − 969 = −1001 (→ − 1001/7 = − 143);
1940907969 = 7 · 9 · 11 · 43 · 17 · 19 · 23 · 29

Potenzen

$8^9 - 8^8 = 8^8 \cdot (8 - 1) = 8^8 \cdot 7 = (2^3)^8 \cdot 7 = 2^{24} \cdot 7 = 2^{12} \cdot 2^{12} \cdot 7 = 4096 \cdot 4096 \cdot 7 = 117440512$

Summen

$S_m = 1 + \frac{1}{2} + 1/3 + \frac{1}{4} + 1/5 + 1/6 + \ldots$ (Wann ist S_m größer 3?)

$S_n = 1 + \frac{1}{2} + \frac{1}{4} + 1/8 + 1/16 + \ldots$ (Wann ist S_n größer 1,7? Und wann ist es größer als 2?)

$S_p = 1 + \frac{1}{2} + 1/3 + 1/5 + + 1/7 + 1/11 + 1/13 + 1/\,17 + 1/19 + 1/23 + 1/29 \ldots$ (Wie geht es weiter? Wann ist S_p größer 3?)

(2) ggt / kgv - Bestimmungen

Definition

ggT: größter gemeinsamer Teiler
kgV: kleinster gemeinsamer Vielfacher
$ggT(0, 0) := 0$
$d = ggT(a, b) \Leftrightarrow d > 0 \wedge d \mid a \wedge d \mid b \wedge \forall c \in Z(c \mid a \wedge c \mid b \Rightarrow c \mid d)$
$kgV(0, 0) := 0$
$e = kgV(a, b) \Leftrightarrow e > 0 \wedge d \mid e \wedge b \mid e \wedge \forall c \in Z(a \mid c \wedge b \mid c \Rightarrow e \mid c)$
Es gilt: $a \cdot b = ggT(a, b) \cdot kgV(a, b)$

Beispiel

$a = 18 = 2 \cdot 9 = 2 \cdot 3 \cdot 3 = 2^1 \cdot 3^2$
$b = 24 = 2^3 \cdot 3^1$

$ggT(a, b) = ggT(18, 24) = 2^1 \cdot 3^1 = 6; \frac{18}{6} = 3; \frac{24}{6} = 4$

$kgV(a, b) = kgV(18, 24) = 2^3 \cdot 3^2 = 8 \cdot 9 = 72; \frac{72}{18} = 4; \frac{72}{24} = 3$

$ggT(18, 24) \cdot kgV(18, 24) = 18 \cdot 24 = 432 = 2^4 \cdot 3^3 = 432$

$\rightarrow 432 = 16 \cdot 27 = 2^3 \cdot 2 \cdot 3^2 \cdot 3 = (2^3 \cdot 3) \cdot (3^2 \cdot 2) = 24 \cdot 18$

ggT – Berechnung

- Für die Berechnung eignet sich der Euklidische Algorithmus:
  (Eukidisches Lemma: Es gibt für a, b $\in$ Z mit b $\neq$ 0 und q und r:
  $a = q \cdot b + r$ ($0 \leq r < |b|$; r und q sind eindeutig.)
  $a = q0 \cdot b + r1 \qquad 0 < r1 < b$
  $a = q1 \cdot r1 + r2 \qquad 0 < r2 < r1$
  $a = q \cdot b + r$ ($0 \leq r < |b|$
  ...
  $a = q \cdot b + r$ ($0 \leq r < |b|$
- **Algorithmischer Kern**: (Eingabe a, b; Ausgabe ggT(a, b)
  (A): „Start“; Setzungen: x = a; y = b
  (B): Frage: Ist y = 0? Bei „Ja“ ist ggT(a, b) = x; „Ende“.
  (C): Ansonsten setze r = x mod y, x = y; y = r. Gehe zu (B).
- Beispiel: Rechnung für ggT (537, 213)
  $537 = 2 \cdot 213 + 111; 213 = 1 \cdot 111 + 102; 111 = 1 \cdot 102 + 9;$
  $102 = 11 \cdot 9 + 3; 9 = 3 \cdot 3 + 0$: Ende = ggT(537, 213) = 3
  $\rightarrow \frac{537}{3} = 179; \frac{213}{3} = 71$

Zahlen / Gleichung

Es sei: $x^2 - y^2 = C$ mit x, y $\in$ |N
Tipp 1: $(x - y)(x + y) = x^2 - y^2$
Tipp 2: $(x - y) + (x + y) = 2x$
C = 55
$x = 8; y = 3 \rightarrow x^2 - y^2 = 8^2 - 3^2 = 64 - 9 = 55$
C = 56
$x^2 - y^2 = (x + y) \cdot (x - y) = 56$
$(x; y) = (15; 13)$ bzw. $(9; 5)$
$\rightarrow$ Details siehe rechte Spalte

Nr.	(x + y)	(x − y)	(x + y) + (x − y) = 2x
1	56	1	$56 + 1 = 57 = 2x; x = 57/2 \rightarrow$ keine Lösung
2	28	2	$28 + 2 = 30 = 2x; x = 15, y = 13 \rightarrow 15^2 - 13^2 = 225 - 169 = 56$
3	14	4	$14 + 4 = 18 = 2x; x = 9, y = 5 \rightarrow 9^2 - 5^2 = 81 - 25 = 56$
4	7	8	$7 + 8 = 15 = 2x; x = 7/2 \rightarrow$ keine Lösung
5	8	7	$8 + 7 = 15 = 2x; x = 7/2 \rightarrow$ keine Lösung
6	4	14	$4 + 14 = 18 = 2x; x = 9 \rightarrow$ keine Lösung
7	2	28	$2 + 28 = 30 = 2x; x = 15 \rightarrow$ keine Lösung
8	1	56	$1 + 56 = 57 = 2x; x = 57/2 \rightarrow$ keine Lösung

Symmetrien

- **Unterscheidungen**
  Symmetrien in der Geometrie (Figuren und Körpern)
  Symmetrien bei Funktionsgleichungen der Mathematik
  Symmetrien der Physik (Erhaltungssätze gemäß Noether)
  Symmetriebrechungen in der Physik und bei mathematischen Strukturen
  Symmetrien bei Kommunikationen (evtl. Dilemmata; Lügen als Symmetriebruch)
  Symmetrien, Symmetriebrüche in der Psyche (Logiken im Uber-Ich, Ich, Es)
- **Bekannte Symmetrien**
  Achsensymmetrie: $f(x) = f(-x)$; z. B.: $f(x) = x^2$
  Spiegelsymmetrie: $f(x) = -f(-x)$; z. B.: $f(x) = x^3$
  Rotationssymmetrie (Drehsymmetrie)
  Drehung um eine Punkt a mit $\varphi_n = \frac{360°}{n}$ für n $\in$ {1, 2, 3, ...}

Operation	Symbole					
Nur a	A	M	T	U	V	W	Y
Nur b	B	C	D	E			
Nur c	N	S	Z				
a + b + c	H	I	O	X			
weder a, b, c	F	G	J	K	L	P	Q	R

(*: unterschiedliche Schreibweisen sind möglich)
(a) Achsensymmetrie
(b) Achsensymmetrie
(c) Punktsymmetrie (Drehung um 180°)

Quadrat (|R² – 2D)

Koordinaten:
A: (0,0); B: (1,0)
C: (1,1); D: (0,1)

Symmetrieachsen
Diagonalen A-C, B-D
Waagerechte Achse durch den Mittelpunkt

Senkrechte Achse durch den Mittelpunkt

Würfel (|R³ – 3D)

Koordinaten
A: (0,0,0); B: (1,0,0)
C: (1,1,0); D: (0,1,0)
E: (0,0,1); F: (1,0,1)
G: (1,1,1); H: (0,1,1)

Verdeutlichen Sie sich die Symmetrie bei Funktionen und Gegebenheiten in der Natur.

(1): $f_1(x) = x$
(2): $f_2(x) = x^2$
(3): $f_3(x) = x-1$
(4): $f_4(x) = x^0$
(5): $f_5(x) = x^2 + x^{-6}$
(6): $f_6(x) = x^3 + x^{-5}$
(7): $f_7(x) = x - x^2$
zu (1): $f(x) = x = -(-x) = -f(-x)$
$\rightarrow$ punktsymmetrisch

zu (2): $f(x) = x^2 = (-x)^2 = -f(-x)$
$\rightarrow$ achsensymmetrisch

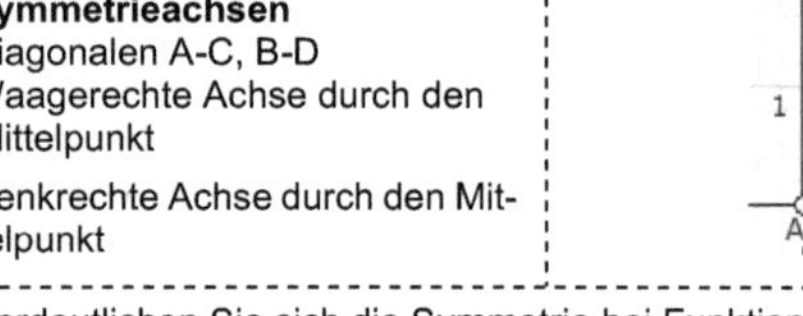
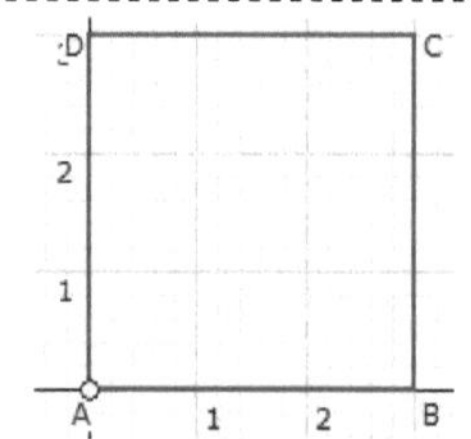
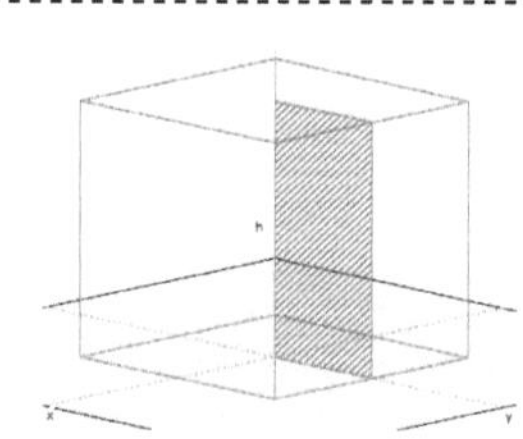

Asymmetrie und Symmetrie in der Natur (Fotos: © Rathgeber)

Welche Symmetrien können Sie in Ihrer Umgebung erkennen? (Häuser, Brücken, Gesichter, Körper, Straßenschilder, Zeichen (Buchstaben …), Bilder.)

(3) Funktionsgleichung, Koordinatensysteme

Schreibweisen

$f = \{(x; y)\} \mid y = f(x) \wedge x \in \mathbb{R}\}$. Der Name der Funktion ist diesem Fall: f.
Für f(x) wird oftmals eine konkrete Funktion eingesetzt, z. B.: $f(x) = x^2$. Also gilt
in diesem Fall: $f = \{(x; y)\} \mid y = x^2 \wedge x \in \mathbb{R}\}$. Abgekürzt: $y = f(x) = x^2$. f(x) wird in
diesem Fall abgebildet auf die y-Achse, die typischerweise senkrecht auf der
x-Achse steht. In diesem Fall spricht man von einem kartesischen Koordinatensystem. Jedoch können auch andere Gestaltungen verwendet werden. So
kann z. B. die Achsen schiefwinklig aufeinander stehen. Allgemein spricht man
von der bzgl. der x-Achse von der Abszisse; bei der y-Achse von der Ordinate.
Der Mittelpunkt des Koordinaten-systems wird als Koordinatenursprung (Nullpunkt) bezeichnet. Das x in f(x) bezeichnet die Variable. So wird in gleicher Art
das x in der Gleichung $f(x) = 4x^3 - 2x^2 - x + 1$ variiert. f(x) gibt dann den Wert
an, der über die Ordinate dargestellt wird. In dem Ausdruck $f_{a,\,b,\,c}(x)$ bezeichnen die Größen a, b, c Parameter. Diese werden bei jeder Rechnung vorab
neu eingestellt. Insofern sind sie auch veränderbare Größen. Während einer
Rechenprozedur in Abhängigkeit von der Variablen x werden die Parameter a,
b, c jedoch nicht verändert. Mit dem Ausdruck f(x, y, z) wird eine Funktion f in
Abhängigkeit von drei Variablen (x; y; z) bezeichnet. Zum Beispiel: f(x, y, z) =
$x^3 - x \cdot z + \sin(y)$. Koordinatensysteme können auch mit einer Abstandsgröße
zu einem Mittelpunkt (Pol-Position) und einem Drehwinkel mit Blick auf eine
gedachte Polarachse dargestellt werden.

Kartesisches System

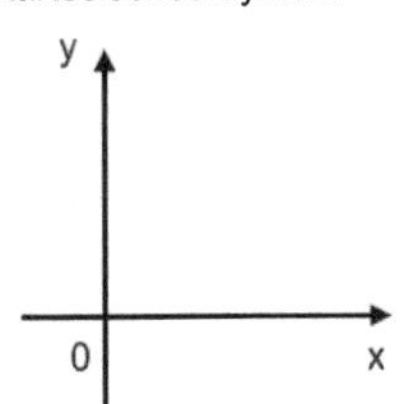

Schiefwinkliges System

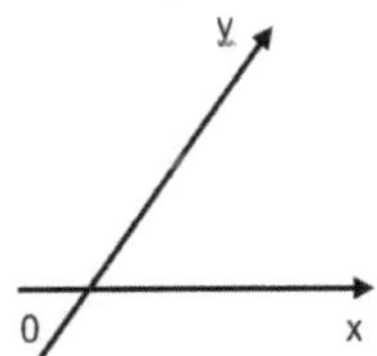

Polarkoordinatensystem

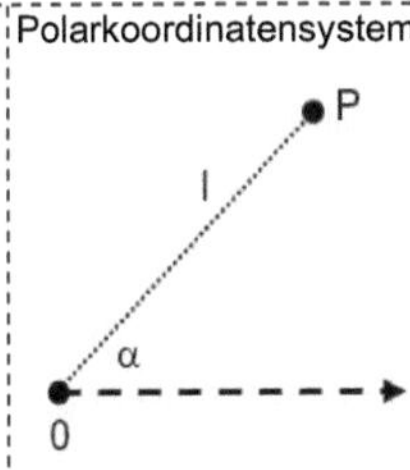

Ausgehend von den x-y-Werten eines
Punktes im Kartesischen
System können die Werte für ein
Polarkoordinatensystem bestimmt
werden.
Es gilt: $l = x^2 + y^2$ und $\tan\alpha = y/x$.
In vergleichbarer Art können die
übrigen Umrechnungen vorgenommen
werden.

A: Die Kosten für eine Taxifahrt über 6 km betragen 7,60 €. Eine Fahrt über 20 km kostet 20,20 €. Zeichnen Sie den Graphen für diese Gegebenheiten. Geben Sie die Funktionsgleichung an. Wie groß ist die Grundgebühr für eine Fahrt? Wie hoch ist der Kilometerpreis? Wie viel kostet eine Fahrt über 30 km?

ML - Nr. A

Es ist anzunehmen, dass das Taxi-Unternehmen im Allgemeinen eine entfer-
nungsunabhängige Grundgebühr verlangt und dann zusätzlich Fahrkosten in
Abhängigkeit der Fahrentfernung in Rechnung stellt. Insofern liegen lineare
Beziehungen vor, die durch lineare Gleichung beschrieben werden können:
$f(x) = m \cdot x + b$. Hierbei steht b für die Grundgebühr: K_G
x wäre die Variable und würde für die Entfernung l (Weglänge) stehen.
m wäre die Steigung, also die Kosten pro Kilometer ($m = k_l$):
$m = \frac{\Delta K}{\Delta l}$. Somit würde sich konkret für die Fragestellung ergeben:
$f(l) = k_l \cdot l + K_G$ mit $K_l = k_l \cdot l$. Wir erhalten:
(1) $f(l) = k_l \cdot l + K_G \to 7,6\ € = f(6\ km) = k_l \cdot 6\ km + K_G$
(2) $f(l) = k_l \cdot l + K_G \to 20,20\ € = f(20\ km) = k_l \cdot 20\ km + K_G$
Die Differenz von (2) – (1) ergibt: 12,60 € = (20 – 6) km + K_G - K_G
$\to 12,6\ € / 14\ km = k_l = 0,9\ € / km$. Damit gilt für K_G: K_G = 2,2 €.
So folgt: $f(l) = (0,9\ € / km) \cdot l + 2,2\ €$. Es gilt: f(30 km) = 29,2 €.

B: Bei einer Telefongesellschaft bezahlt ein Kunde monatlich eine Grundgebühr K_G. Dazu kommt für jede Telefoneinheiten der Betrag K_T. Der Kunde Isa-
mala hat 600 Tarifeinheiten telefoniert. Er muss insgesamt 36,- € bezahlen.
Der Kunde Volkert hat 200 Tarifeinheiten telefoniert. Er muss insgesamt 18,- €
bezahlen. Skizzieren Sie die Gegebenheiten. Bestimmen Sie K_G und K_T. Geben Sie die vollständige Funktionsgleichung an. Die Kundin Sirena muss in für
einen Monat 99,- € bezahlen. Wie viele Telefoneinheiten hat sie telefoniert?

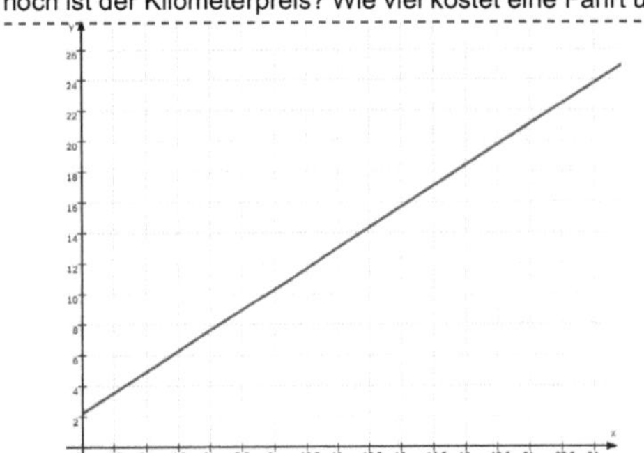

Eine negative Fahrentfernung kann nicht auftreten: $l \geq 0$ k

ML-B:
400 Einheit entsrechen 18 €.
Eine Einheit K_T kostet 0,045 €/Einheit.
Die Grundgebühr K_G beträgt 9 €
Die Funktionsgleichung lautet: f(E) = 18 € + 0,045 (€/Einheit) · E
Sirena hat für 90 € Einheiten telefoniert.
Insofern hat sie 2000 Einheiten telefoniert.

Lineare Gleichungen

A: Skizzieren Sie in einem Diagramm die folgenden Funktionen:
  $g(x) = - 2 \cdot x + 5$; $h(x) = (1/3) \cdot x - 3$; $(x) = 5 \cdot x - 10$.

B: Von linearen Funktionen $(f(x) = a \cdot x + b)$ sind jeweils bestimmte
Daten bekannt. Ermitteln Sie die fehlenden Werte.

Nr.	a =	b =	x_1 / y_1	x_2 / y_2	f(x) =
1	5	- 3	3 /	/ - 5	
2			3 /	/ - 5	- 6 · x - 11
3			7 / 4	4 / 7	
4			- 3 / - 52	6 / 47	

Determinanten

B: Lineares Gleichungssystem mit zwei Unbekannten
  (I) $a_{11} \cdot x_1 + a_{12} \cdot x_2 = b_1$; (II) $a_{21} \cdot x_1 + a_{22} \cdot x_2 = b_2$
  Es folgt: $x_1 = (b_1 \cdot a_{22} - b_2 \cdot a_{12})/(a_{22} \cdot a_{11} - a_{12} \cdot a_{21})$

$$x_2 = \frac{a_{11} \cdot b_2 - a_{21} \cdot b_1}{a_{11} \cdot a_{22} - a_{12} \cdot a_{21}}$$

- Determinante $D = \begin{vmatrix} a_{11} & a_{12} \\ a_{21} & a_{22} \end{vmatrix} = a_{11} \cdot a_{22} - a_{21} \cdot a_{12}$

- Es gilt: $x_2 = \dfrac{\begin{vmatrix} a_{11} & b_1 \\ a_{21} & b_2 \end{vmatrix}}{\begin{vmatrix} a_{11} & a_{12} \\ a_{21} & a_{22} \end{vmatrix}} = \dfrac{a_{11} \cdot b_2 - a_{21} \cdot b_1}{a_{11} \cdot a_{22} - a_{12} \cdot a_{21}}$

- Es folgt: $x_1 = D_{x1}/D$ und $x_2 = D_{x2}/D$
- Allgemein gilt (Cramerschen Regel): $x_i = \det A_i/\det A$ für $A \cdot \chi = b$ mit:
  A: reguläre Matrix; χ: Spaltenvektor der Unbekannten (x_i)

Lineare Gleichungen: $f(x) = m \cdot x + n$

Zur Lösung einer Gleichung müssen folgende Daten bekannt sein:
1: m und n; 2: m und ein Punkt $P(x_i;y_i)$ mit $y_i = f(x_i)$
3: zwei Punkte: $P_1(x_1;y_1)$ und $P_2(x_2;y_2)$
Für m gilt: $m = \Delta y / \Delta x = (y_2 - y_1) / (x_2 - x_1)$
Unter Verwendung von und der Daten eines Punktes kann n bestimmt werden. Mit den Daten des Punktes kann eine Überprüfung vorgenommen wer-
den. Auch ergibt sich ein Zugang über zwei Gleichungen:
A: $y_1 = m \cdot x_1$ und n; B: $y_2 = m \cdot x_2$ und n. Zur Auflösung bieten sich an: Einset-
zungs- bzw. Gleichsetzungsmethode, Additionsverfahren.
Beispiel: $P_1(2;5)$ und $P_2(5;11) \to m = (11 - 5) / (5 - 2) = 6 / 3 = 2$
$\to 5 = 2 \cdot 2 + b \to b = 1 \to f(x) = m \cdot x + n \to 5 = 2 \cdot 2 + n \to 5 = 4 - 1 = b$
Mit den Daten von P_2 wird dies bestätigt: $11 = 2 \cdot 5 + 1 = 11$
Der zweite Weg ergibt: $5 = m \cdot 2 + n$; $11 = m \cdot 5 + n$
Wir ziehen zum Beispiel die Gleichungen voneinander ab und
erhalten: $11 - 5 = 6 = 5m - 2m + b - b = 3m \to m = 2$ usw.

Quadratische Gleichungen: $f(x) = a \cdot x^2 + bx + c$; mit $a \neq 0$

Es ist sinnvoll, die Gleichung zu normieren: $f(x)/a = x^2 + (b/a)x + (c/a)$
Für die Bestimmung der Nullstellen gilt $f(x) = 0$.
Typischerweise wird gesetzt:: $p = b/a$ und $c/a = q \to 0 = x^2 + px + q$
Eine quadratische Ergänzung ergibt: $0 = x^2 + px + [(p/2)^2 - (p/2)^2] + q$
Es folgt: $0 = (x^2 + px + (p/2)^2) + (- (p/2)^2 + q) \to (x + (p/2))^2 = (p/2)^2 - q$
Durch das Ziehen der Quadratwurzel löst sich der Ausdruck auf.
Beispiel: $f(x) = (x - a) \cdot (x - b)$
Die Nullstellen lauten dann + a und + b. So gilt: $(x + 3) \cdot (x - 2)$: $x_{n1} = - 3$
und $x_{n2} = + 2$; Wir betrachten $f(x) = x^2 + x - 6$.
$f(x) = x^2 + x + (1/2)^2 - (1/2)^2 - 6 = x^2 + x + 1/4 - 1/4 - 6$
Mit f(x) = 0 (Nullstelen!) folgt: $0 = (x + ½)^2 - 1/4 - 6$
$0 = (x + ½)^2 - 1/4 - 6 = (x + ½)^2 - 25/4 \to (x + ½)^2 = 25/4$
$\to x_{n1/n2} = - ½ \pm 5/2 \to x_{n1} = - ½ + 5/2 = 2$ und $x_{n2} = - ½ - 5/2 = - 3$
Nach Vieta gilt: $1 = - (x_{n2} + x_{n1})$ und $- 6 = x_{n2} \cdot x_{n1}$

(4) Lage von Geraden zueinander

Situation von zwei Geraden

Unendlich viele Schnittpunkte: Steigung der jeweiligen Geraden sind gleich und alle Punkte sind zugleich für beide Geraden erfüllt.

Geraden sind parallel (gleiche Steigung).

Es gibt aber keinen gemeinsamen Schnittpunkt.

Geraden schneiden sich in einem Punkt

Situation von drei Geraden

1) Unendlich viele Schnittpunkte: Steigung der jeweiligen Geraden sind gleich und alle Punkte sind für drei Geraden erfüllt.
2) Unendlich viele Schnittpunkte bei zwei Geraden.
3) Die dritte Gerade liegt parallel zu den Geraden; sie ist aber mit ihnen nicht identisch.
4) Wie unter 2). Aber die dritte Gerade schneidet die ersten beiden Geraden in einem Punkt.
5) Drei Geraden sind zueinander parallel. Es gibt aber keinen Schnittpunkt.
6) Zwei Geraden sind parallel (gleiche Steigung). Es gibt aber keinen gemeinsamen Schnittpunkt. Jedoch schneidet die dritte Gerade die beiden ersten Geraden in zwei unterschiedlichen Punkten.
7) Die drei Geraden schneiden sich in genau einem Punkt.
8) Die drei Geraden besitzen drei Schnittpunkte.

Schnittpunkte und eingeschlossene Fläche

Folgende Angaben sind von drei Geraden bekannt:
Gerade R: $P_1 = (0; 1)$: $P_2 = (2; 5)$
Gerade S: $P_1 = (3; 1)$: $P_2 = (5; 9)$
Gerade T: $T(x) = 1$
Bestimmen Sie die Gleichungen der Geraden, die Schnittpunkte der drei Geraden und die eingeschlossene Fläche. Geben Sie eine Skizze an.
$R(x) = 2x + 1$; $S(x) = 4x - 11$; $T(x) = 0x + 1$
$R(x) = S(x) = 2x + 1 = 4x - 11 \rightarrow 2x = 12 \rightarrow x = 6$
Schnittpunkt von $R(x)$ mit $S(x)$: $P(6; 13)$
Schnittpunkt von $R(x)$ mit $T(x)$: $P(0; 0)$
Schnittpunkt von $S(x)$ mit $T(x)$: $P(3; 1)$
Bezüglich der eingeschlossenen Fläche gilt: Grundseite $\Delta x = 3$ LE;
Höhe $\Delta h = 12$ LE. $F = ½ \cdot 3 \cdot 12 = 18$ FE

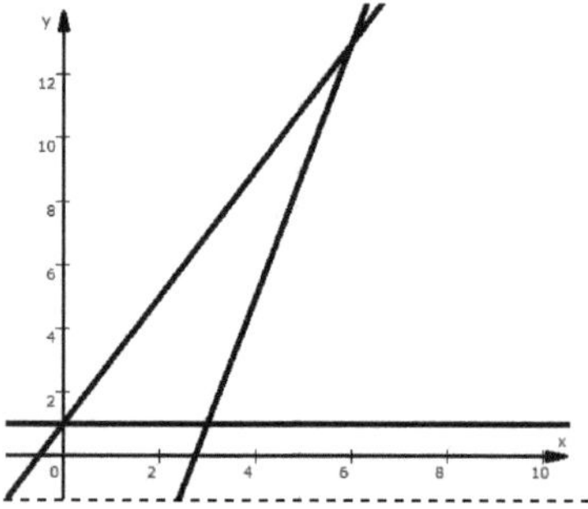

Ungleichungen

A: Beispiele: $f(x) = y < x + 2$; $g(x) = y \leq x^2$; $h(x) = y > \ln(x) + 1$; $i(x) = y \geq \exp(-x)$
Zur Auflösung: Die Ungleichheitsrelation ($<$; $\leq$; $>$; $\geq$) wird durch eine Gleichsetzung ($=$) ersetzt. Diese Funktion wird aufgelöst (gezeichnet). Nur wird unter Beachtung der Definitions- und Wertemenge und der Ungleichheitsrelation die Ungleichung bestimmt.
B: Betrachtet wird die Funktion $f(x) < -x^2 + 5$
Es soll gelten $x \in |N$; $x > 0$; $y \in |N$, $y > 0$. Somit erfüllen folgende Punkte die Ungleichung: (1,1); (1,2); (1,3)
Dagegen erfüllen (1;4) und (2; 1) diese Ungleichung nicht.
Bei $f^*(x) \leq -x^2 + 5$ (und ansonsten gleichen Bedingungen) würden dagegen die Punkte (1; 1); (1; 2); (1; 3); 1;4); (2; 1) die Ungleichung $f^*(x)$ erfüllen.

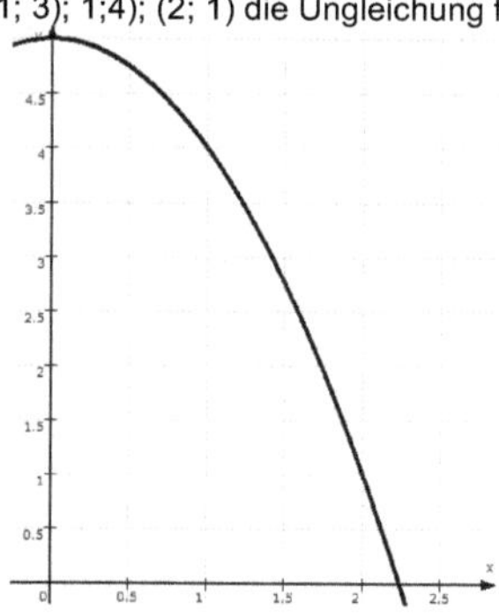

Betrachten Sie entsprechend folgende Ungleichungen unter Beachtung der Werte- und Definitionsmengen.

Funktionsgleichung (f)	W_f	D_f
$x^3 - 5$	$|N$	$|R$
$-7x + 4$	$|R$	$|Z$
$8 - x^2$	$|Z$	$|R$

Algorithmus von Gauß (Elimationsverfahren für Gleichungssysteme)

Die Reihenfolge der Gleichungen kann beliebig vertauscht werden.
Jede Gleichung kann mit einem Faktor beliebig multipliziert werden.
Jede Gleichung kann mit anderen Gleichungen addiert werden.
Schrittweise können die Gleichungen umgestellt werden, so dass nur eine Variable übrigbleibt und sich die Auflösung ergibt.
Beispiel
(Gl. 1): $2x_1 + x_2 + x_3 = 9$
(Gl. 2): $x_1 + 2x_2 + x_3 = 3$
(Gl. 3): $x_1 + x_2 + 2x_3 = 8$
Ergebnis: $x_2 = -2$; $x_3 = 3$; $x_1 = 4$

Nr.	Gleichungen	Operation
(1*)	$x_1 - x_2 + 0 = 6$	(1) - (2)
(2*)	$x_1 + 2x_2 + x_3 = 3$	(2)
(3*)	$0 - x_2 + x_3 = 5$	(3) - (2*)
(1**)	$x_1 - x_2 + 0 = 6$	(1*)
(2**)	$0 + 3x_2 + x_3 = -3$	(2*) - (1**)
(3**)	$0 - x_2 + x_3 = 5$	(3) - (2*)
(1***)	$x_1 - x_2 + 0 = 6$	(1*)
(2***)	$0 + 4x_2 + 0 = -8$	(2**) - (3**)
(3***)	$0 - x_2 + x_3 = 5$	(3*) - (2*)

Übung I: (Gl. 1): $-x_1 + 8x_2 + 3x_3 = 2$
(Gl. 2): $2x_1 + 4x_2 - x_3 = 1$
(Gl. 3): $-2x_1 + x_2 + 2x_3 = -1$

Übung II: (Gl. 1): $4x_1 + 2x_2 + x_3 = -7$
(Gl. 2): $3x_1 + x_2 + 2x_3 = -5$
(Gl. 3): $x_1 + 4x_2 + 3x_3 = 8$

Zu I: Lsg.: $x_1 = 5$; $x_2 = -1$; $x_3 = 5$
Zu II: Lsg.: $x_1 = -3$; $x_2 = 2$; $x_3 = 1$

Skizzieren Sie die Verläufe der folgenden Funktionen:

a.) $f(x) = x^2$
b.) $f(x) = -1/3 \cdot x^2$
c.) $f(x) = x^2 - 4 \cdot x$
d.) $f(x) = x^2 + 6 \cdot x - 9$

C: Leiten Sie für quadratische Gleichungen ($f(x) = a \cdot x^2 + b \cdot x + c$) eine allgemeine Gleichung zur Bestimmung der Nullstellen x_1 und x_2 („p-q-Formel") her. Bestimmen Sie $x_1 + x_2$ und $x_1 \cdot x_2$.

D: Die Funktion $f(x) = 4 \cdot x^2$ liegt vor. Folgende Punkte, die auf dem Graphen der Funktion $f(x)$ liegen, werden näher betrachtet: A(1; a); B(5; b); C(3,5; c) und D(2; d). Bestimmen Sie die Werte für a; b; c; d. Skizzieren Sie den Verlauf. Es wird nacheinander jeweils eine Gerade zwischen dem Punkt A und den Punkten B, C und D gelegt. Bestimmen Sie für alle **drei Fälle** die Steigung $\tan(\alpha)$ der jeweils vorliegenden Geraden.

E: Von der Funktion $y = f(x) = a \cdot x^2 + b \cdot x + c$ sind folgende Punkte bekannt: $f(1) = 0$; $f(-2) = 24$; $f(3) = 34$. Es gilt: a, b, c $\in |R$. Bestimmen Sie a, b, c. Geben Sie die vollständige Funktion an.
ML: $0 = a + b + c$; $24 = 4a - 2b + c$: $34 = 9a + 3b + c$
$\rightarrow c = -a - b \rightarrow 34 = 9a + 3b - a - b = 8a + 2b \rightarrow 17 = 4a + b$
$\rightarrow 24 = 4a - 2b - a - b = 3a - 3b \rightarrow 8 = a - b \rightarrow b = -8 + a$
$\rightarrow 17 = 4a - 8 + a \rightarrow 25 = 5a \rightarrow a = 5 \rightarrow b = -3 \rightarrow c = -2$
$\rightarrow f(x) = 5 \cdot x^2 - 3 \cdot x - 2$

(5) Gleichungen, Funktionen

Zeichnen Sie den Verlauf von $f(x) = 2 \cdot x^2 + 2 \cdot x - 4$. Wo befinden sich Nullstellen? Geben Sie den Schnittpunkt mit der y-Achse an. $f(x) = 2 \cdot (x^2 + x - 2)$. Für die Bestimmung der x-Werte Nullstellen (x_n) ist der Klammerausdruck relevant. So ergibt sich: $(x^2 + x - 2) = 0$. Quadratische Ergänzung: $x_n^2 + x_n + \frac{1}{4} - \frac{1}{4} - 2 = (x_n + \frac{1}{2})^2 - 2{,}25 = 0$. $\to (x_n + \frac{1}{2})^2 = 2{,}25 \to x_{n1, n2} + \frac{1}{2} = \pm 1{,}5$. $\to x_{n1, n2} = -0{,}5 \pm 1{,}5 \to x_{n1} = -2$; $x_{n2} = +1$. Somit erhalten wir: $f(x) = 2 \cdot (x + 2) \cdot (x - 1)$.
Die erste Nullstelle ($x_{n1} = -2$) hat zur Folge, dass $(x + 2)$ gleich Null wird. Entsprechend wird durch $x_{n2} = 1$ die Klammer $(x - 1)$ gleich Null. y_n ist jeweils Null. Der Faktor n muss jedoch bei allen anderen y-Werten (so auch beim Scheitelpunkt) berücksichtigt werden. Eine quadratische Funktion ist achsensymmetrisch. Die Symmetrieachse geht durch den Scheitelpunkt (x_s; y_s). x_s liegt genau zwischen x_{n1} und x_{n2}. In diesem Fall somit: $x_s = -0{,}5$. y_s beträgt somit: $y_s = 2 \cdot (+1{,}5) \cdot (-1{,}5) = (-2) \cdot 2{,}25 = -4{,}5$

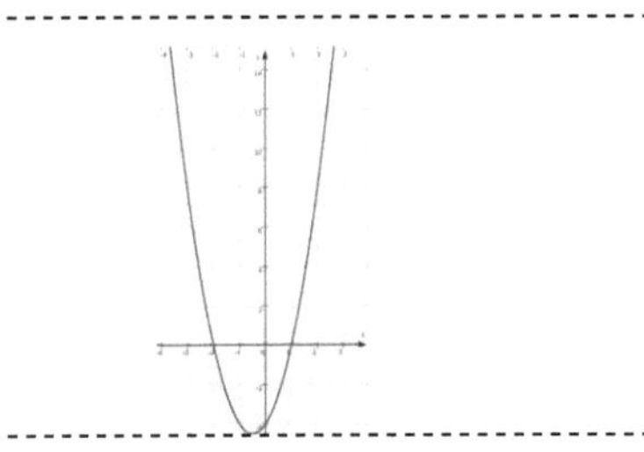

Berechnung von Quadratwurzeln

Quadratwurzelwerte können näherungsweise berechnet werden, indem ein Lösungswerte geschätzt wird. Die aufzulösende Zahl wird durch den Schätzwert geteilt. Und ein Mittelwert wird dann aus dem geschätzten und dem errechneten Wert gebildet. Dieser Wert ist dann der neue Schätzwert. Usw.

Beispiel: Wurzel von 7 ($\to 7^{0,5}$)

Nr.:	Schätzwert	Neuer Wert
1	2	3,5
2	2,75	2,5454
3	2,647727	2,6437768
4	2,645752	2,6457513

Eine Quadratwurzel kann schrittweise exakt aufgelöst werden. Dazu wird die Zahl systematisch ausgehend vom Komma in Zweierfelder aufgeteilt, die dann ausgehend von dem höchsten Wert schrittweise aufgelöst werden.
Zum Beispiel: 1225, 00 $\to$ 12 25
12 wird geteilt durch eine Zahl, die quadriert in 12 liegt: $\to$ **3**
$\to 12 - 9 = 3 \to$ betrachtet wird nun 325, wobei die letzte Stelle zuerst unbeachtet bleibt; der Teiler ist die verdoppelte **3**.
Die ersten beiden Stellen 32 werden also durch $3 \cdot 2 = 6$ geteilt: $\to$ **5**
Die 6 verbunden mit der 5 ergeben den Faktor 65 multipliziert mit 5:
$\to 325 - 65 \cdot 5 = 0$ (Rest Null).
Somit ist die Rechnung abgeschlossen. Das Ergebnis lautet 35 ($35^2 = 1225$).

Bspl.: 21609 $\to$ 2 16 09
$2 \to 2 - 1 = 1$
$\to 116 \to 11\,6 \to 11 : 2$
$\to$ **4** (5 wäre zu groß, da $25 \cdot 5 = 125$)
$116 - 24 \cdot 4 = 116 - 96 = 20$
$\to 2009 \to 200\,9$
(die letzte Stelle wird abgetrennt)
$200 : 28 = 7$
$2009 - 287 \cdot 7 = 0$
$\to 2009 : 287 = 7$ (Rest Null)
Damit gilt: $147 \cdot 147 = 21609$.

Bspl.: 69169 $\to$ 6 91 69
$2^2 (= 4)$ liegt in $6 \to 6 - 4 = $ **2**
$291 \to 29 : 4 = $ **6** (7 wäre zu groß, da $47 \cdot 7 = 329 > 291$)
$291 - 46 \cdot 6 = 291 - 276 = 15$
$1569 \to 156\,9$
(die letzte Stelle wird abgetrennt)
$156 : (46 + 6) = 156 : 52 = $ **3**
$\to 1569 : 523 = 3$ (Rest Null)
Damit gilt: $263 \cdot 263 = 69169$.

Lösen sie die quadratischen Gleichungen auf.
a) $f(x) = (x - 2) \cdot (x + 4) \cdot 0{,}5$
b) $g(x) = -x^2/2 - x - 5$
c) Bestimmen Sie die Schnittpunkte von $f(x)$ mit $g(x)$
d) $h(x) = (x + 5) \cdot (x - 2)$
e) $i(x) = -2 \cdot x^2 - 6 \cdot x + 20$
f) $j(x) = (x - 4 \cdot (x + 3)g)$ $k(x) = (1/x) \cdot (x^2 - x - 12)$
Von der Funktion $y = f(x) = a \cdot x^3 + b \cdot x^2 + c \cdot x + d$ sind folgende Punkte bekannt ($a, b, c, d \in$ **R**): $P_1 = (-1; 5)$, $P_2 = (-2; 0)$, $P_3 = (1; 9)$ und $P_4 = (2; 32)$. Ermitteln Sie die Werte von a, b, c und d.
Von der Funktion $y = f(x) = a \cdot x^3 + b \cdot x^2 + c \cdot x + d$ sind folgende Punkte bekannt: $P_1 = (-1; -3)$, $P_2 = (0; 1)$, $P_3 = (1; 5)$ und $P_4 = (5; 141)$. Ermitteln Sie die Werte von a, b, c und d.

Bestimmung von Parametern: Von der Funktion $y = f(x) = ax^3 + bx^2 + cx + d$ sind folgende Punkte bekannt ($a, b, c, d \in$ **R**): $P_1 = (-1; 5)$, $P_2 = (-2; 0)$, $P_3 = (1; 9)$ und $P_4 = (2; 32)$. Ermitteln Sie die Werte von a, b, c und d.
Geben Sie die vollständige Gleichung an. Es ergibt sich: $5 = -a + b - c + d$; $0 = -8a + 4b - 2c + d$; $9 = a + b + c + d$; $32 = 8a + 4b + 2c + d$
Umgerechnet erhalten wir:
$14 = 2b + 2d \to 7 = b + d \to d = 7 - b$; $14 = 2a + 2c \to 2 = a + c \to c = 2 - a$
$32 = 8b + 2d \to 16 = 4b + d \to d = 16 - 4b$;
$32 = 16a + 4c \to 8 = 4a + c \to c = 8 - 4a$
Für b ergibt sich über $7 - b = 16 - 4b \to 3b = 9 \to b = 3$
Für a ergibt sich über $2 - a = 8 - 4a \to 3a = 6 \to a = 2$
Damit folgt: $c = 0$ und $d = 4$
Die gesuchte Gleichung lautet: $f(x) = 2 \cdot x^3 + 3 \cdot x^2 + 4$

Skizzieren Sie die Verläufe der folgenden Funktionen:

k.) $f(x) = x^3 - 3 \cdot x^2 + 6 \cdot x$	m.) $f(x) = x^{-0,5}$	o.) $f(x) = x^4 - x^2 + 2$	p.) $f(x) = 2 \cdot \sin(3x) + 3$	r.) $f(x) = \ln(k \cdot x); k \in |R$	t.) $f(x) = \cos(x) \cdot \ln(x)$
l.) $f(x) = x^{0,5}$	n.) $f(x) = x^{1/3}$	$f(x) = 2 \cdot \sin(2x) + x + 1$	q.) $f(x) = \sin(x) - \cos(x)$	s.) $f(x) = \exp(k \cdot x); k \in |R$	

Bestimmen Sie jeweils auch die Nullstellen, den Schnittpunkt mit der y-Achse und, sofern vorhanden, den Scheitelpunkt.

Umkehrfunktion und Wurzelgleichungen

F: Zur Ermittlung der Umkehrfunktion sind zwei Vorgehensweisen möglich:
i.) Die ursprüngliche Funktion wird nach x (in Abhängigkeit von y) umgestellt. Dann werden x und y getauscht.
ii.) In der ursprünglichen Funktion werden x und y ausgetauscht und die Funktion wird dann nach y umgestellt.
Erster Weg
$f(x) = y = (x - 3)^2 + 5 \to y - 5 = (x - 3)^2$
$\to (y - 5)^{0,5} = x - 3 \to (y - 5)^{0,5} + 3 = x \to y = (x - 5)^{0,5} + 3$
Zweiter Weg
$x = (y - 3)^2 + 5$
$id(x): \to x - 5 = (y - 3)^2 \to (x - 5)^{0,5} = y - 3 \to y = (x - 5)^{0,5} + 3$
Zeichnung $y = (x - 5)^{0,5} + 3$

G: Bildung einer Umkehrfunktion
Ermitteln Sie die Umkehrfunktion von $f(x)$ und geben Sie diese explizit an. Zeichnen Sie den Verlauf von $F(x)$ und der Umkehrfunktion in einem Diagramm ein. A1: $f(x) = x^2$; A2: $f(x) = (x + 2)^2 + 3$; A3: $f(x) = (x - 3)^2 - 9 = 0$
H: Wurzelgleichungen Bestimmen Sie die Lösungswerte:
C1: $y = (x - 4)^{0,5}$ C2: $f(x) = (x + 2)^2 + 3$
C3: $(x + 6)^{0,5} - (2 \cdot x + 2)^{0,5} = 0$ C4: $(3 \cdot x + 7)^{0,5} = 4 + (3 \cdot x + 15)^{0,5}$
C5: $2 \cdot (x + 3)^{0,5} - (2 \cdot x + 2)/(x + 3)^{0,5} = (x - 3)^{0,5}$
C6: $(x)^{0,5} + a = (x - a)^{0,5}$ C7: $(x + 6)^{0,5} = (x)^{0,5} + (2)^{0,}$
C8: $(2 \cdot x + 2)/(x + 3)^{0,5} = (x - 3)^{0,5}$

„Multiplikationen"

Es gilt: $a \cdot b = b \cdot a$; $a \cdot a = a^2$

In der Vektorrechnung gibt es die S-Multiplikation:
$a \cdot \mathbf{b} = (b_1, b_2, b_3) = a \cdot b_1 + a \cdot b_2 + a \cdot b_3$

Außerdem gibt es das Skalarprodukt (inneres Produkt)

$\cos(\varphi) = (\mathbf{a} \cdot \mathbf{b})/(|\mathbf{a}| \cdot |\mathbf{b}|)$ mit den Vektoren $\mathbf{a}$ und $\mathbf{b}$ und ihren Längen $|\mathbf{a}|$, $|\mathbf{b}|$.
φ ist der Winkel zwischen $\mathbf{a}$ und $\mathbf{b}$.

Weiterhin gibt es das Vektorprodukt (äußeres Produkt): $\mathbf{a} \times \mathbf{b}$

$|\mathbf{a} \times \mathbf{b}| = |\mathbf{a}| \cdot |\mathbf{b}| \cdot \sin(\angle(\mathbf{a}, \mathbf{b}))$

$$\mathbf{a} \times \mathbf{b} = \det \begin{bmatrix} e_1 & e_2 & e_3 \\ a_1 & a_2 & a_3 \\ b_1 & b_2 & b_3 \end{bmatrix}$$

$\mathbf{a} \times \mathbf{b} = -\mathbf{b} \times \mathbf{a}$

Mit den **Faltungen** tritt in der Vektoranalysis ein weiteres ‚Produkt' auf.

(6) Grenzwerte

A: Betrachtung von $f(x) = x^2$
Die Steigungen der Geraden von A = (0; 0)
zu B(1; 1), C(2; 4), D(3; 9) und E(4; 16) werden bestimmt.

Es gilt: $m = \Delta y/\Delta x = (y_2 - y_1)/(x_2 - x_1)$

Lösungswerte:

Start	Ziel	m
A	B	1/1 = 1
A	C	4/2 = 2
A	D	9/3 = 3
A	E	16/4 = 4

Es ergibt sich eine „seltsame" Regelmäßigkeit hinsichtlich der Steigungswerte m.

B: Betrachtung zur Abfolge von $a_n = 1/n$

n	1	2	3	4	5	6	7	8	9	10
1/n	1	0,5	1/3	1/4	1/5	1/6	1/7	1/8	1/9	0,1

$a_n - a_{n+1} = 1/n - 1/(n+1) = (n + 1 - n)/(n \cdot (n+1)) = 1/(n^2 - 1)$

In Abhängigkeit von n wird die Differenz von $a_n - a_{n+1}$ beliebig klein.
Zugleich gilt jedoch auch: $a_n - a_{n+1} > 1$.
a_n konvergiert gegen Null.
a_n wird jedoch nicht Null.
Mit Blick auf den Grenzwert von $a_n - a_{n+1}$ gilt:
$$\lim_{n \to \infty} a_n = 0$$

Grenzwert von $(1 + 1/n)^n$

C: Betrachtungen zum Grenzwert von $f(x) = (1 + p/(100 \cdot n))^n \cdot b_0$

$$\lim_{n \to \infty} (1 + p/(100 \cdot n))^n \cdot b_0$$

Mit $m = 100 \cdot n \cdot p^{-1}$ ergibt sich $n = m \cdot p/100$ und
$(1 + 1/(100 \cdot n \cdot p^{-1}))^n \cdot b_0 = (1 + 1/m)^n \cdot b_0$
$(1 + 1/m)^{m \cdot p/100} \cdot b_0 = [(1 + 1/m)^m]^{p/100} \cdot b_0 = A^{p/100} \cdot b_0$ mit:
$A = (1 + 1/m)^m$
[p/100 ist unabhängig von n]

Von Interesse ist: $A = \lim_{n \to \infty} (1 + 1/m)^m$

Betrachtet werden:
$$f(n) = \lim_{n \to \infty} (1 + 1/n)^n$$

$$g(n) = \lim_{n \to \infty} (1 + 1/n)^{n+1} = \lim_{n \to \infty} ((1 + 1/n)^n \cdot (1 + 1/n)^1)$$

g(n) ist streng monoton fallend. f(n) ist streng monoton steigend.

$f(n) = (1 + 1/n)^n < g(n) = (1 + 1/n)^{n+1}$

Also ist $f_n < g_1$ und $g_n > f_1$.

Es folgt: $(1 + 1/n)^{n+1} - (1 + 1/n)^n = (1 + 1/n)^n \cdot ((1 + 1/n) - 1) =$
$\qquad = (1 + 1/n)^n \cdot (1/n) = ((1 + 1/n)^n)/n = f_n/n < g_1/n$
Da $g_1 = 4$ ist und 1/n beliebig klein wird, gilt:
$0 < g_n - f_n < g_1/n = 4/n < \varepsilon$
gemäß geeigneter Wahl von ε bzw. von n (n > 4/ε).

Somit geht g_1/n gegen Null.
Insofern geht die Differenz von $g_n - f_n$ gegen Null.
Damit gehen f_n und g_n gegen den gleichen Grenzwert.
Einmal erfolgt eine Annäherung von „unten" und einmal von „oben".
Der Grenzwert wird e genannt. (e: Eulersche Zahl).

$f(n) = (1 + 1/n)^n \to e$.

Weiterhin gilt: $\exp(1) = e = e^1$.
Und $\exp(x) = e^x$.
$e \approx 2{,}718\,281\,828\,459\,045\,235\,360\,287\,471$

Folgende Wertentwicklung ergibt sich für f_n und g_n

n	$f(n) = (1 + 1/n)^n$	$g(n) = (1 + 1/n)^{n+1}$
1	2	4
2	2,25	3,375
3	2,370370370370370370370370370704	3,160493827160493827160493827160493827
4	2,44140625	3,0517578125
5	2,48832	2,985984
6	2,521626371742112482853223593643	2,94189743369913122999542752262917
7	2,546499697040713113947905573837	2,91028536804652927308332065582814
8	2,565784513950347900390625	2,886507578194141387939453125
9	2,581174791713197181990031508168	2,86797199079244131332225723123408
10	2,5937424601	2,85311670611
20	2,653297705144420133945430765152	2,785962590401641140642702303034096
50	2,691588029073605393894087353551533	2,745419789655077501771969102263
100	2,704813829421526093267194710807	2,731861967715741354199866557915
1.000	2,71692393223589245783083081219476	2,719640856168128349840471210069
10.000	2,718145926825224864037664674913	2,71841774141790738652406844138

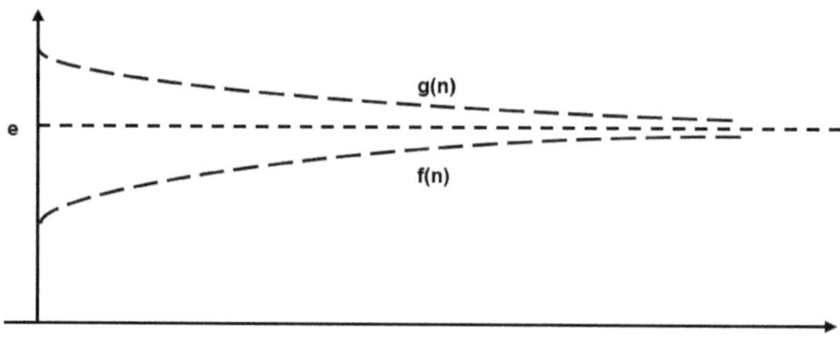

$\exp(x) := \sum_{n=0}^{\infty} \frac{x^n}{n!}$, dabei gilt: $e := \exp(1) = \sum_{n=0}^{\infty} \frac{1}{n!} = 1 + 1 + (1/2!) + (1/3!) + (1/4!) + \ldots$

$e = 1 + 1 + 1/2 + 1/6 + 1/24 + 1/120 + 1/720 + \ldots = 2{,}718\,281\,828\,459\,045\,235\,360\,287\,471\,352\,7 \ldots$

(7) Grenzwert, Ableitung

Grenzwert: Betrachtet wir die Zahlfolge $\langle a_n \rangle = \langle 1/n \rangle$

Es gilt für die Punktabfolge:

$P = \{(1;1), (2;1/2), (3;1/3), (4;1/4), (5;1/5), \dots\}$

$\langle a_n \rangle = \langle 1/n \rangle$ ist eine Nullfolge, da für $n \to \infty$ der Folgenwert gegen Null ($a_n \to 0$) geht.
Dabei wird er Wert 0 nie erreicht.
Epsilon (ε) steht für den Abstand von an von Null.
Für $n \to \infty$ geht $a_n \to \infty$ und $\varepsilon \to 0$, da $\varepsilon = a_n - 0$.

Anders formuliert: $a_n \neq 0$; $a_n > 0$; $a_n \to 0$

Ableitungsgesetz für Potenzfunktionen $f(x) = x^n$

Betrachtung zur Steigung im Punkt x $m = \Delta y / \Delta x$; $\Delta y = y_2 - y_1 =$
$f(x_2) - f(x_1)$; $\Delta x = x_2 - x_1$

$$m = \frac{(x + \Delta x)^n - x^n}{(x + \Delta x) - x} = \frac{(x + \Delta x)^n - x^n}{\Delta x}$$

Unter Verwendung der Einsichten des Pascalschen Dreiecks, der Substraktion $x^n - x^n = 0$, der Kürzung durch Δx und der nachfolgenden lim-Betrachtung mit $\Delta x \to 0$ ergibt sich: $m = n \cdot x^{n-1}$

Zinsbetrachtungen

Symbole / Basisüberlegungen
1.
Barwert, Grundbetrag: b_0
Barendwert, Endbetrag: b_n
Zinsabschnitt: **n**
Zinssatz, Zinsfuß: **p** (in Prozent)
Zinsfaktor: $q = 1 + p/100$
Rate (Zinszahlung und Tilgung): **r**
2.
Verzinsung am Ende eines Jahres;
Endbetrag: $b_n = b_{n-1} \cdot q^{(n - (n-1))} = b_{n-1} \cdot q$
Verzinsung am Ende von n Jahren mit Zinsverzinsung;
Endbetrag: $b_n = b_1 \cdot q^n = {}_1 \cdot q$
Verzinsung am Ende des Halbjahres
Relativer Zinsfluss: $p_{Halbjahr} = p/2$
Zinsfaktor$_{Halbjahr}$: $q = 1 + p/200$
Verzinsung am Ende des Vierteljahresjahres:
Relativer Zinsfluss: $p_{Vierteljahr} = p/4$
Zinsfaktor$_{Vierteljahr}$: $q = 1 + p/400$
Verzinsung monatlich: Relativer Zinsfluss: $p_{monatlich} = p/12$
Verzinsung täglich: Relativer Zinsfluss:
$p_{täglich} = p/360$ (im banktechnischen Sinne)

A: 100.000 € sollen mit einer Annuität von 15.000 € getilgt werden.
Der Zinssatz beträgt 5 %.
Stellen Sie den Tilgungsablauf vor.
Wie lange dauert die Gesamttilgung?
Errechnet sich mit der oben vorgegebenen Formel die gleiche Annuität?
(Annuität: gleichbleibende Rückzahlungssumme, die für jedes Jahr neu in einen Tilgungsanteil und die Zinszahlungen aufgeteilt wird.)

Lsg.:

Jahr	Schuldsumme (zum Jahresbeginn)	Zinssumme	Tilgung
1	100.000 €	5.000 €	10.000 €
2	90.000 €	4.500 €	10.500 €
3	79.500 €	3.975 €	11.025 €
4	68.475 €	3.423,75 €	11.576,25 €
5	56.898,75 €	2.844,40 €	12.155,06 €
6	44.743,69 €	2.237,18 €	12.762,81 €
7	31.980,87 €	1.599,04 €	13.400,96 €
8	18.579,92 €	928,99 €	14.071 €
9	4.508,91 €		Restsumme

B: Verschiedene Banken bieten Ihnen Sparkonditionen an. Welche ist für Sie attraktiv? Sie möchten 10.000 anlegen.

Bank	Seeluft	Bergblick	Talsee	Waldfluss
Bedingungen	1. Jahr 3 % Zinsen 2.-4. Jahr jeweils 4 % Zinsen 5. Jahr 5 % Zinsen	1. -5 Jahr jeweils 4 % Zinsen	1. Jahr 2 % Zinsen 2.-4. Jahr jeweils 3 % Zinsen 5. Jahr 4 % Zinsen und 700,- € zusätzlich am Ende des 5. Jahres.	1. Jahr 2,2 % Zinsen 2.-4. Jahr jeweils 3,3 % Zinsen 5. Jahr 8,8 % Zinsen

Lsg.:

Bank	Seeluft	Bergblick	Talsee	Waldfluss
Endwert	12.165,40 €	12.166,53 €	12.291,65 €	12.256,90 €
Ranking	4.	3.	1.	2.

Generell sind alle vier Bankangebot mit Blick auf den Endwert ähnlich attraktiv. Die Bank „Talsee" bietet das Angebot an, bei dem der höchste Endwert erreicht werden kann. Jedoch ist während der Verzinsungszeit das Angebot nur begrenzt attraktiv: dies ist bedeutsam, wenn man vorzeitig aus dem Vertrag aussteigen muss bzw. möchte. Eventuell ist dann das Angebot der Bank „Bergblick" sinnvoller. Hierzu müsste man nähere Informationen von den Banken einholen.

Gleichungsbeziehungen in ökonomischen Modellen

Neoklassischer Ansatz

Endogene Größen: Y; N; P; i; w/P
Endogene Größen: Y; N; P; i; w/P
Gütermarkt: $(S_i > 0 > I_i)$: $S(i) = I(i) + G - T$
Geldmarkt: $(L_Y > 0)$: $M = P\,L(Y)$
Arbeitsmarkt: $(N^s_{w/P} > 0 > N^d_{w/P})$: $N^s (w/P) = N^d (w/P)$
Produktionsfunktion: $(Y_N > 0 > Y_{NN})$: $Y = Y(N,K)$
Beschäftigung: $N = N^d (w/P)$

Keynesianisches Modell

Endogene Größen: Y; N; P; i
Exogene Größen: M; G; T; K; w; N^s
Gütermarkt: $Y = cY + I$
$\quad (S_{Y-T} > 0 > I_i; I_h > 0)$: $S(Y - T) = I(i, h) + G - T$
Geldmarkt: $(L_Y > 0 > L_i; L_p > 0)$: $M = P\,L(Y, i, p)$
Preisniveau: $(Y_N > 0 > Y_{NN}; P_\omega, P_N > 0)$: $P = w/Y_N (N,K)$
Produktionsfunktion: $(Y_N > 0 > Y_{NN})$: $Y = Y(N, K)$
Beschäftigung: $(N_w > 0, N < N^s)$: $N = N(Y, K)$

Harrod - Domar - Modell

Im statischen Gleichgewicht gilt: $C = cY$ und $K = nY$
$\quad \to (dY/dt)/Y = s/n = g_w$ (g_w: warranted rate of growth)
$\quad$ Lösungsansatz: $Y(t) = Y(0) \exp([s/n]\,t)$

Kaldor - Modell

$Y = cY + I = Y_N + Y_K$
$I = S$

(8) Beträge; Ungleichungen

(1) $|3x – 1| = |2x + 3| \to |3x – 1| – |2x + 3| = 0$

$$|3x – 1| = \begin{cases} 3x – 1 & \text{für } x \geq \tfrac{1}{3} \\ -(3x – 1) & \text{für } x < \tfrac{1}{3} \end{cases}$$

$$|2x + 3| \begin{cases} 2x + 3 & \text{für } x \geq -\tfrac{3}{2} \\ -(2x + 3) & \text{für } x < -\tfrac{3}{2} \end{cases}$$

Unterscheidungen:

(1): $x \geq 1/3$: $|3x – 1| – |2x + 3| = 0$
  $\to 3x – 1 – 2x – 3 = 3x -2x – 1 – 3 \to x = 4$

(2): $x < 1/3$ und $x \geq -3/2$: $|3x – 1| – |2x + 3| = – 3x + 1 – 2x – 3 =$
  $= – 3x – 2x + 1 – 3 \to x = – 2/5$

(3): $x < – 3/2$: $|3x – 1| – |2x + 3| = – 3x + 1 + 2x + 3 = – x + 4 = 0$
  $\to x = 4$: Widerspruch zu: $x < – 3/2$

Lösungswerte: $x \in \{– 2/5; 4\}$; S_1: $(-2/5; 11/5)$; S_2: $(4; 11)$

(Die linearen Funktionen können in Abhängigkeit von den x-Werten skizziert werden. Die Schnittpunkte sind die Lösungswerte.)

S_1 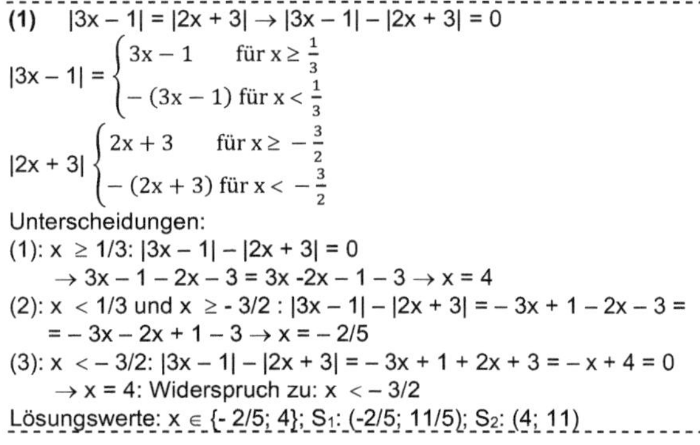 S_2 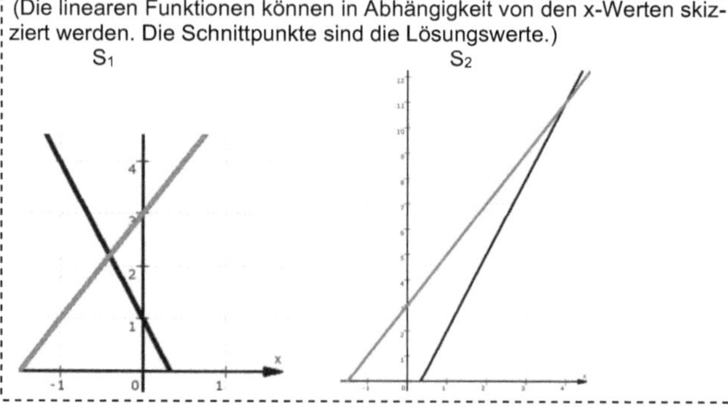

(2) $||x + 3| – 5| > 7$; Unterscheidungen (1): $|x + 3| – 5 > 7 \to |x + 3| > 12 \to$ (1a): $x + 3 > 12 \to x > 9$
  $\to$ (1b): $– x – 3 > 12 \to x + 3 < – 12 \to x < – 15$
  (2): $|x + 3| – 5 < – 7 \to |x + 3| < – 2 \to x + 3$ ist immer größer als Null $\to |x + 3| \neq -2$

Ableitungen etc.

A: Bilden Sie die erste Ableitung der Funktionen:

a) $f(x) = x^5$
b) $f(x) = x^{-4}$
c) $f(x) = 4 \cdot x^{4/3}$
d) $f(x) = 9 \cdot x^{-7}$
e) $f(x) = x^{-4/3}$
f) $f(x) = x^2 \cdot (x)^{1/3}$
g) $h(x) = (a – b \cdot x)^{-2}$ (mit a, b $\in$ R)
h) $s(x) = x^2 \cdot (x)^{1/3}$
k) $k(x) = x / (x \cdot (x)^{0,5})^{0,5}$
j) $f(x) = 7 \cdot (x)^{1/3} - x^2 \cdot (x)^{1/5}$
k) $f(x) = (a^x)^2$
l) $f(x) = \sin(x)$
m) $t(x) = \sin(2 \cdot x)$
n) $f(x) = \cos(2x)$
o) $m(x) = -(\cos(x))^{0,6}$
p) $f(x) = \cos(2x) \cdot x^2$
q) $f(x) = \sin(x^2)$
r) $n(x) = \ln(5x)$
s) $f(x) = \ln(x^2)$
t) $f(x) = \sin(\ln(x^3))$
u) $f(x) = \ln(\sin(x^{0,3}))$
v) $f(x) = \exp(\ln(\sin(x)))$
w) $p(x) = \exp(x^2)$

B: Machen Sie sich mit dem folgenden Schema vertraut.
Vorgehensweise bei Funktionsuntersuchungen: $f(x) = P(x) / Q(x)$

1. Bestimmung des **Definitionsbereichs** (|D = Def)
2. Bestimmung **des Wertebereichs** (|W)
3. Bestimmung der **Nullstellen** ($f(x) = 0$; mit $Q(x)$ ungleich Null.)
4. Bestimmung der **Pole** ($Q(x)$ ist gleich Null und $P(x)$ ist ungleich Null.)
5. Bestimmung der **Lücken** ($P(x)$ und $Q(x)$ müssen zugleich Null sein.)
6. Bestimmung der **Asymptoten**
   (vertikale Asymptoten $\to$ Pole; horizontale Asymptoten $\to$
   Grenzwertbetrachtung mit x gegen plus/minus Unendlich)
7. Bestimmung der **Extremwerte, Wendepunkte, Sattelpunkte**
8. **Schnittpunkt** des Graphen mit der y-Achse
9. **Graph** der Funktion

E: Bestimmen Sie die Extremwerte der Funktion $f(x) = x^2 - x + 1 = 0$.
  Skizzieren Sie den Graphen für $– 4 \leq x \leq 4$.

F: Untersuchen Sie folgende Funktion: $f_a(x) = x^3 - a \cdot x^2 - 2 \cdot x$
i) Bestimmen Sie mit a = 1: |D; Nullstellen; erste und zweite
   Ableitung; Schnittstelle mit der y-Achse
ii) Bestimmen Sie mit a $\in$ |R$^+$ die Extremwerte (inkl. genauem
   Nachweis, ob Maxima oder Minima vorliegen).
iii) Es sei nun a $\in \{1; 2; 3\}$.
   Zeichnen Sie die Verläufe von f(x) in Abhängigkeit von a.
I: Skizzieren Sie den Verlauf von: $f(x) = x^4 – 2 \cdot x^2 + 1$.
  Ermitteln Sie die Nullstellen, Extrema und Wendepunkte.
  Tipp: $x^2 = z$; $f(z) = z^2 -2z + 1 \to$ quad. Gleichung: Nullstellen;
  $f'(x) = 0 \to$ Extrema (zzgl. f''(x)); $f''(x) = 0 \to$ Wendepunkte

K: Von einer Funktion sind folgende Punkte bekannt.
  Nullstellen: $x_{n1} = – 4$ und $x_{n2} = + 6$;
  Polstelle: $x_p = 0$; Lücke: $x_l = 3$; weiterhin gilt: $f(1) = 1$.

C: Gegeben ist die **Funktionsschar**
  $f_t(x) = x^3 - 12x + (t – 1)^2$; $t \in$ R
a) Führen Sie eine **Funktionsuntersuchung** für t = 5 durch und
   zeichnen Sie den zugehörigen **Graphen**. Ermitteln Sie: Symmetrieeigenschaften; Extrempunkte; Nullstellen; Wendepunkte
b) Bestimmen Sie die Funktionsgleichung der **Tangente** an der
   Stelle x = – 1 für t = 5.
c) Für welchen Wert von t wird die y-Koordinate des **Tiefpunktes**
   (Minimums) am **kleinsten**?
Lösen Sie das Problem **rechnerisch** und zeichnen Sie den
zugehörigen **Graphen**.

D: Untersuchen Sie folgende Funktion: $f_a(x) = x^3 - a \cdot x$
i) Bestimmen Sie mit a = 1: |D; Nullstellen; erste und zweite
   Ableitung; Schnittstelle mit der y-Achse
ii) Bestimmen Sie mit a $\in$ |R$^+$ die Extremwerte (inkl. genauem
   Nachweis, ob Maxima oder Minima vorliegen).
iii) Es sei nun a $\in \{1; 3; 5\}$.
   Zeichnen Sie die Verläufe von f(x) in Abhängigkeit von a.

G: Skizzieren Sie den Verlauf von: $f(x) = x^4 – 2 \cdot x^2 + 1$.
  Ermitteln Sie die Nullstellen, Extrema und Wendepunkte.

H: **Funktionsermittlung**
  Von einer Funktion $f(x) = a \cdot x^3 + b \cdot x^2 + c \cdot x + d$ sind folgende
  Punkte bekannt: $f(1) = – 6$; $f(–1) = - 26$; $f'(1) = 6$; $f''(1) = 8$.
  Bestimmen Sie a, b, c, d. Geben Sie die vollständige Gleichung an.
  Tipp: $f(1) = – 6 = a + b + c + d$; $f(–1) = - 26 = - a + b – c + d$
  $f'(1) = 6 = 3a + 2b + c$; $f''(1) = 8 = 6a + 2b$

J: Bestimmen Sie die Extremwerte der Funktion $f(x) = x^2 - x + 1 = 0$.

(zu **J**: $f'(x) = 2x -1 = 0$; $f''(x) = 2 = 2 \cdot x^0 \to$ TP)
zu **K**: $f(x) = k((x + 4)(x – 6)(x – 3)) / (x (x – 3))$
  $f(1) = 1 = (k \cdot 5 \cdot (-5) \cdot (-2)) / (-2) = -25\,k \to k = – 0,04$

Ableitungen / Aufleitungen

A: Unterscheiden Sie:
Ableitung, Aufleitung
unbestimmtes Integral
Stammfunktion
bestimmtes Integral

B: **Unbestimmte Integrale**: Bestimmen Sie für f (x) die erste Ableitung (und - wenn möglich - die erste Aufleitung (Integral))

a.) $f(x) = x^5$
b.) $f(x) = x^2 \cdot (x)^{1/3}$
c.) $f(x) = (a - b \cdot x)^{-2}$ (mit a, b $\in$ **R**)
d.) $f(x) = x \cdot (a^2 \cdot x^2 – x^2)^{-0,5}$ (mit a $\in$ **R**)
e.) $f(x) = \sin(2x)$
f.) $f(x) = x^2 \cdot \cos(x)$
g.) $f(x) = x \cdot (1 – \sin^2(x^2))^{0,5}$
h.) $f(x) = \exp(\sin(x^2))$
i.) $f(x) = \sin(\cos(x))$
j.) $f(x) = \sin(\exp(x))$
k.) $f(x) = (1/(x^{1/3}))^5$

C: Zur **Kettenregel** (Hinweis für die Möglichkeit der **Ableitung einer verketteten Funktion**).
Für f und g gilt: f, g : |R $\to$ |R. Weiterhin ist f in x_0 differenzierbar. Und g in y_0 mit $y_0 := f(x_0)$. Insofern gilt: $(g \circ f)'(x_0) = g'(f(x_0)) \cdot f'(x_0)$.

Betrachtet wird: $\displaystyle\lim_{h \to 0} \frac{g(f(x_0 + h)) – g(f(x_0))}{h}$. Es gilt: $\displaystyle\lim_{h \to 0} \frac{f(x_0 + h) – f(x_0) – f'(x_0) \cdot h}{h} = \lim_{h \to 0} \varphi(h) = 0$.

$\to f(x_0 + h) = f(x_0) + f'(x_0) \cdot h + \varphi(h) \cdot h = f(x_0) + (f'(x_0) + \varphi(h)) \cdot h \to f(x_0 + h) - f(x_0) = (f'(x_0) + \varphi(h)) \cdot h$

$\displaystyle\lim_{k \to 0} \frac{g(y_0 + k) – g(y_0) – g'(y_0) \cdot k}{k} = 0 = \lim_{k \to 0} \psi(k) = g(y_0 + k) = g(y_0) + g'(y_0) \cdot k + \psi(k) \cdot k = g(y_0) + (g'(y_0) + \psi(k)) \cdot k$

Mit $k = f(x_0 + h) – f(x_0)$ erhalten wir: $g(f(x_0 + h)) = g(y_0) + g'(y_0) \cdot k + \psi(k) \cdot k = g(y_0) + (g'(y_0) + \psi(k)) \cdot k$
$g(f(x_0 + h)) - g(f(x_0)) = g'(f(x_0)) \cdot k + \psi(k) \cdot k = g'(f(x_0)) \cdot (f(x_0 + h) – f(x_0)) + \psi(k) \cdot (f(x_0 + h) – f(x_0))$
(mit $f(x_0 + h) = (f'(x_0) + \varphi(h)) \cdot h$) $= g'(f(x_0)) \cdot (f'(x_0) + \varphi(h)) \cdot h + \psi(k) \cdot ((f'(x_0) + \varphi(h)) \cdot h$
$\to$ (mit $h \neq 0$) $\to \dfrac{g(f(x_0 + h)) – g(f(x_0))}{h} = g'(f(x_0)) \cdot (f'(x_0) + \varphi(h)) + \psi(k) \cdot (f'(x_0) + \varphi(h)$

[Der Grenzwertübergang (lim) mit $h \to 0$ ergibt: $g'(f(x_0)) \cdot (f'(x_0) + 0) + 0 \cdot (f'(x_0) + 0) = g'(f(x_0)) \cdot f'(x_0)$]

Beispiele: $D[\sin(x^2)] = 2x \cdot \cos(x^2)$; $D[(\sin(x))^2] = 2 \cdot \sin(x) \cdot \cos(x)$
  $D[\cos(2x)]^2 = 2 \cdot \cos(2x) \cdot \sin(2x) \cdot 2 = 4 \cdot \cos(2x) \cdot \sin(2x)$

(9) Ableitungen / Aufleitungen

Nr.	f(x)	Ableitung von f(x)	Aufleitung von f(x)
1	$\ln(x)$	$1/x$	$x \cdot \ln(x) - x + C$
2	$\ln(2x)$	$1/x$	$\frac{1}{2} \cdot (2x \cdot \ln(2x) - 2x) + C$
3	$\ln(x + 2)$	$1/(x + 2)$	$(x + 2) \cdot \ln(x+ 2) - x - 2 + C$
4	$\ln(x^2) = 2\ln(x)$	$2/x$	$2 \cdot (x \cdot \ln(x) - x) + C$
5	$\ln(1/x)$	$-1/x$	$- x \cdot \ln(x) + x + C$
6	$\exp(x)$	$\exp(x)$	$\exp(x) + C$
7	$\exp(2x)$	$2 \cdot \exp(2x)$	$\frac{1}{2} \cdot \exp(2x) + C$
8	$\exp(x + 2)$	$\exp(x + 2)$	$\exp(2) \cdot \exp(x) + C = \exp(x + 2) + C$
9	$\exp(x^2)$	$- 2x \cdot \exp(x^2)$	
10	$\exp(1/x)$	$(-1/x^2) \cdot \exp(1/x)$	
11	2^x	$(\ln 2) \cdot 2^x$	
12	2^{x+1}	$(\ln 2) \cdot 2^{x+}$	

Lösungshinweis
Aufleitungen: Partielle Integration: $u = \ln(x)$; $D(u) = 1/x$; $D(v) = dx$; $v = x$

Lösungshinweise: Ableitungen
$f(x) = \ln(x) \to D(f(x)) = 1/x$
$f(x) = \ln(2x) \to$ Substitution mit $v = 2x$; oder Kettenregel
$\quad \to D(f(x)) = 2/(2x) = 1/x$
$f(x) = \ln(x + 2) \to$ Kettenregel $\to D(f(x)) = 1/(x+2)$
$f(x) = \ln(x^2) \to$ Kettenregel $\to D(f(x)) = 2x \cdot 1/(x^2) = 2/x$
$f(x) = \ln(1/x) = \ln(x^{-1}) = - \ln(x) \to D(f(x)) = - 1/x$
$f(x) = \exp(x) \to D(f(x)) = \exp(x)$
$f(x) = \exp(2x) \to$ Kettenregel $\to D(f(x)) = 2 \cdot \exp(2x)$
$f(x) = \exp(x+2) \to D(f(x)) = \exp(x+2)$
$f(x) = \exp(x^2) \to$ Kettenregel $\to D(f(x)) = 2x \cdot \exp(x^2)$
$f(x) = \exp(1/x) = \exp(x^{-1}) \to D(f(x)) = - x^{-2} \cdot \exp(1/x)$
$f(x) = 2^x = \exp(\ln(2^x)) = \exp(x \cdot \ln(2)) \to$ Kettenregel
$\quad \to D(f(x)) = \ln(2) \cdot \exp(x \cdot \ln(2)) = \ln(2) \cdot \exp(\ln(2^x))$
$\quad\quad = \ln(2) \cdot 2^x = \ln(2) \cdot f(x)$
$f(x) = 2^{x + 1} = \exp(\ln(2^{x + 1})) = \exp((x + 1) \cdot \ln(2))$
$\quad \to$ Kettenregel $\Rightarrow D(f(x)) = \ln(2) \cdot 2^{x+1}$

Unbestimmte Integrale: Bestimmen Sie für $f(x)$ jeweils die erste und zweite Aufleitung und das unbestimmte Integral:

a.) $f(x) = x^5$

b.) $f(x) = x^2 \cdot (x)^{1/3}$

c.) $f(x) = x^{-3} \cdot (x)^{1/3}$

d.) $f(x) = \sin(x)$

e.) $f(x) = \cos(x)$

f.) $f(x) = \tan(x)$

g.) $f(x) = \sin(x^{5)}$

h.) $f(x) = \cos(x^2 \cdot (x)^{1/3})$

i.) $f(x) = \sin((x)^{1/2} + x)$

j.) $f(x) = (\sin(x) + 2x)^{1/2}$

k.) $f(x) = (\sin(x) + 2x)^{-1/2}$

l.) $f(x) = (\sin(x + 2x))^{-1/2}$

Regel von de l'Hospital

Beispiel: $f(x) = g(x) / h(x) = (x^3 - 3x^2 - 10x) / (- x - 2)$. Es folgt:
Für $x \to - 2$ folgt: $g(-2) = -8 - 12 + 20 = 0$
Für $x \to - 2$ folgt: $h(-2) = 2 - 2 = 0$
Somit ergibt sich für $x \to - 2$: $f(x \to - 2) \to 0/0$. Mit $f'(x) = 3x^2 - 6x - 10$ folgt: $f'(- 2)$
$= 12 +12 - 10 = 14$ und $g'(x) = - 1$ gilt: $f(- 2) = 14(- 1) = - 14$

Beispiel: $f(x) = \sin(x) / x$. Für $x \to$ ergibt sich der Typ: 0/0.
Unter Verwendung der Ableitungsregeln ergibt sich: $\cos(1) / 1 = 1$
Tatsächlich ist die Steigung von $\sin(x)/x$ gleich 1 für $x \to 0$.
Weiterhin gilt: $\int_0^\infty \frac{\sin(x)}{x} \cdot dx = \frac{\pi}{2}$.

Wachstumsfunktionen

A: Es sei $y = f(x)$. Nun soll der y-Wert verdoppelt werden.
Somit gilt: $y_2 = 2 \cdot y_1$. Wir erhalten: $2 \cdot f(x_1) = f(x_2) \to 2 = f(x_2) / f(x_1)$
a) Für $f(x_i) = mx_i + b$ folgt: $2 = (mx_2 + b) / (mx_1 + b)$
Wir erhalten: $x_2 = 2 x_1 + b/m$
Es sei $m = 5$, $b = 3$ und $x_1 = 2$; dann gilt $y_1 = 10 + 3 = 13$
Und somit: $x_2 = 4 + 3/5 = 4,6$
Probe: $y_1 = 13$; $y_2 = 4,6 \cdot 5 + 3 = 23 + 3 = 26$
Also gilt: $\Delta x = x_2 - x_1 = 4,6 - 2 = 2,6$; $2,6 \cdot 5 = 13$
b) Für $f(x_i) = \exp(x_i)$ folgt: $\exp(x_2) = 2 \exp(x_1)$
Mit $2 = \exp(x_2) / \exp(x_i) = \exp(x_2 - x_1)$ und somit $\Delta x = \ln(2)$ gilt:
$x_2 = \ln(2) + x_1$: $\ln(2) = 0,693147180 \ldots$
Zum Beispiel: $x_1 = 5$; $x_2 = \ln(2) + 5 \cong 5,6931472$
$\exp(5) = 148,41316$; $\exp(\ln(2) + 5) = 296,82632$
c) Für $f(x_i) = A \cdot \exp(c \cdot x_i)$ folgt: $y_2 = 2y_1 = 2A\exp(cx_1) = A\exp(cx_2)$
Es folgt: $2\exp(cx_1) = \exp(cx_2) \to 2 = \exp(cx_2 - cx_1)$
$\to 2 = \exp(c(x_2 - x_1)) \to \ln(2) = c(x_2 - x_1) \to x_2 = (\ln(2))/c + x_1$
$\to \Delta x = (\ln(2))/c$

B: Aufgabe: Leiten Sie die folgenden Funktionen ab:
a.) $f_a(x) = a^x$ b.) $f_b(x) = \exp(x) = e^x$
c.) $f_c(x) = a^x \cdot \ln(a)$ d.) $f_d(x) = e^{mx}$

Tab. 1: K.-Jahr	Bevölkerung in Mrd.	K.-Jahr	Bevölkerung in Mrd.
1650	0,545	1970	3,698
1750	0,791	1972	3,782
1800	0,978	1974	3,89
1850	1,262	1976	4,099
1900	1,55	1978	4,258
1910	1,686	1980	4,448
1920	1,811	1982	4.607
1930	2,07	1984	4,763
1940	2,295	1986	4,936
1950	2,516	1988	5,111
1955	2,752	1990	5,292
1960	3,019	1992	5,48
1965	3,336	1994	5,66
1966	3,356	1997	5,97
1968	3,483	1999	6,01

Tab. 2: K.-Jahr	Bevölkerung in Mrd. Menschen
2050	17
2070	40

Hinweis: In der derzeitigen Modelldiskussion werden verschiedene Grundfunktionen auf ihre Verwendbarkeit hin untersucht. Lineare Funktionen ($f(t) = a \cdot t + b$), Exponential- ($f(t) = a \cdot b^t$), Hyperbel- ($f(t) = a /(b - t)$), Potenz- ($f(t) = a \cdot t^b$) und Logarithmusfunktionen ($f(t) = a \cdot \ln(t + b)$).

C: Es ist zu überprüfen, ob mit der Funktion $f(t) = 3{,}698 \cdot 10^9 \cdot 1{,}0179^t$ (Menschen) die Bevölkerungswerte im Zeitraum von 1970 bis 1994 adäquat erfasst werden können (Tab. 1). Dabei ist das Kalenderjahr 1970 mit $t = 0$ gleich zu setzen.
Somit gilt: $f($K.-Jahr 1998$) = f(28) = 6{,}077$ Mrd. Menschen.

Daten: Laut UNO hat die Weltbevölkerung am 12. Oktober 1999 die sechs Milliarden Grenze (6.000.000.000) überschritten. Folgende Zahlen (Tab. 2) werden prognostiziert, wenn sich weltweit die Fruchtbarkeitsraten nicht verändern.

D: Wachstumssatz $s(t)$ mit: $s(t) = f'(t) / f(t)$. Für den Zeitraum von 1970 bis 1994 gilt: $s(t) = 0{,}0176$. Überprüfen Sie dies.

E: Mit der Funktion $f(t)$ sollen auch die Bevölkerungszahlen für die Kalenderjahre 2025, 2070, 2120 bestimmt werden. Sind diese Zahlen akzeptabel?

F: Eine derzeit diskutierte Funktion lautet:
$P(t) = P_0 \cdot \exp((b - d) \cdot t - 0{,}5 \cdot v \cdot t \cdot t)$. In dieser Funktion werden Sterbe- (d) und Geburtsraten (b) und Umwelteinflüsse (v; Vergiftungseffekte) gesondert erfasst. Für $P(t)$ ist das Kalenderjahr 1999 das Jahr 0 (also: $t_0 = 0$; $P(t_0) = 6$ Mrd. Menschen). Charakterisieren Sie $P(t)$ näher für die Kalenderjahre 2025, 2070 und 2120 und bestimmen Sie die entsprechenden Bevölkerungswerte.

G: Untersuchen Sie den Verlauf von $g(t)$: $g(t) = 2{,}5 + (t^2 - 2) \cdot \exp(-t)$. Der Verlauf von $g(t)$ ist darzustellen. Ist diese Funktion zur Beschreibung der Gegebenheiten geeignet?

H: Betrachtet wird die logistische Gleichung $X_{t+1} = X_t + r \cdot X_t \cdot (1 - X_t)$ (Sie wurde von *Pierre Francois Verhulst* 1845 veröffentlicht). In der Vereinfachung erhält man: $X_{t+1} = r \cdot X_t \cdot (1 - X_t)$.

I: Berechnen sie X_n auf zwei verschiedenen Wegen:
Rechenweg A: $x_{t+1} = 3{,}7 \cdot x_t - 3{,}7 \cdot x_t^2$.
Rechenweg B: $x_{t+1} = 3{,}7 \cdot x_t \cdot (1 - 3{,}7 \cdot x_t)$. Jeweils mit $x_0 = 0{,}5$.

J: Logistische Gleichung (Chaos) Betrachtet wird die logistische Gleichung: $X_{n+1} = r \cdot (X_n - X_n^2)$. Rechnen Sie einmal mit $r = r_1 = 2$ und einmal $r = r_2 = 4$. Geben Sie jeweils für $X_0 = 0{,}2$ und $X_0 = 0{,}8$ fünf aufeinanderfolgende Funktionswerte (X_1, X_2, X_3, X_4, X_5) – bezogen auf beide r-Werte – an. Erfassen Sie die Gegebenheiten auch für beide r-Fälle jeweils für $x_0 = 0{,}2$ mit einer Zeichnung. (Erforderlich ist eine saubere, charakteristische Skizze!)
Interpretieren Sie Ihre Ergebnisse und die Zeichnung.
Begründen Sie, ob ein Attraktor oder ein Repeller vorliegt.

K: Konstruktionsprinzip
In einem Diagramm wird eine Diagonale ($y = x$) und die zu betrachtende Funktion eingezeichnet. Ausgehend vom x_0-Wert wird parallel zur y-Achse eine Gerade auf den Funktionsgraphen gefällt. Vom Funktionswert wird eine Gerade parallel zur x-Achse auf die Diagonale und vom dort gefundenen Wert wird eine Gerade zur x-Achse gezogen. So wird der Wert x_1 gefunden. Entsprechend zum Wert x_0 wird nun ausgehend von x_1 der Wert x_2 ermittelt usw.

Lösungshinweise auf der folgenden Seite.

(10) Lösungshinweise zu (9) Pos. etc.

Nr.	Analysebereich	Untersuchungsbereiche für: $X_{n+1} = r \cdot (X_n - X_n^2)$ Hinweis
1	$0 < r <= 1$	Population geht gegen Null
2	$1 < r < 3$ $(1 < r < 2{,}9934)$	Population strebt festen Grenzwert entgegen
3	$3 < r < 3{,}44865$ $(2{,}9934 < r < 3{,}4495);$ [3 und 3,4494]	Population oszilliert zwischen zwei Werten (Alternierend zwischen zwei "Bifurkationspunkten")
4	$3{,}44865 < r < 3{,}54413$ $(3{,}4495 < r < 3{,}5441)$	Population oszilliert zwischen vier, acht, ... Werten (Periodenvervielfachung)
5	$3{,}56999 < r <= 4$ $(3{,}5699 < r <= 4)$	Population zeigt chaotisches Verhalten (sensitiver Bereich)
6	$3{,}8284 < r < 3{,}8425$	Berechenbares Verhalten der Population

Wertentwicklung für r = 2

$r = 2$

$X_0 = 0{,}2$	$X_0 = 0{,}8$
$X_1 = 0{,}32$	$X_1 = 0{,}32$
$X_2 = 0{,}4352$	$X_2 = 0{,}4352$
$X_3 = 0{,}49160192$	$X_3 = 0{,}49160192$
$X_4 = 0{,}4998589445046272$	$X_4 = 0{,}4998589445046272$
$X_5 = 0{,}49999996020669445026799557804032$	$X_5 = 0{,}49999996020669445026799557804032$
$X_6 = 0{,}49999999999999683298566685133675$	$X_6 = 0{,}49999999999999683298566685133675$
$X_7 = 0{,}49999999999999999999999999998145$	$X_7 = 0{,}49999999999999999999999999998145$

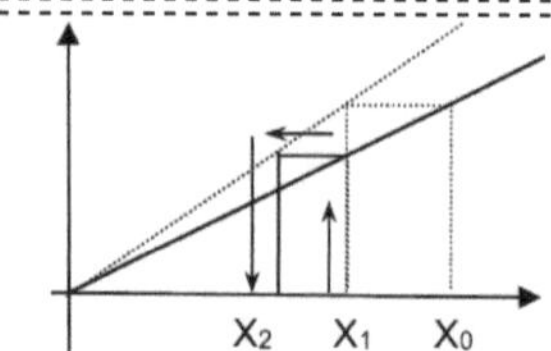

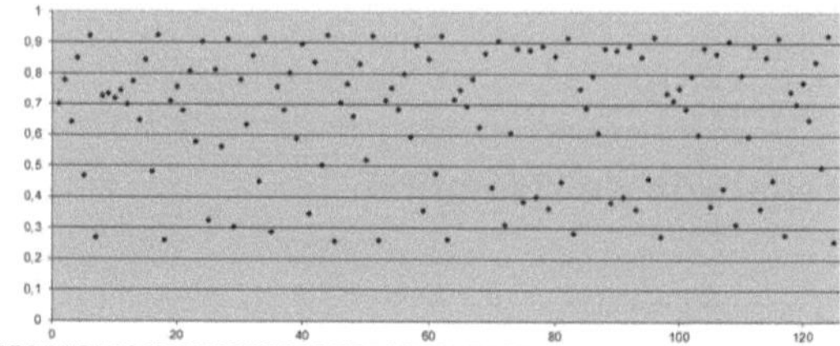

Erläuterung zu den Bildern:

Zum oberen Bild: Die X- Werte (X_0, X_1, X_2, ...) ‚wandern' im Beispiel nach ‚innen'. Sie konvergieren zu einem attraktiven (anziehenden) Fixpunkt. Es liegt eine Attraktor-Situation, eine ‚einwärtsführende Treppe' vor. ‚Wandert' dagegen eine Funktion zunehmend ‚weg', dann liegt ein divergentes Verhalten vor. Die Werte wandern nach ‚außen'. Es liegt ein repulsiver Bezugspunkt (ein „Repeller") vor. Eine „Auswärtsstreppe" tritt auf.

Zum unteren Bild: Betrachtet wird die Wertentwicklung für $x_{n+1} = 3{,}7 \cdot (x_n - x_n^2)$. Der Startwerte lautet: $x_0 = 0{,}7$. Es tritt eine (determiniertes) Chaos auf.

Gebrochen-rationale Funktionen

A: Skizzieren Sie den Verlauf der Funktion:

$$f(x) = \frac{(x - 4)}{(x - 1) \cdot (x - 6)}$$

ML: Nullstelle: 4; Pol: 1; 6

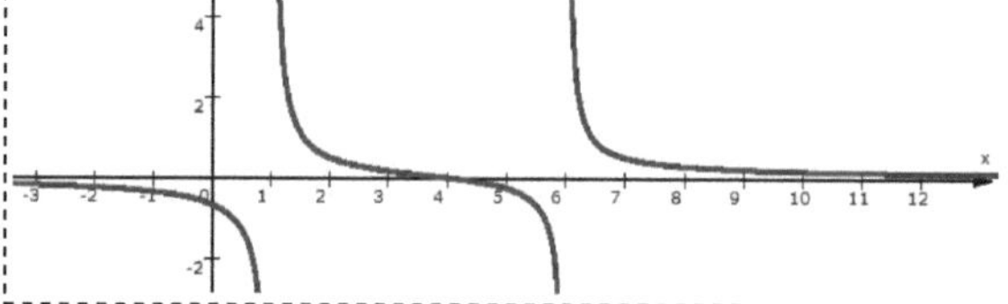

B: Betrachten Sie die Funktion:

$$f(x) = \frac{(x^3 - 4) \cdot (x^2 - 12) \cdot x}{x^2 - 2 \cdot x} = \frac{x}{x} \cdot \frac{x^2 - 4x - 12}{x - 2}$$

Existieren Nullstellen, Pole, Lücken?
Bestimmen Sie – sofern möglich – eine Ersatzfunktion.

ML: Somit liegt bei x = 0 eine Nullstelle im Zähler und Nenner zugleich vor: $x_{Zn1} = x_{Nn1} = 0$.
Weiterhin liegt im Nenner eine Nullstelle bei x = 2 vor: $x_{Nn2} = 2$.
Und für den Zähler gilt: $x^2 - 4x - 12 = (x - 6) \cdot (x + 2)$;
also liegen hier Nullstellen bei $x_{Zn2} = + 6$ und $x_{Zn3} = - 2$ vor.
Die Funktion hat somit eine **Lücke** bei $x = x_L = 0$.
Eine **Polstelle** liegt bei $x = x_P = 2$ vor.
Und **Nullstellen** liegen vor bei x = 6 und x = - 2.

Die Ersatzfunktion lautet: $f_{ERS}(x) = (x^2 - 4x - 12) / (x - 2)$
Hierbei muss beachtet werden, dass bei x = 0 eine Lücke existiert.
D. h., bei x = 0 ist die Funktion nicht definiert, da der Ausdruck 0/0 auftritt.

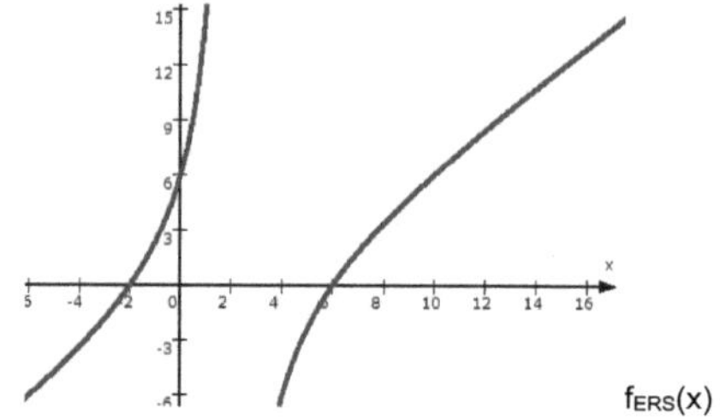

$f_{ERS}(x)$

C: Skizzieren Sie den Verlauf der Funktion: $f(x) = (2x^2 + 3x - 10) / (x^2 - 2x - 2)$.

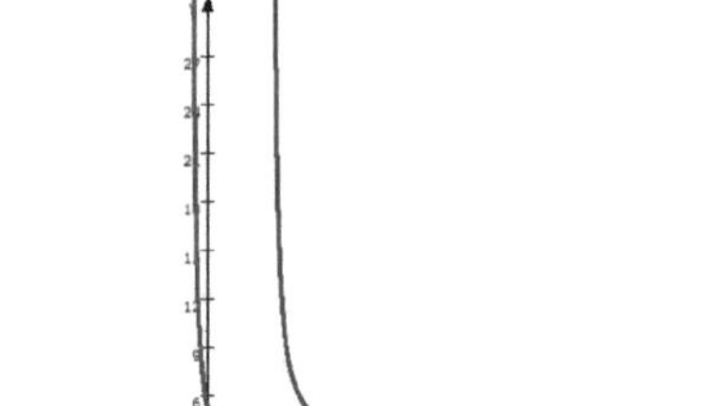

ML: Nullstellen: - -3,1085; 1,6085; Pole: -0,73205; 2,73205
1. Ableitung: $(- 7x^2 + 12x - 26) / (x^2 - 2x - 2)^2$; Asymptote: y = 2

D: Skizzieren Sie den Verlauf der Funktion: $f(x) = (x^2 + 3x - 10) / (x^2 - x - 2)$.

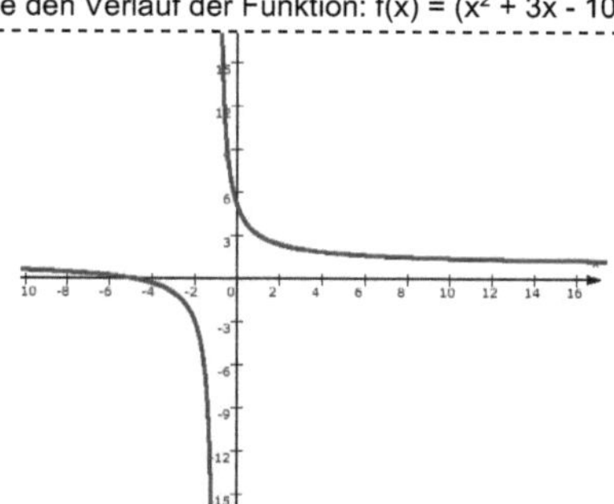

ML: Nullstellen: - 5; Lücke: 2; Pol: - 1;
1. Ableitung: $(- 4x^2 + 16x - 16) / (x^2 - x - 2)^2$; Asymptote: y = 1

F: Skizzieren Sie den Verlauf von $f(x) = (2 \cdot x^3 - 6 \cdot x + 4) / (x^3 - 3 \cdot x)$.
ML: Nullstellen: -2; 1; Pole: 0; 3

E: Skizzieren Sie d. Verlauf der Funktion: $f(x) = (x^3 - 3 \cdot x^2 - 10 \cdot x) / (x^2 - 3 \cdot x)$.
Existieren Nullstellen, Pole, Lücken? Geben Sie die erste Ableitung an.
Skizzieren Sie den Funktionsverlauf.
ML: Nullstellen: -2; 5; Lücke: 0; Pol: 3
1. Ableitung: $(x^4 - 6x^3 + 19x^2) / (x^2 - 3x)^2$; Asymptote: y = x

G: Von einer Funktion sind folgende Punkte bekannt. Nullstellen: $x_{n1} = - 4$ und $x_{n2} = + 6$; Polstelle: $x_p = 0$; Lücke: $x_l = 3$. Weiterhin gilt: f(1) = 1.
Geben Sie die vollständige Funktion f(x) an. Bestimmen Sie $f_{ers}(x)$.
Skizzieren Sie den Verlauf von f(x) für $- 5 \le x \le 7$.
Wie verhält sich f(x) für $x \to \pm \infty$?

H: Eine gebrochen rationale Funktion hat folgende Verlaufspunkte:
Nullstellen: $x_{n1} = - 2$, $x_{n2} = 5$: Pole: $x_{p1} = 2$; Lücken: $x_{l1} = 0$.
Geben Sie die vollständige und die charakteristische Gleichung an.
Skizzieren Sie den Verlauf. Ermitteln Sie die Extrema und Wendepunkte. Wie sieht der Verlauf für $x_{n1} = - 2$, $x_{n2} = 2$; Pol: $x_{p1} = 5$;
Lücken: $x_{l1} = 0$ aus?

I: **Funktionsanalyse**: Es gilt: $f_a(x) = a \cdot x^3 - x^2 + 1$. Ermitteln Sie d. Extrema
Skizzieren Sie für $a = \pm 3$ d. Funktionsverlauf im Intervall $- 3 < x < 3$.

J: Skizzieren Sie den Verlauf der Funktion: $f(x) = \dfrac{(x - 4)}{(x + 1) \cdot (x - 6)}$

(11) Gebrochen-rationale Funktionen

K: Es gilt: $f_a(x) = (+3) \cdot x^3 - x^2 + 1$

L: $f_a(x) = (-3) \cdot x^3 - x^2 + 1$

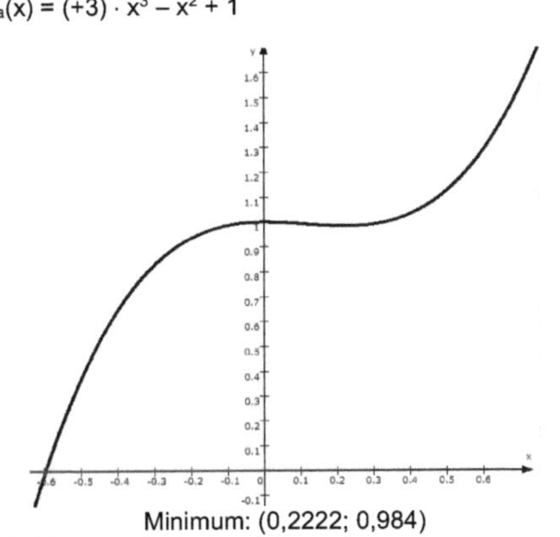

Minimum: (0,2222; 0,984)

Maximum: (0; 1)

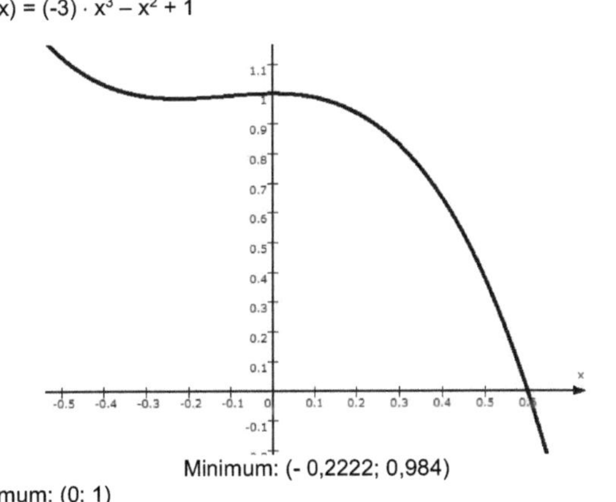

Minimum: (- 0,2222; 0,984)

Maximum: (0; 1)

Funktionsuntersuchung und Verkehrsdichte

Es gilt: $f(x) = \dfrac{2.000.000 \cdot x}{0,002 \cdot x^3 + 100 \cdot x + \left(\frac{1500}{L}\right)}$ mit $x \in |R^+$ und $L \in |R. = \dfrac{2.000.000 \cdot x}{0,002 \cdot x^3 + 100 \cdot x + \left(\frac{1500}{L}\right)}$

a) Führen Sie für L = 5 eine Funktionsuntersuchung für f(x) durch und ermitteln Sie: Definitionsbereich (|D); Nullstellen; Polstellen, Lücken; Symmetrieeigenschaften; Extremalpunkte.

b) f(x) gibt die Verkehrsdichte von motorisierten Fahrzeugen für einen Autobahnabschnitt in Abhängigkeit von der Fahrgeschwindigkeit x und der Fahrzeuglänge L an. Hinweise / Einheiten: Verkehrsdichte: Anzahl der Fahrzeuge, die pro Stunde eine Zählstelle passieren; x - Fahrgeschwindigkeit in km/h; $x \in |R$; L - Fahrzeuglänge in m. Bestimmen Sie die maximalen Verkehrsdichten für die Fälle L = 5 (siehe Aufgabenteil a), L = 15 und L = 30 im Intervall $0 \le x \le 150$. Skizzieren Sie für dieses x-Intervall die Graphen der drei Fälle L = 5, L = 15 und L = 30 in einem Koordinatensystem. Vergleichen Sie die drei Fälle und beschreiben Sie, wie sich die Fahrzeuglänge L auf die Verkehrsdichte auswirkt.

Beispielhafte Lösung für die unten aufgeführten Werte.

$f(x) = (a \cdot x) / (b \cdot x^3 + cx + d)$

a	b	c	d
5000	0,000003	4	6
8000	0,000002	6	6

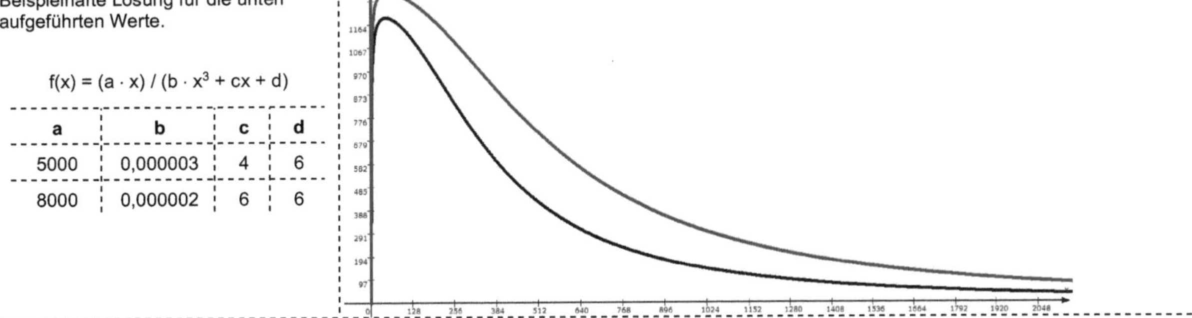

$f(x) = \dfrac{2.000.000 \cdot x}{0,002 \cdot x^3 + 100 \cdot x + \left(\frac{15.000}{L}\right)}$; Nenner- u. Zählerbetrachtungen: $0,002 \cdot x^3 + 100 \cdot x + 3000 = 0 \rightarrow x \cdot (x^2 + 50.000) = - 1.500.000$. Eine Lösung ist nur für x < 0 möglich. Bei x > 0 tritt keine Nenner-Nullstelle auf. Insofern ist $x \in |R^+$ problemlos erfüllt. Es liegen für x > 0 keine Pole auf. Ansonsten liegt bei $x \cong - 29,48723$ eine Polstelle vor. Also liegt bei $x \cong - 29,48723$ eine vertikale Asymptote vor. Lücken existieren keine. Nullstellen: $2000000 \cdot x = 0 \rightarrow x = 0$. Bei x = 0 liegt eine Nullstelle vor. Symmetrie: Achsensymmetrie (AS): f(x) = f(- x) → Es gilt nun: f(- x) ≠ f(x) → es liegt keine AS vor. Punktsymmetrie (PS): f(x) = - f(- x) → Es gilt nun: f(x) ≠ - f(- x) → es liegt keine PS vor. Extrema: Es gilt: f'(x) ≡ Df(x) und gerechnet wird mit L allgemein:

$$D(f(x)) = \dfrac{2.000.000 \cdot \left(0,002 \cdot x^3 + 100x \ \left(\frac{1500}{L}\right)\right) - \left(0,006 \cdot x^2 + 100\right) \cdot 2.000.000 \cdot x}{\left(0,002 \cdot x^3 + 100 \cdot x + \left(\frac{15000}{L}\right)\right)^2}$$ mit $x \in |R^+$ und $L \in |R.$

Mit L = 5 ergibt sich: $D(f(x)) = \dfrac{4.000 \cdot x^3 + 200.000.000 \cdot x + 6.000.000.000 - 12.000 \cdot x^3 - 200.000.000 \cdot x}{\left(0,002 \cdot x^3 + 100 \cdot x + (3.000)\right)^2}$

$D(f(x)) = \dfrac{8.000 \cdot (- x^3 + 750.000)}{\left(0,002 \cdot x^3 + 100 \cdot x + (3.000)\right)^2}$

$D(f(x)) = 0 \rightarrow x^3 = 750.000$ mit $L \in |R$. Eine Lösung existiert nur für x > 0. (Bei L > 0 und $x \in |R.$)
Für L = 5 ergibt sich: $x^3 = 750000 \rightarrow x = 90,856$ Da bei x = 0 die einzige Nullstelle vorliegt und die Funktion gegen 0 für $x \rightarrow \infty$ konvergiert, kann nur ein Maximum bei x = 90,856 vorliegen.
Ansonsten ergibt sich dies auch über $D^2(f(x = 90,856)) < 0.$) Für $x \rightarrow - \infty$ konvergiert die Funktion auch gegen Null.
Allgemein folgt: $D(f(x)) = 0 \rightarrow x^3 = \frac{3750000}{L}$ (mit $L \in |R$. Es liegt eine Funktionenschar vor.)

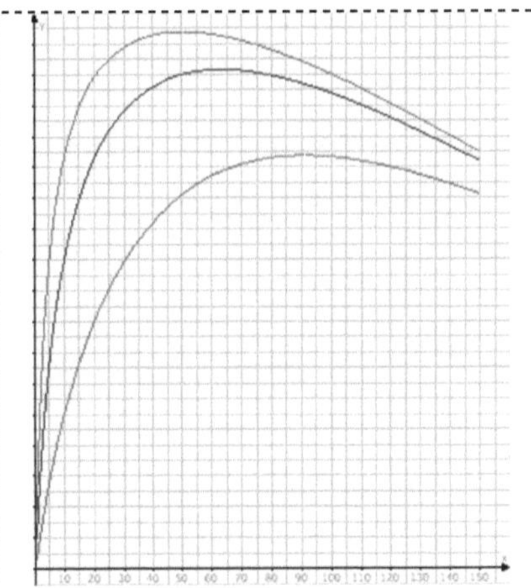

Situa- tion	„Pkw"	„Lkw" bzw. „kleiner Bus"	„Bus" bzw. „Lkw mit Anhänger"
L =	5	15	30
$x^3 =$	750000	250000	125000
x =	90,856 km/h	62,996 km/h	50 km/h
f(x) =	13.375,33	16.153,648	17.391,30

(12) Extremwertaufgabe

Extremwertaufgaben sind von hoher Bedeutung für anwendungsorientierte Untersuchungen. Sie verdeutlichen die Leistungsfähigkeit der Analysis und somit auch grundsätzlich der Mathematik speziell für die natur- und technikwissenschaftlichen Disziplinen. Insofern wird eine realistische Einübung in Überlegungen in den entsprechenden Studienfächern gegeben. Unabhängig davon werden interessante Einsichten gewonnen, die die Bedeutung der Mathematik verdeutlichen. Hierzu müssen oftmals elementare Kenntnisse gerade auch aus dem Mittelstufenbereich aktiviert werden. Deren Wert für vertiefte Untersuchungen wird dabei augenfällig.

Es soll folgende Halle gebaut werden:

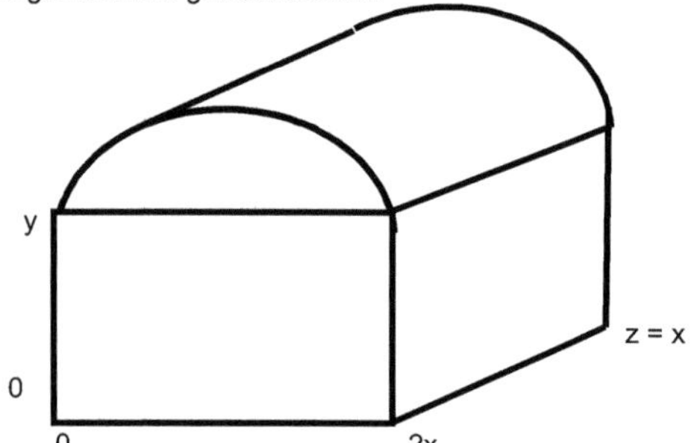

Die Breite der Halle beträgt 2x; die Länge z = x und die Seitenhöhe bis zum Dachbeginn y.
Das Dach selbst hat die Form eines Halbzylinders.

Folgende Herstellungskosten sind bekannt:

Bauteil	Kosten (jeweils in € /m²) (mit $\sigma \in R$)
Grundfläche	σ
Alle Seitenflächen	σ
Reine Dachfläche	$2 \cdot \sigma$

Insgesamt stehen für den Gebäudebau an Geldern **K** € zur Verfügung. (**K** $\in$ **R**)

Wählen Sie die x-y-Maße so, dass das Gebäudevolumen möglichst groß wird. Geben Sie die Größe von x für das maximale Volumen an.

Geben Sie das maximale Gesamtvolumen (V) allgemein in Abhängigkeit von K und σ an. Zeigen bzw. beweisen Sie Ihre Überlegungen im Detail.

Geben Sie für K = 100.000 € und σ = 150 € / m² die Werte von x und von V für den Fall an, dass das Gebäudevolumen maximal ist. (Sie sollen allgemein zuerst mit K und σ rechnen. Sollte Ihnen dies nicht möglich sein, dann rechnen Sie sogleich mit den konkreten Werten K = 100.000 € und σ = 150 €/m².)

Lösungsschritte

Die Grundfläche beträgt: $F_G = 2 \cdot x^2$
Die Flächen der Seiten betragen: $F_S = 2 \cdot (2x \cdot y + x \cdot y + (\pi/2) \cdot x^2) = 2 \cdot x \cdot (3 \cdot y + (\pi/2) \cdot x) = x \cdot (6 \cdot y + \pi \cdot x)$
Die Dachfläche beträgt: $F_D = 2 \cdot x \cdot (\pi/2) \cdot x = \pi \cdot x^2$

Insofern ergeben sich folgende Kosten:
$K_G = 2 \cdot \sigma \cdot x^2$
$K_S = \sigma \cdot x \cdot (6 \cdot y + \pi \cdot x)$
$K_D = 2 \cdot \sigma \cdot \pi \cdot x^2$
Die Gesamtkosten betragen: $K = K_G + K_S + K_D = \sigma \cdot x \cdot (2 \cdot x + 6 \cdot y + \pi \cdot x + 2 \cdot \pi \cdot x)$ ($\rightarrow$ **Nebenfunktion: NF**)
$\rightarrow$ **K** $= \sigma \cdot x \cdot (2 \cdot x + 6 \cdot y + 3 \cdot \pi \cdot x)$ ($\rightarrow$ **NF**)

Das zugehörige Volumen beträgt: **V** $= 2x \cdot x \cdot y + (\pi/2) \cdot x^2 \cdot x = x^2 \cdot (2 \cdot y + (\pi/2) \cdot x)$ ($\rightarrow$ **Hauptfunktion: HF**)
(Da das Volumen maximal werden soll, ist die Funktion für V die Hauptfunktion.
Die Funktion für K ist die Nebenfunktion, da über K eine einschränkende Bedingung vorgegeben wird.)

Mit der NF kann die HF modifiziert werden:
K$/(\sigma \cdot x) = 2 \cdot x + 6 \cdot y + 3 \cdot \pi \cdot x \rightarrow$ **K**$/(\sigma \cdot x) - 2 \cdot x - 3 \cdot \pi \cdot x = 6 \cdot y$
$\quad \rightarrow y =$ **K**$/(6 \cdot \sigma \cdot x) - 1/3 \cdot x - 1/2 \cdot \pi \cdot x$

Es folgt: **V** $= x^2 \cdot (2 \cdot y + (\pi/2) \cdot x) = x^2 \cdot (2 \cdot ($**K**$/(6 \cdot \sigma \cdot x) - 1/3 \cdot x - 1/2 \cdot \pi \cdot x) + (\pi/2) \cdot x)$
$\quad \rightarrow$ **V** $= x \cdot$ **K**$/(3 \cdot \sigma) - 2/3 \cdot x^3 - 1/2 \cdot \pi \cdot x^3$

V soll maximal sein. Insofern muss gelten: dV/dx = 0 $\rightarrow$ dV/dx = **K** $/ (3 \cdot \sigma) - 2 \cdot x^2 - 3/2 \cdot \pi \cdot x^2 = 0$

Es folgt: $x^2 \cdot (2 + 3/2 \cdot \pi) =$ **K**$/(3 \cdot \sigma)$
$\quad \rightarrow x^2 =$ **K**$/(3 \cdot \sigma \cdot (2 + 3/2 \cdot \pi))$
$\quad \rightarrow x^2 = 2 \cdot$ **K**$/(3 \cdot \sigma \cdot (4 + 3 \cdot \pi))$
$\quad \rightarrow x_{1,2} = \pm (2 \cdot$ **K**$/(3 \cdot \sigma \cdot (4 + 3 \cdot \pi)))^{0,5}$

x muss größer Null sein. Insofern folgt: $x = + (2 \cdot$ **K**$/(3 \cdot \sigma \cdot (4 + 3 \cdot \pi)))^{0,5}$

Nachweis, dass tatsächlich ein lokales Maximum vorliegt: $d^2V/dx^2 = -4 \cdot x - 3 \cdot \pi \cdot x < 0$
$\rightarrow$ Insofern ist das Volumen für den gewählten x-Wert maximal.

Für V ergibt sich nun folgender Wert: **V** $= ((2 \cdot$ **K**$/(3 \cdot \sigma \cdot (4 + 3 \cdot \pi)))^{0,5} \cdot$ **K**$/(3 \cdot \sigma) - ((2 \cdot$ **K**$/(3 \cdot \sigma \cdot (4 + 3 \cdot \pi)))^{1,5} \cdot (2/3 + \pi/2)$
$\quad \rightarrow$ **V** $= ((2 \cdot$ **K**$/(3 \cdot \sigma \cdot (4 + 3 \cdot \pi)))^{0,5} \cdot (2/9) \cdot ($**K**$/\sigma)$

Mit den Angaben für K = 100.000 € und σ = 150 € ergibt sich: <u>x = 5,7538 m</u>; <u>V = 852,42 m³</u>

Für y ergibt sich der Wert: <u>y = 8,3549 m</u>

(13) Extremwertaufgaben

Auf einer Balkonfläche (4 m x 7 m) soll eine möglichst große Spielfläche sicher abgegrenzt werden. Zur Hausseite erfolgt die Begrenzung durch die Hauswand. Zu den anderen Seiten soll eine Abgrenzung mit einem Schmiedegitter erfolgen. Es stehen hierbei genau 10 m Gitterlänge zur Verfügung, die beliebig aufgeteilt werden können. Es soll eine rechteckige Fläche bestimmt werden.
Wie groß ist dann maximal die Spielfläche?
Ergänzende Frage: Wie würde eine sinnvolle Lösung, bei der kreisförmige Abgrenzungen erlaubt wären, aussehen?

Allgemeiner Lösungsansatz (Problembeschreibung)
1. Drei Seiten müssen mit dem Gitter abgegrenzt werden.
2. Die Länge der drei Seiten ist 10 m (bzw. allgemein L).
Die Seiten können mit den Variablen a und b und wieder a benannt werden.
Somit gilt: $10\ m = a + b + a = 2 \cdot a + b$. (Bzw.: $L = 2 \cdot a + b$.)
Also folgt: $b = 10 - 2 \cdot a$. (Bzw.: $b = L - 2 \cdot a$)
3. Für die Fläche gilt: $A = a \cdot b$. A soll dabei maximal werden.
Zu verdeutlichen ist, dass die maximale Fläche 28 m^2 beträgt.
Hierfür würde eine Gitterlänge von 15 m benötigt. Diese Länge steht jedoch nicht zur Verfügung. Insofern ergibt sich eine erste Abschätzung mit $A < 28\ m^2$.

B. Konkrete Lösungen
B.1 Lösung durch Probieren / systematisches Raten:

a	b	A
1,5 m	7 m	10,50 m²
2 m	6 m	12 m²
2,5 m	5 m	12,50 m²
3 m	4 m	12 m²
3,5 m	3 m	10,50 m²
4 m	2 m	8 m²

B.2 Betrachten einer **quadratischen** Ergebnisfunktion:
B.2.1: Betrachtung für den **konkreten Fall U = 10 m**.
Es gilt: $A = a \cdot b = a \cdot (10 - 2 \cdot a) = 10 \cdot a - 2 \cdot a^2$
Umgeschrieben erhalten wir:
$A = -2 \cdot a^2 + 10 \cdot a = -2 \cdot (a^2 - 5 \cdot a) = -2 \cdot (a^2 - 5 \cdot a + (2,5) - (2,5)^2)$
$A = -2 \cdot (a^2 - 5 \cdot a + (2,5)^2) + 2 \cdot (2,5)^2$
$A - 2 \cdot (2,5)^2 = -2 \cdot (a^2 - 5 \cdot a + (2,5)^2) = -2 \cdot (a - 2,5)^2$
Mit dieser Beschreibung wird eine quadratische Funktion erfasst.
Der Scheitelpunkt einer quadratischen Funktion ergibt sich für
$y_s - y = m \cdot (x_s - x)^2$ zu $S = (x_s; y_s)$.
Insofern gilt: $S = (2,5\ m;\ 2 \cdot (2,5\ m)^2) = (25\ m;\ 12,50\ m^2)$.

Ergänzung B.2.2: Betrachtung für den **allgemeinen Fall U = L**.
Es gilt: $A = a \cdot b = a \cdot (L - 2 \cdot a) = L \cdot a - 2 \cdot a^2$
Umgeschrieben erhalten wir:
$A = -2 \cdot a^2 + L \cdot a = -2 \cdot (a^2 - (L/2) \cdot a)$
$A = -2 \cdot (a^2 - (L/2) \cdot a + (L/4)^2 - (L/4)^2)$
$A = -2 \cdot (a^2 - (L/2) \cdot a + (L/4)^2) + 2 \cdot (L/4)^2$
$A - 2 \cdot (L/4)^2 = -2 \cdot (a^2 - (L/2) \cdot a + (L/4)^2)$
$A - 2 \cdot (L/4)^2 = -2 \cdot (a - (L/4))^2$
In diesem allgemeinen Fall ergibt sich: $S = (L/4;\ 2 \cdot (L/4)^2)$.

B.3 Lösung unter Verwendung der **Differenzialrechnung**:
B.3.1: Betrachtung für den **konkreten Fall U = 10 m**.
Es gilt: $A = a \cdot b = a \cdot (10 - 2 \cdot a) = 10 \cdot a - 2 \cdot a^2$. Sofern A maximal ist, ist $D(A) = 0$. Wir erhalten: $D(A) = 0 = 10 - 4 \cdot a$. Somit ergibt sich: $a = 2,5\ m$. Mit $D^2(A) = -4 < 0$ folgt, dass ein Maximum vorliegt.

Ergänzung B.3.2: Betrachtung für den **allgemeinen Fall U = L**.
Es gilt: $A = a \cdot b = a \cdot (L - 2 \cdot a) = L \cdot a - 2 \cdot a^2$ Sofern A maximal ist, ist $D(A) = 0$. Wir erhalten: $d(A) = 0 = U - 4 \cdot a$. Somit ergibt sich: $a = L/4$.
Mit $D^2(A) = -4 < 0$ folgt, dass ein Maximum vorliegt.

Hinweis: Kern dieses Verfahrens ist das Aufstellen einer Hauptgleichung ($A = a \cdot b$).
Diese Hauptgleichung wird auch Hauptfunktion genannt (HF).
In diesem Fall hängt der Wert A von zwei Variablen (a und b) ab. Durch das Finden weiterer Nebenfunktionen kann die Abhängigkeit auf eine Variable reduziert werden. Sofern dies möglich ist, können durch eine einfache Ableitung (D(...) = 0) mögliche Extrema bestimmt werden. Über die zweite Ableitung kann ermittelt werden, ob ein Maximum oder ein Minimum vorliegt.

Hinweis zur ergänzenden Frage:
Die **Kreisfläche** bestimmt sich über $A = \pi \cdot r^2$. Für den **Kreisumfang** gilt: $U = 2 \cdot \pi \cdot r$. Wird ein Halbkreis gewählt, dann ergibt sich für r: $10\ m = \pi \cdot r$. $r = 10\ m / \pi \cong 3,1831\ m$. Dieser Halbkreis ist realisierbar. Für die Fläche erhalten wir: $A \cong 15,915\ m^2$.

In einem kegelförmigen Hausturm soll für eine Sonnen-Kollektoranlage ein Heißwasserbehälter in Form eines Zylinders installiert werden. Wie sind die Maße zu wählen, so dass möglichst viel Heizwasser zu Verfügung steht?

Wie groß ist das Volumen des Heißwasserbehälters im Vergleich zum Volumen des kegelförmigen Hausturms?

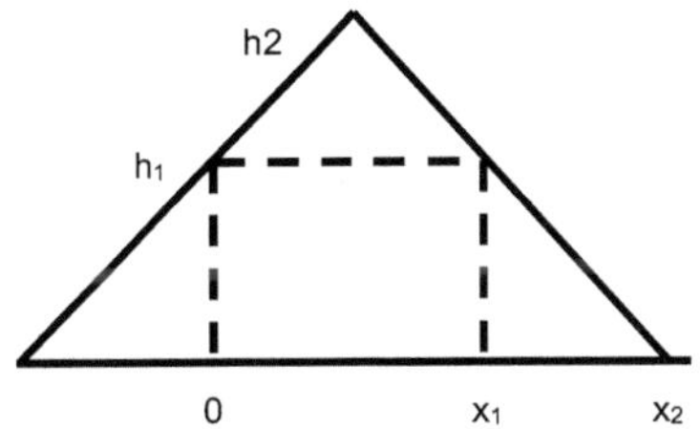

Gegeben sind x_2 und h_2. Variabel sind x_1 und h_1.
Zylindervolumen: **(HF)** $V_{Zyl.} = x_1^2 \cdot \pi \cdot h_1$
Strahlensatz: $(h_2 - h_1)/x_1 = h_2/x_2 \Rightarrow$ **(NF)** $x_1 = (h_2 - h_1) \cdot x_2 / h_2$

Wir erhalten: $V_{Zyl.} = ((h_2 - h_1) \cdot x_2 / h_2)^2 \cdot \pi \cdot h_1$
$V_{Zyl.} = (h_2^2 \cdot x_2^2 - 2 \cdot h_2 \cdot h_1 \cdot x_2^2 + h_1^2 \cdot x_2^2) \cdot \pi \cdot h_1 / h_2^2$

Abgeleitet nach h_1 ergibt sich:
$D(V_{Zyl}) = 0$
$= (-2 h_2 x_2^2 + 2 h_1 x_2^2)\, \pi h_1 / h_2^2 + (h_2^2 x_2^2 - 2 h_2 h_1 x_2^2 + h_1^2 x_2^2) \cdot \pi / h_2^2$
$\rightarrow 0 = (-2 \cdot h_2 + 2 \cdot h_1) \cdot h_1 + (h_2^2 - 2 \cdot h_2 \cdot h_1 + h_1^2)$
$\rightarrow 0 = -2 \cdot h_2 \cdot h_1 + 2 \cdot h_1^2 + h_2^2 - 2 \cdot h_2 \cdot h_1 + h_1^2$
$\rightarrow 0 = -4 \cdot h_2 \cdot h_1 + 3 \cdot h_1^2 + h_2^2$
$\rightarrow 0 = (-4/3) \cdot h_2 \cdot h_1 + h_1^2 + (1/3) \cdot h_2^2 = h_1^2 + (-4/3) \cdot h_2 \cdot h_1 + (1/3) \cdot h_2^2$

(Quadratische Ergänzung)
$\rightarrow 0 = h_1^2 + (-4/3) \cdot h_2 \cdot h_1 + (1/3) \cdot h_2^2 + ((2/3) \cdot h_2)^2 - ((2/3) \cdot h_2)^2$
$\rightarrow 0 = (h_1 + (-2/3) \cdot h_2)^2 + (1/3) \cdot h_2^2 - ((2/3) \cdot h_2)^2$
$\rightarrow (h_1 + (-2/3) \cdot h_2)^2 = (-1/3) \cdot h_2^2 + ((2/3) \cdot h_2)^2$
$\rightarrow (h_1 + (-2/3) \cdot h_2)^2 = ((1/9) \cdot h_2)^2$
$\rightarrow h_{1(1)} = (2/3) \cdot h_2 + (1/3) \cdot h_2 = h_2$
$\rightarrow h_{1(2)} = (2/3) \cdot h_2 - (1/3) \cdot h_2 = (1/3) \cdot h_2$

Die Lösung $h_{1(1)}$ ist nicht realistisch nutzbar.
So bleibt als Lösungswert: $h_{1(2)} = (1/3) \cdot h_2$

$D^2(V_{Zyl.}) = (2 \cdot x_2^2) \cdot \pi \cdot h_1 / h_2^2 + (-2 \cdot h_2 \cdot x_2^2 + 2 \cdot h_1 \cdot x_2^2) \cdot \pi / h_2^2$
$\qquad + (-2 \cdot h_2 \cdot x_2^2 + 2 \cdot h_1 \cdot x_2^2) \cdot \pi / h_2^2$
$D^2(V_{Zyl.}) = 3 \cdot x_2^2 \cdot h_1 - 2 \cdot h_2 \cdot x_2^2 = x_2^2 \cdot (3 \cdot h_1 - 2 \cdot h_2)$
$D^2(V_{Zyl.}) = 3 \cdot x_2^2 \cdot (1/3) \cdot h_2 - 2 \cdot h_2 \cdot x_2^2 = x_2^2 \cdot (h_2 - 2 \cdot h_2)$
$D^2(V_{Zyl.}) = -x_2^2 \cdot h_2 < 0$

$\rightarrow$ Bei $h_{1(2)} = (1/3) \cdot h_2$ liegt ein Maximum vor.
Bei $h_{1(2)} = (1/3) \cdot h_2$ wird der Wasserbehälter maximal.

Für $h_{1(2)} = (1/3) \cdot h_2$ ergibt sich für x_1:
$x_1 = (h_2 - (1/3) \cdot h_2) \cdot x_2 / h_2$
$\rightarrow x_1 = 2/3 \cdot x_2$

Somit beträgt das Zylindervolumen:
$V_{Zyl.} = x_1^2 \cdot \pi \cdot h_1 = (4/9) \cdot x_2^2 \cdot \pi \cdot (1/3) \cdot h_2 = (4/27) \cdot x_2^2 \cdot \pi \cdot h_2$

Das Kegelvolumen beträgt: $V_{Kegel} = (1/3) \cdot x_2^2 \cdot \pi \cdot h_2$

Es gilt nun: $V_{Zyl}/V_{Kegel} = (4/27) / (1/3) = 4/9 \cong 0,444$

Damit macht das Zylindervolumen maximal 44,44 ... % des Kegelvolumens aus.

(14) Extremwertaufgaben

<table>
<tr><td>

Aufgaben / Tipp / Lösungen

A: Die Summe zweier positiver Zahlen sei 20.
Bestimmen Sie die Zahlen so, dass
a) ihr Produkt maximal wird,
(b) die Summe der Quadrate beider Zahlen minimal wird und
(c) das Produkt der einen mit dem Kubus der anderen maximal ist!

Tipp: Erste Zahl: a; zweite Zahl b. Allgemein gilt: a + b = 20.

ML-A:
i.) $P = a \cdot b$; $P = (20 - b) \cdot b = 20b - b^2$;
=> $D(P) = dP/db = 20 - 2b = 0$ => $\underline{b = 10}$ => $\underline{a = 10}$
ii.) $S = a^2 + b^2$; $S = a^2 + (20 - a)^2 = a^2 + 400 - 40a + a^2$
= $2a^2 + 400 - 40a$;
=> $D(S) = dS/da = 4a - 40 = 0$ => $\underline{a = 10}$ => $\underline{b = 10}$
iii.) $K = a \cdot b^3 = (20 - b) \cdot b^3 = 20 \cdot b^3 - b^4$
=> $D(K) = dK/db = 60 \cdot b^2 - 4 \cdot b^3 = 4 \cdot b^2 (15 - b)$
=> $\underline{b_1 = 0}$; $\underline{b_2 = 15}$. $\underline{\text{Geeignet ist } b_2.}$ => $\underline{a = 5}$.

</td><td>

Aufgaben / Tipp / Lösungen

B: Bestimmen Sie die optimalen Längen für ein Sportstadion.
Die Innenbahn hat eine Länge von 400 m.
Die rechten und linken Wegführungen bestehen aus Kreisbögen (r = b).
Die innere Rechteckfläche (F) soll maximal sein.

Tipp:

Innere Fläche F = a · 2b (a: Seitengerade; 2b: Durchmesser vom Kreis)

ML-B:
HF: $F = a \cdot 2b$
NF: $U_{Innen} = 2a + 2b \cdot \pi \to 200 = a + b \cdot \pi \to a = 200 - b \cdot \pi$
HF (+ NF): $F = (200 - b \cdot \pi) \cdot 2b = 400b - 2 \cdot b^2 \cdot \pi$
$F' = 400 - 4b \cdot \pi = 0 \to 100 = b \cdot \pi \to b = 100/\pi \to r = b = 31{,}83$ m.
Länge der beiden Halbkreisbögen: 200 m.
Länge der Gerade a: a = 100m

$F = a \cdot 2b \approx 6366{,}2$ m²

</td></tr>
<tr><td>

C: Eine runde Zylinderdose mit einem gegebenen Volumen (V) soll mit Boden und Deckel eine möglichst kleine Oberfläche haben. Bestimmen Sie hierfür das Verhältnis der Höhe zum Durchmesser.

Tipp: Zeichnen Sie eine Dose. Tragen Sie die elementaren Beziehungen ein. Legen Sie den Zylinderradius mit r und die Zylinderhöhe mit h fest. Das Volumen bestimmt sich über: Volumen: $V = \pi \cdot r^2 \cdot h$
Die Oberfläche bestimmt sich über: Oberfläche: $F = 2 \cdot \pi \cdot r \cdot h + 2 \cdot \pi \cdot r^2$
Beachten Sie: $V/r = \pi \cdot r \cdot h$ und $F = 2 \cdot (\pi \cdot r \cdot h) + 2 \cdot \pi \cdot r^2$
Leiten Sie F nach r ab.

ML-C:
Zylinderradius: r; Höhe des Zylinders: h
Volumen: $V = \pi \cdot r^2 \cdot h$
Oberfläche: $F = 2 \cdot \pi \cdot r \cdot h + 2 \cdot \pi \cdot r^2$
Es gilt: $\pi \cdot r \cdot h = V/r$
Wir erhalten: $F(r) = 2 \cdot V/r + 2 \cdot \pi \cdot r^2$
hierbei ist F von r abhängig.

Die erste Ableitung lautet: $F'(r) = -2 \cdot V/(r^2) + 4 \cdot \pi \cdot r$
Dies wird gleich 0 gesetzt und ergibt: $r^3 = V/(2 \cdot \pi)$
Somit gilt: $r = (V/(2 \cdot \pi))^{1/3} > 0$
Überprüfung über die Bildung der zweiten Ableitung: $F''(r)$.
Es liegt ein relatives Minimum vor.
Für h ergibt sich der Wert: $h = V/(\pi \cdot r^2)$
Mit dem gefundenen r-Wert ergibt sich $h = ((4 \cdot V)/\pi)^{1/3}$. Also gilt $\underline{d = h}$.

</td><td>

D: Wie ist bei einer zylindrischen Dose (mit Seitenwänden und mit Boden (also ohne Deckel)) das Verhältnis der Höhe (h) zum Durchmesser (d), wenn bei vorgegebenem Volumen der Materialbedarf möglichst gering sein soll?
Stellen Sie hierzu zuerst die Haupt- und Nebenfunktion auf.
Geben Sie eine Skizze an.

Tipp wie unter B.

ML-D:
Zylinderradius: r; Höhe des Zylinders: h
Volumen: $V = \pi \cdot r^2 \cdot h$
Oberfläche: $F = 2 \cdot \pi \cdot r \cdot h + \pi \cdot r^2$
Es gilt: $\pi \cdot r \cdot h = V/r$
Wir erhalten: $F(r) = 2 \cdot V/r + \pi \cdot r^2$
hierbei ist F von r abhängig.
Die erste Ableitung lautet: $F'(r) = -2 \cdot V/(r^2) + 2 \cdot \pi \cdot r$
Dies wird gleich 0 gesetzt und ergibt: $r^3 = V/\pi$
Somit gilt: $r = (V/(\pi))^{1/3} > 0$
Überprüfung über die Bildung der zweiten Ableitung: $F''(r)$.
Es liegt ein relatives Minimum vor.
Für h ergibt sich der Wert: $h = V/(\pi \cdot r^2)$
Mit dem gefundenen r-Wert ergibt sich
$h = ((4 \cdot V)/\pi)^{1/3}$
Also gilt $\underline{r = h}$.

</td></tr>
<tr><td>

E: Bestimme die Gleichung der Geraden durch den Punkt (3, 4), die im ersten Quadranten mit den Koordinatenachsen ein Dreieck kleinster Fläche bildet.

Tipp: Zeichen Sie ein Quadrantenfeld. Tragen Sie allgemein eine Gerade ein, die durch den Punkt (3; 4) geht. Beachten Sie hierbei den Strahlensatz. Überlegen sie sich, was geschieht, wenn die Gerade parallel zur x-Achse liegt. Überlegen sie sich, was geschieht, wenn die Gerade parallel zur y-Achse liegt. Bestimmen Sie allgemein die Fläche unterhalb der Geraden. Gehen Sie dabei von den Beziehungen zur Bestimmung der Geradensteigung aus.

ML-E:
$F = (1/2) \cdot x_0 \cdot y_0$
$m = -y_0 / x_0 = -(y_0 - 4) / 3$
$\to y_0 = (-4 \cdot x_0) / (3 - x_0)$
$\to F = (1/2) \cdot x_0 \cdot (-4 \cdot x_0) / (3 - x_0) = -2 \cdot x_0^2 \cdot (1 / (3 - x_0))$
$\to F' = -4 \cdot x_0 \cdot (1 / (3 - x_0)) + (-2 \cdot x_0^2) \cdot (1 / (3 - x_0)^2)$
$\to F' = 0 = 4 \cdot x_0 \cdot (3 - x_0) + (2 \cdot x_0^2)$
$\to 0 = 12 \cdot x_0 - 2 \cdot x_0^2 = x_0 \cdot (12 - 2 \cdot x_0)$
$\to x_{01} = 0 \to \underline{x_{02} = 6}$ => $\underline{y_0} = (-24) / (-3) \underline{= 8}$
$\to \underline{F = 24 \text{ (FE)}}$.

</td><td>

F: In einem Kreis wird ein Rechteck eingetragen.
Bei welchen Maßen ist die Rechteckfläche maximal.
Geben Sie einen Beweis.

Tipp: Zeichnen Sie einen Kreis und tragen Sie ein Rechteck ein. Betrachten Sie die Gegebenheiten im Viertelkreis. Der Radius r ist konstant. R geht vom Mittelpunkt des Kreises zu den einzelnen Ecken des Rechtecks. Bestimmen Sie die Daten der Eckpunkte in Abhängigkeit von r. Nutzen Sie den Satz des Pythagoras.

ML-F:
Basisdaten: Kreisradius r; Rechteckseitenlänge: 2x, 2y
Kreis-Rechteck-Beziehung: $x^2 + y^2 = r^2$
Fläche $F = 4xy$
$F = 4x(r^2 - x^2)^{0,5}$
Erste Ableitung von F bilden:
$D(F(x)) = (4 (r^2 - 2x^2)/(r^2 - x^2)^{0,5}$
$D(F(x)) = 0$ setzen.
Also: $r^2 - 2x^2 = 0$; $x = r/(2)^{0,5}$
(Diese Größe gilt wegen Symmetrie auch für y)
Überprüfung über $D^2(F(x))$
Fläche $F = 2r^2$

</td></tr>
<tr><td>

G: Die Ortschaft A, die an der geraden Straße A zu B liegt, soll mit dem Kraftwerk C, das 2 km von der Straße entfernt ist, durch eine unter der Erde verlegte Leitung verbunden werden.
Die Kosten betragen € 60,- pro lfd. Meter bei Verlegung neben der geraden Straße und € 100,- pro lfd. Meter im Gelände.
Gehen Sie davon aus, dass die Strecke von B zu C senkrecht auf der Strecke B zu A steht.
Rechnen Sie a.) allgemein und b.) mit dem Wert: A zu B gleich 8 km.

Tipp: Nutzen Sie den Satz des Pythagoras.
Stellen Sie allgemein eine Kostenfunktion auf.
Gewichten Sie die Weglängen über die Wegkosten.

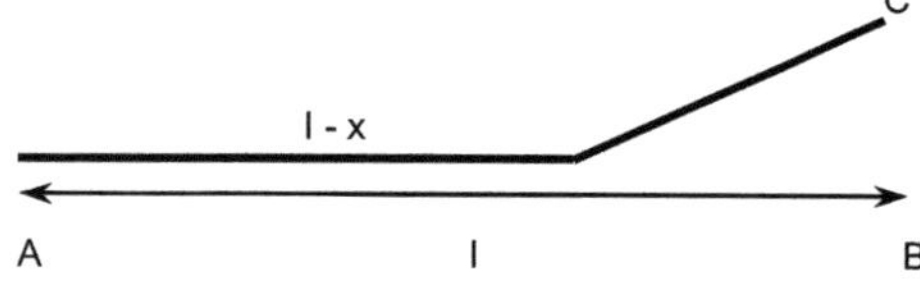

</td><td>

ML-G:
K = Gesamtkosten = $x \cdot K_1 + y \cdot K_2$; $y = (b^2 + (l-x)^2)^{0,5}$
$dK/dx = D(K) = K_1 + K_2/2 \cdot ((l-x)^2 + b^2)^{-0,5} \cdot 2 \cdot (l-x) \cdot (-1)$
$D(K) = K_1 - K_2 \cdot ((l-x)^2 + b^2)^{-0,5} \cdot (l-x)$
Mit $D(K) = 0$ folgt: $K_1^2 = K_2^2 \cdot (l-x)^2/((l-x)^2 + b^2)$
$\to (K_2^2 - K_1^2) \cdot (l-x)^2 = K_1^2 \cdot b^2$
$\to (l-x)^2 = K_1^2 \cdot b^2/(K_2^2 - K_1^2)$
$\to (l-x) = K_1 \cdot b/(K_2^2 - K_1^2)^{0,5}$
$\to x = l - K_1 \cdot b/(K_2^2 - K_1^2)^{0,5}$
Mit den vorgegebenen Werten l = 8 km; b = 2 km; K_1 = 60,- €;
K_2 = 100,- € erhält man:
$x = (8 - 60 \cdot 2/(10000 - 3600)^{0,5})$ km
$= (8 - 60 \cdot 2/80)$ km $= (8 - 1{,}5)$ km = 6,5 km
$y = (2^2 + (1{,}5)^2)^{0,5} = (4 + 2{,}25)^{0,5} = (2^2 + (1{,}5)^2)^{0,5} = 2{,}5$ km
K = Gesamtkosten = $(6{,}5 \cdot 60 + 2{,}5 \cdot 100)$ €

$\underline{K = 640.000 \text{ €.}}$

</td></tr>
</table>

(15) Extremwertaufgaben

H: Es liegt ein Spannungsteiler vor. R_L und R_q liegen parallel. In Reihe dazu liegt R_v. Eingangsseitig liegt die Spannung U_{ges} an. Über R_L fällt die Spannung U_{RL} ab. Zeichnen Sie die Schaltung. Bestimmen Sie allgemein die Leistungsaufnahme von R_L. Zeichnen Sie den Verlauf von U_{RL} in Abhängigkeit von R_L. (Rechnen Sie hierfür mit $R_V = 100\ \Omega$, $R_q = 50\ \Omega$, $0\ \Omega < R_L < 500\ \Omega$ und mit $U_{ges} = 20$ V.)
Bestimmen Sie weiterhin allgemein, bei welchem R_L-Wert die maximale Leistungsaufnahme von R_L vorliegt.

Tipp: Zeichen Sie einen Spannungsteiler auf und verwenden Sie die elementaren ohmschen Beziehungen.

U: Spannung; I: Stromstärke; R: Ohmscher Widerstandswert
$U = R \cdot I$; $P = U \cdot I$ (P: Leistung)
(Hinweis:
R_v: Vorwiderstand; R_L: Lastwiderstand; R_q: Querwiderstand zu R_L)

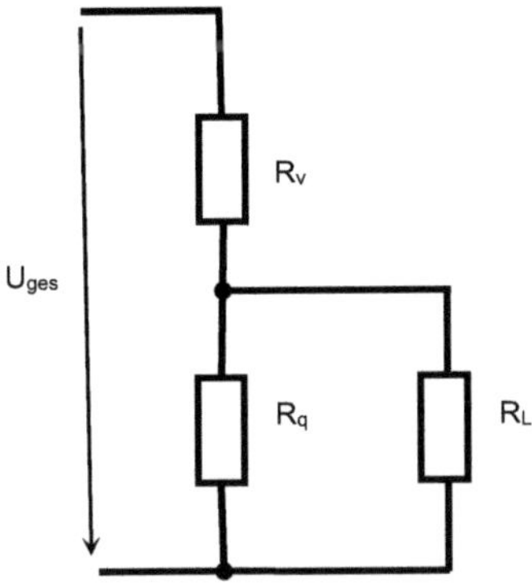

ML-H:
1. $R_{ers} = R_q\ ||\ R_L = R_q \cdot R_L/(R_q + R_L)$ 2. $I_{ges} = U_{ges}/(R_V + R_{ers})$
3. $U_L = U_{ges} - I_{ges} \cdot R_v$ 4. $P_L = U_L^2/R_L$
$\rightarrow P_{RL} = U_{RL}^2 / R_L = (U_{ges} - I_{ges} \cdot R_v)^2 / R_L$
$\rightarrow P_{RL} = U_{ges}^2 (1 - X_{ers})^2 / R_L$
        mit: $X_{ers} = (R_v R_q + R_v R_L) / (R_v R_q + R_v R_L + R_q R_L)$
$\rightarrow P_{RL} = (U_{ges}^2/R_L)(R_q R_L /(R_v R_q + R_v R_L + R_q R_L))^2$
    Mit $f'(R_L) = dP_{RL} / dR_L = 0$ folgt:
$\rightarrow f'(R_L) = - U^2/R_L^2 ((R_q R_L / R_{neu})^2 + 2R_L(R_q R_L/R_{neu}) \cdot$
                $\cdot ((R_q/R_{neu}) - R_q R_L(R_v + R_q)/R_{neu}^2)),$
                (mit $R_{neu} = R_v R_q + R_v R_L + R_q R_L$)
$\rightarrow f'(R_L) = 0 = R_v R_q - R_v R_L - R_q R_L$
$\rightarrow \underline{R_L = R_v R_q / (R_v + R_q).}$

Die maximale Leistungsaufnahme von R_L hängt somit nur von R_v und R_q ab. Mit den Werten $U_{ges} = 200$ V; $R_v = 100\ \underline{\Omega}$; $R_L\ 100\ \underline{\Omega}$)
errechnet sich: $\underline{R_L = (100\ \Omega \cdot 10\ \Omega) / (100\ \Omega + 100\ \Omega) = 50\ \Omega}$

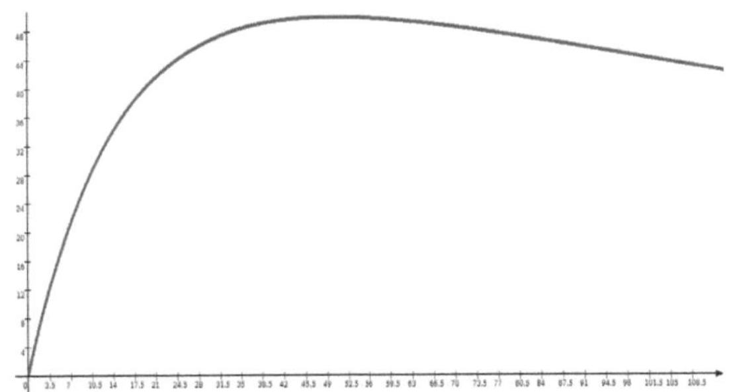

I: Ein Kreissektor (Tortenstück) mit dem Radius r und dem Bogen b hat die konstante Flächenmaßzahl 32. Ermitteln Sie b und r so, dass der Umfang relativ extremal wird. Geben Sie Art und Größe des Extremwertes an. Geben Sie eine Skizze an.
(Tipp: Beachten Sie die Kreisgegebenheiten!)

K: In eine Kugel ist ein Kegel mit einem möglichst großen Volumen einzuschreiben.

Tipp 1: Zeichnung; Höhensätze im Dreieck ($h_c^2 = a_c \cdot b_c$) mit $a_c + b_c = c$
Tipp 2: Schneiden Sie die Kugel in der Mitte auf. Es liegt nun ein Dreieck im Kreis. Die Entfernung der Kreismitte zu den Eckpunkten des Dreiecks beträgt jeweils r. Nutzen Sie den Satz des Pythagoras und den Höhensatz..r_0: Radius des Kegelbodens; r_1: Radius der Kugel (bzw. des Kreises)
r_2: Maximaler Abstand des Kegelbogens vom unteren Kreisbogen

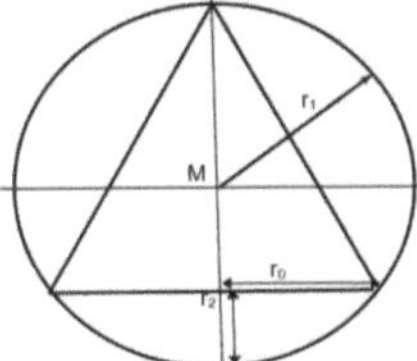

Lösung: **HF)** $V_{Kegel} = (1/3) \cdot r_0^2 \cdot \pi \cdot (2 \cdot r_1 - r_2)$
NF) $r_0^2 = r_2 \cdot (2 \cdot r_1 - r_2)$ ($\rightarrow$ Höhensatz)
$\rightarrow V_{Kegel} = (1/3) \cdot r_2 \cdot (2 \cdot r_1 - r_2) \cdot \pi \cdot (2 \cdot r_1 - r_2)$
    $= (4/3) \cdot \pi \cdot r_2 \cdot r_1^2 - (4/3) \cdot \pi \cdot r_1 \cdot r_2^2 + (1/3) \cdot \pi \cdot r_2^3$
$\rightarrow D(V_{Kegel}) = dV_{Kegel} / dr_2 = 0$
$\rightarrow 0 = (4/3) \cdot \pi \cdot r_1^2 - (4/3) \cdot \pi \cdot r_1 \cdot 2r_2 + \pi \cdot r_2^2$
$\rightarrow - (4/3) \cdot r_1^2 = - (8/3) \cdot r_1 \cdot r_2 + r_2^2$
$\rightarrow$ (Quadratische Ergänzung): $(r_2 - (4/3) r_1)^2 = (4/9) r_1^2$
$\rightarrow$ (L-a): $r_{2(1)} = 2 \cdot r_1$ und (L-b): $r_{2(2)} = (2/3) \cdot r_1$
$\rightarrow$ (L-a) ist nicht möglich; (L-b) trifft zu.
Somit folgt: $\underline{r_0 = r_1 \cdot (2/3) \cdot (2)^{0,5};\ h = 2 \cdot r_1 - r_2 = (4/3) \cdot r_1.}$

M: Legen Sie in ein gleichschenkliges Dreieck mit der Basis 2a und der Höhe h ein Rechteck maximalen Flächeninhalts
Tipp: Strahlensätze; Flächengleichung; Symmetrie

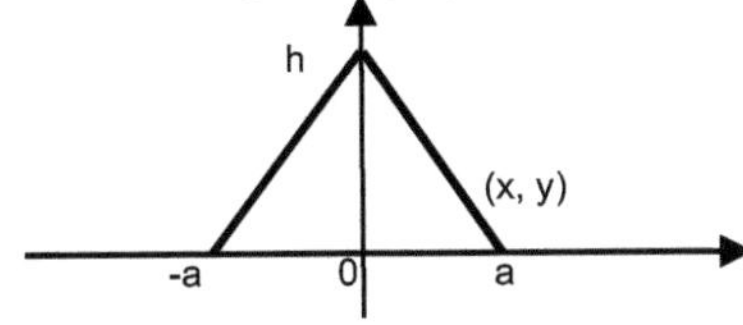

J: Ein Schiff A segelt südlich mit 16 km/h und ein zweites Schiff B östlich mit 12 km/h. Bei t_0 ist B genau 32 km südlich von A.
a.) Mit welcher Geschwindigkeit nähern oder entfernen sie sich nach genau einer Stunde? (Und genau nach zwei Stunden?)
b.) Wann liegt die geringste Entfernung zwischen A und B vor? Wie groß ist die Distanz?
Tipps: Zu a, b) $v = dl / dt$
Zu b) $y = 32 - 16 \cdot t$; $x = 0 + 12 \cdot t$; $(y^2 + x^2)^{0,5} = l$; $dl/dt = 0$
Lösung: $t = 1{,}28$; $l_{min} = 19{,}2$ km

L: Von einer rechteckigen Glasplatte mit den Seiten a und b ist ein Ecke in der Form eines rechtwinkligen Dreiecks mit den Katheten $p < a$ und $q < b$ abgebrochen. Aus dem Reststück soll eine möglichst große rechteckige Platte herausgeschnitten werden.

Tipp: Bestimmen Sie sorgfältig und übersichtlich die einzelnen Längenabschnitte. Wie groß kann die Fläche A in Abhängigkeit von x und y werden? Beachten Sie: $x = a - m$ und $y = b - n$.
Bestimmen Sie die Fläche des Dreiecks, das abgeschnitten wird.

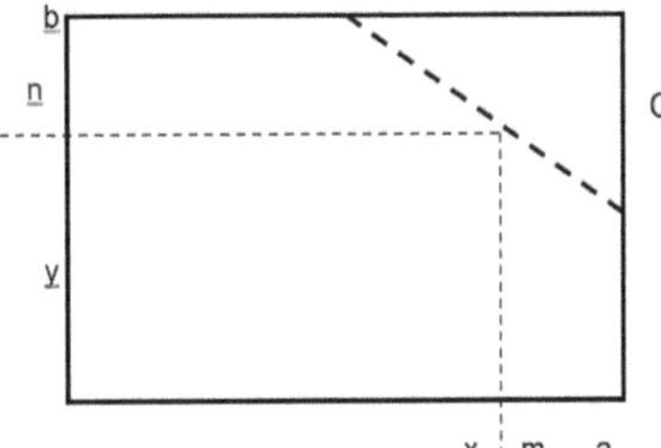

Lösung: $x = a - m$; $y = b - n$
$A_{max} = x \cdot y = (a - m) \cdot (b - n)$
Weiterhin gilt:
$q \cdot p/2 = m \cdot n + (p - n) \cdot m/2 + (q - m) \cdot n/2$
$\rightarrow q \cdot p = m \cdot p + q \cdot n$
$\rightarrow n = (q \cdot p - m \cdot p)/q = p \cdot (1 - m/q)$
$\rightarrow A_{max} = (a - m) \cdot (b - p \cdot (1 - m/q))$
$\rightarrow A_{max} = ab - ap + amp/q - mb + mp - m^2p/q$
$D(A_{max}) = 0 = ap/q - b + p - 2mp/q$
$\rightarrow m = a/2 - bq/(2p) + p/2$
$\rightarrow x = a - m = a/2 + bq/(2p) - q/2$
$\rightarrow n = p - mp/q = p/2 + b/2 - ap/(2q)$
$\rightarrow y = (b - n) = b/2 - p/2 + ap/(2q)$
$\rightarrow \underline{A_{max}} = x \cdot y = [a/2 + bq/(2p) - q/2] \cdot [b/2 - p/2 + ap/(2q)]$
    $= 1/2 \cdot (ab - ap - bq + 1/2 \cdot (qp + a^2p/q + b^2q/p)).$

(16) Integrale, Flächen; graphische Darstellungen

A: Integral als Summe von Flächenabschnitten

Bestimmen sie die Fläche zwischen dem Graph von $f(x) = x^3$ durch die abschnittsweise Aufsummierung einzelner Flächenabschnitte (Obersumme) im Bezugsintervall: $0 \leq x \leq a$.

Es gilt: $1^3 + 2^3 + \ldots + n^3 = (n^2 \cdot (n + 1)^2)/4$

Skizzieren Sie die Gegebenheiten.

C: Bestimmen Sie die Fläche zwischen $f_a(x) = x^2 + 0{,}5$ und der x-Achse, mit

$x \in$ |R und $-1 \leq x \leq 3$.

Geben Sie auch die erste Ableitung und eine Skizze an.

D: Bestimmen Sie die Fläche zwischen $f_a(x) = x^2 - a \cdot x$

mit $a = 2$ und $x \in$ |R für $-1 \leq x \leq 3$.

Geben Sie auch die erste Ableitung und eine Skizze an.

B: Flächenbestimmung

i.) Bestimmen Sie die Fläche zwischen dem Graphen der Funktion
$f(x) = x^2 - 2 \cdot x + a$ und der x-Achse im Intervall der x-Achse von 0 bis 4.
Rechnen Sie mit $a = -8$.
Wie verändert sich die Fläche für $a = -3$?
Bestimmen Sie auch hierfür die Fläche.
Geben Sie eine Skizze an.

ii.) Bestimmen Sie die Fläche, die von den Graphen der Funktionen
$f_1(x) = \sin(2 \cdot x)$ und $f_2(x) = \cos(2 \cdot x)$ in den Grenzen von $\pi/8$ bis $5\pi/8$
eingeschlossen wird.
Geben Sie eine Skizze an.

iii.) Bestimmen Sie die Fläche, die von den Graphen der Funktionen
$f_1(x) = \sin(x)$ und $f_2(x) = \cos(x)$ in den Grenzen von $\pi/4$ bis $5\pi/4$
eingeschlossen wird.
Geben Sie eine Skizze an.

B-i): a = - 8
Orientierte Fläche: $- 26{,}666 \ldots$ FE
Absolute Fläche: FE = $26{,}666 \ldots$ FE

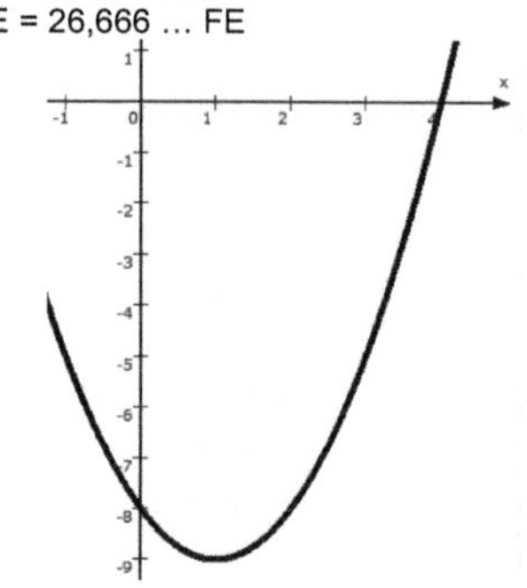

B-i): a = - 3
Orientierte Fläche: $- 6{,}666 \ldots$ FE
Absolute Fläche: FE = $11{,}5$ FE

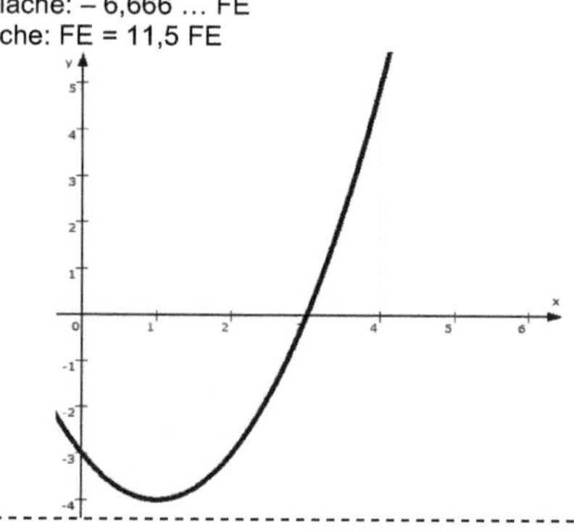

B-ii)
Orientierte Fläche: $1{,}414 \ldots$ FE
Absolute Fläche: FE = $1{,}414 \ldots$ FE

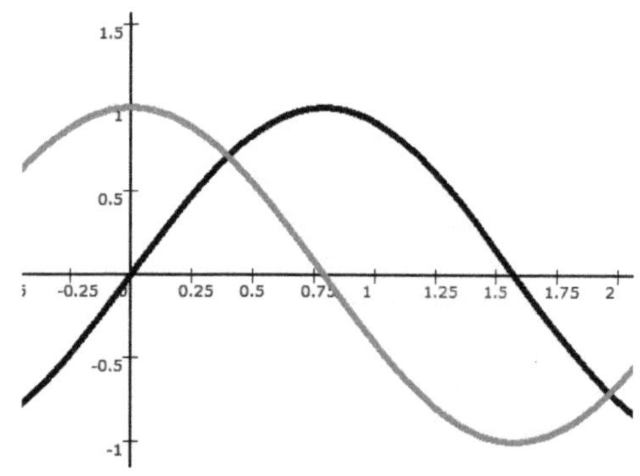

C)
Orientierte Fläche: $11{,}333 \ldots$ FE
Absolute Fläche: FE = $11{,}333 \ldots$ FE

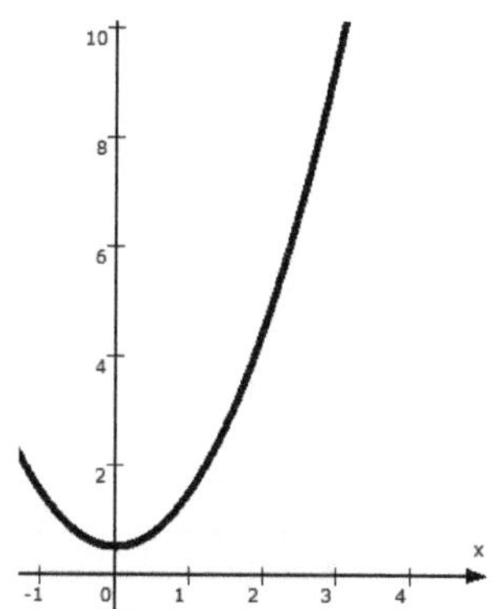

Rotationsvolumen

D: Bestimmen Sie die Fläche zwischen dem Funktionsgraphen von $f(x) = A \cdot (x)^{1/3}$ und der x-Achse im Intervall von $0 \leq x \leq 4$.

Es sei: $A \in$ |R. Weiterhin soll sich die Funktion $f(x) = x^{1/2}$ um die x-Achse drehen.

Bestimmen Sie für $1 \leq x \leq 4$ das Rotationsvolumen.

E: Die Funktion $f(x) = x^3$ rotiert um die x-Achse.

Ermitteln Sie das von der Funktion eingeschlossene Volumen im Bereich $1 \leq x \leq 2$.

Geben Sie eine Skizze an.

Aufgabe „Trompete" (von Evangelista Torricelli (1608-1647) „entdeckt")

$f(x) = 1/x$
$f(x)$ soll um die x-Achse rotieren.
Volumenintegral:
$$V = \pi \cdot \int (f(x))^2 \cdot dx$$
$$= \pi \cdot \int (1/x)^2 \cdot dx$$
$$= \pi \cdot \int 1/x^2 \cdot dx$$
$$= \pi \cdot (-1) \cdot 1/x + C$$

In den Grenzen von
$x_u = 1$ bis $x_0 = \infty$ ergibt sich:
$V(x) = 0 - (-\pi) = \pi$ VE.

Das Volumen der „Trompete" liegt somit bei $V \cong 3{,}14$ VE.

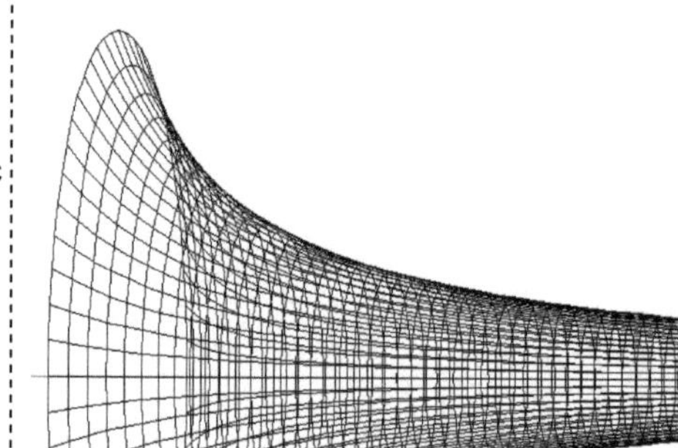

Betrachtung zu Oberfläche von $f(x)$ im Bereich von $1 \leq x \leq \infty$.
Wir sehen uns die Fläche zwischen $f(x)$ und der x-Achse an:
$F(x) = \int f(x) \cdot dx = \int (1/x) \cdot dx = \ln|x| + C$
Mit den angebenen Grenzen erhalten wir:
$F(x) = \ln|\infty| - \ln|1| = \infty - o = \infty$ FE
D. h.: Bereits die Fläche zwischen $f(x)$ und x-Achse ist im angegebenen Intervall unendlich groß.
Dabei die die Oberfläche des Rotationsvolumens noch größer.
Das Volumen selbst beträgt aber nur etwa $V = 3{,}14$ VE.

(17) Integrale von gebrochen-rationalen Funktionen (mittels Partialbruchzerlegung)

$\int \dfrac{1}{(x^2-1)^2} \cdot dx = ?$

$\dfrac{1}{(x^2-1)^2} = \dfrac{1}{(x-1)} \cdot \dfrac{1}{(x+1)} = \dfrac{A}{(x-1)} + \dfrac{B}{(x+1)}$

(Die Multiplikation wird in eine Addition umgewandelt.)

$\to 1 = \left(\dfrac{A}{x-1} + \dfrac{B}{x+1}\right) \cdot (x^2-1)^2$

$\to 1 = A \cdot (x+1) + B \cdot (x-1))$

$\to 1 = A + Ax - B + Bx)$

$\to 1 = A - B$ und $0 \cdot x = (A + B) \cdot X$

$\to 1 = A - B$ und $A = -B$

$\to 2A = 1;\ A = \tfrac{1}{2};\ B = -\tfrac{1}{2}$

$\dfrac{1}{(x^2-1)^2} = \dfrac{1/2}{(1-x)} - \dfrac{1/2}{(1+x)}$

$\to \int \dfrac{1}{(x^2-1)^2} \cdot dx = \int \dfrac{0{,}5}{x-1} \cdot dx - \int \dfrac{0{,}5}{x+1} \cdot dx$

$\to \int \dfrac{1}{(x^2-1)^2} \cdot dx = \int \dfrac{0{,}5}{x-1} \cdot dx - \int \dfrac{0{,}5}{x+1} \cdot dx$

(Substitutionen: s = x + 1; t = x − 1; ds = dx; dt = dx)

$\to \int \dfrac{1}{(x^2-1)^2} \cdot dx = \int \dfrac{0{,}5}{t} \cdot dt - \int \dfrac{0{,}5}{s} \cdot dt$

$\to \int \dfrac{1}{(x^2-1)^2} \cdot dx = 0{,}5 \cdot [\ln|(x-1)| - \ln|(x+1)|] + C$

$\int \dfrac{2x-3}{x \cdot (x^2-1)^2} \cdot dx = ?$

$\dfrac{2x-3}{x \cdot (x^2-1)^2} = \dfrac{2x-3}{x \cdot (x-1) \cdot (x+1)}$

$\to \dfrac{2x-3}{x \cdot (x-1) \cdot (x+1)} = \dfrac{A}{x} + \dfrac{B}{(x-1)} + \dfrac{C}{(x+1)} +$

$\to 2x - 3 = A \cdot (x+1) \cdot (x-1) + B \cdot x \cdot (x+1) + C \cdot x \cdot (x-1)$

$\to$ Nullstellen (von $x \cdot (x+1) \cdot (x-1) = 0$): 0; - 1; + 1

$\to x = 0:\ -3 = -A \to A = 3$

$\to x = -1:\ -5 = C \cdot 2 \to C = -2$

$\to x = 1:\ -1 = B \cdot 2 \to B = -1/2$

$\int \dfrac{2x-3}{x \cdot (x^2-1)^2} \cdot dx =$

$= 3 \cdot \ln|x| - 0{,}5 \cdot \ln|x-1| - 2{,}5 \cdot \ln|x+1| + C$

$\int \dfrac{4x-9}{x^2-8x+15} \cdot dx = ?$

Nullstellenbestimmung für $x^2 - 8x + 15$

$\to$ Nullstellen: 3; 5

$\to x^2 - 8x + 15 = (x-3) \cdot (x-5)$ [Satz von Vieta]

$\to 4x - 9 = A\,(x-5) + B\,(x-3)$

$\to A = -1{,}5;\ B = 5{,}5$

$\int \dfrac{4x-9}{x^2-8x+15} \cdot dx = -1{,}5 \cdot [\ln|x-3|] + 5{,}5 \cdot \ln|x-5| + C$

$\int \dfrac{x}{x^3+1} dx = -\tfrac{1}{3} \ln|x+1| + \tfrac{1}{6} \ln|x^2-x+1| - \tfrac{1}{\sqrt{3}} \arctan\left(\tfrac{2x-1}{\sqrt{3}}\right| + C$ (Auflösung gemäß Partialbruchzerlegung)

Tipp: $x^3 + 1 = (x+1) \cdot (x^2-x+1);\ \dfrac{x}{x^3+1} = A/(x+1) + (Bx+C)/(x^2-x+1);\ x = Ax^2 - Ax + A + Bx^2 + Bx + Cx + C$

$1 = -A + B + C;\ 0 = A + B;\ 0 = A + C \to A = -B = -C;\ -A + B + C = 1;\ A = -1/3;\ B = C = 1/3$

Bogenlängenbestimmung

Herleitung

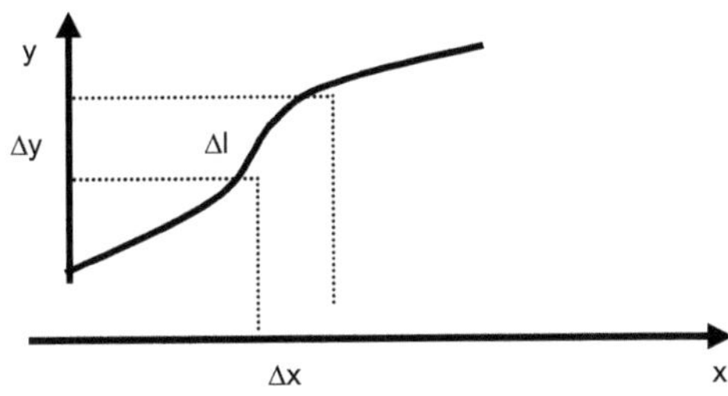

Es gilt: $\Delta l = ((\Delta x)^2 + (\Delta y)^2)^{0{,}5}\,((1)^2 + (\Delta y/\Delta x)^2)^{0{,}5} \cdot \Delta x$

Mit einem Grenzwertübergang ($\Delta x \to dx$) folgt:

$dl = ((1)^2 + (dy/dx)^2)^{0{,}5} \cdot dx = (1 + (Df(x))^2)^{0{,}5} \cdot dx$

Durch die Integration ergibt sich: $L = \int [(1 + (Df(x))^2)^{0{,}5}] \cdot dx$

Der gesuchte Ausdruck lautet: $L = \int_{x_1}^{x_2} \sqrt{1 + (f'(x))^2}\ dx$

Beispiel 1

$f(x) = x$; Grenze $x_1 = 1$; Grenze $x_2 = 3{,}5$

$D(f(x)) = 1$

$L = \int_1^{3{,}5} \sqrt{1 + (1)^2}\, dx = (2)^{0{,}5} \cdot (3{,}5 - 1) = 3{,}54$ LE

(LE: Längeneinheiten)

Dies kann zeichnerisch und durch Rechnung
(Satz des Pythagoras) bestätigt werden.

Beispiel 2

Bestimmen der Bogenlänge für die Funktion $x^{3/2}$ in den Grenzen von $x_1 = 3$ bis $x_2 = 9$. Es gilt: $D(f(x)) = 1{,}5 \cdot x^{0{,}5}$

So folgt: $L = \int_3^9 \sqrt{1 + \dfrac{9}{4}x} \cdot dx$

Sinnvolle Substitution: $v = (1 + (9/4)x);\ dv/dx = 9/4$

$L = \dfrac{4}{9} \cdot \dfrac{2}{3}\left(1 + \dfrac{9}{4}x\right)^{3/2} \Big|_3^9$

$= \dfrac{\sqrt{614125} - \sqrt{29791}}{27} \approx \dfrac{611}{27};\ L \approx 22{,}62963$ LE

Beispiel 3

Bestimmung der Bogenlänge eines Kreises (L_{Kreis})
mit $f(x) = (r^2 - x^2)^{0{,}5}$ und $(Df(x))^2 = x^2/(r^2 - x^2)$.

Es ergibt sich folgendes Integral:

$L_{Kreisbogen} = \int \sqrt{1 + \dfrac{x^2}{r^2 - x^2}}\, dx$

Mit der Substitution $z = x/r$ folgt durch $D(\arcsin(z)) = 1/(1 - z^2)^{0{,}5}$:

$L_{Kreis} = r \cdot \arcsin |z|$.

Hinweis: Ableitung der arcsin-Funktion

$y = \arcsin(x)$; es gilt $x = \sin(y)$ und somit $x^2 = \sin^2(y)$

Mit $dx/dy = \cos(y)$ und $\cos(y) = (1 - \sin^2(y))^{0{,}5}$ ergibt sich $\cos(y) = (1 - x^2)^{0{,}5}$

So folgt: $dx/dy = (1 - x^2)^{0{,}5}$

Umgeschrieben ergibt sich $D(y) = dy/dx = \dfrac{1}{\sqrt{1 - x^2}}$

Es folgt: $D(\arcsin(x)) = \dfrac{1}{\sqrt{1 - x^2}}$

(18) Integrationen; Differenzialgleichungen

Integral: $\int (\sin(x))^2 \cdot dx = \int \sin^2(x) \cdot dx = \int \sin(x) \cdot \sin(x) \cdot dx$

Nun sei u = sin(x); D(v) = sin(x)	Hinweise:
Es gilt: D(u) = cos(x); v = - cos(x); so folgt:	Auflösung mittels partieller Integration mit u = u(x), v = v(x), D: Differenzialoperator
$\int \sin^2(x)\, dx = -\sin(x)\cos(x) - \int -\cos^2(x)\, dx$	Es gilt: D(uv) = u D(v) + v D(u) → uv = $\int$ u v' + $\int$ v u' → $\int$ u v' = uv - $\int$ v u'
$\int \sin^2(x)\, dx = ½ (x - \sin(x)\cos(x))$	Die vergleichbare Auflösung von $\int -\cos^2(x)\, dx$ ist nicht zielführend. Tipp: $\sin^2(x) + \cos^2(x) = 1$.

Integrationsaufgaben

Integriere $f(x) = \dfrac{1}{(x-a)\cdot(x-b)}$

Nennernullstellen: $(x-a)\cdot(x-b) = 0 \to x_{n1} = a;\ x_{n2} = b$

$\dfrac{1}{(x-a)\cdot(x-b)} = \dfrac{A}{(x-a)} + \dfrac{B}{(x-b)} \to 1 = A(x-b) + B(x-a)$

i) $x_{n1} = a$: $1 = Aa - Ab \to A = \dfrac{1}{(a-b)}$; ii) $x_{n2} = b$: $1 = Bb - Ba \to B = \dfrac{1}{(b-a)}$

$\int \dfrac{dx}{(x-a)\cdot(x-b)} = \int A \dfrac{dx}{(x-a)} + \int B \dfrac{dx}{(x-b)}$

$\int \dfrac{dx}{(x-a)\cdot(x-b)} = \dfrac{\ln|x-a|}{(a-b)} + \dfrac{\ln|x-b|}{(b-a)} = \dfrac{1}{(a-b)} \ln\left(\dfrac{\ln|x-a|}{\ln|x-b|}\right) + C$

Integriere $f(x) = \dfrac{1}{a - bx^2}$

Nennernullstellen: $x_{n1} = \sqrt{a/b}$; $x_{n2} = -\sqrt{a/b}$; ($\sqrt{\ldots}$: Wurzel von …)

$\int \dfrac{dx}{a - bx^2} = 1/(\sqrt{(ab)}) \cdot (\ln(|\sqrt{a} + x\sqrt{b}|) / (|\sqrt{a} - x\sqrt{b}|) + C$

Aufgabe: x/2 - y' = x
Lösung: $dy/dx = -x/2$; $dy = -(x/2)\cdot dx$; $y = (-1/2)\cdot x^2 \cdot (1/2) + C$
Hierbei ist C eine allgemeine Konstante. Somit erhalten wir: $y = -0{,}25 \cdot x^2 + C$
Probe: Die Ableitung des gefundenen Ausdrucks führt zu: $dy/dx = y' = -0{,}5 \cdot x$

Aufgabe: Bestimmen Sie die Lösung für die folgenden Differentialgleichungen: $y' = (y/x) - A \cdot (x^2/y^2)$.
Es gilt (1): A = 0; (2): Es ist: A = 1 (Tipp - Substitution: y = x · z, mit z = f(x))

Zu (1): dy/dx = y/x; dy/y = dx/x ; ln|y| = ln|x| + C₁ → y = |x| + C₂	Zu (2): y = xz mit z = f(x); dy/dx = z + xz' ; z + xz' = y/x - x²/y² = (xz)/x - (x²/(x² z²)) = z - 1/z² ; xz' = - 1/z² z²· dz = - dx/x ; z³/3 + C₁ = - ln|x| + C₂ ; y³/x³ = - 3 · ln|x| + C₃; y = x · (C₃ - ln|x³|)^{1/3}

Differenzialgleichungen

Weg-Zeit-Gesetz für einen senkrechten Wurf eines Körpers nach oben:
$a = dv/dt = -g \to v = ds/dt \to dv = -g \cdot dt \to v = \int (-g) \cdot dt$
$\to (-g) \cdot t + C_1 \to v \cdot dt = ds \to ((-g) \cdot t + C_1) \cdot dt = ds$
$\to \int ds = \int ((-g) \cdot t + C_1) \cdot dt \to s = -(g \cdot t^2)/2 + C_1 \cdot t + C_2$
Unter Beachtung der Anfangs- bzw. Randbedingungen
($C_1 = v_0$ und $C_2 = s_0$) folgt: $s = -(g \cdot t^2)/2 + v_0 \cdot t + s_0$

$y'' = x^2 = dy'/dx \to \int dy' = x2 \cdot dx$ → y' = x³/3 + C₁ → $\int dy = \int (x^3/3 + C_1) \cdot dx$ → y = x⁴/12 + C₁ · x + C₂	$y' = x^2/y^2 \to y' \cdot y^2 = x^2 = dy/dx \cdot y^2$ → $\int y^2 \cdot dy = \int x^2 \cdot dy$ → y³/3 + C₁ = x³/3 + C₂ → y³ = x³ + C

$y' \cdot y = y' + x \to y' \cdot y - y' = x$
$\to dy \cdot y - dy = x \cdot dx = (y - 1) \cdot dx$
$\to \int (y - 1) \cdot dy = \int x \cdot dx$
$\to y^2 - 2y = x^2 + 2C_2 - 2C_1 \to y^2 - 2y = x^2 + C_3$

Aufgaben
(1) $x \cdot (y')^{0,5} = x - 1$, mit dem Funktionspunkt P(2|10)
(2) $y' \cdot (x^2 - 4 \cdot x + 3) = (x - 3) \cdot (y + 1)$ mit P(2|0)
(3) $x \cdot y' = y \cdot \ln(y)$, mit dem Funktionspunkt P(1|e)
(4) $y'^2 = 1 - x^2$, mit dem Funktionspunkt P(1|0)
Hinweis zu (4): Es gilt $\arcsin(x) = \int 1/(1 - x^2)^{0,5} \cdot dx$

Volumen eines Treibstofftanks

Zur Verbesserung der Reichweite von LKWs soll zusätzlich ein Treibstofftank eingebaut werden. Die Form des Tanks wird durch folgenden Graphen beschrieben:

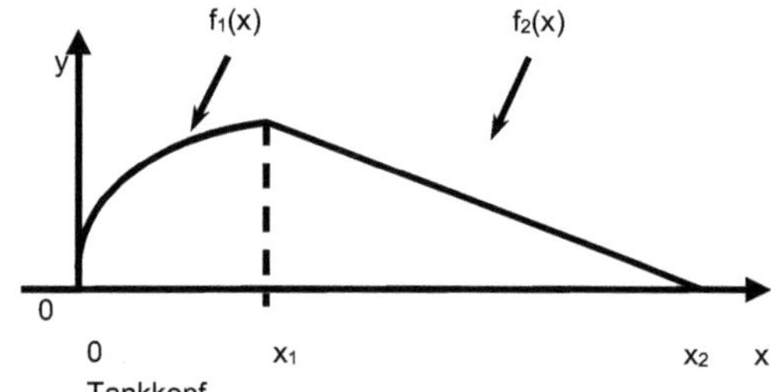

Bild: Schematische Struktur des zusätzlichen Treibstofftanks

Die Form des Tanks wird durch zwei Funktionen erfasst. Es gilt:
$f_1(x) = A \cdot x^{0,5}$ für $x \in [0 ; \pi/2]$ und $f_2(x) = B \cdot x + C$ für $x \in [\pi/2 ; 5]$
Weiterhin gilt: i.) $f_1(\pi/2) = 5 = f_2(\pi/2)$; ii.) $f_2(5) = 0$
Bestimmen Sie die Werte der Konstanten A, B und C.
Der von den Funktionen beschriebene Graph rotiert um die x-Achse.
Ermitteln Sie das Volumen des Tankkopfs, der durch die Funktion $f_1(x)$ für $x \in [0; \pi/2]$ beschrieben wird.

ML (Volumen eines Treibstofftanks)

$A \cdot \sqrt{\dfrac{\pi}{2}} = 5$; A = 3,989422; $B \cdot 5 + C = 0$; $B \cdot \dfrac{\pi}{2} + C = 5$
$\to B = \dfrac{5}{\frac{\pi}{2} - 5} = -1{,}458064459\ldots \to C = -5 \cdot B = 7{,}290322297$
$f_1(x) = 3{,}989422 \cdot \sqrt{x}$; $f_2(x) = -1{,}45806445 \cdot x + 7{,}290322297$
$\to V = \int_0^{\pi/2} \pi \cdot (f_1(x))^2 \cdot dx = \pi \cdot (3{,}989422)^2 \cdot \int_0^{\pi/2} x \cdot dx$
$\to V = \pi \cdot (3{,}989422)^2 \cdot \dfrac{x^2}{2} = 49{,}9997965 \cdot \dfrac{x^2}{2}$; **V $\cong$ 61,685 VE**

Volumen einer Kupplungshülle
Eine Kupplungshülle für eine PKW-Anhänger-Verbindung wird mit der Funktion f(x) = A · sin(x) + 2 beschrieben. Der Funktionsgraph dreht sich um die x-Achse im Intervall $0 \le x \le \pi$. Es sei A = - 1,85.
Ermitteln Sie das konkrete Rotationsvolumen.
Beachten Sie: $\int \sin^2(x) \cdot dx = 0{,}5 \cdot x - (1/4) \cdot \sin(2 \cdot x)$
$V = \int_0^\pi \pi \cdot (f(x))^2 \cdot dx = \int_0^\pi \pi \cdot (A \cdot \sin x + 2)^2 \cdot dx$
$V = \pi \cdot \int_0^\pi (A^2 \cdot \sin^2 x + 4 \cdot A \cdot \sin x + 4) \cdot dx$
Zur Integralauflösung unter anderem die partielle Integration
mit u = sinx, du/dx = cosx, dv = sinx · dx und v = - cosx
und die Beziehung $1 = \sin^2(x) + \cos^2(x)$ verwenden.
$V = \pi \cdot (A^2 (0{,}25 \cdot \sin(2x) + x/2) - 4A \cdot \cos(x) + 4 \cdot x)$ mit $0 \le x \le \pi$
$V = \pi \cdot ((A^2 (0{,}25\sin(2\pi) + \pi/2) - 4A\cos(\pi) + 4\pi) - (A^2 (0{,}25\sin(0) + 0/2)$
$- 4A\cos(0) + 4 \cdot 0))$; $V = \pi \cdot (A^2 \cdot \pi/2 + 4 \cdot A + 4 \cdot \pi + 4 \cdot A)$
$V = \pi \cdot (5{,}376050428 - 14{,}8 + 12{,}56637061) = 9{,}872206863$ VE

Partielle Integration

$\int x \cos(x)\, dx \to x \sin(x) + \cos(x) + C$ [→ u = x; dv = cos(x) · dx; etc.]
$\int \sin(x) \cdot \cos(x)\, dx \to (\sin(x))^2/2 + C$ [→ u = x; dv = cos(x) · dx; etc.]
$\int x^3 \cdot \ln(x)\, dx \to x^4/4 \ln(x) - x^4/16 + C$ [→ u = ln(x); dv = x³ · dx; etc.]
$\int \ln(x)\, dx \to x \cdot (\ln(x) - 1) + C$ [→ u = ln(x), dv = dx; etc.]
$\int (\ln(x)/x)\, dx \to (\ln(x))^2/2 + C)$ [→ u = ln(x), dv = (1/x) · dx; etc.]

$\int \dfrac{\ln(x)}{x} \cdot dx = -\dfrac{1}{2}(\ln(x))^2 + C$

$\int \dfrac{\ln(x)}{x^2} \cdot dx = -\dfrac{1}{x}(\ln(x) + 1) + C$

$\int \dfrac{\ln(x)}{x^3} \cdot dx = -\dfrac{1}{2x^2}(\ln(x) + 1/2) + C$

$\int \dfrac{\ln(x)}{x^4} \cdot dx = -\dfrac{1}{3x^3}(\ln(x) + 1/3) + C$

(19) Vektoren

A: Bestimmen Sie die Länge der Ortspfeile P_1 und P_2. Geben Sie die vektorielle Gleichung für die Gerade durch die Punkte P_1 und P_2 an: $P_1 = (2; -4)$ und $P_2 = (-4; 2)$.

Gegeben sind die Vektoren $\mathbf{a} = (1; 5; c)$ und $\mathbf{b} = (c^2; -6; 5/c)$ mit dem Faktor $c \in \mathbb{R}$.

i) Die Vektoren $\mathbf{a}$ und $\mathbf{b}$ sollen senkrecht aufeinander stehen. Bestimmen Sie hierfür c.

ii) Sind die drei Vektoren $\mathbf{d} = (2; 1; 3)$, $\mathbf{e} = (3; 2; 1)$ und $\mathbf{f} = (0; -1; 7)$ linear abhängig?

Interpretieren Sie Ihr Ergebnis.

iii) Bestimmen Sie den Normalenvektor zu $\mathbf{a}$ und $\mathbf{b}$ mit c = 1.

ML:

Es gilt mit $\cos(90°) = 0$: $c^2 - 30 + 5 = 0$; $c^2 = 25$; $c_1 = 5$; $c_2 = -5$

$\mathbf{f} = 3\,\mathbf{d} - 2\,\mathbf{e} \rightarrow$ eine lineare Abhängigkeit liegt vor.

$\mathbf{d}$, $\mathbf{e}$, $\mathbf{f}$ spannen eine Ebene auf. Normalenvektor: $\mathbf{v} = (31; -4; -11)$

B: Von einer Geraden sind der Punkt $P_1 = (3; -7)$ und der Richtungsvektor $\mathbf{a} = (2; -2)$ bekannt. Geben Sie die vektorielle Gleichung für die Gerade an. Skizzieren Sie die Gegebenheiten.

G: Ermitteln Sie den Winkelwert zwischen den Vektoren $\mathbf{a} = (2; -4)$ und $\mathbf{b} = (-4; 2)$.

ML

$|\mathbf{a}| = |\mathbf{b}| = (20)^{0,5}$;

$\mathbf{a} \cdot \mathbf{b} = -16$;

$\cos(\varphi) = -16/20 = -0,8$.

$\varphi = 143$

Es wird kein $\mathbb{R}^3$ aufgespannt.

Zwei Geraden werden vektoriell wie folgt beschrieben:

(1): $g_1(\lambda) = \begin{pmatrix} 2 \\ 1 \end{pmatrix} + \lambda \cdot \begin{pmatrix} 1 \\ 2 \end{pmatrix}$ 　　(2): $g_2(\mu) = \begin{pmatrix} 1 \\ 2 \end{pmatrix} + \mu \cdot \begin{pmatrix} 2 \\ 1 \end{pmatrix}$

Schneiden sich die Geraden? Liegen sie parallel?

C: Drei Vektoren $\mathbf{x}$, $\mathbf{y}$ und $\mathbf{z}$ sind linear abhängig.

Was folgt daraus? $\rightarrow$ Es wird kein Raum aufgespannt.

E: Erläutern Sie den Unterschied zwischen Ortspfeil und Vektor.

$\rightarrow$ Ein Vektor ist eine Klasse von Pfeilen. Ein Ortspfeil ist konkret.

H: Gegeben sind die Vektoren $\mathbf{a} = (1; 5; c)$ und $\mathbf{b} = (c^2; -6; 5/c)$ mit dem Faktor $c \in \mathbb{R}$.

Bestimmen Sie jeweils den Einheitsvektor für jeden der beiden Vektoren $\mathbf{a}$ und $\mathbf{b}$. Die Vektoren $\mathbf{a}$ und $\mathbf{b}$ sollen senkrecht aufeinander stehen. Bestimmen Sie hierfür c.

Bestimmen Sie für c = 6 den Winkel φ zwischen den Vektoren.

I: Eine Dachebene wird durch die Beziehung

E: $x_1 + 8\,x_2 - 4\,x_3 + 27 = 0$ beschrieben.

Im zugehörigen Bezugssystem (Koordinatensystem) soll an der Position $P(9 | -2 | -4)$ eine Lampe installiert werden. Bestimmen Sie den minimalen Abstand der Lampe von der Dachebene (E).

K: In einem Tanzsaal wird eine dreieckige Spiegelplatte eingebaut. Die Eckpunkte haben folgende Koordinaten:

$P_A = (0 | 0 | 2)$; $P_B = (-2 | 5 | 3)$ und $P_C = (3 | 2 | 6)$. Skizzieren Sie die Gegebenheiten. Wie lautet die Gleichung für jene Ebene, auf der das Dreieck liegt? Bestimmen Sie den Vektor, der senkrecht auf der Spiegelplatte steht.

D: Sind die drei Vektoren $\mathbf{d} = (2; 1; 3)$, $\mathbf{e} = (3; 2; 1)$ und $\mathbf{f} = (0; -1; 7)$ linear abhängig? Erklären Sie Ihr Ergebnis.

F: Es seien $A = (1 | 1)$, $B = (0 | 2)$ und $C = (-1 | -2)$ die Eckpunkte eines Dreiecks.

Geben Sie eine Skizze an. Berechnen Sie:

die Längen der Seiten dieses Dreiecks; den Winkel α an der Ecke A; die Gleichung der Geraden durch A und B; den Flächeninhalt des Dreiecks.

Bestimmen Sie den minimalen Abstand des Punktes $F = (3 | 4)$ von der Geraden g, die durch A und B geht.

Liegen die Punkte $D = (1,1 / 0,9)$ und $E = (5,5 / 10,4)$ auf dieser Ebene?

J: Bestimmen Sie von der folgenden Ebenendarstellung in Parameterform die Normalform und die Hessesche Normalform: $f(x) = (1, 2, 3) + m\,(2, 3, 4) + n\,(3, -2, -1)$; $m, n \in \mathbb{R}$.

L: a.) Der Punkt $A(5; 2)$ wird mit dem Punkt $S(7; 2)$ verbunden.

Geben Sie die Gleichung für die Mittelsenkrechte in vektorieller Schreibweise zwischen A und S an.

b.) Es gilt: $\mathbf{m} = (2; 3; 1)$ und $\mathbf{a} = (1; 1; 1)$.

Zerlegen Sie den Vektor $\mathbf{m}$ in Vektoren, die parallel und senkrecht zum Vektor $\mathbf{a}$ liegen. Skizzieren Sie die Gegebenheiten

---

M: a.) Bestimmen Sie das Vektorprodukt von $\mathbf{a} = (1; 2; 3)$ und $\mathbf{b} = (-2; 3; -1)$.

b.) Bestimmen Sie von der folgenden Ebenendarstellung in Parameterform die Normalform und die Hessesche Normalform:

$f(x) = (1, 2, 3) + m\,(2, 3, 4) + n\,(3, -2, -1)$; $m, n \in \mathbb{R}$.

c.) Bestimmen Sie den Abstand des Punktes $P(9, -1, -2)$ von der Ebene E: $x_1 + 8\,x_2 - 4\,x_3 + 27 = 0$. Interpretieren Sie Ihr Ergebnis.

O: Ein Flugzeug startet. Während der Steigflugphase fährt ein PKW mit 120 km/h genau unter dem Flugzeug.

Der Schatten des Flugzeuges eilt mit 170 km/h über den geraden Erdboden. Die Sonnenstrahlen haben einen Winkel von 45° zum Erdboden. Die Strahlen verlaufen genau parallel.

Skizzieren Sie die Gegebenheiten. Welche Geschwindigkeit hat das Flugzeug?

Um wie viel Meter steigt die Maschine in der Sekunde?

Q: Ein Kindergarten gestaltet ein Fest. Für die Gartenfeier sind Lampions aufzuhängen. Hierzu sind in einem Vorraum Drähte zu spannen. Der Raum hat die Gestalt eines Quaders (Bild 1):

Die Koordinaten der Eckpunkte lauten:

$P_A = (0\ m, 0\ m, 0\ m)$; $P_B = (10\ m, 0\ m, 0\ m)$;

$P_C = (0\ m, 0\ m, -4\ m)$; $P_F = (10\ m, 6\ m, 0\ m)$.

Es werden die Drähte einmal vom Punkt A zum Punkt H und einmal vom Punkt C zum Punkt F gespannt.

Wie lang sind die aufgespannten Drähte?

Schneiden sich die aufgespannten Drähte? Weisen Sie Ihr Ergebnis mathematisch exakt nach.

Sollte es einen Schnittpunkt geben, dann bestimmen Sie die Koordinaten des Schnittpunktes.

Bestimmen Sie den Winkel zwischen dem Draht vom Punkt A zum Punkt H mit der z-Achse.

Es soll ein Dreieckstuch an den Punkten P_A, P_B und am Punkt $P_J = (5\ m, 6\ m, -1\ m)$ straff aufgespannt werden.

Bestimmen Sie die Größe des Tuchs.

Beschreiben Sie die vom Tuch aufgespannte Ebene E.

N: Bestimmen Sie den Schnittpunkt der Geraden g mit der Ebene E.

g: $\mathbf{x}_g = (11|17| -7) + \lambda \cdot (-5|-14|13)$, $\lambda \in \mathbb{R}$,

E: $\mathbf{x}_E = (-2|10|-8) + s \cdot (2|3|4) + t \cdot (3|-2|-1)$; $s \in \mathbb{R}$; $t \in \mathbb{R}$.

Und bestimmen Sie den Schnittwinkel der Geraden g mit der Ebene E.

P: Bestimmen Sie $\mathbf{a} \times \mathbf{b}$ von $\mathbf{a} = (1; 2; 3)$ und $\mathbf{b} = (3; 2; 1)$.

ML: $\mathbf{a} \times \mathbf{b} = \begin{vmatrix} \mathbf{e} & \mathbf{i} & \mathbf{j} \\ 1 & 2 & 3 \\ 3 & 2 & 1 \end{vmatrix} = \mathbf{e}(2-6) + \mathbf{i}(9-1) + \mathbf{j}(2-6) = (-4; 8; -4)$

Probe: $(1; 2; 3) \cdot (-4; 8; -4) = -4 + 16 - 12 = 0$ ✓

$(3; 2; 1) \cdot (-4; 8; -4) = -12 + 16 - 4 = 0$ ✓

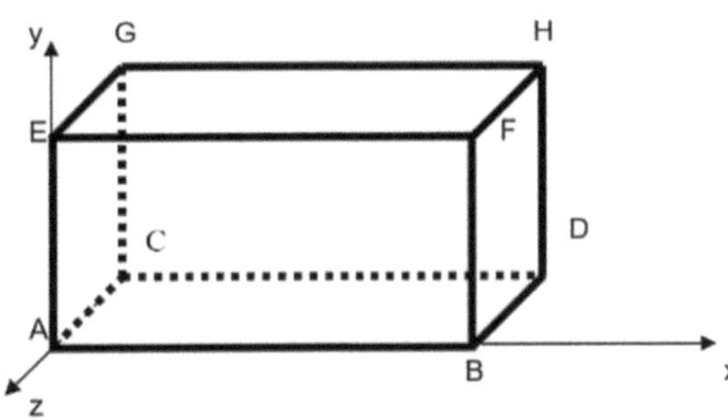

Bild 1: Gestalt des Vorraums

Magisches Quadrat

$$\begin{bmatrix} 8 & 1 & 6 \\ 3 & 5 & 7 \\ 4 & 9 & 2 \end{bmatrix}$$

Die jeweiligen Summen der Zeilen, der Spalten und der Diagonalen sind 15.

(20) Vektorrechnung

Ein Flugzeug durchfliegt eine Messebene, die durch folgende Gleichung bestimmt wird:

E: x_E = (- 2 | 10 | - 8) + s · (2 | 3 | 4) + t · (3 | - 2 | - 1); s ∈ |R; t ∈ | R.

Die Flugzeugbewegung selbst wird durch folgende Gleichung erfasst:

g: x_g = (11 | 17 | - 7) + λ · (- 5 | - 14 | 13 + A), λ ∈ |R,

a.) Rechnen Sie mit A = 0.
Bestimmen Sie den Schnittpunkt des Flugzeuges mit der Ebene und den Winkel, unter dem das Flugzeug auf die Ebene stößt.
b.) Ermitteln Sie jeweils für A ∈ {5; 10; 15; 20; 25} den Schnittwinkel φ der Flugbahn des Flugzeugs mit der Ebene E.
Stellen Sie den Verlauf f(A) = φ geeignet dar.

---

a.) **Schnittpunktbestimmung:** $x_E = x_g$

Mit A = 0 ergibt sich:
(- 2 | 10 | - 8) + s · (2 | 3 | 4) + t · (3 | - 2 | - 1) = (11 | 17 | - 7) + λ · (- 5 | - 14 | 13)
Somit erhalten wir drei lineare Gleichungen:
(1) - 2 + 2 · s + 3 · t = 11 -   5 · λ
(2) 10 + 3 · s - 2 · t = 17 - 14 · λ
(3) - 8 + 4 · s   - t = - 7 + 13 · λ
Umgeschrieben ergibt dies:
(1*) 13 =   5 · λ + 2 · s + 3 · t
(2*) 7 =   14 · λ + 3 · s - 2 · t
(3*) 1 =   - 13 · λ + 4 · s -   t
So folgt:
s = 27 / 13
t = 30 / 13
λ = 5 / 13
Eingesetzt in die Grundgleichungen ergibt sich der Schnittpunkt:
x_S = (118 / 13; 151 / 13; - 2)

b.) **Winkelbestimmung**
Richtungsvektor der Geraden: u_g = (- 5; - 14; 13)
Normalenvektor der Ebene (Bestimmung mit der Regel von Sarrus): u_E = (5 ; 14 ; - 13)
Mit (- 1) · u_g = u_E folgt: Die Gerade steht genau senkrecht auf der Ebene.

Es gilt somit: φ = 90°

u_g = (- 5 ; - 14 ; 13 + A); | u_g | = $(25 + 196 + 169 + 26 · A + A^2)^{0,5}$ = $(390 + 26 · A + A^2)^{0,5}$

u_E = (5 ; 14 ; - 13); | u_E | = $(25 + 196 + 169)^{0,5}$ = $(390)^{0,5}$

$$\cos φ^* = \left| \frac{(-5; -1 ; 13 + A) · (5; 14; -13)}{\sqrt{390} · \sqrt{390 + 26·A + A^2}} \right|$$

$$\cos φ^* = \left| \frac{-390 - 13·A}{\sqrt{390} · \sqrt{390 + 26·A + A^2}} \right|$$

A	cos φ*	φ*	Winkel zur Ebene: φ = 90° - φ*
0	1	0°	90°
5	0,986917482	9,2780757°	80,7219°
10	0,96148034	15,95448815°	74,0455°
15	0,934416571	20,86590852°	69,13409°
20	0,909380014	24,5801858°	65,4198142°
25	0,887292109	27,46507758°	62,53492242°
30	0,868114732	29,75970714°	60,24029286°

Winkel-Gerade-Ebene

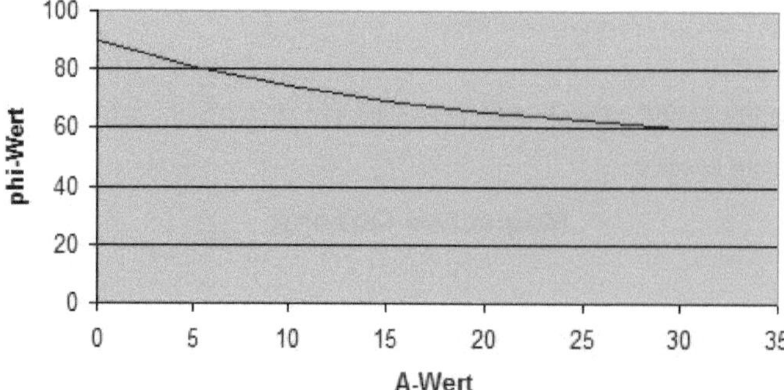

(21) Vektoren (Lichtstrahl)

A: Ein Lichtstrahl wird von einer Messsonde in Richtung der Erde gestrahlt. Dieser Strahl soll in Erdnähe mit einem Messstrahl abgetastet und danach von einem weiteren Satelliten aufgefangen werden. Ein Positionsdaten des Lichtstrahls sind bekannt. Der Messstrahl wird vom Messsatelliten I abgestrahlt. Dieser Strahl muss den Lichtstrahl genau kreuzen. Der Messsatellit II muss so positioniert werden, dass er genau auf dem Lichtstrahl liegt. Für die Messsatelliten I und II hat ein Programm verschiedene Positionen bestimmt. Zur Überprüfung der gefundenen Werte sind einige Werte zu bestimmen.

Teilaufgabe 1: Die Punkte A und B liegen auf dem Lichtstrahl. Sie besitzen die folgenden Werte im xyz-Koordinatensystem: P_A = (7.000 km / 50.000 km / 6.500 km) und P_B = (500 km / 500 km / 12.000 km). Stellen Sie die allgemeine **vektorielle Geradengleichung** für den Lichtstrahl auf. [*Zur Kontrolle*: Es ist bekannt, dass der Punkt E auf dem Lichtstrahl liegt. Seine Koordinatenwerte lauten: P_E = (12.200 km / 89.600 km / 2.100 km).]

Teilaufgabe 2: Folgende Positionswerte des Messsatelliten I sind bekannt: $P_{S(I)}$ = (-1.000 km / 24.000 km / 8.000 km).
Der Messstrahl, der vom Messsatelliten I abgestrahlt wird, wird durch folgenden Richtungsvektor beschrieben: v = (475 km/125 km/125 km). Schneidet dieser Messstrahl den oben beschriebenen Lichtstrahl? Wie kann dies gezeigt werden? Bestimmen Sie, sofern er existiert, den Schnittpunkt zwischen dem Lichtstrahl und dem Messpunkt. Bestimmen Sie den Schnittwinkel zwischen den sich schneidenden Geraden.

Zusatzaufgabe: Der Messsatellit II soll den Lichtstrahl direkt auffangen. Folgende Position soll der Satellit einnehmen: PS(II) = (- 4.180 km/-35.140 km/z(SII) km). Bestimmen Sie den Wert von z(SII).

ML: Teilaufgabe 1:
Eine (mögliche) Geradengleichung lautet:
g = {| [500 km/500 km/12.000 km]
   + t [6.500 km/49.500 km/- 5.500 km], t ∈ |R}
[Für P_E = (12.200 km/89.600 km/2.100 km) gilt: t = 1,8]

Teilaufgabe 2:
Der Messstrahl wird über die Beziehung
m = {| = [-1.000 km/24.000 km/8.000 km] +
s · [475 km/125 km/125 km], s ∈ |R} erfasst.
Für die Bestimmung eines Schnittpunktes erhält man die folgenden Gleichungen:
1.: 500 + 6500 · t = -1000 + 475 · s
2.: 500 + 49500 · t = 24000 + 125 · s
3.: 12000 - 5500 · t = 8000 + 125 · s

Diese drei Gleichungen lassen sich mit t = 0,5 und s = 10 eindeutig auflösen.
Somit schneidet der Messstrahl den Lichtstrahl.
Die Koordinatenwerte des Schnittpunktes lauten:
P_S = (3750 km/25250 km/9250 km).
Für die Bestimmung des Schnittwinkels ergibt sich folgender Cosinus-Wert:
cos θ = (8587500) /(50226,985 · 506,82837) = 8587500/25456461
= 0,3373407
Damit gilt: θ = 70,285°

Zusatzaufgabe 3:
Der zugehörige t-Wert beträgt: t = - 0,72.
Somit gilt: z(SII) = 15.960 km.

B: In einem Klinikum ist ein Rettungshubschrauber stationiert. Im Rahmen der internen Positionsbeschreibung wird der Mittelpunkt des Hubschrauberlandeplatzes im Klinikum in einem kartesischen x-y-z-Koordinatensystem (s. *Bild 1*) mit den Werten (x_K, y_K, z_K) = (+ 1.500 m/- 1.200 m/20 m) geführt.

Bild 1: Koordinatensystem (x ⊥ y; y ⊥ z; x ⊥ z)

Um die Flugleistungen zu optimieren, werden für verschiedene Geräte Berechnungen vorgenommen.

Teil A1.) Während des Landeanflugs sollen Daten automatisch übertragen werden. Eine Empfangsantenne befindet sich auf dem Dach der Klinik. Der Abstrahlpunkt der Antenne besitzt folgende Koordinaten: x_A = 1.550 m; y_A = -1.250 m; z_A = 45 m.

Fragen / Aufgaben zum Teil A1: Bestimmen Sie den Abstandsvektor (*d*) zwischen dem Mittelpunkt des Hubschrauberplatzes und dem Abstrahlpunkt der Antenne. Wie groß ist der Abstand? Geben Sie den zugehörigen Einheitsvektor des Abstandvektors an.

Teil A2.) Die Antenne wird so eingestellt, dass der Richtstrahl der Antenne (s. *Bild 2*) durch den Vektor v_R beschrieben wird:
v_R = (x_R, y_R, z_R) = (2;2;10). Im Rahmen dieser Berechnungen ist davon auszugehen, dass sich das Antennensignal auch genau geradlinig ausbreitet. Der Anflug des Hubschraubers soll so erfolgen, dass in einer Entfernung von genau 1.000 m vom Abstrahlpunkt der Antenne die Datenübertragung aufgenommen wird.

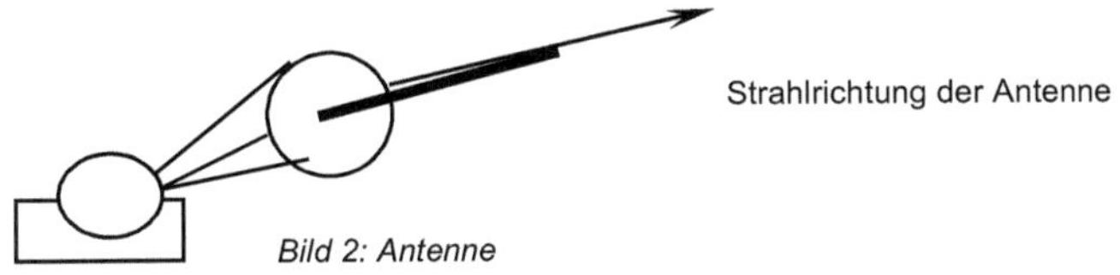

Strahlrichtung der Antenne

Bild 2: Antenne

Frage/Aufgabe zum Teil A2: Geben Sie die Positionsdaten des Hubschraubers P_H = (x_H, y_H, z_H) auf der Abstrahlgeraden der Antenne in der Entfernung von 1.000 m vom Abstrahlpunkt der Antenne an.

Teil A3.) Der Hubschrauber wird nach der Erfassung durch die Antenne automatisch auf dem Richtstrahl dieser bis auf 200 m an den Mittelpunkt des **Landeplatzes** geführt. Dann erfolgt die manuelle Landung.

Fragen / Aufgaben zum Teil A3: Erfassen Sie die Gegebenheiten in einer Skizze. Geben Sie die Koordinaten $P_Ü$ = $(x_Ü, y_Ü, z_Ü)$ an, ab denen die Maschine manuell geführt werden muss. Welche Entfernung legt der Hubschrauber im automatischen Flug von der Position P_H bis zu dieser Position $P_Ü$ zurück? (Zur Position P_H siehe Teil A2.) Unter welchem Winkel erscheint der Landeplatz gegenüber dem Richtstrahl der Antenne?

ML-Hinweise
A1.1: v = (- 50 m/50 m/- 25 m), / **A1.2:** Länge des Vektors d = 75 m. / **A1.3** Einheitsvektor: Vektorkoordinaten geteilt durch die Länge d.
A2: Unter Beachtung der Längenangabe kann ein Abstandsvektor und unter Beachtung der Positionsdaten der Antenne kann die Hubschrauberposition bestimmt werden. Position auf der Abstrahlgeraden unter Beachtung der angegebenen Entfernung: P_H = (1742,45 m/-1057,55 m/1007,25 m)
A3.1: Ausgehend von einer Vektorgleichung muss eine quadratische Gleichung aufgelöst werden. Ein sinnvoller Lösungswert ist auszuwählen. Die $P_Ü$ - Koordinaten lauten: $P_Ü$ = (1581,35 m/-1218,65 m/201,75 m); die Entfernung d beträgt: d = 837 m.
A3,2; Ausgehend von geeigneten Vektoren ergibt sich über das Skalarprodukt der Winkelwert φ = 20,81°.
B1: Abstand d = 12,329 m. Ausgehend von einer vektoriellen Gleichung ergibt sich ein lineares Gleichungssystem. Die Koordinaten des Schnittpunktes S = (5 m/3 m/- 2 m). Der Winkelwert beträgt: φ = 108,93°.
B2: Die zugehörige Dreiecksfläche ist zu bestimmen: A = 30,41 m².

(22) Wurzelgleichungen

G1	$y = (x (x + 2))^{0,5}$	$x^2 + 2 \cdot x = 0 = x \cdot (x + 2) \rightarrow x_{N1} = 0; x_{N2} = -2; \mathbf{D} = \{x \mid x \le -2 \vee x \ge 0\}_R$
G2	$y = (x - 4)^{0,5}$	$x - 4 \ge 0 \rightarrow x \ge 4; \mathbf{D} = \{x \mid x \ge 4\}_R$
G3	$f(x) = (x + 2)^2 + 3$	$(x + 2)^2 = -3$; dies ist mit $x \in R$ nicht lösbar.
G4	$(x + 6)^{0,5} = (x)^{0,5} + (2)^{0,5}$	$x + 6 = x + 2 + 2 \cdot (2 \cdot x)^{0,5} \rightarrow 2 \cdot (2 \cdot x)^{0,5} = 4; \rightarrow 2 \cdot x = 4 \rightarrow x = 2; \mathbf{D} = \{x \mid x \ge 0\}_R$
G5	$(x + 6)^{0,5} - (2 \cdot x + 2)^{0,5} = 0$	$x + 6 = 2 \cdot x + 2 \rightarrow x = 4; \mathbf{D} = \{x \mid x \ge -1\}_R$
G6	$(3 \cdot x + 7)^{0,5} = 4 + (3 \cdot x + 15)^{0,5}$	$3 \cdot x + 7 = 16 + 3 \cdot x + 15 + 8 \cdot (3 \cdot x + 15)^{0,5} \rightarrow -24 = 8 \cdot (3 \cdot x + 15)^{0,5}$ $\rightarrow -3 = (3 \cdot x + 15)^{0,5} \rightarrow 9 = 3 \cdot x + 15 \rightarrow -6 = 3 \cdot x \rightarrow x = -2$ **Probe**: Dies ist kein Lösungswert, da gilt: $(-6 + 7)^{0,5} = 1 \ne 7 = 4 + 3 = 4 + (9)^{0,5} = 4 + (-6 + 15)^{0,5}; \mathbf{L} = \{\} = \varnothing; \mathbf{D} = \{x \mid x \ge -7/3\}_R$
G7	$2 \cdot (x + 3)^{0,5} - (2 \cdot x + 2)/(x + 3)^{0,5}$ $= (x - 3)^{0,5}$	$2 \cdot (x + 3) - (2 \cdot x + 2) = ((x - 3) \cdot (x + 3))^{0,5} \rightarrow 2 \cdot x + 6 - 2 \cdot x - 2 = (x^2 - 9)^{0,5}$ $\rightarrow 4 = (x^2 - 9)^{0,5} \rightarrow 16 = x^2 - 9 \rightarrow 25 = x^2 \rightarrow x = 5; \textbf{Probe}: \mathbf{D} = \{x \mid x \ge 3\}_R$
G8	$(x)^{0,5} + a = (x - a)^{0,5}$	$x + a^2 => (x)^{0,5} = 0,5 \cdot (-a - 1); 2 \cdot a \cdot (x)^{0,5} = x - a; \rightarrow a^2 + 2 \cdot a \cdot (x)^{0,5} + a = 0$ $\rightarrow (x)^{0,5} = 0,5 \cdot (-a - 1) \rightarrow x = (¼) \cdot (a^2 + 2 \cdot a + 1); \textbf{Probe}: \mathbf{D} = \{x \mid x \le -2 \vee x \ge 0\}_R$
G9	$\sqrt{x - 6} + 6 = \sqrt{x + 6}$	$x - 6 + 36 + 12 \cdot \sqrt{x - 6} = x + 6 \rightarrow \sqrt{x - 6} = -2 \rightarrow x - 6 = 4 \rightarrow x = 10$ Die Probe ist jedoch nicht erfolgreich: $\rightarrow 8 \ne 4; \mathbf{L} = \{\} = \varnothing; \mathbf{D} = \{x \mid x \ge 6\}_R$
G10	$\sqrt{x + 6} = \sqrt{x} + \sqrt{2}$	$x + 6 = x + 2 + 2 \cdot (2 \cdot x)^{0,5} \rightarrow \mathbf{2} = (2 \cdot x)^{0,5} \rightarrow \mathbf{4} = 2 \cdot x \rightarrow \mathbf{x = 2}$ **Probe**: $(8)^{0,5} = 2 \cdot (2)^{0,5} = (2)^{0,5} + (2)^{0,5}; \mathbf{L} = \{2\}; \mathbf{D} = \{x \mid x \ge -6\}_R$
G11	$-\sqrt{x - 6} + 6 = \sqrt{x + 6}$	$x - 6 + 36 - 12 \cdot (x - 6) = x + 6 \rightarrow 24 = 12 \cdot (x - 6)^{0,5} \rightarrow 2 = (x - 6)^{0,5} \rightarrow 4 = x - 6$ $\rightarrow x = 10; \textbf{Probe}: -2 + 6 = +4 = +4; \mathbf{L} = \{10\}; \mathbf{D} = \{x \mid x \ge 6\}_R$

Geschwindigkeit – Distanz – Zeit

Ein Wasserkanal hat die Breite d. In ihm fließt überall das Wasser gleichmäßig mit der Geschwindigkeit w. Zwei Schwimmer können jeweils genau mit der Geschwindigkeit v schwimmen. Der eine Schwimmer durchquert genau senkrecht zur Seitenbegrenzung den Kanal und schwimmt wieder direkt zum Startpunkt zurück. Der andere Schwimmer schwimmt parallel zur Seitenbegrenzung die Distanz d und schwimmt dann wieder genau zum Startpunkt zurück.

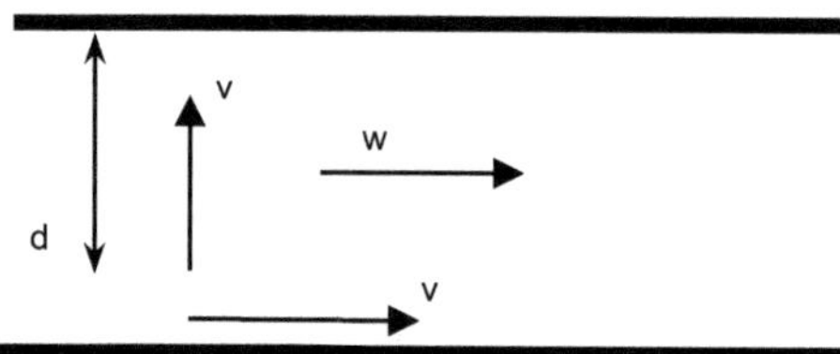

Der Schwimmer, der genau senkrecht zur Strömung bewegt, muss zum Teil direkt gegen die Strömung schwimmen, damit er genau auf der anderen Seite des Flusses ankommt.

Somit teilt sich seine Bewegung in zwei Komponenten auf, die senkrecht zueinanderstehen und in ihrer vektoriellen Summe genau die Gesamtgeschwindigkeit des Schwimmers ergeben:

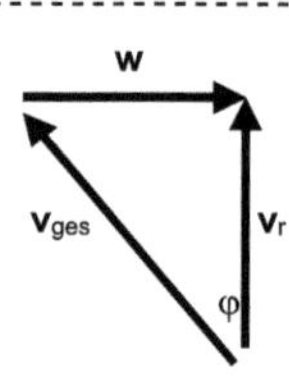

w: Geschwindigkeit des Wassers

v_{ges}: Gesamtgeschwindigkeit des Schwimmers

v_r: Restgeschwindigkeit des Schwimmers genau senkrecht zur Wasserbewegung

Es gilt (vektoriell): $\mathbf{v_{ges} - w = v_r}$

Weiterhin gilt: $\sin(\varphi) = w/v_{ges}$

w ist die Länge von **w**; v_{ges} ist die Länge von v_{ges}.

1. Es ergibt sich im Detail (jeweils sowohl für die Hin- als auch Rückbewegung): $v_r = (v_{ges}^2 - w^2)^{0,5}$

Damit ergibt sich folgende Schwimmzeit:

$T_1 = 2 \cdot d/v_r = 2 \cdot l \cdot 1/(v_{ges}^2 - w^2)^{0,5}$

2. Der Schwimmer, der sich genau parallel zur Strömung bewegt, bewegt sich gegenüber der Uferböschung mit zwei unterschiedlichen Geschwindigkeiten: einmal mit der Strömung und einmal genau gegen die Strömung. Es gilt hierbei:

$T_{2\text{-hin}} = T_{2a} = d/(v_{ges} + w); T_{2\text{-zurück}} = T_{2b} = d/(v_{ges} - w)$

Dieser Schwimmer benötigt somit die Gesamtzeit: $T_2 = T_{2a} + T_{2b}$

$T_2 = d/(v_{ges} + w) + d/(v_{ges} - w) = d \cdot (1/(v_{ges} + w) + 1/(v_{ges} - w)) =$
$= d \cdot ((v_{ges} - w) + (v_{ges} + w))/((v_{ges} - w) \cdot (v_{ges} + w)) =$
$= d \cdot ((v_{ges} - w + v_{ges} + w)/(v_{ges}^2 - w^2) = d \cdot (v_{ges} + v_{ges})/(v_{ges}^2 - w^2)$
$= 2 \cdot d \cdot v_{ges}/(v_{ges}^2 - w^2)$

Wir können die Differenz von T_1 zu T_2 bestimmen. Es folgt:

$T_{differenz} = T_1 - T_2 = (2 \cdot d/(v_{ges}^2 - w^2)^{0,5}) - (2 \cdot d \cdot v_{ges}/(v_{ges}^2 - w^2))$
$T_{differenz} = 2 \cdot d \cdot (((v_{ges}^2 - w^2)^{0,5}/(v_{ges}^2 - w^2)) - v_{ges}/(v_{ges}^2 - w^2))$
$T_{differenz} = 2 \cdot d \cdot ((v_{ges}^2 - w^2)^{0,5} - v_{ges})/(v_{ges}^2 - w^2)$
$T_{differenz} = 2 \cdot d \cdot v_{ges} \cdot ((1 - (w/v_{ges})^2)^{0,5} - 1)/(v_{ges}^2 \cdot (1 - (w / v_{ges})^2))$
$T_{differenz} = 2 \cdot d \cdot ((1 - \sin^2(\varphi))^{0,5} - 1)/(v_{ges} \cdot (1 - \sin^2(\varphi)))$

Mit $\cos^2(\varphi) = (1 - \sin^2(\varphi))$ folgt:

$T_{differenz} = (2 \cdot d \cdot (\cos(\varphi) - 1)/(v_{ges} \cdot (1 - \sin^2(\varphi)))$

Also: $T_{differenz} = 2 \cdot d \cdot \dfrac{\cos(\phi) - 1}{v \cdot \cos^2(\phi)} = 2 \cdot d \cdot (1/n) \cdot \dfrac{\cos(\phi) - 1}{\cos^2(\phi)}$

Somit bestimmt im Kern $\dfrac{\cos(\phi) - 1}{\cos^2(\phi)}$ den Graphenverlauf.

Hinweis

Prinzipiell wurde diese Problematik bzgl. der Bewegung des Lichts ausgehend von der Erde mit Blick auf einen Äther um 1900 betrachtet.

Hierbei gilt $v_{ges\text{-Licht}} = 300.000$ km/s und $w(\text{Erde}) = 30$ km/s.

$((v_{ges\text{-L}})^2 - w^2)^{0,5} = 299.999,99849999999624999998 \ldots$ km/s.

Es konnten jedoch keine $T_{differenz}$-Werte ermittelt werden.

Dies war ein Ausgangspunkt für die spezielle Relativitätstheorie (SRT) von Albert Einstein (1905).

(23) Vektorrechnung / Skalarprodukt / Ebenengleichungen

A-1: Skalarprodukt: Es gilt: $a \cdot b = |a| \cdot |b| \cdot \cos(\varphi)$

Beispiel: Es sei: $a = (-4 \mid -3)$; $b = (-5 \mid 0)$

Dann gilt: $a \cdot b = (-4 \mid -3) \cdot (-5 \mid 0) = (-4) \cdot (-5) + (-3) \cdot 0 = 20$

Weiterhin gilt: $|a| = 5$; $|b| = 5$

Wir erhalten: $\cos \varphi = (20) /(5 \cdot 5) = 20 /25 = 0{,}8$

Daraus folgt: $\varphi = 36{,}87°$ (bzw.: $360° - 36{,}87° = 323{,}13°$)

(Achtung - TR-Modus: **deg**)

Zeichnen Sie die Gegebenheiten und verdeutlichen Sie sich die einzelnen Rechenschritte und die Ergebnisse.

Was würde sich ergeben für $a^* = (-4 \mid -3)$; $b^* = (-1 \mid 0)$?

Bestimmen Sie nun die φ-Werte für die folgenden Beispiele:

Nr.	a	b	a · b	|a|	|b|	a·b/(|a|·|b|)	cos(φ)	φ
1	(1 | 1)	(0 | 1)						
2	(1 | 0)	(0 | 1)						
3	(3 | 1)	(0 |-2)						
4	(1 | 5)	(5 | 1)						
5	(-3 | 7)	(-4|-1)						

A-3: Lineare Unabhängigkeit

Sind die drei Vektoren $d = (2; 1; 3)$, $e = (3; 2; 1)$ und $f = (0; -1; 7)$ linear abhängig? Vergegenwärtigen Sie sich dazu die Definition der linearen Unabhängigkeit

A-4: Betrachtung eines Rechtecks (im $\mathbb{R}^2$)

In einem Rechtssystem werden die Eckpunkte eines Rechtecks wie folgt beschrieben: $P_A = (0; 0)$; $P_B = (0; 4)$; $P_C = (2; 0)$

Der Vektor **a** weist von P_A zu P_B; der Vektor **b** von P_A zu P_C.

Geben Sie die Koordinaten von P_D an. Zeichnen Sie die Figur.

Der Vektor **c** soll von P_A nach P_D weisen.

Wie lauten seine Koordinatenwerte?

Bestimmen Sie die Winkel zwischen der Diagonalen von P_A zu P_B zu den Koordinatenachsen (x-Achse; y-Achse).

Überprüfen Sie Ihre Rechnung mit Ihrer Zeichnung.

A-5: Wir gehen von den Angaben in der Aufgabe **A-2** aus. Jedoch betrachten wir nun die die Gegebenheiten im $\mathbb{R}^3$. Es gilt dabei:

$P_A = (0; 0; 0)$; $P_B = (0; 4; 0)$; $P_C = (2; 0; 0)$. Auch gilt: Der Vektor **a*** weist von P_A zu P_B.; der Vektor **b*** von P_A zu P_C.

Geben Sie die Koordinaten von P_D an.

Weiterhin gilt: $P_E = (0; 0; 6)$. Geben Sie die Koordinaten von P_F, P_G und P_H an. Zeichnen Sie die Figur. Der Vektor **d** weist von P_A nach P_G.

Wie lauten seine Koordinatenwerte?

Bestimmen Sie die Winkel zwischen der Diagonalen von P_A zu P_B zu den Koordinatenachsen (x-Achse; y-Achse).

Überprüfen Sie Ihre Rechnung mit Ihrer Zeichnung.

A-6: Ebenengleichung

(Normalform (NF); Hessesche Normalfom (HNF)):

E: $x = (3;2;1) + u(2;1;3) + v(-1;3;-2)$

Betrachtung zu: $\begin{vmatrix} e & i & j \\ 2 & 1 & 3 \\ -1 & 3 & -2 \end{vmatrix} \rightarrow n = (-11; 1: 7)$

$\rightarrow n \cdot x = -11x_1 + x_2 + 7x_3$ (mit $x = (3,2,1)$ folgt) $\rightarrow n \cdot x = -24$

$\rightarrow$ **NF**: $-11x_1 + x_2 + 7x_3 + 24 = 0 \rightarrow$ **HNF**: $\frac{1}{\sqrt{171}} (-11x_1 + x_2 + 7x_3 + 24) = 0$

(Es gilt: $|(-11; 1: 7)| = \sqrt{171}$)

Abstand (d) von $P(-1|2|-3)$ von der Ebene E?

$\rightarrow d = \frac{1}{\sqrt{171}} \cdot (-11 (-1) + 1 (2) + 7 (-3) + 24)$

$\rightarrow d = \frac{1}{\sqrt{171}} \cdot (11 + 2 - 21 + 24) = \frac{1}{\sqrt{171}} \cdot (16) \cong 1{,}22$ LE

A-8: Bestimmen Sie von der **Ebenendarstellung** in **Parameterform** die **Normalform**

E: $x_E = (1|2|3) + s (2|3|4) + t (3|-2|-1)$; c,t $\in \mathbb{R}$

ML: $v = \begin{vmatrix} e & i & j \\ 2 & 3 & 4 \\ 3 & -2 & -1 \end{vmatrix} = (5|14|-13)$

$\rightarrow x \cdot (5|14|-13)^T = 5x_1 + 14x_2 -13x_3 = (1|2|3) \cdot (5|14|-13)^T = -6$

$\rightarrow 5x_1 + 14x_2 -13x_3 = -6$

A-9: Abstand von $P(9|-2|-4)$ von der Ebene E = $x_1 + 8 x_2 - 4 x_3 + 27$

$\rightarrow$ **E(P)** = 9 -16 + 16 + 27 = 36

$\rightarrow n = (1|8|-4) \rightarrow |n| = 9$

$\rightarrow d = 36/9$ LE = 4 LE

A-2: Pyramidenaufgabe

Gegebenheiten: Sie sollen für einen Urlaub eine Pyramide näher betrachten. Der Boden der Pyramide ist quadratisch. Die Punkte P_A, P_B, P_C und P_D benennen die Eckpunkte. Die Seitenlängen betragen jeweils $2 \cdot h$. Die Pyramide ist symmetrisch aufgebaut und hat eine Höhe h. Der Höhenpunkt lautet P_E.

Sie gehen von P_A zu einem Punkt P_F, der genau auf der Mitte von P_B zu P_E liegt. Von P_F gehen Sie direkt weiter zu P_E und dann direkt auf der Eckkante zurück von P_E zu P_A.

1. Zeichnen Sie die Punkte P_A bis P_F ein.

2. Wie lang ist dieser ›Rundweg‹?

(Sie können auch mit h = 150 m rechnen.)

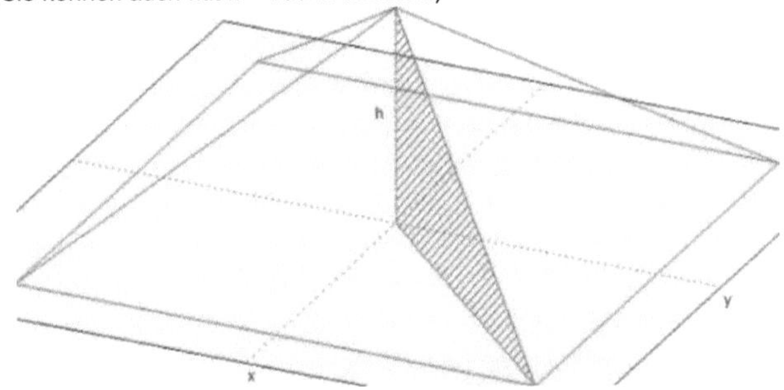

Quadratischer Grundriß: Seitenlänge = $2 \cdot h$. Höhe: h (h = 150 m.)

Die Pyramide ist gleichmäßig und symmetrisch aufgebaut.

Positionen

$P_A = (0; 0; 0)$; $P_B = (2h; 0; 0)$; $P_C = (2h; 2h; 0)$

$P_D = (0; 2h; 0)$; $P_E = (h; h; h)$; $P_F = 0{,}5 \cdot (3h; h; h)$

Längen ermitteln

P_A zu P_F: $L_1 = h \cdot (9/4 + ¼ + ¼)^{0,5} = (h/2) \cdot (11)^{0,5}$

P_F zu P_E: $L_2 = ((3)^{0,5}/2) \cdot h$; P_E zu P_A: $L_3 = (3)^{0,5} \cdot h$

Gesamtlänge

$L_G = L_1 + L_2 + L_3 = h/2 \cdot ((11)^{0,5} + 3 \cdot (3)^{0,5}) \approx 4{,}256388607 \cdot h$

Mit h = 150 m ergibt sich: $L_G \approx 640$ m

(Bei einer Gehgeschwindigkeit von in etwa 22 m/min dauert der Rundweg ca. 30 Minuten.)

Vertiefung A: Winkel φ bei F (L_1 trifft auf den Weg L_2):

$\cos(\varphi) =$ **BE** o **AF** / $(|$ **BE** $| \cdot |$ **AF** $|) =$

$\qquad = h \cdot (-1 \mid 1 \mid 1) \cdot h \cdot (0{,}5 \mid 0{,}5 \mid 0{,}5) / (h^2 \cdot 3^{0,5} \cdot 11^{0,5} / 2)$

$\cos(\varphi) = [\, h^2 \cdot (-3/2 + ½ + ½)\,] / [\, h^2 \cdot 33^{0,5} / 2\,] = -1/33^{0,5} =$

$\qquad = -0{,}174077656$

$\rightarrow \varphi = 100{,}02°$

Vertiefung B

Für F* gilt F* = $(2h \mid 0 \mid 0) + \lambda \cdot (-h \mid h \mid h) = (2h - \lambda h \mid h\lambda \mid h\lambda) =$

$\qquad = h \cdot (2 - \lambda \mid \lambda \mid \lambda)$

Somit gilt: **AF*** = $h \cdot (2 - \lambda \mid \lambda \mid \lambda)$. Und: **BE** = $(-h \mid h \mid h)$

$\rightarrow$ **AF*** $\cdot$ **BE** = 0 = $h \cdot (2 - \lambda \mid \lambda \mid \lambda) \cdot (-h \mid h \mid h) =$

$\qquad = h^2 \cdot (-2 + \lambda + \lambda + \lambda) \rightarrow -2 + 3\lambda = 0. \rightarrow \lambda = 2/3.$

A-7: Bestimmen Sie den **Schnittwinkel** d. **Geraden g** mit d. **Ebene E:**

g: $x_g = (11|17|-7) + \lambda \cdot (-5|-14|13)$; $\lambda \in \mathbb{R}$

E: $x_E = (-2|10|-8) + s (2|3|4) + t (3|-2|-1)$; c,t $\in \mathbb{R}$

Und bestimmen Sie den **Schnittwinkel** von g mit E.

ML: $x_g = x_E$

$\rightarrow 11 - 5\lambda = -2 + 2s + 3t$; $17 - 14\lambda = 10 + 3s - 2t$; $-7 + 13\lambda = -8 + 4s - t$

$\rightarrow \lambda = 10/26$; s = 54/26; 60/26

$\rightarrow$ Schnittpunkt S = $(118/13|151/13|-26/13)$

$\rightarrow v = \begin{vmatrix} e & i & j \\ 2 & 3 & 4 \\ 3 & -2 & -1 \end{vmatrix} = (5|14|-13)$

$\rightarrow \cos(\varphi) = ((5|14|-13) \cdot (-5|-14|13)) / 390 = -1$

$\rightarrow \varphi = 180°$ ($\rightarrow \varphi = -\pi$ (rad)) $\rightarrow n = -n_g \rightarrow 90°$ zur Ebene

---

Parameterform der Ebenengleichung

Es sei: A(1|4|3), B(2|7|-3), C(3|5|1). A, B, C liegen auf einer Ebene.

$\rightarrow$ E: $x = \begin{pmatrix} 1 \\ 4 \\ 3 \end{pmatrix} + r \cdot \begin{pmatrix} 1 \\ 3 \\ -6 \end{pmatrix} + s \cdot \begin{pmatrix} 2 \\ 1 \\ -2 \end{pmatrix}$; r, s $\in \mathbb{R}$

(24) Vektorrechnung / Skalarprodukt / Ebenengleichungen

Geradengleichungen

$$\begin{pmatrix} x_1 \\ x_2 \end{pmatrix} = \begin{pmatrix} a_1 \\ a_2 \end{pmatrix} + \lambda \cdot \begin{pmatrix} 1 \\ m \end{pmatrix}; \begin{pmatrix} 1 \\ m \end{pmatrix} = u_m = \begin{pmatrix} 1 \\ \frac{u_2}{u_1} \end{pmatrix} = \begin{pmatrix} 1 \\ \tan(\alpha) \end{pmatrix}$$

$\rightarrow x_1 - a_1 = 1 \rightarrow x_2 - a_2 = \lambda m$

$\rightarrow x_2 - a_2 = m(x_1 - a_1)$

$\rightarrow x_2 - a_2 = \frac{b_2 - a_2}{b_1 - a_1} \cdot (x_1 - a_1)$

Mit dem Punkt $(0|b)$ auf der Geraden gilt:

$$\begin{pmatrix} x_1 \\ x_2 \end{pmatrix} = \begin{pmatrix} 0 \\ b \end{pmatrix} + \lambda \cdot \begin{pmatrix} 1 \\ m \end{pmatrix}$$

$\rightarrow x_1 = \lambda \rightarrow x_2 = b + \lambda m$

$\rightarrow x_2 = b + x_1 m$

Weiterhin gilt mit den Punkten $(a|0)$ und $(0|b)$:

$\rightarrow x_2 - 0 = m(x_1 - a) = \frac{b - 0}{0 - a} \cdot (x_1 - a)$

$\rightarrow b x_1 + a x_2 = ab$

$\rightarrow \frac{x_1}{a} + \frac{x_2}{b} = 1$ (Dies ist die **Achsenabschnittsform** der Geradengleichung)

Normalenform der Geraden

$\mathbf{n} \cdot \mathbf{x} = c$; somit gilt: $n_1 x_1 + n_2 x_2 = c$

$$\rightarrow \begin{pmatrix} a_1 \\ a_2 \end{pmatrix} \cdot \begin{pmatrix} x_1 \\ x_2 \end{pmatrix} - c = 0$$

Beispiel: Eine Gerade sei durch die Punkte $A(2|-3)$ und $B(1|-1)$ gegeben.
Zu bestimmen ist die Normalenform der Geradengleichung.
Ausgehen von den Punkten A und B wird der Richtungsvektor der
Geraden bestimmt: $\mathbf{n} = (1|-2)$
Ein zugehöriger Lotvektor lautet: $\mathbf{u} = (2|1)$.
Probe: $\mathbf{n} \cdot \mathbf{u} = (1|-2) \cdot (2|1)^T = 1 \cdot 2 + (-2) \cdot 1 = 0$
Wir erhalten: $\mathbf{u} \cdot \mathbf{x} - \mathbf{n} \cdot \mathbf{a} = 0$
$\rightarrow \mathbf{u} \cdot \mathbf{a} = (2|1) \cdot (2|-3)^T = 4 - 3 = 1$
$\rightarrow 2 x_1 + 1 x_2 = 1 \rightarrow 2 x_1 + 1 x_2 - 1 = 0$

Hinweis A: Die Gleichsetzung von Ebenengleichungen führt zur
Bestimmung von Schnittgeraden ($\rightarrow$ detaillierte Auflösung der
gleichgesetzten Parametergleichungen).

Kegelschnittgleichung(en) in Mittelpunktsform

$$\frac{x_1^2}{a^2} \pm \frac{x_2^2}{b^2} = 1$$

a: Abstand des Scheitelpunktes (von der Ellipse bzw. der Hyperbel) auf
der Hauptachse x_1
b: Abstand des Scheitelpunktes auf der Hauptachse x_2
Durch Schnitte mit Kegeln können Kreise, Ellipsen, Parabeln, Hyperbeln erzeugt
werden.
Parallele Schnittebenen erzeugen Figuren mit gleicher Exzentrizität.

Hinweis: $\frac{x_1^2}{a^2} \pm \frac{x_2^2}{b^2} = 0$ ist nur erfüllt im Mittelpunkt $M(0|0)$

Mittelpunkt $(M(m_1|m_2))$ einer Ellipsengleichung
$$\frac{(x_1 - m_1)^2}{a^2} + \frac{(x_2 - m_2)^2}{b^2} = 1$$

Tangentengleichung im Punkt $P(p_1|p_2)$ einer Ellipse
$$\frac{p_1 x_1}{a^2} + \frac{p_2 x_2}{b^2} = 1$$

oder anders: $\frac{(p_1 - m_1) \cdot (x_1 - m_1)}{a^2} + \frac{(p_2 - m_2) \cdot (x_2 - m_2)}{b^2} = 1$

Allgemeine Kegelschnittgleichung
$P(x_1|x_2)$ erfüllen:
$a_1 \cdot x_1^2 + a_2 \cdot x_2^2 + b \cdot x_1 \cdot x_2 + c_1 \cdot x_1 + c_2 \cdot x_2 + d = 0$
$\rightarrow$ **b = 0** $\rightarrow$ Kegelschnitte: Achsen parallel zu den Koordinatenachsen
$\rightarrow$ **$a_1 \cdot a_2 > 0$** $\rightarrow$ Kegelschnitte: Ellipse oder Punkt oder keine Ergebnis
$\rightarrow$ **$a_1 \cdot a_2 < 0$** $\rightarrow$ Kegelschnitte: Hyperbel oder sich schneidende Geraden
$\rightarrow$ **$a_1 \cdot a_2 = 0$** (mit $a_1 \neq a_2$) $\rightarrow$ Kegelschnitte: Parabell / Parabelpaar /
$\qquad\qquad\qquad\qquad\qquad$ Doppelgerade / keine Lösung

Achsenabschnittsform der Ebene

$\rightarrow \frac{x_1}{a} + \frac{x_2}{b} + \frac{x_3}{c} = 1$

(Die $A(a|0|0)$, $B(0|b|0)$ und $C(0|0|c)$ liegen auf der Ebene)

Normalenform der Ebenengleichung

$\mathbf{n} \cdot \mathbf{x} = \mathbf{n} \cdot \mathbf{a}$
Es gilt: $\mathbf{x} = \mathbf{a} + \lambda \mathbf{u} + \mu \mathbf{v}$
$\mathbf{n}$ steht senkrecht auf der Ebene (bestimmbar über $\mathbf{u} \times \mathbf{v}$)
Somit gilt: $\mathbf{n} \cdot \mathbf{x} = \mathbf{n} \cdot \mathbf{a} + \lambda \mathbf{n} \cdot \mathbf{u} + \mu \mathbf{n} \cdot \mathbf{v} = \mathbf{n} \cdot \mathbf{a} + \lambda \cdot 0 + \mu \cdot 0$
$\rightarrow n_1 x_1 + n_2 x_2 + n_3 x_3 - (n_1 a_1 + n_2 a_2 + n_3 a_3) = 0$
$\quad$ Mit $n_1 a_1 + n_2 a_2 + n_3 a_3 = n_4$ (also: $\mathbf{n} \cdot \mathbf{a} = n_4$) folgt
$\rightarrow n_1 x_1 + n_2 x_2 + n_3 x_3 - n_4 = 0$
$\rightarrow \mathbf{n} \cdot \mathbf{x} - n_4 = 0$

Koordinatengleichung einer Ebene

Es sei: $A(2|2|2)$, $B(4|1|3)$, $C(8|4|5)$. A, B, C liegen auf einer Ebene.

$$\rightarrow E: \mathbf{x} = \begin{pmatrix} 2 \\ 2 \\ 2 \end{pmatrix} + r \cdot \begin{pmatrix} 2 \\ -1 \\ 1 \end{pmatrix} + s \cdot \begin{pmatrix} 6 \\ 2 \\ 3 \end{pmatrix} ; r, s \in \mathbb{R}$$

$$\rightarrow \begin{pmatrix} 2 \\ -1 \\ 1 \end{pmatrix} \times \begin{pmatrix} 6 \\ 2 \\ 3 \end{pmatrix} \rightarrow \begin{vmatrix} \mathbf{e} & \mathbf{i} & \mathbf{j} \\ 2 & -1 & 1 \\ 6 & 2 & 3 \end{vmatrix} = (-5|0|10) = \mathbf{u}$$

$$\rightarrow 5 \, (-1|0|2) \cdot \left(\begin{pmatrix} x_1 \\ x_2 \\ x_3 \end{pmatrix} - \begin{pmatrix} 2 \\ 2 \\ 2 \end{pmatrix} \right) = 0 \rightarrow 5(- x_1 + 2 + 2 x_3 - 4) = 0$$

$\rightarrow E: x_1 - 2 x_3 = -2$

Hinweis 1: $\mathbf{u}$ steht senkrecht auf der Ebene und somit auch zu jedem
Spannvektor.

Hinweis 2: $\left(\begin{pmatrix} x_1 \\ x_2 \\ x_3 \end{pmatrix} - \begin{pmatrix} 2 \\ 2 \\ 2 \end{pmatrix} \right)$ Verschiebevektor auf der Ebene

Hinweis B: Ausgehend von einer Parameterdarstellung können
Achsenabschnittspunkte bestimmt werden.
Über $(x - x_1) = 0$; $(y - x_2) = 0$; $(z - x_3) = 0$
kann die Gleichung bestimmt werden.

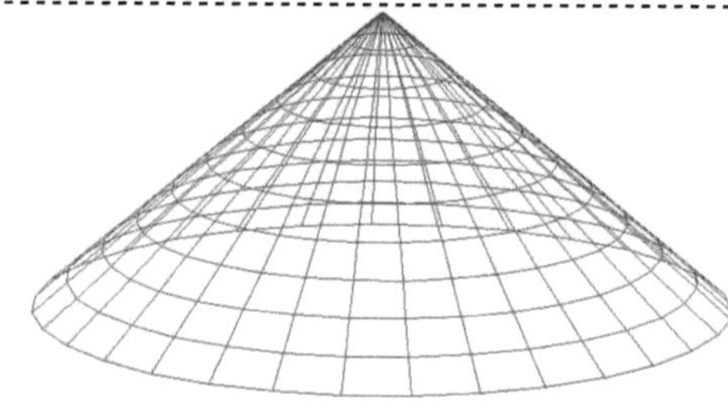

Elliptischer Kegel

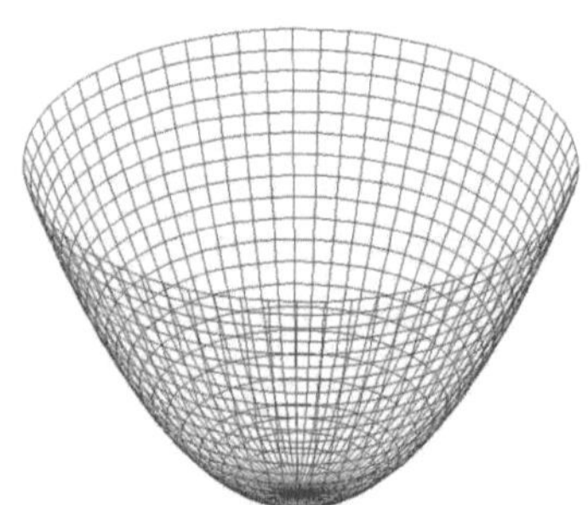

Elliptisches Paraboloid

(25) Stochastik

A: In einer Woche werden im Lotto die Zahlen 2, 11, 26, 35, 36, 42 gezogen. Ist es sinnvoll, diese Zahlen bei der nächsten Ziehung anzukreuzen?

C: Aus drei Scheinen zum Lotto 6 aus 49 dürfen Sie sich einen auswählen. Folgende Zahlen sind bereits angekreuzt:

Schein A: 1, 2, 3, 4, 5, 6

Schein B: 2, 5, 19, 24, 37, 46

Schein C: 3, 7, 13, 31, 43, 47

Welchen Schein wählen Sie? (Der Schein ist für Sie kostenlos.)

D: Ein Würfel wird 6000x geworfen. Folgende Ziehungswerte liegen vor:

Zahl	1	2	3	4	5	6
Anzahl	950	400	2200	600	400	1450

Halten Sie diese Werte für
a.) denkbar oder undenkbar?
b.) realistisch oder unrealistisch?
c.) üblich oder unüblich?

F: Was sagen Sie zu dem Satz: „Der Zufall hat keine Erinnerung!"

G: Können Sie zufällige Ereignisse von geplanten Ereignissen (in ihrem Leben) unterscheiden?

H: In einer Urne befinden sich verschiedene Kugeln: drei rote, zwei blaue und eine grüne. Nun greifen Sie zwei Mal in die Urne.

Versuch A: Sie ziehen eine Kugel. Diese legen Sie wieder zurück. Danach ziehen Sie noch eine Kugel.

Versuch B: Sie ziehen eine Kugel. Diese legen Sie nicht zurück. Danach ziehen Sie noch eine Kugel.

Versuch C: Sie ziehen zwei Kugeln zugleich.

Welche Ergebnisse erwarten Sie jeweils? Wie kann das Geschehen dargestellt und berechnet werden?

I: Wie groß ist die Wahrscheinlichkeit, dass man bei einem Wurf mit drei Würfeln mehr als 12 Zahlen erhält?

J: Wie groß ist die Wahrscheinlichkeit, dass bei einer Lottoziehung alle sechs gezogenen Zahlen kleiner als 20 sind?

L: Folgende Häufigkeitswerte sind für einen Würfel charakteristisch:

Zahl	1	2	3	4	5	6
Anzahl	96	102	97	113	97	78

a: Geben Sie die Wahrscheinlichkeiten für folgende Ereignisse an: (I) Gerade Augenzahl; (II) Augenzahl ist kleiner 5.

b: Bestimmen Sie den **Erwartungswert**.

N: Wie groß ist die Wahrscheinlichkeit, beim zwölfmaligen Werfen eines Laplace-Würfels mindestens achtmal eine Fünf zu erhalten?

O: **a**: Wie groß ist die Chance, bei einem Würfel mit vier Würfen eine Sechs zu bekommen?

b: Und wie groß ist die Chance, beim Werfen von zwei Würfeln mindestens einmal zugleich zwei Sechsen zu erhalten, wenn insgesamt 24xl gewürfelt wird?

P: Eine Laplace-Münze (mit Kopf (K) und Zahl (Z)) wird 12-mal hintereinander geworfen. Wie groß ist die Wahrscheinlichkeit, dass die Zahl (Z) 12-, 11- oder 10-mal erscheint?

Q: **Kindergarten**
a.) In einem Kindergarten lassen die Kinder bei einem Fest Sandkörner **zufällig** auf eine quadratische Platte der Größe 5 m x 5 m fallen. Genau in der Mitte der Platte ist ein Kreis mit einem Durchmesser von 4 m eingezeichnet. Nach dem Fest wird die Anzahl der Sandkörner in den einzelnen Flächenbereichen ermittelt. Kann so die Zahl π bestimmt werden? Welchen Vorteil hat dieses Berechnungsverfahren?
b.) Für den Philosophen Platon galt (wahrscheinlich) die Beziehung π = √3 + √2. Kann mit diesem Verfahren der Wert von π genauer bestimmt werden?
c.) Wie kann eine entsprechende Simulation mit einem Rechner erfolgen?

Hinweis: Die Anzahl der Sandkörner entspricht der Flächengröße. Die Gesamtfläche beträgt 25 m². Der Kreis hat die Fläche 4 · π m². Aus dem Verhältnis der Körner kann somit auf die Zahl π geschlossen werden. Die Position der Körner kann über eine Zufallsfunktion (zum Beispiel eines Rechners random) bestimmt werden. So kann π in Abhängigkeit von der Qualität der Zufallsdaten genähert ermittelt werden.

R: In einem Klassenraum befinden sich 23 Schüler. Wie groß ist Ihrer Meinung nach die Wahrscheinlichkeit, dass zumindest zwei Schüler an einem gleichen Tag Geburtstag haben?

A: 2 %; B: 7 %; C: 14 %; D: 23 %; E: 50 %

Hinweis: Das erste Kind hat 365 Möglichkeiten von 365, so dass es keine Überschneidung mit einem anderen Kind ergibt. Dann hat das nächste Kind (das zweite) 364 Möglichkeiten von 365, so dass keine Überschneidung auftritt. Beim dritten Kind dann 363 von 365. Beim 23. Kind würde sich der Wert 343 von 365 ergeben. Die Multiplikation dieser Werte liegt bei knapp 0,5, so dass sich eine gegenteilige Wahrscheinlichkeit ergibt. Damit beträgt die Wahrscheinlichkeit, auf zumindest eine Überschneidung zu kommen, über 50 %. (Tatsächlich liegt der Wert sogar deutlich höher, da die Gleichverteilung auf die verschiedenen Tage nicht gegeben ist. So wird zum Beispiel der Hälfte der Menschen im Zeitbereich von Januar bis Mai geboren und die andere Hälfte dann von Juni bis Dezember.)

B: In einer Urne befinden sich verschiedene Kugeln: drei rote, zwei blaue und eine grüne. Sie können in die Urne greifen und die Kugeln herausnehmen. Die Urne ist mit einem Tuch bedeckt, und Sie können nicht in die Urne sehen. Die Kugeln sind alle gleichartig. Sie greifen einmal in die Urne. Mit welcher Wahrscheinlichkeit greifen Sie die einzelnen Farben? Wie kann dies berechnet werden? Wie können wir den Versuchsablauf darstellen?

Hinweis: Insgesamt befinden sich sechs Kugeln in der Urne. Die Wahrscheilichkeit für eine rote Kugel beträgt mit 3/6 = 0,5. Entsprechend 2/6 = 1/3 für eine blaue und 1/6 für eine grüne Kugel. Die Wahrscheinlichkeit ergeben in ihrern Summe gleich 1 (1/2 + 1/3 + 1/6), also 100 %.

E: An einer Bushaltestelle fährt zu jeder ungeraden Stunde um 20 Minuten ein Bus der Linie A. Weiterhin fährt um 50 Minuten ein Bus der Linie B. Und in jeder geraden Stunde fährt um 30 Minuten ein Bus der Linie C. Die Fahrgäste sollen unabhängig voneinander zur Busstation kommen. Jeder Fahrgast nutzt den nächsten Bus. Die Ankunft der Fahrgäste ist gemäß Laplace gleichwahrschein-lich. Bestimmen Sie die die Größe des Busses, wenn die Anzahl der Zusteigenden maximal 50 % der Sitzplätze beanspruchen darf. In 2 Stunden kommen 160 Fahrgäste an die Busstation.

Hinweis: Es kommen in 120 Minuten 160 Personen. Somit im Sinne der Erwartung 4/3 Personen pro. Minuten. Ein Bus der Linie A muss (20 + 30) · 4/3 = 50 · 4/3 = 200/3 ≈ 67 Personen transportieren. Ein Bus der Linie B muss 30 · 4/3 = 40 Personen transportieren. Ein Bus der Linie C muss 40 · 4/3 = 160/3 ≈ 54 Personen transportieren. (Mit 67 + 40 + 54 ergeben sich 161 Fahrgäste.) Rechnet man mit einem Toleranzwert von ca. 20 %, würden sich folgende Busgrößen ergeben: Bus A ≈ 80 Sitzplätze; Bus B ≈ 50 Sitzplätze; Bus C ≈ 65 Sitzplätze.

K: In einer Urne befinden sich 3 schwarze, 2 rote und 5 gelbe Kugeln. Es wird eine Kugel gezogen und immer zusammen mit einer gelben zurückgelegt. Es wird dann eine zweite Kugel gezogen. Wie große ist die Wahrscheinlichkeit, dass zumindest eine gelbe Kugel gezogen wird?

Hinweis: Beim ersten Zug befinden sich 10 Kugeln in der Urne. Nach der ersten Ziehung erhöht sich die Anzahl auf 11 Kugeln und die der gezogenen Farbe auf 6 Kugeln. Somit erhöht sich für die Farbe gelb die Ziehungswahrscheinlichkeit von 5/10 auf 6/11.

M: Welche Reihe ist zufällig bestimmt?

Reihe A: 1; 0; 1; 0; 1; 0; 1; 0; 1; 0; 1; 0; 1; ...

Reihe B: 1; 2; 4; 8; 16; 8; 4; 2; 1; 0; 1; 2; 4; 8; 16; 8; ...

Reihe C: 1; 4; 1; 5; 9; 2; 6; 5; 3; 5; 8; 9; 7; 9; 3; ...

Hinweis: die Abfolge unter C entspricht den Nachkommastellen der Zahl π. Eine eminent bedeutsame und reale Zahl, mit einer sehr ungeordneten Zahlfolge.

S: Zwei Personen wollen sich in einem Café im Zeitfenster von 13 bis 14 Uhr treffen. Jeder kommt zufällig an und verbleibt eine halbe Stunde im Café. Wie groß ist die Wahrscheinlichkeit für ein Treffen?

Hinweis: f_2 und f_1 sind die Funktionen, die die Anwesenheit der beiden Personen beschreibt. Dann kommt es zu einem Treffen, wenn $f_2 - f_1 \leq 30$ Minuten beträgt. Eingetragen mit Blick auf das Zeitfenster von 13 bis 14 Uhr ergibt sich die Treffwahrscheinlichkeit von 75 %.

T: „Ziegenproblem"
Hinter drei nicht einsehbaren Türen verbirgt sich eine Ziege. Ein Kandidat darf raten, hinter welcher Tür sich die Ziege befindet. Nach seiner Wahl lässt der Spielleiter eine der verbliebenen – nicht vom Kandidaten ausgewählten - Türen öffnen, hinter der sich die Ziege nicht befinden darf. Der Kandidat erhält die Chance, seine ursprüngliche Wahl zu verändern. Ist dies ratsam? Würde dies seine Gewinnchance erhöhen?

Hinweis: Ursprünglich hatte der Kandidat eine Erfolgschance in Höhe von 1/3. Durch die Veränderung seiner Wahl, erhöht sich seine Gewinnchance auf 2/3. Die beiden verbliebenen Türen haben die Gewinnchance von 2/3 zusammen. Da der Spielleiter eine nicht erfolgreiche Tür entfernt (Tür ohne Ziege), konzentriert sich der Wert von 2/3 auf die verbliebene Tür. Der Spielleiter bringt durch seine Öffnung eine Information ins Spiel, die im Vorfeld nicht vorlag. Das Verhalten des Spielleiters ist nicht zufällig. Seine Wahl auf eine Tür, die geöffnet werden kann, ist in 2/3 aller Fälle präzise bestimmt.

(26) Erwartungswerte etc.

A: a. Von drei Ehepaaren (jeweils ein Mann und eine Frau) setzen sich zuerst zufällig zwei Männer und dann zwei Frauen jeweils an zwei verschiedene Tische. Wie groß ist die Wahrscheinlichkeit, dass zwei Paare am Tisch sitzen? An jedem Tisch sind zwei Plätze.
Es sollen immer ein Mann und eine Frau an einem Tisch sitzen.
b. Bei einem weiteren Spiel sitzen an vier Tischen jeweils drei Spieler. Es sollen nun insgesamt in jeder Spielrunde acht Kinder und vier Erwachsene den vier Tischen zugeteilt werden.
Wie groß ist die Wahrscheinlichkeit, dass bei einer zufälligen Zuteilung an jedem Tisch genau ein Erwachsener sitzt?

B: Ein idealer Würfel trägt folgende Zahlen: 2; 3; 5; 7; 11; 13.
Frage: Bestimmen Sie den Erwartungswert dieses Würfels.

Hinweis:
$E(X) = 1/6 \cdot (2 + 3 + 5 + 7 + 11 + 13) = 41/6$
$E(X) = 6{,}8333 \ldots$
Es sind nur Primzahlen auf dem Würfel.
Mit den Zahlen 1, 2, 3, 4, 5,6 ergibt sich der Wert:
$E(X) = 3{,}5.$ (Erwartungswert eines Laplacewürfels.)

C: Betrachtung der Würfel A bis G.
Angegeben sind jeweils die charakteristischen absoluten Häufigkeitswerte (H) der einzelnen Zahlen. Jeder Würfel hat die Zahlwerte 1 bis 6. Ausgehend von H kann dann die relative Wahrscheinlichkeit (h bzw. p) für jeden Zahlwert bestimmt werden.
So gilt für die 1 beim Würfel A: $P_{(1)} = 55/(55 + 46 + 49 + 71 + 56 + 54)$. Unter $E(X)$ wird der Erwartungswert für jeden Würfel angegeben. Dies wäre zu überprüfen. Der Erwartungswert ist charakteristisch für jeden Würfel.

Würfel \ Zahl	1	2	3	4	5	6	$E(X)$
A	55	46	49	71	56	54	1182/331 = 3,570997
B	57	83	72	74	81	93	1698/460 = 3,691304
C	66	61	53	66	49	70	1276/365 = 3.495890
D	40	36	27	40	42	36	779/221 = 3,524887
E	52	50	63	47	47	66	1160/325 = 3,569230
F	81	82	78	93	87	79	1760/500 = 3,52
G	50	46	58	55	64	64	1240/337 = 3,67952

Hinweis: Der Erwartungswert als charakteristische Angabe befindet sich nicht direkt auf dem Würfel.
Bei Würfel ohne Zahlen kann als charakteristischer Wert die Entropie des Würfels berechnet werden.
In diesem Fall wird anstelle der Zahl der Logarithmus dualis des p-Wertes ermittelt und dann mit dem zugehörigen p-Wert multipliziert. In der mathematischen Informationstheorie (Shannon) wid dieser Entropie-Wert als Informationswert interpretiert.

Ein Kiosk möchte eine Sportzeitung vertreiben. Es gilt:
Der Einkaufspreis beträgt € 1,20. Der Verkaufspreis beträgt € 2,80.
Unverkaufte Exemplare können nicht zurückgegeben werden.
Wie groß ist der Gewinn für den Kaufmann, wenn er pro Tag 0, 1, 2, 3, 4, 5, 6 Zeitungen bestellt?
Wie viele Zeitungen sollte er bestellen, um seinen Gewinn zu maximieren?

pro Tag nachgefragte Zeitungen	0	1	2	3	4	5	6	> 6
Nachfragewahrscheinlichkeit	0,1	0,15	0,25	0,3	0,11	0,07	0,02	0

Zur Lösung:
Es gilt: $E(X) = 0{,}1 * 0 + 0{,}15 * 1 + 0{,}25 * 2 + 0{,}3 * 3 + 0{,}11 * 4 + 0{,}07 * 5 + 0{,}02 * 6 = 2{,}46$

Situation	Anzahl, d. v. Händler gekauften Zeitschriften	Anzahl der verkauften Zeitschriften: $E^*(X)$	Kosten in €	Gewinn in €
1	0	$E^*(X) = 0$	0	0
2	1	$E^*(X) = 0{,}1 \cdot 0 + 0{,}9 \cdot 1 = 0{,}9$	1,2	1,32
3	2	$E^*(X) = 0{,}1 \cdot 0 + 0{,}15 \cdot 1 + 0{,}75 \cdot 2 = 1{,}65$	2,4	2,22
4	3	$E^*(X) = 0{,}1 \cdot 0 + 0{,}15 \cdot 1 + 0{,}25 \cdot 2 + 0{,}5 \cdot 3 = 2{,}15$	3,6	2,42
5	4	$E^*(X) = 0{,}1 \cdot 0 + 0{,}15 \cdot 1 + 0{,}25 \cdot 2 + 0{,}3 \cdot 3 + 0{,}2 \cdot 4 = 2{,}35$	4,8	1,78
6	5	$E^*(X) = 0{,}1 \cdot 0 + 0{,}15 \cdot 1 + 0{,}25 \cdot 2 + 0{,}3 \cdot 3 + 0{,}11 \cdot 4 + 0{,}09 \cdot 5 = 2{,}44$	6,0	0,832
7	6	$E^*(X) = 0{,}1 \cdot 0 + 0{,}15 \cdot 1 + 0{,}25 \cdot 2 + 0{,}3 \cdot 3 + 0{,}11 \cdot 4 + 0{,}07 \cdot 5 + 0{,}02 \cdot 6 = 2{,}46$	7,2	-0,312

Ein Laplace-Würfel wird 6x gewürfelt.
Geben sie die erwarteten Verteilungswerte für Primzahlen an.
Geben sie die erwarteten Verteilungswerte für die Zahl 5 an.

Gilt $\binom{n}{k} = \binom{n}{n-k}$?

Bestimme allgemein das Verhältnis von $B_{n;p}(k + 1)$ zu $B_{n;p}(k)$.

Mit einem Software-Programm wird ein Galton-Brett nachgebildet.
Folgende Zahlen ergeben sich. Sind diese Werte realistisch?

Versuch	k = 0	1	2	3	4	5	6	7	8	9	10
A	3	34	121	296	597	667	570	279	112	27	5
B	7	76	322	763	1419	1643	1399	762	267	72	7

(27) Baumdiagramme

In einer Urne befinden sich r rote, b blau und g grüne Kugeln.
Somit beträgt $|\Omega| = r + b + g$.
Es wird einmal gezogen. Folgendes Baumdiagramm ergibt sich:

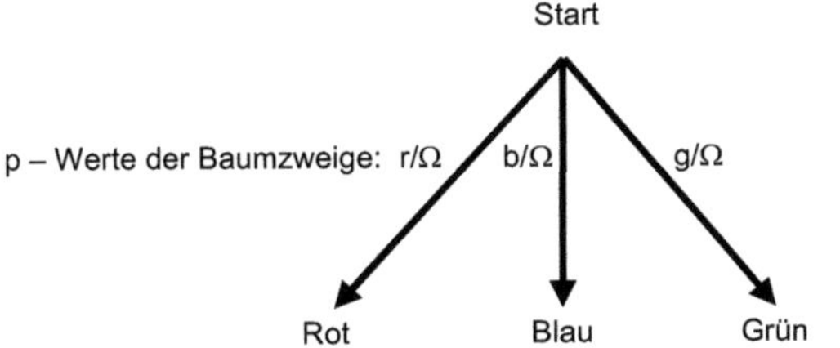

Es sei gegeben:

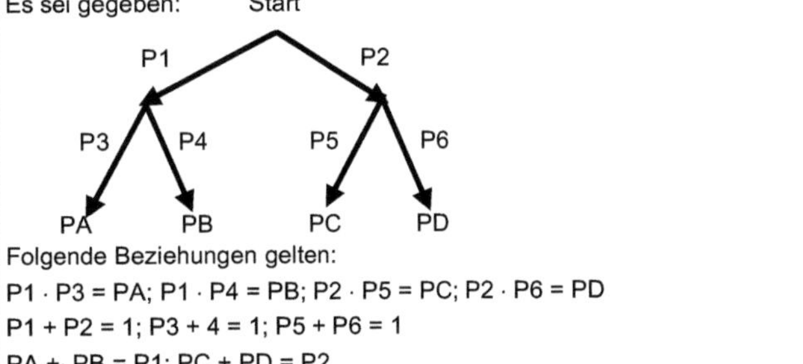

Folgende Beziehungen gelten:
P1 · P3 = PA; P1 · P4 = PB; P2 · P5 = PC; P2 · P6 = PD
P1 + P2 = 1; P3 + 4 = 1; P5 + P6 = 1
PA + PB = P1; PC + PD = P2

Erwartungswerte

$E(a * X + b) = ?$

Herleitung für den diskreten Fall.
Es gilt: $E(a \cdot X + b) = \Sigma\,(a \cdot x_i + b) \cdot p(x_i)$
Dies gilt, da $p(a \cdot x_i + b) = p(x_i)$ ist.
Nun folgt: $\Sigma\,(a \cdot x_i + b) \cdot p(x_i) = \Sigma\,(a \cdot x_i) \cdot p(x_i) + \Sigma\,(b) \cdot p(x_i) = a \cdot \Sigma\,(x_i) \cdot p(x_i) + b \cdot \Sigma\,p(x_i) = a \cdot E(X) + b \cdot 1 = a \cdot E(X) + b$
Verallgemeinert gilt für stetige Verteilungen: $E(a \cdot X + b) = a \cdot E(X) + b$
Beispiele
A:
Mit $a = 1$ und $b = -E(X)$ folgt:
$E(a \cdot X + b) = a \cdot E(X) + b = 1 \cdot E(X) - E(X) = 0$
Also gilt: $E(X - E(X)) = E(X - \mu) = 0$

B:
Gilt immer $E(X + Y) = E(Z) = E(X) + E(Y)$?

Hinweis: Alle x_i –Werte und y_j – Werte werden miteinander kombiniert. Dies ergibt dann jeweils einen z_k – Wert. Dieser z_k – Wert besitzt eine zugeordnete Wahrscheinlichkeit $p(X = x_i; Y = y_j)$, die sich – unter der Voraussetzung, dass X und Y unabhängig voneinander sind – mit $p(X = x_i; Y = y_j) = p(x_i) * p(y_j)$ bestimmen lässt.

Herleitung der Beziehung für $E(X + Y) = ?$

$E(X + Y) = (x_1 + y_1) \cdot p(X = x_1; Y = y_1) + \ldots + (x_1 + y_r) * p(X = x_1 ; Y = y_r) +$
$+ (x_2 + y_1) * p(X = x_2 ; Y = y_1) + \ldots + (x_2 + y_r) \cdot p(X = x_2 ; Y = y_r) +$
$+ \ldots +$
$+ (x_s + y_1) \cdot p(X = x_s ; Y = y_1) + \ldots + (x_s + y_r) \cdot p(X = x_s ; Y = y_r)$

Umgeordnet ergibt dies:

$E(X + Y) = x_1 \cdot (p(X = x_1 ; Y = y_1) + \ldots + p(X = x_1 ; Y = y_r)\,) +$
$+ y_1 \cdot (p(X = x_1 ; Y = y_1) + \ldots + p(X = x_1 ; Y = y_r)\,) +$
$+ x_2 \cdot (p(X = x_2 ; Y = y_1) + \ldots + p(X = x_2 ; Y = y_r)\,) +$
$+ y_2 \cdot {}^* (p(X = x_2 ; Y = y_1) + \ldots + p(X = x_2 ; Y = y_r)\,) +$
$+ \ldots +$
$+ x_s \cdot (p(X = x_s ; Y = y_1) + \ldots + p(X = x_s ; Y = y_r)\,) +$
$+ y_s \cdot (p(X = x_s ; Y = y_1) + \ldots + p(X = x_s ; Y = y_r)\,)$

Dies kann wie folgt angeordnet werden:

$E(X + Y) = x_1 \cdot (p(X = x_1 ; Y = y_1) + \ldots + p(X = x_1 ; Y = y_r)\,) +$
$+ x_2 \cdot (p(X = x_2 ; Y = y_1) + \ldots + p(X = x_2 ; Y = y_r)\,) +$
$+ \ldots +$
$+ x_s \cdot (p(X = x_s ; Y = y_1) + \ldots + p(X = x_s ; Y = y_r)\,) +$
$+$
$+ y_1 \cdot (p(X = x_1 ; Y = y_1) + \ldots + p(X = x_s ; Y = y_1)\,) +$
$+ y_2 \cdot (p(X = x_1 ; Y = y_2) + \ldots + p(X = x_s ; Y = y_2)\,) +$
$+ \ldots +$
$+ y_s \cdot (p(X = x_1 ; Y = y_r) + \ldots + p(X = x_s ; Y = y_r)\,)$

Es gilt nun:
$p(X = x_i) = \sum_{j=1}^{r} p(X = x(i); Y = y(j)); \; p(Y = y_j) = \sum_{i=1}^{s} p(X = x(i); Y = y(j))$
$E(X) = \sum_{i=1}^{n} x(i) \cdot p(X = x(i); Y = y(j))$

(28) „Simpsonsches Paradoxon"

Beispielhaft sei angenommen, dass in dem Land „ABC" 11.000 Menschen leben. Hiervon sollen 10.000 Einheimische sein. 1.000 sind zugezogene Mitbürger. Unter den Bewohnern gehören 3.300 zu den „sozial Schwächeren". Und 7.700 zu den sozial Stärkeren. Insgesamt haben 2.700 Mitbürger eine höhere Bildung. Und 8.300 einen nicht so hohen Bildungsstand. Weiterhin wird noch zwischen Klein- und Großfamilien unterschieden.

| Einheimische | = | E | = 10.000; | Zugezogene | = | Z | = 1.000
| „Sozial Schwächere" | = | SoS | = 3.300; | „Sozial Stärkere" | = | SoSt | = 7.700
| Höhere Bildung | = | HB | = 2.700; | Keine höhere Bildung | = | KhB | = 8.300
| Kleinfamilie | = | KF | = 8.830; | Großfamilie | = | GF | = 2.170

In der Tabelle werden die Beziehungen im Detail aufgeführt. Durch die zusätzliche Erfassung von Merkmalen können sich die Vergleichsrelationen verändern. Die Wahrscheinlichkeit eines Ereignisses unter Beachtung verschiedener Merkmalsgrößen (zum Beispiel M_1 und M_2) entspricht nicht unbedingt der Ereigniswahrscheinlichkeit unter Beachtung einer reduzierten Anzahl von Merkmalsgrößen (M_1).

Interpretieren Sie die Darstellung.

M1: Einheimische; | E | = 10.000; | HB | = 2.500 Quote: 25 %	M1: Zugezogene; | Z | = 1.000; | HB | = 200 Quote: 20 %

25 % > 20 % Deutung: Die Einheimischen besitzen einen höheren Bildungsgrad.

Rubrik A (M1: Einheimische Mitbürger)		Rubrik B (M1: Zugezogene Mitbürger)	
Rubrik A-1 (M2: „Sozial Schwächere")	Rubrik A-2 (M2: „Sozial Stärkere")	Rubrik B-1 (M2: „Sozial Schwächere")	Rubrik B-2 (M2: „Sozial Stärkere")
M1: Einheimische M2 : SoSch | E ∩ SoS | = 2.500 | E ∩ SoS ∩ HB | = 400 Quote: 16 %	M1: Einheimische M2: SoSt | E ∩ SoSt | = 7.500 | E ∩ SoSt ∩ HB | = 2.100 Quote: 28 %	M1: Zugezogene M2 : SoSch | Z ∩ SoS | = 800 | Z ∩ SoS ∩ HB | = 140 Quote: 17,5 %	M1: Zugezogene M2: SoSt | Z ∩ SoSt | = 200 | Z ∩ SoSt ∩ HB | = 60 Quote: 30 %

Nun ergibt sich unter Beachtung des zusätzlichen Merkmals M2:

(Vergleich A-1 zu B-1): 16 % < 17,5 %;
(Vergleich A-2 zu B-2): 28 % < 30 %.
(Insofern wurden gegenüber dem Vergleich A-B durchgängig alle Relationen umgekehrt.)
Deutung: Die Zugezogenen besitzen einen höheren Bildungsgrad in allen Teilgruppen.

Rubrik A (M1: Einheimische Mitbürger)				Rubrik B (M1: Zugezogene Mitbürger)			
Rubrik A-1 (M2: „Sozial Schwächere")		Rubrik A-2 (M2: „Sozial Stärkere")		Rubrik B-1 (M2: „Sozial Schwächere")		Rubrik B-2 (M2: „Sozial Stärkere")	
Rubrik A-1-1 (M3: KF)	Rubrik A-1-2 (M3: GF)	Rubrik A-2-1 (M3: KF)	Rubrik A-2-2 (M3: GF)	Rubrik B-1-1 (M3: KF)	Rubrik B-1-2 (M3: GF)	Rubrik B-2-1 (M3: KF)	Rubrik B-2-2 (M3: GF)
| E ∩ SoS ∩ KF | = 2000 | E ∩ SoS ∩ KF ∩ HB | = = 300 Quote: 15 %	| E ∩ SoS ∩ GF | = 500 | E ∩ SoS ∩ HB ∩ GF | = = 100 Quote: 20 %	| E ∩ SoSt ∩ KF | = 6.600 | E ∩ SoSt ∩ HB ∩ KF | = = 1.800 Quote: 27,27 %	| E ∩ SoSt ∩ GF | = 900 | E ∩ SoSt ∩ HB ∩ GF | = = 300 Quote: 33,3 %	| Z ∩ SoS ∩ KF | = 150 | Z ∩ SoS ∩ HB ∩ KF | = = 20 Quote: 13,3 %	| Z ∩ SoS ∩ GF | = 650 | Z ∩ SoS ∩ HB ∩ GF | = = 120 Quote: 18,46 %	| Z ∩ SoSt ∩ KF | = 80 | Z ∩ SoSt ∩ HB ∩ KF | = = 21 Quote: 26,25 %	| Z ∩ SoSt ∩ GF | = 120 | Z ∩ SoSt ∩ HB ∩ GF | = = 39 Quote: 32,5 %

Nun ergibt sich unter Beachtung des zusätzlichen Merkmals M3:

(Vergleich A-1-1 zu B-1-1): 15 % > 13,3 %
(Vergleich A-1-2 zu B-1-2): 20 % > 18,46 %
(Vergleich A-2-1 zu B-2-1): 27,27 % > 26,25 %
(Vergleich A-2-2 zu B-2-2): 33,3 % > 32,5 %

(Insofern wurden gegenüber den Vergleichen A1-B1 und A2-B2 durchgängig alle Relationen umgekehrt.)

Hinweis

Aus (mit ¬: Negation) $P(A \mid (M_1 \cap M_2)) < P(A \mid ((\neg M_1) \cap M_2))$ und $P(A \mid (M_1 \cap (\neg M_2))) < P(A \mid ((\neg M_1) \cap (\neg M_2)))$ folgt nicht zwingend $P(A \mid M_1) < P(A \mid (\neg M_1))$. Dieser Zusammenhang ist in der Literatur auch als **„Simpsonsches Paradoxon"** bekannt. Er wurde von Edward Hugh Simpson 1951 veröffentlicht.

(29) Wahrscheinlichkeitsverteilungen und Normalform

Vollziehen Sie die Darstellung zum Zusammenhang verschiedener Wahrscheinlichkeitsverteilungen nach.

Hypergeometrische Wahrscheinlichkeits-Verteilung:
$H_{N;M;n}(k)$

Anwendung:
Grundmenge zerfällt in zwei Elemente-Klassen

$$p(k) = \frac{\binom{M}{k} \cdot \binom{N-M}{n-k}}{\binom{N}{n}}$$

Beispiel
- N Kugeln in einer Urne
- M Kugeln mit Farbe A
- N-M Kugeln mit Farbe B
- Die Kugeln werden ohne Zurücklegen gezogen

Erwartungswert
$E(X) = n \cdot (M / N)$

N ist sehr groß;
(N > 2000);
n/N < 0,1

Binomialverteilung:
$B_{n;p}(k)$

$$p(k) = \binom{n}{k} \cdot p^k \cdot (1 - p)^{n-k}$$

Erwartungswert
$E(X) = n \cdot p$

N ist sehr groß;
(N > 100);
p ist klein; p < 0,05

$n \cdot p \cdot (1 - p) > 9$
n/N < 0,1

$n \cdot p \cdot (1 - p) > 9$

Poisson-Verteilung:
$P_a(k)$

$$p(k) = \frac{a^k}{k!} \cdot e^{-a}$$

Erwartungswert
$E(X) = a$

$n \cdot p = c > 9$

Normalverteilung:
$$\varphi : x \to \frac{1}{\sqrt{2 \cdot \pi}} \cdot \exp(-0,5 \cdot x^2)$$

Bedeutsam sind u.a. die folgenden Verteilungen: Gleichverteilung; Normalverteilung; Chi-Quadrat-Verteilung.

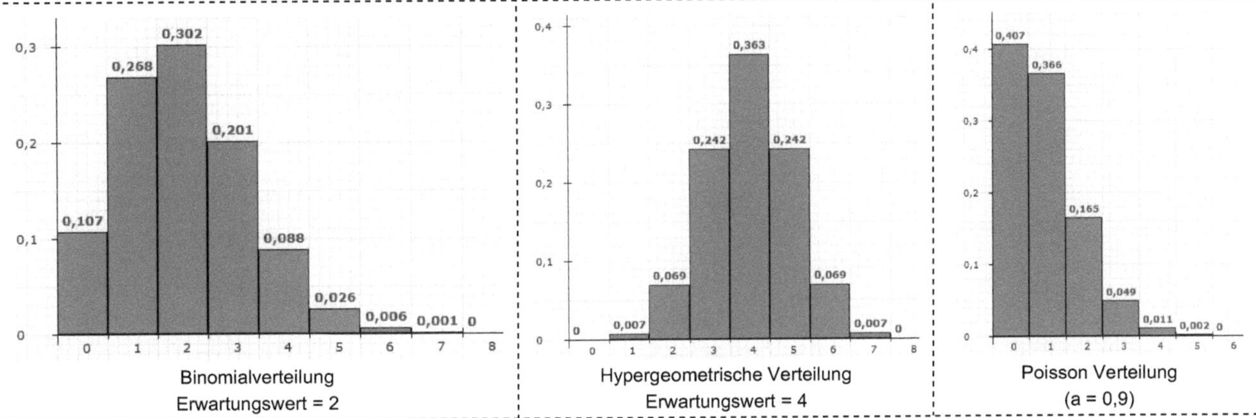

Binomialverteilung
Erwartungswert = 2

Hypergeometrische Verteilung
Erwartungswert = 4

Poisson Verteilung
(a = 0,9)

Test (für eine mögliche Normalverteilung)

Ermittelte Werte (Messungen) werden in ein Diagramm eingetragen, wobei die x-Achse normal (lineare Abstände) unterteilt ist. Die y-Achse dagegen ist in der Art aufgebaut, dass die Werte 0,02; 0,07; 0,16; 0,31; 0,50, 0,69; 0,84; 0,93; 0,98; 0,99 im gleichen Abstand zueinander eingetragen werden.

Die x-Werte werden zu x' transformiert gemäß: $x_i' = \frac{x_i - \bar{x}}{\Delta x}$.

Bezüglich der y-Achse werden die Werte $\phi(z_j)$ eingetragen gemäß $\phi(z_j) = 1/n$ (Anzahl der ermittelten z-Werte z, die kleiner als z_j sind.)
Liegen die gefundenen Werte (genähert) auf einer Gerade, dann liegt eine Normalverteilung (zumindest genähert) vor.

(30) Korrelationen, Verteilungen

(A) Korrelation

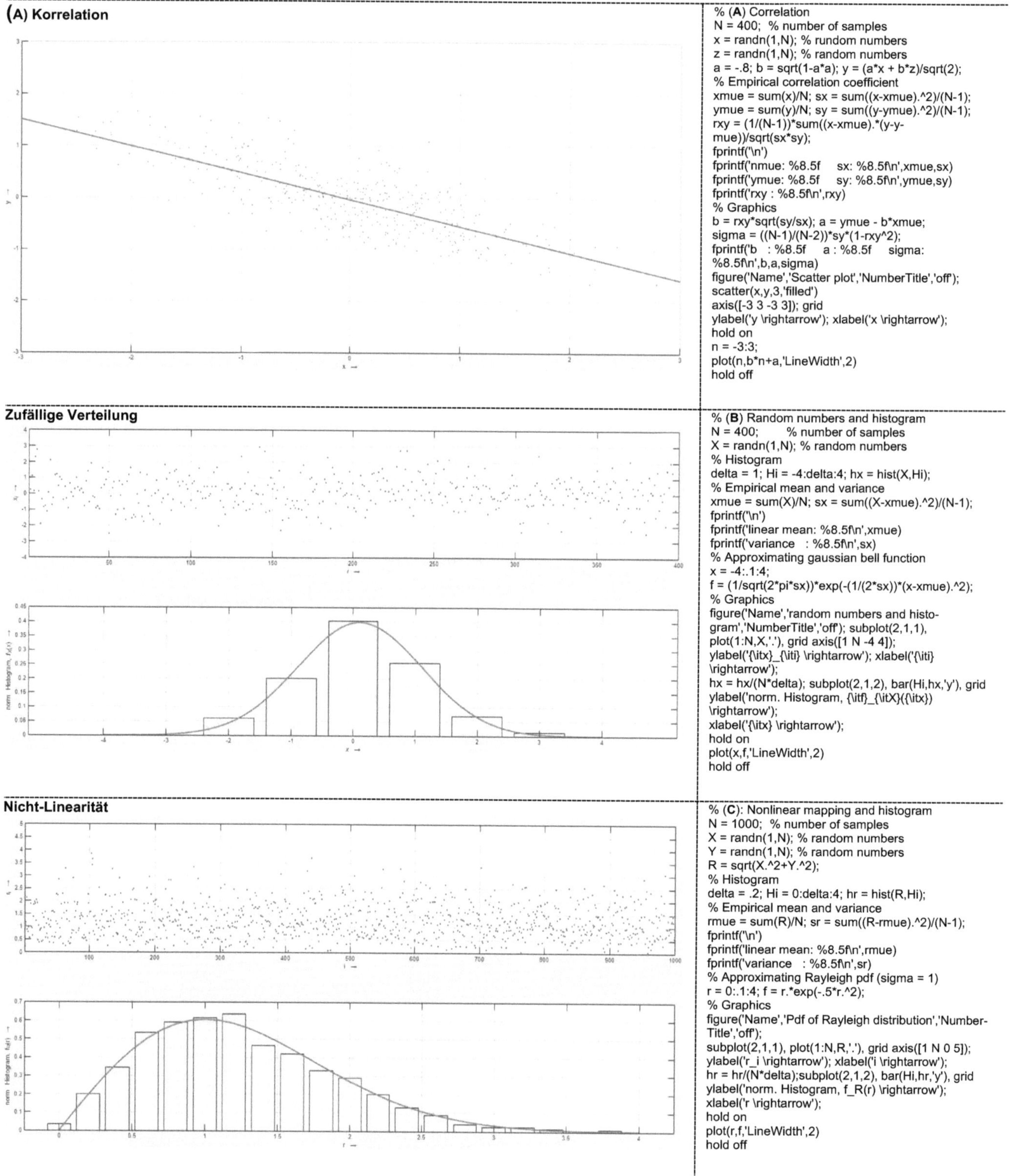

```matlab
% (A) Correlation
N = 400;  % number of samples
x = randn(1,N); % rundom numbers
z = randn(1,N); % random numbers
a = -.8; b = sqrt(1-a*a); y = (a*x + b*z)/sqrt(2);
% Empirical correlation coefficient
xmue = sum(x)/N; sx = sum((x-xmue).^2)/(N-1);
ymue = sum(y)/N; sy = sum((y-ymue).^2)/(N-1);
rxy = (1/(N-1))*sum((x-xmue).*(y-y-
mue))/sqrt(sx*sy);
fprintf('\n')
fprintf('nmue: %8.5f    sx: %8.5f\n',xmue,sx)
fprintf('ymue: %8.5f   sy: %8.5f\n',ymue,sy)
fprintf('rxy : %8.5f\n',rxy)
% Graphics
b = rxy*sqrt(sy/sx); a = ymue - b*xmue;
sigma = ((N-1)/(N-2))*sy*(1-rxy^2);
fprintf('b  : %8.5f    a : %8.5f    sigma:
%8.5f\n',b,a,sigma)
figure('Name','Scatter plot','NumberTitle','off');
scatter(x,y,3,'filled')
axis([-3 3 -3 3]); grid
ylabel('y \rightarrow'); xlabel('x \rightarrow');
hold on
n = -3:3;
plot(n,b*n+a,'LineWidth',2)
hold off
```

Zufällige Verteilung

```matlab
% (B) Random numbers and histogram
N = 400;       % number of samples
X = randn(1,N); % random numbers
% Histogram
delta = 1; Hi = -4:delta:4; hx = hist(X,Hi);
% Empirical mean and variance
xmue = sum(X)/N; sx = sum((X-xmue).^2)/(N-1);
fprintf('\n')
fprintf('linear mean: %8.5f\n',xmue)
fprintf('variance   : %8.5f\n',sx)
% Approximating gaussian bell function
x = -4:.1:4;
f = (1/sqrt(2*pi*sx))*exp(-(1/(2*sx))*(x-xmue).^2);
% Graphics
figure('Name','random numbers and histo-
gram','NumberTitle','off'); subplot(2,1,1),
plot(1:N,X,'.'), grid axis([1 N -4 4]);
ylabel('{\itx}_{\iti} \rightarrow'); xlabel('{\iti}
\rightarrow');
hx = hx/(N*delta); subplot(2,1,2), bar(Hi,hx,'y'), grid
ylabel('norm. Histogram, {\itf}_{\itX}({\itx})
\rightarrow');
xlabel('{\itx} \rightarrow');
hold on
plot(x,f,'LineWidth',2)
hold off
```

Nicht-Linearität

```matlab
% (C): Nonlinear mapping and histogram
N = 1000;  % number of samples
X = randn(1,N); % random numbers
Y = randn(1,N); % random numbers
R = sqrt(X.^2+Y.^2);
% Histogram
delta = .2; Hi = 0:delta:4; hr = hist(R,Hi);
% Empirical mean and variance
rmue = sum(R)/N; sr = sum((R-rmue).^2)/(N-1);
fprintf('\n')
fprintf('linear mean: %8.5f\n',rmue)
fprintf('variance   : %8.5f\n',sr)
% Approximating Rayleigh pdf (sigma = 1)
r = 0:.1:4; f = r.*exp(-.5*r.^2);
% Graphics
figure('Name','Pdf of Rayleigh distribution','Number-
Title','off');
subplot(2,1,1), plot(1:N,R,'.'), grid axis([1 N 0 5]);
ylabel('r_i \rightarrow'); xlabel('i \rightarrow');
hr = hr/(N*delta);subplot(2,1,2), bar(Hi,hr,'y'), grid
ylabel('norm. Histogram, f_R(r) \rightarrow');
xlabel('r \rightarrow');
hold on
plot(r,f,'LineWidth',2)
hold off
```

(31) Testuntersuchungen: Vorzeichentest

Sie beabsichtigen, ein Vertriebsunternehmen für elektronische Regler aufzubauen. Mit diesen Reglern soll es möglich sein, den Kraftstoffverbrauch von Automobilen zu reduzieren. Aus organisatorischen Gründen möchten Sie vorläufig nur einen Regler anbieten. Drei Regler werden Ihnen von verschiedenen Firmen angeboten. Eine Testuntersuchung zur Effektivität der Regler liegt Ihnen vor. Sie vermuten, dass alle Regler in ihrer Effektivität (weitgehend) gleichwertig sind. **Testergebnisse** (angegeben wird jeweils der Benzinverbrauch in Liter auf 100 km Fahrleistung):

Fabrikat	A	B	C	D	E	F	G	H	I	J	K	L
Regler N	6,0	5,8	5,3	4,0	3,2	4,7	7,2	8,1	7,7	9,4	12,9	16,4
Regler F	6,5	6,2	5,4	4,2	3,9	4,7	7,3	8,3	7,9	9,4	12,7	15,3
Regler S	5,8	6,2	5,0	3,7	3,2	4,4	7,2	8,3	7,6	9,2	12,9	17,9

<u>Hinweis</u>: Regler N: normaler Grundregler; Regler F: Fuzzy-Regler; Regler S: Super-Regler

Fragestellung: Können Sie durch einen Vorzeichentest entscheiden, ob ein Regler allen anderen Reglern signifikant überlegen ist?
Weitergehende Fragen: Überlegen Sie sich, wie Sie grundsätzlich verbesserte Testwerte erhalten können. Was würden Sie bei den Qualitätsuntersuchungen anders machen?
<u>Hinweis</u>: Die Fahrzeuge A, B, C, D, E und F sind kleine Fahrzeuge. G, H, I und J sind mittlere Fahrzeuge. K und L sind große Fahrzeuge.

Zur Lösung - Hintergrund: Bei einem Vorzeichentest werden nur (+/-)-Unterscheidungen vorgenommen. Die Einzelergebnisse werden addiert und es wird entschieden, ob das Ergebnis aussagekräftig ist. Ausgangspunkt der Beurteilung ist die Annahme, dass die (+/-)-Ergebnisse zufällig entstanden sind. Sollte jedoch diese Zufälligkeit unwahrscheinlich sein, dann wird diese Annahme abgelehnt. Diese Annahme ist die Nullhypothese H_0. Hierbei können Testfehler auftreten. Betrachtet werden nur die Ergebnisse, bei den eine + oder – Entscheidung vorliegt. Gleichfälle werden mit einer Null gekennzeichnet und bleiben unberücksichtigt

Zur Auflösung

Jeweils zwei Regel werden verglichen:

Fabrikat	A	B	C	D	E	F	G	H	I	J	K	L	Ergebnis
Regler N	6,0	5,8	5,3	4,0	3,2	4,7	7,2	8,1	7,7	9,4	12,9	16,4	8+, 2- für N
Regler F	6,5	6,2	5,4	4,2	3,9	4,7	7,3	8,3	7,9	9,4	12,7	15,3	
Vorzeichen	+	+	+	+	+	0	+	+	+	0	-	-	Regler N ist besser

Fabrikat	A	B	C	D	E	F	G	H	I	J	K	L	Ergebnis
Regler N	6,0	5,8	5,3	4,0	3,2	4,7	7,2	8,1	7,7	9,4	12,9	16,4	3+, 6- für N
Regler S	5,8	6,2	5,0	3,7	3,2	4,4	7,2	8,3	7,6	9,2	12,9	17,9	
Vorzeichen	-	+	-	-	0	-	0	+	-	-	0	+	Regler S ist besser

Fabrikat	A	B	C	D	E	F	G	H	I	J	K	L	Ergebnis
Regler F	6,5	6,2	5,4	4,2	3,9	4,7	7,3	8,3	7,9	9,4	12,7	15,3	2+, 8- für F
Regler S	5,8	6,2	5,0	3,7	3,2	4,4	7,2	8,3	7,6	9,2	12,9	17,9	
Vorzeichen	-	0	-	-	-	-	-	0	-	-	+	+	Regler S ist besser

Die Annahme ist, dass 12x eine zufällige Entscheidung getroffen wurde mit dem Wahrscheinlichkeitswert p = ½.

Nun gilt hierfür allgemein: $P_{(n-, m+)} = \binom{n + m}{m} \cdot (0{,}5)^{n + m}$

Konkret ergibt sich zum Beispiel für (n + m) = 12:

$P_{(3-, 9+)} = \binom{12}{9} \cdot (0{,}5)^{12} = \frac{12!}{3! \cdot 9!} \cdot (0{,}5)^{12} = 5{,}37\ \%$; $P_{(2-, 10+)} = \binom{12}{10} \cdot (0{,}5)^{12} = \frac{12!}{2! \cdot 10!} \cdot (0{,}5)^{12} = 1{,}61\ \%$

$P_{(1-, 11+)} = \binom{12}{11} \cdot (0{,}5)^{12} = 0{,}293\ \%$; $P_{(0-, 12+)} = \binom{12}{12} \cdot (0{,}5)^{12} = 0{,}024\ \%$

Angenommen, es würde die Situation 3-, 9+ vorliegen. Dann würde dieser Fall mit Wahrscheinlichkeit 5,37 % auftreten. Für die Testbeurteilung müssen noch die noch unwahrscheinlicheren Fälle berücksichtigt werden. Als Gesamtwert ergibt sich dann:
$P_g = P_{(3-, 9+)} + P_{(2-, 10+)} + P_{(1-, 11+)} + P_{(0-, 12+)} = 5{,}37\ \% + 1{,}61\ \% + 0{,}293\ \% + 0{,}024\ \% = 7{,}297\ \%$
D.h., das Ergebnis 3-, 9+ bzw. ein noch selteneres würde mit der Wahrscheinlichkeit von 7,297 % auftreten, wenn tatsächlich eine Zufallsentscheidung auf der Basis p = ½ vorliegt. Die Entscheidung, ob die Ausgangsannahme (Nullhypothese H_0) angenommen oder abgelehnt wird, wird getroffen mit Blick auf das Verhältnis von P_g zu einer Ablehnungsgrenze. Oftmals wird eine Ablehnungsgrenze von 5 % angenommen.
Bei den drei Testvergleichen zu den Kraftstoffreglern ergeben sich nun folgende Ergebnisse:
Vergleich N mit F: 8+, 2-, 2gleich. Somit werden nur die Ergebnisse 8+ und 2- berücksichtigt.

$P(X \geq 8) = \left[\binom{10}{10} + \binom{10}{9} + \binom{10}{8} \right] \cdot (0{,}5)^{10} = 5{,}47\ \%$

Vergleich N mit S: 6+, 3-, 3gleich. Somit werden nur die Ergebnisse 6+ und 3- berücksichtigt.

$P(X \geq 6) = \left[\binom{9}{9} + \binom{9}{8} + \binom{9}{7} + \binom{9}{6} \right] \cdot (0{,}5)^{9} = 25{,}4\ \%$

Vergleich F mit S: 2+, 10-, gleich. Somit werden nur die Ergebnisse 2+ und 10- berücksichtigt.

$P(X \geq 10) = \left[\binom{12}{12} + \binom{12}{11} + \binom{12}{10} \right] \cdot (0{,}5)^{12} = 1{,}925\ \%$

Die differenziertere Betrachtung zu kleineren oder größeren Fahrzeugen kann aussagekräftigere Ergebnisse liefern. So könnte der Regler F für diese Fahrzeuge eventuell besser geeignet sein.
Die Testentscheidung kann falsch sein, wenn zum Beispiel die vorhandenen Werte nur „negative Ausreißer" sein sollten.
Der Vorzeichentest ist leicht vorzunehmen und zu bewerten.
Er vernachlässigt jedoch viele Details, die aber oftmals auch nur schwer zu ermitteln und dann zu bewerten sind.

Die Ablehnungsgrenze – bei sensitiven und hochrelevanten Gegebenheiten, zum Beispiel in der Medizin, in der Pharmakologie und in der Hochtechnologie (Raumfahrt) – wird oftmals auch mit 1 % festgelegt.

Bei Grundlagenexperimenten in der Physik kann die Ablehnungsgrenze sogar bei 5 σ liegen.

(32) Erwartungswertbetrachtungen zu Abfolgen von Zahlen und Ziffern

Erstes Beispiel – Ziehen gerader und ungerader Zufallszahlen und die Parität ihrer Summen
Es liegt eine Menge M von natürlichen Zahlen vor. Die Anzahl der geraden und ungeraden Zahlen in M soll genau gleich sein. Es werden nacheinander zwei Zahlen (x und y) – ohne Zurücklegen – zufällig gezogen. Betrachtet wird die Summe s = x + y. Für gerade bzw. ungerade Zahlen, die gezogen werden, werden die Buchstaben g und u verwendet. $p_u(g)$, $p_g(u)$, $p_g(g)$, $p_u(u)$ stehen jeweils für bedingte Wahrscheinlichkeiten: So bezeichnet $p_u(g)$ die Wahrscheinlichkeit für eine gerade Zahl (g) unter der Voraussetzung einer vorher gezogenen ungeraden Zahl (u). Stellen Sie die Gegebenheiten dar.

Zweites Beispiel – Abfolgen beim Münzwurf
Wir betrachten eine Abfolge von Münzwürfen mit K für Kopf und Z für Zahl. Es liegen Laplace-Gegebenheiten vor. Somit gilt für einen einfachen Wurf: p(K) = 0,5 und p(Z) = 0,5. Bezüglich der Abfolge von zwei Würfen gilt: p(KK) = p(KZ) = p(ZK) = p(ZZ) = 0,25. Wie gestaltet sich die Abfolge von ZK, ZZ und ZK? Stellen Sie die Gegebenheiten dar.

Lösung zu: **Erstes Beispiel – Ziehen gerader und ungerader Zufallszahlen und die Parität ihrer Summen**

Ziehebene (erste Stufe): $p(g) = p(u) = \frac{1}{2}$

Ziehebene (zweite Stufe): $p_g(g) = p_u(u) = \frac{(n/2)-1}{n-1} = \frac{n-2}{2n-2}$ und $p_g(u) = p_u(g) = \frac{(n/2)}{n-1} = \frac{n}{2n-2}$

Für die Wahrscheinlichkeitswerte der zweiten Ziehebene gilt:

$$p_g(g) + p_g(u) = p_u(g) + p_u(u) = \frac{n-2}{2n-2} + \frac{n}{2n-2} = \frac{\frac{1}{2}\cdot((n-2)+(n))}{n-1} = \frac{\frac{1}{2}\cdot(2n-2)}{n-1} = \frac{n-1}{n-1}$$

Wir erhalten unter Beachtung der bedingten Wahrscheinlichkeiten folgende Wahrscheinlichkeiten (p)
(mit S-Gerade: Summe ist gerade; S-Ungerade: Summe ist ungerade):

$$p(\text{S-Gerade}) = \frac{1}{2}\cdot\frac{n-2}{2n-2} + \frac{1}{2}\cdot\frac{n-2}{2n-2} = \frac{n-2}{2n-2} = \frac{1}{2}\cdot\frac{(n-1)-1}{n-1} = 0{,}5\cdot\left(1-\frac{1}{n-1}\right) \leq 0{,}5$$

$$p(\text{S-Ungerade}) = \frac{1}{2}\cdot\frac{n}{2n-2} + \frac{1}{2}\cdot\frac{n}{2n-2} = \frac{n}{2n-2} = \frac{1}{2}\cdot\frac{n}{n-1} = 0{,}5\cdot\left(1+\frac{1}{n-1}\right) \geq 0{,}5$$

(Die Gleichheit ergibt sich jeweils für $n \to \infty$.) Weiterhin gilt: p(S-Gerade) + p(S-Ungerade) = 1. Beispielsweise ergibt sich für n = 100 mit 50 geraden und 50 ungeraden Zahlen p(S-Gerade) = $\frac{49}{99}$ und p(S-Ungerade) = $\frac{50}{99}$.

n	$M_{(n-1)}$	Summe im Detail (mit M_1 = 1)	Summe
2	M_1	M_1	1
3	M_2	M_1	1
4	$M_3 = M_1 + M_2$	$M_1 + (M_1)$	2
5	$M_4 = M_2 + M_3$	$M_1 + (M_1 + M_1)$	3
6	$M_5 = M_3 + M_4$	$(M_1 + M_1) + (M_1 + (M_1 + M_1))$	5
7	$M_6 = M_4 + M_5$	$(M_1 + (M_1 + M_1)) + ((M_1 + M_1) + (M_1 + (M_1 + M_1)))$	8

Lösung zu: **Zweites Beispiel – Abfolgen beim Münzwurf**

Wir betrachten nun bei einem Laplace-Experiment das (jeweils erstmalige) Auftreten der Abfolge ZZ (bzw. ZK). Mit Blick auf fünf Entwicklungsstufen erhalten wir folgende Darstellung (Abb. 3) und die Ergebnisbetrachtung bzgl. ZZ. Quasi betrachten wir 2er-Tupel. Die Anzahl ($\to z_i$) der ZZ-Abfolgen bestimmt sich bezüglich einer Ebene aus der Kenntnis der Werte der beiden vorherigen Ebenen: $z_{n+1} = z_n + z_{n-1}$. So gilt zum Beispiel: $z_1 = 1$ und $z_2 = 1$ folgt $z_3 = 2$. Ergebnisbetrachtung für ZZ:

Abfolge	ZZ	ZKZZ	ZKKZZ	KZZ	KZKZZ	KKZZ	KKKZZ	7 Möglichkeiten für ZZ
zugehöriger Wahrscheinlichkeitswert	1/4	1/16	1/32	1/8	1/32	1/16	1/32	Summe der sieben p-Werte = = 19/32 ≈ 0,594

In gleicher Art kann eine Betrachtung für die Abfolge ZK vorgenommen werden. Ergebnisbetrachtung für ZK:

Abfolge	ZK	ZZK	ZZZK	ZZZZK	KKKZK	KKZK	KKZZK	KZK	KZZK	KZZZK	10 Möglichkeiten für ZK
zugehöriger Wahrscheinlichkeitswert	1/4	1/8	1/16	1/32	1/32	1/16	1/32	1/8	1/16	1/32	Summe der zehn p-Werte = 26/32 ≈ 0,813

Im Feld mit fünf gesonderten Stufen tritt unter Beachtung der Betrachtungsperspektive siebenmal die Abfolge ZZ und zehnmal die Abfolge ZK auf. Die Wahrscheinlichen für das Erzielen der jeweiligen Abfolgen bis inkl. der fünften Stufe betragen p(ZZ) ≈ 0,594 und p(ZK) ≈ 0,813.
Gleich im Anschluss an eine ZZ-Abfolge ergibt sich sofort auch die Möglichkeit für eine ZK-Abfolge. Hinter einer ZK-Abfolge kann dagegen erst nach zwei ‚Schritten' eine ZZ-Abfolge auftreten. Mit den einzelnen Abfolgen gehen unterschiedliche Gesetzmäßigkeiten bzgl. der Möglichkeiten der Abfolgen einher, die den ‚Symmetriebruch' bestimmen. Die Differenzen können auch gut mit Automatenmodellen verdeutlicht werden.
Eine Betrachtung zu einem n-stufigen Zufallsexperiment mit $2 \leq n \leq 12$ führt zu folgenden Ergebnissen.

Für die Abfolge von ZZ ergeben sich folgende Daten für $2 \leq n \leq 12$:

n:	2	3	4	5	6	7	8	9	10	11	12
Anzahl:	1	1	2	3	5	8	13	21	34	55	89

Für die Abfolge von ZK ergeben sich folgende Daten für $2 \leq n \leq 12$:

n:	2	3	4	5	6	7	8	9	10	11	12
Anzahl:	1	2	3	4	5	6	7	8	9	10	11

Bei der Abfolge ZK tritt bei dem jeweiligen Wert n als Ergebnisse die Zahl n-1 auf.
Bei der Abfolge von ZZ ergibt sich eine FIBONACCI-Gesetzmäßigkeit, da auf das erste Z in einer ZZ-Abfolge auch ein K folgt, auf das dann auch wieder ein ZZ folgt. Insofern gehen mit jeder ZZ-Abfolge jeweils zwingend zwei weitere ZZ-Abfolgen – einmal um eine Entwicklungsstufe und einmal um zwei Ebenen verschoben – einher. (M_{n-1}: Anzahl der ZZ-Abfolgen bezogen auf n mit M_1 = 1.)
Detaillierte Aufsummierung der Anzahl der ZZ-Abfolgen für $2 \leq n \leq 7$ und mit $M_1 = 1$:

(33) Auflösung zu (33) (Erwartungswertbetrachtungen zur Abfolge von Zahlen und Ziffern)

Für die einzelnen Abfolgen ergeben sich folgende Summierungen für $2 \le n \le 12$:

Summierung der einzelnen Daten unter Beachtung von n für ZZ und ZK

bis einschließlich n:	2	3	4	5	6	7	8	9	10	11	12
Summe der Anzahl von ZZ:	1	2	4	7	12	20	33	54	88	109	198
Summe der Anzahl von ZK:	1	3	6	10	15	21	28	36	45	55	66

Bezüglich der Erwartungswerte ($E(\ldots)$) ergeben sich ausgehend von den Daten unter Beachtung der zugehörigen p-Werte folgende Werte für das Auftreten der entsprechenden Abfolgen. Diese Darstellung kann in Abhängigkeit vom ‚Lerntyp' und hinsichtlich der Unterschiede in den Entwicklungen der ZZ- und ZK- Werte im Vergleich zu den zugehörigen Erwartungswerten hilfreich sein.

Zur „Abfolge" der Erwartungswerte ($E(\ldots)$) in Abhängigkeit von n

n	E(ZZ)	E(ZK)
1	0	0
2	0,25	0,25
3	0,375	0,5
4	0,5	0,6875
5	0,59375	0,8125
6	0,671875	0,890625
7	0,734375	0,9375
8	0,78515625	0,96484375
9	0,826171875	0,98046875
10	0,859375	0,989257813
11	0,907958984	0,996826172
12	0,925537109	0,998291016
	$(\ldots)$	
∞	$\to 1$	$\to 1$

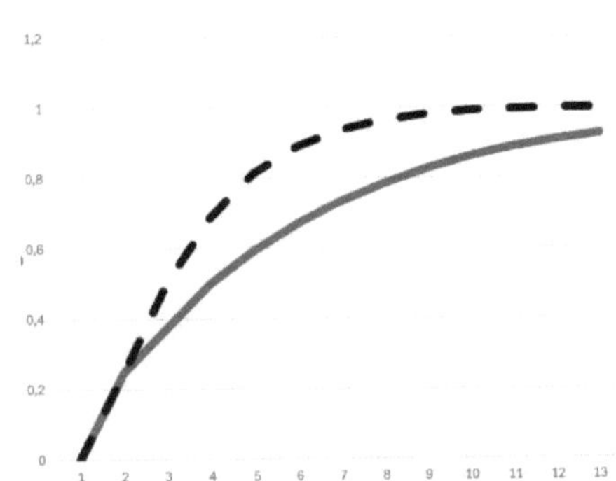

Darstellung der Abfolge der Erwartungswerte ($E(\ldots)$) in Abhängigkeit von n. (Hinweis: obere ‚Linie' für **ZK**; untere ‚Linie' für **ZZ**)

Beschreibung mit Automatenmodellen

Automatenmodelle verdeutlichen oftmals vereinfacht und übersichtlich die Darstellungen von Baumdiagrammen. In den Automatenmodellen symbolisieren Kreise Zustände. (Im Kreis stehen zum Beispiel die Zustände Z bzw. K.) Pfeile symbolisieren die möglichen Übergänge. Die beigefügten Zahlen geben die p-Werte der Übergangswahrscheinlichkeiten an. Die zugehörigen Pfeile verdeutlichen die Entwicklungsrichtungen. Bei START beginnt die Entwicklung, die mit ENDE abgeschlossen wird.

<table>
<tr><td colspan="4" align="center">Automatenmodell bzgl. ZZ</td><td colspan="4" align="center">Automatenmodell bzgl. ZK</td></tr>
<tr><th>Abfolge</th><th>p-Wert</th><th>Abfolge</th><th>p-Wert</th><th>Abfolge</th><th>p-Wert</th><th>Abfolge</th><th>p-Wert</th></tr>
<tr><td>ZZ</td><td>¼</td><td>ZKZKZZ</td><td>1/64</td><td>ZK</td><td>¼</td><td>ZZZZK</td><td>1/32</td></tr>
<tr><td>KZZ</td><td>1/8</td><td>ZKKKZZ</td><td>1/64</td><td>ZZK</td><td>1/8</td><td>KZZZK</td><td>1/32</td></tr>
<tr><td>ZKZZ</td><td>1/16</td><td>KZKKZZ</td><td>1/64</td><td>KZK</td><td>1/8</td><td>KKZZK</td><td>1/32</td></tr>
<tr><td>KKZZ</td><td>1/16</td><td>KKZKZZ</td><td>1/64</td><td>ZZZK</td><td>1/16</td><td>KKKZK</td><td>1/32</td></tr>
<tr><td>ZKKZZ</td><td>1/32</td><td>KKKKZZ</td><td>1/64</td><td>KZZK</td><td>1/16</td><td></td><td></td></tr>
<tr><td>KZKZZ</td><td>1/32</td><td></td><td></td><td>KKZK</td><td>1/16</td><td></td><td></td></tr>
<tr><td>KKKZZ</td><td>1/32</td><td>etc.</td><td>etc.</td><td></td><td></td><td>etc.</td><td>etc.</td></tr>
</table>

Automatenmodelle zur Beschreibung der Entwicklungen

Wir betrachten die Gegebenheiten beim Automatenmodell zur Abfolge ZZ. Deutlich wird, dass eine enge Beziehung zu kombinatorischen Betrachtungen vorliegt. Abgesehen von der ersten Abfolge (ZZ) tritt in der weiteren Entwicklung jeweils abschließend die Abfolge KZZ auf. Bei den Abfolge-Elementen davor folgt auf jedes Z zwingend ein K. Die Anzahl (f_n) der möglichen Kombinationen, bevor abschließend KZZ auftritt, berechnet sich über (*) mit $m = n - 2$ unter Beachtung der Terme, für die $(m - k) \ge k$ gilt, wie folgt:

$$(*)\ f_n = \sum_{k=0}^{n} \binom{m - k}{k}$$

Wir erhalten so zum Beispiel für n = 9 die möglichen Abfolgen KKKKKKKZZ, (ZKKKKKKZZ, KZKKKKKZZ, KKZKKKKZZ, KKKZKKKZZ, KKKKZKKZZ, KKKKKZKZZ), (ZKZKKKKZZ, ZKKZKKKZZ, ZKKKZKKZZ, ZKKKKZKZZ, KZKZKKKZZ, KZKKZKKZZ, KZKKKZKZZ, KKZKKZKZZ, KKKZKZKZZ), (ZKZKZKKZZ, ZKZKKZKZZ, ZKKZKZKZZ, KZKZKZKZZ).
Die Anzahl beträgt: $f_n = 1 + 6 + 10 + 4 = 21$.

Mit (*) ergibt sich für n = 9: $f_n = \sum_{k=0}^{9} \binom{7 - k}{k} = \binom{7}{0} + \binom{6}{1} + \binom{5}{2} + \binom{4}{3} = 1 + 6 + 10 + 4 = 21$.

Die FIBONACCI-Gegebenheiten ergeben sich aus der Kombination von Daten aus dem PASCALSCHEN ‚Dreieck'.
(1 = 1; 1 = 1; 1 + 1 = 2; 1 + 2 = 3; 2 + 3 = 5: 3 + 5 = 8; 5 + 8 = 13; 8 + 13 = 21; 13 + 21 = 34; 21 + 34 = 55; 34 + 55 = 89; …)

(34) Aufgaben / Anregungen / Lösungen und Tipps: Simulationen

Grundlagen

Definition der Simulation gemäß VDI:

„Nachbildung eines Systems mit seinen dynamischen Prozessen in einem experimentierfähigen Modell" (Richtlinie 3633).

Simulationen sind bedeutsam aus ethischen Gründen – wenn Gegebenheiten nicht konkret untersucht werden können (Krankheiten), aus theoretisch Gründen, wenn sie nicht geschlossen aufgelöst werden können, aus experimentellen Gründen, wenn sie nur unter unverhältnismäßigen Aufwand (Triebwerke, Rechnernetze) bzw. prinzipiell gar nicht (Astrophysik) erfasst werden können.

Simulationen speziell mit mathematisch-technischen Rechnerprogrammen ergänzen die „naive" Erfassung der Welt mittels der Sinne und der Sensorik („Phänomen"), die Erzählungen und Überlieferungen (Welt der Geschichten), die Auslegungen von Texten und Dokumenten (Welt der Bibliothek), die experimentellen Möglichkeiten und die geschlossenen mathematischen Beschreibungen.

Allgemeine Einsichten

- Ausgehend von einem Modell, das die Realität reduziert beschreibt, werden durch Simulationen wesentliche Aspekte nummerisch dargestellt.

- Dies setzt eine Beschreibungsfunktion voraus, die
  a.) die Realitätsdaten darstellen und
  b.) programmiertechnisch umgesetzt werden kann.

- Von großer Bedeutung sind heutzutage finite Ansätze, mit den ausgehend von diskretisierten Strukturen Entwicklungen iterativ erfasst werden können. Dies ist gerade da bedeutsam, wo keine geschlossenen Lösungen existieren.

- Die Qualität der Simulation hängt von der Genauigkeit der Rechenmaschine, der Umsetzung der Rechenoperationen und der Datenspeicherung, der Modellbildung, der eingesetzten Beschreibungsverfahren und der Algorithmen ab.

- Letztlich möchte man mit Simulationen unbekannte (auch zukünftige) Gegebenheiten beschreiben. Insofern geht man vom Apriori-Wissen auf ein Erwartungswert-Wissen über. Dieser Ansatz beruht insofern darauf, dass man bewährte Beschreibungen überträgt.

Beispiel (Bestimmung von π)

- **A**: ›Geschlossenes Verfahren‹ (nach Wallis)

$$\pi = 2 \cdot \frac{2}{1} \cdot \frac{2}{3} \cdot \frac{4}{3} \cdot \frac{4}{5} \cdot \frac{6}{5} \cdot \frac{6}{7} \cdot \frac{8}{7} \cdot \; \dots$$

bis zu	6/5	10/9	20/19	50/49
π-Näherung	3,4133	3,3023935	3,221089	3.173164

[Für Platon war plausibel: $\pi = 2^{0,5} + 3^{05} \approx 3{,}146$]

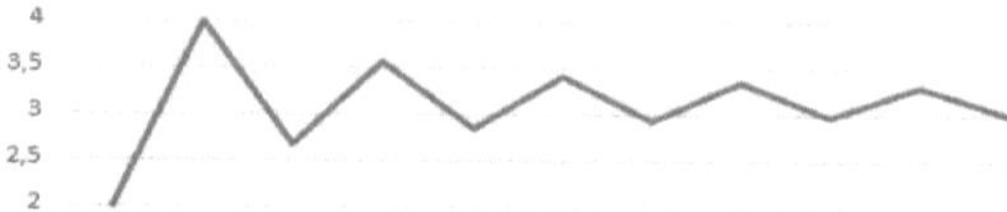

- **B: Punkte im Viertelkreis**

> Idee: In einem Einheitsquadrat wird ein Viertelkreis mit dem Radius r = 1.0 eingetragen. Zufällig werden Punkte $P(x_i, y_i)$ im Quadrat abgetragen und π wird über die Verteilung der Punkte bestimmt.

> Die Annahme ist grundlegend, dass die Anzahl der Punkte in einer Fläche der Flächengröße entspricht. Es werden mittels einer Zufallsfunktion ($\rightarrow$ random) für x und y jeweils Werte im Bereich von 0 … 1 bestimmt.

> Die minimale Entfernung eines Punktes vom Ursprung (0;0) wird über $z = x_i^2 + y_i^2$ ermittelt. Sofern $z \leq 1.0$ gilt, liegt der zugehörige Punkt im Viertelkreis.

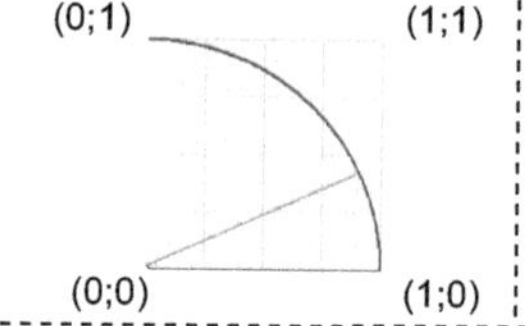

Gerade Linie:
Der Abstand zum Ursprung beträgt 1.0

Die Punkte im Viertelkreis werden gezählt: PZ-VK

Gesamtanzahl: n

Flächengröße (F) und Punktanzahl (PZ)

$F_{Viertelkreis} \cong$ PZ-VK$(z \leq 1.0)$; $F_{Quadrat-Resti} \cong$ PZ-Rest$(z > 1.0)$

PZ-VK$(z \leq 1.0)$ + PZ-Rest$(z > 1.0)$ = n

$\rightarrow$ Auflösung: $\pi \cong \dfrac{PZ - VK}{PZ - VK + PR - Rest} = \dfrac{PZ - VK}{n}$

Vollziehen Sie die Darlegungen und Beispiele nach. Führen Sie Simulationen durch und klären Sie Ihr Verständnis von Realität.

Simulation Sonnensystem (Grundlagen Physik / Energie)

1. Die Sonne strahlt $3{,}90 \cdot 10^{26}$ J in der Sekunde ab. Wie groß ist die Strahlung auf einem m² der Sonne? Wie groß ist die auf die Erde einfallende Energie? Etwa 1/3 der Sonnenstrahlung wird von der Erdatmosphäre ins All zurückgestrahlt. Wie viel Energie kommt somit auf der Erde an?

2. „Eine Fahrradlampe verbraucht in einer Sekunde mehr Energie, als die vierzehn Parabolspiegel in hunderttausend Jahren auffangen." (Mulisch, H., Die Entdeckung des Himmels (Roman), Hamburg, 2002, S. 537.) Wie beurteilen Sie diese Aussage?

Tipps / Hinweise / Anregungen

Entfernung **Sonne-Erde**: $d_{SE} = 149{,}6 \cdot 10^9$ m; Erddurchmesser: r = 6.370 km.

Gehen Sie bzgl. der Leistungsbetrachtung einer Fahrradlampe von handelsüblichen Kenndaten von Fahrradlampen aus. Beachten Sie, dass das Buch um 2000 erschienen ist. Bestimmen Sie dann unter Beachtung der Zeitangaben die Energie. Bzgl. der Parabolspiegel beachten sie die Grenzwerte des Rauschens eines technischen Systems.

Lösungshinweis

Zur Taschenlampe:
3,8 V (bei einer Lampe mit 4,5 V Batteriespannung); Strom: 0,3 A. Somit beträgt die Leistung 1,14 Watt. (Hinweis: P = U · I)
100.000 Jahre = 3.155.760.000.000 sec.
Die Leistung der Fahrradlampe beträgt: $P_{Fahrradlampe} = 3$ W (Siehe dazu die Frage 5).

$P_{Parabol} = 3$ Ws / $(14 \cdot 3.155.760.000.000$ sec$) = 67{,}95 \cdot 10^{-15}$ W ≈ 68 fW pro Parabolspiegel. (fW => Femto Watt).
Die Leistung ist sehr klein. Kann dies sein?
Ein Orientierungshinweis in Anlehnung an Nyquist:
Die **Rauschleistung** elektronischer Widerstände (Nyquist-Rauschen, Stromrauschen, thermisches Rauschen) bestimmt sich über
$P_R = 4 \cdot k \cdot T \cdot \Delta v$. (k = $1{,}38 \cdot 10^{-23}$ Ws / k (Boltzmann-Konstante). Für $P_{Parabol} / 4 \cdot k = T \cdot \Delta v$ erhalten wir: $T \cdot \Delta v = 1{,}23 \cdot 10^9$.
Bei Mulisch wird ein Radioteleskop angenommen: hier treten Wellenlängen im Bereich von Millimetern bis ca. 20 m auf.
Die zugehörigen Frequenzen betragen: $v \approx 15$ MHz – 300 GHz, also $v \approx 10^7$ bis 10^{11} Hz.
Bei T = 3 K ergibt sich für v der Wert $v = 410.000.000 \approx 4 \cdot 10^8$ Hz.
Wird Δv entsprechend gewählt, dann ist eine Messung möglich. Es ergeben sich interpretierbare Signale. Jedoch zeigt sich, dass ein erheblicher technologischer Aufwand vorgenommen werden muss, damit geeignete Daten bestimmt werden können.
Bei einer genaueren Rauschanalyse sind galaktische und atmosphärische Quellen und Einflüsse zu beachten. So z. B. das 3 K -, aber auch das H_2O - Rauschen. Wärme- und Dämpfungsquellen und das Geräterauschen bis zum Quantenrauschen auf der Ebene der Halbleiter sind geeignet zu beachten.

Aufgaben – Anregungen zum Bereich Ergänzungen / Vertiefungen (Blätter 35-60)

(35) Grundlagen der Informationstechnik

1. Nehmen Sie die Umrechnungen vor:

a. $0,5\,|_{10} = ?\,|_2$ b. $0,9\,|_{10} = ?\,|_2$ c. $19\,|_{10} = ?\,|_4$ d. $25\,|_{10} = ?\,|_8$ e. $100111,011\,|_2 = ?\,|_{10}$ f. $1111101,101\,|_2 = ?\,|_{10}$ g. $25,7\,|_{10} = ?\,|_3$ h. $7,2\,|_{10} = ?\,|_2$

2. Führen Sie die Berechnungen durch:

a. $11111\,|_2 + 11111\,|_2 + 10101\,|_2 = ?\,|_2$

b. $1011,1\,|_2 - 111,11\,|_2 = ?\,|_{10}$

c. $110,11\,|_2 \cdot 111,01\,|_2 = ?\,|_{10}$

d. $110,11\,|_2 : 111,01\,|_2 = ?\,|_{10}$

e. $1100,11\,|_2 : 1,11\,|_2 = ?\,|_2$

e. $1101\,|_2 : 111\,|_2 = ?\,|_2 = ?\,|_{10}$

3. Multipliziert werden - hierzu stehen unbegrenzt viele Bitstellen zur Verfügung - miteinander: $13,8125\,|_{10} \cdot 25,625\,|_{10} = C\,|_2$

Die Bitfolge des Ergebnisses ($C\,|_2$) wird als Signalfolge über ein Parallel-Port mit 16 Leitungen geführt.

(D. h., es können 16 Signalgrößen zugleich transportiert werden.) Bei der Aufnahme der Impulsfolgen wird die fünfte Stelle hinter dem Komma verfälscht. Welche Zahl wird somit dual ($?\,|_2$) und dezimal ($?\,|_{10}$) empfangen? Wie groß ist die Abweichung zum wahren Ergebnis?

4. Geben Sie die Funktionsgleichungen in minimaler Art an.

a.

\ b	0 0	0 1	1 1	1 0
d c \ a				
0 0	1	0	0	1
0 1	1	0	0	0
1 1	0	0	1	0
1 0	1	0	1	1

b.

\ b	0 0	0 1	1 1	1 0
d c \ a				
0 0	0	0	0	1
0 1	1	0	0	0
1 1	0	1	1	0
1 0	1	1	1	1

Lösungstipps

Umrechnungsverfahren von einer Zahlmenge in eine andere. Sukzessive Teilung einer Zahl größer 1 durch die Basis des neuen Zahlsystems. Bzw. bei einer Zahl kleiner 1 durch die Multiplikation der Zahl mit der Basis des neuen Systems.

Beispiel: $5|_{10} : 2 = 2 + R1; 2 : 2 = 1 + R0; 1 : 2 = 0 + R1$. Die Anordnung der Restwerte ergibt die gesuchte Zahl im neuen System: $101|_2 = 5|_{10}$

Subtraktion mittels Addition des Zweierkomplements

Die Subtraktion wird in modernen Rechner durch die Addition des Zweierkomplements einer Dualzahl vorgenommen.

Es gilt z. B.: $11|_{10} \rightarrow 1011|_2 \rightarrow$ (1er-Komplement) $0100|_2 \rightarrow$ (2er-Komplement: 1er-Komplement +1) $0101|_2$

Bspl.: $13|_{10} - 7|_{10} = 6|_{10} \rightarrow 1101|_2 - 111|_2 = 110|_2 \rightarrow 1101|_2 + 0001|_2 \rightarrow 1110|_2 \rightarrow 110|_2$

Grundlagen Elektrotechnik

1. Zwei Widerstände mit $R_1 = 220$ Ohm und $R_2 = 470$ Ohm werden a.) in Reihe und b.) parallelgeschaltet. Für die Reihenschaltung gilt: $I = 28$ mA. In der Parallelschaltung gilt: $P(R_2) = 180$ W. Bestimmen sie jeweils: $I(R_1)$, $I(R_2)$, $I(R_{ges})$, $U(R_1)$, $U(R_2)$, $U(R_{ges})$, $P(R_1)$, $P(R_2)$, $P(R_{ges})$, R_{ges}

2. Ein Heizlüfter mit $P = 1500$ Watt arbeitet mit einer Auslastung von 80 % über fünf Stunden. Eine Kilowattstunde kostet 0,325 Euro.

Welche Kosten treten auf?

3. Wie viel Wasser verwendet ein Mensch bei einem Vollbad in unserem Kulturkreis? Wie viel Energie wird benötigt, um ein ml Wasser um 1 ° C zu erwärmen? Wie viel Energie benötigt man, um eine Badewanne mit Badewasser zu füllen? Ein Kernkraftwerk hat eine Leistung von etwa 1.400 MW. Wie viele Badewannen können von einem Kraftwerk an einem Tag erwärmt werden? Welche Energie wird über alternative Energieträger zur Verfügung gestellt?

4. Betrachten Sie das Verhältnis von Kalorie (cal) zu Joule (J). Klären Sie den Unterschied von Arbeit (Ws) zur Leistung (W).

Lösungstipps

Verwendung elementarer Beziehungen aus der Elektrotechnik zu Stromkreisen mit ohmschen Widerständen.

$U = R \cdot I$; Leistung: $P = U \cdot I$; Energie: $W = P \cdot t$

U: Spannungsabfall in Volt (V); I: Stromstärke in Ampere (A); R: Widerstand in Ohm (Ω)

Maßeinheit für Nahrungsenergie: Kilojoule (kJ) bzw. Kilokalorien (kcal); 1 kcal = 4,2 kJ.

Länge einer Badewanne: etwa 150 - 220 cm. Breite einer Badewanne: in etwa 45 bis 70 cm. Höhe einer Badewanne: ca. 50 cm.

Anzahl der Menschen in Deutschland: in etwa 80.000.000 Menschen.

Verfügungszeit eines Kernkraftwerkes in Deutschland: in etwa 80 bis 90 % im Jahr. Leistung eines modernen Kernkraftwerks: 1.200 bis 1.400 MW.

Aufgabe

Bestimmen Sie eine Lösung zur Erfassung der elektrischen Gegebenheiten bei einer RL-Reihen-Wechselstrom-Schaltung.

Es gilt:

I: Stromfluss; U: Spannung; $U_R = R \cdot I$; $I = I(t)$; $U_L = L \cdot dI/dt$; U_0 ist const.

Skizze

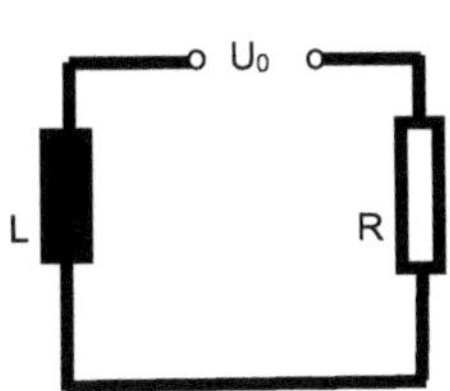

Lösung

1.) $U_L + U_R = U_0$

2.) $L \cdot dI/dt + R \cdot I = U_0$

3.) $dI/dt + (R/L) \cdot I = U_0/L$

4.) Annahme: $I(t) = \exp(x \cdot t)$
Es gilt: $dI(t)/dt = x \cdot \exp(x \cdot t)$

5.) Bestimmung einer Lösung für $U_0 = 0$
(Bestimmung der Lösung für die homogene Gleichung)
mit $I(t) = \exp(x \cdot t)$. $x = - R/L$
und $I(t)_h = \exp([- R/L] \cdot t)$

6.) Bestimmung einer speziellen Lösung für $t = 0$ mit $U_0 = R \cdot I$
$I(t=0) = 0$

7.) Gesamtlösung
$I(t) = U_0/R \cdot (1 - \exp([- R/L] \cdot t))$

(36) Information in Systemen

Entropie von zwei Symbolen

Bezugsmodell: Münze

$p(Kopf) = p(K) = p$; $p(Zahl) = p(Z) = 1 - p$

Entropie $H = - (p \cdot ld(p) + (1 - p) \cdot ld(1 - p))$

Bei $p = 0,5$ erhalten wir den Entropiewert $H = 1$ Bit/Symbole

Begründung für das Maximum bei $p = 0,5$: $\frac{dH}{dp} = D(H) = 0$

$0 = - (1 \cdot \ln(p) + 1) + (- 1 \cdot \ln(1 - p) + (1 - p) \cdot \frac{1}{1 - p} \cdot (- 1))) \cdot \frac{1}{\ln(2)} =$

$= \ln(p) + 1 - \ln(1 - p) - 1 = \ln(p) - \ln(1 - p)$

$\rightarrow \ln(p) = \ln(1 - p)$. Dies ist erfüllt für $p = 0,5$.

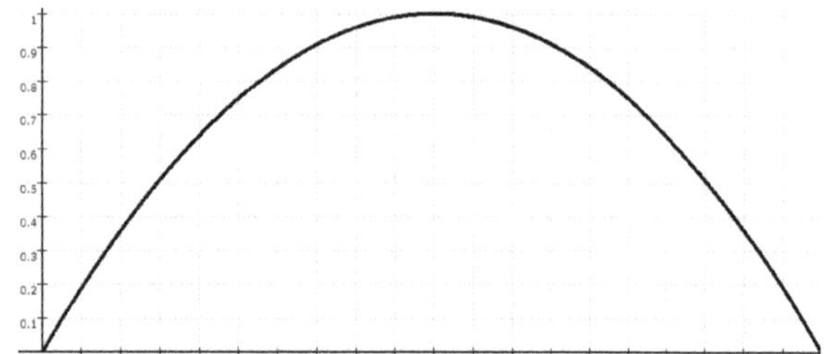

Übertragung im Kanal

Für einen konkreten Kanal gilt: $P(Y|X) = \begin{bmatrix} 0,6 & 0,1 & 0,3 \\ 0,1 & 0,1 & 0,8 \end{bmatrix}$.

Für die eingangsseitigen Signale x_1 und x_2 soll gelten:
$p(x_1) = 0,3$ und $p(x_2) = 0,7$.

Zu bestimmen sind die Ausgangswerte (y_1, y_2 und y_3) und die einzelnen Kanalentropien. Wir erhalten:

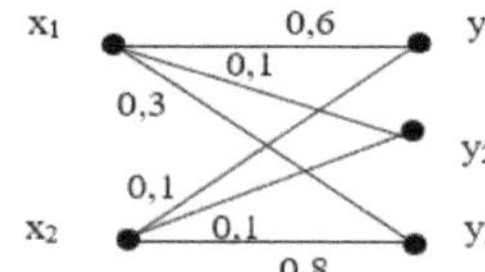

(Übertragungsdiagramm)

Die Ausgangswerte (y_j) errechnen sich wie folgt:

$(p(y_1), p(y_2), \ldots p(y_n)) = (p(x_1), p(x_2), \ldots p(x_m)) \cdot P(Y|X);$*

Wie in der Nachrichtentechnik üblich, gilt: $P_Y = P_X \cdot P(Y|X)$.

Und es folgt: $p(y_j) = \sum_{i=1}^{m} p(x_i) \cdot p(y_j|x_i)$

- $p(y_1) = 0,3 \cdot 0,6 + 0,7 \cdot 0,1 = 0,25$
- $p(y_2) = 0,1$; $p(y_3) = 0,65$

Für die Entropien folgt:

- $H(X) = - 0,3 \cdot ld(0,3) - 0,7 \cdot ld(0,7) = 0,8813$ bit/Symbol
- $H(Y) = - 0,25 \cdot ld(0,25) - 0,1 \cdot ld(0,1) - 0,65 \cdot ld(0,65)$
  $= 1,2361$ bit/Symbol
- $H(Y|X) = - 0,3 \cdot (0,6 \cdot ld(0,6) + 0,1 \cdot ld(0,1) + 0,3 \cdot ld(0,3))$
  $- 0,7 \cdot (0,1 \cdot ld(0,1) + 0,1 \cdot ld(0,1) + 0,8 \cdot ld(0,8))$
  $= 1,034$ bit/Symbolpaar
- $H(X|Y) = H(X) + H(Y|X) - HY) = 0,679$ bit/Symbolpaar
- $H(X,Y) = H(X) + H(Y|X) = 1,9153$ bit/Symbolpaar
- $H(X;Y) = H(Y) - H(Y|X) = 0,2022$ bit/Symbolpaar

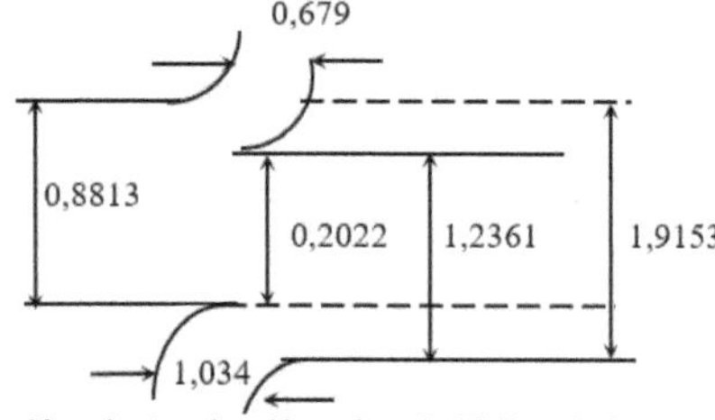

Kanalentropien (Angaben in bit/Symbolpaar)

Von der Eingangsentropie von $H(X) = 0,8813$ bit/Symbol werden „netto" nur 0,2022 bit/Symbolpaar übertragen.

$H(X|Y) = 0,679$ bit/Symbolpaar gehen im Übertragungsvorgang verloren und $H(Y|X) = 1,034$ bit/Symbolpaar werden als Rauschsignal dem Kanal und somit dem Ausgangssignal zugeführt. Ausgangsseitig werden somit $H(Y) = 1,2361$ bit/Symbol empfangen. Maximal befindet sich im System eine Entropie (Information) von 1,9153 bit/Symbolpaar.

Kanalbetrachtungen (einfacher Kanal)

Rechnen Sie für einen Kanal $K_{(1)}$ mit $p(x_1) = 0,3$ und $p(x_2) = 0,7$. Die Übertragungsgegebenheiten des Kanals $K_{(1)}$ werden mit der Übertragungsmatrix $P_{(1)}(Y / X)$ erfasst. Es gilt: $P_{(1)}(Y / X) = \begin{bmatrix} 0,6 & 0,1 & 0,3 \\ 0,1 & 0,1 & 0,8 \end{bmatrix}$.

1) Geben Sie ein Kanaldiagramm an.
2) Bestimmen Sie $P(y_1)$, $P(y_2)$ und $P(y_3)$
3) Bestimmen Sie $H(X)$, $H(Y)$, $H(Y / X)$, $H(X / Y)$, die Verbundentropie $H(X, Y)$ und die Transinformation $H(X ; Y)$.
4) Tragen Sie in einem geeigneten Kanalbild alle Entropiewerte ein.

Kanalbetrachtungen (Kaskadierte Kanäle)

K_1 und K_2 sind in Reihe geschaltet.

Für einen Kanal K_1 gilt: $P(Y | X) = \begin{bmatrix} 0,7 & 0,1 & 0,2 \\ 0,1 & 0,1 & 0,8 \end{bmatrix}$.

Für einen Kanal K_2 gilt: $P(Z | Y) = \begin{bmatrix} 0,9 & 0,1 \\ 0,5 & 0,5 \\ 0,2 & 0,8 \end{bmatrix}$.

Es folgt: $P(Y | X) \cdot P(Z | Y) = \begin{bmatrix} 0,7 & 0,1 & 0,2 \\ 0,1 & 0,1 & 0,8 \end{bmatrix} \cdot \begin{bmatrix} 0,9 & 0,1 \\ 0,5 & 0,5 \\ 0,2 & 0,8 \end{bmatrix}$

$P(Z | X) = P(Y | X) \cdot P(Z | Y) = \begin{bmatrix} 0,72 & 0,28 \\ 0,30 & 0,70 \end{bmatrix}$

Für die eingangsseitigen Signale x_1 und x_2 sei angenommen:
$p(x_1) = 0,1$ und $p(x_2) = 0,9$.

Rechenweg A: $(p(y_1); p(y_2); p(y_3)) = ((p(x_1); p(x_2)) \cdot P(Y | X)$

$(p(y_1); p(y_2); p(y_3)) = (0,1; 0,9) \cdot \begin{bmatrix} 0,7 & 0,1 & 0,2 \\ 0,1 & 0,1 & 0,8 \end{bmatrix}$

$(p(y_1); p(y_2); p(y_3)) = (0,16; 0,10; 0,74)$

$(p(z_1); p(z_2)) = (p(y_1); p(y_2); p(y_3)) \cdot P(Y | X)$

$(p(z_1); p(z_2)) = (0,16; 0,10; 0,74) \cdot \begin{bmatrix} 0,9 & 0,1 \\ 0,5 & 0,5 \\ 0,2 & 0,8 \end{bmatrix}$

Somit erhalten wir: $\underline{(p(z_1); p(z_2)) = (0,342; 0,658)}$

Rechenweg B: $(p(z_1); p(z_2)) = ((p(x_1); p(x_2)) \cdot [P(Y | X) \cdot P(Z | Y)]$

$(p(z_1); p(z_2)) = (0,1; 0,9) \cdot \begin{bmatrix} 0,72 & 0,28 \\ 0,30 & 0,70 \end{bmatrix}$

$\underline{(p(z_1); p(z_2)) = (0,342; 0,658)}$

Beide Rechenwege führen zum gleichen Ergebnis.

1) In einem Informationssystem liegen drei Quellsymbole x_1, x_2 und x_3 vor. Deren Beziehungen werden mit einem Zustandsgraphen erfasst

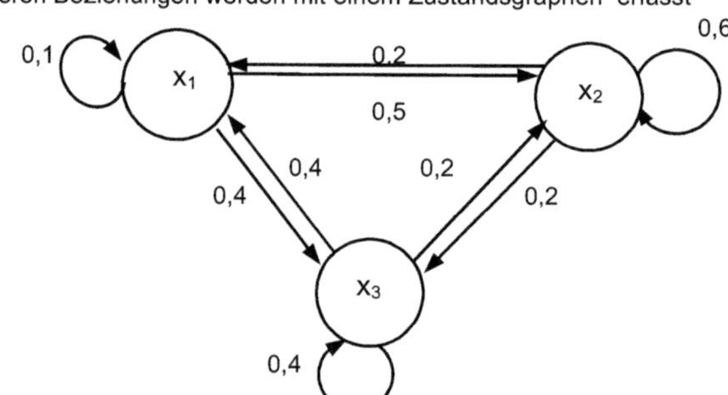

Zustandsgraph

Die an den Pfeilen angegebenen Zahlen entsprechen den (zeitlichen) Übergangswahrscheinlichkeiten. Bestimmen Sie die zugehörige Matrix mit den entsprechenden Übergangswahrscheinlichkeitswerten.

2) Es werden zwei Entwicklungen betrachtet.

A - Startwerte:
$p(x_1) = 0,3$;
$p(x_2) = 0,3$; $p(x_3) = 0,4$

B - Startwerte:
$p(x_1) = 0,5$;
$p(x_2) = 0,1$; $p(x_3) = 0,4$

Geben Sie jeweils die Entropiewerte für die Ausgangssituation und die ersten nachfolgenden Schritte an. Interpretieren Sie die Entwicklung(en) und das Bild. (Die Linien skizzieren nur den "Verlauf".)

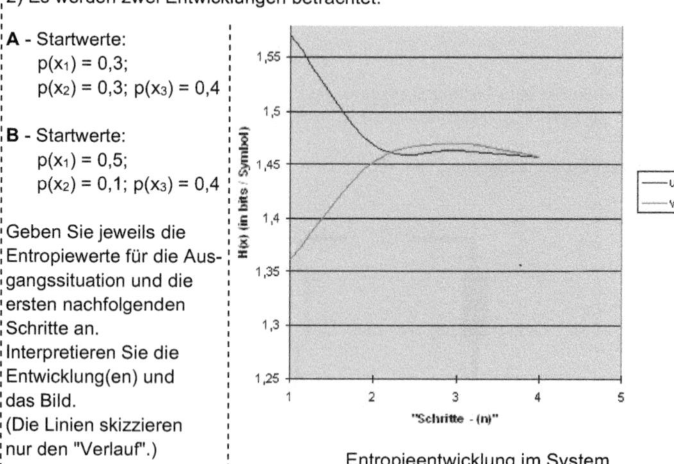

Entropieentwicklung im System

(37) Informationstechnik - Stochastik

Entschlüsseln Sie den folgenden Text: (Tipps: Methode von Kasiski; Suchfunktion inkl. Zählung)

PPP EEEAAAFFF. 3*~*;\;!{)!. \;* 3*~*;\;!{)! <;:\ µ;/ #:*;"*;/((/:9#* 3;( ]{ *;)*µ }9":
$*: µ;/ !*~\(/:9#* {)\, <*)) \;* 3*~*;\;!{)! µ;//*~(*;)*: /ä/~;?"+*;/ 3*!9)!*) <;:\, µ;/
#:*;"*;/((/:9#* 3;( ]{]<*; }9":*) $*: µ;/ !*~\(/:9#* 3*(/:9#/.

PPP EEEAAA6. Ü3~*)9?":**. <*: ;) 3*];*"{)! 9{# *;)*) 9)*:*) *;)* /9/(9?"* 3*"9{&/*/
$*: [*:3:*;/*/, <*~?"* *)(*~3*) [*:ä?"/~;?"]{ µ9?"*) $*: ;) *: ö##*)/~;?"*) µ*;)(){)!
„*:93]{<ü:\;!*) !**;!)*/ ;(/, <;:\, <*)));?"/ \;*(* /9/(9?"* *:<*;(~;?" <9": ;(/, µ;/
#:*;"*;/((/:9#* 3;( ]{ *;)*µ }9": $*: µ;/ !*~\(/:9#* {)\, <*)) \;* /9/ ö##*)/~;?" $*: \{:?"
[*:3:*;/*) [$) (?":;#/*) 3*!9)!*) ;(/, µ;/ #:*;"*;/((/:9#* [$) 3;( ]{]<*; }9":*) $*: µ;/
!*~\(/:9#* 3*(/:9#/.

PPP EEEAAA7. [*:~*{µ\{)!. <*: <;*: 3*((*:*(<;((*) ;) 3*];*"{)! 9{# *;)*) 9)*:*) *;)*
{)<9":* /9/(9?"* 3*"9{&/*/ $*: [*:3:*;/*/, <*~?"* *)(*~3*) [*:ä?"/~;?"]{ µ9?"*) $*: ;)
: ö##)/~;?"*) µ*;)(){)! „*:93]{<ü:\;!*) $*: *((*) +:*\;/]{ !*#ä":*) !**;!)*/ ;(/, <;:\ µ;/
#:*;"*;/((/:9#* 3;( ]{]<*; }9":*) $*: µ;/ !*~\(/:9#* {)\, <*)) \;* /9/ ö##*)/~;?", ;) *;)*:
[*:(9µµ~{)! $*: \{:?" [*:3:*;/*) [$) (?":;#/*) 3*!9)!*) <;:\, µ;/ #:*;"*;/((/:9#* 3;( ]{ #ü)#
}9":*) $*: µ;/ !*~\(/:9#* 3*(/:9#/.

Hinweis: § > PPP, 1 > EEE, 8 > AAA, 5 > FFF

ML 1: a > 9, b > 3, c> ?, d > \, e > *, f > #, g > !, h > ", i > ;j > },
k > +, l > ~, m > µ, n >), o > $, p > &, r > :, s > (, t > /, u > {,
v > [, w > <, z >], § > PPP, 1 > EEE, 8 > AAA, 5 > FFF

Huffmann-Codierung: Abstand; Lineare Codes; G; H; s; ...

A) Folgende Wahrscheinlichkeiten der Quell-Symbole (X_i) liegen vor:

i =	1	2	3	4	5	6	7	8
X_i =	X_1	X_2	X_3	X_4	X_5	X_6	X_7	X_8
$P(x_i)$ =	0,23	0,17	0,03	0,23	0,15	0,16	0,02	0,01

A1) Bestimmen Sie mit dem Huffmann-Verfahren (H.-Algorithmus) auf der Basis der Codesymbolmenge {0,1} (**q = 2**) eine geeignete Quellsymbolcodierung für die Werte der obigen Tabelle und erstellen Sie eine Codebaum.

A2) Bestimmen Sie mit dem Huffmann-Verfahren auf der Basis der Codesymbolmenge {0,1, 2} (**q = 3**) eine geeignete Quellsymbolcodierung für die Werte der obigen Tabelle und erstellen Sie eine Codebaum.

B) Für die Symbole einer Quelle wurden nach Huffmann folgende Codewörter als geeignete Quellsymbolcodierung für eine binäre Basis (**q = 2**) bestimmt.

X_1	X_2	X_3	X_4	X_5	X_6	X_7	X_8	X_9	X_{10}
0,25	0,21	0,16	0,15	0,14	0,04	0,02	0,01	0,01	0,01
01	11	000	001	100	1011	101000	101001	101010	101011

Bestimmen Sie die Quellentropie H(X) und ermitteln Sie d. mittlere Länge l_m. Vergleichen Sie H(X) und l_m. Ist der Code ideal? Ist er optimal?

C) Bestimmen Sie für die Generatormatrix G die Prüfmatrix H:

$$G = \begin{bmatrix} 1 & 0 & 0 & 0 & 1 & 0 & 1 \\ 0 & 1 & 0 & 0 & 1 & 1 & 0 \\ 0 & 0 & 1 & 0 & 0 & 1 & 1 \\ 0 & 0 & 0 & 1 & 1 & 1 & 1 \end{bmatrix}$$

Bestimmen Sie $G \cdot H^T$. Wie groß ist die Hamming-Distanz der Codewörter der Matrix G? Wie viele Fehler können so korrigiert werden? Sie empfangen das Wort c = 1110101. Überprüfen Sie, ob ein Übertragungsfehler vorliegt.

a.) Folgende Wahrscheinlichkeiten der Quellsymbole (X_i) liegen vor:

i =	1	2	3	4	5	6	7
X_i =	X_1	X_2	X_3	X_4	X_5	X_6	X_7
$P(x_i)$ =	0,25	0,1	0,05	0,15	0,3	0,06	0,09

a1.) Bestimmen Sie mit dem Verfahren von Huffmann (Huffmann-Algorithmus) eine geeignete binäre Quellsymbolcodierung und stellen Sie Ihr Ergebnis in einem Codebaum dar.

a2.) Bestimmen Sie die Quellentropie H(X) und ermitteln Sie die mittlere Länge l_m. Vergleichen Sie H(X) und l_m.

b.) Bestimmen Sie für die Generatormatrix G die Prüfmatrix H:

$$G = \begin{bmatrix} 1 & 1 & 0 & 1 & 0 & 1 & 0 \\ 1 & 0 & 1 & 1 & 0 & 1 & 0 \\ 0 & 1 & 1 & 1 & 0 & 0 & 1 \end{bmatrix}$$

b1.) Berechnen Sie $G \cdot H^T$.

b2.) Wie groß ist die Hamming-Distanz der Codewörter der Matrix G? Wie viele Fehler können so korrigiert werden?

b3.) Sie empfangen das Wort c = 1110101. Überprüfen Sie, ob ein Übertragungsfehler vorliegt.

Faltungscodierung

Zeichen Sie die Faltungscodierschaltung für die Koeffizientenmatrix g:

$$g = \begin{bmatrix} 1 & 1 & 1 \\ 1 & 1 & 0 \\ 0 & 0 & 1 \end{bmatrix}.$$

Wie viele Speicherzustände können unterschieden werden?

Geben Sie für die folgende Schaltung für die angegebenen Eingangsdaten unter i.) bis iii.) die Zustände von (V^1, V^2, V^3, V^4) systematisch zugeordnet an.

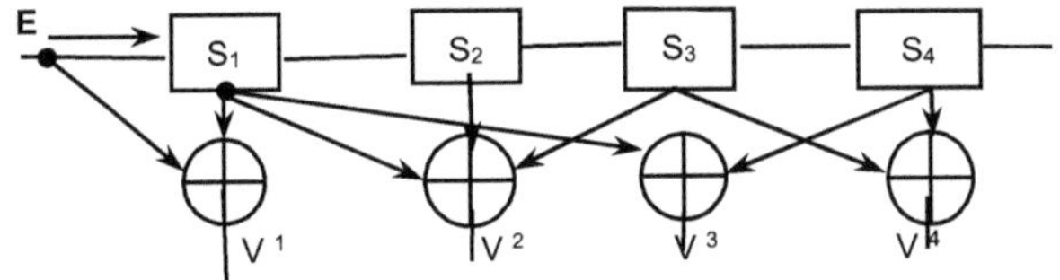

i.) $(E, S_1 S_2 S_3 S_4) = (0,1,0,0,0)$; ii.) (1,0,1,0,0); iii.) (0,1,1,0,0)

Zyklischer Code; CRC

Es liegt ein zyklischer Code mit $g_1(x) = x^3 + x^2 + 1$ vor.

a.) Bestimmen Sie für m = 8 eine Generatormatrix.

b.) Die Nachricht a = 111 soll in den zyklischen Code codiert werden.

Geben Sie a(x) an.

Geben Sie v(x) an und bestimmen Sie das zugehörige Codewort.

c.) Bestimmen Sie das Generatorpolynom g(x) eines Abramson-Codes mit $g_1(x)$ als primitivem Polynom.

Gibt es einen Präfix-Code über { 0; 1 } (also **q = 2**) mit sechs Codewörtern der Längen 1, 3, 3, 3, 3, 3? Mit den Längen 2, 3, 3, 3, 3, 3? Geben Sie, sofern möglich, jeweils einen Codebaum an.

Vergegenwärtigen Sie sich folgende Blockcode-Einteilung:

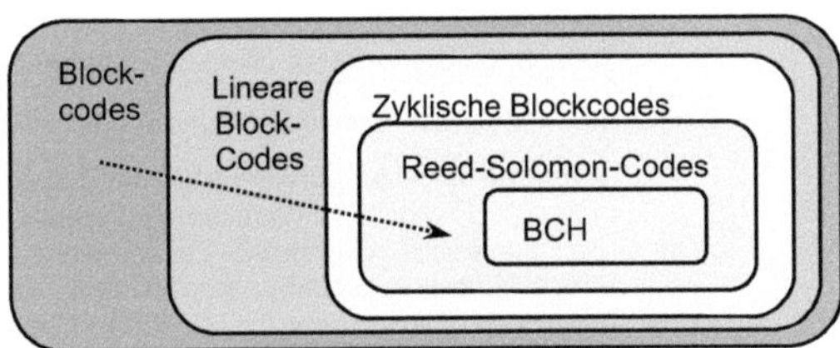

Ausblick - Probleme

Die gängigen Sicherheitsmechanismen im Zusammenhang mit Datenübertragungen und -sicherungen (im Internet, bei Banken, im militärischen Bereich etc.) beruhen darauf, dass die RSA- und elliptischen Verfahren nicht in Echtzeit (und auch darüber hinaus) realistisch gebrochen werden können. Die Komplexität der Primzahlfaktorisierung bzw. der Auflösung von elliptischen Gleichungen ist dafür zu groß. Jedoch ändert sich dies (wohl) mit Blick auf quantenmechanische Verfahren und Möglichkeiten.

Derzeit wird an einer ‚Post-Quanten-Kryptographie' (POK) geforscht.

(38) Primzahlzerlegung

- Die Zerlegung einer Zahl in ihre Primzahlfaktoren ist bedeutsam für die Sicherheit der Datenübertragung.
- Allgemein gilt: 1: $n = p_1^{e_1} \cdot p_2^{e_2} \cdot \ldots \cdot p_M^{e_M} = \prod_{k=1}^{M} p_k^{e_k}$
  2: $a^{p-1} \equiv 1 \bmod p$ bzw. $a^p \equiv a \bmod p$
- **Zur Primzahlzerlegung**
  Für eine Zahl N benötigt man $\sqrt[2]{N}$ systematische Versuche, um durch Probieren die Primzahlen bestimmen zu können.

Beispiele

Zahl N	$\sqrt[2]{N}$	Teiler	Versuche
66	8,124 ...	2;3;11	1 + 2 + 10 = 13
1024	32	2^^10	10
2310	48,06 ...	2;3;5;7;11	1 + 2 + 4 + 10 = 17
2431	49,30 ...	11;13;17	10 + 12 + 16 = 38
16303	127,683 ...	119;137	118 + 136 = 254
19317	138,985 ...	137;141	136 + 140 = 276
19683	140,296 ...	3^^9	18
65231	255,40 ...	37;41;43	36 + 40 + 42 = 118
224.543	473,859 ...	11;137;149	10 + 136 + 149 = 295
2.878.233	1.696,5 ...	137;141;149	136+ 140+ 148 = 424

- **Problemlösungskomplexität**
  Die Laufzeit für die Bestimmung der Primfaktoren der Zahl n (so beim quadratischen Sieb) liegt in der Größenordnung von: $\exp((\ln(n) \cdot \ln(\ln(n)))^{0,5}$. Es kann auch mit der Eingabegröße $n = 2^{\mathrm{ld}(n)}$ gerechnet werden. An sich ist unklar, ob die Faktorisierung zu einem NP-schweren Problem führt. Generell können nun mit Hilfe der Quantenalgorithmen NP-vollständige Fragestellungen effektiv berechnet werden.

- Eine grundlegende Vereinfachung wird durch den **Algorithmus von Shor** ermöglicht. Der Algorithmus besteht aus einem (A) klassischen Teil u. einem (B) quantenmechanischen Anteil ($\rightarrow$ ein hybrider Algorithmus).
  1) Klassischer Teil (Vorbereitung & Abschluss: Reduktion u. Zufallswahl, Kettenbruchanalyse)
  2) Periodenbestimmung und Interferenz (Periodenbestimmung: Mithilfe von Quanten-Superposition und der Quanten-Fourier-Transformation (QFT) [Wellenfunktionen])

A: Zahlentheoretische Basis
1: Wähle eine Zahl x ($1 < x < n$).
2: Bestimme den ggT(x, n) (z. B. mittels des Euklidischen Algorithmus). Falls das Ergebnis ungleich 1 ist, gib dies als Lösung zurück und terminiere. Sonst fahre mit dem nächsten Schritt fort.
3: Bestimme mit Hilfe des Quantenteils (s.u.) die Ordnung r von x in der primen Restklassengruppe ($|Z/n|Z)^x$ (das kleinste r, so dass $x^r \equiv 1 \pmod n$).
4: Beginne wieder bei 1, falls r ungerade ist, oder setze $x^{r/2} \equiv 1 \pmod n$.
5. Gib ggT($x^{r/2} - 1$,n) und ggT($x^{r/2} + 1$,n) als Lösung zurück.

Beispiel: $f(x) = a^x \bmod N$; $a = 11$; $N = 15$

X	1	2	3	4	5
f(x)	11	1	11	1	11

Somit haben wir bereits mit x = 3 die Periodik gefunden: r = 2.
Man erhält mit r = 2 die Teiler gemäß der Vorgabe:
P = ggT($a^{r/2} - 1$;N) = ggT($11^{r/2} - 1$;N) = ggT(10;15) = 5
Q = ggT($a^{r/2} + 1$;N) = ggT($11^{r/2} + 1$; N) = ggT(12;15) = 3
Es gilt nun: N = P · Q: N = 5 · 3 = 15

B: Quantenmechanischer Anteil
Ausgehend von q als 2er-Potenz gemäß $n^2 \leq q < 2n^2$ kann ein Quantenregister mit einer Superposition der Zustände a (mod q) bestimmt werden: $q^{-0,5} (\sum_{a=0}^{q-1} |a > |0 >)$.

Ergänzend kann ein Ausgangsregister bestimmt werden mit:
$q^{-0,5} (\sum_{a=0}^{q-1} |a > |x^a \pmod n >$. Für das erste Register wird für die diskreten Werte eine Quanten-Fourier-Transformation vorgenommen. Die Ergebniswerte sind zu messen. Unter Beachtung der Parameter wird iterativ mittels einer Wahrscheinlichkeitsbetrachtung e. Lösung ermittelt.

Inspirationen (Betrachten Sie folgende Gleichungen und erklären Sie sich deren Gültigkeit und Bedeutsamkeit.)

Satz von Pythagoras $a^2 + b^2 = c^2$ (im rechtwinkligen Dreieck) | Kreisumfang: $U = 2 \cdot r \cdot \pi$; Kreisfläche $F = r^2 \cdot \pi$ | Fakultät n! (mit $n \in \mathbb{N}$)

Erläutern Sie (zeigen Sie), dass die Wurzel von 2 nicht rational ist.

Mächtigkeit des Kontinuums $|\mathbb{R} \sim 2^{\mathbb{N}}$ | Ein Kontinuum ist nicht abzählbar (Kontinuumshypothese: $| 2^{\mathbb{N}} | > | \mathbb{N} |$

Gibt es eine Menge, deren Mächtigkeit zwischen der Mächtigkeit der natürlichen Zahlen und der Mächtigkeit der reellen Zahlen liegt? Ist dies beweisbar? Auch nicht widerlegbar? Gibt es strukturierende Betrachtungen?

Eulersche Beziehung $\exp(i \cdot x) = \cos(x) + i \cdot \sin(x)$ und Identität $\exp(i \cdot \pi) = \cos(\pi) + i \cdot \sin(\pi) = -1 + i \cdot 0 = -1 \rightarrow \exp(i \cdot \pi) + 1 = e^{i\pi} + 1 = 0$

Gamma-Funktion $\Gamma(n) = \int_0^\infty x^{n-1} \cdot \exp(-x)\, dx$ (mit $n \in \mathbb{C}$) | Analytische Fortsetzung der Fakultätsbeziehung n! = $\int_0^\infty x^n \cdot \exp(-x)\, dx$

Euler-Produkt $\sum_{n=1}^{\infty} \frac{1}{n^s} = \prod_p \frac{1}{1 - \frac{1}{p^s}}$ | Zeta-Funktion $\sum_{n=1}^{\infty} \frac{1}{n^s}$ | Harmonische Reihe $1 + \frac{1}{2} + \frac{1}{3} + \frac{1}{4} + \frac{1}{5} + \ldots = \sum_{n=1}^{\infty} \frac{1}{n} = \infty$

Basler Problem (Euler) $1 + \frac{1}{4} + \frac{1}{9} + \frac{1}{16} + \frac{1}{25} + \ldots = \sum_{n=1}^{\infty} \frac{1}{n^2} = \frac{\pi^2}{6}$ | Primzahlzählfunktion $\pi(x) = \sum_{n=1}^{\infty} \frac{\mu(n)}{n} \cdot J(\sqrt[n]{x}) = \infty$

Normalverteilung $\exp(-x^2) = e^{-x^2}$ | $\int_{-\infty}^{\infty} \exp(-x^2) \cdot dx = \sqrt{\pi}$

Formel für Fibonaci-Folge: $F(n) = \frac{(\varphi)^n - (\phi)^n}{\sqrt{5}}$ mit $\varphi = \frac{1+\sqrt{5}}{2}$; $\phi = \frac{1-\sqrt{5}}{2}$; $n \in \mathbb{N}$.
Berechnen Sie einzelne Glieder. Erläutern Sie den Zusammenhang vom Pascalschen Dreieck mit den Fibonaci-Zahlen.

Euler-Zahl (einer kompakten, konvexen Menge K ($K \subset |\mathbb{R}^2$)): $\chi(K) = \begin{cases} 1 & \text{für } K \neq \varnothing \\ 0 & \text{ansonsten} \end{cases}$ (Bedeutsam für das Grundverständnis der digitalen Bildanalyse)

Euler-Poincaré-Formel (für X – ein Polygon mit n Ecken: $\chi(K)$ [$\rightarrow$ Euler-Zahl des (konvexen) Polygons] := v – e + f
(v (vertices): Eckenzahl; e (edges): Kantenzahl; f (faces). konvexe Flächenzahl)
[Die Anzahl von Löchern in Formen bestimmen in charakteristischer Art die Euler-Zahl (und umgekehrt) – Eulersche Polyederformel:
Kugel (Erde): 2; „Schwimmring" (Donut) – ein Loch: 0; „Doppelring" – zwei Löcher: - 2; „Dreiering"- drei Löcher: - 4; …]
($\rightarrow$ Euler-Charakteristik und Form („Weltformbeschreibung"))

Skizzen:

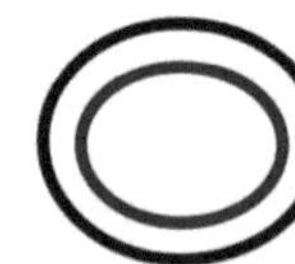

Kugel - K_1 K_2 -   Donut   Doppelring

Zur Kugel ($\rightarrow$ Form ohne Loch):

E (Ecken)	K (Kanten)	F (Fläche)	E – K + F =
1	0	1	2
2	4	4	2
6	12	8	2
7	14	9	2
7	15	10	2

(39) Stochastische Verteilungen und Programmieraspekte

Machen Sie sich mit verschiedenen Verteilungen der Stochastik vertraut und erkunden Sie verschiedene Programmierbefehle.

Urrnenmodelle (Elementarereignisse mit $w \in \Omega$)

Vorgaben	Ohne Reihenfolge	Mit Reihenfolge	Vorgaben	Ohne Reihenfolge	Mit Reihenfolge
Mit Zurücklegen	$w = (a_1, a_2, \dots , a_k)$ Es gilt: $a_1 \leq a_2 \leq a_3 \leq \dots \leq a_k$ Und: $a_i \in \{1, 2, \dots, N\}$ Anzahl der Elemente: $\binom{N + k - 1}{k} = \dfrac{(N+k-1)!}{(N-1)! \cdot k!}$	$w = (a_1, a_2, \dots , a_k)$ Es gilt: $a_i \in \{1, 2, \dots, N\}$ Anzahl der Elemente: N^k	Ohne Zurücklegen	$w = (a_1, a_2, \dots , a_k)$ Es gilt: $a_i \neq a_j \; \forall \; i \neq j$ Und: $a_1 \leq a_2 \leq a_3 \leq \dots \leq a_k$ Und $a_i \in \{1, 2, \dots, N\}$ Anzahl der Elemente: $\binom{N}{k} = \dfrac{N!}{(N-k)! \cdot k!}$	$w = (a_1, a_2, \dots , a_k)$ Es gilt: $a_i \in \{1, 2, \dots, N\}$ Anzahl der Elemente: $N \cdot (N-1) \cdot \dots \cdot (N - k + 1)$ $= \dfrac{N!}{(N-k)!}$

Befehle unter MATLAB: Basisbefehle (Eingabe: >> …; z.B.: >> doc *exit*); (die Statistik-Befehle finden sich in der Statistic Toolbox von MATLAB.)

Eingabe: >> x =…; Ausgabe: ans = …; Doppelpunkt: x = 1:5 → ans = 1 2 3 4 5

Befehle zur Ablaufsteuerung: end, for, function, while

Operatoren: + - * / ^ : [ ] .*

help *funktionsname*	Syntax und Dokumentation einer Funktion	mean(data)	Mittelwert von data
doc *funktionsname*	Helf-Angabe in einem Funktionsfenster	std(data)	Standardabweichung von data
lookfor *name*	Suchfunktion nach *name*	var(data)	(einfache) Varianz von data
exp(1)	>> exp(1); ans = 2.7183	median(data)	Median von data
log(1)	>> log(1): ans = 0	binopdf (x,n,p)	Werte der Binomialverteilung $[\to h_{n,p}(k) = \binom{n}{k} \cdot p^k \cdot (1-p)^{n-k}; \; 0 \leq k \leq n]$
x = [… … …]	>> x = [2 3 5 7]; x = 2 3 5 7 (Vektor)		
x = […, …, …] x = […; …; …]	>> x = [2 3 5 7]; x = 2 3 5 7 (Vektor) >> x = [2; 3; 5: 7]; x = $\begin{smallmatrix}2\\3\\5\\7\end{smallmatrix}$ (Vektor)	hygepdf (x,m,k,n)	Werte der hypergeometrischen Verteilung $[m = N + M; \; k = M; \; p = M/(M + N)]$ $[\to h_{n,N,M}(k) = \dfrac{\binom{M}{k} \cdot \binom{N}{n-k}}{\binom{N+M}{n}}; \; 0 \leq k \leq n]$
x = [… … …, … … …]	>> x = [1 2 3 4; 2 3 5 7; 11 13 17 19] x = $\begin{smallmatrix}1 & 2 & 3 & 4\\2 & 3 & 5 & 7\\11 & 13 & 17 & 19\end{smallmatrix}$ (Matrix) >> x = a(2,3) → (2. Zeile, 3. Spalte) → x = 5 >> a(3, :) → 3. Zeile → ans = 11 13 17 19 >> a(:, 2) → Werte der zweiten Spalte (2 3 13) >> a(1:2, 1:2) → 1 2 → Teil d Matrix, Submatrix 2 3	geopdf (k–1,p)	Werte der geometrischen Verteilung $[\to h_p(k) = p \cdot (1-p)^{k-1}; \; k \in \mathbb{N}]$
		unifcdf	Werte der Gleichverteilung (cdf: Cumulative Distribution Funktion)
		expcdf	Werte der Exponentialverteilung $[\to f_Y(t) = \lambda \cdot \exp(-\lambda t); \; t \geq 0]$
		poisspdf(k,mu)	Poisson-Verteilung
		nbinpdf(vals,k,p)	Pascal-Verteilung (Negative Binomialverteilung)
det(…)	>> A = [2 4; 3 6]; det(A) ans = 0 [Determinante: D = 2 · 6 − 4 · 3 = 0]	normcdf norminv	Normalverteilung (norm: 2-Norm eines Vektors)

if ausdruck-1
  aussage-1
elseif ausdruck-2
  aussage-2
else
  aussage-3
end
	if-else-Struktur
	(Steuerung im Ablauf)
	[end: Abschluss]
		weibpdf(x,a,b)	Weibull-Verteilung

		tpdf; tcdf; tinv; tstat:	t-Verteilung (Student-Verteilung)
		fpdf; fcdf; finv; fstat:	F-Verteilung (Fisher-Verteilung)
		Erwartungswert / Varianz [EW, Var] = hygestat (m,k,n) [hypergeometrische Verteilung] [EW, Var] = expstat(1/lambda) [Exponentailverteilung; μ = 1 / lambda]	

switch ausdruck
  case 1
    disp(' … -1')
  case 2
    disp(' … -2')
  otherwise
    disp(' …-3')
end
	Switch-Struktur
	(Bedingte Verzweigung)
	[case: Fall]
	[disp: Ausgabe im Kommandofenster;
	z. B.: >> disp(pi); 3.1416]
	[otherwise: optional]
		randn(1,n)	Zufallsgenerator: ZV auf [0,1]

		ggzexp(n)	N standard-normalverteilte Zufallszahlen
		bar	Balkendiagrammdarstellung
input	Eingabe-Aufforderung für den Nutzer >> a = input('Geben Sie eine Zahl ein: ');	Beispiel (Simulation von Zufallszahlen gemäß der Bezugsgleichung	
menu	Auswahlfenster	$r = -\lambda^{-1} \cdot \ln(1-x); \; 0 \leq x < 1$	
sort([dat])	Aufsteigende Sortierung von Daten [dat]	$[\to x = 1 - \exp(-\lambda r)]$	
diff(sort([data])	Erkennen von mehrfach vorhandenen Daten	*for k = 1:N* *x = rand(1,1);* *r = -(1/lambda) * log(1-x);* *Zufall-Zahl-Exp = [Zufall-Zahl-Exp; r];* *end;*	
Logical ([1, (sor. Daten)])	Werte identifizieren		
sortdata	Aufsteigend sortierter (zusammengefasster) Datensatz	Regressionsanalyse	Befehle dazu unter MATLAB Statistics-Funktion: regress;
hist(sortierter Datensatz)	Bestimmung abs. Häufigkeitswerte (x) der aufsteigend sortierten Werte (y) über hist (x,y)	Testanalysen	Mittelwerttests: ztest; itest; ttest Hypothesentests: ranksum; signrank; signtest

(40) Umrechnungen zu exp(ix)

Komplexe Frequenz: $s = \sigma + j \cdot \omega$

Eulersche Formeln

- $\exp(i \cdot \varphi) = \cos(\varphi) + i \cdot \sin(\varphi)$
- $\exp(-i \cdot \varphi) = \cos(\varphi) - i \cdot \sin(\varphi)$
- $e^x = \exp(x) = 1 + x + x^2/(2!) + x^3/(3!) + x^4/(4!) + \ldots$
- $\exp(i \cdot x) = 1 + i \cdot x - x^2/(2!) - i \cdot x^3/(3!) + x^4/(4!) + \ldots$
- $\sin(x) = x - x^3/(3!) + x^5/(5!) - + \ldots$
- $\cos(x) = 1 - x^2/(2!) + x^4/(4!) - + \ldots$

exp-Beziehungen

- $\exp(s \cdot t) = \exp((\sigma + j \cdot \omega) \cdot t) = \exp(\sigma \cdot t + j \cdot \omega \cdot t)$
  $= \exp(\sigma \cdot t) \cdot \exp(j \cdot \omega \cdot t)$

$x(t) = \cos(\omega_0 \cdot t + \varphi_0) \circ\!\!-\!\!\bullet ?$

$\cos(\varphi) = -i \cdot \sin(\varphi) + \exp(i \cdot \varphi)$

$\cos(\varphi) = i \cdot \sin(\varphi) + \exp(-i \cdot \varphi)$

$2 \cdot \cos(\varphi) = -i \cdot (\sin(\varphi) - \sin(\varphi)) + \exp(-i\varphi) + \exp(i\varphi)$

$2 \cdot \cos(\varphi) = \exp(-i \cdot \varphi) + \exp(+i \cdot \varphi)$

$x(t) = \cos(\varphi) = 0{,}5 \cdot (\exp(-i \cdot \varphi) + \exp(+i \cdot \varphi))$

$x(t) \cdot \exp(i \cdot \omega \cdot t) =$

$\quad = 0{,}5 \cdot (\exp(-i \cdot \varphi) + \exp(+i \cdot \varphi)) \cdot \exp(i \cdot \omega \cdot t)$

$\quad = 0{,}5 \cdot (\exp(-i \cdot \varphi + i \cdot \omega \cdot t) + \exp(+i \cdot \varphi + i \cdot \omega \cdot t))$

$\quad = 0{,}5 \cdot (\exp(-i \cdot (\varphi + \omega \cdot t)) + \exp(i \cdot (\varphi + \omega \cdot t)))$

$\quad = 0{,}5 \cdot (\exp(-i \cdot (\varphi + \omega \cdot t)) + \exp(i \cdot (\varphi + \omega \cdot t)))$

$$\int_{-\infty}^{\infty} \exp(j2\pi t) \cdot dt \to \lim_{\Delta t \to \infty} \frac{\exp(j2\pi ft)}{j2\pi f} \Big|_{-\Delta t/2}^{\Delta t/2} \to \int_{-\Delta t/2}^{\Delta t/2} \exp(j2\pi ft) \cdot dt = \lim_{\Delta t \to \infty} \frac{\Delta t}{2j} \cdot \frac{\exp(j\pi f\Delta t) - \exp(-j\pi f\Delta t)}{\pi f \Delta t}$$

$$\left(\text{mit } \mathrm{si}(\pi \cdot z) = \frac{\sin(\pi \cdot z)}{\pi \cdot z} \text{ folgt}\right): \lim_{\Delta t \to \infty} \Delta t \cdot \mathrm{si}(\pi \cdot f \cdot \Delta t) = \delta(f) \left(\text{mit } \delta(t) = \lim_{\Delta t \to 0} \frac{1}{\Delta t} \cdot \mathrm{si}\left(\pi \frac{t}{\Delta t}\right)\right)$$

Arc-Funktionen

$\mathrm{Arcsin}(-\frac{1}{2}) = \frac{-\pi}{6}$; $\mathrm{Arccos}(-\frac{\sqrt{2}}{2}) = \frac{3 \cdot \pi}{4}$; $\mathrm{Arctan}(-\frac{1}{\sqrt{3}}) = \frac{-\pi}{6}$;

$\mathrm{Arcsin}(\sin(-\frac{\pi}{3})) = \frac{-\pi}{3}$; $\mathrm{Arctan}(\tan(-\frac{\pi}{3})) = \frac{-\pi}{3}$

$\mathrm{Arcsin}(\sin(-\frac{23 \cdot \pi}{3})) = \mathrm{Arcsin}(\sin(8 \cdot \pi - \frac{\pi}{3})) = \mathrm{Arcsin}(\sin(-\frac{\pi}{3})) = -\frac{\pi}{3}$

$\mathrm{Arccos}(\cos \frac{19 \cdot \pi}{4}) = \mathrm{Arccos}(\cos(4\pi + \frac{3 \cdot \pi}{4})) = \mathrm{Arccos}(\cos \frac{3 \cdot \pi}{4}) = \frac{3 \cdot \pi}{4}$

$\mathrm{Arccos}(\sin(\frac{23 \cdot \pi}{3})) = \mathrm{Arccos}(\sin(8\pi - \frac{\pi}{3})) = \mathrm{Arccos}(\sin(-\frac{\pi}{3})) =$

$\quad = \mathrm{Arccos}(-\sin(\frac{\pi}{3})) = \mathrm{Arccos}(-\cos(\frac{\pi}{6})) = \mathrm{Arccos}(\cos(\pi - \frac{\pi}{6})) = \frac{5 \cdot \pi}{6}$

Systembeschreibung (der Nachrichtentechnik/Physik)

- **Übertragungsfaktor:** U2/U1
- **Frequenzgang nach Phase und Betrag:**
  $H(j\omega) = |H(j\omega)| \exp(jb(\omega))$
- **Phase (Argument):** $b(\omega) = \arctan(\mathrm{Im}(H(j\omega))/\mathrm{Re}(H(j\omega)))$
- **Gruppenlaufzeit:** $\tau_g(\omega) = -db(\omega)/d\omega = -D(b(\omega))$
- Die **Schwerpunktlaufzeit** τ_s entspricht $\tau_g(f = 0)$

- Die Phasenlaufzeit $\tau_p(f)$ bestimmt das Kausalverhalten des Systems. Für die einzelnen Spektren gilt: $\tau_p(f) = b(f)/\omega$.
- **Frequenzgang der Dämpfung:** $\alpha_{dB} = -20 \log_{10} |H(j\omega)| dB$
- Übertragungsfunktion des Systems (Frequenzgang)
  $H(\exp(j \cdot \Omega)) = \sum h(k) \cdot \exp(-j \cdot \Omega \cdot k)$
  $\exp(-j \cdot (\Omega \pm 2 \cdot \pi \cdot n) \cdot k) = \exp(-j \cdot \Omega \cdot k)$

Beispiel - Systembeschreibung

- Es sei $h(k) = x_a(k) = a^k$ mit $|a| < 1$ und $k \geq 0$. Ansonsten sei $x_a(k) = 0$.
- $H(\exp(j \cdot \Omega)) = \sum h(k) \cdot \exp(-j \cdot \Omega \cdot k)$

  Es gilt: $\sum_{k=0}^{\infty} a^k \cdot \exp(-j \cdot k \cdot \Omega) = \sum_{k=0}^{\infty} (a \cdot \exp(-j \cdot \Omega))^k$

$$\to H(\exp(j \cdot \Omega)) = \frac{1}{1 - a \cdot \exp(-j \cdot \Omega)} = \frac{1}{1 - a \cdot \exp(-j \cdot \Omega)} = \frac{1}{1 - a\cos(\Omega) + ja\sin(\Omega)}$$

$$= \frac{(1 - a c \, (\Omega)) - ja\sin(\Omega)}{((1 - a\cos(\Omega)) + ja\sin(\Omega)) \cdot ((1 - a\cos(\Omega)) - ja\sin(\Omega))}$$

$$\to H(\exp(j \cdot \Omega)) = \frac{1 - a c \, (\Omega)}{(1 - a co \, (\Omega))^2 + a^2 \sin^2(\Omega)} - j \cdot \frac{a\sin(\Omega)}{(1 - a co \, (\Omega))^2 + a^2 \, \sin^2(\Omega)}$$

- Bestimmung des **Betrags** von $H(\exp(j \cdot \Omega))$: $|H(\exp(j \cdot \Omega))|^2 = (\mathrm{Re}\{H(\exp(j \cdot \Omega))\})^2 + (\mathrm{Im}\{H(\exp(j \cdot \Omega))\})^2$

$$|H(\exp(j \cdot \Omega))|^2 = \frac{(1 - a\cos(\Omega))^2 + a^2 \sin^2(\Omega)}{((1 - a\cos(\Omega))^2 + a^2 \sin^2(\Omega))^2} = \frac{1}{(1 - a\cos(\Omega))^2 + a^2 \sin^2(\Omega)}$$

$$= \frac{1}{1 - 2a\cos(\Omega) + a^2 \cos^2(\Omega) + a^2 \sin^2(\Omega)} = \frac{1}{1 + a^2 - 2a\cos(\Omega)}$$

$$|H(\exp(j \cdot \Omega))| = \frac{1}{\sqrt{1 + a^2 - 2a\cos(\Omega)}} \quad \text{(Betrag bzw. Amplitudengang)}$$

- Bestimmung des **Phasengangs**: $B\Omega) = -\arg\{H(\exp(j \cdot \Omega))\} = \arctan \frac{\mathrm{Im}\{H(j\Omega)\}}{\mathrm{Re}\{H(j\Omega)\}} = \arctan \frac{a\sin(\Omega)}{1 - a\cos(\Omega)}$

- **Ergebnis**: $H(\exp(j \cdot \Omega)) = \frac{1}{\sqrt{1 + a^2 - 2a\cos(\Omega)}} \cdot \exp\left(-j \cdot \left(\arctan \frac{a\sin(\Omega)}{1 - a\cos(\Omega)}\right)\right)$

(41) Systeme und Tests

Setzen Sie sich mit den Begriffen Tätigkeit, Handeln, Struktur und System auseinander.

Diskutieren Se die Bedeutung von Test und deren Gestaltung, Durchführung und Bewertung.

Verhalten, Handeln, Systeme, Tests

- Verhalten – (ein reaktives) Agieren
- Handeln unter Beachtung von zeitlichen und sinnbezogenen Kriterien (bewusstes, planvolles Tun)
- Im Rahmen der Systemtheorien werden die agierenden Subjekte als Teil systemischer Konfigurationen verstanden. In Reaktion auf Anforderungen (Signale …) erfolgen Aktionen gemäß der Schema- und Plan-Strukturen bzw. -Konzeptionen. ›Zugleich‹ werden die inneren Reaktionsmöglichkeiten modifiziert. Hierbei liegt e. Zusammenspiel von assimilativen u. akkomodierenden Kräften vor, die organisiert eine System-Adaption ermöglicht. Die Zieldefinition ermöglicht e. gleichgewichtige Fortentwicklung (Äquilibration).
- Im Bereich der (kognitiven) Psychologie von Jean Piaget wurden diese Zu sammenhänge ausgehend von empirischen Untersuchungen dargelegt.

Testziele

Das Ziel von Testuntersuchungen ist,

a) den Grad der Übereinstimmung einer gegebenen Realität mit einer Modellvorstellung zu bestimmen und

b) einen Zugriff auf zukünftige Entwicklungen (prognostischer Aspekt) zu ermitteln.

Hierzu werden ausgehend von stochastischen Modellannahmen Übereinstimmungen, Korrelationen und Näherungen berechnet.

Bedeutsam ist dabei die Qualität der Tests, die über Gütebetrachtungen näher dargelegt wird.

Gütekriterien für Tests

Hauptgütekriterien
- **Objektivität**
  Unabhängigkeit der Testergebnisse vom Untersucher (interpersonelle Übereinstimmung)
  Unterschieden wird zwischen der Durchführungs-, Auswertungs-, Interpretations- und Darbietungsobjektivität
- **Reliabilität (Zuverlässigkeit)**
  Generalisierbarkeit der Ergebnisse mit Blick auf das überprüfte Subjekt (Wiederholbarkeit der Testergebnisse – Intraobjektivität)
  Voraussetzung: Merkmalsstabilität; stabile Durchführungsgestaltung
  Überprüfung der Testzuverlässigkeit durch
  i) parallele Testgestaltungen und ii) Wiederholung der Tests
- **Validität (Gültigkeit)**
  Verhältnis von Messaussage zum Messinhalt (Aussage und tatsächlicher Inhalt / Gegenstand)
  Unterschieden werden im Detail
  Inhaltliche Validität; kriterienbezogene Validität
  Prognostische Validität
  Theoretische Gültigkeit (Konstruktionsvalidität)
- **Normierung (Eichung)**
  Bezug zu den vorausgesetzten Normen (u. a. mit Blick auf d. mathematische Aufbereitung d. Testdaten, hierbei unter Beachtung der Mittelwerte, Varianz und Standardabweichung)
  Bezugsmodell (Normierung, Normenskalen, Messfehler und Vertrauensbereiche)

Nebengütekriterien
  Vergleichbarkeit; Ökonomie; Nützlichkeit

Fehler

Zu unterscheiden sind

- Messfehler
- Modellfehler
- Dateneingabefehler
- Verarbeitungsfehler
- Ausgabefehler
- Rundungsfehler
- Systematische Fehler
- Sporadische Fehler
- Zufällige Fehler (auch „Anomalien")
- Absolute Fehler, relative Fehler
- Hardware- und
- Software-Fehler

Hinweis 1:
Durch Verarbeitung von Daten können sich minimale Fehler sprungartig deutlich erhöhen. Werden zum Beispiel Daten voneinander abgezogen (x − y), die in gleicher Größe existieren, dann können Fehler im Nachkommastellenbereich (→ Auslöschung im Bereich der führenden Zahlstellen) bedeutsam werden.

Hinweis 2:
Der Intel-Prozessor Pentium konnte in seiner ersten Variante aufgrund fehlerhafter Hardwaregestaltung (fehlendes Register bzw. Abspeicherung von zwei unterschiedlichen Daten in einem Register während eines Rechenprozesses) zum Beispiel die Operation $(5/4) \cdot 4 = 5$ nicht richtig vornehmen. Es ergab sich 4,9999 … bzw. 4,9989. Bekannt wurde dies als FDIV-Bug. Entdeckt wurde es im Jahr 994.

Abstraktion

- Eine gedankliche Operation, die zu allgemeinen Einsichten führt.
  Unterschiedliche Realausprägungen werden durch verallgemeinerte Sätze, Formeln etc. erfasst. Dabei ist das Wort bereits eine Abstraktion von zum Beispiel realen Gegenständen, Aktionen und Empfindungen.
  Die Strukturen der Sprache – Sätze mit ihren Wort- und Satzgruppen – stellen eine abstrakte Beschreibungsmöglichkeit dar.
- In der Denk- und Abstraktionslehre (der Philosophie und Mathematik) werden Stufen der Abstraktion unterschieden.
- Zum Beispiel: Es soll die Summe einer Folge von natürlichen Zahlen gebildet werden; z. B.: $1 + 2 + 3 + … + 1000$.
  Nun gilt: $[(1 + 1000) + (2 + 999) + (1000 + 1)] \cdot 0{,}5 =$
  $= 1001 \cdot 1000 \cdot 0{,}5 = 1001 \cdot 500 = 500500$
  Für die Folge von $n_i + n_{i+1} + … + n_m$ (mit $n_j + 1 = n_{j+1}$ (für $i \leq j < m$) gilt allgemein: (*) $(n_i + n_m) \cdot (m - i + 1) \cdot 0{,}5$. Durch die Abstraktion können mit dem allgemeinen Gesetz unter (*) die Rechnungen wesentlich vereinfacht, eventuell so erst ermöglicht werden.
- Bei großen Datensätzen (BIG-DATA) sollen abstrakte Beziehungen ermittelt werden. Zum Beispiel: Es werden die Beziehungen zwischen den Gästen einer Party untersucht. Von Interesse sei, ob sich Gruppen von sich kennenden bzw. sich nichtkennenden Gästen existieren. Gäste werden gemäß der Graphentheorie als Knoten (Eckpunkte) verstanden. Die Beziehungen werden als Äste (Linien, Kanten) dargestellt.

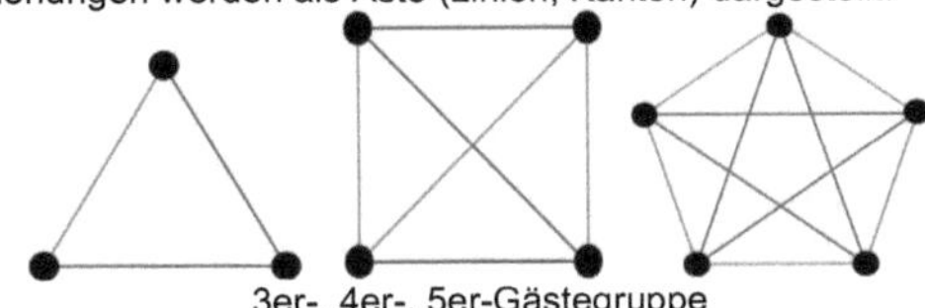

3er-, 4er-, 5er-Gästegruppe

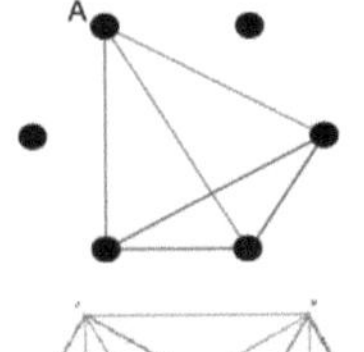

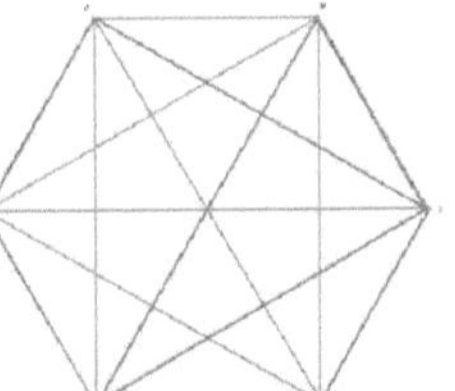

Es zeigt sich, dass erst bei sechssechs Gästen zumindest eine Dreier-Gruppe zwingend auftritt (→ R(3,3) = 6). Zwingend tritt eine rote, oder aber eine blaue Dreier-Gruppe auf.

In dieser 6er-Gäste-gruppe treten sogar mehrere 3er-Teilgruppen auf:

Rot: 1-2-5
Grün: 2-3-6
Grün: 2-4-6
Grün: 3-5-6
Grün: 4-5-6

- Eine zwingende Gruppengröße von vier Personen tritt erst bei 18 Gästen (→ R(4,4) = 18) auf.
- Für R(5,5) ist der konkrete Lösungswert unbekannt. Es gilt jedoch: $43 \leq R(5,5) \leq 49$. Eine empirische Studie kann dies aufgrund der Kompliziertheit (Komplexität?) der Beziehungen nicht auflösen (→ **Ramsey-Problem** der „Freunde-oder-Fremde" auf Partys). Durch eine Abstraktion wird die Fragestellung gelöst.

(42) Lernen und Rechnen

- KI-Systeme werden vom Ansatz her für spezielle Anwendungen eingesetzt, wie zum Beispiel als Sprachassistenten (Auskunftssysteme: alexa, siri, …) für die Texterstellung und Programmierung (chat-gpt, ms bing, …), für Präsentationen (beautiful.ai, …), für die Musik- und Audio-Erzeugung (auphonic, brain.fm, …), für die Erstellung von Bildern („Malen": dall-e2, …), für das Klonen von Stimmen (descript overdub, …). Sehr wohl ist es denkbar, dass die einzelnen Systeme zu einem Gesamtsystem integriert werden. Weiterhin wäre ein Ziel, eine generalisierte KI-Intelligenz zu entwickeln.
- U. a. werden ausgehend von Trainingsdaten unter Verwendung stochastischer Verfahren Kompetenzen zur Problementwicklung herausgebildet. Folgende Methoden werden eingesetzt: Bestärkendes Lernen (Reinforcement Learning); GANs (Generative Adversarial Networks); Tiefes Lernen (Deep Learning); Transferlernen (Transfer Learning); Überwachtes Lernen (Supervised Learning); Unüberwachtes Lernen (Unsupervised Learning)
- Ein Problem bleibt, dass die Datensätze ein empirisches Lernen ermöglicht, das zu hilfreichen und komplexen Einsichten und Kompetenzen führt. Unabhängig davon gibt es jedoch logische und abstrahierende Lösungskompetenzen, die nur bedingt durch empirische Erarbeitungen gefunden werdenden können. So hat jedes Dreieck eine Innenwinkelsumme von 180°. Dies kann durch empirische Studien nahegelegt, aber nicht bewiesen werden. Dies gilt auch für vielfältige mathematische und logische Einsichten, die z. B. für Suchprozesse und Mustererkennungen bedeutsam sind.

Ansätze

- Problemlösungen beziehen sich im Leben oftmals auf konkrete Alltagsprobleme, die theoretisch geeignet eingebettet werden müssen.
- Am Beispiel von Spielen können elementare Lösungsbarkeiten und Lösungsstrategien erkundet und analysiert werden. Bedeutsam sind hierbei Karten- und Brettspiele, wie zum Beispiel Skat, Kanaster, Schach und Go. Daneben werden mit entsprechenden Methoden auch kommunikative Situationen in Familien, soziale Gruppen, Unternehmen, aber auch mit Blick auf staatliche und militärische Gegebenheiten analysiert. Dies fällt in den Bereich der (mathematisch-sozialen) **Spieltheorie** und **Entscheidungstheorien**.
- Maschinelle Lösung für Brettspiele werden als Beispiel für die algorithmische Lösungsverfahren und deren Effizienz genommen. Im Jahr 1997 besiegte zum ersten Mal unter Turniervorgaben ein Schachcomputer (Deep Blue) einen menschlichen Schachweltmeister (Kasparow).
- **Problem-Lösungsfragen**
  - Sind Lösungen im Rahmen der vorgestellten Problemstellung möglich?
  - Benötigt eine Lösung einen (kreativen) Impuls aus einem externen (umfassenderen, übergreifenden) Kontext?
  - Gibt es jeweils exakte Lösungen?
  - Welche Bedeutung nimmt das Raten und Probieren ein?
  - Auf welcher Basis können Näherungen bestimmt werden?
  - Können Näherungen beliebig genau bestimmt werden?
  - Sind Lösung prinzipiell der menschlichen und maschinellen Lösung zugänglich?

Schach

- Ein Spiel wird mit 16 Figuren (weiß, schwarz) auf jeder Spielseite gespielt:

Figur	Anzahl	„Spielwert"	Typische Symbole
König; K	1	„unendlich"	
Dame; D	1	9	
Turm; T	2	5	
Springer; S	2	3	
Läufer, L	2	3	
Bauer, B	8	1	

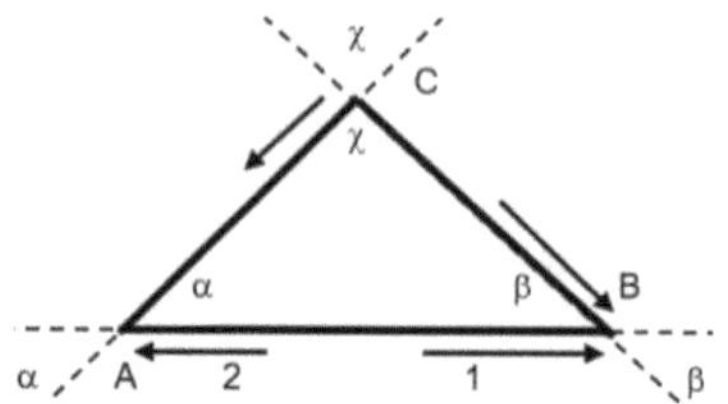

- Der Spieler mit den weißen Figuren beginnt. Die Figuren werden gemäß konkreter Zugmöglichkeiten bewegt.
- In der Schachtheorie werden verschiedene Eröffnungen unter anderem mit Blick auf den ersten Zug unterschieden:
  - e4: Sicilian Defense, Italian Game, …
  - d4: Dutch Defense, Grünfeld Defense, …

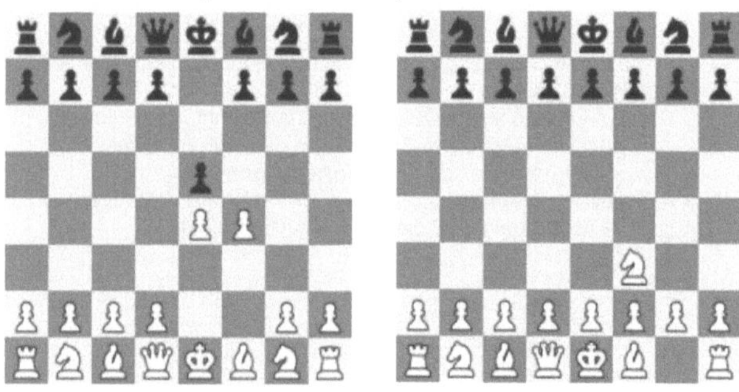

King's Gambit

Rèti Opening

Beispiel: Zur **Winkelsumme in einem Dreieck** auf einer planen (euklidischen) Ebene: Ausgehend von einem Punkt auf einer Dreieckseite wandert man zu einem Eckpunkt. Die Ausrichtung der Bewegung zum Eckpunkt soll genau 0° sein. Hier dreht man sich auf die folgende Dreieckseite. Der Drehwinkel entspricht dem zugehörigen Dreieckswinkel am konkreten Eckpunkt. Entsprechend erfolgen die Drehungen an den nachfolgenden Eckpunkten. Kommt man zum Ausgangspunkt der Bewegung zurück, dann hat sich die Ausrichtung der Bewegung um genau 180° gedreht (Pos. 1 zur Pos. 2). Diese Drehung entspricht genau der Winkelsumme der drei Eckwinkel im Dreieck und ist gültig für alle möglichen Dreieckgestaltungen auf der euklidischen Ebene.

Backtracking

- **Backtracking:** (engl.) - Rückverfolgung
- Auflösungsverfahren für das ›Damenproblem‹. Auf einem Schachbrett (64 Felder) sollen acht Damen so platziert werden, dass sie sich gegenseitig nicht bedrohen. Die angegebene (nachfolgende) Konfiguration (d1 bis d8) ist bis zur siebten Stellung korrekt. Jedoch steht dann d8 auf der Diagonalen zu d1. Insofern ist die Lösung nicht richtig.

›Ausgangslösung‹

	A	B	C	D	E	F	G	H
8								d8
7				d4				
6							d7	
5			d3					
4						d6		
3		d2						
2					d5			
1	d1							

›Korrekturschritte‹

Zur Korrektur wird die Dame d8 entfernt. (Rücknahme des letzten Schritts (›back-tracking‹).) Und es wird nach einer alternativen Lösung gesucht. Jedoch muss ein Rückgang bis zu d2 erfolgen, damit eine Lösung gefunden werden kann.

	A	B	C	D	E	F	G	H
8			d3					
7						d6		
6				d4				
5		d2						
4								d8
3				d5				
2						d7		
1	d1							

Es gibt 90 Lösungen unter ca. $4 \cdot 10^9$ Aufstellungsmöglichkeiten.

Auflösungsprobleme

- Grundlegend bleibt die Frage für die Informatik, (numerische) Mathematik und Philosophie erhalten, ob in endlicher Zeit vollständige Auflösungen bestimmt werden können.
- Dazu gehören Fragen, ob die Komplexität von Systemen der rationalen Beschreibung vollständig zugänglich gemacht werden kann. Erörtert wird dies im Zusammenhang mitfiniten und infiniten Lösungen. [Beschreibungsaspekte bzgl. der Komplexität von Systemen: Adaptives Verhalten, Dynamik, Emergenz, Kipppunkte, Mehrskalige Systemebenen, Nichtgleichgewichtssysteme, Nichtlinearität, Phasenübergänge, Selbstorganisation, Sensitivität, Unvorhersehbarkeit, Vernetzung]
- Dies berührt die Leistungsfähigkeit er Suchalgorithmen. Untersucht wird dies zum Beispiel mit Betrachtungen innerhalb des wissenschaftlichen Rechnens (siehe dazu die Probleme im Zusammenhang mit den Borwein-Integralen).

(43) Problemlösungen

Unendlichkeit Zahlmengen

- Problematisch sind Lösungen bei umfangreichen (komplexen, gar unendlichen) Bezügen, Strukturen bzw. Räumen.
- Der Begriff der Unendlichkeit tritt konkretisiert bei Zahlmengen und in der Folge bei numerischen (algorithmischen) Fragestellungen (- u.a. Reihen und deren Konvergenz -) auf. Cantor zeigte mit dem Diagonalverfahren, dass die Unendlichkeit der natürlichen und rationalen Zahlen gleichmächtig ist. Davon ist die Mächtigkeit der reellen Zahlen zu unterscheiden, da sich diese nicht ›abzählen‹ lassen. Sie sind überabzählbar.
- Die Anzahl der Primzahlen ist unendlich (Beweis von Euklid).
- Von besonderer Bedeutung sind die transzendenten Zahlen. Sie sind nicht von algebraischer Struktur, aber (abgeschlossen) approximierbar. **Algebraische Zahlen** sind zum Beispiel: $\frac{a}{b}$, $\sqrt{2}$, $\sqrt{3}$.

  Transzendente Zahlen sind dagegen nur als unendliche Reihen darstellbar. So zum Beispiel die Zahlen π, e.

- Die rationalen Zahlen (|Q) können unter Beachtung von Modifikationen eineindeutig der Abfolge der natürlichen Zahlen (|N) zugeordnet werden:

0	1	-1	1/2	-1/2	2	-2	3	-3	1/3	-1/3	1/4	-1/4	2/3	-2/3	...
↓	↓	↓	↓	↓	↓	↓	↓	↓	↓	↓	↓	↓	↓	↓	↓
1	2	3	4	5	6	7	8	9	10	11	12	13	14	15	...

- Typischerweise werden im Gefüge von und nach Cantor drei Unendlichkeitsstufen unterschieden (in Klammer die Symbolik und die zu geordneten Zahlmengen …):
  (1) kleineste Unendlichkeitsstufe ($\lfloor \omega \rfloor$): ω; |N; |Z; |Q
  (2) zweite Stufe: ($\lfloor c \rfloor$): c; $P(\omega)$; |R; |C; R
  (3) umfangreichste Stufe: ($\lfloor f \rfloor$): f; $P(P(\omega))$; $P(|C)$: $|R^{|R}$; $|C^{|C}$

Diagonalverfahren nach Cantor

- Es sei: $h : |N \times |N \rightarrow |N$. Diese Abbildung besteht aus geordneten Punkten (x,y), die auf eine Zahl h abgebildet werden.
  $(x,y) \mapsto 0{,}5 \cdot (x + y - 2) \cdot (x + y - 1) + x$; h(x,y) ist eine natürliche Zahl.

x	y	h		x	y	h
1	1	1		1	4	7
1	2	2		2	3	8
2	1	3		3	2	9
1	3	4		4	1	10
2	2	5		1	5	11
3	1	6		2	4	12

Wir erhalten ein Muster im Sinne des Diagonalverfahren von Cantor:
(1): 1   (2): 2 – 3   (3): 4 – 5 – 6
(4): 7 – 8 – 9 – 10   (5): 11 – 12 – 13 – 14 – 15 etc.

- Durch eine geeignete Anordnung der rationalen Zahlen wird deutlich, dass diese durch eine einfaches Aufführungsverfahren übersichtlich (rational nachvollziehbar) erzeugt werden können.
- Die Mächtigkeit von |N wird $\aleph_0$ (›Aleph-Null‹) genannt.
  Es gilt: $\aleph_0 + 1 = \aleph_0$; $\aleph_0 + \aleph_0 = \aleph_0$; $\aleph_0 \cdot n = \aleph_0$; $\aleph_0 \cdot \aleph_0 = \aleph_0$
- Die Mächtigkeit der reellen Zahlen größer ist als $\aleph_0$: $\aleph_1 = 2^{\aleph_0}$. Somit ist die Unendlichkeiten der reellen Zahlen nicht mit der Unendlichkeit der rationalen Zahlen vergleichbar. Die reellen Zahlen sind überabzählbar. (Diese Argumentation wird nicht von allen Mathematikern bzw. Philosophen geteilt.)

$$\begin{array}{lllll}
1/1\ [1] \rightarrow & 1/2\ [2] & 1/3\ [5] \rightarrow & 1/4\ [6] & 1/5\ [11] \nearrow .. \\
2/1\ [3] & 2/2\ [*] & 2/3\ [7] & 2/4\ [*] & 2/5 \quad ... \\
3/1\ [4] & 3/2\ [8] & 3/3\ [*] & 3/4 & 3/5 \quad ... \\
4/1\ [9] & 4/2\ [*] & 4/3 & 4/4 & 4/5 \quad ... \\
5/1\ [10] & 5/2 & 5/3 & 5/4 & 5/5 \quad ... \\
... & ... & ... & ... & ... \quad ...
\end{array}$$

- Schreibweise für |Q (nach Cantor): $\{0, \pm 1, \pm 2, \pm \frac{1}{2}, \pm 1/3, \pm 3, \pm 4, \pm \frac{1}{4}, …\}$
- 1938 zeigte Kurt Gödel, dass die Frage nach einer möglichen Unendlichkeitsdimension zwischen |N und |R ($\rightarrow$ „Kontinuumshypothese") mittels der Methoden der Zermelo-Fraenkel-Mengenlehre (mit Auswahlaxiom) nicht widerlegt werden kann. 1963 zeigte Paul Cohen, dass die „Kontinuumshypothese" auf dieser Basis aber auch nicht beweisen werden kann.
- Aktuell wird – gemäß Cichon-Diagramm – folgende Struktur bedacht (cov, cof, non, add: spezielle Mengen zur Unendlichkeit):
  $\aleph_0 < \aleph_1 \leq \mathrm{add}(L) \leq \mathrm{cov}(L) \leq \mathrm{non}(B) \leq \mathrm{cof}(B) \leq \mathrm{non}(L) \leq \mathrm{cof}(L) \leq c = 2^{\aleph_0}$.

KI und Welt

- Mittels technischer Gestaltungen werden Problemlösungen gefunden, die typischerweise intelligente Bearbeitungen auf menschlicher Ebene erforderlich machen (vgl. das „Chinesische Zimmer"-Experiment in der Philosophie).
- Ein Beobachter kann gemäß Turing-Test das Verhalten (Fragen $\rightarrow$ Antworten) von Menschen und Systemen vergleichend bewerten.
- Ausgehend von konstruktiven Beschreibungen können Bedingungen für intelligentes Verhalten bestimmt werden. Mittels Symbolen kann ausgehend von einer inneren Repräsentanz der äußeren Welt diese erfasst, bewertet und planvoll beeinflusst werden.
- Verschiedene Arbeitsebenen der KI-Welt können unterschieden werden: Rechnermodelle und Hardwaregestaltungen inkl. Sensorik, Motoren etc.; Programmiersprachen und -umgebungen (inkl. formal-logischer Konzeptionen und abstrakter Codeerzeugung und -bewertung); konstruktive Zugänge zur Präsentation und Aufbereitung von Wissen (inkl. modelltheoretischer Ansätze, Schlussweisen etc.); Symbol- und (natürlicher) Sprachverarbeitung; Expertensysteme.
- Epistemische, psychologische (anthropologische), systemische, symbolische, hardwaretechnische und ontische Perspektiven berühren sich.
- Unterschieden werden methodische verschiedene Problemerfassungs- und Auflösungsmethoden: Phänomenologischer Zugriff, simulationsorientierter Zugang (inkl. Steuerung und Regelung), (sub-)symbolische Beschreibung (top to down (symbolische KI) bzw. bottum up (subsymbolische KI)).
- Die Betrachtungen nehmen ihren Ausgangspunkt bei der **Hebbschen** Regel. Künstliche Neuronen werden den natürlichen (biologischen) Neuronen nachgebildet. (Lernende Prozesse werden auch über reale Nervenzellgestaltungen auch der „Ebene von Chips" untersucht.)
- Konkret werden Lernregeln definiert. Lernverfahren auf der technisch-neuronalen Ebene konvergieren unter Beachtung spezifischer Klassifikationen (Minsky/Papert). Die Wahrheit sprachlicher Prozesse führt zu realen Bedeutungsfragen ($\rightarrow$ Realitätsabgleich).

- Es sind intensionale u. (sub-)extensionale Aspekte neben lokalen und temporären Aspekten zu unterscheiden. Weiterhin sind Aspekte der Regeldefinition und -beschreibung speziell mit Blick auf inferentielles Wissen und Rollendifferenzierungen bei Wissensaufbereitungen (individuelle Rollen, Partikularrollen, Beobachterrollen) und -beurteilungen zu thematisieren.
- Verschiedenste Wissensrepräsentationsmodelle (WRM) werden (kombiniert) verwendet: deklarative WRM; prozedurale WRM (Agenten/Methoden); objektorientierte WRM; regelorientierte WRM; Produktionsregelsysteme; grammatische WRM; Frame-Repräsentationen (Frame: Muster / Rahmen); Vererbungsnetze; lernenden Netze; semantische Netze … Dies berührt Fragen der kognitiven und sprachlichen Modellierung ($\rightarrow$ kognitive semantische Netze).
- Von grundlegender Bedeutung sind neben der Aussagenlogik prädikaten-/quantorenlogische Beschreibungen. U. a. werden basale Aspekte der Sprachen LISP und PROLOG referiert. Dies gilt speziell im Zusammenspiel mit Quantenrechnern (echte Parallelverarbeitung). Dies berührt auch Fragen der Logik der Schlussweisen.
- Mittels neuronaler Netze werden auf der symbolisch-rechentechnischen Ebene neuronale Informationsverarbeitungen u. Problemlösungen (intelligenter Lebewesen) nachgebildet. Hierzu werden Neuronenfunktionen im Sinne von Sprung- und Schwellwertprozessen realisiert, mathematisch beschrieben und programmiertechnisch implementiert. Die Netze werden dabei mehrschichtig aufgebaut.
- Unterschieden werden überwachte und autoadaptive Lernprozesse. Im Rahmen der **Hopfield-Netze** werden Rückkopplungen in neuronalen Netzen beschrieben. Stabilisierte Ergebnisse stellen sich als Attraktoren-Lösungen dar. Das Netz kann dabei ein lernendes Verhalten entwickeln, das die eigene Gestaltung berührt und modifiziert. In diesem Zusammenhang werden Backpropagation-Verfahren thematisiert und initiiert (Lernregeln gemäß Backpropagation-Algorithmen). In diesem Zusammenhang werden vielfältige Beurteilungsverfahren thematisiert (Gradientenverfahren etc.).

Anregungen / Aufgaben

1: Eine Spielfläche mit sieben Feldern in einer Reihe liegt vor,.
Zwei Spieler (A: weiße Steine; B. schwarze Steine) legen nacheinander immer einen oder zwei Steine in der Abfolge der Reihe der Spielfelder. Wer erreicht das siebte Feld?
Gewinnt immer der erste oder der zweite Spieler?
Impuls: Was geschieht, wenn ein Spieler das vierte Feld erreicht hat?

2: Ein Tourist klettert einen Berg an einem Montag in 14 Std. hinauf. Am Dienstag klettert er in 12 Std. abwärts. Die Route entspricht einer mathematischen Linie. Gibt es einen Punkt, an dem der Tourist beim Auf- und Abstieg zur gleichen Tageszeit am gleichen Ort ist? Überlegen Sie sich eine geeignete Simulation für die Bewegungen. (Denken sie kompliziert und dann wieder ganz einfach.) Wie verändern sich die Gegebenheiten unter Beachtung relativistischer Einsichten (SRT: Eigenzeit etc.)?

(44) Beispiele von Differenzialgleichungen mit Lösungen

Beispiele	Anwendungen
B1: $x/2 - y' = x$	**• Dynamik bei radioaktiven Prozessen**
ML: $x/2 - y' = x \rightarrow - y' = x/2$	$\dot{N} = dN / dt = \lambda \cdot N$ mit $N_0 = f(t = 0)$
Mit $y' = dy / dx$ folgt: $dy/dx = - x/2$	Allg. Lösungsansatz: $f(t) = C_1 \cdot N \cdot \exp(\lambda \cdot t) + C_2$
$\rightarrow dy = - (x/2) \cdot dx \rightarrow y = (-1/2) \cdot x^2 \cdot (1/2) + C$	Mit der Anfangsbedingung ($N_0 = f(t = 0)$) ergibt sich:
Es gilt: $y = - 0{,}25 \cdot x^2 + C$	$N(t) = N_0 \cdot \exp(\lambda \cdot t)$ mit $\lambda < 0$.

B2: $y' = y/x$

    ML: $dy/dx = y/x \rightarrow dy/y = dx/x \rightarrow \ln|y| = \ln|x| + C_1 \rightarrow y = |x| + C_2$

• Elementare Diffusion

Basisbeziehungen: $d\underline{c}/dz = - (1/D)\ \underline{m}_z; \ d\underline{m}_z/dz = - j\ \omega\underline{c}$

DGL (Wellengleichung): $d^2\underline{c}/ dz^2 = (1/D)\ j\ \omega\underline{c}$

Beziehungen: $\gamma = (j\ \omega / D)^{0,5} = (1 + j) \cdot (\omega/(2\ D))^{0,5}; \ \alpha = \beta = (\omega/(2\ D))^{0,5}$

$$\nu = (2\ \omega\ D)^{0,5}; \ \lambda = (4\ \pi\ D\ /f)^{0,5}$$

α: Dämpfungskonstante β: Phasenkonstante

λ: Wellenlänge ν: Phasengeschwindigkeit

B3: $y' = y$, mit dem Funktionspunkt P ($x = 1, y = e$)

    ML: Mit $dy / dx = y'$ folgt

    $\rightarrow dy / dx = y \rightarrow dy / y = dx \rightarrow \ln|y| = x \cdot C_1$

    $\rightarrow y = \exp(x + C_1) \rightarrow y = \exp(x) \cdot C_2$

B4: $y' = (y / x) - (x^2/y^2)$

    ML: $z = y / x$ ($z = f(x)$) folgt: $y' = z - 1/z^2$

    Mit $dz/dx = y' / x - y / x^2 \rightarrow xz' = y' - y/x = y' - z$

    $\rightarrow xz' = y' - y / x = (z - 1/z^2) - z = -1/z^2$

    $\rightarrow z^2 \cdot dz = x^{-1} \cdot dx \rightarrow z^3/3 + C_1 = - \ln|x| + C_2$

    $\rightarrow y^3/x^3 = -3 \cdot \ln|x| + C_3 \rightarrow y = x \cdot (C_3 - \ln|x^3|)^{1/2}$

• Elektrische Leitung

Basisbeziehungen: $d\underline{U}/dz = - (R^* + j\ \omega\ L^*)\ \underline{I};$

$d\underline{I}/dz = (G^* + j\ \omega\ C^*)\ \underline{U}$

DGL (Wellengleichung): $d^2\underline{U}/dz^2 = (R^* + j\ \omega\ L^*)\ (G^* + j\ \omega\ C^*)\ \underline{U} = \gamma^2\underline{U}$

Beziehungen: $\gamma = ((R^* + j\ \omega\ L^*)\ (G^* + j\ \omega\ C^*))^{0,5} = \alpha + j\beta$

$\alpha = \mathrm{Re}(\alpha)\ ; \ \beta = \mathrm{Im}(\alpha)\ ; \ \nu = \omega/\beta\ ; \ \lambda = 2\pi/\beta$

B5: $x \cdot (y')^{0,5} = x - 1$

    ML: $y' = (x^2 - 2x + 1)/x^2 = dy/dx$

    $\rightarrow y + C_1 = x + C_2 - 2 \cdot \ln|x| + C_3 - 1/x + C_4$

    $\rightarrow y = x - 2 \cdot \ln|x| - 1/x + C_5$

    Mit dem Funktionspunkt P(2; 10) ergibt sich:

    $y = x - 2 \cdot \ln|x| - 1/x + 8{,}5 + 2 \cdot \ln|2|$

• Saite (verlustlose Schwingung)

Basisbeziehungen: $d\underline{v}_y / dz = (1/S)\ j\ \omega\underline{K}_y; \ d\underline{p}_y/dz = \rho_L\ j\ \omega\underline{v}_y$

DGL (Wellengleichung): $d^2\underline{v}_z / dz^2 = - \omega^2(\rho_L/S)\ \underline{v}_y = \gamma^2\underline{v}_y$

Beziehungen

$\gamma = j\ \omega\ (\rho_L/S)^{0,5}; \ \alpha = 0; \ \beta = \omega\ (\rho_L/S)^{0,5}$

$\nu = \omega/\beta = (S/\rho_L)^{0,5}; \ \lambda = 2\pi/\beta = (1/f)\ (S/\rho_L)^{0,5}$

B6: $y' \cdot (x^2 - 4 \cdot x + 3) = (x - 3) \cdot (y + 1)$

    ML: $\dfrac{dy}{dx}\dfrac{1}{y+1} = \dfrac{x-3}{x^2-4x+3} = \dfrac{x-3}{(x-3)\bullet(x-1)}$

    $\rightarrow \ln|(y + 1)| + C_1 = \ln |(x - 1)| + C_2 \rightarrow y + 1 = |x - 1| \cdot C - 1$

    Mit dem Funktionspunkt P (2; 0) ergibt sich: $y = |x - 1| - 1$

• Schallführung

Basisbeziehungen: $d\underline{v}_z/dz = - (1/E)\ j\ \omega\ \underline{p}_z; \ d\underline{p}_z/dz = - \rho_v\ j\ \omega\ \underline{v}_z$

DGL (Wellengleichung): $d^2\underline{v}_z/dz^2 = - \omega^2(\rho_L/E)\ \underline{v}_z = \gamma^2\ \underline{v}_z$

Beziehungen: $\gamma = j\ \omega\ (\rho_v/E)^{0,5}; \ \alpha = 0; \ \beta = \omega\ (\rho_v/E)^{0,5}$

$\nu = (E /\rho_v)^{0,5}; \ \lambda = 2\pi/\beta = (1/f)\ (E/\rho_v)^{0,5}$

B7: $x \cdot y' = y \cdot \ln(y)$

    ML : $dy/dx = y \cdot \ln|y| \cdot (1/x)$; Integration der beiden Seiten.

    Substitution: $v = \ln|y|; \ dy = y \cdot dv$

    $\rightarrow \ln|v| = \ln|\ln|y|| + C_1$

    $\rightarrow \ln|y| = \exp(\ln|x| + C_1) = x \cdot C_2$

    Mit dem Funktionspunkt P(1; e) ergibt sich: $y = \exp(x)$

• Wärmeleitung

Basisbeziehungen: $d\underline{\Theta}/ dz = - (1 /\lambda_w)\ q_z; \ d\underline{q}_z /dz = - c\ \rho_v\ j\ \omega\underline{\Theta}_z$

DGL (Wellengleichung): $d^2\underline{\Theta}/ dz^2 = j\ c\ (\rho_v /\lambda_w)\ \underline{\Theta} = \gamma^2\underline{\Theta}$

Beziehungen: $\gamma = (j\ \omega\ c(\rho_v /\lambda_w))^{0,5} = (1 + j)\ (\omega\ c\ (\rho_v /(2\ \lambda_w)))^{0,5}$

$\alpha = \beta = (\omega\ c\ (\rho_v /(2\ \lambda_w)))^{0,5}; \ \nu = \omega /\beta = (2\ \omega\lambda_w/(c\ \rho_v))^{0,5}$

$\lambda = 2\pi /\beta = 4\ \pi\lambda_w/(f\ c\ \rho_v))^{0,}$

B8: Bestimmung der Weg-Zeit-Beziehung für den **senkrechten**

    Wurf nach oben: (Erdbeschleunigung $a = - g$ ($g = 9{,}81$ m / s^2)

    ML: $ds/dt = v$

    $\rightarrow dv/dt = a = -g \rightarrow d^2s/dt^2 = a = -g$

    $\rightarrow ds/dt = (- g) \cdot t + C_1$

    $\rightarrow \mathbf{s = (- g) \cdot (t^2/2) + C_1 \cdot t + C_2}$

• Teilchendiffusion geladener Teilchen

Basisbeziehungen

$d\underline{n}_v/dz = - (1/D_v\ q_v))\ \underline{S}_v; \ d\underline{S}_v/dz = (\underline{q}_v/ \tau_v + j\ \omega\underline{q}_v)\ \underline{n}_v + \underline{q}_v\ \underline{n}_{v0} /\tau_v$

DGL (Wellengleichung)

$d^2\underline{n}_v/dz^2 = (1/(D_v\ q_v)+ j\ \omega\ (1 /D_v))\ \underline{n}_v + \underline{q}_v\ \underline{n}_{v0}/\tau_{v0}; \ d^2\underline{n}_v/dz^2 = \gamma^2\underline{n}_v + \underline{q}_v\ \underline{n}_{v0} /\tau_v$

Beziehungen: $\gamma = (1/(D_v\tau_v) + j\ \omega / D_v)^{0,5}$

$\alpha = \mathrm{Re}(\gamma); \ \beta = \mathrm{Im}(\gamma); \ \nu = \omega/\mathrm{Im}(\gamma); \ \lambda = 2\ \pi/\mathrm{Im}(\gamma)$

B9: $y'^2 = 1 - x^2$; mit dem Funktionspunkt P(1; 0)

    ML: $y' = (1 - x^2)^{0,5} = dy/dx$

    Mit partieller Integration ($dv = dx; v = x; u = (1 - x^2)^{0,5}$;

    $du = (-2x\ dx)/ (2\ (1 - x^2)^{0,5})$ und

    $\int \sqrt{1 - x^2}\,dx = \sqrt{1 - x^2} \cdot x - \int \dfrac{-x^2\,dx}{\sqrt{1-x^2}}$

    (Lösung des zweiten Integrals mittels partieller

    Integration $u = x^2; dv = dx/(1 - x^2); v = \arcsin(x) \rightarrow$

    $\int \dfrac{x^2\,dx}{\sqrt{1-x^2}} = x^2 \cdot \arcsin(x) - \int 2x \bullet arcsin(x) \bullet dx)$

    $\rightarrow y = (x/2) \cdot (1 - x^2)^{0,5} + (1/2) \cdot \arcsin(x)$

Elektrische Gegebenheiten bei einer RL-Reihen-Wechselstrom-Schaltung.

I: Stromfluss; U: Spannung; $U_R = R \cdot I; \ I = I(t); \ U_L = L \cdot dI/dt; \ U_0$ ist const.

ML: $U_L + U_R = U_O \rightarrow L \cdot dI/dt + R \cdot I = U_0 \rightarrow dI/dt + (R/L) \cdot I = U_0/L$

Annahme: $I(t) = \exp(x \cdot t)$; es gilt: $\rightarrow dI(t)/dt = x \cdot \exp(x \cdot t)$

Bestimmung einer Lösung für $U_0 = 0$

i.) Bestimmung der Lösung für die homogene Gleichung) mit

    $I(t) = \exp(x \cdot t); \ x = -R/L; \ I(t)_h = \exp([-R/L]$

ii.) Bestimmung einer speziellen Lösung für $t = 0$ mit $U_0 = R \cdot I$;

    $I(t=0) = 0 \rightarrow$ Gesamtlösung: $I(t) = U_0/R \cdot (1 - \exp([- R/L] \cdot t))$

Informations-Speicherdaten (Inhalt / Typischer Speicherwert)

Buchstabe / 1 Byte	Schreibmaschinenseite / 2 kiByte	Passphoto / 50 kiByte	Die Bibel / 3 MiByte
Wochenzeitung / 1 MiByte	CD (Musik) / 650 MiByte	Spielfilm / 5 GiByte (komprimiert)	Festplatte / 3 TiByte

5.000 Kinofilme (weltweite Jahresproduktion) / ca. 200 TiByte

alle Fernsehfilme (weltweit) / ca. 100 PiBytes; Telefon (weltweit im Jahr) / ca. 4000 Pi Bytes

Weltweite Wissensproduktion im Jahr (Bezug: 2000) / ca. 200 TiByte (davon etwa 2 TiByte in Fachzeitungen und Büchern)

Daten zum Menschen (Gedächtnisart / Speichervolumen)

Arbeitsgedächtnis (auch *Kurzzeitgedächtnis*) / 5 bis 9 Informationseinheiten	Menschliches Genom (DNA) / ca. 10 GiByte (10^{11} bit)
Individuelles menschliches Gedächtnis ü. 60 Lebensjahre / ca. 200 MiBytes	Nervensystem / ca. 100 TiByte (10^{15} bit)

(45) DGL $\to$ Transformation

Lösung von Differenzialgleichungen mit konstanten Koeffizienten unter Verwendung der Laplace-Transformation

A: DGL unter Beachtung von Anfangswerten	**D**: Gesuchte Funktion f(t)	**Entwicklungspfad** $A \to B \to C \to D$
Laplace-Transformation $f(t) \to F(s)$ $f'(t) \to s \cdot F(s)$ $f''(t) \to s^2 \cdot F(s)$	Inverse Laplace-Transformation unter Verwendung der entsprechenden Rücktransformationen	
B: Lineare Gleichung für F(s)	**C**: Bildfunktion F(s)	

Beispiel

$f'(t) + m\,f(t) = \sin(t)$ mit $m \in \mathbb{R}$. Der Anfangswert sei Null $(f(+0) = 0$).

Die Transformation ergibt: $sF(s) + m \cdot F(s) = 1/(s^2 + 1)$

$\to F(s) \cdot (s + m) = 1/(s^2 + 1)$

$\to F(s) = 1/((s + m) \cdot 1/(s^2 + 1)) = \dfrac{A}{(s + m)} + \dfrac{Bs + C}{s^2 + 1}$

$\to 1 = A \cdot (s^2 + 1) + (Bs + C) \cdot (s + m)$

$\to 1 = A \cdot (s^2 + 1) + Bs^2 + Bm + C\,s^2 + Cm$

Daraus würde folgen: $f(t) = (1/5) \cdot (\exp(-2t) - \cos(t) + s \cdot \sin(t))$

$1/(s^2 + 1)$ ist z. B. die Laplace-Transformierte von $\sin(t)$

Es folgt: $s = - m \to 1 = A\,(m^2 + 1) \to A = 1/(m^2 + 1)$

$s = 0 \to 1 = A + C \cdot m = 1/(m^2 + 1) + mC \to C = 1/m - 1/(m^3 + m)$

$s = 1 \to 1 = 2A + B \cdot (1 + m) + C \cdot (1 + m)$

$\to 1 = 2/(m^2 + 1) + B \cdot (1 + m) + (1/m - 1/(m^3 + m)) \cdot (1 + m)$

$\to B = [1 - (2/(m^2 + 1) + (1/m - 1/(m^3 + m)) \cdot (1 + m))] / (1 + m)$

((*): Mit $m = 2$ würde sich ergeben: $A = 1/5$; $B = -1/5$; $C = 2/5$)

[Für F(s) ergibt sich nun: $F(s) = \dfrac{A}{(s + m)} + \dfrac{Bs}{s^2 + 1} + \dfrac{C}{s^2 + 1}$

Mit den Werten unter (*) folgt: $F(s) = (1/5) \cdot \left(\dfrac{1}{(s + 2)} + \dfrac{-s}{s^2 + 1} + \dfrac{2}{s^2 + 1}\right)$

In entsprechender Art können Lösungen mit anderen Transformationen bestimmt werden.

z-Transformation

Bestimmung von F(z) für f(n):

(1) $\quad f(n) = a^n\,u(n - 1)$ mit $a > 0 \to$ dann folgt: $F(z) = \sum_{n=1}^{\infty} a^n \cdot z^{-n} = \dfrac{a}{z - a}$

(2) $\quad f(n) = \begin{cases} 2^n \geq 1 \\ 3^n \leq 0 \end{cases} \to$ dann folgt: $F(z) = \sum_{n=-\infty}^{0} 3^n \cdot z^{-n} + \sum_{n=1}^{\infty} 2^n \cdot z^{-n} = \dfrac{z}{(z - 2) \cdot (z - 3)}$ mit dem Konvergenzgebiet (C): $2 < |z| < 3$

Strukturbezeichnungen (und -beziehungen)

VR (Vektorraum); TVR (topologischer Vektorraum)

mR (metrischer Raum (mit d(x,y) = Abstand (Abstandsdefinition)))

nVR (normierter Vektorraum) [vollständig normierter Vektorraum: Banachraum (jede Cauchyfolge konvergiert)]

Skpr (Skalarprodukträume: Skalarprodukt gilt) [ein Banachraum mit einem Skalarprodukt als Norm]

Ein normierter Raum ist gleich einem normierten Vektorraum.

Ein normierter Raum mit induzierter Metrik (beschrieben durch die Norm) ist ein metrischer Raum.

Ein normierter Raum mit induzierter Topologie ist ein topologischer Raum.

Ein vollständiger normierter Raum ist ein Banachraum.

Norm auf einen VR: $\| \bullet \| \to |R_0^+$; dann ist $(VR, \| \bullet \|)$ ein normierter Vektorraum

Eigenschaften einer Norm:

1: $\|x\| = 0 \leftrightarrow x = 0$ (Definitheit)

2: $\| \lambda \cdot x \| = | \lambda | \cdot \| x \|$ (absolute Homogenität)

3: $\| x + y \| \leq \| x \| + \| y \|$ (Dreiecksungleichung)

Unterschieden werden weiterhin:

Euklidische Räume

Hilberträume: Ein Innenproduktraum heißt Hilbertraum, wenn er hinsichtlich der vom Skalarprodukt erzeugten Norm vollständig ist.

(Es ist Banachraum mit einem Skalarprodukt.)

Teichmüller-Räume etc.

Konvergenzverhalten

Konvergenz einer Folge (a_n) mit $n \in \mathbb{N}$:

Die Folge konvergiert gegen $a \in \mathbb{R}$, wenn gilt:

Zu jedem $\varepsilon > 0$ gibt es ein $N \in \mathbb{N}$ in Abhängigkeit von ε $[\to N(\varepsilon)]$, so dass $| a_n - a | < \varepsilon$ für alle $n > N(\varepsilon)$ erfüllt ist.

(Diese Definition kann entsprechend auch direkt auf komplexe Zahlen übertragen werden: $| c_n - c | < \varepsilon$; $c \in \mathbb{C}$; $\varepsilon > 0$; $n \in \mathbb{N}$.)

Beispiel:

So konvergiert zum Beispiel die Folge $a_n = 1/n$ gegen Null $(a = 0)$.

In Abhängigkeit von ε folgt: $1/n < \varepsilon \to n > 1/\varepsilon$ erfüllt sein.

Von **Divergenz** wird gesprochen, wenn keine Konvergenz vorliegt.

Bzgl. einer **Reihe** gilt, dass für jedes $\varepsilon > 0$ mit $N \in \mathbb{N}$ erfüllt sein muss:

$| \sum_{k=m}^{n} a_k | < \varepsilon$ für alle $(\forall)$ $n \geq m \geq N$

Eine Reihe ist absolut konvergent, wenn gilt:

$| \sum_{k=m}^{n} | a_k | | < \varepsilon$ für alle $(\forall)$ $n \geq m \geq N$.

Betrachtet werden **Funktionen** f_n, $n \in \mathbb{N}$.

Die Folge der Funktionen $(f_n(x))$ **konvergiert punktweise**, wenn $((f_n(x)))$ gegen f(x) konvergiert gemäß $| f_n(x) - f(x) | < \varepsilon \; \forall \; n \geq N$.

Die Folge der Funktionen $(f_n(x))$ **konvergiert gleichmäßig** gegen $f \in K$, wenn zu jedem $\varepsilon > 0$ ein $N = N(\varepsilon)$ existiert, für das

$\forall \; x \in K \wedge n \geq N \; | f_n(x) - f(x) | < \varepsilon$ erfüllt ist.

Die gleichmäßige Konvergenz bestimmt sich in Abhängigkeit von ε. Mit ihr geht die punktweise Konvergenz zwingend einher. Die gilt nicht umgekehrt: Die gleichmäßige Konvergenz folgt nicht zwingend, wenn eine punktweise Konvergenz vorliegt.

(46) Integrale

Uneigentliche Integrale

Bisher wurde (,stillschweigend') angenommen, dass die Integrationsgrenzen von Integralen beschränkt sind. Ebenso sind Integral von besonderem Interesse, bei denen im Integrationsbereich eine uneigentliche Stelle auftritt. In diesen Fällen kann (eventuell) durch eine Grenzwertbetrachtung eine Auflösung gefunden werden.

A: Unendliche Integrationsgrenze(n): Es wird dann wie folgt operiert:

- $\int_a^\infty f(x) \cdot dx = \lim_{b \to \infty} \int_a^b f(x) \cdot dx$

- $\int_\infty^b f(x) \cdot dx = \lim_{a \to -\infty} \int_a^b f(x) \cdot dx$

- $\int_\infty^\infty f(x) \cdot dx = \lim_{a \to -\infty} \int_a^c f(x) \cdot dx + \lim_{b \to \infty} \int_c^b f(x) \cdot dx$

  Ist dies erfüllt, dann liegt eine absolute Konvergenz vor.

Es soll das Integral b uneigentlich sein. Dann kann gesetzt werden c = b-0

- $\int_a^b f(x) \cdot dx = \lim_{c \to b-o} \int_a^c f(x) \cdot dx$

B: Das Integral ist an einer Stelle nicht definiert

Betrachtet wird das Integral

- $\int_a^c f(x) \cdot dx$

Es soll im Inneren eine uneigentliche Stelle bei x = b vorliegen. Dann er folgt eine Aufteilung mit einer Betrachtung bzgl. b durch b-0 bzw. b+0.

- $\int_a^c f(x) \cdot dx = \lim_{c \to b-o} \int_a^b f(x) \cdot dx + \lim_{b \to b+o} b$

Integrale von exp(- x^2) etc.

$\int_{-\infty}^\infty \exp(-x^2)\, dx = ?$: Betrachtet wird: $(\int_{-\infty}^\infty \exp(-x^2)dx)^2 = (\int_{-\infty}^\infty \exp(-x^2)dx) \cdot (\int_{-\infty}^\infty \exp(-y^2)dy) = \iint \exp(-x^2 - y^2)\, dxdy$

Es folgt: (Integration in einer $\mathbb{R}^2$-Ebene unter Verwendung von Polarkoordinaten und unter Verwendung der Substitution v = - r^2 und dv/dr = -2r):

$\int_{-\infty}^\infty \exp(-x^2) \cdot dx)^2 = \int_0^{2\pi} d\varphi \cdot \int_0^\infty r \cdot \exp(-r^2) \cdot dr = \pi$. Somit gilt: $\int_{-\infty}^\infty \exp(-x^2) \cdot dx = \sqrt{\pi}$

[Alternativ folgt: $-(x^2 + y^2) = -|z|^2$; die Integration erfolgt über $\mathbb{R}^2$ für $|z| = r$; Somit ergibt sich unter Beachtung der Transformationssatzes:

$I^2 = \int_0^\infty \int_0^{2\pi} \exp(-r^2) \cdot r \cdot d\varphi \cdot dr = 2\pi \int_0^\infty \exp(-r^2) \cdot r \cdot dr$ (mit r^2 = s folgt: ds/dr = 2r): $2\pi \int_0^\infty \exp(-r^2) \cdot r \cdot dr = \pi \int_0^\infty \exp(-s) \cdot dr = \pi$: also gilt: $I = \sqrt{\pi}$]

Allgemein gilt: $\int_0^\infty e^{-a \cdot x^2} dx = \frac{1}{2} \cdot \sqrt{\frac{\pi}{a}} = 0{,}5 \cdot (\pi / a)^{0,5}$

Und weiterhin gilt: $\int \exp(-x^2) \cdot dx = \frac{1}{2} \cdot \pi \cdot erf(x) + C$ (mit: $erf(x) = \frac{2}{\sqrt{\pi}} \cdot \int_0^x \exp\left(-\frac{\xi^2}{2}\right) \cdot d\xi$ ($\to$ Gaußsches Fehlerintegral)

Gaußsche Glockenkurve (im komplexen Raum): $f(z) = \exp(-z^2)$; $z \in \mathbb{C}$ (leicht gedrehte Darstellungen)

Realteil der komplexen Funktion.

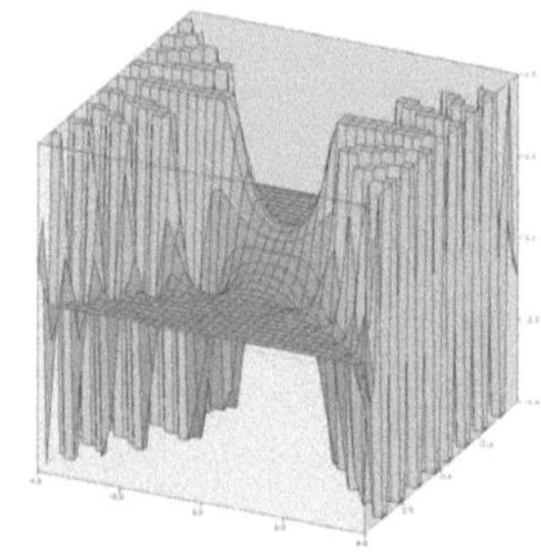

Imaginärteil der komplexen Funktion.

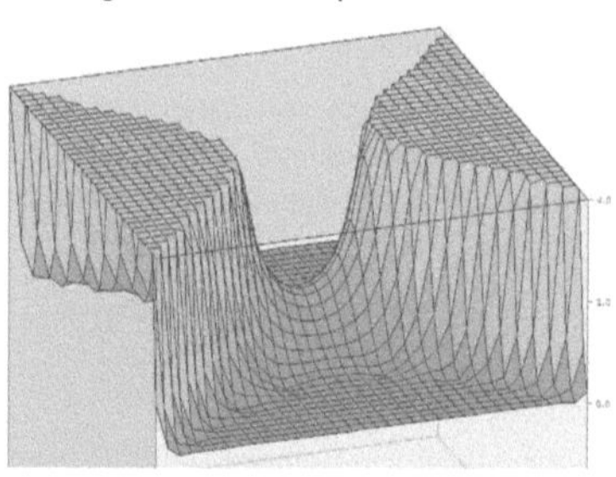

Integral von $\frac{\exp(-x^2) \cdot \sin(x^2)}{x^2}$

$\int_0^\infty \frac{\exp(-x^2) \cdot \sin(x^2)}{x^2} \cdot dx = I$

$I(a) = \int_0^\infty \frac{\exp(-x^2) \cdot \sin(a \cdot x^2)}{x^2} \cdot dx$; d/da $(\sin(ax^2) = D_a(\sin(ax^2) = \cos(ax^2) \cdot x^2$

$D_a[I(a)] = D_a \int_0^\infty \frac{\exp(-x^2) \sin(a \cdot x^2)}{x^2} dx = \int_0^\infty D_a \frac{\exp(-x^2) \sin(a \cdot x^2)}{x^2} dx = \int_0^\infty \frac{\exp(-x^2) \cos(a \cdot x^2)}{x^2} \cdot x^2 dx = \int_0^\infty \exp(-x^2) \cos(a \cdot x^2) dx = I'(a)$

Mit exp(ix) = cos(x) + i sin(x) und $\cos(ax^2) = Re\{\exp(iax^2)\}$ folgt: $I'(a) = Re\{\int_0^\infty \exp(-x^2) \cdot \exp(i \cdot a \cdot x^2) \cdot dx\} = Re\{\int_0^\infty \exp(-x^2(1 - ia)) \cdot dx\}$

Weiterhin gilt: $\int_0^\infty \exp(-s \cdot x^2) \cdot dx = \frac{1}{2} \cdot \sqrt{\frac{\pi}{s}}$ (mit s $\in \mathbb{C}$ und Re(s) ≥ 0) $\to I'(a) = \frac{1}{2} \cdot Re \sqrt{\frac{\pi}{1 - i \cdot a}} \to I(a) = \sqrt{\pi} \cdot Re(\sqrt{1 - ia} \cdot i) + C$

$I(a) = 0 \to a = 0, C = 0; I(a = 1) = I(1) = \sqrt{\pi} \cdot Re(i \cdot \sqrt{1 - i}), i \cdot \sqrt{1 - i} = i \cdot \sqrt{\sqrt{2}} \exp(-i \cdot \pi/8) = i \cdot \sqrt{\sqrt{2}} \cdot (\cos(\pi/8) - i \cdot \sin(\pi/8))$

Integrale in $\mathbb{R}^2$, $\mathbb{R}^3$, … $\mathbb{R}^n$

Das Integral bei einfachen Funktionen f(x) kann durch Aufsummierung von einzelnen Flächen bestimmt werden. Die Integration erfolgt über dx in den angegebenen Grenzen. Bedeutsam ist die Einsicht, dass unter Beachtung der Grenzen die von f(x) „eingehüllte" Fläche bestimmt werden kann.

Prinzipiell leistet die Integralrechnung dies auch für Gebiete im R^2 und Volumina im R^3. Jedoch ist im Detail die Herleitung aufwändiger als bei den Betrachtungen im $\mathbb{R}^1$ und auch die konkreten Berechnungen sind oftmals „trickreicher", da eine „einfache Stammfunktion" so nicht existiert.

Bei der Begründung der Möglichkeit der Integration über gegebene Intervalle sind Einsichten von Hausdorff (Punktumgebung ($\to$ Hausdorff-Raum (Raum mit einer Metrik))) und von Heine-Borel (Abgeschlossenheit und Beschränktheit von kompakten Teilmengen) zu beachten.

(47) Integrale

Satz von Fubini: Es liegt ein Intervall vor, das beschränkt ist: $a < x < b$ und $g(x) < y < h(x)$.

So wird ein ebenes Gebiet G beschrieben, auf dem die Funktion f(x, y) existiert: $\int_G f(x, y)\, d\sigma(x, y)$.

Im $\mathbb{R}^2$ gilt: $d\sigma(x, y) = df(x, y)$. Es folgt: $\int_G f(x, y)\, d\sigma(x, y) = \int_{x=a}^{b} \left(\int_{y=g(x)}^{h(x)} f(x,y) \cdot dy \right) \cdot dx$

Im $\mathbb{R}^3$ gilt: $d\sigma(x, y, z) = dV(x, y, z)$. Es folgt: $\int_G f(x, y, z)\, d\sigma(x, y, z) = \int_{x=a}^{b} \int_{y=g(x)}^{h(x)} \int_{z=g(x,\,y)}^{h(x,\,y)} f(x,y,z) \cdot dz \cdot dy \cdot dx$

Allgemein gilt im $\mathbb{R}^n$ mit $d\sigma(\xi) = d\sigma(x_1, x_2, \dots x_n)$: $\int_G f(\xi)\, d\sigma(\xi) = \int_{x=a_1}^{b1} \int_{a_2}^{h2} \dots \int_{a_n}^{bn} f(x_1,\, x_2, \dots, x_n)\, dx_n \dots dx_2\, dx_1$

Aufgabe (Volumen eines Tetraeders)

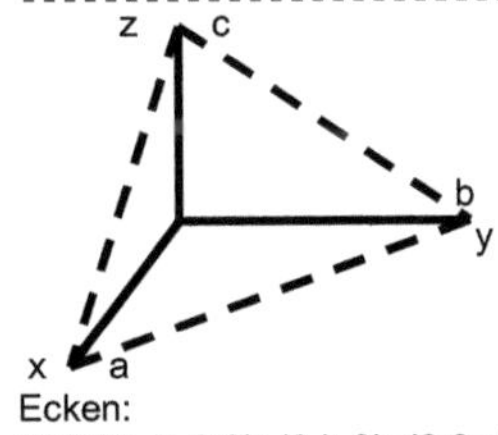

Ecken:
(0,0,0); (a,0,0); (0,b,0); (0,0,c)

$x/a + y/b + z/c = 1$
Elementargeometrisch folgt:
Volumen: $V = \frac{1}{2}\, ab \cdot \frac{1}{3}\, c = \frac{abc}{6}$

Weiterhin folgt ansonsten:
$z = c\,(1 - x/a - y/b)$
$V = \int_G z \cdot d\sigma(x, y) =$
$\int_G c\,(1 - x/a - y/b) \cdot d\sigma(x, y) =$
$\int_0^{c\,(1 - x/a - y/b)} (1) \cdot dz = c\,(1 - x/a - y/b)$

Zu G: $z = 0$
$0 \le x \le a$
$0 \le y \le b\,(1 - x/a)$

$V = \int_{x=0}^{a} \left(\int_{y=0}^{b(1-\frac{x}{a})} c\left(1 - \frac{x}{a} - \frac{y}{b}\right) \cdot dy \right) \cdot dx$

$= \int_{x=0}^{a} \frac{bc}{2} \cdot \left(1 - \frac{x}{a}\right)^2 \cdot dx \quad (\to \text{mit } v = 1 - x/a;\ dv/dx = -1/a)$

$= -\frac{abc}{6} \cdot \left(1 - \frac{x}{a}\right)^3 \Big|_0^a = \frac{abc}{6}$

Aufgabe: Es sei G gegeben über $x = y^2$ und $y = x^2$, $(x, y) \in \mathbb{R}^2$.

Berechnet werden soll:

$V(G) = \int_G y \cdot \sin(x) \cdot d\sigma(x) = \int_G y \cdot \sin(x) \cdot dy \cdot dx =$

$= \int_0^1 \left(\sin(x) \cdot \int_{x^2}^{\sqrt{x}} y \cdot dy \right) dx =$

$= \int_0^1 \left(\sin(x) \cdot \frac{y^2}{2} \Big|_{x^2}^{\sqrt{x}} \right) dx =$

$= 0{,}5 \cdot \int_0^1 \left(\sin(x) \cdot (x - x^4) \right) \cdot dx =$

[$\to$ Auflösung u. a. mittels partieller Integration]

$= 0{,}5 \cdot (21 \cdot \sin(1) + 23 \cdot \cos(1) - 24) \approx 6{,}0984$

Aufgabe: Es sei: $x^2 + y^2 < 1$ und $(x - y)^2 < z < 2$ mit $(x, y, z) \in \mathbb{R}^3$
Bestimmen Sie das zugehörige Volumen.

$V(G) = \int_G d\sigma(x) = \int_{G:\,(x2+y2<1)} \int_{z:\,((x-y)2<z)} dz\, dy\, dx$

$\to \int_{G:\,(x2+y2<1)} (2 - (x - y)^2\, dy\, dx$

$\to$ (mit Polarkoordinaten) $\int_{(0\dots1)} \int_{(0\dots2\pi)} (2 - (r\cos(\phi) - r\sin(\phi))^2\, dy\, dx$

$\to \int_{(0\dots1)} \int_{(0\dots2\pi)} (2 - r^2\,(\cos(\phi) - \sin(\phi))^2\, r\, d\phi\, dr$

$\to \int_{(0\dots1)} \int_{(0\dots2\pi)} (2 - r^3\,(\cos^2(\phi) + \sin^2(\phi) - 2\sin(\phi)\cos(\phi))\, r\, d\phi\, dr$

$\to \int_{(0\dots1)} \int_{(0\dots2\pi)} (2 - r^3 + r^3 \sin(2\phi))\, d\phi\, dr$

$\to \int_{(0\dots1)} (2r\phi - r^3\phi - \tfrac{1}{2}\, r^3 \sin(2\phi)\big|_0^{2\pi})\, dr$

$\to \int_{(0\dots1)} (4\pi r - 2\pi r^3)\, dr = 2\pi r2 - 2\pi r^4\, \big|_0^1 = (3/2)\,\pi$

Substitution: $\int f(x) \cdot dx \to f(x) = f(u) = f(u(x))$, $u = u(x)$, $du = u'(x)\, dx \to d(x) = \frac{d(u(x))}{u'(x)}$; $\int f(x) \cdot dx = \int f(u(x)) \cdot dx = \int f(u(x)) \cdot \frac{d(u(x))}{u'(x)}$

Beispiel: $I = \int \exp(-ax) \cdot dx$ (mit $y = -a \cdot x$ und somit $dy = -a \cdot dx$ folgt): $I = -\left(\frac{1}{a}\right) \cdot \exp(y) = -\left(\frac{1}{a}\right) \cdot \exp(-ax)$

Aufgabe: $\int_0^1 (x^m - x^n)^2 = dx$. Mit $(x^m - x^n)^2 = x^{2m} - 2x^{mn} + x^{2n}$ folgt: $\int_0^1 (x^m - x^n)^2 = \frac{1}{2m+1} + \frac{1}{m+n+1} + \frac{1}{2n+1} = \frac{2 \cdot (m-n)^2}{(2m+1) \cdot (m+n+1) \cdot (2n+1)}$

Aufgabe: $\int_{-1}^{1} x^2\, dx = \frac{x^3}{3} \Big|_{-1}^{1} = 2/3$

$\int_{-1}^{1} z^2\, dz = \int_{\pi}^{0} \exp(2\,i\,\varphi) \cdot i \cdot \exp(i\varphi)\, d\varphi = \frac{i\, e^{3i\varphi}}{3\,i} \Big|_{\pi}^{0} = 2/3$ (mit $z = i \cdot \varphi$). Da z^2 analytisch in $\mathbb{C}$ ist, sind die Ergebnisse identisch.

Aufgabe: Maximales Volumen eines Quaders ohne Deckel aus einer Fläche F. Volumen $V = f = xyz$. Es sei: $g(x,y,z) = xy + 2xz + 2yz - F = 0$. $(x > 0;\ y > 0;\ z > 0)$.

grad(f) $= \lambda \cdot$ grad g(x,y,z) $\to$ (1): $yz = \lambda \cdot (y + 2z)$; (2): $xz = \lambda \cdot (x + 2z)$; (3): $xy = 2\lambda \cdot (x + y) \to x = y = 2z\lambda / (z - \lambda) \to x = y = 4\lambda$; $z = 2\lambda$; so folgt: $x = y = (F/3)^{0,5}$ und $z = 0{,}5 \cdot (F/3)^{0,5}$; ein Maximum auf dem Rand ist nicht möglich, da $V = 0$ wäre. (g würde unendlich werden; g(x,y,z) $= 0$ wäre nicht zu erfüllen.)

Doppelintegrale

$I = \int_S f(x, y)\, dx\, dy$. Eine Auflösung wird ermöglicht durch die Substitutionen $x = x(u,v)$ und $y = y(u,v)$. Es ergibt sich: $= \int_S f(x(u, v), y(u, v)) \left| \frac{d(x,y)}{d(u,v)} \right| dv\, du$

Es gilt: $\left| \frac{d(x,y)}{d(u,v)} \right| = \det \begin{pmatrix} dx/du & dx/dv \\ dy/du & dy/dv \end{pmatrix}$ [Jakobi-Determinante]. (Es sei $(u,v) \in T$ zugeordnet (bijektiv und stetig differenzierbar) zu $(x,y) \in S$.

Konstanten und Gleichungen der Physik

Machen Sie sich bitte mit den Symbolen, den mathematischen Beziehungen und zugehörigen Deutungen zur Realität vertraut.

Energiebeziehungen: $1\,\text{J} = 1\,\text{Ws} = 1\,\text{VAs} = 1\,\text{Nm} = 1\,\text{kg (m/s)}^2 = 6{,}242 \cdot 10^{12}\,\text{MeV}$; $1\,\text{eV} = 1{,}602 \cdot 10^{-19}\,\text{Vas}$; $W = p^2 / 2m = 0{,}5 \cdot mv^2 = eU$

Sommerfeldsche Feinstrukturkonstante: $\alpha = e^2 / (2 \cdot \varepsilon_0 \cdot c \cdot h) = 1/\,137 = 0{,}0072992700729927007299270072992700729927 \dots$

Planck'sches Wirkungsquantum: $h = 6{,}626 \cdot 10^{-34}\,\text{Js} = 4{,}1357 \cdot 10^{-15}\,\text{eVs}$

Planck'sche Beziehung: $W = h \cdot f = (h \cdot c) / \lambda$

Bohrscher Radius: $r_n = [(\varepsilon_0 \cdot h^2) / (\pi \cdot e^2 \cdot m_e)] \cdot n^2$

Bohrsche Elektronengeschwindigkeit: $v_n = e^2 / (2 \cdot \varepsilon_0 \cdot h \cdot n)$

Seriengesetz für Wasserstoff: $W_m - W_n = h \cdot f = 13{,}6\,\text{eV} \cdot (1/m^2 - 1/n^2)$; $W_{mn} = 0{,}5 \cdot \alpha^2 \cdot m_e \cdot c^2 \cdot (1/m^2 - 1/n^2)$

Kreisfrequenz: $\omega = 2\pi \cdot f$

De Broglie-Beziehung: $\lambda = h / (m \cdot v) = h / p$

Compton-Effekt: $\Delta\lambda = \lambda' - \lambda = [h / (m_e \cdot c)] \cdot (1 - \cos(\delta))$

Äquivalenzbeziehung: $E = m \cdot c^2$

Photoeffekt: $W_{kin} = e \cdot U = h \cdot f - W_A$

Photonenmasse: $m_{ph} = h \cdot f / c^2 = (h/2\pi) \cdot \omega / c^2$

Spektrallinien: (Lyman-Serie) $\tilde{v} \approx R_\infty\, [1/1^2 - 1/n^2] = R_\infty\, [1 - 1/n^2]$; (Balmer-Serie) $\tilde{v} \approx R_\infty\, [1/2^2 - 1/n^2]$; (Paschen-Serie) $\tilde{v} \approx R_\infty\, [1/3^2 - 1/n^2]$

Rydberg-Energie: $R_{yE} = 13{,}6\,\text{eV} = 2{,}1\,79 \cdot 10^{-18}\,\text{J}$

Rydberg-Formel: $\tilde{v} = R_\infty\, [1/m^2 - 1/n^2]$

Yukawa-Potential: $V(r) = g \cdot [\exp(-r / r_0)] / r$

Relativistische Energie: $E = \frac{m \cdot c^2}{\sqrt{1 - v^2/c^2}}$

Hamilton-Operator: $\hat{H} = \frac{\hat{p}^2}{2m} + V(\hat{x})$

(48) grad, div, rot, Nabla (∇)

grad, div, rot, Nabla (∇)

Unterschieden wurden bisher weitgehend Funktionen mit einer Veränderlichen (zum Beispiel f(x) = sin(x)) und Funktionen mit einer Veränderlichen und Parameter (zum Beispiel $f_{a,b}(x) = a \cdot x^2 + b \cdot x$). Parameter wurden dann gesondert betrachtet.

Funktionen mit mehreren Veränderlichen, wie zum Beispiel
$f(x, y) = \exp(x^2 + y^3)$.
Diese Funktion kann sowohl nach x als auch nach y abgeleitet werden. In diesem Fall spricht man von partiellen Ableitungen.
Für die erste Ableitung nach x wird geschrieben: $f_x(x, y) = f_x$
Für die erste Ableitung nach y wird geschrieben: $f_y(x, y) = f_y$
Für die zweite Ableitung nach x wird geschrieben: $f_{xx}(x, y) = f_{xx}$ etc.

Sollten alle partiellen Ableitungen existieren, dann kann grad (f(x, y)) = (f_x, f_y) gebildet werden.
(Zum Beispiel $f(x, y) = x^2 \cdot y$: grad f = ($2xy$, x^2).)
Für f(x, y, z) ergibt sich: grad (f(x, y, z)) = (f_x, f_y, f_z).

Beispiel: $f(x, y) = x^2 + y^4 - 2x + 5y - 6xy$
Nun gilt: $f_x(x, y) = 2x - 2 - 6y$ und $f_y(x, y) = 4y^3 + 5 - 6x$
Dies ergibt. grad f(x, y) = ($2x - 2 - 6y$, $4y^3 + 5 - 6x$)
Im Punkt f(x, y) = (1, -1) erhält man: grad f(x, y) = (6, -5)

grad f zeigt in die Richtung der höchsten Veränderung (Anstieg …)

Physikalisch folgt (es sei grad u = v)
1) div v = 0 $\leftrightarrow$ v ist quellenfrei
2) div v = 0 $\leftrightarrow$ v = rot ω (ω: Vektorpotential)
3) rot v = 0 $\leftrightarrow$ v ist wirbelfrei
4) rot v = 0 $\leftrightarrow$ v = grad u (u: Potential)

Gradient (grad) und Nabla

grad f(x, y, z) = Einheitsvektor (in Richtung des größten Anstiegs) multipliziert (maximale Veränderung)
Geschrieben wird:
grad f(x, y, z)) = (∂_x, ∂_y, ∂_z) f(x, y, z) = ∇ f(x, y, z)
(∇: Nabla-Operator; ∇ = (∂_x, ∂_y, ∂_z).)
Der Nabla-Ausdruck ist dabei ein Vektor.

Divergenz (div)
Es liegt ein Vektorfeld im $|R^3$ vor: v = (u, v, w)
div v = $u_x + v_y + w_z$
Zum Hintergrund (Satz von Gauß): $\int_{\partial G} v \cdot d\sigma = \int_G \text{div}(v) \cdot d\sigma$

Es sei: $v(x, y, z) = (- 7x^2, 2y, z^{-2})$
$u = - 7x^2$; $u_x = - 14x$; v = 2y; v_y = 2; w = z^{-2}; $w_z = -2z^{-1} = - 2/z$
$\rightarrow$ div $v(x, y, z) = -14x + 2 - 2/z$

Divergenz (div) und Nabla: $\nabla \cdot v$ = div v

Rotation (rot) und Nabla: v = (u, v, w)
rot v = ($\partial w/\partial y$ - $\partial v/dz$, $\partial u/\partial z$ - $\partial w/\partial x$, $\partial v/\partial x$ - $\partial u/\partial y$)

Rotation (rot) und Nabla: rot v = $\nabla \times v$

Weiterhin gilt
∇ (f + g) = ∇ f + ∇ g; $\nabla \cdot (v + \omega)$ =
= $\nabla \cdot v + \nabla \cdot \omega$; $\nabla \times (v + \omega) = \nabla \times v + \nabla \times \omega$

Zu beachten ist:

grad φ	$\nabla \varphi$	Ergebnis: Vektor
div A	$\nabla \cdot A$	Ergebnis: Skalar
rot A	$\nabla \times A$	Ergebnis: Vektor

φ: Skalar; A: Vektor; ∇: Vektor

Aufgabe: Betrachtung zum elektrischen Feld: $E = \alpha \cdot (z \cdot r - 2 \cdot r^2 \cdot e_3) \rightarrow E = \alpha \cdot (zx, zy, z^2 - 2 \cdot r^2)$

$\rightarrow$ div $E = \alpha \cdot (z + z + 2z - 4z) = 0 \rightarrow$ rot $E = \alpha \cdot (- 4y - y, x + 4x, 0) = 5\alpha \cdot (-y, x, 0) \equiv - \dot{B} \rightarrow B = 5 \, t \, \alpha \cdot (y, - x, 0) \rightarrow$ div $B = 0$

Die Extrema der Funktion $f(x, y) = x^3 \cdot y^2 \cdot (1 - x - y)$ innerhalb der quadratischen Fläche mit $0 \le x \le 1$ und $0 \le y \le 1$ sind zu ermitteln. F ist beliebig oft differenzierbar.
grad(f(x,y)) = ($3x^2 \cdot y^2 \cdot (1 - x - y) + (x^3 \cdot y^2 \cdot (- 1))$, $x^3 \cdot 2y \cdot (1 - x - y) + x^3 \cdot y^2 \cdot (- 1)$)
grad(f(x,y)) = ($3x^2y^2 - 3x^3y^2 - 3x^2y^3 - x^3y^2$, $x^3 2y - x^4 2y - x^3 2y^2 - x^3 y^2$)
grad(f(x,y)) = ($x^2 y^2 (3 - 4x - 3y)$, $x^3 y (2 - 2x - 3y)$)
Nullstellen von grad(f(x,y)): i) bei x = 0 $\rightarrow$ (x, y) =; ii) bei y = 0; iii) (x, y) = (½, 1/3)
Die Lösungen unter i) und ii) liegen auf den Rändern und sind nicht näher zu betrachten.
Die Lösung unter iii) liegt im Quadrat.
Nun gilt: $f_{xx}(x,y) = 6xy^2 - 12x^2y^2 - 6xy^3$; $f_{yy}(x \, y) = 2x^3 - 2x^4 - 6x^3y$; $f_{xy}(x, y) = 6x^2y - 8x^3y - 9x^2y^2$
$f_{xx}(1/2,1/3) = 1/3 - 1/3 - 1/9 = -1/9$; $f_{yy}(1/2,1/3) = \tfrac{1}{4} - 1/8 - \tfrac{1}{4} = -1/8$; $f_{xy}(1/2,1/3) = \tfrac{1}{2} - 1/3 - \tfrac{1}{4} = -1/12$
Es folgt: $f_{xx}(1/2,1/3) \cdot f_{yy}(1/2,1/3) - (f_{xy}(1/2,1/3))^2 = (-1/9) \cdot (-1/8) - (-1/12)^2 = 1/72 - 1/144 = + 1/144 > 0$
Zugleich gilt: $f_{xx}(1/2,1/3) = - 1/9$. Es liegt ein strenges lokales Maximum vor: f(1/2,1/3) = 1/432

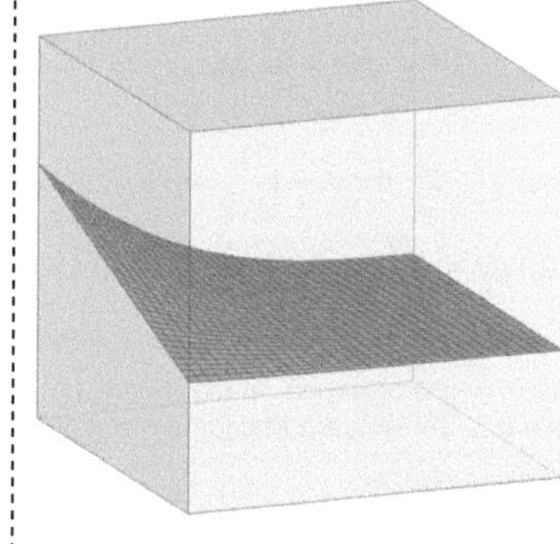

Variationsrechnung

Die Variationsrechnung bemüht sich, unter den gegebenen Variationen von Bewegungen jene zu finden, die unter Beachtung von Anfangs- und Randbedingungen eine optimale Bewegung darstellt. Fernab von einer Suche nach einer einheitlichen Welttheorie orientiert sie sich nach einem elementaren Prinzip der Vereinheitlichung unter Beachtung einer kleinsten Wirkung. Mit diesem Prinzip der „kleinsten Wirkung" geht dann eine Kausalbeschreibung einher. In der alten Tradition wurden vier Kausalitätsprinzipien betrachtet: causa formalis, causa materialis, causa finalis und die causa efficiens. Im Mittelpunkt vielfältiger Kausalitätsanalysen steht in unserer Zeit die causa efficiens. Hierbei wird die Wirkursache als Verursachung einer Bewegung verstanden.

In der elementaren Analysis werden mit Blick auf eine vorgegebene Gleichung Extrema (Maxima und Minima $\rightarrow$ df(x)/dx = 0) ermittelt. In der Variationsrechnung wird oftmals entsprechend ein Integralausdruck mit Blick auf eine gegebene Bewegung optimiert. Beispielhaft wird dies gemäß Fermat mit Blick auf die Prinzipien der Lichtbewegung im Übergang zwischen zwei Medien verwendet. Das Licht bewegt sich so, dass es in kürzester Zeit sein Ziel erreichen kann. (Soweit die formale Beschreibung. Die Details auf der Ebene der Photonen selbst sind in vielerlei Hinsicht ungeklärt. Siehe hierzu Feynman (2020).) Es gibt in diesem Fall eine enge Verknüpfung von Differenzial- und Integralbeziehungen und den Verbindungen zu Kausalitätsannahmen. Ziel der Betrachtung ist es zum Beispiel, bei geometrischen Konfigurationen Gestaltungen zu finden, die einen möglichst geringen Energiebedarf erforderlich machen. Die zugehörigen Diskussionen sind vielfältig.

Typischerweise werden Funktionalausdrücke der Form F(x, y, dy/dx) = F(x, y, y') betrachtet, die eingebunden in eine Integralstruktur $\int_G$ F(x, y, dy/dx) $\cdot$ dx eine optimale Wirkung ergeben sollen. Hierzu wird zum Beispiel der Ausdruck F(x, y, y') einmal nach y und einmal nach dy/dx = y' abgeleitet. Zum Beispiel: $\phi(y) = \int_a^b \left(- 4x \cdot y \cdot (dy/dx) + 22 \, x^3 \left(\frac{dy}{dx}\right)^2 \right) dx$

$\rightarrow$ F = - 4 $\cdot$ x $\cdot$ y $\cdot$ y' + 22 $\cdot$ x^3 $\cdot$ (y')^2 $\rightarrow$ F_y = - 4 $\cdot$ x $\cdot$ y'; $F_{dy/dx}$ = - 4 $\cdot$ x $\cdot$ y + 44 $\cdot$ x^3 $\cdot$ y'.

Unter Beachtung der Randbedingungen a und b kann dann ein Optimum bestimmt werden.

Im Rahmen der Stochastik und Quantentheorie werden für die ‚Bewegung' von einem Ort zu einem anderen sogenannte **Pfadintegrale** eingeführt ($\rightarrow$ Wiener (~ 1920) / Feynman (~ 1948) etc.).

(49) Integration im komplexen Raum, Polstellen, Reihen, Reihenentwicklung, Residuensatz, … (I)

Ableitung

Funktionen im klassisch reellen Bereich nähern sich zum Beispiel einem Konvergenzpunkt auf einer Linie: $\lim\limits_{x \to x_0} f(x) \to f(x_0)$.

In der komplexen Ebene ergeben sich vielfältige „Näherungslinien" bei einen Grenzwert:

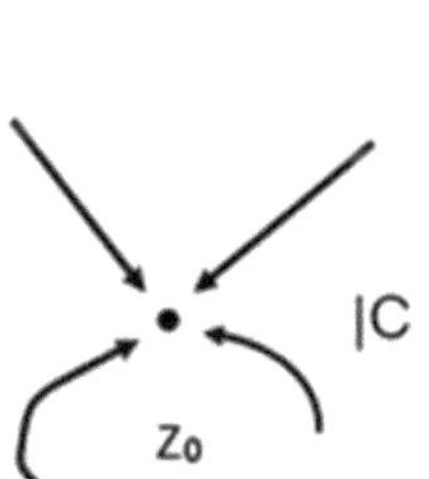

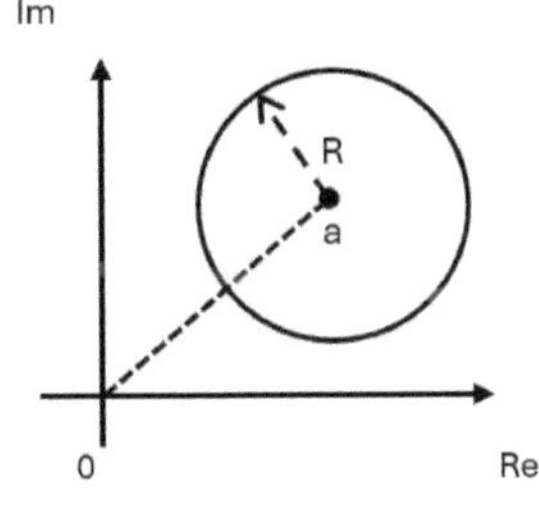

(R: Radius; a: Kreisursprung)

Integration

Veranschaulichen Sie sich die Integration im komplexen Raum

Es sei $f(z)$ mit $z \in |C$ eine komplexe Funktion.

Es gilt: $z|_{Kreis} = a + R \cdot \exp(j \cdot \theta)$

$$\oint_{C_R} f(z) \cdot dz = \int_{-\pi}^{+\pi} f(a + R \exp (i \cdot \theta))\, i \cdot R \cdot \exp(j \cdot \theta) \cdot d\theta$$

Mit $dz = i \cdot R \cdot \exp(j \cdot \theta) \cdot d\theta$. Es gilt: $F'(z) = f(z)$.

Es sei $f(z)$ auf der Kontur C und seinem Inneren eine analytische Funktion. Ist die Kontur C glatt und geschlossen, dann folgt: $\oint_C f(z) \cdot dz = 0$.

Nun gilt (Einsicht von Cauchy) für Funktionen, die nicht analytisch sind (– so gegeben bei Funktion mit Polstellen im Integrationsbereich, so dass $f(z)$ singulär bei $z = a$ ist –) folgende Beziehung:

$$\frac{1}{2 \cdot \pi \cdot i} \oint_C \frac{f(z)}{(z-a)} \cdot dz = \begin{cases} 0, & a \text{ liegt außerhalb von C} \\ f(a), & a \text{ liegt im Inneren von C} \end{cases}$$

Es liegt in diesem Fall ein einfacher Pol vor.

Residuensatz

Liegen in einem entsprechenden Gebiet (der Satz von Gauß ist anwendbar, f ist holomorph) endlich viele Singularitäten an den Positionen z_1, z_2, …, z_n vor, dann folgt: $\int_{\partial G} f(z)\, dz = 2\,\pi\,i \cdot \sum_{j=1}^{n} Res(f|_{z_j})$. Ausgehend von diesem Satz können Differenzialgleichungen und -systeme gelöst werden.

Analytische Funktion

Eine analytische Funktion existiert im komplexen Definitionsbereich. Diese Funktion ist in jedem Punkt der Ebene D differenzierbar. Analytische Funktion steht auch für komplex differenzierbare Funktion bzw. gleichwertig damit für holomorphe Funktion. Eine analytische Funktion kann mittels einer Potenzreihe dargestellt werden.

Singularitäten (Polstellen)

Es sei $f(z) = \sum_{n=-\infty}^{\infty} a_n \cdot (z - z_0)^n$

In z_0 hat f eine isolierte Singularität der Ordnung 1 [$\to 1/(1 - z_0)$], wenn gilt: f ist in $0 < |z - z_0| < r$ holomorph (jedoch nicht in z_0). Die isolierte Singularität ist hebbar, wenn f für $|z - z_0| < r$ holomorph ist. (f wird somit erweitert.) Es wird auch von einem Pol (bzw. Polstelle) z_0 gesprochen, wenn f keine, aber 1/f eine hebbare Singularität in z_0 hat. Die isolierte Singularität ist wesentlich, wenn sie weder ein Pol noch hebbar ist. (In diesem Fall hat die Laurentreihe bzgl. f um z_0 gemäß $0 < |z - z_0| < r$ unendlich viele Glieder mit negativen Exponenten.) Man spricht auch von einer meromorphen Funktion in G.

Es sei f mit einem Pol oder wesentliche Singularität gegeben.

Dann ist $f|_{z_0} = \dfrac{1}{2 \cdot \pi \cdot i} \int_{|z - z_0|} f(z)\, dz$ mit $0 < \rho < r$ das Residuum von f in z_0.

f hat in z_0 einen Pol erster Ordnung $\to Res\, f|_{z_0} = \lim_{z \to z_0} f(z) \cdot (z - z_0)$

Weiterhin gilt: f hat in z_0 einen Pol k-ter Ordnung

$$\to Res\, f|_{z_0} = \frac{1}{(k-1)!} \lim_{z \to z_0} \frac{d^{k-1}}{dz^{k-1}} f(z) \cdot (z - z_0)^k$$

Beispiele zu Reihenentwicklungen

Taylor-Reihe: $f(x) = \sum_{k=0}^{n} \dfrac{f^{(k)}(x_0)}{k!} \cdot (x - x_0)^k$

Beispiel 1: Betrachtung zu $g(x) = 8x^2 - 5x - 3$ mit $x_0 = 2$.

$\to g(x_0 = 2) = 19$; $g'(x_0) = 16x_0 - 5 = 27$; $g''(x_0) = 16$

$\to g(x) = 19 + 27(x - 2) + 8(x - 2)^2 = 19 + 27x - 54 + 8x^2 - 32x + 32$

$\qquad = 19 - 54 + 32 + 27x - 32x + 8x^2 = -3 - 5x + 8x^2$

Beispiel 2 für $f(x) = \exp(3x) = e^{3x}$ in der Umgebung von $x_0 = 1$:

$f(x) = \exp(3x) \to f(1) = \exp(3)$

$f'(x) = 3 \cdot \exp(3x)$; $f'(1) = 3 \cdot \exp(3)$; $f''(x) = 9 \cdot \exp(3x) \to f''(1) = 9 \cdot \exp(3)$ …

$T_n(x) = \exp(3) + 3 \cdot \exp(3)(x - 1) + (\tfrac{9}{2}) \cdot \exp(3) \cdot (x - 1)^2 + … + (3^n/n!) \cdot (x - 1)^n$

Beispiel 3: Taylor-Reihe für $f(x) = x \cdot \exp(x)$ mit Blick auf $x_0 = 0$ ($f(x = 0) = 0$).

$f'(x) = 1 \cdot \exp(x) + x \cdot \exp(x) = (x + 1) \cdot \exp(x)$; $f'(x = 0) = 1$

$f''(x) = 1 \cdot \exp(x) + 1 \cdot \exp(x) + x \cdot \exp(x) = (x + 2) \cdot \exp(x)$; $f''(x = 0) = 2$

$f'''(x) = (x + 3) \cdot \exp(x)$; $f'''(x = 0) = 3$; etc.

Nun folgt ausgehend von $\exp(x) = \sum_{n=0}^{\infty} \dfrac{x^n}{n!}$: $x \cdot \exp(x) = \sum_{n=0}^{\infty} \dfrac{x^{n+1}}{n!}$

$Res\, f|_{z=2i} = \lim\limits_{z \to -2i}(z - 2i) \cdot \dfrac{1}{(z^2 + 4z + 4)(z^2 + 4)}] =$

$\qquad = \lim\limits_{z \to -2i} \dfrac{1}{(z + 2)^2 \cdot (z + 2i)} = -1/32$

$Res\, f|_{z=-2i} = \lim\limits_{z \to -2i}(z + 2i) \cdot \dfrac{1}{(z^2 + 4z + 4)(z^2 + 4)}] =$

$\qquad = \lim\limits_{z \to -2i} \dfrac{1}{(z + 2)^2 \cdot (z - 2i)} = -1/32$

$\to C_2$: $\int_{C_2} f(z) \cdot dz = 0$.

Laurentreihe: $f(z) = \dfrac{2}{z^2 - 4z + 3} = \dfrac{1}{1 - z} + \dfrac{1}{z - 3}$

Unterschieden werden

$\to 0 < |z| < 1$ ($\to$ Kreis um den Nullpunkt mit $r < 1$):

$\quad$ Es gilt: $\dfrac{1}{3 - z} = \dfrac{1}{3} \cdot \dfrac{1}{1 - z/3} \to f(z) = \sum_{n=0}^{\infty} z^n + \dfrac{1}{3} \cdot \sum_{n=0}^{\infty} \left(\dfrac{z}{3}\right)^n$

$\to 1 < |z| < 3$ (Ring zwischen 1 und 3):

$\quad$ Es gilt: $\dfrac{1}{1 - z} = \dfrac{1}{z} \cdot \dfrac{1}{1 - 1/z} \to f(z) = -(\sum_{n=1}^{\infty} \dfrac{1}{z^n} + \sum_{n=0}^{\infty} \dfrac{1}{3^{n+1}} \cdot z^n)$

$\to |z| > 3$ (Gebiet außerhalb des Kreises $r = 3$)

$\quad$ Es gilt hierbei $\dfrac{1}{z - 3} = \sum_{n=0}^{\infty} \dfrac{3^n}{z^{n+1}} \to f(z) = -\sum_{n=1}^{\infty} \dfrac{1}{z^n} \cdot (1 - 3^{n-1})$

Polstellen von $f(z) = \dfrac{1}{(z^2 + 4z + 4)(z^2 + 4)}$; $z \in |C$

$\to z_1 = -2$; $z_2 = -2$; $z_3 = 2i$; $z_4 = -2i$

Integral bestimmen: $\int_{C_i} f(z) \cdot dz$.

Für C_i gilt:

(1) $C_1 : [0, 2\pi] \to |C$; $C_1(t) = \exp(it)$

(2) $C_2 : [0, 2\pi] \to |C$; $C_2(t) = 4 \cdot \exp(it)$

C_1 und C_2 haben den Mittelpunkt im Nullpunkt.

Radius von C_1: $r_{C1} = 1$. Keine Polstelle innerhalb von C_1: $\int_{C_1} f(z) \cdot dz = 0$.

Radius von C_2: $r_{C2} = 4$. Alle Polstellen liegen innerhalb von C_2.

$\int_{C_2} f(z) \cdot dz = 2\pi i \cdot (Res\, f|_{z=-2} + Res\, f|_{z=2i} + Res\, f|_{z=-2i})$

$Res\, f|_{z=-2} = \lim\limits_{z \to -2} \dfrac{d}{dz}[(z + 2)^2 \cdot \dfrac{1}{(z^2 + 4z + 4)(z^2 + 4)}] = \lim\limits_{z \to -2} \dfrac{d}{dz}[\dfrac{1}{(z^2 + 4)}] =$

$\qquad = \lim\limits_{z \to -2} \dfrac{-2z}{(z^2 + 4)^2} = 1/16$

(50) Integration im komplexen Raum, Polstellen, Reihen, Reihenentwicklung, Residuensatz, … (II)

$f(k) = \sum_{k=1}^{n} k = \lim_{n \to \infty} \frac{n \cdot (n+1)}{2}$. $f(k)$ konvergiert nicht.

$f(k) = \sum_{k=1}^{n} \frac{1}{k(k+1)}$ mit $\frac{1}{k(k+1)} = \frac{1}{k} - \frac{1}{k+1}$

$\to f(k) = \sum_{k=1}^{n} \frac{1}{k} - \frac{1}{k+1} = 1 - \frac{1}{n+1}$.

Konvergenz von $f(k)$ gegen 1.

Geben Sie $1/(1 + x^2)$ als Reihe an. $\to \sum_{k=1}^{\infty} (-1)^{k+1} \cdot \left(\frac{1}{x^n}\right)^{k}$

$\to$ Konvergenzradius: $r = 1$

Konvergenz von $R(n) = \sum_{n=1}^{\infty} \frac{\sin(n^2 x)}{n^2}$; $\left| \frac{\sin(n^2 x)}{n^2} \right| = \frac{|\sin(n^2 x)|}{n^2} \le 1/n^2$.

Es konvergiert $\sum_{n=1}^{\infty} \frac{1}{n^2}$. Insofern auch gleichmäßig $R(n)$.

Aufgaben - Residuen: Berechnung des Integrals zu $f(z) = (2z^2 + z + 1) / (z^2 - 4)$

A: Es liegt ein Einheitskreis vor.

$\to f(z) = 2 + (z + 9) / (z^2 - 4)$

$\to \int_C 2\, dz = 0$ (C: Einheitskreis $\to$ die Funktion $f(z)$ ist regulär)

$\to \int_C f(z)\, dz = \int_C (z + 9)/((z - 2)(z + 2))\, dz = 0$

   (C: Einheitskreis $\to$ die Funktion $f(z)$ ist regulär)

C: $f(z) = 1/(z^2 - z^4) = 1/((z - 2) \cdot (z + 2))^3 = 1/((z - 2)^3 \cdot (z + 2)^3)$

   Polstellen bei $x_1 = +2$ (dreifach); $x_2 = -2$ (dreifach)

   Res $f|_2 = \lim_{z \to 2} \frac{1}{2} \left(\frac{d}{dz}\right)^2 \left(\frac{(1)}{(1+z)^2}\right) = \frac{1}{2} (-3) \cdot (-4) \cdot (z + 2)^{-5} |_{z=2} = 3/512$

   und für $z = -2$ entsprechend: Res $f|_{-2} = -3/512$

B: Kreis mit Radius 2, also $|z - 2| = 2$

$\to \int_C 2\, dz = 0$ (Die Funktion $f(z)$ ist regulär)

$\to \int_C (z + 9)/((z - 2)(z + 2))\, dz$ [Polstelle bei $z = 2$] $=$ Res $f|2$

   Res $f|2 = \lim_{z \to 2} (z + 2) \left(\frac{(2z^2 + z - 1)}{z^2}\right) = 11/4$

   Mit $\int_{\partial G} f(z)\, dz = 2\pi i \cdot \sum_{j=1}^{n} \text{Res}(f|_{z_j})$ folgt:

   $\int_C (z + 9)/((z - 2)(z + 2))\, dz = 2\pi i \cdot 11/4 = (11/2) \cdot \pi \cdot i$

D: Kreis: $|z - 1| = 2 \to$ Kreis mit Radius 2 um den Mittelpunkt (1; 0i)

   Pole: 0; 2; -2 für $1/(z^3 - 4z)$

   Im Kreis liegen nur die Pole bei 0 und 2.

   Res $f|_z = \lim_{z \to z_k} (z - z_k) f(z)$; Res $f|_0 = \lim_{z \to 2} \left(\frac{1}{z^2 - 4}\right) = -\frac{1}{4} = $ Res $f|_2$

Aufgabe: Integration

Berechnet wird das Integral $\int_0^{\infty} \frac{\sin(x)}{x} \cdot dx$.

Für die Integration wird $\exp(iz) / z$ betrachtet auf dem Weg C.

C wird in vier Abschnitte (Wege) aufgegliedert: $C = C_1 + C_2 + C_3 + C_4$.

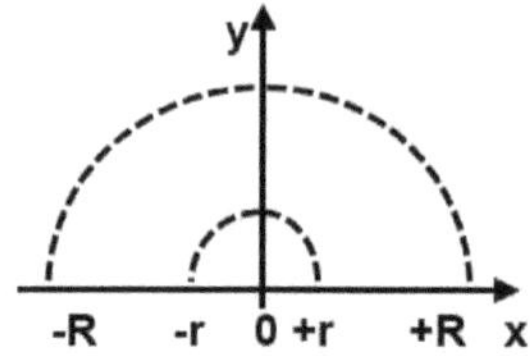

Integrationswege:

C_1: $-R \to -r$

C_2: innerer Kreisbogen von $-r$ zu $+r$

C_3: $+r \to +R$

C_4: äußerer Kreisbogen v. $+R$ zu $-R$

$I = \int_{-\infty}^{\infty} \frac{1}{1 + x^2}\, dx = ?$ Lsg. mit $x = \tan(v)$; $x^2 = \tan^2(v)$

$\to \int_a^b f(x)\, dx \int_{\phi^{-1}(a)}^{\phi^{-1}(b)} f(\phi(v))\, \phi'(v)\, dv$ [mit $x = \phi(v)$]

$\to \int \frac{1}{x^2 + 1}\, dx = \int \frac{1}{(\tan(v))^2 + 1} (\tan^2 v + 1)\, dt = \int 1\, dt$

$\to I = \pi$ [es gilt $= \phi'(v) = \tan^2(v) + 1$]

Eine Lösung ergibt sich über die Zerlegung

$\int \frac{1}{z^2 + 1}\, dz + \oint \frac{1}{1 + z^2}\, dz$ [mit $1 + z^2 = (z + i)(z - i)$

$\to$ Polstellen dann bei i und $-i$; Substitution: $z = Re(\exp(i\varphi))$

Das Integral über C ergibt Null.

Die Integrale über $C_1 + C_3$ sind gleich der Summe über $- C_2 - C_4$.

Zu $C_1 + C_3$: $\int_{-R}^{-r} \left(\frac{1}{x}\right) \exp(i\, x)\, dx + \int_r^R \left(\frac{1}{x}\right) \exp(i\, x)\, dx$

$\to -\int_r^R \left(\frac{1}{x}\right) \exp(i\, x)\, dx + \int_r^R \left(\frac{1}{x}\right) \exp(i\, x)\, dx$

$\to \int_r^R \left(\frac{1}{x}\right) (\exp(i\, x) - \exp(-i\, x))\, dx = 2\, i \int_r^R \left(\frac{\sin(x)}{x}\right) dx$

Zu C_2: $z = r \exp(i\, \varphi)$ mit $0 \le \varphi \le \pi$ (und dann $r \to 0$)

$\to \int_{C_2} \frac{1}{z} \exp(i\, z)\, dz = \int_{\pi}^{0} \left(\frac{1}{r}\right) \exp(-i\, \varphi) \exp((i\, r \exp(i\, \varphi))\, r\, i \exp(i\, \varphi)\, d\varphi$

$\to -i \int_0^{\pi} \exp(i\, r) (\cos \varphi + i \sin \varphi) d\varphi = -i \int_0^{\pi} \exp(0)\, d\varphi = -i\, \pi$

Zu C_4: $z = R \exp(i\varphi)$ mit $0 \le \varphi \le \pi$; $\to \int_C (1/z) \exp(i\, z)\, dz$

$\to \int_0^{\pi} \left(\frac{1}{R}\right) \exp(-i\, \varphi) \exp((i\, R \exp(i\, \varphi))\, R\, i \exp(i\, \varphi)\, d\varphi$

$\to i \int_0^{\pi} \exp(i\, R \cos \varphi - R \sin \varphi)\, d\varphi \le \int_0^{\pi} \exp(-R \sin \varphi)\, d\varphi = \to 0$

So folgt: $\int_0^{\infty} \frac{\sin(x)}{x} \cdot dx = \pi/2$

Aufgabe

$f(z) = (z^2 + 4z + 4) \cdot (z^2 + 4) \to$ Nullstellen: $z_1 = z_2 = -2$; $z_3 = 2i$; $z_4 = -2i$.

Betrachtet wird das Integral $I = \int_C 1/f(z) \cdot dz$ jeweils mit C: $[0, 2\pi]$.

Für $C = C_1(t) = \exp(it)$ folgt: $I = 0$. Innerhalb des Kreises C_1 liegen keine Nullstellen.

Für t $C = C_2(t) = 4 \cdot \exp(it)$. $Z = -2$ liegt doppelt vor.

Res $f_{|z = -2} = 1/16$; Res $f_{|z = -2i} = -1/32$; Res $f_{|z = +2i} = -1/32$. $I = 0$.

[Mit Res über $\lim z \to z_i$ (Polstelle).]

Aufgabe

$f(z) = \frac{1}{(z - 3) \cdot (z^2 + 4)}$; Polstellen: $z_1 = 3$; $z_2 = 2i$; $z_3 = -2i$;

Kreisring-Mittelpunkt: $Re(z) = 0$; $Im(z) = 2i$

Ringpositionen: (1) $Re(z) = 0$; $Im(z) = -2i$

        (2) $Re(z) = 3$; $Im(z) = 0$

$\to \frac{1}{z - 2i} \cdot \frac{1}{z + 2i} \cdot \frac{1}{z - 3} =$

$= \frac{1}{z - 2i} \cdot \frac{1}{z - 3} \cdot \frac{1}{z + 2i} = \frac{1}{z - 2i} \cdot \left(\frac{1}{z - 3} - \frac{1}{z + 2i}\right) \cdot \frac{1}{3 + 2i}$

(51) Matrizen, Kegelschnitte

Allgemeine Gleichung 2. Grades $(F(x,y))$ für Kurven der 2. Ordnung: $a_{11}x^2 + a_{22}y^2 + 2a_{12}xy + 2a_{10}x + 2a_{20}y + a_{00} = 0$

$x^2 - 12x + y^2 - 6y + 29 = 0 \rightarrow (x-6)^2 + (y-3)^2 = 16 \rightarrow$ Kreis

$4x^2 - 24x + 9y^2 - 72y + 72 = 0 \rightarrow \dfrac{(x-3)^2}{9} + \dfrac{(y-4)^2}{4} = 3 \rightarrow$ Ellipse

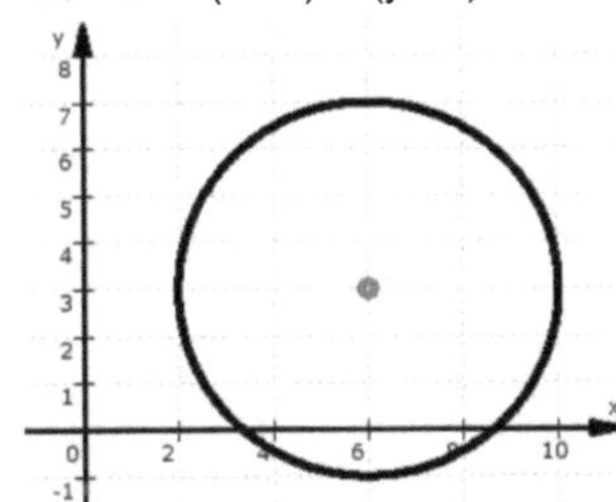

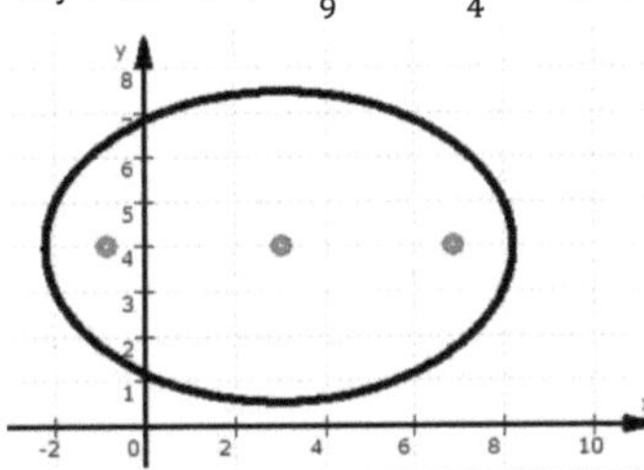

$x^2 + y^2 = + 6x - 8y - 16$

$\rightarrow x^2 - 6x + 16 + y^2 + 8y + 16 = 0$

$\rightarrow x^2 - 6x + 9 + y^2 + 8y + 16 = 9$

$\rightarrow (x-3)^2 + (y+4)^2 = 9$

$\rightarrow$ Kreisgleichung

$\rightarrow$ Mittelpunkt: $m = (3 ; -4)$

$\rightarrow$ Radius: $r = 3$

$x^2 + y^2 = + 6x - 8y - 9$

$\rightarrow x^2 - 6x + 9 + y^2 + 8y = 0$

$\rightarrow x^2 - 6x + 9 + y^2 + 8y + 16 = 16$

$\rightarrow (x-3)^2 + (y+4)^2 = 16$

$\rightarrow$ Kreisgleichung

$\rightarrow$ Mittelpunkt: $m = (3 ; -4)$

$\rightarrow$ Radius: $r = 4$

$A = \begin{bmatrix} 19 & 3 \\ 3 & 11 \end{bmatrix} \rightarrow \det(A - \lambda E) = \begin{bmatrix} 19 - \lambda & 3 \\ 3 & 11 - \lambda \end{bmatrix}$

$\rightarrow (19 - \lambda)(11 - \lambda) - 9 = \lambda^2 - 30\lambda + 200 = 0$

$\rightarrow$ (Eigenwerte) $\lambda_1 = 10; \lambda_2 = 20 \rightarrow A$ ist positiv definit

$\rightarrow$ (Eigenvektoren) $X_1 = \frac{1}{\sqrt{10}}\begin{bmatrix} 3 \\ 1 \end{bmatrix}; X_2 = \frac{1}{\sqrt{10}}\begin{bmatrix} -1 \\ 3 \end{bmatrix}$

$\rightarrow P = \frac{1}{\sqrt{10}}\begin{bmatrix} 3 & -1 \\ 1 & 3 \end{bmatrix}; P^T = P^{-1} = \frac{1}{\sqrt{10}}\begin{bmatrix} 3 & 1 \\ -1 & 3 \end{bmatrix}$

$\rightarrow P^T \cdot \begin{bmatrix} 19 & 3 \\ 3 & 11 \end{bmatrix} \cdot P =>$ diagonale Matrix

$4x^2 + y^2 + 4xy - 6x - 8y + 2 = 0 \rightarrow a_{11} = 4; a_{22} = 1; a_{12} = = a_{21}\ 2; a_{10} = -3; a_{20} = -4; a_{00} = 2$

$\rightarrow A = \begin{bmatrix} 4 & 2 \\ 2 & 1 \end{bmatrix}; I = \begin{bmatrix} 4 & 2 & -3 \\ 2 & 1 & -4 \\ -3 & -4 & 2 \end{bmatrix} \rightarrow \det A = 4 - 4 = 0 \rightarrow \det I = 8 + 24 + 24 - 9 - 64 - 8 = -25 \rightarrow$ eine Parabel liegt vor

Hauptachsentransformation

$16x^2 + 9y^2 + 24xy + 28x + 46y + 5 = 0$

$\rightarrow A = \begin{bmatrix} 16 & 12 \\ 12 & 9 \end{bmatrix}; b = \begin{pmatrix} 14 \\ 23 \end{pmatrix}; c = 5; \det A = 0$

$\rightarrow$ Mittelpunkt: $16m_1 + 12m_2 = -14; 12m_1 + 9m_2 = -23$

$\quad \rightarrow$ nicht auflösbar. Somit liegt kein Mittelpunkt vor.

$\rightarrow \det(A - \lambda E) = 0 \rightarrow$ (Eigenwerte) $\lambda_1 = 25; \lambda_2 = 0;$

$\rightarrow$ Eigenvektoren: $v_1 = 0,2 \cdot \begin{pmatrix} 4 \\ 3 \end{pmatrix}; v_2 = 0,2 \cdot \begin{pmatrix} -3 \\ 4 \end{pmatrix}$

$\quad$ Es liegt ein Parabeltyp vor.

$x^2 - 7y^2 + 6xy - 4x + 4y - 8 = 0$

$\rightarrow A = \begin{bmatrix} 1 & 3 \\ 3 & -7 \end{bmatrix}; b = \begin{pmatrix} -2 \\ 2 \end{pmatrix}; c = -8; \det A = -16$

$\rightarrow$ Mittelpunkt: $16m_1 + 12m_2 = -14; 12m_1 + 9m_2 = -23$

$\quad \rightarrow$ nicht auflösbar. Somit liegt kein Mittelpunkt vor.

$\rightarrow \det(A - \lambda E) = 0 \rightarrow$ (Eigenwerte) $\lambda_1 = 2; \lambda_2 = -8$

$\rightarrow$ Eigenvektoren: $u_1 = \begin{pmatrix} 3 \\ 1 \end{pmatrix}; u_2 = \begin{pmatrix} -1 \\ 3 \end{pmatrix}$

$\rightarrow$ normierte Hauptachsenrichtungen $v_1 = \frac{1}{\sqrt{10}}\begin{pmatrix} 3 \\ 1 \end{pmatrix}; v_2 = \frac{1}{\sqrt{10}}\begin{pmatrix} -1 \\ 3 \end{pmatrix}$

$\rightarrow$ Transformationsmatrix $Q =: \frac{1}{\sqrt{10}}\begin{bmatrix} 3 & -1 \\ 1 & 3 \end{bmatrix}; \det(Q) = 1$

$\rightarrow$ Drehung des Koordinatensystems $x = Qy$

$\quad y\ Q^TAQ\ y + 2b^TQy = y^T\begin{bmatrix} 1 & 3 \\ 3 & -7 \end{bmatrix}y + \frac{1}{\sqrt{10}}(-8, 16)\ y$

$\quad \rightarrow 2y_1^2 - \frac{1}{\sqrt{10}}y_1 - 8y_2^2 - \frac{1}{\sqrt{10}}y_2 = 8$

Transformation auf Normalform

$z_1 = y_1 - \frac{2}{\sqrt{10}}; z_2 = y_2 - \frac{1}{\sqrt{10}}$

$\rightarrow 2z_1^2 - 0,8 - 8z_2^2 + 0,8 = 8$

$\rightarrow$ (skaliert) $\left(\frac{z_1}{2}\right)^2 - \left(\frac{z_2}{2}\right)^2 = 1$

$\rightarrow$ Hauptachsenlänge mit 2 und 1 der Normalform einer Hyperbel

$\rightarrow$ Drehung plus Verschiebung: $x = Qy = Q(z + p)$

$\rightarrow$ Mittelpunkt: $m = Qp \rightarrow m = \begin{pmatrix} 0,5 \\ 0,5 \end{pmatrix}$

$5x^2 + 6y^2 + 5z^2 - 6xz - 2x - 12y - 18z + 33 = 0$

$\rightarrow A = \begin{bmatrix} 5 & 0 & -3 \\ 0 & 6 & 0 \\ -3 & 0 & 5 \end{bmatrix}; b = \begin{pmatrix} -1 \\ -6 \\ -9 \end{pmatrix}; c = 33; \det A = 141$

$\rightarrow \det(A - \lambda E) = \begin{bmatrix} 5 - \lambda & 0 & -3 \\ 0 & 6 - \lambda & 0 \\ -3 & 0 & 5 - \lambda \end{bmatrix}$

$\rightarrow$ (Eigenwerte) $\lambda_1 = 8; \lambda_2 = 6; \lambda_3 = 2$

Mittelpunkt:

$5m_1 - 3m_3 = 1; 6m_2 = 0; -5m_1 + 5m_3 = 9 \rightarrow m_1 = 2; m_2 = 1; m_3 = 3$

$\rightarrow m = \begin{pmatrix} 2 \\ 1 \\ 3 \end{pmatrix} \rightarrow \gamma = b^T \cdot m + c = -2 - 6 - 27 + 33 = -2$

$\rightarrow$ (drei positive Eigenwerte und $\gamma < 0$) $\rightarrow$ Ellipsoid

$\rightarrow \lambda_1 \cdot u_1^2 + \lambda_2 \cdot u_2^2 + \lambda_3 \cdot u_3^2 + \gamma = 0 \rightarrow 8 \cdot u_1^2 + 6 \cdot u_2^2 + 2 \cdot u_3^2 - 2 = 0$

$\rightarrow$ (Normalform): $4u_1^2 + 3u_2^2 + u_3^2 = 1$

Betrachtung der Hauptachsen: Eigenvektoren von A

Ansatz: $\begin{bmatrix} 5 - \lambda & 0 & -3 \\ 0 & 6 - \lambda & 0 \\ -3 & 0 & 5 - \lambda \end{bmatrix} \cdot \begin{pmatrix} v_1 \\ v_2 \\ v_3 \end{pmatrix}$

$\rightarrow$ für v_1 folgt: $\begin{bmatrix} 5 - 8 & 0 & -3 \\ 0 & 6 - 8 & 0 \\ -3 & 0 & 5 - 8 \end{bmatrix} \cdot \begin{pmatrix} v_{11} \\ v_{12} \\ v_{13} \end{pmatrix} = \begin{bmatrix} -3 & 0 & -3 \\ 0 & -2 & 0 \\ -3 & 0 & -3 \end{bmatrix} \cdot \begin{pmatrix} v_{11} \\ v_{12} \\ v_{13} \end{pmatrix}$

$\quad$ etc. für v_2 und v_3

$\rightarrow v_1 = \frac{1}{\sqrt{2}}\begin{pmatrix} 1 \\ 0 \\ -1 \end{pmatrix}; v_2 = \begin{pmatrix} 0 \\ 1 \\ 0 \end{pmatrix}; v_3 = \frac{1}{\sqrt{2}}\begin{pmatrix} 1 \\ 0 \\ 0 \end{pmatrix}$

(52) Differenzialgeometrie

Die Gerade $g(\lambda, t) = \lambda \cdot (\cos(t), \sin(t), 1)$ schneidet die Ebene E.
E : $x - 2y - 5z + 10 = 0$. Bestimmen Sie den **Schnittpunkt** (S).
Interpretieren Sie die Gegebenheiten.

$\to \lambda \cdot \cos(t) - 2\lambda \cdot \sin(t) - 5\lambda + 10 = 0$

$\to \lambda = \dfrac{-10}{\cos(t) - 2\sin(t) - 5}$

$\to S = \dfrac{-10}{\cos(t) - 2\sin(t) - 5} \cdot (\cos(t), \sin(t), 1).$

Ein Kegel wird von der Geraden geschnitten.

Regularität einer parametrischen Kurve $(\boldsymbol{x}(t) \to |R^3)$
$\boldsymbol{x}(t) = (t^2 - 4t + 2;\ 0{,}6 \cdot \sqrt{30} \cdot t;\ 2 \cdot t^2 - 40)$
$\to \dot{\boldsymbol{x}}(t) = (2t - 4;\ 0{,}6\sqrt{30};\ 4t) \neq (0, 0, 0) \to$ somit ist die Regularität gezeigt.

Dreibein für: $\boldsymbol{x}(t) = (2t;\ 1 + t^3/3;\ t^2) \to \dot{\boldsymbol{x}}(t) = (2;\ t^2;\ 2t) \neq (0, 0, 0)$
und $|\dot{\boldsymbol{x}}(t)| = (4 + t^4 + 4t^2)^{0{,}5} = (2 + t^2)^{0{,}5} = 2 + t^2$

$\boldsymbol{t}(t) = \dfrac{\dot{\boldsymbol{x}}(t)}{|\dot{\boldsymbol{x}}(t)|} = \dfrac{(2;\,t^2;2t)}{2 + t^2};\ \boldsymbol{t}'(t) = \dot{\boldsymbol{t}}(t) \cdot |1/\dot{\boldsymbol{x}}(t)| = \dfrac{(-4t;\,4t;\,4 - 2t^2)}{(2 + t^2)^3}$

Krümmung: $\rho(t) = |\boldsymbol{t}'(t)|^{-1} = \left(\dfrac{2}{(2 + t^2)^2}\right)^{-1}$

$\boldsymbol{n}(t) = \boldsymbol{t}'(t) \cdot \rho(t) = \dfrac{1}{2 + t^2}(-2t;\ 2t;\ 2 - t^2)$

$\boldsymbol{b}(t) = \boldsymbol{t}(t) \times \boldsymbol{n}(t) \to = \dfrac{1}{2 + t^2}(-t^2;\ -2;\ 2t)$

Kurvenlänge für $\boldsymbol{x}(t) = \boldsymbol{x}(t) = (2t;\ 1 + t^3/3;\ t^2)$ für $0 \leq t \leq 3;\ |\dot{\boldsymbol{x}}(t)| = 2 + t^2$
$L = L(t) = \int_a^t |\dot{\boldsymbol{x}}(\tau)| \cdot d\tau = \int_0^3 |2 + t^2| \cdot dt = (2t + \frac{t^3}{3})|_0^3 = 15\ \text{LE}.$

Krümmung: Es gilt: $\boldsymbol{x}(u,v) = (u^2 + v^2,\ u^2 - v^2,\ 2uv)$

$\to \boldsymbol{x}_u = 2(u,u,v);\ \boldsymbol{x}_v = 2(v,-v,u)$

$\to E = \boldsymbol{x}_u \cdot \boldsymbol{x}_u = 4(2u^2 + v^2);\ \to F = \boldsymbol{x}_u \cdot \boldsymbol{x}_v = 4uv;\ \to G = \boldsymbol{x}_v \cdot \boldsymbol{x}_v = 4(2v^2 + u^2)$

$\to \boldsymbol{x}_u \times \boldsymbol{x}_v = 4(u^2 + v^2,\ v^2 - u^2,\ -2uv)$

$\to |\boldsymbol{x}_u \times \boldsymbol{x}_v| = \sqrt{32}(u^2 + v^2)$

$\to N = (\boldsymbol{x}_u \times \boldsymbol{x}_v)\ /\ |\boldsymbol{x}_u \times \boldsymbol{x}_v| = (u^2 + v^2, v^2 - u^2, -2uv)\ /\ (\sqrt{2}(u^2 + v^2))$

$\to EG - F^2 = |\boldsymbol{x}_u \times \boldsymbol{x}_v|^2 = 32(u^2 + v^2)^2$

$\to ds^2 = E\,du^2 + 2F\,dudv + G\,dv^2$
$\quad = 4(2u^2 + v^2)\,du^2 + 8uv\,du\,dv + 4(2v^2 + u^2)dv^2$

$\to |\boldsymbol{x}_u \times \boldsymbol{x}_v|^2 = 32(u^2 + v^2)^2$

$\to \boldsymbol{x}_{uu} = 2(1,1,0);\ \to \boldsymbol{x}_{uv} = 2(0,0,1);\ \to \boldsymbol{x}_{vv} = 2(1,-1,0)$

$\to L = \boldsymbol{N} \cdot \boldsymbol{x}_{uu} = -\sqrt{8}\,u^2\ /\ (u^2 + v^2)$

$\to M = \boldsymbol{N} \cdot \boldsymbol{x}_{uv} = \sqrt{8}\,uv\ /\ (u^2 + v^2)$

$\to N = \boldsymbol{N} \cdot \boldsymbol{x}_{vv} = \sqrt{8}\,u^2\ /\ (u^2 + v^2)$

$\to$ (Gaußsche Krümmung): $K = (LN - M^2)\ /\ (EG - F^2) = 0$

$\to NE - 2MF + LG = \sqrt{512}(u^2 + v^2)$

$\to$ (Mittlere Krümmung) $H = 0{,}5\,(NE - 2MF + LG)\ /\ (EF - F^2) = 1\ /\ \sqrt{8}(u^2 + v^2)$

Zweischaliges Hyperboloid

$\dfrac{x^2}{a^2} - \dfrac{y^2}{b^2} - \dfrac{z^2}{c^2} = 1$. Der Körper wird in zwei Sphären aufgeteilt: S+ für $x \geq a$ und

S- $x \leq$ -a. Zugehörige Parameterdarstellung:

Für S+: $\boldsymbol{x}$+(u,v) = [- a cosh(u) cosh(v), b cosh(u) sinh(v), c sinh(u)]

Für S-: $\boldsymbol{x}$-(u,v) = [- a cosh(u) cosh(v), b cosh(u) sinh(v), c sinh(u)]

Betrachtung zu $\boldsymbol{x}$+(u,v): $\boldsymbol{x}$+ ist regulär.

Auch gilt: ψ+(y,z) $= \left(+a \cdot \sqrt{1 + \dfrac{y^2}{b^2} + \dfrac{z^2}{c^2}},\ y,\ z\right)$ etc.

Zugehöriges Rechtsbein:

$\boldsymbol{X}_u$ = (a sinh(u) cosh(v), b sinh(u)sinh(u), c cosh(u))

$\boldsymbol{X}_v$ = (a cosh(u) sinh(v), b cosh(u) cosh(v), 0)

$\boldsymbol{N} = \dfrac{X_u \times X_v}{|X_u \times X_v|} =$

$\dfrac{(-bc \cdot \cosh^2(u)\cosh(v),\ ac \cdot \cosh^2(u)\sinh(v),\ ab \cdot \cosh(u)\sinh(u))}{\sqrt{b^2c^2\cosh^4(u)\cosh^2(v) + a^2c^2\cosh^4(u)\cosh^2(v) + a^2b^2\cosh^2(u)\sinh^2(u)}}$

$E = a^2 \sinh^2(u)\cosh^2(v) + b^2 \sinh^2(u)\sinh^2(v) + c^2\cosh^2(u)$

$F = (a^2 + b^2)\cosh(u)\sinh(u)\cosh(v)\sinh(v)$

$G = a^2 \cosh^2(u)\sinh^2(v) + b^2 \cosh^2(u)\cosh^2(v)$

$ds^2 = E\,du^2 + 2F\,du\,dv + G\,dv^2$

Bestimmen Sie die Krümmung
$\kappa(x)$ von $y = \ln(x)$.
$f(x) = \ln(x)$ ist nur für $x \geq 0$
definiert.

$\to y' = 1/x;\ y'' = -1/x^2$

$\kappa(x) = \dfrac{f''(x)}{(1 + f'(x)^2)^{1{,}5}} = \dfrac{-x}{(x^2 + 1)^{1{,}5}}$

Das Maximum von $\kappa(x)$ liegt bei
$\kappa'(x) = 0\ (\to f''(x) < 0)$.

$\kappa'(x) = \dfrac{2x^2 - 1}{(x^2 + 1)^{2{,}5}} = 0 \to x = \dfrac{1}{\sqrt{2}}$

$f(x)$ hat in diesem Punkt $(x \cong 0{,}707)$ seine größte Krümmung.

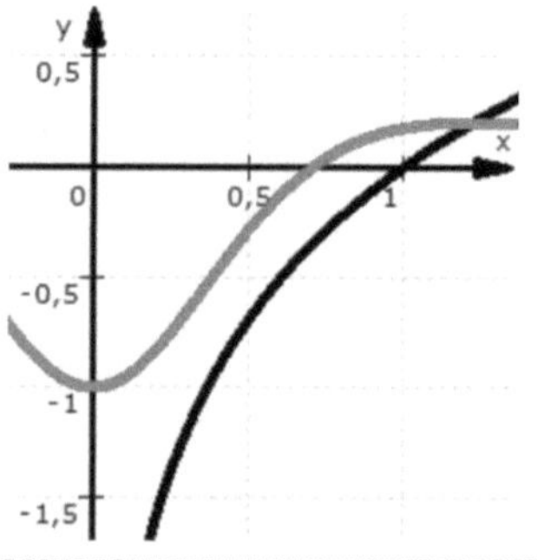

Zweibein für $(\boldsymbol{x}(t) \to |R^3)$: $\boldsymbol{x}(t) = (2\sin(t);\ \cos(2t))$; mit $x(0) = (0, 1) \neq 0$
$\to \dot{\boldsymbol{x}}(t) = (2\cos(t);\ -2\sin(2t));\ \dot{x}(t = 0) = (2; 0) \neq \boldsymbol{0};\ \dot{x}(t = \pm\pi/2) = (0; 0).$
So ist $\boldsymbol{x}(t)$ regulär für $-\pi/2 \leq t \leq \pi/2$.

$\to$ Betrag der Ableitung von $\boldsymbol{x}(t)$: $|\dot{x}(t)| = |(2\cos(t);\ -4\sin(t)\cos(t))| =$
$= (4\cos^2(t) + 16\sin^2(t)\cos^2(t))^{0{,}5} = 2\cos(t)\sqrt{1 + 4\sin^2(t)}$

$\to$ Tangenteneinheitsvektor: $\boldsymbol{t}(t) = \dfrac{\dot{x}(t)}{|\dot{x}(t)|} = \dfrac{(1;\ -2\sin(t))}{\sqrt{1 + 4\sin^2(t)}}$

$\to$ Normale (Normaleinheitsvektor): $\boldsymbol{n}(t) = \dfrac{(2\sin(t);\ 1)}{\sqrt{1 + 4\sin^2(t)}}$

Kurvenkrümmung für $\boldsymbol{x}(t)$: $\boldsymbol{t}'(t) = \dot{\boldsymbol{t}}(t) \cdot |1/\dot{x}(t)| =$

$= \dfrac{1}{2\cos(t)\sqrt{1 + 4\sin^2(t)}} \cdot$

$\left(\dfrac{-4\sin(t)\cos(t)}{(\sqrt{1 + 4\sin^2(t)})^3};\ \dfrac{-2\cos(t)\sqrt{1 + 4\sin^2(t)} + \frac{8\sin^2(t)\cos(t)}{\sqrt{1 + 4\sin^2(t)}}}{1 + 4\sin^2(t)}\right)$

$= \dfrac{-1}{1 + 4\sin^2(t)^{5/2}} \cdot (2\sin(t);\ 1)$

Weiterhin gilt: $\boldsymbol{t}'(t) = \kappa(t) \cdot \boldsymbol{n}(t) \to \kappa(t) = \dfrac{-1}{1 + 4\sin^2(t)^{3/2}} \to \kappa(t = 0) = -1$

Krümmung $\left(k(t) = \dfrac{\ddot{f}}{(1 + \dot{f}^2)^{1{,}5}}\right)$ für $y = \dfrac{a^2}{2x}$

$\boldsymbol{X}(t) = (t, \frac{a^2}{2t});\ \dot{f}(t) = -a^2/(2t^2);\ \ddot{f}(t) = a^2/t^3;\ k(t) = a^2\ /\ (t^3 \cdot ((4t^2 + a^4)\ /\ 4t^4))^{1{,}5})$

Krümmung $\left(k(t) = \dfrac{\ddot{f}}{(1 + \dot{f}^2)^{1{,}5}}\right)$ für $y = \exp(x)$

$\boldsymbol{X}(t) = (t, \exp(t));\ f(t) = \exp(t);\ \dot{f}(t) = f(t);\ \ddot{f}(t) = \exp(t);\ k(t) = \dfrac{\exp(t)}{(1 + e^{2t})^{1{,}5}}$

Ableitung von $w = u + iv = \exp(1/z)$ mit $z = x + iy$
(D: Differenzialoperator)
$D(w) = D(\exp(1/z)) = (-1/z^2)\exp(1/z)$
$1/z = 1/(x + iy) = (x - iy)/(x^2 + y^2) = (x - iy)/L$ mit $L = (x^2 + y^2)$
$1/z^2 = (x^2 - y^2 - i2xy)/(x^2 + y^2)^2 = (x^2 - y^2 - i2xy)/L^2)$
$D(w) = (-1/z^2)\exp(1/z) = -((x^2 - y^2 - i2xy)/L^2) \cdot \exp(1/z)$
$= -(x^2 - y^2 - i2xy)/L^2 \cdot \exp((x - iy)/L)$
$= -(x^2 - y^2 - i2xy)/(L)^2 \cdot \exp(x/L) \cdot \exp(-iy/L)$
$\exp(1/z) = \exp(x/L) \cdot (\cos(x/L) - i\sin(y/L)) = \exp(x - iy)/L)$

Jakobi-Matrix

Es sei: $f(x_1, x_2) = (x^3 \cdot y^{-4}, x^5 \cdot y^{-2})$, also $f(x_1) = x^3 \cdot y^{-4};\ f(x_2) = x^5 \cdot y^{-2}$

$\dfrac{\partial fx_1}{\partial x} = 3 \cdot x^2 \cdot y^{-4};\ \dfrac{\partial fx_1}{\partial y} = -4 \cdot x^3 \cdot y^{-5};\ \dfrac{\partial fx_2}{\partial x} = 5 \cdot x^4 \cdot y^{-2};\ \dfrac{\partial fx_2}{\partial y} = -2 \cdot x^5 \cdot y^{-3}$

$J(x) = \left(\dfrac{\partial f_i(x)}{\partial x_k}\right)_{i,k = 0,1,2,\ldots,n} = \begin{pmatrix} \dfrac{\partial f_1(x)}{\partial x_1} & \cdots & \dfrac{\partial f_1(x)}{\partial x_n} \\ \vdots & \ddots & \vdots \\ \dfrac{\partial f_n(x)}{\partial x_1} & \cdots & \dfrac{\partial f_n(x)}{\partial x_n} \end{pmatrix}$

Somit ergibt sich: $\boldsymbol{J(x)} = \begin{pmatrix} 3 \cdot x^2 \cdot y^{-4} & -4 \cdot x^3 \cdot y^{-5} \\ 5 \cdot x^4 \cdot y^{-2} & -2 \cdot x^5 \cdot y^{-2} \end{pmatrix}$

Einstein-Räume: Erfüllt muss $\text{Ric} - \frac{s}{2}g = T$ sein (mit T = 0 im Vakuum).

Für Einstein-Räume wird die **Flachheit** mit Ric = 0 angenommen.

Die kosmologische Konstante (Λ bzw. λ) wird heutzutage als (konstanter) Energiegehalt im Vakuum interpretiert.

(53) Graphen im komplexen Raum

F(z) = exp(z)

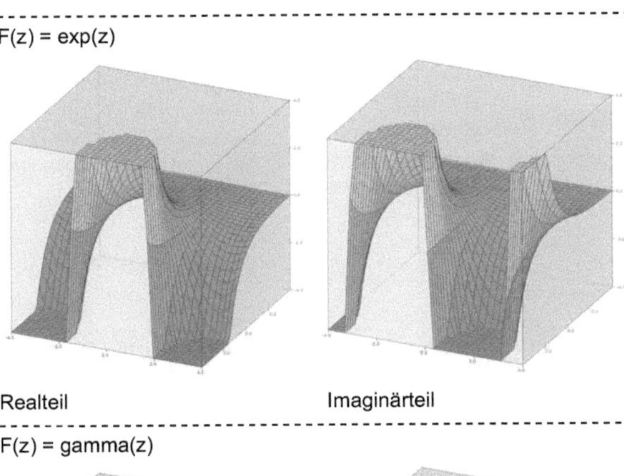

Realteil   Imaginärteil

$F(z) = 1/z$

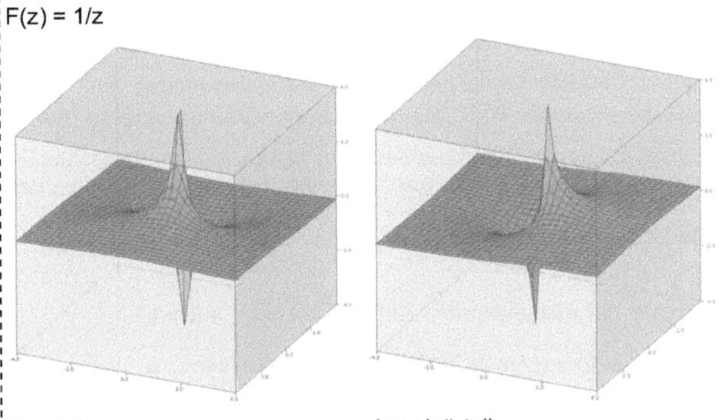

Realteil   Imaginärteil

F(z) = gamma(z)

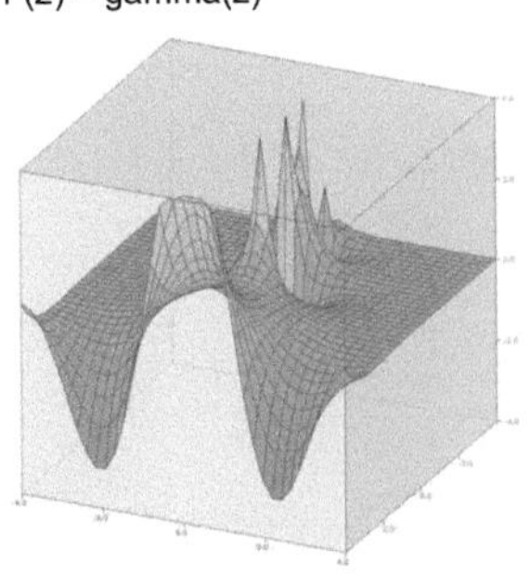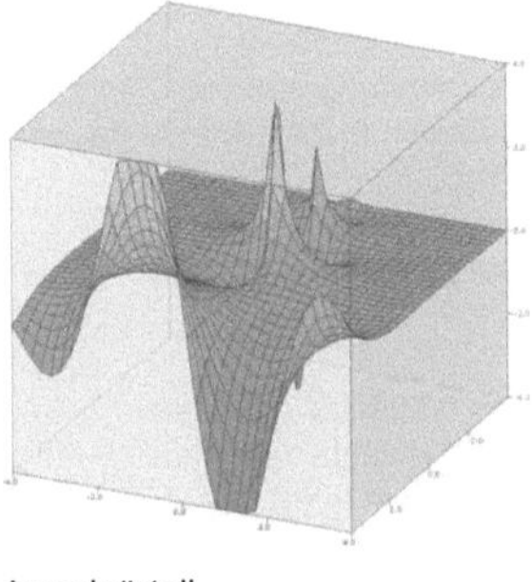

Realteil   Imaginärteil

$F(z) = \sin(\ln(z^2))$

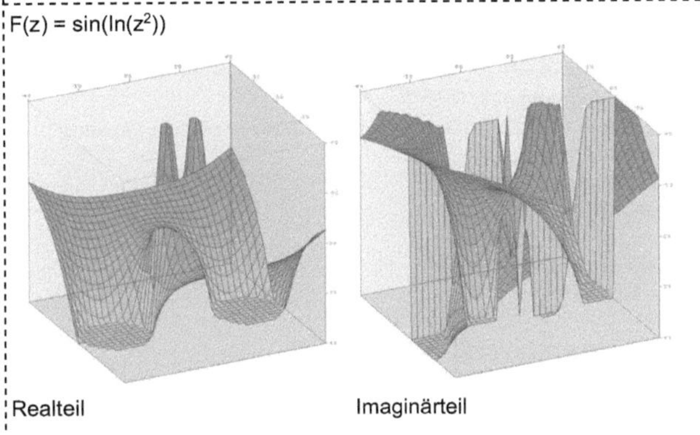

Realteil   Imaginärteil

Bildverarbeitung und Programmieraspekte (unter MATLAB)

Befehl unter MATLAB: „Bildverarbeitung" (Die Befehle finden sich u. a. in der Image Processing Toolbox von MATLAB.)

Eingabe: >> x =...; Ausgabe: ans = ...; Doppelpunkt: x = 1:5 → ans = 1 2 3 4 5	Ablaufsteuerung: break, case, end, eval, for, format, function, isempty, menu, nargin, switch, while
help *funktionsname* Syntax und Dokumentation einer Funktion	
doc *funktionsname* Help-Angabe in einem Funktionsfenster	fprintf Textausgabe (Bildschirm) grid Gitter im Plot
legend, loglog semilogx, semilogy, text Grafik 2-Dim view, waterfall Grafik 3-Dim	clable, contour, scatter, surfl, zlabel Grafik

Datentypen für Bildmatrizen: logical, uint8, single, double, int 16, uint16, uint16; (m x n) – Datenfeld: array(m,n) [→ Indexbeginn bei 1]

edge(Bild) Kantenerkennung	imagesc(Array) wie image zzgl. Skalierung	graythresh(Graustufenbild) Schwellenwertbildung
Imread(Dateiname) Einlesen	Imresize(Bild, Faktor) Bildgrößenanderung	rgb2gray(rgb_Bild) Überführung eines RGB-Bild in Graustufenbild
Imshow(Bild) Bildanzeige	Imwrite(Bild, Dateiname) Bildspeicherung	im2bw(Graustufenbild, Schwellenwert) Bildumwandlung

image(Array) Bildarstellung v. Array-Daten	fspecial('sobel') Sobel-Filter zur Kantenbetonung
imfilter allgemeine Filteroperation	fspecial('gaussian',[n,n],2) Gaußfilter, Größe nxn, Standardabweichung2
imgaussfilt(A, sigma)Gaußscher Filter	fspecial('laplacian') Laplace-Filter
medfilt2(A) 2-D-Medianfilter auf Graustufenbild	imgaborfilt(I,wavelength,orientation) Gabor-Filter zur Mustererkennung
fspecial('type', parameter) Erstellung von Filterkernen	ordfilt2(A,order,domain) Ordnungstexturfilter (Medianfilter ...)
fspecial('motion', len, theta) Bewegungsunschärfefilter	conv(A,H) Faltung vom Bild A mit dem Faltungskern H

Basisbefehle

abs	con-coltion2dLaye	floor	imbinarizeimbothat	imgaussfilt	imsubstract	offsetstrel	roifilt2	struct
angle	corr	fspecial	Imclose	imhist	imtophat	ones	roipoly	subp lot
binarize	cos(2*pi*f0*delta.t)	full	imcomplement	imposemin	imwrite	ordfilt2	roots	sum
bitget	countEachLabel	function	imcrop	imlincomb	maxPooling2-layer	plot, plot3	round	surface
bwareaopen	datastore	graythresh	imnoise	immultiply	length	poly	save	surfl
bwconncomp	deconvbling	hist histc	imdilate	imopen	load	prewitt	sin	symmetrice
bwdist	deconvlucy	histeq	imdivide	impixel	log2 log10	rand	sqrt	var
bwhitmiss	deconvwnr	hough	imerode	improfile	max	randn	std; std2	viscirles
bwmorph	diff()	houghlines	ifft	imread	mean2	randperm	stem	watershed2
bwperim	erf	ifft; ifftshift	imfill	imreconstruct	measure distance	real	sobel	xcorr
cat	erfinv	imabsdiff	imfilter	imregionalmax	medfilt2	regionfill	sort	zeros(n,1)
ceil	fft; fft2	imadd	imfindcircles	imresize	median	em	speckle	zerocross
conj	figure	imadjust	imfindo	imharpen	min	replicate	spliEachLabel	
contour	filter(b,a,x)	image	imformats	imsubstract	mod	resize	strel	
conv [Faltung!]	fliplr, flipud	imagesc	imfreehand	imtool	mode	rgb2gray	stretchlim	

Vertiefende Befehle (Filter, Faltungen – Matrizen, Graphiken, Signale) | **Beispiel**

impz() Impulsantwort; lconvmtx() Faltungsmatrix; randn(...) Rauschsignal
lconvmtx() Faltungsmatrix; saw=mod(f0/fa*k,1) Sägezahnsignal sawtooth
fvtool (Filterbefehle/-werkzeug); xcorr[[b a]=ellip(n,Rp,Rs,f3dB) CauerFil-
ter; lafplot() (analoge) Darstellung eines Spektrums; semiology(W,abs(H))
Plotten mit logarithmischer y-Achse; stem(k,xsin) sin-Darstellung

Koeffizientenvektor: k = 0:59
Definition von $\Omega = \omega \cdot T = 2\pi \cdot f \cdot T$: Omega = 2*pi*f/f$_{Abtasfrequenz}$
Elementare Signalbestimmung: xsin=sin(Omega*k)
Signaldarstellung: stem(k, xsin) (bzw: stem(sin))
Gitterlinien in der Plot-Darstellung: grid

(54) Software (und Mathematik / Wissenschaft)

Ausgangspunkt der Problemlösung ist die Herausarbeitung eines Lösungswegs in Form einer algorithmischen Struktur, die von einer Maschine rechentechnisch umgesetzt werden kann.

Der Lösungsansatz wird formal beschrieben unter Verwendung von **Programmablaufplänen (PAP)**, **Nassi-Shneiderman-Strukturen (Struktogramme)** und **UML-Darlegungen.**

Ein konkretes Eingabefenster muss bestimmt werden. Geeignete Datentypen werden festgelegt. Für den Programmablauf, der die algorithmische Lösungs-struktur darlegt, werden Anweisungen, Schleifen und Kontrollstrukturen bestimmmt. Ein konkretes Ausgabefenster muss bestimmt werden.

Beispiele für die Umsetzung einer algorithmischen Auslösungsstruktur:

Problem 1:

Ein Programm, das alle ungeraden Zahlen von 1 bis n addiert.

```
/* Zählprogramm für ungerade Zahlen mit while – Schleife */

#include <stdio.h>
#define PAUSE {printf("\nRETURN!\n"); fflush(stdin); getchar();}
void main(void)
{
int anzahl=0, summe =0;
printf("\n Zaehlprogramm in C \n");
printf("\nGeben Sie die Anzahl der ungeraden Zahlen ein, die gezaehlt");
printf("\nwerden sollen. n = ");
scanf("%i", &anzahl);
while(anzahl != 0)
   {
   summe = summe + (2 * anzahl - 1);
   anzahl = anzahl - 1;
   }
printf("\nDie Summe betraegt: %i ", summe);
PAUSE;
}
```

```
/* Zählprogramm für ungerade Zahlen mit do - while – Schleife */

#include <stdio.h>
#define PAUSE {printf("\nRETURN!\n"); fflush(stdin); getchar();}
void main(void)
{
int anzahl=0, summe =0;
printf("\n Zaehlprogramm in C \n");
printf("\nGeben Sie die Anzahl der ungeraden Zahlen ein, die gezaehlt");
printf("\nwerden sollen. n = ");
scanf("%i", &anzahl);
do
   {
   summe = summe + (2 * anzahl - 1);
   anzahl = anzahl - 1;
   } while(anzahl != 0);
printf("\nDie Summe betraegt: %i ", summe);
PAUSE;
}
```

Problem 2:

Nach John Wallis bestimmt sich die Zahl PI (π) über folgende Beziehung: π = 2 * (2/1) * (2/3) * (4/3) * (4/5) * (6/5) * (6/7) * (8/7) * (8/9) * ...
Ermitteln Sie den Wert von π näherungsweise. Zur Bestimmung von π wird vorab eine bestimmte Anzahl von Produktpaaren festgelegt.

Basic-Version

```
Start:
CLS
PRINT "Simulationsprogramm fuer die Zahl Pi!"
PRINT "Geben Sie an, wie viele Zahlenpaare bei der Produktbildung"
PRINT "beruecksichtigt werden sollen."
PRINT "Produktpaare - (ANZAHL) - N ="
INPUT; Anzahl
Z = 2
N = 1
PI = 2
Nummer = 1
DO WHILE N < Anzahl
   PI = PI * ( Z / N ) * ( Z / (N + 2))
   Z=Z+2
   N=N+2
   Nummer = Nummer + 1
LOOP
CLS
PRINT "Der Wert fuer PI betraegt: PI ="; PI
PRINT "Abschluss ueber Eingabe einer Zahl!"
INPUT "Zahl ="; zahl
```

C-Version

```
#include <stdio.h>
#define PAUSE {printf("\n Also: R E T U R N ! \n"); fflush(stdin);
getchar();}
void main(void)
{
double ANZAHL, NR;
double Z = 2.0, N = 1.0;
double PI=2.0;
printf("\n Simulationsprogramm fuer die Zahl Pi! \n");
printf("\n Geben Sie an, wie viele Zahlenpaare bei der Produktbildung \n");
printf("\n beruecksichtigt werden sollen. \n");
printf("\n Produktpaare - (ANZAHL) - N = \n");
scanf("%lf", &ANZAHL);
for(NR=1.0; NR<=ANZAHL; NR=NR+1.0)
{
PI=PI*(Z/N)*(Z/(N + 2.0));
Z=Z+2.0;
N=N+2.0;
}
printf("\n Der Wert fuer PI betraegt: PI = %lf", PI);
printf("\n\nAbschluss des Programms ueber die Taste <return>.");
PAUSE;
}
```

Hinweis: Komplexe Strukturen und Systeme

Beschreibungsaspekte bzgl. der Komplexität von biologischen, chemischen, formalen, lebendigen, mathematischen, psycholo-gischen, ökonomischen, sozialen … Systemen (im Bereich der Theorie und Wissenschaft):
1: Adaptives Verhalten (Anpassung (Leben) zwischen Chaos und Ordnung)
2: Dynamik (Rückkopplungen, System-Umwelt-Beziehungen)
3: Emergenz (neuartige Phänomene)
4: Kipppunkte
5: Mehrskalige Systemstrukturen
6: Nichtgleichgewichtssysteme (Entropieferne)
7: Nichtlinearität (strenge Kausalität; Sensitivität)
8: Selbstorganisation (Binnenstruktur)
9: Unvorhersehbarkeit
10: Vernetzung
In diesem Zusammenhang wird die Frage nach dem Status der Informa-tion gestellt. Unterschieden werden im modernen Denken die Aspekte Materie, Energie und Information. Aus dem Kontext der Informations-theorie (Shannon) und der Quantenphysik wird die Information als eigenständiger Wesensanteil bestimmt. Dies wird von materialistischen Theorien bezweifelt.

(55) Lineare Abbildungen / Matrizen

Lineare Gleichungssysteme können mit Matrizen übersichtlich dargestellt und aufgelöst werden. Zum Beispiel: Die linearen Gleichungen

1) $2x_1 - 3x_2 + 4x_3 = 8$

2) $1x_1 - 2x_2 + 3x_3 = 6$

3) $-3x_1 + 1x_2 - 2x_3 = -7$

führen zu folgender Systemdarstellung (*) $A \cdot x = b$ mit den konkreten Beziehungen:

$$A = \begin{bmatrix} 2 & -3 & 4 \\ 1 & -2 & 3 \\ -3 & 1 & -2 \end{bmatrix}; x = \begin{bmatrix} x_1 \\ x_2 \\ x_3 \end{bmatrix}; b = \begin{bmatrix} 8 \\ 6 \\ -7 \end{bmatrix}$$

Bei a_{ij} benennt i die Zeile und j die Spalte in der Matrix **A**.

Geschrieben wird auch: $A = (a_{ij})$;

Allgemein gilt zum Beispiel für eine 3x3-Matrix:

$$A = \begin{bmatrix} a_{11} & a_{12} & a_{13} \\ a_{21} & a_{22} & a_{23} \\ a_{31} & a_{32} & a_{33} \end{bmatrix}$$

Das Gleichungssystem (*) kann schrittweise aufgelöst werden. Es ergibt sich für das obige Beispiel $x_1 = 1$; $x_2 = 2$; $x_3 = 3$.

Für die Auslösung der Matrizengleichung (*) existieren Lösungsverfahren auf Computer. Insofern wird die Auflösung im Kern auf die Behandlung von Matrizen zurückgeführt.

Bei einer Nullmatrix (**O**) gilt: $a_{ij} = 0$

Bei einer Einheitsmatrix (**E**) gilt: $a_{ij} = 1$

Bei einer Diagonalmatrix gilt: $a_{ij} = 0$ für $i \neq j$ (Es liegt eine quadratische Matrix in diesem Fall vor.)

A^T ist die transponierte Matrix von **A**. Es gilt: $A = (a_{ij})$; $A^T = (a_{ji})$.

A^2 steht für $A \cdot A$

A^{-1} ist die inverse Matrix von A. Es gilt: $A^{-1} \cdot A = E$

Existiert ein A^{-1}, dann ist **A** invertierbar. **A** ist dann regulär. Nichtreguläre Matrizen werden auch singulär genannt.

Zwei Matrizen **A** und **B** sind von gleicher Art, wenn die Anzahl der Zeilen von **A** und **B** und auch die Anzahl der Spalten jeweils gleich sind.

Zwei Matrizen **A** und **B** sind ähnlich, wenn erfüllt ist: $B = T^{-1} A T$. Die charakteristischen Polynome sind für ähnliche Matrizen identisch. Insofern liegen identische Eigenwerte λ vor.

Mit Blick auf die Eigenwerte ist folgende Gleichung erfüllt: $A \cdot x = \lambda \cdot x$. Die entsprechenden Vektoren sind Eigenvektoren von **A**.

In diesem Fall gilt: $x \cdot A = \lambda \cdot x$.

$A \cdot x - \lambda \cdot E \cdot x = 0$; und somit gilt $\det(A \cdot x - \lambda \cdot E \cdot x) = 0$.

Zur Berechnung des charakteristischen Polynoms von **A**:

$$\det(A \cdot x - \lambda \cdot E \cdot x) = \begin{bmatrix} a_{11} - \lambda & a_{12} & a_{13} \\ a_{21} & a_{22} - \lambda & a_{23} \\ a_{31} & a_{32} & a_{33} - \lambda \end{bmatrix} =$$

$= (a_{11} - \lambda) \cdot (a_{22} - \lambda) \cdot (a_{33} - \lambda) + a_{12} \cdot a_{23} \cdot a_{31} + a_{13} \cdot a_{21} \cdot a_{32}$

$- (a_{11} - \lambda) \cdot a_{23} \cdot a_{32} - a_{12} \cdot a_{21} \cdot (a_{33} - \lambda) - a_{13} \cdot (a_{22} - \lambda) \cdot a_{31} =$

$= \lambda^3 - \ldots$ Dieses Polynom muss nun bzgl. λ aufgelöst werden.

Ausgehend von den entsprechenden Lösungswerten können dann Eigenvektoren bestimmt werden.

Bedeutende Matrizen im Kontext des wissenschaftlichen Rechnens und dort speziell im Zusammenhang mit folgenden Aspekten: Lösung von Differenzialgleichungen, Auflösungen für Gleichungen der Variationsrechnung, Nummerische Näherungslösungen, Stochastische Zusammenhänge, Fragen der IT-Gegebenheiten (Netze etc.).

K_n-Matrizen (Toeplitz-Matrizen)

$$K_2 = \begin{bmatrix} 2 & -1 \\ -1 & 2 \end{bmatrix}; K_3 = \begin{bmatrix} 2 & -1 & 0 \\ -1 & 2 & -1 \\ 0 & -1 & 2 \end{bmatrix}$$

$$K_4 = \begin{bmatrix} 2 & -1 & 0 & 0 \\ -1 & 2 & -1 & 0 \\ 0 & -1 & 2 & -1 \\ 0 & 0 & -1 & 2 \end{bmatrix}; \ldots$$

Diese Matrizen sind symmetrisch, tridiagonal und dünn besetzt.

T_n-Matrizen (Toeplitz-Matrizen)

$$T_2 = \begin{bmatrix} 1 & -1 \\ -1 & 2 \end{bmatrix}; T_3 = \begin{bmatrix} 1 & -1 & 0 \\ -1 & 2 & -1 \\ 0 & -1 & 2 \end{bmatrix}$$

$$T_4 = \begin{bmatrix} 1 & -1 & 0 & 0 \\ -1 & 2 & -1 & 0 \\ 0 & -1 & 2 & -1 \\ 0 & 0 & -1 & 2 \end{bmatrix}; \ldots$$

C_n-Matrizen

$$C_3 = \begin{bmatrix} 2 & -1 & -1 \\ -1 & 2 & -1 \\ -1 & -1 & 2 \end{bmatrix}; C_4 = \begin{bmatrix} 2 & -1 & 0 & -1 \\ -1 & 2 & -1 & 0 \\ 0 & -1 & 2 & -1 \\ -1 & 0 & -1 & 2 \end{bmatrix}; \ldots$$

B_n-Matrizen

$$B_2 = \begin{bmatrix} 1 & -1 \\ -1 & 1 \end{bmatrix}; B_3 = \begin{bmatrix} 1 & -1 & 0 \\ -1 & 2 & -1 \\ 0 & -1 & 1 \end{bmatrix}$$

$$B_4 = \begin{bmatrix} 1 & -1 & 0 & 0 \\ -1 & 2 & -1 & 0 \\ 0 & -1 & 2 & -1 \\ 0 & 0 & -1 & 1 \end{bmatrix}; \ldots$$

Die Matrizen-Mathematik ist für die wissenschaftliche Fortentwicklungen von herausgehobener Bedeutung. Die Matrizenrechnung hat zum Beispiel in der Physik neuartige mathematische Erklärungen und Einsichten ermöglicht. Es gibt eine Verknüpfung von Wechselwirkungen und Symmetrien. Wobei Symmetriebrüche dann von besonderem Interesse sind. Diese Zusammenhänge finden ihren Ausdruck bei der Betrachtung von Matrix-Vektoren-Beziehungen. Typischerweise arbeiten die Physiker hierbei mit Ausdrücken der Dimensionen $n \geq 4$. (Siehe hierzu Heisenberg (1981: Kapitel 20) u. Schwichtenberg (2017).)

MATLAB, als ein wesentliches SW-System, basiert im Kern auf der Nutzung von Matrizen für die Berechnungen. So existiert für die Toeplitz-Matrizen unter MATLAB der gesonderte Befehl T = toeplitz(…).

Eigenwerte / Eigenvektoren

Erinnert sei, dass sich im Allgemeinen für zwei Matrizen **A** und **B** gilt: $A \cdot B \neq B \cdot A$.

Zum Beispiel ergeben sich mit den Matrizen

$$A = \begin{bmatrix} 2 & 3 \\ 1 & 0 \end{bmatrix} \text{ und } B = \begin{bmatrix} 0 & 1 \\ 4 & 6 \end{bmatrix} \text{ folgende Ergebnisse:}$$

$$A \cdot B = \begin{bmatrix} 12 & 20 \\ 0 & 1 \end{bmatrix} \text{ und } B \cdot A = \begin{bmatrix} 1 & 0 \\ 14 & 12 \end{bmatrix}.$$

Die Multiplikation erfolgt so, dass die Zeilen der links angeordneten Matrix mit den Spalten der rechts angeordneten Matrix komponentenweise multipliziert werden. Die Summe ergibt den Wert in der Ergebnismatrix an der Position in Abhängigkeit von der Zeile und Spalte der Ausgangsmatrizen. Zum Beispiel für $A \cdot B$: $2 \cdot 0 + 3 \cdot 4 = 12$: etc.

Für $A = \begin{bmatrix} 2 & 3 \\ 1 & 0 \end{bmatrix}$ ergeben sich folgende Eigenwerte:

$$\begin{vmatrix} 2 - \lambda & 3 \\ 1 & 0 - \lambda \end{vmatrix} = (2 - \lambda) \cdot (0 - \lambda) - 3 \cdot 1 = 0$$

$\rightarrow -2\lambda + \lambda^2 = 3 \rightarrow$ (quadratische Ergänzung) $1 - 2\lambda + \lambda^2 = 3 + 1 = 4$

$\rightarrow (\lambda - 1)^2 = 4 \rightarrow \lambda_{1,2} = 1 \pm 2 \rightarrow \lambda_1 = 1 + 2 = 3; \rightarrow \lambda_2 = 1 - 2 = -1$

Ausgehend von den Eigenwerten kann der zugehörige Eigenvektor bestimmt werden. Für $\lambda_1 = 3$ ergibt sich:

$(2 - \lambda_1) \cdot x_1 + 3 \cdot x_2 = 0 \rightarrow (2 - 3) \cdot x_1 + 3 \cdot x_2 = -x_1 + 3 \cdot x_2 = 0$

$1 \cdot x_1 + (0 - \lambda_1) \cdot x_2 = 0 \rightarrow x_1 - \lambda_1 \cdot x_2 = 0 \rightarrow x_1 - 3 \cdot x_2 = 0$

Somit folgt: $x_1 = 3 \cdot x_2 \rightarrow x_1 = -3t$ und $x_2 = t$

$$\rightarrow x_1 = \begin{pmatrix} -3t \\ t \end{pmatrix} = t \cdot \begin{pmatrix} -3 \\ 1 \end{pmatrix} \text{ mit } t \in \mathbb{R}$$

Entsprechend wird zu λ_2 der Vektor x_2 bestimmt.

$$\rightarrow x_2 = t \cdot \begin{pmatrix} -1 \\ 1 \end{pmatrix} \text{ mit } t \in \mathbb{R}$$

Eigenwerte von

$$M_1 = \begin{pmatrix} 1 & -2 \\ 3 & -4 \end{pmatrix} \rightarrow \lambda_1 = -1; \lambda_2 = -2 \rightarrow v_1: \begin{pmatrix} 1 \\ 1 \end{pmatrix}; v_2: \begin{pmatrix} 2 \\ 3 \end{pmatrix}$$

$$M_2 = \begin{pmatrix} 2 & -1 \\ 5 & 0 \end{pmatrix} \rightarrow \lambda_1 = 1 + 2i; \lambda_2 = 1 - 2i \rightarrow v_1: \begin{pmatrix} 1 \\ 1 - 2i \end{pmatrix}; v_2: \begin{pmatrix} 1 \\ 1 + 2i \end{pmatrix}$$

$$M_3 = \begin{pmatrix} 3 & -1 \\ 1 & 1 \end{pmatrix} \rightarrow \lambda_1 = \lambda_2 = 2 \rightarrow v: \begin{pmatrix} 1 \\ 1 \end{pmatrix}$$

$$M_4 = \begin{pmatrix} -1 & 4 & 6 \\ 3 & -3 & 5 \\ 4 & -6 & 9 \end{pmatrix} \rightarrow \lambda_1 = 1; \lambda_2 = 2 - i; \lambda_3 = 2 + i$$

$$\rightarrow v_{1,2,3}: \begin{pmatrix} 1 \\ 2 \\ 1 \end{pmatrix}; \begin{pmatrix} -2i \\ 1 \\ 1 + i \end{pmatrix}; \begin{pmatrix} 2i \\ 1 \\ 1 - i \end{pmatrix}$$

(56) Unschärferelation(en)

A: Nachrichtentechnik

Betrachtet werden (nachrichtentechnische) Zeit-Signale (f(t) und die zugeordneten (Frequenz-)Spektren (F(ω)). Es gilt:

$$f(t) = \frac{1}{2\pi} \cdot \int_{-\infty}^{\infty} F(\omega) \cdot \exp(j\omega t) \cdot d\omega \text{ und } F(\omega) = \int_{-\infty}^{\infty} x_K(t) \exp(-i \cdot \omega \cdot t) \, dt.$$

Signale haben eine gewisse zeitliche und spektrale Breite (Ausdehnung). Diese kann – hier in Anlehnung an Kaderali – als Mittelwert einer Streuung verstanden werden mit D_t: Zeitausdehnung und $D\omega$: Frequenzausdehnung. Es gilt: $(D_t)^2 = S_S / S_E$ mit Signalenergie: $S_E = \int_{-\infty}^{\infty} |f(t)|^2 dt$.

Streuung von S_E (um den Mittelwert): $S_S = \int_{-\infty}^{\infty} t^2 |f(t)|^2 dt$

Entsprechend gilt: $(D_\omega)^2 = F_S / F_E$ mit $F_E = \int_{-\infty}^{\infty} |F(\omega)|^2 d\omega$ etc.

Mit $\frac{1}{2\pi} \cdot \int_{-\infty}^{\infty} |F(\omega)|^2 d\omega = \int_{-\infty}^{\infty} |f(t)|^2 dt$ (gemäß Energiegleichheit im zeitlichen und spektralen Bereich (nach Parseval)) folgt unter Beachtung der Schwarzschen Ungleichung: $(D_t)^2 \cdot (D_\omega)^2 \geq \frac{1}{4}$ und somit $D_t \cdot D_\omega \geq \frac{1}{2}$. Gesprochen wird auch vom **Zeit-Bandbreiten-Produkt**.

Parsevalsche Gleichung: $\int_{-\infty}^{\infty} f_1(t) \, f_2(t) dt = \frac{1}{2\pi} \int_{-\infty}^{\infty} F_1(\omega) F_2^*(\omega) \, d\omega$ mit $F_2^*(\omega) = F_2(-\omega)$.

Für $f_1(t) = f_2(t)$ gilt: $\int_{-\infty}^{\infty} f_1^2(t) \cdot dt = \frac{1}{2\pi} \cdot \int_{-\infty}^{\infty} |F_1(\omega)|^2 d\omega$.

Schwarzsche Ungleichung: $\left| \int_{-\infty}^{\infty} g_1 g_2 \, dt \right|^2 \leq \int_{-\infty}^{\infty} |g_1|^2 \, dt \cdot \int_{-\infty}^{\infty} |g_2|^2 \, dt$

B: Physik

Der Impuls eines Teilchens und der Ort dieses Teilchens können zugleich (gleichzeitig) nicht beliebig genau bestimmt werden. Die Messung des Orts des Teilchens führt zu einer Impulseinwirkung, durch die der Ort gemäß der dabei einhergehenden Streuung beeinflusst wird. Die Zusammenhänge ergeben sich mathematisch unter Beachtung der Fourier-Beschreibung – vergleichbar der Darlegung unter A.

Es gilt: $\Delta x \cdot \Delta p_x \approx \lambda \cdot \frac{h}{\lambda} = h$. So folgt, wie Heisenberg zeigte:

$$\Delta x \cdot \Delta p_x \geq \frac{1}{2} \frac{h}{2 \cdot \pi} \text{ (,Heisenbergsche Unschärferelation')}$$

Im Kern folgen die Unschärfenrelationen aus den Gegebenheiten der Zeit-Frequenz-Beziehungen der Fourier-Betrachtungen.

Abtasttheorem

Durch die Abtastung kontinuierlicher Signale $x_K(t)$ – zum Beispiel im Bereich der Telefonie – erhält man zeitdiskrete Signale x(k). Die Abtastung des kontinuierlichen Signals erfolgt zu den definierten Zeitpunkten gemäß der Frequenz $f_A = 1/T$. Gemäß der Fourier-Transformation wird das Spektrum $X_K(i \cdot \omega)$ des kontinuierlichen Signals $x_K(t)$ über

$$X_K(i \cdot \omega) = \int_{-\infty}^{\infty} x_K(t) \cdot \exp(-i \cdot \omega \cdot t) \cdot dt \text{ bestimmt.}$$

Bezüglich der Rücktransformation gilt:

$$x_K(t) = \frac{1}{2\pi} \cdot \int_{-\infty}^{\infty} X_K(i \cdot \omega) \cdot \exp(i \cdot \omega \cdot t) \cdot d\omega.$$

Für das zeitdiskrete Signal $x_n(t) = x(k)$ (mit $(t = kT)$) gilt hierbei:

$$x_n(kT) = x(k) = \frac{1}{2\pi} \cdot \int_{-\infty}^{\infty} X_K(i \cdot \omega) \cdot \exp(i \cdot \omega \cdot kT) \cdot d\omega = \frac{1}{2\pi}.$$

$$\sum_{t=-\infty}^{\infty} \int_{-\frac{\pi}{T}+2\pi n/T}^{\frac{\pi}{T}+2\pi n/T} X_K(i \cdot \omega) \cdot \exp(i \cdot \omega \cdot kT) \cdot d\omega. \text{ (Mit n, k} \in |N.)$$

Die Abtastfrequenz muss nun zumindest doppelt so groß sein wie der Wert von ω_{max} des kontinuierlichen Signals, damit das Signal eindeutig rekonstruierbar ist. Typischerweise garantieren die Netzbetreiber für Telefongespräche mit Blick auf eine Bandbreite von 300 Hz bis 3,4 kHz eine Abtastfrequenz von 8 kHz.

Zeitdiskrete Signale ($n \in |Z$)

sinusförmige Folge: $f(n) = a \sin(n\omega T + \varphi)$; $a, \omega, \varphi, T \in |R$

allgemeine Delta-Folge: $\delta(n-k) = \begin{cases} 1 \text{ für } n = k \\ 0 \text{ für } n \neq k \end{cases}$

allgemeine Sprungfolge: $u(n-k) = \begin{cases} 1 \text{ für } n \geq k \\ 0 \text{ für } n < k \end{cases}$

reelle Exponentialfolge: $f(n) = a^n$: $a \in |R$

komplexe Exponentialfolge: $f(n) = z^n$: $z \in |C$; $z = \exp(sT)$ mit $s = \sigma + j \cdot \omega$

Zeitverschiebung eines Signals: Es sei $f(t) = x(t)$ o—● $F(\omega) = X(f)$. Dann gilt für $x(t - t_0)$: $x(t - t_0)$ o—● $X(f) \exp(-j \cdot 2 \cdot \pi \cdot t_0)$

Fourier-Transformationen

Zeitfunktion (t) [→ o] ⬡ o - ● ⬡ **Spektrum (f) [→ ●]**

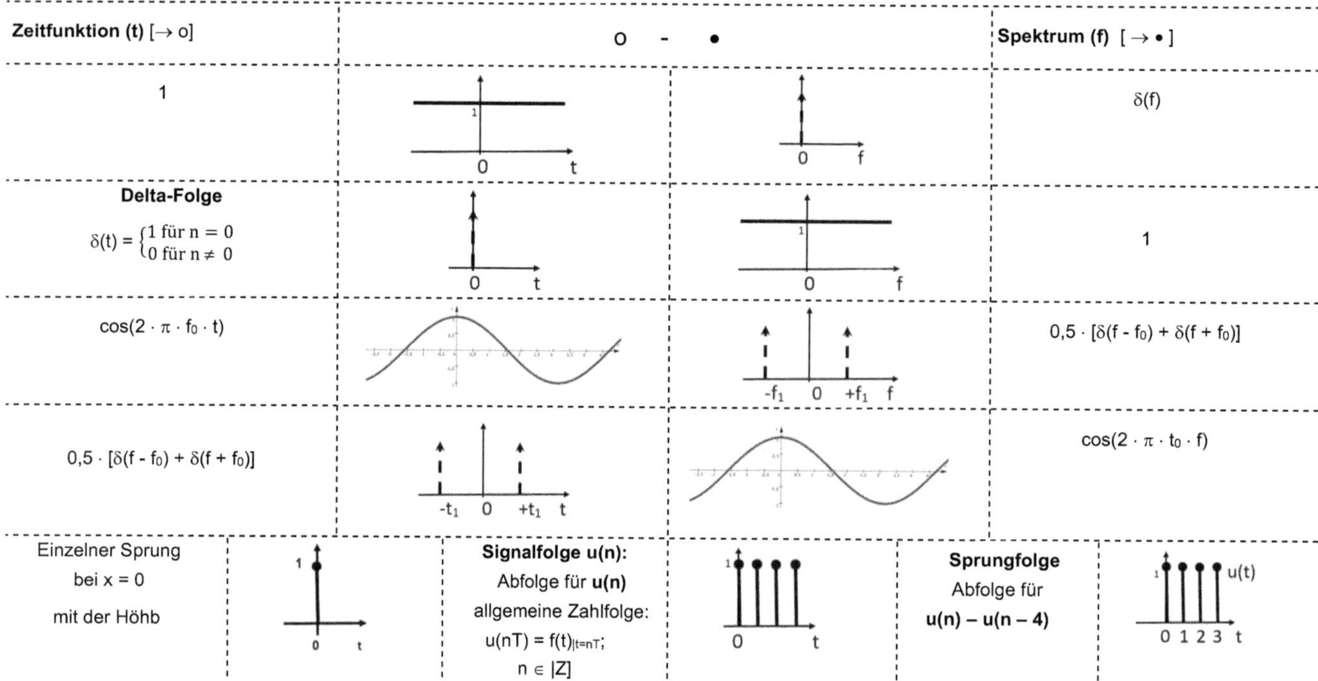

Zeitfunktion (t)		Spektrum (f)
1		$\delta(f)$
Delta-Folge $\delta(t) = \begin{cases} 1 \text{ für } n = 0 \\ 0 \text{ für } n \neq 0 \end{cases}$		1
$\cos(2 \cdot \pi \cdot f_0 \cdot t)$		$0,5 \cdot [\delta(f - f_0) + \delta(f + f_0)]$
$0,5 \cdot [\delta(f - f_0) + \delta(f + f_0)]$		$\cos(2 \cdot \pi \cdot t_0 \cdot f)$

Einzelner Sprung bei x = 0 mit der Höhb

Signalfolge u(n): Abfolge für **u(n)** allgemeine Zahlfolge: $u(nT) = f(t)|_{t=nT}$; $n \in |Z]$

Sprungfolge Abfolge für **u(n) – u(n – 4)**

(57) Fourier-Darstellungen / Signalabfolgen / DFT

Fourier-Reihe

Ungerade periodische Funktion mit $f(x) = \begin{cases} -A \text{ für } -\pi \leq x < 0 \\ A \text{ für } 0 \leq x < \pi \end{cases}$ [Es gilt: f(x) = f(x + 2π)]

Für die a_k-Werte gilt: $a_k = 0$. $b_k = 2/\pi \cdot \int_0^\pi f(x) \cdot sin(kx) \cdot dx = 2A/\pi \cdot \int_0^\pi sin(kx) \cdot dx = = 2A/\pi \cdot [\frac{-cos(kx)}{k}]_0^\pi = \begin{cases} \frac{2A}{\pi} \cdot \frac{2}{k} & für\ k = 2n - 1 \\ 0 & für\ k = 2n \end{cases}$ jeweils mit n ∈ |N

→ $f(x) = \frac{4A}{\pi} \cdot$ [sin(x) / x + sin(3x) / 3 + sin(5x) / 5 + …]

Fourier-Transformation (X(f): Spektrale Amplitudendichte)

Es iegt ein Rechteckimpuls vor mit der Breite Δt.

Bestimmung der Fourier-Transformation(X(f): Spektrale Amplitudendichte) von dem Rechteckimpuls (x(t) über t / Δt → x(t) (t / Δt)): $X(f) = \int_{-\infty}^\infty x(t)(\frac{t}{\Delta t}) \cdot$ exp(- j 2 π f t) · dt

Δt liegt symmetrisch um den Nullpunkt von t. Die Höhe des Rechteckimpulses ist x(t) = T. Außerhalb davon beträgt x(t) = 0.

Tipps: 1) Integrationshinweis: v = - j 2 π f t → dv/dt = - j 2 π f → dt = dv / (- j 2 π f t)

2) exp(- j 2 π f t) zerlegen in sin- und cos-Anteilen

Für die Rückrechnung vom Spektrum X(f) auf die Zeitfunktion gilt:

$f(t) = \frac{1}{2\pi} \int_{-\infty}^{+\infty} \exp(j\ 2\ \pi\ f\ t) \cdot X(f)\ d\omega$ mit ω = 2 · π· f

Anstelle von X(f) wird oftmals auch geschrieben F{f(t)} = F(ω)

→ $X(f) = \int_{-\Delta t/2}^{\Delta t/2} x(t)(\frac{t}{\Delta t}) \cdot$ exp(- j 2 π f t) · dt

→ $X(f) = \frac{T}{-j\,2\,\pi\,f}$ exp(- j 2 π f t) in den Grenzen von: - Δt/2 bis - Δt/2

→ $X(f) = \frac{T}{-j\,2\,\pi\,f}$ (exp(- j 2 π f (Δt/2)) - exp(- j 2 π f (- Δt/2)))

→ $X(f) = \frac{T}{j\,2\,\pi\,f}$ (exp(j 2 π f (Δt/2)) - exp(- j 2 π f (Δt/2)))

→ $X(f) = \frac{T}{\pi\,f\,\Delta t}$ (sin(π f Δt)

Hinweis: exp(jz) = cos(z) + j sin(z)

Der Rechtimpuls im Zeitbereich führt zu einem Spektrum (Frequenzwerte) gemäß sin(t) / t

Rechteckimpuls im Zeitbereich

f(t) = $\hat{x}$ im Bereich

− ΔT/2 ≤ t ≤ + ΔT/2

ansonsten ist f(t) = 0

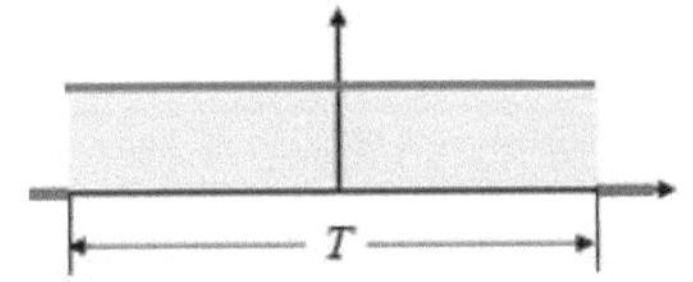

Zugehöriges Spektrum X(f)

$X(f) = \hat{x} \cdot \Delta t$

$si(\hat{x} \cdot \Delta t)$

mit B = $\frac{1}{\Delta t}$

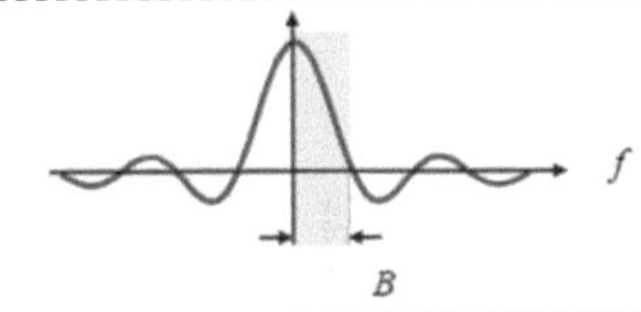

Hinweise zu einigen Zeit-Frequenz-Beziehungen

Zeitwert (t)	Spektrum (X(f))
1	δ(f) [Dirac-Impuls bei f = 0]
δ(t) [Dirac-Impuls bei t = 0]	1 (über alle Frequenzwerte
cos(2 π f₀ t)	½ · (δ(f − f₀) + δ(f + f₀))

Zeitwert (t)	Spektrum (X(f))
½ · (δ(t − t₀) + δ(t + t₀))	cos(2 π f₀ f)
exp(- π · (t/Δt)²)	Δt · exp(- π · (f/Δf)²)
	Es gilt: Δf = 1/Δt → Δf · Δt = 1

Diskrete Transformation

$x[n] = \cos(\frac{\pi}{8} \cdot n)$. Betrachtet wird die DFT für 0 ≤ n ≤ 31; n ∈ |N.

Es folgt: $X[k] = \sum_{n=0}^{31} \cos(\frac{\pi}{8} \cdot n) \cdot$ exp(- j · $\frac{2\pi}{32}$ · n · k) mit k = [0:31].

Mit $\cos(\frac{\pi}{8} \cdot n) = 0{,}5 \cdot (\exp(j \cdot \frac{\pi}{8} \cdot n) + \exp(-j \cdot \frac{\pi}{8} \cdot n)$ ergibt sich:

$X[k] = 0{,}5 \cdot \sum_{n=0}^{31}(\exp(j \cdot \frac{\pi}{8} \cdot n) + \exp(-j \cdot \frac{\pi}{8} \cdot n) \cdot \exp(-j \cdot \frac{2\pi}{32} \cdot n \cdot k)$

$X[k] = 0{,}5 \cdot \sum_{n=0}^{31}[\exp(j \cdot \frac{\pi}{16} \cdot (2 - k) \cdot n) + \exp(-j \cdot \frac{\pi}{16} \cdot (2 + k) \cdot n)]$

Mit $\sum q^n = \frac{1}{1-q}$ [→ geometrische Reihe] und

$S_n = \sum_1^n a \cdot q^{k-1} = \begin{cases} a \cdot \frac{1-q^n}{1-q} & mit\ q \neq 1 \\ a \cdot n & mit\ q = 1 \end{cases}$ [→ Bildung von Partialsummen]

ergibt sich: $X[k] = 0{,}5 \cdot (\left(\frac{1-\exp(j2\pi(2-k))}{1-\exp(j\frac{\pi}{16}(2-k))}\right) + \left(\frac{1-\exp(-j2\pi(2+k))}{1-\exp(-j\frac{\pi}{16}(2+k))}\right))$

Hierbei sind die Zähler Null. Eine Kompensation durch den Nenner ergibt sich bei k = 2 und k = 30. In diesen Fällen treten 0/0-Ausdrücke auf, die direkt berechnet werden können – bzw. durch eine Auflösung über l'Hospital. Es ergibt sich: X(k) = 16 (δ[k − 2] + δ[k − 30]) mit δ: Dirac-Symbol. (Siehe das Programm unter A.)

zu **A:**

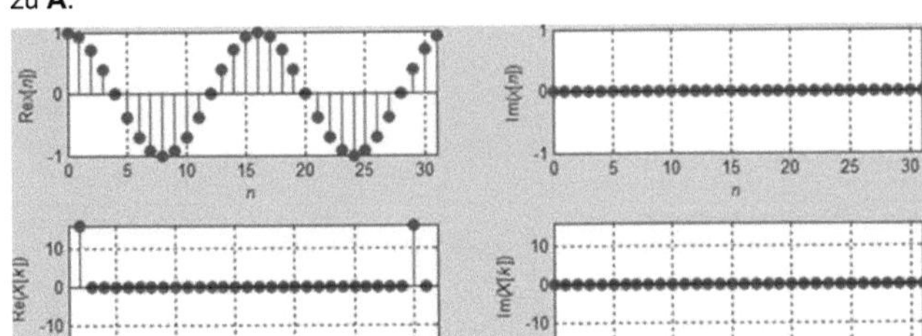

DFT (MATLAB)

```
% A – MATLAB
N = 32; n = 0:N-1; Omega = pi/8; x = cos(Omega * n); X = dft(x);
%Graphics
FIG = figure('Name', 'dsplab3_1', 'numberTitle', 'off', 'Units', 'normal', 'Position', [.3.5.6.4]);
subplot(2,2,1), stem(0:N-1,real(x),'filled'), grid axis([0 N-1 -1 1]);
  xlabel('{\itn}'), ylabel('Re{\itx}[{\itn}])') subplot(2,2,2), stem(0:N-1,imag(x),'filled'), grid axis([0 N-1 -1 1]);
  xlabel('{\itn}'), ylabel('Im({\itx}[{\itn}])') subplot(2,2,3), stem(0:N-1,real(X),'filled'), grid MAX = max(abs(X));
  axis([0 N-1 -MAX MAX]); xlabel('{\itk}'), ylabel('Re({\itX}[{\itk}])')
subplot(2,2,4), stem(0:N-1,imag(X),'filled'), grid axis([0 N-1 -MAX MAX]);   xlabel('{\itk}'), ylabel('Im({\itX}[{\itk}])')
Mit: function X = dft(x)
N = length(x); w = exp(-1i*2*pi/N); X = zeros(1,N);
for k = 0:N-1
wk = w^k;
for n = 0:N-1
X(k+1) = X(k+1) + x(n+1)*wk^n;
End End
```

```
% B –
MATLAB_programm
Trial>> %% Signal x1
n0 = 10;
x1 = zeros(1,N);
x1(n0+1) = 1;
x1 = dft(x1);
```

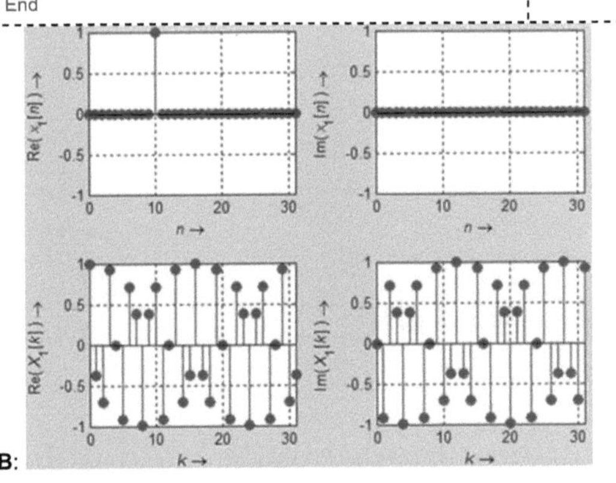

zu **B:**

(58) Fourier-Darstellungen / DFT / Signalfolgen / Faltungen

Systematik der DFT

Ungerade periodische Funktion mit $f(x) = \begin{cases} -A \text{ für } -\pi \leq x < 0 \\ A \text{ für } \quad 0 \leq x < \pi \end{cases}$ [Es gilt: $f(x) = f(x + 2\pi)$]

Für die a_k-Werte gilt: $a_k = 0$. $b_k = 2/\pi \cdot \int_0^\pi f(x) \cdot \sin(kx) \cdot dx = 2A/\pi \cdot \int_0^\pi \sin(kx) \cdot dx = 2A/\pi \cdot [\frac{-\cos(kx)}{k}]_0^\pi = \begin{cases} \frac{2A}{\pi} \cdot \frac{2}{k} & \text{für } k = 2n - 1 \\ 0 & \text{für } k = 2n \end{cases}$ jeweils mit $n \in \mathbb{N}$

$\rightarrow f(x) = \frac{4A}{\pi} \cdot [\sin(x) / x + \sin(3x) / 3 + \sin(5x) / 5 + \dots]$

Zyklische Verschiebungen (DFT-Spekten) - Signalbilder MATLAB

Abgetastetes Cosinus-Signal (nur mit reellen Signalanteilen) / zugeordnetes Spektrum

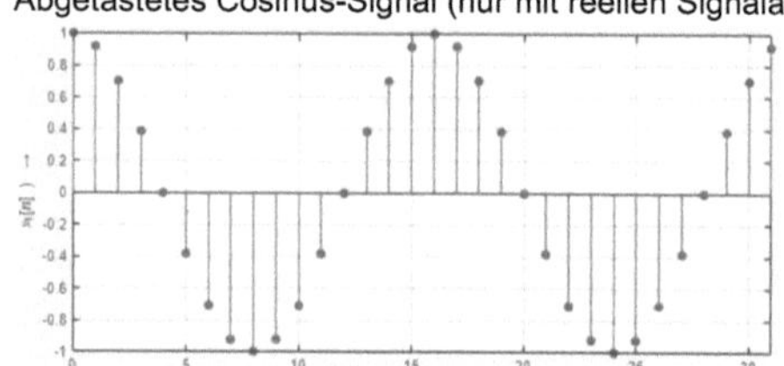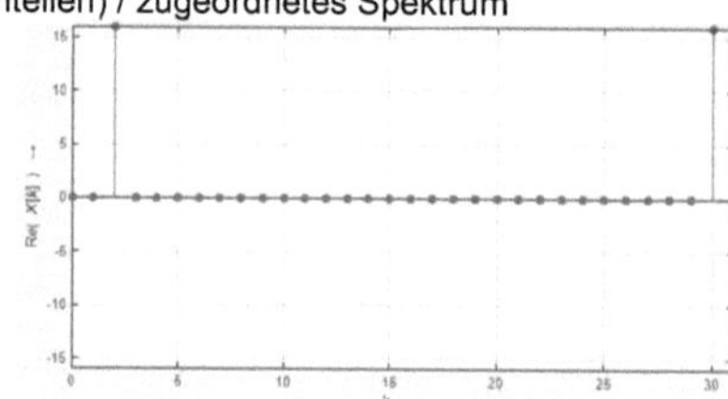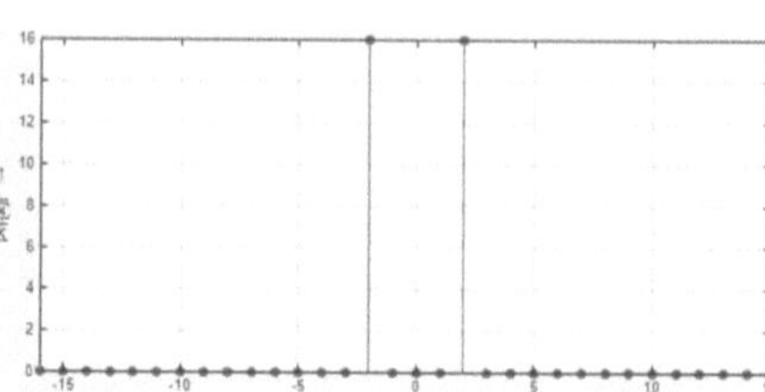

Faltungen

Aufgabe: Es sei $x_1 = [1,2,3]$ und $x_2 = [1,0,2,-1]$. Bestimmen Sie die Faltung.

0	0	0	1	0	2	-1	0	0	0	Ergebnisse
3	2	1	0	0	0	0	0	0	0	0
0	3	2	1	0	0	0	0	0	0	1
0	0	3	2	1	0	0	0	0	0	2
0	0	0	3	2	1	0	0	0	0	5
0	0	0	0	3	2	1	0	0	0	3
0	0	0	0	0	3	2	1	0	0	4
0	0	0	0	0	0	3	2	1	0	-3
0	0	0	0	0	0	0	3	2	1	0
0	0	0	0	0	0	0	0	3	2	0
0	0	0	0	0	0	0	0	0	3	0

Auflösung: $[1,2,3]$ wurde gespiegelt.
Das Ergebnis lautet somit: $x_3 = [1,2,5,3,4,-3]$
Die Länge von x_3 beträgt: $|x_3| = 6$.
Es gilt: $|x_1| = 3$ und $|x_2| = 4$; $|x_3| = |x_1| + |x_2| - 1 = 3 + 4 - 1 = 6$.

Allgemein gilt für $|x_A| = n_A$; $|x_B| = n_B$.
Für die Faltung von x_A mit x_B ($x_A * x_B = x_C$) folgt: $|x_C| = n_A + n_B - 1 = n_C$

Bestimme die Faltung von $[1,1,1,-1,-1,-1,1,-1,1,-1]$ mit sich selbst.
Dies ist ein Baker-Code der Länge 11.
Achtung: Der Ausdruck muss einmal gespiegelt werden.
Die Länge beträgt: $11 + 11 - 1 = 21$
Wir erhalten: $[-1,0,-1,0,-1,0,-1,0,\mathbf{11},0,-1,0,-1,0,-1,0,-1,0,-1]$
Bestimmen Sie Faltung von $[1,1,1,1,1,-1,-1,1,1,-1,1,-1,1]$ (Baker-Code der Länge 13) mit sich selbst.

Für die Faltung existiert unter **MATLAB** der Befehl conv.

Aperiodischen und periodische (zyklischen) Signalfolgen und mögliche Faltungen / Bilderkennung – Besondere Areale

Periodische Signalfolgen

Ein Spektrum kann periodisch ergänzt werden. So kann rechentechnisch eine aperiodische Signalfolge in eine periodische Folge überführt werden. Die spektrale Entwicklung im Intervall $[0, 2\pi]$ bestimmt sich über die Ergänzung der Werte aus dem Bereich $[0, f_A/2]$ mit den Werten aus dem Intervall $]-f_A/2,0]$. Wobei $f_A/2$ normiert π zugeordnet wird. Quasi wird die Signalabfolge um 180° gedreht und mit der ursprünglichen Signalfolge verknüpft.
Beispiel: Für ein aperiodisches Signal mit der Folge $n_1 = [0,1,1,0,0,0,0,0]$ ergibt sich das periodische Signal $n_{1*} = [0,1,1,0,0,0,0,0,0,0,0,0,1,1,0]$.

Aperiodischen und zyklischen Signalfolgen und zugehörige Faltungen

Ergebnisse mit Blick auf eine Faltung mit der Folge $n_2 = [1,2,3]$
Aperiodische Faltung: $n_1 * n_2 = y_1[n] = [1,3,7,10,13,12,5,3]$
Zyklische Faltung mit der Länge 6: $n_{2*} = [1,2,3,0,0,0]$
$$n_1 * n_{2*} = y_2[n] = [6,6,7,10,13,12]$$
Zyklische Faltung mit der Länge 9: $n_{2**} = [1,2,3,0,0,0,0,0,0]$
$$n_1 * n_{2**} = y_3[n] = [1,3,7,10,13,12.5,3,0]$$

Bilderkennung / -restauration

Besondere Bildareale (Region of interest (ROI)) können über Polygone bzw. durch Mausfunktionen näher bestimmt werden. Das Bildzentrum kann ermittelt werden. Die entsprechenden Areale können dann näher behandelt werden. Verzerrungen und Raucheffekte können entfernt werden.
Befehle unter MATLAB: Lage des Zentrumslage:
centroid; roifilt2,roipoly, regionprops, imrotate
Auch können strukturaspekte von Bildern – periodische Linien, Gitter, … – erkannt werden. So können zum Beispiel Betrags- und Phaseninformationen von Bildern (bzw. von ihren Spektren) erkannt und näher analysiert werden.
Geeignete MATLAB-Befehle: abs, angle, atan2, colormap, colarbar.

Rotation / Verschiebungen

Bilder können auch verschoben bzw. rotiert werden.
Analyse der effektiven Frequenz (bei verschobenen / rotierenden Signalen (Bildern)): $f_0 = \sqrt{f_1^2 + f_2^2} = \frac{1}{T_0} = f_{eff}$ (der Ortsfrequenz)
Ziel der Analysen ist es, periodische Anteile in Signalen aufzudecken.

Signal (cosinus)

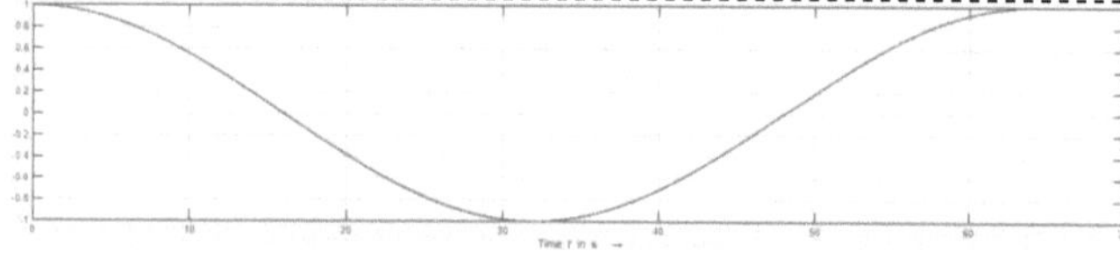

(→) Signalabtastung

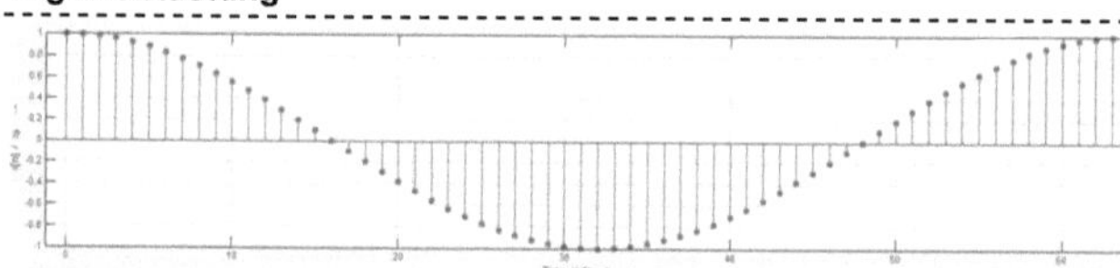

Signal (cosinus im Intervall [0; π]

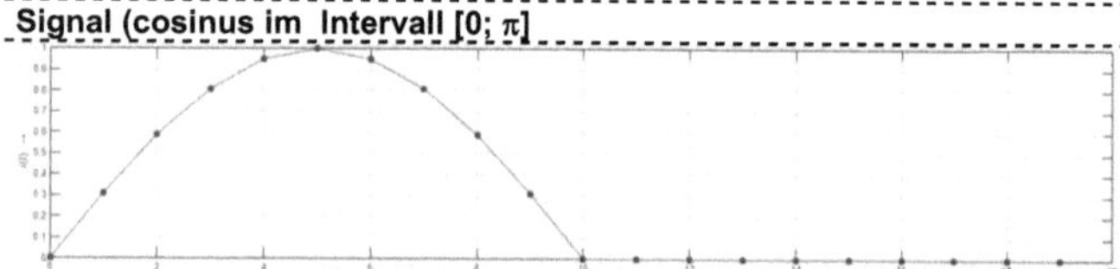

(→) zugeordnetes Spektrum

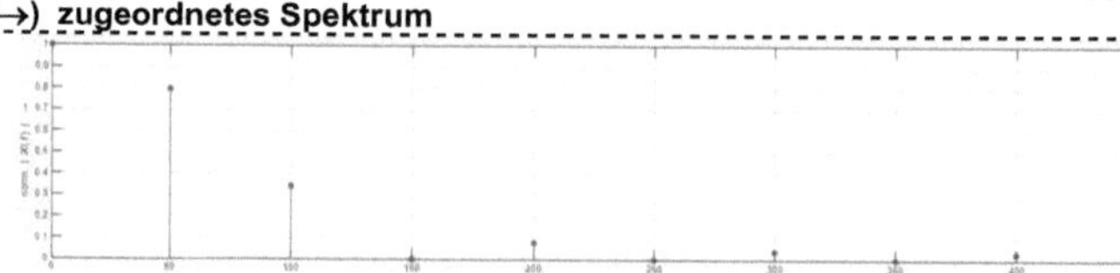

(59) Aspekte der Bildverarbeitung

Grundeinsichten

Linsengleichung von Gauß: Welchen Einfluss hat die Erhöhung der Brennweite (f) einer Linse mit Blick auf die Bildweite (b), wenn die Gegenstandsweite (g) unverändert bleibt?

Welche Bedeutung hat die Gamma-Korrektur für die Bildhelligkeit?

Sie haben eine Filtermaske $m = \begin{bmatrix} 1 & 3 \\ 5 & 7 \end{bmatrix}$. Geben Sie den zugehörigen Faltungskern an.

Erklären Sie die Aufgabe des Medianfilters.

Erläutern Sie den Unterschied von Rauschen und Verzerrung.

Ein Signal mit einer Grenzfrequenz von 20 kHz soll gemäß Shannon abgetastet werden. Wie groß muss die Abtastfrequenz sein?

Mit welcher Faltungsart werden periodische Signal verarbeitet?

Bildverarbeitung

Die Filtermatrix $A = \begin{bmatrix} 1 & 0 & 1 \\ -1 & 2 & -1 \\ 0 & -1 & 0 \end{bmatrix}$ verarbeitet ein Bild gemäß der Daten von B. (Zusätzliche Randwerte existieren bei B nicht.)

$B = \begin{bmatrix} 1 & 2 & 1 & 2 & 1 \\ 2 & 3 & 4 & 3 & 2 \\ 3 & 5 & 8 & 5 & 2 \\ 2 & 3 & 7 & 11 & 2 \\ 1 & 2 & 9 & 15 & 1 \end{bmatrix}$. . Geben Sie das Ergebnis an.

Filterbetrachtungen

Bestimmen Sie für die Bildmatrix **C** die Ergebnisse für ein 3x3-Mininimum-, ein 3x3-Maximum-, ein 3x3-Kanten- und ein 3x3-Medianfilter.

Gehen Sie davon aus, dass eine Umrundung bzgl. **C** zusätzlich mit Nullwerten (Padding mit Nullen) vorliegt. **C**: $\begin{bmatrix} 134 & 73 & 222 & 121 \\ 74 & 147 & 137 & 211 \\ 98 & 245 & 75 & 166 \\ 27 & 201 & 37 & 210 \end{bmatrix}$

Fourier-Betrachtungen

Bestimmen Sie das Fourier-Integral für die Funktion $f(t) = \begin{cases} \exp(-t), & \text{für } t \geq 0 \\ 0, & \text{ansonsten} \end{cases}$

(Zerlegen Sie das Ergebnis in einen reellen und imaginären Anteil.)

Informationsgehalt

a) Bei einem S/W-Bild treten folgende Pixel-Anzahlen auf:

S/W	S	W
Absolute Häufigkeit	1800	4200

b) Bei einem Grauwertbild mit 10.000 Pixelwerten treten folgende Werte auf:

Grauwert	0	5	15	27	61	127
Absolute Häufigkeit	800	1200	2200	2800	1600	1400

Bestimmen Sie den Informationsgehalt ([H(x)] der einzelnen Bilder.

Faltungen

1D-Faltung von A = [1,2,0,3,1] mit B = [2,1,0,1].

2D-Faltung von $A = \begin{bmatrix} 3 & 5 \\ 6 & 8 \end{bmatrix}$ mit $B = \begin{bmatrix} 11 & 15 \\ 27 & 19 \end{bmatrix}$.

Zyklische Faltung der Signale von {1,2,3} mit {4,0,2}.

Morphologische Filter - Erosion/Dilatation

Bei dem S/W-Bild $A = \begin{bmatrix} 1 & 0 & 1 & 0 & 1 \\ 0 & 1 & 0 & 0 & 1 \\ 1 & 0 & 0 & 1 & 0 \\ 1 & 0 & 1 & 0 & 1 \\ 1 & 0 & 0 & 1 & 0 \end{bmatrix}$

wird mit der Matrizen $B1 = \begin{bmatrix} 0 & 1 & 0 \\ 1 & 0 & 0 \\ 0 & 0 & 1 \end{bmatrix}$, $B2 = \begin{bmatrix} 1 & 0 & 0 \\ 0 & 0 & 1 \\ 0 & 1 & 0 \end{bmatrix}$ und $B3 = \begin{bmatrix} 1 & 0 & 0 \\ 1 & 0 & 1 \\ 1 & 0 & 0 \end{bmatrix}$ jeweils gesondert eine **Erosion** gestaltet.

Weiterhin wird bei dem Bild S/W-Bild $C = \begin{bmatrix} 0 & 0 & 0 & 0 & 0 \\ 0 & 0 & 1 & 1 & 0 \\ 0 & 1 & 0 & 1 & 0 \\ 0 & 1 & 0 & 1 & 0 \\ 0 & 0 & 0 & 0 & 0 \end{bmatrix}$ mit

$D = \begin{bmatrix} 0 & 1 & 0 \\ 0 & 1 & 1 \\ 1 & 0 & 0 \end{bmatrix}$ eine **Dilatation** vorgenommen.

Geben Sie die Ergebnisse an.

Lösungstipps [Ergebnisse]

1/f = 1/g + 1/b [b vergrößert sich];

Informationsbegriff: Siehe Gleichung von Shannon (Berechnung mit $\log_2$ = ld) / H_a = 0.8812 Bit / Symbol; H_b = 2,4734 Bit / Symbol

Kantenfilter := Maximumfilter − Minimumfilter [→ (Kantenfilter): $\begin{bmatrix} 147 & 222 & 222 & 222 \\ 245 & 172 & 172 & 222 \\ 245 & 218 & 218 & 211 \\ 245 & 245 & 245 & 210 \end{bmatrix}$]; 1D-Faltung: [2,5,2,7,7,1,3,1]; 2D-Faltung: $\begin{bmatrix} 33 & 100 & 45 \\ 147 & 289 & 215 \\ 162 & 330 & 112 \end{bmatrix}$;

zyklische Faltung: {8,14,14}; Medianfilter: mittlerer (gezählter) Wert; Erosion: Reduktion der Datenwerte; Dilatation: Systematische Erweiterung

Fourier-Integral in den Grenzen von 0 bis ∞. Auflösung in eine reellen und in einen imaginären Anteil.

Es ergibt sich: $F(t) = \int_0^{\infty} \exp(-t) \cdot \exp(-i \cdot \omega \cdot t)\, dt = \frac{1}{1 + i \cdot \omega} = \frac{1}{1 + \omega^2} - i \cdot \frac{\omega}{1 + \omega^2}$

Erosion

Objekt X_1

Strukturelement Q

Erosionsergebnis

[→ $Y_1 = X_1 \ominus Q = \{ y \mid ((Q)_y \subseteq X_1 \}$]

Komplement von X_1: X_1^C

(relevant für $Y_1 = X_1 \ominus Q = \{ y \mid ((Q)_y \cap X_1^C = \varnothing \})$

Dilatation

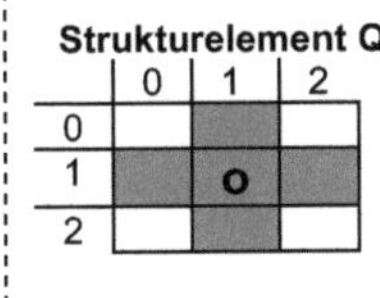

Objekt X_2

Strukturelement Q

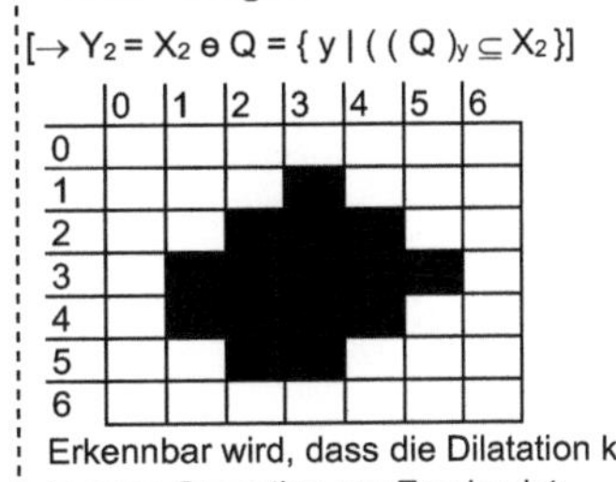

Dilatationsergebnis

[→ $Y_2 = X_2 \ominus Q = \{ y \mid ((Q)_y \subseteq X_2 \}$]

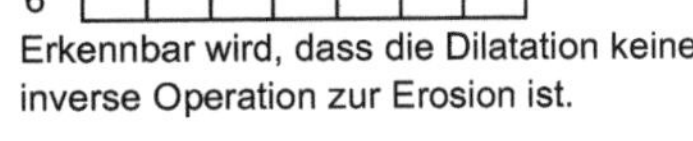

Dilatationsergebnis (X_1 mit Q)

[→ $Y_3 = X_1 \ominus Q = \{ y \mid ((Q)_y \subseteq X_1 \}$]

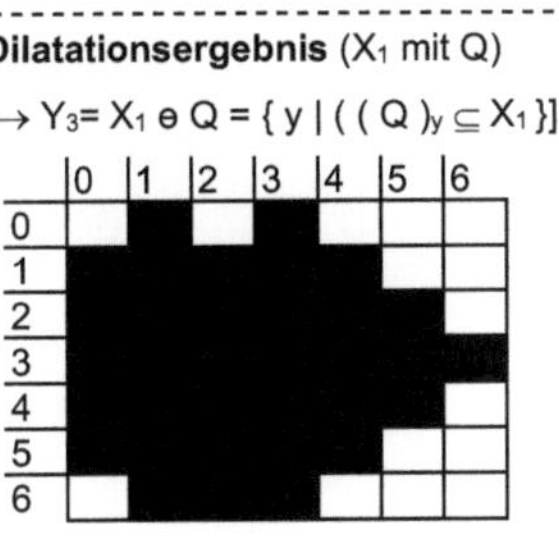

Erkennbar wird, dass die Dilatation keine inverse Operation zur Erosion ist.

(60) Aspekte der Bildverarbeitung

Bilder (ausgehend vom Original I) mittels verschiedener Filter (Realisierung unter MATLAB)

Original: I = IMAGE

Posterizing zu I

Filter: otsu_thresh

sw-otsu method

conservative smoothing 3x3

conservative smoothing 5x5

salt-and-pepper noise (I-SP)

median 3x3 von I-SP

min-filter

gaussian-filter / 1σ

gaussian-filter / 2σ

gaussian-filter / 3σ

noisy-image (0)

zugehöriges Histogramm (0)

noisy-image (0.01)

zugehöriges Histogramm (0.01)

Automatische Füllung [erzeugt unter MATLAB]

Original

Der REGEN ist da.

Bitte warte.

Wir gehen zum

REGEN-BOGEN.

Mask image (complement) [QR]

Der REGEN ist da.

Bitte warte.

Wir gehen zum

REGEN-BOGEN.

Iteration 480 [strel(...) ...]

Der REGEN ist da.

Bitte warte.

Wir gehen zum

REGEN-BOGEN.

Iteration 5000

Der REGEN ist da.

Bitte warte.

Wir gehen zum

REGEN-BOGEN.

thinning

Der REGEN ist da.

Bitte warte.

Wir gehen zum

REGEN-BOGEN.

thinning and thickening

Der REGEN ist da.

Bitte warte.

Wir gehen zum

REGEN-BOGEN.

thickening

Der REGEN ist da.

Bitte warte.

Wir gehen zum

REGEN-BOGEN.

[bwmorp]

Der REGEN ist da.

Bitte warte.

Wir gehen zum

REGEN-BOGEN.

Orientierungen

Zur Geschichte der Mathematik

Jahr	Person	Stichwort zum Inhalt
ca. 580 v. Chr.	Thales von Milet	Beweise für geometrische Sätze
570 – 480	Pythagoras	$c^2 = a^2 + b^2$ (im rechtwinkligen Dreieck (auf der Ebene)
um 300 v. Chr.	Euklid	„Elemente"
ca. 240 v. Chr.	Archimedes	Methodenlehre
um 250	Diophant	Lösungen für Gleichungen bis zum 6. Grad
um 260	Liu Hui	Negative Zahlen; Brüche
um 815	Al Khwarizmi	Lösungen für lineare und quadratische Gleichungen
um 1020	Ibn al Haitham	Parallelenpostulat
1545	G. Cardano	Lösung kubischer und biquad. Gleichungen (N. Taraglia (1535) und L. Ferrari (1542))
91579	F. Vieta	Goniometrie
um 1590	J. Napier und J. Bürgi	Logarithmen
1623	W. Schickard	Rechenmaschine für die Grundrechenarten
1636 / 37	P. de Fermat; R. Descartes	Analytische Geometrie (Vektorrechnung)
1654	B. Pascal und P. de Fermat	Grundlagen der Wahrscheinlichkeitslehre
um 1664	I. Newton	Infinitesimalrechnung
1668	J. Gregory	Fundamentalsatz der Analysis
1669	I. Newton	Reihenlehre
1675-86	G. W. Leibniz	Grundkonzepte Infinitesimalrechnung
1713	Jak. Bernoulli	Ars conjectandi' (Wahrscheinlichkeitslehre)
1718	A. de Moivre	A doctrine of Chance' (Wahrscheinlichkeitslehre)
1727-51	L. Euler	Differenzialgleichungen; Variationsrechnung, Funktionsbegriff, Polyedersatz
1755	J.-L. Lagrange	Lösung von Variationsproblemen
1763	T. Bayes	Bestimmung bedingter Wahrscheinlichkeiten
1766	J. H. Lambert	Überlegungen zur nichteuklidischen Geometrie
um 1790	P. S. Laplace	Mathematische Himmelsmechanik
1796 ff.	C. F. Gauß	Konstruktion eines regulären 17-Eck, Fundamentalsatz der Algebra etc.
1797	J.-L. Lagrange	Infinitesimalrechnung ohne Grenzwertbegriff
1807	J. Fourier	Theorie der Fourier-Reihen
1817	B. Bolzano	Zwischenwertsatz
1821	A. L. Cauchy	Aufbau der Analysis
1826	N. I. Lobatschewski	Nichteuklidische Geometrie
1826	N. H. Abel	Begrenzte Lösbarkeit von algebraischen Gleichungen mit dem Grad $n \geq 5$
1827	N. H. Abel u. C. G. J. Jakobi	Theorie der elliptischen Funktionen
1832	E. Galois	Gruppentheorie
1843	W. R. Hamilton	Quaternionen (hyperkomplexe Zahlen)
1846	P. L. Tschebyschew	Wahrscheinlichkeitstheorie
1847	G. Boole	Symbolische Logik
1851	B. Riemann	Funktionstheorie; Zeta-Funktion
ab 1856	K. Weierstraß	Theorie der analytischen Funktionen
1872	R. Dedekind	Dedekindsche Schnitte ($\mathbb{R}$)
1872	F. Klein	Erlangener Programm
1874	G. Cantor	Mengenlehre
1885	H. Poincaré	Topologie
1889	G. Peano	Natürliche Zahlen
1899 ff.	D. Hilbert	Axiomatisierung der Geometrie etc.
1904	E. Zermelo	Auswahlaxiom; Wohlordnungssatz
1910	E. Steinitz	Körpertheorie
1913	H. Weyl	Riemannsche Fläche
1915	A. Einstein	Allgemeine Relativitätstheorie
1919	F. Hausdorff	Hausdorff-Dimension
1920	E. Noether	Idealtheorie
1930	B. L. Waerden	Moderne Algebra
1931	K. Gödel	Unvollständigkeitssätze
1933	A. N. Kolmogorow	Wahrscheinlichkeitslehre
1958	A. Grothendieck	The Cohomology theory of abstract algebraic varieties
1975	B. Mandelbrot	Fraktale
1983	G. Faltings	Beweis der Mordellsche Vermutung (Fields-Medaille 1986/87; 2026 Abel-Preis)
1993	A. Wiles	Beweis: Großer Fermatscher Satz
2002	G. Perelmann	Beweis der Poincaréschen Vermutung
2025	Langlands, R.: Erster umfassender Durchbruch im „Langlands-Programm" (Vereinigung von Geometrie, Analysis, …)	

Kurze Geschichte der Physikexperimente, Beobachtungen und Ideen

Nr.	Zeit	Person	Inhalt
1	ca. 250 v. Chr.	Archimedes (ca. 287 v. Chr. – 212 v. Chr.)	Auftrieb eines Körpers in Flüssigkeiten (Masse eines Körpers; Verdrängung im Wasser)
2	ca. 220 v. Chr.	Eratosthenes (von Kyrene) (276 v. Chr. – 194 v. Chr.)	Erdumfang (Kugelgestalt der Erde; Durchmesser der Erde)
3	1600	Galileis, Galileo	Fallende Körper; schiefe Ebene
4	1666	Newton, Isaac (1643 – 1727)	Spektrale Zerlegung des Sonnenlichts
5	1675/76	Römer, Ole (Dänemark) (1644-1710)	Erste Bestimmung der Lichtgeschwindigkeit (Beobachtung e. Jupitermondes) - (Erste Hinweise zur Endlichkeit der Lichtgeschwindigkeit bei Empedokles.)
6	1797	Cavendish, Henry (1731 – 1810)	Torsionsbalkenexperiment (Bestimmung der Gravitationskonstante und der Erdmasse)
7	1800	Young, Thomas (1173 - 1829)	Interferenznachweis bei Licht (→ Licht als Welle; Doppelspaltversuch); Versuchsdurchführung durch Augustin Jean Fresnel im Jahr 1822
8	1812	Arago, François (1786 – 1853)	Polarisiertes Licht kann interferieren; Nachweis der Lichtbeugung (Experiment in Folge von Überlegungen von Poisson (1781 – 1840))
9	1817/22	Fresnel, Augustin Jean (1788 – 1827)	Nachweis des transversalen Charakters der Lichtwellen (in Folge zu Überlegungen von Arago)
10	1819	Orsted, Hans Christian	bewegter elektrischer Strom erzeugt ein Magnetfeld
11	1839	Becquerel, A. E. (1852 – 1908)	Photoelektrischer Effekt
12	1849	Fizeau, H.	Erste irdische Bestimmung der Lichtgeschwindigkeit
13	1851	Foucault, Jean B. L. (1819 – 1868)	Rotationsbestimmung der Erde mit dem Foucaultschen Pendel
14	1791-1867	Faraday	Elektromagnetische Induktion (Rotation (elekt. Motor)); Magnetismus u. Licht
15	1831-1879	Maxwell	Maxwellsche Gleichungen
16	1854	Riemann, Georg Friedrich Bernhard	Theorie der nichteuklidischen Geometrie
17	1873/74	Ferdinand Braun (1850 – 1918)	Halbleitereffekt (Gleichrichtereffekt bei Kristallen); später Kathodenstrahlröhre (Braunsche Röhre)
18	1887	Hertz, Heinrich (1857 – 1894)	Wellencharakter elektromagnetischer Strahlung
19	1887	Michelson / Morley, Edward W.	Äther; Lichtgeschwindigkeit: Michelson, Abraham (1852-1931); Morley (1838-1923)
20	1892	Foucault	Bestimmt der Lichtausbreitungsgeschwindigkeit in Medien
21	1896	Becquerel, Antoine Henri	Radioaktivität (1898: Marie Curie und Pierre Curie)
22	1897	Thomson, J. J.	Entdeckung des Elektrons
23	1899/1900	Planck, Max	Gequantelte Energieübertragung mit $E = h \cdot f$; $h = 6{,}62606891 \cdot 10^{-34}$ J · s
24	1905	Einstein, Albert	Photoelektrischer Effekt / Brownsche Molekularbewegung; $E = m \cdot c^2$
25	1905	Einstein, Albert	Spezielle Relativitätstheorie (u.a.: c ist konstant; $E = m \cdot c^2$)
26	1910	Millikan, Robert A. (1868 – 1953)	Öltröpfchenexperiment zur Ermittlung der Größe von Elementarladungen
27	1911	Geiger; Marsden; Rutherford	Atomkernbestimmung
28	1915	Einstein, Albert	Allgemeine Relativitätstheorie: $R_{\mu\nu} - \tfrac{1}{2} \cdot g_{\mu\nu} \cdot R = 8\pi G T_{\mu\nu}/c^4$; $R_{\mu\nu}$: Ricci Krümmungstensor
29	1919	Eddington; Dyson	Nachweis der Lichtablenkung im Schwerefeld der Sonne
30	1919	Kaluza, Theodor	Idee einer vierten Raumdimension
31	1922	Stern, Otto; Gerlach, Walther	Stern-Gerlach-Versuch: Richtungsquantelung von Drehimpulsen
32	1922/23	Compton, Arthur (1892 – 1962)	Streuung von Photonen an Elektronen (Teilchennatur der Lichtquanten)
34	1926	Klein, Oskar	Quantifizierung d. räumlichen Zusatzdimension (nach Kaluza, 1919): 10^{-33} cm
33	1925	Schrödinger, Erwin	Wellengleichung
35	1927	Heisenberg, Werner	Unschärferelation: $\Delta x \cdot \Delta p \geq h/2\pi$; $\Delta E \cdot \Delta t \geq h/2\pi$
36	1957	Lee, Wu, Chien-Shiung	Links-Rechts-Asymmetrieverletzung beim Betazerfall von Kobalt-60
37	1958	Mößbauer, Rudolf (*1929)	rückstoßfreie Kernresonanzabsorption (Mößbauereffekt)
38	1959/61	Jönsson, Claus (*1930)	Interferenz von Elektronen (Doppelspaltexperiment mit Elektronen)
39	1964	John Stewart Bell	Bellsche Ungleichung
40	1980	von Klitzing, Klaus (*1943)	Quantenhalleffekt
41	1981	Binnig /Rohrer	Tunnelrasterelektronenmikroskop: Binnig, G. (*1947), Rohrer, H. (*1933)
42	1982	Aspect, Alain (*1947)	Nachweis der Verletzung der Bellschen Ungleichung bei verschränkten Photonen (Nachweis, dass die QM nicht als lokale Theorie verborgener Parameter verstanden werden kann bei gleichzeitiger Annahme eines überlieferten Realismus Verständnisses.
43	2001	Cornell, Ketterle, Wiemann	Nobelpreis für den Nachweis des Bose-Einstein-Kondensats
44	2011	Riess, Adam	Nobelpreis: beschleunigte Weltall-Expansion (ermittelt über Supernovae-Analysen)
45	2022	Aspect, Alain, Clausen, John, Zeilinger, Anton	Verschränkung von Quantenzuständen (Basis der Quanteninformationstechnik)
46	2023	Agostini, Pierre, Krausz, Ferenc, L'Huillier, Anne	Lichtimpulse im Bereich von Attosekunden (Elektrodynamik im atomaren Bereich) [Attosekunden: 10^{-18} sec]; Obertonentwicklung von Licht beim ‚Atomdurchgang']
47	2024	Hopfield, John; Hinton, Geoffrey	Forschung zum Maschinellen Lernen mit künstlichen neuronalen Netzen (Hopfield-Netz)
48	2024 (Chemie)	Hinweis: Auch der Chemie-Nobelpreis an David Baker, D., Jumper, J. und Hassabis, D. wurde für Arbeiten zur Proteinentschlüsselung unter Verwendung von KI-Instrumenten vergeben.	
49	2025	James Webb Teleskop: Entdeckung von „Universums-Brechern" (Galaxien um 270 Mio. Jahre nach dem „Urknall")	

Zu IT-Denkern

Person mit Angabe der Lebenszeit / Beiträge und Wirkung	
Thales (624-546 v. Chr.); *Pythagoras* (580-500 v. Chr.) *Sokrates* (469-399 v. Chr.); *Platon* (428-348 v. Chr.) *Aristoteles* (384-322 v. Chr.); *Th. v. Aquino* (1225-1274)	Umfassende und zusammenhängende Beschreibung der Realität und des Denkens. Begründung philosophischer Kernideen.
Descartes, R. (1596-1650) *Pascal,* B. (1623-1662) *Newton, I. W.* (1642-1720)	*Descartes:* Grundsätzlicher Neubeginn im Denken. Über einen Prozess der radikalen Bezweiflung werden unhintergehbare Bezugsgrößen ermittelt. Ich als Ausgangsgröße; Idee einer Universalmathematik (mathesis universal). - *Pascal:* erste Addiermaschine
Leibniz, G. W. (1646-1716) *Euler, L.* (1707-1783)	*Leibniz:* Umfassendes Konzept für eine Maschine, die intellektuelle Operationen vornehmen soll. 1703: Schrift zum dualen Zahlensystem; Überlegungen zu einem Konzept der „Möglichen Welten" (→ Modallogik); *Euler:* Beiträge zur Graphentheorie u. zur Beschreibung von Netzen.
Kant, I. (1724-1804) *Fichte, J. G.* (1762-1814)	Kritische (Selbst-)Beschreibung der Vernunft. Formulierung eines transzendentalen Philosophiesystems. Bestimmung der Grenzen reiner Verstandeserkenntnis.
Hegel, G.W. F. (1770-1831) *Schelling, F.W.* (1775-1854) *Babbage, C.* (1792-1871)	Ausgehend von Kant wird unter Beachtung einer Entwicklungslogik ein umfassender Systeman-satz formuliert. *Hegel* beschreibt in der 'Wissenschaft der Logik' die folgerichtige Herausentwicklung der logischen Kategorien. *Babbage* 1833: erster Lochkarten-Rechner
Gauss, C. F. (1777-1855)	„Fürst" der Mathematik
Schopenhauer, A. (1788-1860) *Feuerbach, A. v.* (1804-1872); *Marx, K.* (1818-1883)	Fortführung der Überlegungen von 12 - 15 unter verschiedenen Einzelperspektiven.
Hamilton, W. R. (1805-1865); *Liouville, J.* (1809-1882) *Galois, E.* (1811-1832); *Graßmann, H.* (1809-1877)	*G.:* Abstrakte Theorie zu algebraischen Gleichungen (Gruppenbegriff)
Boole, G. (1815-1869)	Begründung der *Boolschen* Algebra: Bedeutsam für digitale Schaltungen.
Weierstraß, K. (1815-1897); *Cayley, A.* (1821-1895) *Kronecker, L.* (1823-1891); *Riemann, B.* (1826-1866) *Dedekind, R.* (1831-1916); *Lipschütz, R.* (1832-1903)	*C.:* Beschreibung von Netzen; *K.:* Vorbereitende Überlegungen zur intuitionistischen Richtung in der Mathematik und Logik
Peirce, C. S. (1839-1914) *Lie, S.* (1842-1899); *Cantor, G.* (1845-1918)	*P.:* Überlegungen zur Logik (*Peirce*-Funktion = NOR-Funktion) *L.:* Entwicklung der *Lie*-Gruppe *C.:* Begründung der Mengenlehre
Frege, G. (1848-1925) Poincaré, J. H. (1854-1912) *Markow, A.* (1856-1922) *Peano, G.* (1858-1932) *Husserl, E.* (1859-1938) *Hilbert, David* (1862-1943) *Minkowski, H.* (1864-1909) *Hausdorff, F.* (1868-1942)	*Fr.:* Ansätze zur formalen Beschreibung der Sprache und der Logik (erste Ansätze zur Prädikatenlogik) („Begriffsschrift"); P.: Grundlegende Arbeiten zur Funktionentheorie. *Markow (Markoff)*: Arbeiten zur Zahlentheorie; Wahrscheinlichkeitslehre; Algorithmentheorie *Peano*: Axiomatische Begründung der natürlichen Zahlen *Husserl*: Ausgehend v. *Bretano* Begründung d. „Philosophie als reine Wissenschaft" *Hilbert*: Unter anderem Arbeiten zur Metamathematik (Begründung der Logik) *Hausdorff*: Beschreibung der *Hausdorffschen* Mengen
Küpfmüller, Karl (1897-1977) *Russel, B.* (1872-1970) *Erlang, Agner K.* (1878-1929) *Wittgenstein, L.* (1889-1951) *Carnap, Rudolf* (1891-1970) *Nyquist, Harry* (1889-1976) *Wiener, Norbert* (1894-1964) *Piaget, Jean (1898-1980)*	*Küpfmüller*: Systemtheorie in der Nachrichtentheorie (1924) *Russel*: (mit *Whitehead*) Entwicklung einer Typenlehre in der Logik („Principia Mathematica") *Erlang*: Begründer der mathematischen Verkehrstheorie (Bedienmodelle) *Wittgenstein:* Umfassendes Konzept z. sprachlogischen Beschreibung der Realität; *Carnap*: Analyse von philosophischen Scheinsätzen; Überlegungen zur (Modal-)Logik *Nyquist*: Beschreibung des Abtasttheorems; *Wiener*: Begründer der Kybernetik; Entwicklungen zur *Fourier*-Transformation; *Piaget*: Begründer der genetischen Epistemologie; empirische Untersuchungen zu den der menschlichen Erkenntnis- und Logik-Strukturen
Tarski, A. (1901-1983) *Neumann, J. v.* (1903-1957) *Church, A.* (*1903) *Quine, W. v. O.* (1908-2001) *Kleene, S. C.* (1909-1994) *Zuse, K.* (1910-1995) *Austin, J. L.* (1911-1960) *Turing, A. M.* (1912-1954) *Shannon, C.E.* (1916-2001)	*Ta.:* Arbeiten zum Verhältnis von Semantik und Wahrheit („semantische Wahrheitsdefinition") und zu den Zylinderalgebren; *Neu.:* Entwicklung der *Neumannschen* Rechnerarchitektur; Entwicklung von Flußdiagrammdarstellungen für die Programmierentwicklung; Erste Arbeiten zur sogenannten Quantenlogik (Wahrscheinlichkeitslogik); *Church*: Nachweis d. Grenzen z. Lösung log. Probleme durch mechanische Verfahren; *Quine:* Arbeiten zur Prädikatenlogik und besonders zum λ-Kalkül; *Kleene*: Arbeiten zur Theorie der rekursiven Funktionen; *Zuse*: Erster elektronisch realisierter Rechner (*) *Turing*: Konzeption der *Turing*maschine und des *Turing*tests zur Ermittlung der Intelligenz einer Maschine; *Shannon*: Mathematische Konzeption der Information über den Begriff der Entropie
Mackie, John L. (1917-1981) *Dummett, M.* (* 1925) *Montague, R.* (1930 - 1971) *Searle, John R.* (* 1932) *Kripke, Saul A.* (* 1940) *Sneed, John D.* *Benacerraf, Paul* *Zadeh, Lofti Asker* (*1906)	*Ma.:* Empirische Untersuchungen zur Geltung des Normativen *Mo.:* Zur Theorie der natürlichen Grammatik; *Se.:* Begründung einer Sprechakttheorie *Kr.:* Überlegungen zur Modallogik (Fortführung von Ideen von *Leibniz*) *Sn.:* Umfassender strukturtheoretischer Beschreibungsansatz zur Erfassung der wissenschaftlichen Qualität von Theorien („rationale Rekonstruktion") *Be.: Benacerraf:* Philosophie der Mathematik - seit 1973 erneute und vertiefte Frage nach der Wahrheit mathematischer Sätze *Zadeh:* Arbeiten zur Fuzzy-Logik
Brandom, Robert (* 1950) *Žižek, Slavoj* (* 1949)	„Expressive Vernunft" – grundlegenden Arbeiten zur Rekonstruktion und Interpretation von Kant und Hegel (u.a.) „Sex und das verfehlte Absolute" - Rekonstruktion und Interpretation von Hegel, Freud/Lacan, moderner Physik, moderner Mathematik

(*) Zur komplexen patentrechtlichen Problematik siehe u. a. die Darlegungen zum Urteil des Patentamts aus dem Jahr 1967 (vgl. hierzu im Internet: https://blog.hnf.de/das-ende-eines-patents/) und als Anregung die Betrachtungen zu den Arbeiten von Atanasoff (→ Atanasoff-Berry-Computer aus dem Jahr 1941 (siehe Dyson (2016), S. 113f)).

Hinweis (Bezüge zum Literaturverzeichnis)

Die historischen Informationen verdeutlichen wesentliche Bezüge. Die Zuordnungen sind jedoch komplex. Mit Blick auf die rekonstruierten Daten, Modelle und Theorien werden von Kuhn „revolutionäre Aspekte" erläutert, die nach ihm zum Paradigmenwechsel in den Wissenschaften führen. Hentschel (2017) hat dies entsprechend am Beispiel der Lichtquanten (Photonen) detailliert untersucht und dargelegt. (Auch hat er die unzureichenden Darstellungen in Lehrbüchern ausgehend von empirischen Studien erörtert.)

Zur Theorienentwicklung in der modernen Physik siehe auch Krauss (2018).

Bezüglich der Gegebenheiten der IT-Welt siehe Dyson (2016).

All diese Untersuchungen haben den Blick auf die historische Eingebundenheit der Theorien und ihre Verknüpfung mit zeit- und ideengeschichtlichen Gegebenheiten verdeutlicht.

Sachwortverzeichnis

Siehe auch **Inhaltsverzeichnis** (S. vi), **Namensverzeichnis** und die **Übersicht** zu den **Aufgaben** (Blätter 1 bis 60) S. 94ff.

Sachwortverzeichnis

Siehe auch **Inhaltsverzeichnis** (S. vi), **Namensverzeichnis** und die **Übersicht** zu den **Aufgaben** (Blätter 1 bis 60) S. 94ff.

Deterministisches vs. quantenmechanisches (wahrscheinlichkeitstheoretisches) „Weltbild"

Bell hat in den 1960er Jahren über die Möglichkeit von verborgenen Parametern bei Quantenobjekten – speziell bei Photonen – nachgedacht. Er überlegte sich ein Experiment, bei dem zwei (verschränkte) Photonen erzeugt werden. Diese fliegen auf unabhängigen Wegen jeweils durch einen Polarisator und die Polarisationsrichtung der einzelnen Photonen wird separat gemessen. Es zeigt sich, dass eine Beeinflussung zwischen den Photonen auftritt, obwohl keine Wechselwirkung vorliegen kann. Einstein nahm an, dass (irgendwie und -wo) verborgene Parameter existieren würde. Bell fand eine Gleichung (bzw. Ungleichung), mit der unterschieden werden kann, ob verborgene Parameter existieren. Aspect zeigte durch filigrane Experimente, dass mit der Bestätigung einer Korrelation zwischen den Photonen gemäß der Beziehung f(x) = cos(2x) die klassische Weltsicht nicht haltbar ist.

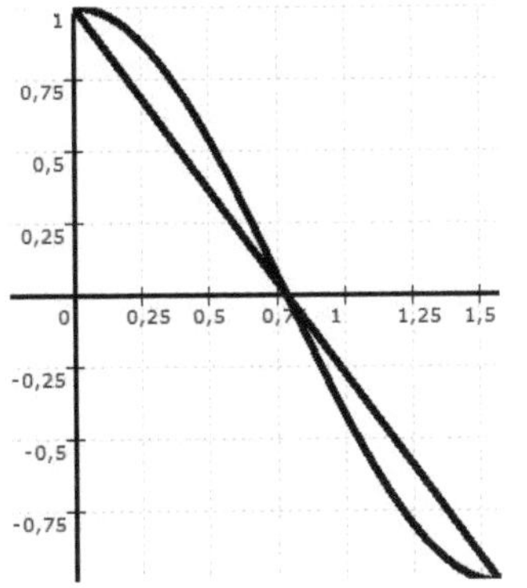

In der linken Spalte werden die Kurven für
a) f(x) = cos(2x) und
b) g(x) = 1 – 4x/π
dargestellt.

Nach J. S. Bell würde f(x) die Korrelationskoeffizienten bzgl. „verschränkter Photonen" gemäß der Quantenphysik darstellen.

g(x) dagegen die Erwartung nach einer klassischen Theorie „verborgener Parameter".

Die Experimente von Aspect zeigten die Gültigkeit von f(x).

(Siehe Rae (1996), S. 60.)

Verzeichnis der Namen

Name	Seite(n)
Abel	155, 163
Al Khwarizmi	155
d'Alembert	68, 163
Arago	156
Archimedes	155, 156
Aquino, Th. v.	157
Aspect	75, 86, 156, 161
Austin	157
Babbage	157
Bayes	49, 155
Becquerel	75, 156
Bell, J. S.	75, 86, 156, 161
Bell, E. T.	102
Bellard	54
Benacerraf	157
Bertrand	12
Bernoulli	31, 46f., 56, 155, 157
Binnig	156
Boltzmann	72, 75, 128
Bolzano	155
Boole, G.	155, 157
Borwein	10, 54, 136, 163
Bose	50, 156
Brandom	157
Braun	156
Brown	50, 74, 156
Bürgi	155
Cardano	14, 155
Cantor	137, 155, 157
Carnap	157
Cauchy	29, 53, 55, 66, 139, 142, 155
Cavendish	156
Cayley	157
Chaplin	163
Church	157
Cohen	137
Collatz	134
Compton	156
Cornell	156
Dedekind	66, 155, 157
Descartes	14, 155, 157
Dirac	59, 63f., 69, 75, 79, 85,151
Drabek	163
Dummett	157
Dyson	156, 157
Eddington	156
Einstein	24, 50, 72, 74, 75, 85, 116, 155, 156, 163
Empedokles	156
Eratosthenes	12, 156
Erdös	163
Erlang	157
Euklid	11, 13, 23, 94, 126, 134, 139, 155, 156
Euler	11, 14, 26, 55, 56, 65, 66, 74, 100, 134, 155, 157
Faraday	73, 74, 73, 156
Faltings	155
Farey	134
de Fermat	155, 163
Feuerbach	157
Fermi	50, 73
Feynman	74, 88, 142, 155, 163
Fichte	157
Fizeau	156
Frisch	163

Name	Seite(n)
Fermat	x
Foucault	156
Fourier	55, 59-64, 69, 79, 126, 148, 155, 157
Fraunhofer	88
Frege	16, 157
Fresnel	79, 156
Galilei, Galileo	73, 74, 156, 163
Galois	19, 155, 157
Galton	46, 119
Gauß	16, 23, 46, 48, 50-51, 53, 58-59 69, 73,-74, 79, 89-94, 98, 140 142-147, 153, 155
Geiger	156
Gödel	137, 155
Graßmann	157
Gregory	142
Ibn al Haitham	142
Hamilton	155, 157
Hardy	157
Hausdorff	24, 141, 155, 157
Heisenberg	40, 74, 75, 149, 150, 156, 163
Hegel.	157
Hentschel	157, 155
Hertz	156
Hilbert	155, 156, 157
Husserl	157
Itoh	50
Jakobi	40, 155
Jönsson	156
Kaderali	150, 163
Kaluza	156
Kant	v, 156, 157
Kepler	54, 75, 96
Ketterle	156
Kleene	157
Klein	155, 156
von Klitzing	156
Koch	x
Kolmogorow	155
Krauss	157, 159
Kripke	157
Küpfmüller	156, 157
Kuhn	157
Lambert	155
Laplace	41, 44, 45, 55, 60, 63-64, 68 118, 119, 125, 139, 155
Laurent	52, 53, 143f.
Leibniz	74, 155, 157
Lie	40
L'Hospital	31, 105, 151
Lagrange	155
Lipschütz	157
Liu Hui	155
Lobatschewski	155
Mackie	157
Mandelbrot	155
Marsden	156
Markow	157
Marix	157
Maxwell	50, 55, 69, 74, 156
Michelson	157
Millikan	156
Mi43nkowski	
Möbius	14, 24,
Mößbauer	156
Moivre	14, 155

Name	Seite(n)
Montague	157
Morley	74, 75, 157
Morse	163
Mulisch	128, 159, 163
Napier	155
Neumann	157
Newton	46, 58, 72, 74, 155, 156, 157
Noether	40, 74, 96, 155
Novalis	163
Nyquist	75, 79, 128, 157
Ohm	73, 76-73, 78, 109, 28
Orsted	157
Pascal	17, 47, 101, 126, 155, 157, 163
Peano	11, 155, 157
Peirce	157
Perelmann	155
Planck	72, 74, 75, 157
Platon	157
Poincaré	155, 157
Poisson	46, 47, 55, 122, 155, 157
Pythagoras	18, 24, 109, 109, 111, 155, 157
Quine	155, 157
Rae	161, 163
Ramsey	135
Ricci	23, 58, 74, 156
Riemann	155, 156, 157, 163
Römer	157
Rohrer	157
Russel	156, 157
Rutherford	157
Schelling	157
Schickard	155
Scholze	53, 96
Schopenhauer	157
Schrödinger	55, 70, 75, 85, 156
Schwichtenberg	150, 155
Searle	157
Shannon	x, 50, 79, 80, 83, 119, 148, 157, 163
Simpson	121
Sneed	157
Sokrates	157
Stern	155
Steinitz	155
Tarski	157
Taylor	52, 65
Thales	155, 157
Thomson	157
Torricelli	110
Tschebyschew	155
Turing	157, 157
Vieta	155
Waerden	155
Weierstraß	155, 157
Weizsäcker	88, 163, 159, 163
Weyl	155
Whitehead	157, 163
Wiemann	157
Wiener	51, 60, 74, 90, 157
Wiles	155
Wittgenstein	157, 157
Wu	156
Young	157
Zadeh	157
Zermelo	155
Žižek	157
Zuse	157

Ungleichungen (II)

Cauchy-Schwarz'sche Ungleichung: $|\mathbf{a} \cdot \mathbf{b}| \leq \|\mathbf{a}\| \cdot \|\mathbf{b}\|$; $\mathbf{a}$, $\mathbf{b}$: Vektoren. $|\mathbf{a} \cdot \mathbf{b}| = |a_1 b_1 + \ldots + a_n b_n|$; $\|a\| = (a_1^2 + \ldots + a_n^2)^{0{,}5}$ etc.; $a, b \in \mathbb{R}^n$

Hölder'sche Ungleichung: $\sum_{i=1}^{n} |a_i \cdot b_i| \leq \left(\sum_{i=1}^{n} |a_i|^p\right)^{1/p} \cdot \left(\sum_{i=1}^{n} |b_i|^q\right)^{1/q}$; [$i \in 1, \ldots, n$; $p \in (1, \infty)$; $1/p + 1/q = 1$]

Minkowski-Ungleichung: $\left(\sum_{i=1}^{n} |a_i + b_i|^p\right)^{1/p} \leq \left(\sum_{i=1}^{n} |a_i|^p\right)^{1/p} + \left(\sum_{i=1}^{n} |b_i|^p\right)^{1/p}$; [$i \in 1, \ldots, n$; $p \in [1, \infty)$]

Deutsch-englische Sprichwörter

Alle Tage ist nicht Sonntag Every day is not Christmas day	Es ist noch kein Meister vom Himmel gefallen No man is born wise	Not kennt kein Gebot Needs must when the devile drives
Alle guten Dinge sind drei The third time is lucky	Es ist noch nicht aller Tage Abend Tomorrow is another day	Ohne Fleiß kein Preis No pains, no gains
Alter schützt vor Torheit nicht No fool like an old fool	Es wir überall mit Wasser gekocht All bread is baked in the oven	Probieren geht über Studieren Practice makes perfect
Andere Länder, andere Sitten Other countries, other customs	Frisch gewagt, ist halb gewonnen Well begun ist half done	Reden ist Silber, Schweigen ist Gold Speech i silver, silence is golden
Arbeit macht das Leben süß Business is the salt of life	Gebranntes Kind scheut das Feuer A burnt child dreads the fire	Reden und tun sind zweierlei Saying and doing are two things
Auf Regen folgt Sonnenschein After a storm comes a calm	Geld regiert die Welt Money ist the only monarch	Schlafende Hunde soll man nicht wecken Let sleeping dogs lie
Aufgeschoben ist nicht aufgehoben All is not lost that is delayed	Handwerk hat goldenen Boden A trade in hand finds gold in every lands	Schmiede das Eisen, solange es warm ist Strike while the iron is hot
Aus den Augen, aus dem Sinn Out of sight, out of mind	Hochmut kommt vor dem Fall Pride goes before a fall	Steter Tropfen höhlt den Stein Constant dropping wears the stone
Aus Kindern werden Leute The child ist the father oft he man	Hunde, die bellen, beißen nicht Barking dogs seldom bite	Stille Wasser sind tief Still waters run deep
Ausnahmen bestätigen die Regel The exception proves the rule	In der Nacht sind alle Katzen grau When candles are out, all cats are grey	Trau, schau! wem Try before you trust
Besser spät als nie Better late than never	In seinem Haus ist jeder König My home is my castle	Über den Geschmack lässt sich streiten There is no accounting for tastes
Blinder Eifer schadet nur Haste make waste	Irren ist menschlichen To err ist human	Übung macht den Meister Use make mastery
Das Werk lobt den Meister The workinman is known by the his work	Jeder ist seines Glückes Schmied Every man ist he founder of his own fortune	Unkraut vergeht nicht Ill weeds grow apache
Der Appetit kommt beim Essen Appetite comes with caring	Jeder ist sich selbst der Nächste Charity begins at home	Viele Köche verderben den Brei Too man cooks spoil the broth
Der Mensch denkt, Gott lenkt Man proposes, God disposes	Jeder Topf findet seinen Deckel Every Jack find his Jill	Vier Augen sehen mehr als zwei Two heads are better than one
Der Schein trügt Appearances are deceptive	Kinder und Narren sagen die Wahrheit Children and fools tell truth	Vorsicht ist besser als Nachsicht Prevention ist better than care
Durch Fehler lernen wir By mistakes we learn	Kleider machen Leute Fine feathers make fine birds	Was ich nicht weiß, macht mich nicht heiß What the eye does not see the heart does not grieve over
Durch Schaden wird man klug Adversity ist he school of wisdom	Kleine Ursachen, große Wirkungen A small leak sink a great ship	Was du heute kannst besorgen, das verschiebe nicht auf morgen Never put off till tomorrow, what you can do today
Ehrlich währt am längsten Honesty ist he best policy	Lügen haben kurze Beine A lie has no legs	
Eigenlob stinkt Self-praise is no recommendation	Man muss leben und leben lassen Life, and let live	Wenn die Katze fort ist, tanzen die Mäuse When the cat is away, the mice will play
Eile mit Weile More haste, less speed	Man soll den Tag nicht vor dem Abend loben Praise not the day before night	Wer nicht wagt, der nicht gewinnt Nothing venture, nothing have
Ein voller Bauch studiert nicht gern A fat belly, a lean brain	Mit Speck fängt man Mäuse Good bait catches fine fish	Wer zuletzt lacht, lacht am besten He laughs best who laughs last
Einmal ist keinmal Once does not count	Mitgefangen, mitgehangen In for a penny, in for a pound	Wie die Saat, so die Ernte As you sow you must mow
Ende gut, alles gut All is wellt thats ends is well	Neue Besen kehren gut A new broom sweeps clean	Wie du mir, so ich dir Measure for measure

Buchstabiertafel

(*: Deutsche Buchstabiertafel für Wirtschaft und Verwaltung)

Buchstabe	German	(*) Deutschland	English	American	NATO	International
A	Anton	Aachen	Andrew	Abel('eibel)	Alfa	Amsterdam
Ä	Ärger	Umlaut Aachen				
B	Berta	Berlin	Benjamin	Baker	Bravo	Baltimore
C	Cäsar	Chemnitz	Charlie	Charlie	Charlie	Casablanca
CH	Charlotte					
D	Dora	Düsseldorf	David	Dog	Delta	Dänemark
E	Emile	Essen	Edward	Easy	Echo	Edison
F	Friedrich	Frankfurt	Frederick	Fox	Foxtrot	Florida
G	Gustav	Goslar	George	George	Golf	Gallipoli
H	Heinrich	Hamburg	Harry	How	Hotel	Havanna
I	Ida	Ingelheim	Isaac	Item	India	Italia
J	Julius	Jena	Jack	Jig	Juliet	Jerusalem
K	Kaufmann	Köln	King	King	Kilo	Kilogramm
L	Ludwig	Leipzig	Lucy	Love	Lima	Liverpool
M	Martha	München	Mary	Mike	Mike	Madagaskar
N	Nordpol	Nürnberg	Nellie	Nan	November	New York
O	Otto	Offenbach	Oliver	Oboe ('oubou)	Oscar	Oslo
Ö	Ökonom	Umlaut Offenbach				
P	Paula	Potsdam	Peter	Peter	Papa	Paris
Q	Quelle	Quickborn	Queenie	Queen	Quebec	Quebec
R	Richard	Rostock	Robert	Roger	Romeo	Roma
S	Samuel	Salzwedel	Sugar	Sugar	Sierra	Santiago
Sch	Schule					
ß		Eszell				
T	Theodar	Tübingen	Tommy	Tare	Tango	Tripoli
U	Ulrich	Unna	Uncle	Uncle	Uniform	Uppsala
Ü	Übermut	Umlaut Unna				
V	Viktor	Völkingen	Victor	Victor	Victor	Valencia
W	Wilhelm	Wuppertal	William	William	Whiskey	Washington
X	Xanthippe	Xanten	Xmas	X (eks)	X-Ray	Xanthippe
Y	Ypsilon	Ypsilon	Yellow	Yoke	Yankee	Yokohama
Z	Zeppelin	Zwickau	Zebra	Zebra	Zulu	Zürich

Morse-Code

Steuerzeichen	Signalfolge	Symbol	Morsesignalfolge	Symbol	Morsesignalfolge
Verstanden	••• - •	A	• -	P	• - - •
Warten	• - •••	B	- •••	Q	- - • -
Abschluss	• - • - •	C	- • - •	R	• - •
Irrtum	••••••••	D	- ••	S	•••
Symbol	**Morsesignalfolge**	E	•	T	-
Auslassungszeichen '	• - - - - •	F	•• - •	U	•• - -
Bindestrich –	- •••• -	G	- - •	V	••• -
Bruchstrich /	- •• - •	H	••••	W	• - -
Doppelpunkt :	- - - ••	I	••	X	- •• -
Doppelstrich =	- ••• -	J	• - - -	Y	- • - -
				Z	- - ••
Fragezeichen ?	•• - - ••	K	- • - •		
Klammern ( )	- • - - -	L	• - ••		
Komma ,	- - •• - -	M	- -		
Punkt .	• - • - • -	N	- •		
		O	- - -		
1	• - - - -	6	- ••••		
2	•• - - -	7	- - •••		
3	••• - -	8	- - - ••		
4	•••• -	9	- - - - •		
5	•••••	0	- - - - -		

Zeitdauer

• eine Zeiteinheit (ein „Punkt")
- drei Zeiteinheiten (ein „Strich")

Der Morsecode **ist kein Präfixcode**, da die einzelnen Codesymbole im Baum zum Teil Symbolfolgenanteile anderer Symbole sind.

Einschätzungen: Mathematik – Realität

1. Mathe ist wie Liebe: Eine einfache Idee, aber sie kann kompliziert werden. R. Drabek

2. Das entscheidende Kriterium ist Schönheit; für hässliche Mathematik ist auf dieser Welt kein beständiger Platz. Godefrey Harold Hardy

3. 'Offensichtlich' ist das gefährlichste Wort in der Mathematik. Eric Temple Bell

4. Seit man begonnen hat, die einfachsten Behauptungen zu beweisen, erwiesen sich viele von ihnen als falsch. Bertrand Russell

5. Ich glaube, dass es, im strengsten Verstand, für den Menschen nur eine einzige Wissenschaft gibt, und diese ist reine Mathematik. Hierzu bedürfen wir nichts weiter als unseren Geist. Georg Ch. Lichtenberg

6. So kann also die Mathematik definiert werden als diejenige Wissenschaft, in der wir niemals das kennen, worüber wir sprechen, und niemals wissen, ob das, was wir sagen, wahr ist. Bertrand Russell

7. Die Mathematik ist eine Art Spielzeug, welches die Natur uns zuwarf zum Troste und zur Unterhaltung in der Finsternis. Jean-Baptist le Rond d'Alembert

8. Religion und Mathematik sind nur verschiedene Ausdrucksformen derselben göttlichen Exaktheit. Kardinal Michael Faulhaber

9. Die ganze Mathematik ist eigentlich eine Gleichung im Großen für die andern Wissenschaften. Das höchste Leben ist Mathematik. Novalis (Georg Philipp Hardenberg)

10. Ein Mathematiker ist eine Maschine, die Kaffee in Theoreme verwandelt. Paul Erdös

11. Der Wissenschaftler findet seine Belohnung in dem, was Poincaré die Freude am Verstehen nennt, nicht in den Anwendungsmöglichkeiten seiner Erfindung. Albert Einstein

12. Der Rest ist Missgeburt und Noch-nicht-Wissenschaft: will sagen Metaphysik, Theologie, Psychologie, Erkenntnistheorie. Oder Formal-Wissenschaft, Zeichen-Lehre: wie die Logik und jene angewandte Logik, die Mathematik. In ihnen kommt die Wirklichkeit gar nicht vor, nicht einmal als Problem; ebenso wenig als die Frage, welchen Wert überhaupt eine solche Zeichen-Konvention, wie die Logik ist, hat. Friedrich Nietzsche

13. Jede konsistente formale Theorie der Mathematik muss unentscheidbare Sätze enthalten. Kein Computer kann alle und nur wahren Sätze der Mathematik beweisen. Kein formales System ist beides: konsistent und vollständig. Mathematik ist mechanisch (oder algorithmisch) unerschöpflich (oder unvollendbar). Hao Wang

14. Es ist nicht gewiss, dass alles ungewiss sei. Blaise Pascal

15. Es kann nicht geleugnet werden, dass ein großer Teil der elementaren Mathematik von erheblichem praktischen Nutzen ist. Aber diese Teile der Mathematik sind, insgesamt betrachtet, ziemlich langweilig. Dies sind genau diejenigen Teile der Mathematik, die den geringsten ästhetischen Wert haben. Die "echte" Mathematik der "echten" Mathematiker, die Mathematik von Fermat, Gauß, Abel und Riemann ist fast völlig „nutzlos". Godefrey Harold Hardy

16. Insofern sich die Sätze der Mathematik auf die Wirklichkeit beziehen, sind sie nicht sicher, und insofern sie sicher sind, beziehen sie sich nicht auf die Wirklichkeit. Albert Einstein

17. Ein Gesichtspunkt ist ein geistiger Horizont mit dem Radius Null. Bertrand Russel

18. Ich glaube nicht an Fügung und Schicksal, als Techniker bin ich gewohnt, mit den Formeln der Wahrscheinlichkeit zu rechnen. (...) Das Wahrscheinliche (...) und das Unwahrscheinliche (...) unterscheiden sich nicht dem Wesen nach, sondern nur der Häufigkeit nach, wobei das Häufigere von vornherein als glaubwürdiger erscheint. (...) Max Frisch

19. Nach unserer bisherigen Erfahrung sind wir zum Vertrauen berechtigt, dass die Natur die Realisierung des mathematisch denkbar Einfachsten ist. Albert Einstein

20. Wissen hält nicht länger als Fisch. Alfred North Whitehead

21. Das Buch der Natur ist mit mathematischen Symbolen geschrieben. Galileo Galilei

22. Durch bloßes logisches Denken vermögen wir keinerlei Wissen über die Erfahrungswelt zu erlangen; alles Wissen über die Wirklichkeit geht von der Erfahrung aus und mündet in ihr. Albert Einstein

23. Eine Mathematik, die in der Physik fruchtbar wäre (...), existiert bisher nicht. Carl Friedrich v. Weizsäcker

24. Das Wort „Gesetz" hat (...) in Physik-Büchern nichts zu suchen. Hermann Schulz

25. Es scheint, dass die menschliche Vernunft die Formen erst selbständig konstruieren muss, ehe wir sie in den Dingen nachweisen können. Albert Einstein

26. Mir wird applaudiert, weil mich jeder versteht, und Ihnen, weil Sie niemand versteht. Charlie Chaplin zu Albert Einstein

27. Wenn nicht mehr Zahlen und Figuren / Sind Schlüsse aller Kreaturen, (...) / Dann fliegt vor Einem geheimen Wort / Das ganze verkehrte Wesen fort. Novalis (Georg Philipp Hardenberg)

Zitate: Frisch (1994, S. 22); Schulz (2006, S. 47); Wang (siehe Neidhardt (2005, S. 628)); Weizsäcker (2002, S. 166).

Literatur / Bezüge

Büchter, A., Henn, H.-W. (2007). Elementare Stochastik. Springer
Habetha, K., Höhere Mathematik für Ingenieure und Physiker (Bände 1-3). Klett
Kaderali, F., Digitale Kommunikationstechnik. Vieweg
Kuhn, T. S., Die Struktur wissenschaftlicher Revolutionen. Suhrkamp
Rathgeber, C., Petersen, H.-J., Hübscher, H. et al., IT-Handbuch (Fachinformatiker/-in, IT-System-Elektroniker/-in). Westermann
Shannon, C. E., A Mathematical Theory of Communication, (PDF - Bell System Technical Journal/Internet (www))
Tietze, H., Gelöste und ungelöste mathematische Probleme aus alter und neuer Zeit. dtv
Wallace, D. F., Die Entdeckung des Unendlichen. Piper

Speziell erwähnte bzw. zitierte Werke

Adorno, Th. W. (1982). Negative Dialektik. Suhrkamp Verlag (suhrkamp taschenbuch wissenschaft)
Borwein, J. M. (1997). Pi: A Source Book, Springer, 1997.
Dyson, G. (2016). Turings Kathedrale. Ullstein
Feynman, R. (2020). QED. Piper
Friebe C. et al. (2018): Philosophie der Quantenphysik
Frisch, M. (1994). Homo Faber. Suhrkamp Verlag
Hentschel, K. (2017). Lichtquanten. Springer
Heisenberg, W. (1981). Der Teil und das Ganze. dtv
Kaku, M. (2013). Die Physik der unsichtbaren Dimensionen. Rowohlt (rororo)
Krauss, L. M. (2018). Das größte Abenteuer der Menschheit – Vom Versuch, das Universum zu entschlüsseln. Knaus
Mulisch, H. (2002). Die Entdeckung des Himmels (Roman). Rowohlt (rororo)
Neidhart, L. (2005). Unendlichkeit im Schnittpunkt von Mathematik und Theologie (Diss. (Augsburg))
Rae, A., (1996). Quantenphysik: Illusion oder Realität? Reclam
Schulz, Hermann (2006). Physik mit Bleistift. Verlag Harri Deutsch
Schwichtenberg, J. (2017). Durch Symmetrie die moderne Physik verstehen. Springer
Weizsäcker, C. F. v. (2002). Große Physiker. dtv

Autor / Kontakt: carsten.rathgeber@gmx.de; carstenrathgeber.wordpress.com

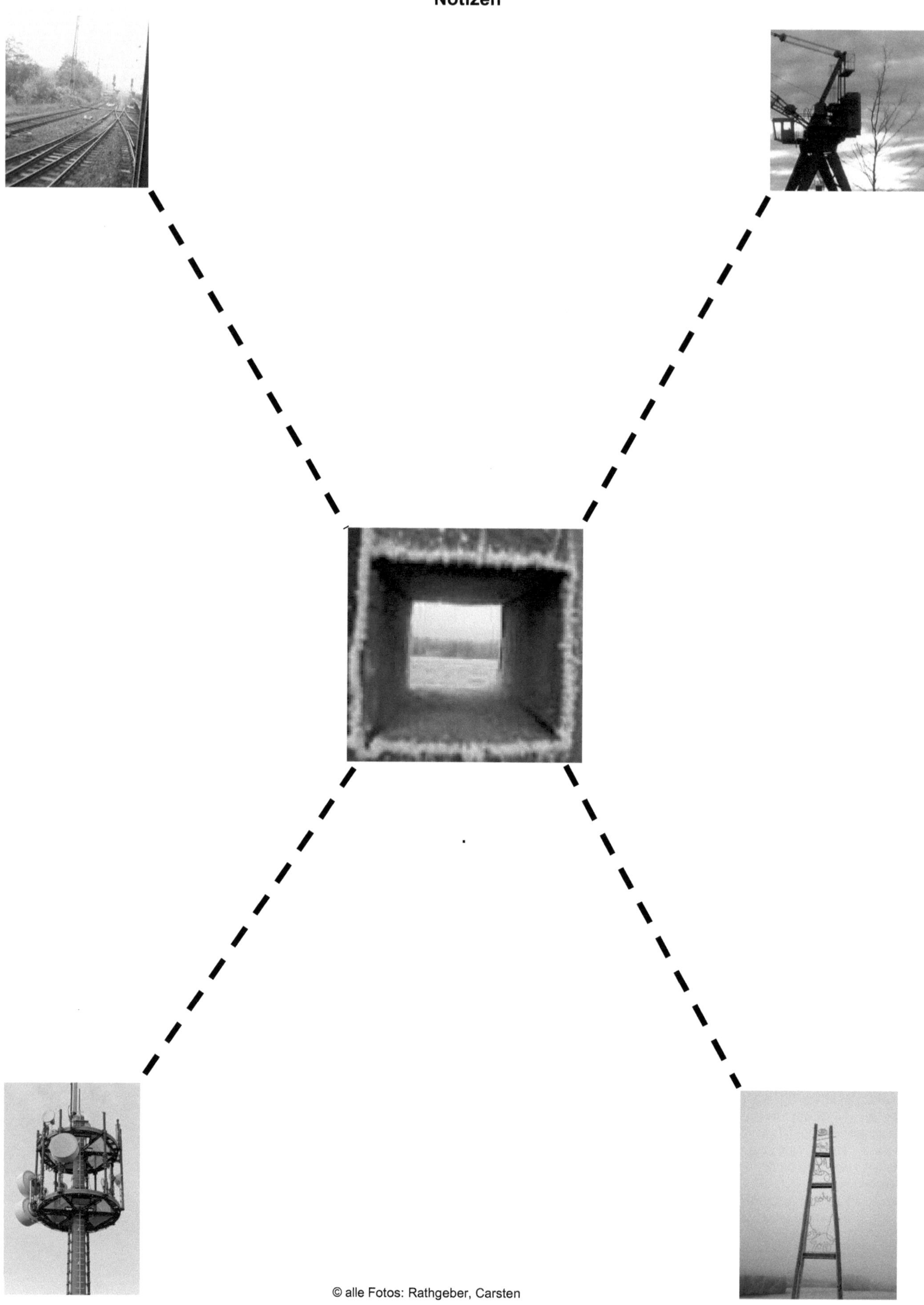